U0827821

国家电网有限公司
STATE GRID
CORPORATION OF CHINA

国家电网有限公司
技能人员专业培训教材

调控运行值班（市公司）

国家电网有限公司 组编

中国电力出版社
CHINA ELECTRIC POWER PRESS

图书在版编目（CIP）数据

调控运行值班：市公司 / 国家电网有限公司组编. —北京：中国电力出版社，2020.10
国家电网有限公司技能人员专业培训教材
ISBN 978-7-5198-4743-2

Ⅰ. ①调… Ⅱ. ①国… Ⅲ. ①电力系统调度–技术培训–教材 Ⅳ. ①TM73

中国版本图书馆 CIP 数据核字（2020）第 109000 号

出版发行：中国电力出版社
地　　址：北京市东城区北京站西街 19 号（邮政编码 100005）
网　　址：http://www.cepp.sgcc.com.cn
责任编辑：肖　敏（010-63412363）
责任校对：黄　蓓　常燕昆
装帧设计：郝晓燕　赵姗姗
责任印制：石　雷

印　　刷：三河市百盛印装有限公司
版　　次：2020 年 10 月第一版
印　　次：2020 年 10 月北京第一次印刷
开　　本：710 毫米×980 毫米　16 开本
印　　张：35
字　　数：678 千字
印　　数：0001—2000 册
定　　价：105.00 元

前　言

为贯彻落实国家终身职业技能培训要求，全面加强国家电网有限公司新时代高技能人才队伍建设工作，有效提升技能人员岗位能力培训工作的针对性、有效性和规范性，加快建设一支纪律严明、素质优良、技艺精湛的高技能人才队伍，为建设具有中国特色国际领先的能源互联网企业提供强有力人才支撑，国家电网有限公司人力资源部组织公司系统技术技能专家，在《国家电网公司生产技能人员职业能力培训专用教材》（2010年版）基础上，结合新理论、新技术、新方法、新设备，采用模块化结构，修编完成覆盖输电、变电、配电、营销、调度等50余个专业的培训教材。

本套专业培训教材是以各岗位小类的岗位能力培训规范为指导，以国家、行业及公司发布的法律法规、规章制度、规程规范、技术标准等为依据，以岗位能力提升、贴近工作实际为目的，以模块化教材为特点，语言简练、通俗易懂，专业术语完整准确，适用于培训教学、员工自学、资源开发等，也可作为相关大专院校教学参考书。

本书为《调控运行值班（市公司）》分册，由沙维权、孙广钧、黄梅、王同发、龚蕾、季宁、熊飞、曹爱民、战杰、刘严、陈楷编写。在出版过程中，参与编写和审定的专家们以高度的责任感和严谨的作风，几易其稿，多次修订才最终定稿。在本套培训教材即将出版之际，谨向所有参与和支持本书籍出版的专家表示衷心的感谢！

由于编写人员水平有限，书中难免有错误和不足之处，敬请广大读者批评指正。

目　录

第二部分　电　网　操　作

第三部分　电网异常处理

第四部分　电网事故处理

第五部分　调控自动化系统应用

第六部分　调 度 监 控 规 程

第二篇　监　控　部　分

第七部分　电　网　调　控

第八部分　电　网　操　作

第九部分　电 网 异 常 处 理

第十部分　电 网 事 故 处 理

第十一部分　调控自动化系统应用

第一篇

调 度 部 分

第一部分

电　网　调　控

第一章

负 荷 预 测

模块 1 电力系统负荷分类及负荷预测（Z01E7001Ⅱ）

【模块描述】本模块介绍电力系统负荷的分类及负荷预测的方法。通过概念描述、方法介绍、要点归纳讲解，了解不同分类条件下各类用电负荷的特性，并能够进行简单的负荷预测。

【模块内容】

一、电力系统负荷分类

（一）电力系统负荷的组成

电力负荷指发电厂或电力系统在某一时刻所承担的某一范围内耗电设备所消耗的电功率总和，单位为kW。电力系统负荷由以下部分组成。

1. 用电负荷

用电负荷指电能用户的用电设备在某一时刻向电力系统取用的电功率的总和，它是电力系统负荷中的主要部分。

2. 线损（网损）

线损指电能从发电厂到用户的输配电过程中产生的损耗，它包括线路损耗和变压器损耗，有

$$电网线损率=\frac{电网损耗电量}{电网供电量}\times 100\% \tag{1-1-1}$$

该部分损耗一部分为线路和变压器阻抗回路上流过电流时的损耗，称为可变损耗；另一部分则发生在变压器、电抗器、电容器等设备上的不变损耗，称为固定损耗，如铁损等。当处于大负荷方式时，电网可变损耗占主要部分，此时应提高中枢点电压运行，使传输同等功率时电流减少，以减少可变损耗；当处于小负荷方式时，电网中的变压器固定损耗占有较大比值，而变压器的固定损耗与电压的平方成正比，降低中枢点电压运行可以降低电网线损。因此逆调压方式对于降低配电网线损非常有效。

3. 厂用电负荷

发电厂在发电过程中厂用设备所消耗的有功负荷。

（二）用电系统负荷的分类

1. 根据供电可靠性的要求分类

根据对供电可靠性的要求不同，用电负荷可分为：

（1）一类负荷：中断供电时将造成人身伤亡或政治、军事、经济上的重大损失，或会造成有重大政治、军事、经济意义上的用电单位的正常工作的负荷，如引起社会混乱，发生重大设备损坏，造成重要交通枢纽、干线受阻，造成通信、广播电视中断，造成城市水源中断、环境严重污染等。

（2）二类负荷：中断供电将造成严重减产、停工、局部地区交通阻塞，大部分城市居民的生活秩序被打乱等。

（3）三类负荷：除一、二类负荷之外的负荷，该类负荷停电造成的损失不大。

2. 根据对供电负荷行业的分类

根据对供电负荷行业不同，用电负荷可分为：

（1）农业用电负荷：包括农村排灌、农副业、农业、林业、畜牧业、渔业、水利业等各种用电。该类负荷受季节、气候影响较大，用电负荷不稳定。

（2）工业用电负荷：包括各种采掘业和制造业用电。工业负荷日变化趋势受到工作方式影响大，如企业工作班制、工作小时数、上下班时间等，一般一天内会出现早高峰、白高峰和晚高峰三个高峰，午间和午夜两个低谷。

（3）居民用电负荷：包括城市和乡村居民的生活用电。有以下特点：日负荷曲线变化大，存在高峰和低谷时段；季节变化影响大，南方夏季通风降温、北方及南方部分地区冬季采暖用电使生活用电负荷增加，不同季节高峰及低谷时段发生也不一致。

（4）交通用电负荷：包括公路、铁路车站用电，机场、码头用电，管道运输、电气化铁路用电等。该类用电虽然负荷量不大，但是对人民生活、社会影响巨大。特别是电气化铁路负荷，呈不规则冲击负荷特性，受到列车次数和通过地形影响，用电量虽然很小，但冲击负荷较大。

（5）商业用电负荷：包括商业、公共饮食业、物资供应和仓储业用电等。商业负荷中的照明和空调负荷受到时间影响大，因此在晚高峰达到最高，在节假日商业负荷也会有所增加。

（6）公用事业用电负荷：包括市内公共交通用电、路灯照明用电、文艺及体育单位用电、国家党政机关、社会团体、福利事业和科研事业供电。

（7）其他用电负荷：如地质勘探、建筑业等用电等。

3. 根据对频率、电压特性分类

（1）根据有功负荷的频率静态特性分类：

1）与频率变化无关的负荷，如照明、电弧炉、电阻炉和整流负荷等。

2）与频率一次方成正比的负荷，即恒定转矩的负荷，如球磨机、切削机床、往复式水泵、压缩机和卷扬机等等；此类负荷均由交流电动机拖动，同步电动机的转速与频率成正比，感应电动机取用的功率与阻力矩和转速的乘积成正比，因此在转矩恒定的情况下，可以看作与频率成正比。

3）与频率二次方成正比的负荷，如电网的有功功率损耗近似与频率的平方成正比。

4）与频率三次方成正比的负荷，如煤矿、电厂使用的鼓风机，通风机、静水头不高的循环水泵等。

5）与频率的更高次方成正比的负荷，如静水头更高的给水泵等。

（2）根据有功负荷的电压静态特性分类：

1）与电压基本无关的负荷：同步电动机的负荷完全与电压无关，感应电动机由于转差的变化很小，基本上与电压无关。

2）与电压二次方成正比的负荷：照明负荷与电压 1.6 次方成正比，为简化计算，近似为平方关系。电热、电炉、整流负荷及变压器铁损与电压的平方成正比。

3）与电压二次方成反正比的负荷：线路损失的输送功率不变的情况下，与电压的平方成反比。

电网中无功负荷的主要消耗者是异步电动机，它决定着系统的无功负荷电压特性。其无功损耗分为两部分：励磁无功功率与漏抗中消耗的无功功率。励磁无功功率随着电压的降低而减小，漏抗中的无功损耗与电压的平方成反比，随着电压的降低而增加。输电线路中的无功损耗与电压的平方成反比，而充电功率与电压的平方成正比，当线路消耗和产生的无功正好平衡，此时输送的有功功率就称为线路的自然功率。照明、电阻、电炉等不消耗无功，没有无功静态特性。

二、电力系统负荷预测

（一）负荷预测的目的和内容

负荷预测是从已知的用电需求出发，考虑政治、经济、气候等相关因素，对未来的用电需求做出的预测。它包括两方面的含义：对未来需求量（功率）的预测和未来用电量（能量）的预测。负荷预测的目的是得到合理的电力负荷预测结果，为电网开机方式、运行方式变化和安全稳定校核提供正确的决策和依据。

负荷预测内容主要分为电量预测和电力预测，电量预测包括全社会用电量、网供电量、各行业电量、各产业电量；电力预测包括最大负荷、最小负荷、峰谷差、负荷率、负荷曲线等。

（二）各类负荷预测的作用

根据负荷预测目的的不同可以分为超短期负荷预测、短期预测、中期负荷预测和长期负荷预测：

（1）超短期负荷预测是指未来 1h 以内的负荷预测，对短时期内电力电量平衡、负荷调整、AGC 及联络线调整提供帮助。在安全监视状态下，需要 5～10s 或 1～5min 的预测值，预防性控制和紧急状态处理需要 10min～1h 的预测值。

（2）短期负荷预测是指日负荷预测和周负荷预测，分别用于安排日调度计划和周调度计划，包括确定机组启停、水火电协调、联络线交换功率、负荷经济分配、水库调度和设备检修等，对短期预测，需充分研究电网负荷变化规律，分析负荷变化相关因子，特别是天气因素、日类型等和短期负荷变化的关系。

（3）中期负荷预测是指月至年的负荷预测，主要是确定机组运行方式和设备大修计划等。为了合理安排电力系统中期运行计划，降低运行成本，提高供电可靠性提供依据。

（4）长期负荷预测是指未来 3～5 年甚至更长时间段内的负荷预测，主要是电网规划部门根据国民经济的发展和对电力负荷的需求，所做的电网改造和扩建工作的远景规划。对中、长期负荷预测，要特别研究国民经济发展、国家政策等的影响。

（三）负荷预测的方法

电力负荷预测分为传统测方法和现代预测方法。其中传统负荷预测方法又分为经验预测方法和经典预测方法。

1. 经验预测方法

经验预测方法一般用于没有历史数据，不能采用模型进行预测的情况，主要是依靠专家的判断进行预测，这种预测方法可以判断出电力需求变化的趋势，包括专家预测法、类比法和主观概率法等。

（1）专家意见法。专家意见法指按照不同的方式组织专家进行负荷预测，包括个人专家预测法、专家会议预测法、专家头脑风暴法和特尔菲法。

（2）类比法。类比法是将类似事物进行分析比较，通过已知事物的特性对未知事物的特性进行预测的一种经验预测方法。

（3）主观概率法。主观概率预测法就是通过若干专家估计事物发生的主观概率，综合得出该事物的概率进行预测的方法。

2. 经典预测方法

（1）单耗法。单耗法指按照国家安排的产品产量、产值计划和用电单耗确定需电量。

（2）趋势外推法。根据负荷的变化趋势对未来负荷情况作出预测。方法是找到一条合适的函数曲线反映负荷变化趋势，建立趋势模型。

（3）弹性系数法。弹性系数是电量平均增长率与国内生产总值之间的比值，根据国内生产总值的增长速度结合弹性系数得到规划期末的总用电量。弹性系数法是从宏观上确定电力发展同国民经济发展的相对速度，它是衡量国民经济发展和用电需求的重要参数。

（4）回归分析法。回归预测是根据负荷过去的历史资料，建立可以进行数学分析的数学模型。用数理统计中的回归分析方法对变量的观测数据统计分析，从而实现对未来的负荷进行预测。

（5）时间序列法。根据负荷的历史资料，设法建立一个数学模型，用这个数学模型，一方面来描述电力负荷这个随机变量变化过程的统计规律性，另一方面在该数学模型的基础上再确立负荷预测的数学表达式，对未来的负荷进行预测。

3. 现代负荷预测方法

20 世纪 80 年代后期，一些基于新兴学科理论的现代预测方法逐渐得到了成功应用。这其中主要有灰色模型法、专家系统法、神经网络理论法、模糊预测法等。

（1）灰色模型法。灰色预测是一种对含有不确定因素的系统进行预测的方法。以灰色系统理论为基础的灰色预测技术，可在数据不多的情况下找出某个时期内起作用的规律，建立负荷预测的模型。灰色模型法适用于短期负荷预测。

（2）专家系统法。专家系统方法是对于数据库里存放的过去几年的负荷数据和天气数据等进行细致的分析，汇集有经验的负荷预测人员的知识，提取有关规则，借助专家系统，对研究的问题进行判断、预测的一种方法。

（3）神经网络理论法。神经网络理论是利用神经网络的学习功能，让计算机学习包含在历史负荷数据中的映射关系，再利用这种映射关系预测未来负荷。

（4）模糊负荷预测法。模糊负荷预测是近几年比较热门的研究方向。模糊控制是在所采用的控制方法上应用了模糊数学理论，使其进行确定性的工作，对一些无法构造数学模型的被控过程进行有效控制。

（四）负荷预测的步骤

负荷预测工作的关键在于收集大量的历史数据，建立科学有效的预测模型，采用有效的算法，以历史数据为基础，进行大量试验性研究，总结经验，不断修正模型和算法，以真正反映负荷变化规律。其基本步骤如下。

（1）调查和选择历史负荷数据资料。多方面调查收集资料，包括电力企业内部资料和外部资料，从众多的资料中挑选出有用的部分。挑选资料时应选取直接、可靠并且是最新的资料。如果资料的收集和选择得不好，会直接影响负荷预测的质量。

（2）进行历史资料的整理。对所收集的与有关的统计资料进行审核和必要的加工整理，基础资料必须具有代表性、真实程度高、可用度高，从而为保证预测质量打下基础。

（3）对负荷数据的预处理。在经过初步整理之后，还要对所用资料进行数据分析预处理，即对历史资料中的异常值的平稳化以及缺失数据的补遗，针对异常数据，主要采用水平处理、垂直处理方法。数据的水平处理指分析数据时，将前后两个时间的负荷数据作为基准，设定待处理数据的最大变动范围，当待处理数据超过这个范围，就视为不良数据，采用平均值的方法平稳其变化；数据的垂直处理指负荷数据预处理时考虑其 24h 的小周期，即认为不同日期的同一时刻的负荷应该具有相似性，同时刻的负荷值应维持在一定的范围内，对于超出范围的不良数据修正，为待处理数据的最近几天该时刻的负荷平均值。

（4）建立负荷预测模型。负荷预测模型是统计资料轨迹的概括，预测模型是多种多样的，因此，对于具体资料要选择恰当的预测模型，这是负荷预测过程中至关重要的一步。当模型选择不当而造成预测误差过大时，就需要改换模型，必要时，还可同时采用几种数学模型进行运算，以便对比、选择。

（5）进行负荷预测。在选择适当的预测技术后，建立负荷预测数学模型，进行预测工作。由于从已掌握的发展变化规律，并不能代表将来的变化规律，因此要对影响预测对象的新因素进行分析，对预测模型进行恰当的修正后确定预测值，得到最终的预测结果。

【思考与练习】

1. 电力系统负荷按照其频率特性可以分为哪几类？

2. 负荷预测包括哪些内容？

3. 超短期负荷预测、短期预测、中期负荷预测和长期负荷预测的作用分别是什么？

第二章

调　整　负　荷

模块 1　负荷调整的原则及方法（Z01E1001Ⅱ）

【模块描述】本模块介绍负荷调整的原则及方法。通过案例介绍及操作技能训练，掌握利用不同的手段调整负荷的方法，并能执行超计划或事故限电、拉闸指令。

【模块内容】

一、负荷调整的原则

（一）负荷调整的意义

由于负荷的性质不同，各类用户的最大负荷出现的时间也不同。当用电负荷增加时，电力系统发电机功率也应随之增加；当用电负荷减少时，电力系统的发电机功率也须相应减少。如果各种用户最大负荷出现的时间过分集中，电力系统就得有足够的发电机处理满足用户需要，否则就会出现电力系统的发电小于需求，造成低频率运行、拉闸限电。而当用电负荷高峰时间一过，系统发电又多于负荷，造成高频率运行。这些情况的出现都会带来很大危害，同时增加了系统的大量投资。电力系统负荷调整主要达到以下目的：

（1）节约国家对电力工业的基建投资。

（2）提高发电设备的热效率，降低燃料消耗，降低发电成本。

（3）充分利用水利资源，使之不发生弃水状况。

（4）增加电力系统运行的安全稳定性和提高供电质量。

（5）有利于电力设备的检修工作。

（二）负荷调整的原则

调整负荷是一项细致而复杂的工程，政策性强，涉及面广，不仅关系到电网的运行、工矿企业的生产，而且也关系到人民群众的生活和习惯。调整负荷主要应掌握以下原则。

（1）保证电网安全。只有保证电网安全，才能够避免电网崩溃引起的大面积停电和带来的巨大经济损失，最大范围保证用户供电。

（2）统筹兼顾。统筹兼顾就是在调整负荷时，要考虑到各种因素，照顾到各方面的利益。既要服从电网的需要，又要考虑用户的可能条件，不能搞平均主义。要根据电力供应的实际能力，结合各个用户的用电特点，合理调度、统筹安排。

（3）保住重点。调整负荷时要以国家利益为重，优先保证居民用电，优先保证各级重点企业和一类负荷的企业用电。

（4）个性化对待。根据不同的电力系统、不同的电源结构，拟定不同的调整负荷方案，采用不同的调整负荷方法。

（5）兼顾生活习惯。在日负荷中的晚高峰时段，要尽力照顾居民的生活照明；应尽量减少对居民生活的影响。

（6）明确限电和其他负荷调整手段的关系。一般的调整负荷手段通过改变部分负荷用电时间，错开用电高峰，没有限制用电量。拉闸限电是负荷调整中一项重要手段，也是最直接有效的手段，和采用其他手段相比，损失了电力电量、对居民生活和企业生产影响大，而且难以做到有序控制，应尽量避免使用。但是在电力电量都缺乏，或者对于电网安全有直接影响时，应该果断采取拉闸限电手段。

二、负荷调整的方法

负荷调整包括日负荷调整、周负荷调整、年负荷调整。实施负荷调整必须采用多种手段，这些手段必须遵循有关法律法规，包括政策性负荷调整方法和技术性负荷调整方法。

（一）政策性负荷调整方法

1. 通过电价手段调整

目前，电力系统政策性负荷调整方法主要是依靠政府出台的电价政策，通过经济措施激励和鼓励用户主动改变消费行为和用电方式，减少电量消耗和电力需求。

电价制度是影响面广又便于操作的一种有效的经济手段。电价制度确定的原则是既能激发电力公司实施电力需求侧管理的积极性，又能激励用户主动参与电力需求侧管理活动。电价制定要考虑用户需求容量的大小和电网负荷从高峰到低谷各个时点供电成本的差异对电力公司和用户双方成本的影响，提供用户在用电可靠性、用电时序性和用电经济性之间做出选择，如容量电价、峰谷电价、分时电价、季节性电价、可中断负荷电价等。

2. 其他政策性负荷调整方法

其他政策性负荷调整方法还包括免费安装服务、折让鼓励、借贷优惠、设备租赁鼓励等。

（二）技术性负荷调整方法

1. 改变电力用户的用电方式

改变用户的用电方式是通过负荷管理技术来实现的，它是根据电力系统的负荷特性，以削峰、填谷或移峰填谷的方式将电力用户的电力需求从电网负荷的高峰期削减，转移或增加在电网负荷的低谷期，以达到改变电力需求在时序上的分布，减少日或季节性的电网峰荷，起到节约电力的目的。

（1）削峰。削峰是指在电网高峰负荷期减少电力用户的电力需求。常用的削峰手段主要有以下两种：

1）直接负荷控制。直接负荷控制是在缺电时段，调度人员通过远动或自控装置随时控制用户终端用电的一种方法。由于它是随机控制，常常冲击生产秩序和生活节奏，大大降低了用户峰期用电的可靠性，多数用户不易接受，尤其那些对可靠性要求高的用户和设备，停止供电有时会酿成重大事故，并带来很大的经济损失。因而这种控制方式的使用受到了一定的限制。直接负荷控制一般多使用于城乡居民的用电控制。

2）可中断负荷控制。可中断负荷控制是根据供需双方事先的合同约定，在缺电时段，调度人员向用户发出请求中断供电的信号，经用户响应后，中断部分供电的一种方法。它特别适合于对可靠性要求不高的用户，是一种有一定准备的停电控制。

（2）填谷。填谷是指在电网负荷的低谷区增加用户的电力需求，有利于启动系统空闲的发电容量，减少机组启停。常用的填谷技术有：

1）增加季节性用户负荷。在电网年负荷低谷时期，增加季节性用户负荷，在丰水期鼓励用户以电力替代其他能源，多用水电。

2）增加低谷用电设备。在日负荷低谷时段，投入电气锅炉或采用蓄热装置电气保温，在冬季后半夜可投入电暖气或电气采暖空调等进行填谷。

3）增加蓄能用电。

（3）移峰填谷。移峰填谷是指将电网高峰负荷的用电需求推移到低谷负荷时段，同时起到削峰和填谷的双重作用。它既可以减少新增开机容量，充分利用闲置的容量，又可平稳系统负荷，降低发电煤耗。

2. 节能政策使用

通过指定有效节能政策，改变用户的消费行为，采用先进的节能技术和高效的设备，概括起来有选用高效用电设备，实行节电运行，采用能源替代，实行余热和余能的回收，采用高效节电材料，进行作业合理调度以及改变消费行为等几个方面。

3. 拉闸限电

拉闸限电是有效预防和快速处置电网紧急事件、保证电网安全稳定运行的有效手段。拉闸限电必须按照限电序位表规定进行。

（1）限电序位表编制原则。按照《电网调度管理条例实施办法》的规定：省级电网管理部门、省辖市级电网管理部门、县级电网管理部门应当根据本级人民政府的生产调度部门的要求、用户的特点和电网安全运行的需要，提出事故及超计划用电的限电序位表，经本级人民政府的生产调度部门审核，报本级人民政府批准后，由有关电网调度机构执行，并抄送该电网管理部门的上一级电网管理部门。事故和超计划用电限电序位表的负荷总量，应当满足电网安全运行的需要。一般事故限电的总容量不低于本地区最高负荷的 40%，严禁将正常处于备用或无负荷的线路列入限电序位表中。超供电能力限电序位表容量应达到本地区统调最高负荷的 30%，其负荷应尽量选择大容量开关。

限电序位表应当每年修订一次（或者视电网实际需要及时修订），新的限电序位表生效后，原有的限电序位表自行作废。

（2）限电序位表使用原则。各级调度机构的值班调度员，可以在电网发生事故或者用电地区（单位）超计划用电时，分别按照事故和超计划用电限电序位表发布拉闸限电指令，受令单位必须立即执行，不得拒绝或者拖延执行。拉限过程中，其限电序位可以按轮次排列，同轮次的线路（或者负荷）在序位表中不分先后。

对于计划限电，供电企业根据预定的有序用电方案进行负荷安排，当无法满足用户需求且不能从电网取得额外供应时，按照与用户实现商定的协议对用户进行负荷限制，限制负荷时供电企业应提前通知用户，并仅对用户超用部分进行限制。需要直接拉路时，供电企业根据安全需要，在考虑用户保安供电需求的前提下，无须事前通知用户，可按限电序位表进行限电操作。当引发负荷控制的条件改变后，由发布负荷控制指令的单位负责恢复正常供电。

三、案例分析

（一）某变电站的负荷调整

某变电站近两日的负荷曲线图如图 2-1-1 所示，10:00 站内检查发现进线线路有缺陷，要求该所负荷限额调整为 60MW，如何进行负荷调整？

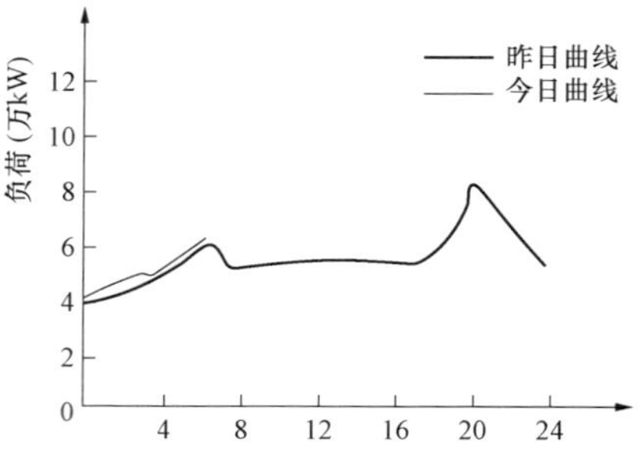

图 2-1-1 某变电站日负荷曲线图

分析：根据变电站负荷曲线，今日负荷比昨日稍高，估计在晚峰（20:00）最高负荷可达 85MW，而线路的限额为 60MW，为了保证安全，需要在晚峰到来前将某变电站的负荷控制在 60MW 以内。

调整方案：根据负荷曲线，在 17:00 之前，该变电站负荷均在 60MW 以内，可不作调整；但考虑到不可预见因素，可先将该所可转移负荷转走（10MW）。联系用电营销部门，在晚峰负荷到来前，在该站供电范围内避峰错峰，利用负控装置控制（10MW）；若该站负荷仍超过 60MW，则事故限电，保证线路负荷不超过 60MW。

（二）某电网的限电序位表使用规定

1. 超电网供电能力限电序位表使用原则

（1）当超过供电调度计划，在规定时间内未控制到计划，按照上级调度要求或电网实际情况，按该表所列断路器，下达拉闸命令。

（2）若电网未发生故障，频率低于 49.8Hz，造成联网线（网供）超用，查不出超负荷情况下，省调可根据当时系统情况通知地调临时压电或直接按超电网供电能力限电序位表直至事故限电序位表切除部分负荷。

（3）当考核点电压低于规定下限电压 5%时，限制超负荷用电地区负荷。

（4）在执行中遇到以下情况可越过：

1）负荷在 1MW 以下的断路器。

2）连续几天频繁被拉的断路器，尽量避免一天内对同一断路器重复拉闸。

3）确实未超用又装有负荷控制装置的专线开关。

4）负荷性质升级的断路器。

5）因特殊原因经申请不能停电的断路器。

（5）在执行过程中，若该表中所列断路器已拉完，可按电网事故拉闸限电序位表拉相应地区的断路器（尽可能拉分屏断路器）。

2. 事故限电序位表使用原则

（1）联网运行，由于功率不足，致使联网线（网供）功率超过规定控制值，或频率低于 49.8Hz 连续运行时间超过 30min，或频率低于 49.5Hz，上级要求立即限电时。

（2）联网运行时联网线功率或主变压器下网功率超过稳定控制值时。

（3）考核点电压低于规定下限电压的 5%，持续时间超过 40min，或低于下限电压 10%时，在低电压地区使用。

（4）电网发生事故，造成频率异常或设备过载时。

（5）根据电网接线方式、事故发生地点、范围和程度、功率缺额和设备过载情况，拉闸时可根据具体情况执行。

对于未列入超计划用电限电序位表的超用电单位，值班调度人员应当予以警告，责令其在 15min 内自行限电；届时未自行限至计划值者，值班调度人员可以对其发布限电指令，当超计划用电威胁电网安全运行时，可以部分或者全部暂时停止对其供电。

【思考与练习】

1. 负荷调整的原则是什么？
2. 限电序位表编制原则是什么？
3. 技术性负荷调整方法是什么？

第三章

调　整　功　率

模块 1　各类电厂在电力系统中的作用及电厂功率的影响因素（Z01E2002Ⅱ）

【模块描述】本模块介绍了各类电厂在电力系统中的作用。通过概念描述、原因分析和举例说明，了解电厂功率调整的基础知识。

【模块内容】

一、各类电厂的运行特点及在电网中的作用

（一）各类电厂的运行特点

目前电网中的发电厂主要有火力发电厂、水力发电厂、原子能发电厂和抽水蓄能发电厂四类。此外，随着国家节能减排政策的实施，太阳能、风力、地热、潮汐、生物能等新能源发电厂也蓬勃发展。

1. 火力发电厂

火力发电厂是利用煤、石油和天然气在锅炉中燃烧产生蒸汽，用蒸汽冲动汽轮机，由汽轮机带动发电机发电。火力发电厂按蒸汽参数的高低，可分为低温低压电厂、中温中压电厂、高温高压电厂、超高温高压电厂、亚临界压力电厂、超临界压力电厂等。按是否向用户供热，又可分为凝汽式电厂和热电厂，热电厂不但向用户供电，而且向用户供热。

火力发电厂消耗的燃料和冷却水量是相当大的，以 600MW 的发电厂为例，按照每天发电 1200 万 kWh，煤耗 300g/kWh 计算，每天需消耗 3600t 标煤和 201 万 m^3 以上的冷却水。火力发电厂的特点主要有：

（1）发电厂发电需要支付燃料费用，使用外地燃料时还要占用大量的运输能力。但其功率和发电量受自然条件限制小，只要发电设备正常，燃料充足，就可按额定装机容量发电。

（2）发电厂的效率与蒸汽参数有关，蒸汽参数越高，效率越高。即超临界压力电厂效率最高，高温高压电厂效率较高，中温中压电厂效率较低，低温低压电厂效

率更低。

（3）发电厂有最小技术功率的限制，有功功率调整范围比较小。因为负荷太小时，可能出现锅炉燃烧不稳定和自然循环锅炉汽水不畅等问题。按照《关于发电厂并网运行管理的意见》（电监市场〔2003〕23 号），统调 10 万 kW 及以上火电机组调峰能力原则上应达到额定容量的 50%。

（4）火电厂机组启停复杂，时间长，且需耗费大量的能源。负荷的调节也比较缓慢。

（5）热电厂效率较高，但与热负荷相适应的那部分发电功率是不可调节的强迫功率。

2. 水力发电厂

水力发电厂是利用天然水流的水能来生产电能，发电功率主要取决于河流的落差及流量，其特点主要有：

（1）水能是能够再生的无污染的能源，利用水能发电，可以节省大量的煤、石油和天然气，不需支付燃料费用，但造价高于火电厂。

（2）水电厂的功率和发电量，取决于水文条件和水库的调节性能，各年间或一年内都有程度不同的波动，此外还要受河流综合利用的限制和影响。

（3）水电厂的功率调整范围较宽，负荷调节速度很快，机组启停迅速方便，调整功率和启停都无须额外耗费能量。

3. 原子能发电厂

原子能发电厂是利用原子核裂变产生的能量，将水加热成蒸汽，用蒸汽冲动汽轮机，带动发电机发电。原子能发电厂与火电厂在构成上主要区别在于它用反应堆、蒸汽发生器等组成的核蒸汽发生系统代替蒸汽锅炉，其特点有：

（1）原子能发电厂的造价较高，发电成本与燃煤火电厂相差不大，但低于燃油火电厂；原子能发电厂没有挤占大量运输能力的问题。

（2）原子能发电厂承担急剧变动负荷能力差，投入、退出运行时间长，且需额外耗费能量，易损坏设备。

（3）原子能发电厂大约每年要更换一次燃料棒，一般要停运半个月左右，此外，由于原子能发电厂设备复杂，检修时间长，这些都需要在电网中设置较大的备用容量和调峰容量，同样由于核污染问题，退役后的处理费用也较大。

4. 抽水蓄能发电厂

随着电网的发展和人民生活水平的提高，电网峰谷差越来越大，再加上核电和大型火电厂的投入，更需要强大的调峰源，这就使得修建抽水蓄能发电厂势在必行。抽水蓄能电厂特点是利用低谷负荷时的电网剩余发电功率，从高程较低的下水库抽水到高程较高的上水库，把电能转换成水能储存起来；而在电网高峰负荷时，再从上水库放水发电。

目前工作水头在 600m 以下的抽水蓄能电厂大都采用可逆式机组，即机组在抽水时工作在电动机—水泵状态，在发电时工作在水轮机—发电机状态。抽水蓄能电厂有以下特点：

（1）抽水蓄能电厂的启停灵活，可以快速启动，负荷调节速度快，能在一两分钟内即可带满负荷。且抽水蓄能机组能快速由电动机—水泵工况转变为水轮一发电机工况。因此除调峰、调频外，还可作为旋转备用提供事故时的紧急功率支援，是电网中启停迅速，即使在其停运时仍是一种启动快速的备用电源此时还可以起调相机作用。

（2）抽水蓄能机组的循环效率一般为 70%～75%，但能起到削峰填谷的作用，能提高电网中其他发电设备利用率，减少电网中火电机组的启停次数。

（3）抽水蓄能机组具有无环境污染、厂用电小、运行人员少，可靠性高、调节经济性好等优点，有时还有利于水电站更好的发挥综合效益。

5. 风能电厂

风能是取之不尽、用之不竭的清洁能源。风电作为最清洁的能源之一，无污染、可再生，对节省煤炭、石油等常规能源具有非常重要的作用，同时在可再生能源中成本相对较低，因此拥有广阔的发展前景，但是其利用上的地域性和季节性，以及运行中所体现出的随机性及反调峰性等特点，使风电在电网总体电源容量中所占比例受到一定的限制，通过技术及管理手段提高电网对风电的接纳能力，是目前电网调度运行面临的一个重要课题。

6. 光伏发电

光伏发电是根据光生伏特效应原理，利用太阳电池将太阳光能直接转化为电能。光伏发电系统主要由太阳电池板（组件）、控制器和逆变器三大部分组成。

光伏并网发电系统分为集中式光伏并网发电系统和分散式光伏并网发电系统。

集中式大型并网光伏电站一般都是国家级电站，主要特点是将所发电能直接输送到电网，由电网统一调配向用户供电。但这种电站投资大、建设周期长、占地面积大，因而没有太大发展。

分散式小型并网光伏系统，特别是光伏建筑一体化发电系统，由于投资小、建设快、占地面积小、政策支持力度大等优点，是发达国家并网光伏发电的主流。但在中国因政策优惠措施不到位，目前还不算普及.这方面是在中国今后亟待政策配套大力推广的绿色新能源发展方向。分布式并网与集中式并网的区别如表 3–1–1 所示。

表 3–1–1　分布式并网与集中式并网的区别

区别	分布式并网	集中式并网
基本原则	主要基于建筑物表面，就近解决用户的用电问题，通过并网实现供电差额的补偿与外送	充分利用荒漠地区丰富和相对稳定的太阳能资源构建大型光伏电站，接入高压输电系统供给远距离负荷
优点	1. 光伏电源处于用户侧，发电供给当地负荷，视作负载，可以有效减少对电网供电的依赖，减少线路损耗。 2. 充分利用建筑物表面，可以将光伏电池同时作为建筑材料，有效减少光伏电站的占地面积。 3. 与智能电网和微电网的有效接口，运行灵活，适当条件下可以脱稿电网独立运行	1. 由于选址更加灵活，光伏功率稳定性有所增加，并且充分利用太阳辐射与用电负荷的正调峰特性，起到削峰的作用。 2. 运行方式较为灵活，相对于分布式光伏可以更方便地进行无功和电压控制，参加电网频率调节也更容易实现。 3. 建设周期短，环境适应能了强，不需要水源、燃煤运输等原料保障，运行成本低，便于集中管理，受到空间的限制小，可以很容易地实现扩容
缺点	1. 配电网中的潮流方向会适时变化，逆潮流导致额外损耗，相关的保护都需要重新整定，变压器分接头需要不断变换，等问题。 2. 电压和无功调节的困难，大容量光伏的接入后功率因数的控制存在技术型难题，短路电力也将增大。 3. 需要在配电网级的能量管理系统，在大规模光伏接入的情况下进行负载的同一管理。对二次设备和通信提供了新的要求，增加了系统的复杂性	1. 需要依赖长距离输电线路送电入网，同时自身也是电网的一个较大的干扰源，输电线路的损耗、电压跌落、无功补偿等问题将会凸显。 2. 大容量的光伏电站由多台变换装置组合实现，这些设备的协同工作需要进行同一管理，目前这方面技术尚不成熟。 3. 为保证电网安全，大容量的集中式光伏接入需要有 LVRT 等新的功能，这一技术往往与孤岛存在冲突

（二）各类电厂在电网中的作用

根据上述各类电厂的特点，各类电厂在电网日负荷曲线中的位置应为：

对水源缺乏或水源富余地区的枯水期，径流式水电厂、原子能电厂、热电厂与热负荷相适应的电功率以及高参数大型凝汽式电厂带基荷；部分蒸汽参数稍低的凝汽式电厂（和部分水电厂）带腰荷；抽水蓄能电厂、中温中压凝汽式电厂（或有一定调节水库的大型水电厂）带峰荷。

在丰水期，绝大多数水电厂、原子能电厂、热电厂与热负荷相适应的电功率以及高参数大型凝汽式电厂带基荷；部分蒸汽参数稍低的凝汽式电厂和少数有调节水库的水电厂带腰荷；抽水蓄能电厂、中温中压凝汽式电厂及个别有多年调节水库的水电厂带峰荷。

二、影响电厂功率的因素

这里主要介绍火力发电厂、水力发电厂、风力发电厂影响功率因素。核电厂受机组负荷调节能力差，只适合带基荷接近额定功率经济运行；至于太阳能、地热、潮汐、生物能等新能源发电厂，容量很小，这里不作介绍。

（一）影响火电厂功率的主要因素

火电机组通过锅炉、汽机、发电机，将燃煤储存的化学能转化为电能。其中任何一个环节出了问题都会影响到机组的功率，因为各个电厂实际情况不同，所以对负荷影响也不完全相同。

1. 煤质

煤质对火电机组的功率影响非常大。煤质差时，相同的煤量释放出来的能量会少很多，因此一台锅炉即使将给煤量加至最大，也很难达到额定功率。煤质差的时候不仅仅限制机组功率，而且由于燃烧差煤产生很多积灰、结焦和腐蚀性气体，对锅炉故障的加速发生、锅炉的寿命都会造成很大的影响。

2. 本体故障

锅炉、汽轮机、发电机出现异常，均会影响到机组功率。如当锅炉省煤器、水冷壁、过热器和再热器发生泄漏时，在泄漏不严重的情况下，如能维持汽包水位、主再热蒸汽压力，可以采用降压运行，适当降低负荷；高压加热器对给水温度有着重要的影响，高加退出时，只能降负荷运行。

3. 辅机故障

火电厂辅机故障对负荷同样会造成影响。

（1） 给煤机：直吹式制粉系统中原煤仓、给煤机不下煤，中间储仓式系统中的给粉机不下粉等，从而导致送到炉膛中的煤粉量不足，同样会限制机组的功率。

（2） 磨煤机：对正压直吹式制粉系统，磨煤机的停运对锅炉运行有很大的影响。对中间储仓式制粉系统，只要粉仓中的粉位足够高，停 1～2 台磨煤机对系统影响不大，而多台给粉机停运时则对机组功率影响很大。

（3） 引风机、送风机、一次风机：引风机、送风机和一次风机是火电机组非常重要的辅机之一，当单台引、送风机故障跳闸时，会影响 10%～20%的负荷。单台一次风机跳闸对负荷影响更大，因为一次风机的跳闸直接影响一次风量，也就是直接影响燃烧量，一般直接影响 10%～20%的负荷。

（4） 凝汽器真空度：当凝汽器中的真空度下降时，蒸汽的做功能力会下降，为了维持相同的功率就需要增加蒸汽量，从而对汽轮机的轴承造成更大的推力。因此凝汽器真空度下降对汽轮机的影响很大。

（5） 给水泵：火电机组一般配有 2 台 50%的气泵和 1 台 50%的电泵。正常运行时，2 台气泵各带 50%的负荷，当 1 台气泵故障，将会联启电泵，若 2 台气泵都故障，备用电泵可以带约 60%负荷。

（二）影响水电厂功率的因素

影响水电厂功率的因素从技术层面来说，包括转轮效率、水位、工作水头和过机流量等因素。水电厂的功率不仅受天气、水情等自然条件的影响，还要受到诸多社会因素的影响。

1. 水轮机转轮的效率

对水轮机的功率和电厂的效益影响重大，转轮效率也是水电厂设计、水轮机选型的关键参数，同时也是反映水轮机设计、制造水平的重要指标。

2. 水头影响

当上游水库水位不同时，运行机组的水头是不同的，因此当水库水位较低时，即使机组出库闸门开到最大，机组的功率也可能达不到最大。水电机组在发电过程中，下游的水位受到本厂下放流量和下级水库影响会有不同，因此下游的水位与设计尾水位会有不同。当下游水位会高于设计尾水位，造成一定的水头损失，从而限制了运行机组的功率。特别是对于工作水头一般较低贯流式机组影响更大。

3. 过机流量不足

额定水头时的过机流量不足，也是造成机组功率受限的主要原因。造成机组过机流量不足的原因包括水头、流道、转轮单位转轮、导叶桨叶协联关系等多方面因素。

4. 水库调度原则

根据国家的水库调度原则，水库调度不只是为了发电，还要考虑防洪、灌溉、航运、环保和养殖等，要力求最大综合效益。在汛期来临之前要考虑腾空库容，以避免大量来水造成弃水；汛期中应按防洪限制水位控制水库水位；汛期结束前要考虑停机蓄水。周边地区居民生活用水、工农业用水可能取自上游，对上游库区水位存在一定限制。水库下游可能有工作，对下游库区水位有要求。上下游可能需要通航，对发电流量、上下游库区水位可能有要求。上述因素都会对机组功率造成影响。

（三）影响风电机组功率的因素

风电受自然因素影响非常大，其两大因素如下：

（1）风能资源。由于风能的能量与风速的立方成正比，所以，风力发电机组的输出功率主要取决于风速的大小。而风速是随时变化的，因此风电机组的功率受风速的影响非常大。因此，风电场选址至关重要，一定要做好前期的测风工作。

（2）环境。风电场当地的地形、海拔、气温、气压、空气湿度等都能影响风电功率。

（四）影响光伏电厂功率的因素

光伏电站的发电量由装机容量、峰值小时数、系统效率三个因素决定。光伏电站发电量计算方法是理论年发电量=年平均太阳辐射总量×电池总面积×光电转换效率，但是由于各种原因影响，光伏电站实际发电量却没这么多，实际年发电量=理论年发电量×实际发电效率。

【思考与练习】

1. 各类电厂在电网中的作用是什么？
2. 影响火电厂及水电厂功率的因素主要有哪些？
3. 电网中的发电厂主要有几类？新能源发电厂有哪些？

模块 2 功率调整的注意事项（Z01E2001Ⅱ）

【模块描述】本模块介绍电厂功率调整的原则、方法及调整的注意事项。通过原理讲解、图形示意、案例介绍，掌握合理调整功率，保证发供电平衡的方法。以下着重介绍功率调整的注意事项。

【模块内容】

一、功率调整的注意事项

（一）保证电网安全稳定运行

（1）功率调整必须满足电网安全约束条件，不允许出现线路、变压器过载情况，不允许联络线潮流超过稳定限制运行。其运行方式要满足 GB 38755—2019《电力系统安全稳定导则》要求，满足 N–1 原则，即任一元件无故障或因故障断开，能保持电力系统稳定运行和正常供电，其他元件不过载，电压和频率均在运行范围内。当不满足这一条件时，应立即调整方式直到符合要求。

（2）功率调整应保证电能质量，满足频率及电压调整的需要。发用电平衡。各个电压中枢点电压在规定范围内。

（3）某些电厂开机方式和功率调整受到电压、保护、安全稳定的约束，功率调整应当注意开机方式应当满足这一约束。当电力系统经较弱联系向受端系统供电或受端系统无功电压不足时，还应调整方式，满足电压稳定需要。

（4）功率调整应留有足够的备用，满足备用容量需要。按照《国家电网公司电力生产事故调查规程》，区域电网、省网实时运行中备用有功功率不能小于下列数值：

电网发电负荷	备用有功功率（占电网发电负荷%值）
40 000MW 及以上	2%或系统内的最大单机容量
20 000～40 000MW	3%或系统内的最大单机容量
10 000～20 000MW	4%或系统内的最大单机容量
10 000MW 及以下	5%或系统内的最大单机容量

（5）单一联络线相连的两个系统，为避免联络线跳闸后出现频率稳定问题，应将该联络线潮流调低，满足频率稳定需要。

（6）功率调整时，要进行超短期负荷预测，带有前瞻性，考虑到负荷变化需要，及时开停机，调整功率调整策略。

（二）满足电网经济运行和节能调度需要

功率调整时，要注意各个发电厂的合理组合，满足电网经济运行和节能调度需要。

（1）充分合理地利用水利资源，尽量避免弃水，提高水能利用率。由于防洪、航运、给水等原因必须向下游放水时，所放水量应尽量用来发电。按照《可再生能源发电有关管理规定》（发改能源〔2006〕13 号），在确保电网安全稳定运行的情况下，保证可再生能源发电全额上网。

（2）努力降低系统的总煤耗，让效率高的机组多带负荷，给热电厂分配与热负荷相适应的电负荷，让效率高的机组带稳定负荷，效率低的中温中压机组带变动负荷。尽量减少功率损耗。

（3）执行国家的燃料政策，减少烧油电厂的发电量，增加烧劣质煤电厂和坑口电厂的发电量。

（4）适当选用电网旋转备用机组，充分发挥抽水蓄能机组的静、动态效益。

（三）满足“三公”调度需要

认真落实国网公司“三公”调度十项措施，严格执行购售电合同和并网调度协议，坚持依法公开、公平、公正调度。

二、案例分析

某地，水电/火电比例约为 1:1，水电主要集中在西部电网，东部为负荷中心，火电为主、东西部均有分布，正常情况下大量潮流通过联络线从西部向东部输送。某日上午，天气突然变化，出现大范围强降雨。受此影响，电网负荷急剧下降，导致水电功率无法带满，同时水电大量来水，即将出现弃水，需要进行功率调整。某电网结构示意图见图 3-2-1。

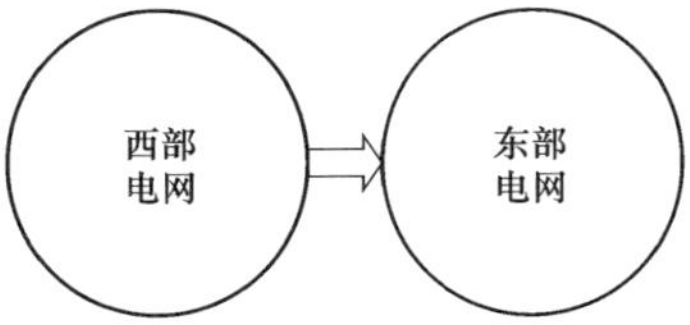

图 3-2-1 某电网结构示意图

分析：为避免或减少水电弃水，必须要加大水电发电方式，考虑到降雨时间比较长，还要防止径流式电站可能出现的功率降低以及排渍负荷增加。因此需要在保证安全的前提下停一部分火电机组，且要留有足够选择备用。

处理：协调负荷及来水，近期内均为该种天气，安排停部分火电机组，安排停机顺序为：优先停西部电网火电机组，东部电网机组尽量少停，将西部电网东送潮流控制在允许范围内。未停火电机组投油调峰，带最低负荷，以利水电多发，并为系统留出备用。到晚上，因降雨过大，径流式电站无水头，纷纷停机，加上部分地区因内涝开始将电泵排渍，将火电功率增加。既减少了水电弃水，又保证了电网安全。

【思考与练习】

1. 区域电网、省网实时运行中备用有功功率应大于多少？
2. 功率调整时，为保证电网安全稳定运行，应注意哪些事项？
3. 根据当地电网实际情况，针对网内电源功率调整方面安排 DTS 实训。

第四章

调整频率、合理安排备用

模块 1　影响频率的因素（Z01E4001 Ⅰ）

【模块描述】本模块分析影响电网频率的因素。通过原因分析、图形讲解、案例学习，掌握造成频率波动的原因。

【模块内容】

一、电网的功频静态特性

（一）负荷的频率静态特性调节效应

（1）负荷的频率静态特性。电网中，当电源与负荷失去平衡时，则频率将立即发生变化。由于频率变化。整个系统的负荷也将随频率的变化而变化。这种负荷随频率变化而变化的特性叫负荷的频率静态特性。负荷的频率静态特性可以用图 4–1–1 曲线表示。当电网频率变化时，此时电网负荷也随之发产生变化，随着频率的增高而增大，随着频率的降低而减小。一般由于负荷的功率特性中线性成分较大，与频率三次方及以上成正比的负荷所占成分较小，再加上电网的实际频率变化范围很小，因此在实际应用中，负荷的功频特性可用一条直线近似表示。

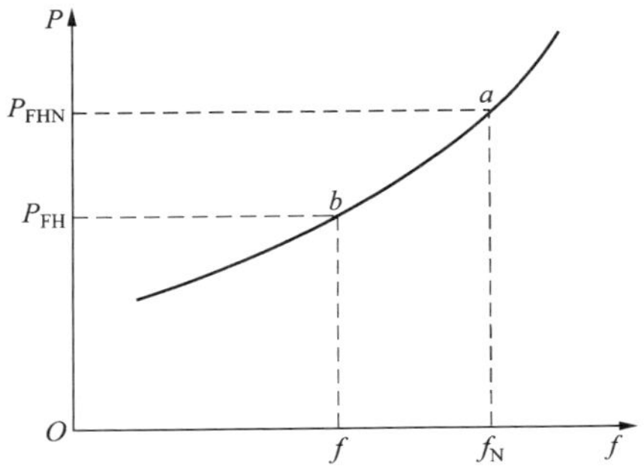

图 4–1–1　负荷的频率静态特性

（2）负荷的静态调节效应系数。当负荷的频率静态特性用线性方程表示时，负荷的静态调节效应系数 K_{FH} 可表示为

$$K_{FH} = \frac{\Delta P_{FH}\%}{\Delta f\%} \tag{4–1–1}$$

负荷的静态调节效应系数一般由试验求得。其数值的大小除与电网各类负荷比重有关外，还与电网负荷的大小有关。

（二）发电机静态频率调节效应

（1）发电机的功频静态特性（见图 4–1–2）。当电网有功功率平衡遭到破坏，引起频率发生变化时，发电机组的调速系统将自动地改变汽轮机的进汽量或水轮机的进水量以增减发电机组的功率，这种反应由频率变化而引起发电机组功率变化的关系，叫发电机调速系统的功频静态特性，发电机组的功频特性决定于发电机调速系统的功频静态特性。

（2）发电机调速系统功频静态频率调节效应系数 K_F 计算式如下

$$K_F = \frac{\Delta P_F\%}{\Delta f\%} \tag{4–1–2}$$

（三）电网功频静态特性

电网的功频静态特性取决于负荷的功频静态特性和发电机组的功频静态特性（见图 4–1–3）。由负荷的功频静态特性和发电机组的功频静态特性推导，可得出频率调节效应系数 K 为

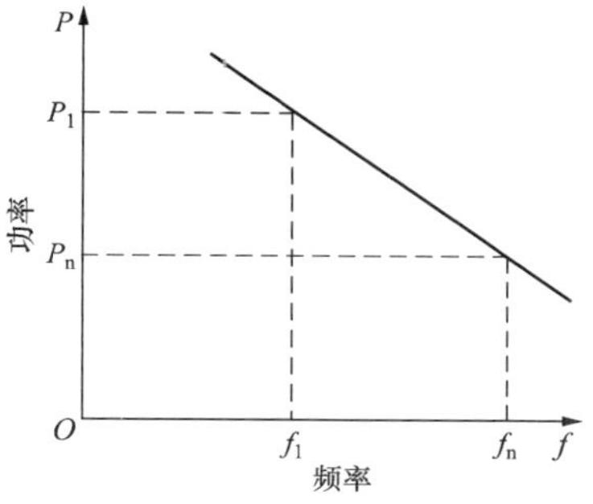

图 4–1–2　发电机的功频静态特性

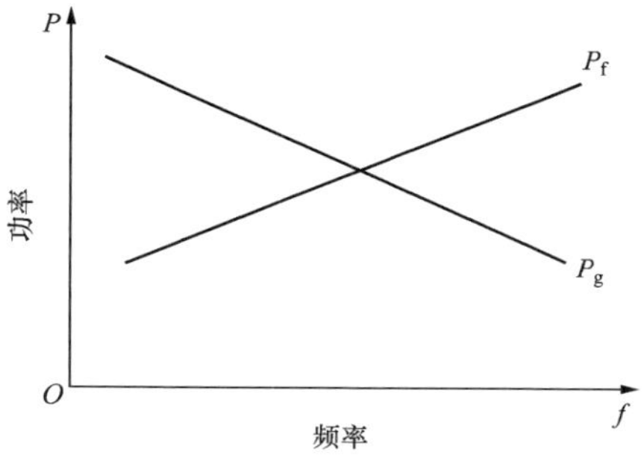

图 4–1–3　电网的频率静态特性

$$K = \frac{\Delta P\%}{\Delta f\%} = \rho K_F + K_{FH} \tag{4–1–3}$$

式中　$\Delta P\%$ ——电网有功功率变化的百分值；

$\Delta f\%$ ——电网频率变化量的百分值；

ρ ——备用容量占电网总有功负荷的百分值。

当电网有足够的备用容量时，发生功率缺额只会引起不大的频率下降；在同样功率缺额情况下，如无备用容量，则电网频率下降较大。

二、影响频率的因素

（1）发电机功率与负荷功率不平衡引起系统频率变化。当电网中的有功负荷变化时，系统频率也将发生变化。发电机的频率调整是由原动机的调速系统来实现的，当

系统有功功率平衡遭到破坏，引起频率变化时，原动机和调速系统将自动改变原动机的进汽（水）量，相应增加或减少发电机的功率。

（2）短路功率引起频率降低。系统发生三相短路时，在短路电流所流经的元件上都要消耗一定的有功功率，若 R_c、X_c 是系统基处至故体点的短路电阻和电抗，最严重的短路发生在 $R_c=X_c$ 处的三相短路，有功损耗为无功损耗的一半。对于容量在 300MW 以下的小系统，在低压网络内发生故障，且切除时间较长时，这种附加的功率损耗对系统的影响是不可忽略的；对于大容量系统，短路功率损耗的相对值较小，且切除故障时间较短，故短路有功损耗对频率的影响可忽略不计。

（3）系统振荡及异步运行引起频率变化。当系统振荡及异步运行时，由于均衡电流的流动而使有功损耗增加。随着电势夹角的增大，电流也增大。当电势夹角达到 180°时，电流达最大值，即相当于系统的电气中心发生三相短路一样，该电流在系统中引起的有功损耗是很大的，在功率缺额较大的受端系统将引起附加的频率降低。异步运行时，各发电机的频率不同而造成各点脉动电压频率不等。

（4）感应及同步电机反馈电压的频率变化。当供电线路切除时，受端变电站的电压不会立刻消失，这是由于同步电机和感应电机惯性转动而维持一个频率衰减的电压所致。同步电机在励磁断路器未断开情况下转动就如同发电机一样运行，感应电机也因系统有电容器而形成自激发电方式。一般情况下，感应电机在断开电源 2～2.5s 的时间内保持一个高于额定电压 20%左右的低电压。

三、案例分析

某电力系统总负荷为 5000MW，$K_{PH}=2$，正常运行时系统频率为 50Hz，所有发电机均满载运行，如果电力系统在发生事故后失去 500MW 的电源功率，不考虑低频减载动作，求系统的频率下降到多少？

分析：

$$\Delta f\% = \Delta P\% / K_{PH} = 0.1/2 = 0.05 \qquad (4\text{–}1\text{–}4)$$

则系统频率下降为 $f=50-50\times0.05=47.75$（Hz）

【思考与练习】

1. 某电力系统总负荷为 4000MW，$K_{PH}=1.5$，正常运行时系统频率为 50Hz，所有发电机均满载运行，如果电力系统在发生事故后失去 350MW 的电源功率，不考虑低频减载动作，求系统的频率下降到多少？

2. 影响频率的因素有哪些？

3. 何谓负荷的频率静态特性？何谓发电机的功频静态特性？

模块 2　频率调整的方法（Z01E4002Ⅱ）

【模块描述】本模块介绍电力系统频率调整的方法。通过概念讲解、调整方法介绍、案例分析和操作技能训练，掌握系统频率调整的方法。

【模块内容】

按照 GB/T 15945—2008《电能质量　电力系统频率允许偏差》规定，标准频率为 50Hz，对容量在 3000MW 以上的系统，频率允许偏差为（50±0.2）Hz，电钟指示与标准时间偏差不大于 30s，容量在 3000MW 以下的系统，频率允许偏差为（50±0.5）Hz，电钟指示与标准时间偏差不大于 1min。频率是电能质量的一个重要指标。

一、电网的调频方式

电网的调频方式分为一次调频和二次调频。为使负荷得到经济合理分配，达到运行成本最小目标，电力系统还进行三次调频。

1. 一次调频

电网的一次调频是指由发电机组调速系统的频率特性所固有的能力，是随频率变化而自动进行调整频率的有差调节过程。当频率偏离额定值时，将引起装在发电机大轴上汽轮机调速器转速感应机构的状态改变，气门或导水叶的开度随之发生变化，在不改变调速器变速机构位置的情况下，按机组的调差系数调整发电机有功功率。

一次调频特点是频率调整速度快，恢复频率及时，但调整量随发电机组不同而不同，且调整量有限，值班调度员难以控制。

2. 二次调频

电网的二次调频是指当电网负荷或发电机功率发生较大变化时，一次调频不能恢复频率至规定范围时采用的一种频率的无差调节过程。通过人工或自动调节装置改变调速器变速机构位置，使气门或导水叶的开度变化，达到调整发电机有功功率的目的，力图恢复频率至额定值。二次调频分为手动调频和自动调频两种方式。

（1）手动调频。在调频厂，由运行人员根据系统频率的变动来调节发电机的功率，使频率保持在规定范围内。手动调频的特点是反应速度慢，在调整幅度较大时，往往不能满足频率质量的要求，同时值班人员操作频繁，劳动强度大。

（2）自动调频。这是现代电网采用的调频方式，自动调频是通过装在发电厂和调度中心的自动装置随系统频率的变化自动增减发电机的发电功率，保持系统频率在较小的范围内波动。自动调频是电网调度自动化的组成部分，它具有完成调频、经济调度和系统间联络线交换功率控制等综合功能。

3. 三次调频

三次调频是为使负荷分配得经济合理，达到运行成本最小的目标，按最优化准则将区域所需的有功功率分配于各受控机组的调频方式。要实现机组经济负荷分配需要预先编制火电机组耗煤曲线和耗量微增率曲线，计算网损微增率。当水、火电机组同在一区域运行时，应先根据给定水耗量确定换算系数，再运用等微增率准则并考虑安全约束条件，最优分配有功功率。

二、频率调整的方法简介

1. 预留调整容量

调频前，应该根据日负荷计划，按预计负荷的增长和各个电厂计划功率变更的情况，预留出足够的调频容量。在负荷增长时期，主要预留上调空间；在负荷下降期间，主要预留下降空间。特别注意尖峰负荷和低谷负荷的负荷变化。在电力电量平衡时，不仅应考虑整个系统的电源与负荷的平衡，也应当考虑各地区的电源与负荷的平衡和联络线上输电功率的变化、电网稳定限制。当预计负荷与实际负荷相差较大时，应该进行超短期负荷预测，根据预测结果，修改发电厂计划，调整可调容量。当可调容量不够时，应当修改电厂功率、开停机组，保留足够的可调容量。

2. 指定调频电厂

主调频厂负责频率调整，频率监视厂的任务是按电网经济调度的原则进行电网调峰，以保证调频厂经常具有一定的频率调整容量。在水火电厂并存的电网中，一般选水电厂为主调频厂，大型火电厂中高效率机组带基荷，效率低的机组作为辅助调频厂。在水电大发季节，为多发水电，一般由水电厂带基荷，而火电厂调频。水电厂无论是带基荷或是调频都必须考虑防洪、航运、渔业、工业、人民生活用水等综合利用的要求。

3. 利用自动发电控制（automatic generation control，AGC）进行调频

就电网调频而言，在目前的现代化大电网中，仅靠主调频厂的调频容量和调整能力很难适应电网频率的调整要求。即使在同一时间内动用多个电厂参与调频，由于所需信息分散在各地难以综合考虑优化控制等原因，仅借发电厂的频率调整根本无法全面完成调整经济功率分配方面的任务，因此现代电网二次调频大多采用自动调频方式。自动调频不但速度快，可以保持电网频率在额定值上下允许范围内运行，而且可按最优原则分配参与二次调整的各台机组的功率，使电网潮流分布经济、安全，同时对联络线功率的控制也很有利。自动发电控制则可较好地完成该项任务。

4. 独立运行小电网调频

这种情况是指事故情况下，一台或多台机组带部分负荷与大电网解网，独立运行。其主要问题是小电网负荷不重，网内负荷波动和冲击对频率影响大，被迫进行调频机

组没有进行过调频，缺乏调频经验，火电机组可能运行在低于稳燃负荷的低负荷工况下，水电机组可能运行在振动区或气蚀区。网内自动装置未考虑频率波动大和调频需求，各机组间存在抢负荷现象，调速器不满足调频需求。此时频率调整需要注意以下情况：

（1）首先指定调频厂调频，其他电厂按照调度指令接带负荷。调频厂一般选择调频性能较好水电机组或有调频经验机组。

（2）孤网内所有机组 AGC 均退出。除指定调频厂外，其他电厂调速器均退出自动，以防止抢负荷。

（3）调度员调整网内负荷和电厂功率，可以采取加减非调频厂功率，开停小网内机组，拉闸限电等手段，给调频厂留出调整空间，水电厂调频要避开振动区、火电厂运行尽量在稳燃区间。

（4）频率不稳时，孤网内低频减载退出，以避免频率波动造成低频减载反复动作，造成负荷波动。

（5）孤网内对调频可能造成影响负荷，特别是冲击负荷要妥善处理。对于影响较大的负荷，可以采取停电、限制生产等措施。

（6）孤网运行电能质量差，供电可靠性低，安全风险大，长期运行还可能造成用户设备损坏，大负荷变动情况下可能会造成汽汽轮机损坏，因此有条件应尽快并网。

三、案例

某局部电网，当日实时负荷 500MW，内部有一装机 4×50MW 水电厂 A，开机方式为一台机运行，负荷 50MW；另有装机 2×600MW 火电厂 B，开机方式为一台机运行，负荷 550MW，该局部电网外送功率 100MW。因电网故障，对外联络线跳闸，该局部电网解列运行。

处理：

（1）立即通知电厂 A 为调频厂，负责小系统调频；并将电厂 A 备用机组全部开出，将电厂 A 的 AGC 退出。

（2）逐步调整电厂 B 功率，保证电厂 A 上下调节有足够负荷空间；将电厂 B 的 AGC 退出。

（3）通知在频率波动时损失负荷逐步恢复。

（4）及时操作将该局部电网并入系统，并收回调频权，恢复正常方式。

【思考与练习】

1. 正常情况下频率允许偏差是多少？
2. 频率调整的方法有哪些？
3. 事故情况下，解列后独立运行小电网调频要注意哪些问题？

模块3 主、辅调频厂的选择（Z01E4003Ⅱ）

【模块描述】本模块介绍电力系统主、辅调频厂的选择。通过概念描述、问题分析讲解、案例学习，掌握在不同运行情况下进行主、辅调频厂选择的方法。

【模块内容】

一、调频厂的分类

在电网中，所有有调整能力的发电机组都自动参与频率的一次调整。而为了使电网恢复于额定频率，则需要电网进行二次调频。同时为了避免在调整过程中出现过调或频率长时间不能稳定的现象，电网频率的二次调整就需要对电网中运行电厂进行分工和分级调整，即将电网中所有电厂分为主调频厂、辅助调频厂和非调频厂三类。主调频厂（一般是1～2个）负责全电网的频率调整（即二次调频）工作，辅助调频厂也只有少数几个，只在电网频率超出某一规定值后才参加频率调整，其余大多数电厂则都是非调频厂，在电网正常运行时，按预先给定的负荷曲线带固定负荷。

二、调频厂及负荷监视厂的任务

调频厂必要时分为主调频厂和辅助调频厂，其余不参与调频电厂负责进行负荷监视。

1. 调频厂的任务

主调频厂应经常保持系统频率不超过运行范围，因此应有一定的可调容量，辅助调频厂当发现频率超过（50±0.2）Hz时，应立即进行调整，使其恢复至（50±0.2）Hz内，频率调整厂无调整容量时应立即报告调度。

2. 负荷监视厂的任务

负荷监视厂的任务是按电网经济调度的原则进行电网调峰，以保证调频厂经常具有一定的频率调整容量。为此要求：

（1）认真执行日调度负荷曲线，包括开停机炉或少蒸汽运行调峰。各厂自行按计划曲线增减功率或按调度命令增减功率。

（2）当系统频率超过±0.2Hz，不见恢复时应立即主动调整功率，并报告调度。

通常系统的主辅调频厂是固定不变的，只有在系统内水火电厂并存时，才会出现较多变更主调频厂的情况。

如果日负荷计划编制准确，同时各电厂又都能按发电计划（或根据调度员指令）调整各自功率时，主调频厂是能够随时调整系统的频率并使其不超过允许的波动范围的，但由于种种原因，往往会出现负荷和电厂功率与计划有出入的现象。这种情况下，调度员就应根据系统情况随时修改和调整有关电厂的功率，保证主调频厂有足够的调整容量和频率正常。

三、调频厂的选择

主调频厂负责电网频率调整，所以主调频厂选择的好坏直接关系到频率的质量。一般选择主调厂时，应考虑以下问题：

（1）主调频厂需具有足够的调频容量和调频范围。

（2）主调频厂需具有与负荷变化相适应的调整速度。

（3）主调频厂在调整功率时应符合安全及经济运行的原则。

（4）主调频厂在调整功率时不应引起有关联络线过负荷跳闸或失去稳定运行。

（5）主调频厂在调频时引起的电压波动应在允许范围内。

在水、火电厂并存的电网中，一般选水电厂为主调频厂，大型火电厂中高效率机组带基荷，效率低的机组可作为辅助调频厂。因为水电厂调频不仅速度快和操作简便，而且调整范围大，只受发电机容量的限制，基本上不影响水电厂的安全运行。

火电厂调频不仅受到汽机和锅炉功率增减速度的限制，而且还受到锅炉最低功率的限制。汽机增减负荷速度主要受到汽机各部分热膨胀的限制，特别是高温高压机组在这方面要求更严，锅炉增减功率一般要比汽机快些。但与燃料质量关系很大。供热机组不适宜调频，因为供热机的功率要受抽汽量的限制。

在水电大发季节，为多发水电，一般由水电厂带基荷，而由火电厂调频。水电厂无论是带基荷或是调频，都必须考虑防洪、航运、渔业、工业、人民生活用水等综合利用的要求。

四、案例

如图 4–3–1 所示系统，某电网包括可分为东部电网和西部电网，电厂主要集中在西部电网，负荷集中在东部电网，东西部电网间通过联络线相连，联络线上有稳定控制。现电厂 A、C 为大型节水电厂，调节能力较强，电厂 B 为径流式水电厂，电厂 D 为火电厂，请选择调频厂。

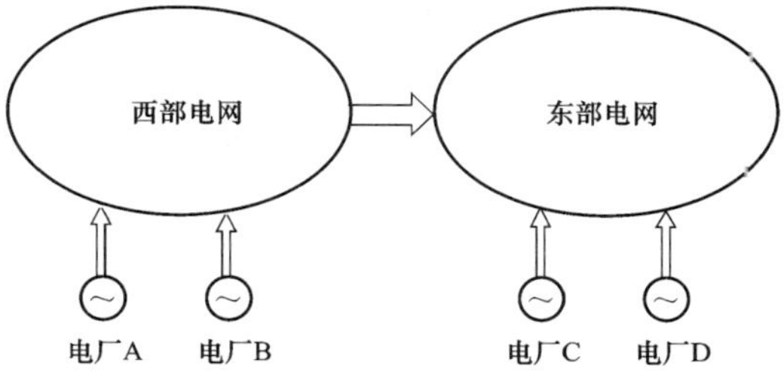

图 4–3–1　某电网结构示意图

分析：首先，由于水电厂调节性能要好于火电厂，优先选择水电作为调频厂，将电厂 D 排除；其次，在水电厂中，径流式电厂调节性能不好，因此将电厂 B 排除。电厂 A、C 均具备较好的调节性能，能够满足调频需要，但电厂 C 处在受端东部网络中，西电东送通道有稳定限制，如果用电厂 C 调节，有可能将联络线潮流加重，导致过稳定限制。

处理：指定西部电网中电厂 A 调频。

【思考与练习】

1. 调频厂如何分类？
2. 如何选择调频厂？
3. 调频厂及负荷监视厂的任务是什么？

模块 4 自动发电控制（Z01E4004Ⅱ）

【模块描述】本模块介绍自动发电控制（AGC）的基本知识。通过功能介绍、控制方式讲解和案例学习，掌握 AGC 的控制方式，并能熟练使用 AGC 进行电网的调峰、调频。

【模块内容】

一、AGC 的基本功能

随着电网的发展，仅靠主调频厂的调频容量很难适应电网频率的调整要求，即使在同一时间内动用多个电厂参与调频，由于所需信息分散在各地难以综合考虑优化控制，无法全面完成调整经济功率分配方面的任务，因此现代电网二次调频大多采用自动调频方式，自动调频不但速度快，可以保持电网频率在额定值上下允许范围内运行，而且可按最优原则分配参与二次调整的各台机组的功率，使电网潮流分布经济、安全，同时对联络线功率的控制也很有利。中国目前电网自动化能量管理系统（EMS）中的自动发电控制（AGC），则可较好地完成下列任务：

（1）调整全网的发电功率使之与负荷需求的供需静态平衡，保持电网频率在正常范围内运行。

（2）在联合电网中，按联络线功率偏差控制，使联络线交换功率在计划值允许偏差范围内波动。

（3）在 EMS 系统内，AGC 在安全运行前提下，对所辖电网范围内的机组间负荷进行经济分配，从而作为最优潮流与安全约束、经济调度的执行环节。

（4）在电网故障时，AGC 将自动或手动退出运行。而在非事故情况下，当电网出现功率缺额和频率下降，或当电网负荷下降且频率上升时，AGC 均可具有自动开停机组的功能。因此若抽水蓄能电厂采用 AGC 及其自动开停机或转换运行工况的功能，将大大增加抽水蓄能机组的事故备用和调峰作用。

二、电厂 AGC 控制模式设定

（一）AGC 电厂端的控制环节主要方式

1. 水电厂的单机控制方式

这种控制方式调度中心直接控制单机。该方式下由于调度中心的 AGC 程序不能充分考虑水轮发电机间的经济分配，一定程度上影响电厂经济运行的积极性。

2. 水电厂的集中控制方式

水电厂的集中控制方式主要建立在水电厂有比较成熟的计算机的基础上，调度中心 AGC 的控制命令为全厂总的功率设定值，传送到水电厂计算机监控系统的上位机，然后由厂站计算机系统根据机组的经济运行原则并考虑各种机组限值，将总功率命令分配给各机组。

对梯级水电站可以通过电流域计算机控制系统的上位机实现 AGC 系统分级分层过程控制。调度中心 AGC 的控制命令为流域总的功率设定值，传送到流域计算机控制系统的上位机，然后由流域计算机系统根据梯级水电站的经济运行原则并考虑各种约束，将总功率命令分配给各梯级水电站厂内计算机控制系统的上位机。

3. 火电厂的单机控制方式

火电厂一般采用单机控制方式，每个 PLC 控制着一台机组。火电机组的控制系统比较复杂，不但机炉相互配合方式比较多，而且涉及众多的辅机系统。一般说来火电厂的机组是经机炉协调控制系统（coordinated control system，CCS）进行控制的，CCS 对于机、炉、电复杂的运行工况具有完整的监视和控制功能，对远方调度中心下达的 AGC 指令有监视和保护措施，机炉的调节特性和跟踪负荷的能力较强。对于未配置 CCS 的火电机组，可以安装火电机组调功装置，接收调度端的日计划负荷曲线并按计划曲线运行，必要时也可参与 AGC 闭环控制的次紧急和紧急调节。

4. 火电厂的集中控制方式

火电厂机组综合自动化改造完成后，由分布式控制系统（distribution control system，DCS）对全厂每台机进行综合协调控制和经济负荷分配。调度中心 AGC 的控制命令为全厂总的功率设定值，传送到分布式控制系统 DCS 的上位机，然后由 DCS 根据机组的经济运行原则并考虑各种机组限值，将总功率命令分配给各机组。

（二）电厂 AGC 运行状态

以某省电网 AGC 为例，AGC 可能处于下面几种工作状态，其中一部分状态由调度人员根据需要来选择，另一部分是由于某些原因不能正常执行，由程序自动设置的。

（1）在线状态（RUN）。AGC 在这种工作状态下，所有功能都投入正常运行，进行闭环控制。

（2）离线状态（STOP）。AGC 在这种工作状态下，对机组的控制信号均不发送，但测量监视、ACE 计算、AGC 性能监视等功能投入正常运行，可以在画面上监视所有工作情况和运行数据，接受调度人员更改数据。离线状态 STOP 可以由调度人员手动转换成在线状态 RUN。

（3）暂停状态（PAUS）。暂停状态并非调度人员选择的状态，而是由于无有效的频率量测使得 AGC 不能可靠的执行其功能而设置的暂时停止状态，在给定的时间内，一旦得到可靠的测量数据，立即恢复原工作状态。但如果在规定的时间内不能得到可靠的测量数据，则自动转至离线状态。暂停状态与离线状态执行同样的功能。

（三）机组的调节模式

按照机组的特性和在电网中的地位，调度员可以将各机组 AGC 承担调节功率模式分为以下几种，从而可以让不同的机组承担不同的调节作用。

（1）O（off-regulated）。该机组在任何情况下都不承担调节功率。

（2）R（regulated）。该机组在任何需要的情况下，无条件承担调节功率。

（3）A（assistant）。当控制区域处于次紧急调节区域或紧急调节区域时，该机组才承担调节功率。

（4）E（emergency）。当控制区域处于紧急调节区域时，该机组才承担调节功率。

三、电厂 AGC 考核

《并网发电厂辅助服务管理暂行办法》（电监市场〔2006〕43 号）中，规定了对并网发电机组提供 AGC 服务的考核内容，包括 AGC 机组的可用率、调节容量、调节速率、调节精度和响应时间进行考核。

在 DL/T 1040—2007《电网运行准则》中规定，拟并网的 200MW（新建 100MW）及以上火电和燃气机组，40MW 及以上水电机组和抽水蓄能机组应具备 AGC 功能，参与电网闭环自动发电控制，并要求 AGC 各项指标应满足 DL/T 1040—2007 和并网调度协议要求。DL/T 1040—2007 中各项指标如下：

1. AGC 机组的可用率

发电机组 AGC 可用率不应低于 90%。

2. AGC 调节范围

火电和燃气机组的 AGC 最大调节范围为 50%～100%机组额定功率，全厂调节的水电厂调节范围为 0～100%全厂额定功率，实际运行中应避开调节范围内的振动区和空蚀区。

3. 调节速率和响应时间

（1）采用直吹式制粉系统的火电机组：

1）AGC 调节速率不小于每分钟 1%机组额定有功功率。

2）AGC 响应时间不大于 60s。

（2）采用中储式制粉系统的火电机组：

1）AGC 调节速率不小于每分钟 2%机组额定有功功率。

2）AGC 响应时间不大于 40s。

【思考与练习】

1. AGC 的基本功能是什么？

2. DL/T 1040—2007《电网运行准则》规定电厂 AGC 各项指标是多少？

3. AGC 电厂端的控制环节主要方式有哪些？

模块 5　电网的备用容量（Z01E4005Ⅱ）

【模块描述】本模块介绍电网备用容量的相关内容。通过定义讲解、条文解释、计算举例，掌握根据电网运行情况合理分配电网备用容量的方法。

【模块内容】

一、备用容量的作用

电网备用容量是指电网为在设备检修、事故、调频等情况下仍能保证电力供应而设的备用容量。

电网中的负荷一直处在变动之中，当电网出现电源故障（包括电力输送环节的故障）致使电网运转电源容量不足时，旋转备用、冷备用机组能否及时投入运行，抽水蓄能机组能否迅速从抽水转换成发电工况，限制对预先协议调荷用户的供电能否实现等因素，决定着电网频率能否迅速回升至正常值。当电网中大用户由于自身故障等原因突然中断受电时，调频调峰机组能否及时相应地减小功率，抽水蓄能机组能否快速转换成抽水工况；频率升高过多时，电源的超速保护能否快速切除部分机组，都对保证机组运行安全和电网频率质量起着决定性的作用。同样日常运行调度的负荷预报、检修及冷、热（旋转）备用的安排，线路检修及网络接线的方式变更等，在电源电力、电量和负荷需求平衡的状态上，若负荷预报误差太大或调度安排不当，一样会影响电网运行的频率。从频率偏离正常值允许的幅值和对设备安全威胁程度来看，高频率比低频率更具有危害性，因此调度运行必须采取果断的措施迅速予以遏制。

电网中电源容量大于发电负荷的部分称为电网电源备用容量。电网电源备用容量分为有功功率备用容量和无功功率备用容量。只有有了备用容量，电网在各种情况下，如负荷预测偏差、大机组跳闸、电网事故等，才能及时调整电网频率，保证电能质量和电网安全、稳定的运行，保证对用户可靠供电，也才有可能按最优化准则在各发电机组间进行有功功率的经济分配。

除电源备用外，为应对以下情况，还应该留有用电负荷备用。用电负荷备用要求日计划安排任何时刻发电机组必须都有一定下调容量，以满足以下情况。

（1）负荷预测不准，实际负荷低于预计负荷，导致低谷期间无下调空间。

（2）因各种原因，导致发电方式需要作出大的调整，如突然大量来水，为避免弃水或防汛要求水电方式加大，停火电机组时间上不能满足要求。

（3）大负荷切除。因冶炼等高能耗企业内部故障或送电线路跳闸，导致系统负荷大量损失。

目前，一般把电源备用称为正备用，而把用电负荷备用称为负备用。本模块主要讨论电源备用，以下备用容量均为电源备用容量。

二、备用容量的分类及设置标准

（一）备用容量分类

电网有功备用容量按设置的目的可分为负荷备用、事故备用、检修备用和国民经济发展备用。

1. 负荷备用

为满足电网中短时负荷波动和计划外的负荷增加而设置的备用容量。按照 SD 131—1984《电力系统技术导则（试行）》规定，负荷备用容量是指接于母线且立即可以带负荷的旋转备用容量，用以平衡瞬间负荷波动与负荷预计误差。负荷备用容量一般由水电机组（包括抽水蓄能机组）或火电机组承担。

2. 事故备用

当电网中发电设备发生偶然事故时，为保证电网正常供电而设置的备用容量。事故备用的大小与电网容量的大小、机组功率的多少、单机容量的大小、电网中各类电厂的比重和电网供电可靠性的要求等因素有关。按照 SD 131—1984，事故备用容量是指在规定时间内（如 10min 内），可供调用的备用容量。其中至少有一部分（如 50%）是在系统频率下降时能自动投入工作的备用容量。

3. 检修备用

为保证电网的发电设备定期进行大修不影响电网正常供电而设置的备用容量。检修备用的大小，应按有关规程要求安排的电网年度检修计划确定，只有当季节性负荷低落所空出的容量及水、火电机组丰、枯季互补容量不足以保证全部机组周期性检修时，才需要设置检修备用容量。按照 SD 131—1984，检修备用容量一般应结合系统负荷特点，水火电比重，设备质量，检修水平等情况确定，以满足可以周期性地检修所有运行机组的要求。具体数值与负荷性质、机组台数、设备状况、检修工期等有关。

4. 国民经济备用

考虑电力工业的超前性和负荷超计划增长而设置的备用。国民经济备用的大小与国民经济发展状况有关，一般约为最大发电负荷的 3%～5%。

（二）备用容量设置标准（按照电网大小）

按照《电网调度管理条例实施办法》，跨省电网管理部门和省级电网管理部门编制发电、供电计划以及调度机构编制发电、供电调度计划时，应当留有备用发电设备容量，分配备用容量时应当考虑电网的送（受）电能力。备用容量包括负荷备用容量、事故备用容量、检修备用容量。电网的总备用容量不宜低于最大发电负荷的 20%，各种备用容量宜采用如下标准：

（1）负荷备用容量。一般为最大发电负荷的 2%～5%，低值适用于大电网，高值适用于小电网。

（2）事故备用容量。一般为最大发电负荷的 10%左右，但不小于电网中一台最大机组的容量。

（3）检修备用容量。一般应当结合电网负荷特点，水、火电比例，设备质量，检修水平等情况确定，一般宜为最大发电负荷的 8%～15%。

电网如果不能按上述要求留足备用容量运行时，应当经电网管理部门同意。

（三）电网备用容量的形式

电网备用容量按存在形式可分为热备用和冷备用。热备用又叫旋转备用，是旋转中的所有发电机组最大可能功率与电网发电负荷之差。冷备用是电网中处于停机状态但可随时待命启动的发电设备可能发出的最大功率。之所以需要热备用，是因为负荷备用和事故备用都是很短时间就要求提供的备用，而冷备用并入电网发出额定功率，短则几分钟，长则十多个小时，不能满足负荷要求。

从保证可靠性供电和良好的电能质量着眼，显然热备用越大越好，但热备用过大，运行机组台数多，经济性不好。考虑到在高峰负荷时发电设备出现事故的概率较少，部分负荷备用和事故备用容量可以通用，因此热备用的大小取为负荷备用加一部分事故备用即可满足要求。

（四）事故调查规程中对运行中备用功率大小的规定

根据相关规定，区域电网、省网实时运行中的备用有功功率小于下列数值，且时间超过 2h，为一般电网事故：

电网发电负荷	备用有功功率（占电网发电负荷%值）
40 000MW 及以上	2%或系统内的最大单机容量
20 000～40 000MW	3%或系统内的最大单机容量
10 000～20 000MW	4%或系统内的最大单机容量
10 000MW 及以下	5%或系统内的最大单机容量

备用有功功率是指接于母线且立即可以带负荷的旋转备用功率（含能立即启动的

水电机组及燃气机组）。

三、案例

某省网高峰发电负荷为15 000MW，最大单机容量为600MW，某日最大可调功率为16 500MW，出现一台600MW火电机组爆管事故停机，此时备用容量是否足够？如果此时第二台600MW火电机组事故停运，备用容量是否足够？

分析：当一台容量为600MW机组停运后，该电网可调功率仍有15 900MW，备用容量达到900MW，符合要求。

当第二台600MW机组事故停运，其可调功率仅仅15 300MW，备用容量为300MW；备用容量不足。

【思考与练习】

1. 备用容量的作用是什么？

2. 某省网发电负荷为5000MW，最大单机容量为600MW，其备用容量不应低于多少？

3. 备用容量的分类是什么？

第五章

消除谐波

模块1　谐波产生的原因及对电力系统的影响（Z01E5001Ⅱ）

【模块描述】本模块介绍谐波产生的原因及其对电力系统的影响。通过定义解释、原因分析及对各种设备影响的讲解，了解电网谐波产生的原因及其对电网的危害。

【模块内容】

一、谐波定义及产生的原因

近年来，随着科学技术的不断发展，电力电子技术的不断采用，晶闸管整流和换流技术得到了广泛应用，如在电力系统中，大功率换流设备和调压装置的利用、高压直流输电的应用、大量非线性负荷的出现以及供电系统本身存在的非线性元件等，非线性负荷从电网中吸收非正弦电流，使得系统中的电压波形畸变越来越严重，对电力系统造成了很大的危害。

（一）谐波的定义

对电网周期性非正弦电量进行傅里叶级数分解，除了得到与电网基波频率相同的分量，还得到一系列大于电网基波频率的分量，这部分分量称为电网谐波。电网中有时也存在非整倍数谐波，称为非谐波（non–harmonics）或分数谐波。谐波频率与基波频率的比值称为谐波次数。

（二）谐波产生的原因

高次谐波产生的根本原因是电力系统中某些设备和负荷的非线性特性［即所加的电压与产生的电流不成线性（正比）关系］而造成的波形畸变。

1. 电网谐波来源

（1）发电源质量不高产生谐波。由于发电机制造工艺的问题，致使电枢表面的磁感应强度分布稍稍偏离正弦波，因此，产生的感应电动势也会稍稍偏离正弦电动势，即所产生的电流稍偏离正弦电流。

（2）输配电系统产生谐波。供电系统本身存在的非线性元件是谐波的又一来源。

这些非线性元件主要有变压器励磁支路、交直流换流站的可控硅控制元件、晶闸管控制的电容器、电抗器组等。

（3）用电设备产生的谐波。由于用电设备的非线性，而电流流经非线性负载时，则负载上电流为非正弦电波，即产生了谐波。

换流设备、调压装置、电气化铁道、电弧炉、荧光灯、家用电器以及各种电子节能控制设备等是电力系统谐波的主要来源。这些设备的谐波含量决定于它本身的特性和工作状况，基本上与电力系统参数无关，可视为谐波恒流源。

2. 电力系统的谐波源主要类型

（1）铁磁饱和型：各种具有铁磁饱和特性的铁芯没备，如变压器和电抗器等，其铁磁饱和特性呈现非线性。

（2）电子开关型：各种电力电子元件为基础的开关电源设备，主要为各种交直流换流装置（整流器、逆变器）以及大容量的电力晶闸管可控开关设备等，在化工、冶金、矿山、电气铁道等大量工矿企业以及家用电器中广泛使用，并正在蓬勃发展；在系统内部，如直流输电中的整流阀和逆变阀等。

（3）电弧型：各种具有强烈非线性特性的电弧为工作介质的设备，冶炼电弧炉在熔化期间以及交流电弧焊机在焊接期间，其电弧的点燃和剧烈变动形成的高度非线性，使电流不规则的波动。其非线性呈现电弧电压与电弧电流之间不规则的、随机变化的伏安特性。

二、谐波对电力系统影响

在目前的电力系统中，由于大量采用电力牵引机车、变频器、开关电源等各种电力电子装置以及电弧炉等为代表的各种非线性用电设备，致使电网谐波严重超标，对电力系统和用电设备的安全运行造成了极大的伤害。

供电系统中的谐波危害主要表现为以下方面。

（一）增加了发、输、供和用电设备的附加损耗，使设备过热，降低设备的效率和利用率

由于谐波电流的频率为基波频率的整数倍，高频电流流过导体时，由于集肤效应的作用，使导体对谐波电流的有效电阻增加，从而增加了设备的功率损耗、电能损耗，使导体的发热严重。

1. 对旋转电机的影响

谐波对旋转电机的危害主要是产生附加的损耗和转矩。由于集肤效应、磁滞、涡流等随着频率的增高而使在旋转电机的铁芯和绕组中产生的附加损耗增加。谐波电流产生的谐波转矩对电动机的平均转矩的影响不大，但谐波会产生显著的脉冲转矩，可能出现电机转轴扭曲振动的问题。这种振荡力矩使汽轮发电机的转子发生扭振，并使

汽轮机叶片产生疲劳循环。

2. 对变压器的影响

谐波电流使变压器的铜耗增加。3 次及其倍数次谐波对三角形连接的变压器，会在其绕组中形成环流，使绕组过热；对全星形连接的变压器，当绕组中性点按地，而该侧电网中分布电容较大或者装有中性点接地的并联电容器时，可能形成 3 次谐波谐振，使变压器附加损耗增加。由于以上两方面的损耗增加，因此要减少变压器的实际使用容量。除此之外，谐波还导致变压器噪声增大。

3. 对输电线路的影响

谐波对于输电线路影响在于网损增大、谐波谐振引发谐波过电压。由于输电线路阻抗的频率特性，线路电阻随着频率的升高而增加。在集肤效应的作用下，谐波电流使输电线路的附加损耗增加。输电线路存在着分布的线路电感和对地电容，它们与产生谐波的设备组成串联回路或并联回路时，在一定的参数配合条件下，会发生串联谐振或并联谐振。

对于电力电缆线路，由于电缆的对地电容比架空线路约大 10～20 倍，而感抗约为架空线路的 1/2～1/3，因此更容易激励出较大的谐波谐振和谐波放大，造成绝缘击穿的事故。同时由于谐波次数高频率上升，再加之电缆导体截面积越大趋肤效应越明显，从而导致导体的交流电阻增大，使得电缆的允许通过电流减小。

4. 对电力电容器的影响

谐波对电力电容器的影响主要在加速电容器的老化。当电网存在谐波时，投入电容器后其端电压增大，通过电容器的电流增加得更大，使电容器损耗功率增加，使电容器异常发热，在电场和温度的作用下绝缘介质会加速老化。随着谐波电压的增高，从而容易发生故障和缩短电容器的寿命。另外，电容器的电容与电网的感抗组成的谐振回路的谐振频率等于或接近于某次谐波分量的频率时，就会产生谐波电流放大，使得电容器因过热、过电压等而不能正常运行。在谐波严重的情况下，还会使电容器鼓肚、击穿或爆炸。

此外，谐波的存在往往使电压呈现尖顶波形，尖顶电压波易在介质中诱发局部放电，且由于电压变化率大，局部放电强度大，对绝缘介质更能起到加速老化的作用，从而缩短电容器的使用寿命。一般来说，电压每升高 10%，电容器的寿命就要缩短一半左右。

（二）影响继电保护和自动装置的工作和可靠性

谐波对电力系统中以负序（基波）量为基础的继电保护和自动装置的影响十分严重，这是由于这些按负序（基波）量整定的保护装置，整定值小、灵敏度高。如果在负序基础上再叠加上谐波的干扰则会引起发电机负序电流保护误动、变电站主变压器的复合电压启动过电流保护装置负序电压元件误动，母线差动保护的负序电压闭锁元件误动及线路各种型号的距离保护、高频保护、故障录波器、自动准同期装置等发生误动，严重威胁电力系统的安全运行。

（三）使测量和计量仪器的指示和计量不准确

电力计量装置都是按 50Hz 标准的正弦波设计的，当供电电压或负荷电流中有谐波成分时，会影响感应式电能表的正常工作。在有谐波源的情况下，谐波源用户处的电能表记录了该用户吸收的基波电能并扣除一小部分谐波电能，从而谐波源虽然污染了电网，却反而少交电费；而与此同时，在线性负荷用户处，电能表记录的是该用户吸收的基波电能及部分的谐波电能，这部分谐波电能不但使线性负荷性能变坏，而且还要多交电费。电子式电能表更不利于供电部门而有利于非线性负荷用户。

（四）干扰通信系统的工作

电力线路上流过的 3、5、7、11 等幅值较大的奇次低频谐波电流通过磁场耦合，在邻近电力线的通信线路中产生干扰电压，干扰通信系统的工作，影响通信线路通话的清晰度，甚至在极端情况下，还会威胁通信设备和人员的安全。另外高压直流（HVDC）换流站换相过程中产生的电磁噪声（3～10kHz）会干扰电力载波通信的正常工作，并使利用载波工作的闭锁和继电保护装置动作失误，影响电网运行的安全。

（五）对用电设备的影响

谐波会使电视机、计算机的图形畸变，画面亮度发生波动变化，并使机内的元件出现过热，使计算机及数据处理系统出现错误。对于带有启动用的镇流器和提高功率因数用的电容器的荧光灯及汞灯来说，会因为在一定参数的配合下，形成某次谐波频率下的谐振，使镇流器或电容器因过热而损坏。对于采用晶闸管的变速装置，谐波可能使晶闸管误动作，或使控制回路误触发。

对电力系统中大量采用的异步电动机，谐波的影响主要是增加了电动机的附加损耗，降低效率，严重时使电动机过热。对低压开关设备如全电磁型的断路器、热磁型的断路器、电子型的断路器等低压电器，都可能因谐波产生误动作。对于漏电断路器来说，由于谐波汇漏电流的作用，可能使断路器异常发热，出现误动作或不动作。

【思考与练习】

1. 谐波的定义是什么？
2. 电网中谐波的来源主要是什么？
3. 谐波对用电设备的影响是什么？

模块 2　消除谐波的方法（Z01E5002Ⅱ）

【模块描述】本模块介绍谐波的治理标准和消除谐波的方法。通过背景解释、方法讲解、案例学习，了解电网谐波的限制值，熟悉消除谐波的各种方法。

【模块内容】

一、谐波治理标准

1993 年，中国颁布了限制电力系统谐波的 GB/T 14549—1993《电能质量　公用电网谐波》，规定了公用电网谐波电压限值（见表 5–2–1）。

表 5–2–1　公用电网谐波电压（相电压）限值

电网标称电压（kV）	电压总谐波畸变率（%）	各次谐波电压含有率（%）	
		奇次	偶次
0.38	5.0	4.0	2.0
6	4.0	3.2	1.6
10			
35	3.0	2.4	1.2
66			
110	2.0	1.6	0.8

二、消除谐波的方法

在电力系统中对谐波的抑制就是如何减少或消除注入系统的谐波电流，以便把谐波电压控制在限定值之内，抑制谐波电流主要有三方面的措施。

（一）降低谐波源的谐波含量

谐波源上采取措施，最大限度地避免谐波的产生。这种方法比较积极，能够提高电网质量，可大大节省因消除谐波影响而支出的费用。具体方法如下：

（1）增加整流器的脉动数。整流器是电网中的主要谐波源，脉冲数增加，谐波电流将减少。因此，增加整流脉动数，可平滑波形，减少谐波。

（2）采用脉宽调制法。采用 PWM（pulse width modulation），在所需的频率周期内，将直流电压调制成等幅不等宽的系列交流输出电压脉冲可以达到抑制谐波的目的。

（3）三柞整电流互感器压器采用 Yd 或 DY 的接线。当两台以上整电流互感器压器由同有一段母线供电时，可将整电流互感器压器一次侧绕组分别交替接成 Y 形和△形，这就可使 5、7 次谐波相互抵消，而只需考虑 11、13 次谐波的影响，由于频率高，波幅值小，所以危害性减小。这种接线也可以消除3的倍数次的高次谐波。

（二）在谐波源处吸收谐波电流

这类方法是对已有的谐波进行有效抑制的方法，这是目前电力系统使用最广泛的抑制谐波方法。主要方法有：

（1）装设滤波器。装设无源或者有源滤波器，阻止该次谐波流入电网，达到抑制谐波目的。

（2）防止并联电容器组对谐波的放大。当谐波存在时，在一定的参数下电容器组会对谐波起放大作用，危及电容器本身和附近电气设备的安全。可采取串联电抗器，或将电容器组的某些支路改为滤波器，还可以采取限定电容器组的投入容量，避免电容器对谐波的放大。

（3）加装静止无功补偿装置。快速变化的谐波源，如电弧炉、电力机车和卷扬机等，除了产生谐波外，往往还会引起供电电压的波动和闪变，有的还会造成系统电压三相不平衡，严重影响公用电网的电能质量。在谐波源处并联装设静止无功补偿装置，可有效减小波动的谐波量，同时，可以抑制电压波动、电压闪变、三相不平衡，还可补偿功率因数。

（三）加强谐波管理，改善供电环境

按照谁干扰、谁污染、谁治理的原则，进行谐波源当地治理，从技术、法规等多个方面推动用户落实谐波治理。对可能产生较大谐波的用电设备应实行专线供电，并装设谐波保护装置。

三、案例

某电缆厂400V供电系统由两台欧式箱式变电站组成，1号箱式变电站所带负荷中除了异步电动机还有3台直流电动机，此外，还有大量通过可控硅控温的加热设备；2号箱式变电站的负荷基本上为异步电动机和办公照明负荷；投运不久，1号箱式变电站就发生了两次无功补偿柜中元器件损坏的情况。损坏的元器件主要是电容接触器和熔断器。

在两次无功补偿柜发生故障时，该厂的交联电缆生产线都在运转，也就是直流电机和相当一部分的加热设备都挂在1号箱式变电站的低压母线上。对1、2号箱式变电站进行了多次的对比测量发现；1号箱式变电站总线电流波形为非正弦波，频谱图分析可以看出含有3、5、7、11次等谐波。

根据上述测量和分析的情况，对该电缆厂的谐波治理采用与母线并联的固定串联LC调谐滤波器，即当交联电缆生产线启动时，LC滤波器投入，当交联电缆生产线停工时，LC滤波器退出；同时控制器更换为带谐波闭锁功能的补偿控制器，以便谐波畸变率超限时切除电容器。对于3、5、7次谐波采用单调谐滤波器，对于9、11次以上的谐波采用以 11 次为主的高通滤波器。通过谐波治理，取得很好效果，再没有发生过元件损坏事故。

【思考与练习】

1. 按照国家标准，10kV 电网中谐波电压的限值是多少？
2. 消除谐波的方法有哪些？
3. 并联加装静止无功补偿装置对谐波有何作用？

第六章

调 整 潮 流

模块 1 调整系统潮流的方法（Z01E6001Ⅱ）

【模块描述】本模块介绍调整系统潮流的方法。通过潮流分布讲解、调整方法介绍、案例学习及操作技能训练，掌握电力系统潮流的调整方法。

【模块内容】

一、系统潮流分布及调整方法

电力网的功率分布和电压分布，成为潮流分布。在这里，主要讨论稳态运行方式下的静态有功潮流。合理的潮流分布是电力系统运行的基本要求，其要点为：

（1）运行中的各种电工设备所承受的电压应保持在允许范围内，各种元件所通过的电流应不超过其额定电流，以保证设备和元件的安全。

（2）应尽量使全网的损耗最小，达到经济运行的目的。

（3）正常运行的电力系统应满足静态稳定和暂态稳定的要求。并有一定的稳定储备，不发生异常振荡现象。

为此就要求电力系统运行调度人员随时密切监视并调整潮流分布。现代电力系统潮流分布的监视和调整是通过以在线计算机为中心的调度自动化系统来实现的。

（一）潮流分布

1. 辐射网络潮流分布

辐射形电网也称为开式网路。地区电网以辐射的形式供给许多变电站，如放射式、干线式和链式网络都是辐射形网络的范畴。而环式和两端供电的网络大多数情况下也是在某个节点处将网络断开运行，即开环运行，此时电网也可看作是辐射式供电。

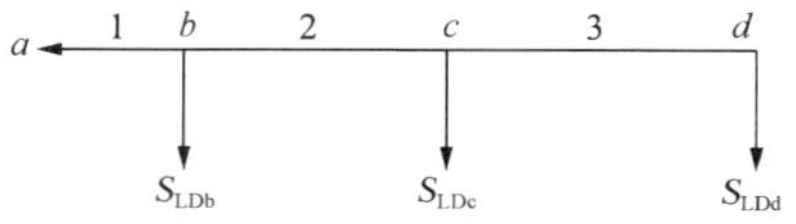

图 6–1–1 辐射网络潮流分布

辐射网络的潮流分布完全取决于各点的负荷分布，如由三段输电线路组成的开式网络及其等效电路示于图 6–1–1，已知供电点 a 的电压节点 b、c 和 d 的负荷功率分别为 S_{LDb}、S_{LDc}、S_{LDd}。

此时，a 点看线路 1 上潮流 S_1 为

$$S_1=S_{LDb}+S_{LDc}+S_{LDd}+\Delta S_1+\Delta S_2+\Delta S_3 \quad (6\text{–}1\text{–}1)$$

其中ΔS_1、ΔS_2、ΔS_3分别为线路 1、线路 2、线路 3 上损耗。当忽略线路损耗时

$$S_1=S_{LDb}+S_{LDc}+S_{LDd} \quad (6\text{–}1\text{–}2)$$

2. 闭式网络潮流分布

闭式网络，如不采取附加措施，其潮流按阻抗分布。两端供电网络的潮流可借调整两端电源的功率或电压适当控制，但由于两端电源容量有一定限制，而电压调整的范围又要服从对电压质量的要求，调整幅度都不可能大。对于闭式电力网其功率分布基本上均采取计算机算法，通过手工精确求出功率分布非常困难。

（二）潮流调整的方法

1. 辐射形网络

辐射形网络中的潮流分布取决于各负荷点的负荷，可以通过以下办法改变线路上的潮流：

（1）改变网络结构，投入备用线路、断开运行线路。

（2）增加辐射网络上机组功率。

（3）转出或转入负荷，或采取拉闸限电、负荷控制，避峰错峰等办法调整负荷。

（4）升高或降低电压。

2. 环形网络

环式网络的潮流受负荷及电源分布，电网结构影响；两端供电网络的潮流虽可借调整两端电源的功率或电压适当控制，但由于两端电源容量有一定限制，而电压调整的范围又要服从对电压质量的要求，调整幅度都不可能大。但从保证安全、优质、经济供电的要求出发，网络中的潮流往往需要控制。

（1）改变电源功率。通过加减电厂功率、开出备用机组，停运行机组方法调节潮流是目前各级调度使用最多的一种潮流调整方法。

（2）改变负荷分布。改变负荷分布能够有效调整潮流。其办法包括将负荷转移到其他供电区，通过负控办法进行避峰错峰、通过拉闸限电办法限制用电负荷使用等。

（3）改变网络结构。通过投入备用线路、停运运行线路等办法改变网络结构，达到调整潮流目的。

（4）调整电压。按照负荷电压特性，降低电压能够降低负荷，从而达到调整潮流目的。同时调整电压还能调整环流或强制循环功率，从而改变潮流分布。

（5）采用附加装置进行调整。其办法主要有串联电容器、串联电抗器和附加串联加压器。

串联电容器的作用显然是以其容抗抵偿线路的感抗，将具串联在环式网络中阻抗相对过大的线段上，可起转移其他重载线段上潮流的作用。串联电抗器的作用与串联

电容器相反，主要在限流，但由于其对电压质量和系统运行的稳定性有不良影响，这一办法未曾推广。附加串联加压器的作用在于产生一环流或强制循环功率，使强制循环功率与自然分布功率的叠加可达到理想值。

在电力电子技术获得长足发展之前，通过附加装置控制潮流的办法相当贫乏。电力电子技术的迅速发展，为控制潮流提供了若干种可供选择的新方案，其中包括对串联电容的重新构筑和使用，对附加串联变压器的根本性改进和使用，可控移相器的使用以及对“综合潮流控制器”的研制。“综合潮流控制器”兼有改变线路电压大小和相位、等效地串入电容或电感、等效的并入电容或电感等功能，其具体的工作原理可参阅有关资料。

二、案例

如图 6–1–2 所示，某地区南部电网与主网通过四回线路和主网相连。其中 C、D 两回线因为负荷分布及网络结构原因潮流比较轻，A、B 两回线与乙站相连，潮流较重。

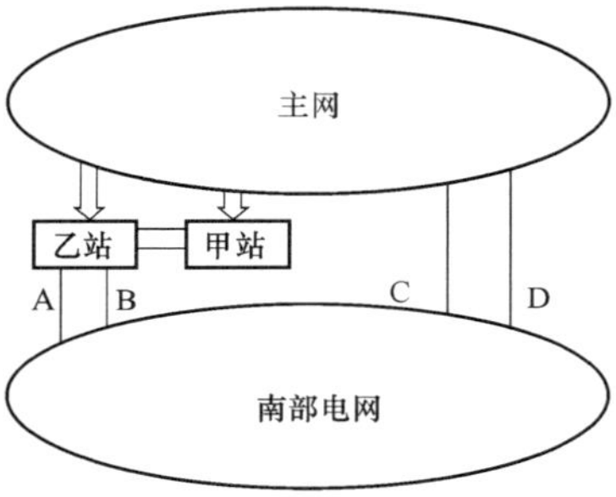

图 6–1–2 某地区南部电网结构图

某日，南部电网内部连续有大机组跳闸，造成 A、B 两回线压极限运行，此时尚处在腰荷时期，2h 后负荷会大幅上升，将导致 A、B 两回线超过限制，功率缺口大。

作为值班调度员，为控制 A、B 两回线潮流，一次采取以下措施：

（1）增加南部电厂功率、开出南部备用机组。

（2）有条件可将南部电网部分负荷倒出，转由主网供电。

（3）调整主网及南部电网内部方式，使潮流向 C、D 两线转移。

（4）经方式计算允许后，拉开甲乙两站之间联络线路，改变网络结构，使西部通道阻抗增大，A、B 两线潮流明显降低，C、D 两线潮流加重。

（5）通知用电部门，南部电网用电负荷错峰，避开高峰负荷。

（6）保证供电质量和稳定裕度情况下适当降低南部电网电压。

（7）做好事故限电准备。

通过以上措施，保证了高峰期间电网安全运行。

【思考与练习】

1. 辐射网络中潮流调整有哪些方法？

2. 环形网络中潮流调整有哪些方法？

第七章

电网优化调度

模块1　元件经济运行（Z01E8001Ⅱ）

【模块描述】本模块介绍线路、变压器经济运行。通过对他们的电能损耗分析、用经济电流密度选择导线和变压器经济运行的方法的分析，了解元件经济运行，熟悉其方法。

【模块内容】

一、变压器经济运行

1. 变压器经济运行

变压器在整个电力系统中是一种应用广泛的电气设备，一般说来，从发电、供电一直到用电，需要经过3～5次的变压过程，其自身要产生有功功率损失和无功功率消耗。由于变压器台数多，总容量大，所以在广义电力系统（包括发、供、用电）运行中，变压器总的电能损失占发电量的10%左右。

变压器经济运行是在确保变压器安全运行及满足供电量和保证供电质量的基础上，充分利用现有设备，通过择优选取变压器最佳运行方式、负荷调整的优化，变压器运行位置、最佳组合以及改善变压器运行条件等技术措施，从而最大限度地降低变压器的电能损失和提高其电源侧的功率因数，变压器的经济运行的实质就是变压器节电运行。

2. 变压器实现经济运行的主要方法

（1）对不同负荷率的变压器规定不同的标准损耗值。变压器在不同负荷情况下，其效率是不同的，要做到经济运行，除要尽量减少变压器的空载损耗和负荷损耗的乘积以外，还应选择适当的空载损耗和负荷损耗的比值，尽量满足变压器效率最大的经济负荷率。对发电机主变压器，由于负荷率比较高，要做到经济运行，要求制造厂尽量降低负荷损耗率。对变电站变压器和配电变压器，负荷不一定很大，有的甚至很小，应适当降低空载损耗值，提高负荷率。

（2）根据经济负荷率选择变压器容量。变压器运行时除存在有功损耗外，还有一定的无功损耗。为发出和输送这些无功功率，在发电机、线路、调相机、电容器等设备上都会产生有功损耗。因此，在考虑变压器经济运行，确定经济负荷率时，还应考虑由于变压器空载无功损耗带来附加有功损耗。另外，确定经济负荷时，也应考虑变压器的实际负荷率这一经常变化的因素。为此，用户实际上应按经济分析确定的负荷率选择所安装的变压器容量，有时即使“大马拉小车”（即容量利用率低于 50%）也是经济的。

（3）采用并联运行方式。根据实际情况，对年负荷变化很大的地点，如排灌站、盐场等地区使用的变压器，季节性负荷相差悬殊。为降低空载损耗，除采用调容量变压器外，还可以采用多台（组）较小容量变压器并联运行，高峰时变压器全部投入运行，低谷时仅投入 1 台（组）。或者采用“母子”变压器，高峰时用 1 台较大的变压器，而低谷时自动切除大变压器，投入 1 台小变压器。

（4）主变压器由冷备用转为热备用为避免变压器出现故障而对电网造成损失，很多用户装有备用变压器，但平时不用，称作冷备用。为提高效率，应将主变压器由冷备用转为热备用，即平时变压器也投入运行，只是负荷率不高。当 1 台变压器出现故障退出运行时，其他仍可正常运行，不会超载。通过改冷备用为热备用，使平时变压器负荷率接近经济负荷率，提高了运行效率。

（5）减少冷却装置消耗的功率。变压器运行时，根据负荷变动的具体情况，有效地控制冷却器，减少冷却装置消耗的功率，其方法：

1）重组控制冷却器，将冷却器分为 2 组或 3 组，根据负荷变动情况，确定冷却器运行组数，将部分或全部冷却器停运以降低风机油泵辅机的损耗。

2）辅机变速运行。采用辅机变速运行的方法降低辅机损耗。

3. 不同运方下变压器的经济运行

（1）变电站（所）并列运行变压器的经济运行方式。

1）有备用变压器的变电站，应选择技术特性优的运行；

2）相同台数并列运行的变压器，应选择最佳组合运行方式；

3）按负荷变动规律，优选变压器运行台数；

4）经济运行方式最优化。

（2）分列运行变压器的经济运行方式。

1）变压器分列运行与共用变压器经济运行方式；

2）变压器负荷侧带有联络线的分列运行与共用变压器经济运行方式；

3）三绕组变压器负荷侧分列运行的经济运行方式；

4）变压器分列运行与并列运行的经济运行方式。

（3）变压器特殊方式的经济运行。

1）三绕组变压器与双绕组变压器并列运行的经济方式；

2）三绕组变压器两侧并列与另一侧分列的经济运行方式；

3）三绕组变压器两侧并列与第三侧单台运行的经济方式；

4）变压器负荷侧有备用电源的经济运行方式；

5）负荷有双电源供电的经济运行方式。

（4）配电变压器经济运行方式。

1）负荷波动大、单台运行的变压器就增设小容量变压器小负荷时运行；

2）对季节性波动的负荷，应选择 2 台不等容量变压器经济运行；

3）调整变压器相间不平衡负荷的节电降耗。

（5）变压器及供电线路（简称变压器线路组）经济运行。

1）变压器线路组间技术特性优劣的判定；

2）变压器线路组间分列运行的经济运行方式；

3）变压器线路组间负荷侧带有联络线的经济运行方式。

（6）变压电站（所）及连接系统经济运行方式。

1）变压电站（所）负荷侧带有联络线的经济运行方式；

2）变压电站（所）及其供电网经济运行方式。

（7）变压器间负荷经济调度。

1）提高负荷率与降低损耗；

2）削峰填谷与降低损耗；

3）分列运行变压器间的负荷经济分配；

4）分列运行变压器间负荷经济调配的优化序列；

5）三绕组变压器负荷侧绕组间负荷经济分配；

6）变压器间增减负荷的优化。

（8）变压器线路组间负荷经济调度。

1）提高负荷率与降低损耗；

2）削峰填谷与降低损耗；

3）变压器线路组间负荷经济分配；

4）变压器线路组间负荷调配的优化序列；

5）变压器线路组间增减负荷的优化。

（9）变压器经济负荷系数与经济运行区。

1）变压器经济负荷系数；

2）三绕组变压器最佳经济负荷系数；

3）变压器经济负荷系数与经济运行区；
4）变压器“大马拉小车”的科学判定；
5）并列运行变压器经济负荷系数与经济运行区；
6）变压器线路组经济负荷系数与经济运行区；
7）变压器与配电线路经济负荷系数与经济运行区；
8）变压器经济运行系统工程。
（10）改善运行条件的节电降耗。
1）变压器无功补偿的节电降耗；
2）电力线路无功补偿的节电降耗；
3）变电站（所）无功补偿的节电降耗；
4）变压器线路组无功补偿的节电降耗；
5）降低变压器运行温度的节电降耗；
6）避免变电器超载运行的节电降耗；
7）变压器电源侧分接头优化调整的变压器节电降耗；
8）变压器电源侧分接头优化调整的配电网节电降耗。
（11）特种变压器经济运行。
1）单相变压器经济运行；
2）电炉变压器经济运行；
3）调电压互感器压器经济运行；
4）变电站（所）自用变压器经济运行；
5）民用变压器经济运行。
（12）调整变压器运行位置实现经济运行。
1）调整变配电站间技术特性差别大的变压器；
2）让闲置特性好的变压器早日投入运行；
3）变压器运行位置的优化组合；
4）对负荷波动大的变（配）电站，调整 2 台不等容量变压器；
5）变压器运行位置的调整与供电线路的优化组合。
（13）社会条件合理化实现经济运行。
1）老旧变压器更新中应劣中汰劣；
2）新型变压器选型中应优中选优；
3）对旧变压器报废与新型变压器购置进行优化；
4）变压器改造与经济运行；
5）变压器制造与经济运行。

（14）电网改造中变压器的节电降耗。

1）对多级降压的变电所应选择大变比变压器减少降压次数；

2）对变比小的变压器应选择自耦变压器；

3）并列运行变压器减少台数的汰劣；

4）并列运行变压器增加台数的优化；

5）相同容量变压器选型的择优化；

6）不同容量变压器容量选择的择优化；

7）增设小容量变压器的优化选择；

8）“大马拉小车”变压器更换的优化。

4. 案例分析

某 110kV 变电站主要负担农村及周边乡镇的供电任务，负荷变化比较大，农村排灌期间和季节性加工行业生产期间，最高负荷 15 000kW，农闲季节最低负荷只有 3000kW 左右，目前该变电站有两台有载调压变压器，容量分别为 16MVA 和 10MVA，以往很少考虑变压器的损耗，仅根据变压器的承载能力来决定变压器的运行方式，造成变损相当大。为了降低损耗，以最小的电能消耗取得最大的经济效益，根据对某变电站两台不同容量的主变压器经济运行条件的分析，提出该变电站经济运行方案，并进行比较分析。

（1）实际运行状况。

1）变压器的参数（见表 7–1–1）。

表 7–1–1　　变压器的参数

变压器	S_e（kVA）	ΔP_0（kW）	ΔP_k（kW）
1 号主变压器	10 000	9.28	57.74
2 号主变压器	16 000	17.5	68

2）运行方式。该变电站投运之初，按照一主一备运行方式进行设计，10kV 单母分段，2 号主变压器运行，1 号备用，当 2 号主变压器过负荷时（过负荷信号报警，主变压器过负荷 1.3 倍），备用主变压器运行。运行方式为两台主变压器单母分段运行。

（2）经济运行条件。变压器损耗分为有功损耗和无功损耗，由于该变电站无功补偿装置配备充分，调压方式灵活，因此只考虑有功损耗的影响。

根据变压器功率损耗公式计算

单台变压器运行：$\Delta P=\Delta P_0+(S_f/S_N)^2\Delta P_k$

两台变压器并列运行（设两台变压器运行负荷随容量的大小正比分配）的变压器功率损耗

$$\Delta P=\Delta P_{01}+\Delta P_{02}+\{S_f/(S_{N1}+S_{N2})\}^2(\Delta P_{k1}+\Delta P_{k2})$$

式中 P_0 ——变压器空负荷损耗；

S_f ——变压器实时负荷；

S_N ——变压器额定容量；

P_k ——变压器短路损耗。

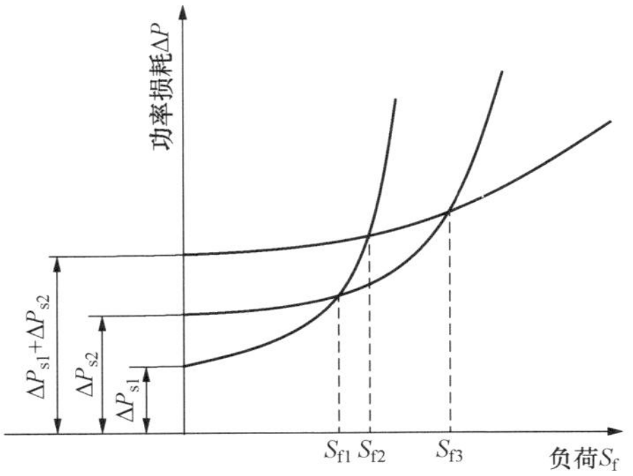

图 7–1–1 两台变压器在单独运行、并列运行时的功率损耗图

从上式可以看出，变压器功率损耗ΔP是一个以实时负荷 S_f 为参数的二次函数，根据数学理论，该函数是一个开口向上的抛物线，且（$1/S_N$）^{2}越大，开口越小，ΔP_0越大，抛物线和横轴的交点越高，据此，我们画出两台变压器在单独运行、并列运行时的功率损耗如图 7–1–1 所示。

从图 7–1–1 可以看出，当负荷小于 S_{f1}，容量小的变压器的功率损耗最小，当负荷介于 S_{f1}～S_{f3}之间时，容量大的变压器功率损耗最小，当负荷大于 S_{f3}时，两台变压器并列运行时功率损耗最小。

（3）运行方式的选择。根据以上分析，我们可以得知，当 1 号变压器损耗功率等于 2 号变压器的损耗功率时的负载为临界负荷，当负荷小于 S_{f1}，投用 2 号主变压器，当负荷介于 S_{f1}～S_{f3}之间时，投 1 号主变压器，当负荷大于 S_{f3}时，两台变压器并列运行。因此，只要计算出两台变压器在单独和并列运行时的交点负荷，就可以推算出在各种负荷时最经济的运行方式。

令$\Delta P_{01}+(S_{f1}/S_N)^2\Delta P_{k1}=\Delta P_{02}+(S_f/S_N)^2\Delta P_{k2}$，将两台变压器的参数代入式中，得 S_{f1}=5134kVA，令$\Delta P_{01}+\Delta P_{02}+\{S_\alpha/(S_{N1}+S_{N2})\}^2(\Delta P_{k1}+\Delta P_{k2})=\Delta P_{02}+(S_\alpha+S_N)^2\Delta P_{k2}$，则得 S_{f3}=10 796kVA。

因此，我们得出结论，考虑到无功损耗，当有功功率小于 5134kVA 时，1 号主变压器运行，大于 5134kVA 小于 10 796kVA 时，2 号主变压器运行，大于 10 796kVA 时，两台主变压器并列运行。

某单位选择 1 个月进行试运行，情况见表 7–1–2。

表 7–1–2　　某月投切情况与原来方式下的功率损耗的对比情况

有功功率（kVA）	平均有功功率（kVA）	天数（平均）	主变压器运行情况	
			原投切	现投切
<5134	3500	18	2 号	1 号
>5134，<10 796	8000	9	2 号	2 号
>10 796	11 000	4	2 号	1 号与 2 号

（4）效果对比（见表 7–1–3）。

表 7–1–3　　原运行与试运行方式下的功率损耗对比

时间（天）	平均有功功率（kVA）	现方式下ΔP_2（kWh）	原方式下ΔP_1（kWh）	$\Delta P_1-\Delta P_2$（kWh）	节省电量（kWh）
18	3500	2 号：392	1 号：498	106	1908
4	11 000	2 号、1 号：1182	1 号：1191	9	36
合计					1944

可以看出，每月可节省电量 1944kWh，加上无功损耗，每月至少能节省电量 2100kWh，节省资金 1 万余元，如果在所有变电站推用使用变压器的经济运行方式，根据变压器损耗与容量成正比关系，按大冶供电公司主网容量 300MVA 计算，每年可节省资金十几万元。

结论：

（1）根据负荷曲线的变化，尽可能选用一台合适的变压器运行，以降低损耗。

（2）当变电所有两台及以上变压器时，根据负荷情况控制变压器台数，可达到经济运行的效果。

二、线路经济运行

1. 按经济电流密度选择导线

导线截面积影响线路投资和电能损耗，为了节省投资，要求导线截面积小些；为了降低电能损耗，要求导线截面积大些。综合考虑上述因素，确定一个比较合理的导线截面积，称为经济截面积，与其对应的电流密度称为经济电流密度。

经济电流密度取值的大小主要与导线的价格、折旧维护费及地区电价，年损耗小时数等众多因数有关。而目前有关资料所提供的经济电流密度还是原电力部 1956 年推荐的数值。时隔 50 多年，随着技术经济的飞速发展，在物价、电价等方面都发生了巨

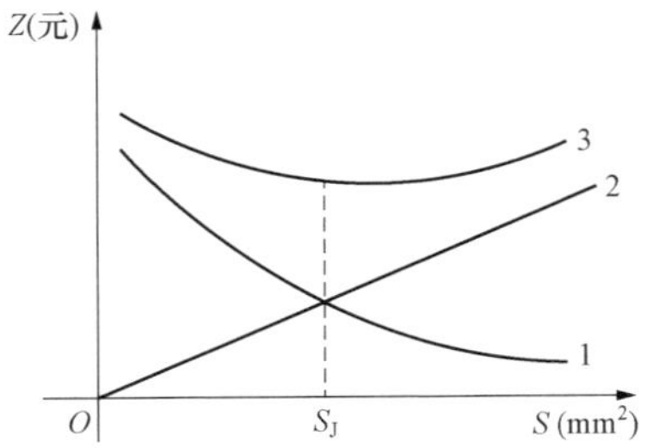

图 7–1–2 导线截面积与年支出费用的关系曲线

大的变化，与此相关的导线的经济截面积也发生了变化。

（1）导线的经济截面积。导线截面积与年支出费用的关系曲线如图 7–1–2 所示。其中曲线 1 为年运行费用与导线截面积的函数关系曲线；曲线 2 为投资及折旧费用与导线截面积的函数关系曲线；曲线 3 为导线截面积与年综合支出费用的关系曲线。其数学表达式

$$T_z = (C + C_0)\alpha S + 3I_{zd}^2 \frac{\rho}{S}\tau\beta \times 10^{-3}（元/km） \quad （7–1–1）$$

式中 C——年维护费系数；

C_0——资金偿还系数；

α——单位截面积单位长度内导线的价格，元/（mm^2 • km）；

S——导线的截面积，mm^2；

I_{zd}——最大电流，A；

ρ——导线的电阻率，Ω • mm^2/km；

τ——最大负荷损耗小时数，h；

β——电价，元/kWh。

为了求得年运行费用最小的导线截面积对上式求导，并令 d_{tz}/d_s=0 得

$$S = I_{zd}\sqrt{\frac{3\rho\tau\beta \times 10^{-3}}{(C + C_0)\alpha}} \quad （7–1–2）$$

又（d_{2tz}/d_{S2}）＞0，导线截面积按 $S=S_j$ 为经济截面积。

（2）经济电流密度。依经济电流密度定义有：$J= I_{zd}/S_j$ 得

$$J = \sqrt{\frac{(C + C_0)\alpha \times 10^3}{3\rho\tau\beta}} \quad (A/mm^2) \quad （7–1–3）$$

当导线材质一定并折旧维护率为常数时，经济电流密度主要取决于地区电价和年损耗小时数。令 $\gamma= (1/\tau\beta)1/2$ 则

$$J = \sqrt{\frac{(C + C_0)\alpha \times 10^3}{3\rho\tau\beta}} = \gamma K_1 \quad （7–1–4）$$

式中 K_1——导线价格，折旧维护率有关的系数，$K=[(C+C_0)\ \alpha\times 10^3/3\rho]1/2$。

γ 值与电价 β 有关，而且随正值变化而变化，其电价将电压等级及地区不同便有不同的价格，而年损耗小时数与负荷性质不同便有很大的差异。

例：设钢芯铝绞线每吨售价为 14 500.00 元，则 α=56 元/（km • mm²）；取导线的年利率取为 6.87%偿还年限为 20 年，则资金年偿还系数为 $C_0=\frac{i(1+i)^n}{(1+i)^n-1}=\frac{0.0687(1+0.0687)^{20}}{(1+0.0687)^{20}-1}=0.0934$；导线的年维护费取费系数为 1.5%；铝的电阻率为 30Ωmm²/km，则将

$$K_1=\sqrt{\frac{(0.015+0.0934)\times 56\times 10^3}{3\times 30}}=8.2 \tag{7-1-5}$$

代入式（7–1–4）得：$J=8.2\gamma$（A/mm²）

钢芯铝绞线的经济电流密度与γ的关系曲线如图 7–1–3 所示。

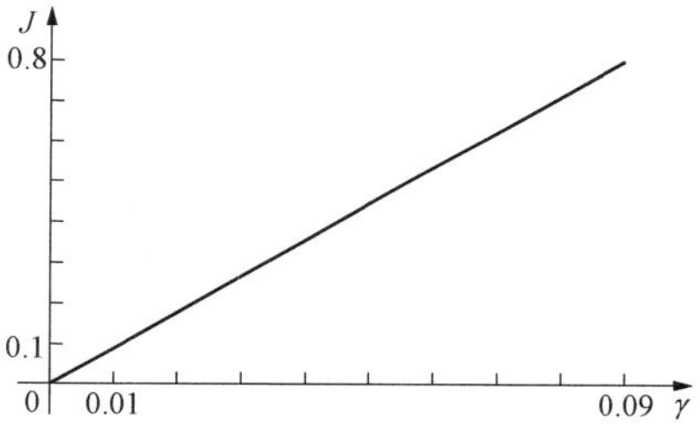

图 7–1–3　经济电流密度与 C 的关系曲线

上述分析可知，经济电流密度不能单纯以最大负荷利用小时数取值，如原电力部推荐的 T_{max}=3000h，则 J=1.65。按现行电价 0.25～0.80 元范围变化时，且 $\cos\varphi=0.85$，τ=2300h 则经济电流密在 0.35～0.19 范围内取值，比原电力部推荐值小 4.7～8.5 倍。

（3）带有分支线的主干线经济电流密度确定。上述讨论的是在一条干线中没有分支线路情况下所得的结论，是针对负荷集中在线路末端而言的。而在工程实际中 10kV 及低压配电网多数属于主干线带有若干个分支负荷，如图 7–1–4 所示。此时经济电流密度按首端电流来确定势必整个干线截面选的过大。因此，研究的前提是负荷集中在线路末端所产生的电能损耗与带有分支负荷的主干线所产生的电能损耗相等。

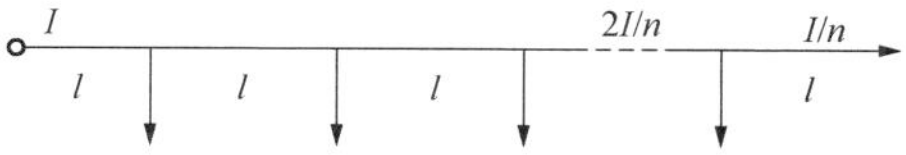

图 7–1–4　带有几个分支负荷的线路

设主干线中的分支负荷大小相等，电气距离 l 等同，则总有功损耗为

$$\Delta\rho=3\left[\left(\frac{I}{N}\right)^2+\left(\frac{25}{n}\right)^2+\cdots+\left(\frac{nI}{n}\right)^2\right]\frac{\rho l}{S_{fj}}\times 10^3=\frac{n(n+1)(2n+1)3\rho l\times 10^{-3}}{6n^2S_{fj}} \tag{7-1-6}$$

式中　I——首端的负荷电流，A。

而负荷集中在末端其有功损耗为

$$\Delta\rho=3I_2\rho n_l/S_j \tag{7-1-7}$$

两式相等得带有分支负荷的主干线经济电流密度为

$$J_{\mathrm{f}}=J\sqrt{\frac{6n^2}{(n+1)(2n+1)}}=K_2J \qquad (7\text{–}1\text{–}8)$$

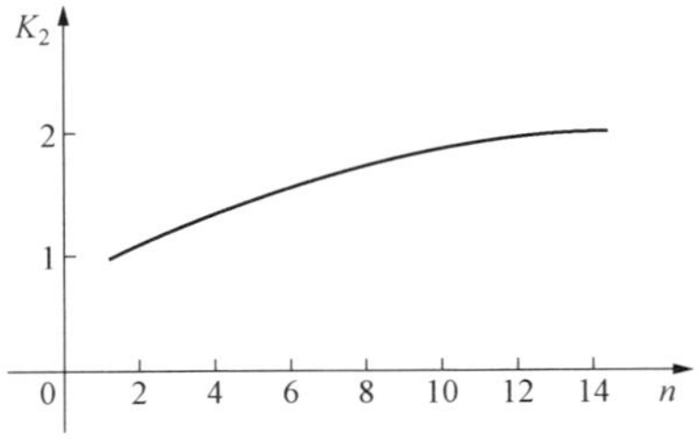

图 7–1–5 分支负荷个数相关的系数曲线

图 7–1–5 为 K_2 与分支负荷个数相关的关系曲线。由方程式（7–1–8）可知，当 $n\rightarrow\infty$ 时，K_2=31/2。例：τ=2500h，β=0.45 元，若负荷集中在线路末端时，经济电流密度 $J=K_1\gamma$=0.0298×8.2=0.244（A/mm）^{2}；若负荷在干线上均匀分布，其个数 n=8 时，干线经济电流密度 $J_{\mathrm{f}}=KJ$=1.584×0.247=0.39（A/mm^2）。若干线中负荷分布不均匀或相差较大时，干线经济电流密度可按方程式（7–1–6）、式（7–1–7）的方式重新推算。经济电流密度如表 7–1–4 所示。

表 7–1–4　　经济电流密度

导线材质	年最大负荷利用小时数（h）		
	<3000	3000～5000	>5000
铜线	3.0A	2.25A	1.75A
铝线	1.65A	1.15A	0.9A

2. 降低网损提高电网运行的经济性

网损率是对电网经济运行考核的一项重要技术经济指标，也是衡量电力企业管理水平的重要标志之一。其公式为

电网损耗率=电网损耗电量/供电量×100%

电网的电能损耗不仅耗费一定的能源，而且占用一部分发电、供电设备容量。例如，一个年供电量为 100 亿 kWh 的企业，以网损率 10%计算，全年损失电量达 10 亿 kWh，若将网损降低至 9%，则一年可节约 1 亿 kWh 电量，相当于节约 4 万 t 标准煤（以煤耗 400g/kWh 计算）。这 1 亿 kWh 相当于 20MW 发设备的年发电量。因此，降低网损是电力系统节约能源，提高经济效益的一项重要工作。

（1）网损和线损。电能通过输电线路传输而产生的能量损耗，简称线损。电力网络中除输送电能的线路外，还有变压器等其他输变电设备，也会产生电能的损耗，这些电能损耗（包括线损在内）的总和称为网损。

网损是指电厂发电量与电网供电量的差。一般是指全部的损失，如电力杂志讲某省的“供电煤耗”指的是减去网损的数值，一般比发电煤耗高约 10g 左右。

线损是电能在传输过程中所产生的有功、无功电能和电压损失的简称（在习惯上

通常为有功电能的损失）。

线损是由电力传输中有功功率的损耗造成的，主要由以下三个部分组成。

1）由于电流流经有电阻的导线，造成的有功功率的损耗，它是线损的最主要部分。

2）由于线路有电压，而线间和线对接之间的绝缘有漏电，造成的有功功率损耗。

3）电晕损耗：架空输电线路带电部分的电晕放电造成的有功功率损耗。在一般正常情况下，后两部分只占极小的分量。

（2）理论线损和管理线损。理论线损是在输送和分配电能过程中无法避免的损失，是当时电力网的负荷情况和供电设备的参数决定的，这部分损失可以通过理论计算得出。

管理线损是电力网实际运行中的其他损失和各种不明损失，例如，由于用户电能表有误差，使电能表的读数偏小；对用户电能表的读数漏抄、错算；带电设备绝缘不良而漏电；以及无表用电和窃电等所损失的电量。

（3）降低线损的措施。影响线损的因素有：管理制度不健全；运行方式不尽合理；无功补偿装置配置不合理；网络结构不合理。

为减少供电线路的电能损耗，提高供电质量，使电气设备及供电线路处于最佳经济运行状态，可以采用以下技术措施：

1）减少接触电阻。电气连接的接触面都存在接触电阻。消除或较少接触电阻，对于经常带有大电流流过的导线尤为重要，其节电效果较好。

2）减小涡流损耗。有些用电设备，如电焊机的二次端属低电压、大电流电路，为了降低电损，即电缆的欧姆损耗，使电弧保持稳定，必须把电焊机置于离施焊最近的地方，更不能把电缆线绕成线圈状放在钢板上，否则会造成涡流损失。

3）投入备用电路。有些用户设有备用电缆和线路，若把这些备用回路也投入运行，可使配电线路的截面积成倍增加而又不需要额外投资，还减少了电路上的电流密度，使事故率大大减少，也不影响备用回路的作用。此原则也适用于单台用电设备的馈线。

4）调整供电线路。合理调整供电线路的负荷，降低高度线路上的电流，会收到明显的节电效果。

5）减少空载损耗。下班时断开电源线路，可减少线路上的空载运行损耗，一般可以达到3%～5%。若条件允许，采用定时电力自控器，节电效果会更好。

（4）降低网损的措施。降低网损的措施很多，大体可分为技术措施和组织措施两类。而技术措施又可分为建设性技术措施和运行性技术措施。

1）建设性技术措施需要增加投资费用，主要有：① 增建线路回路，更换大截面导线。② 增装必要的无功补偿设备，进行电网无功优化配置。③ 规划和改造电网结构，升高电网额定电压，简化电网电压等级，既是增加传输容量的重大措施，又是降低网损的重大措施。

2）运行性措施主要是在已经运行的电网中，合理调整运行方式以降低网络的功率损耗和能量损耗，如改善潮流分布，调整运行参数、调整负荷和合理安排设备检修等。

降低网损的组织措施有四个方面的内容：① 充分重视线损管理工作。负责线损工作管理的部门编制线损计划指标，拟定降损措施，进行线损分析，组织技术培训，总结经验交流。② 实行指标管理。网损率指标应实行分级管理，分级考核。其管理和考核范围按调度管辖范围或电压等级划分。为了便于落实网损管理工作，可将网损指标具体分解为各项小指标，如降损电量完成率；电能表的校前合格率、校验率、调换率；母线电量不平衡率等。在运行中要对网损率进行统计考核、分析，找出网损率变化的原因，不断总结经验。③ 加强用电管理。加强用电管理也是降低线损的重要措施之一。要加强对报装、接电、抄表、校核、收费、用电检查等各项用电工作的管理，防止窃电和违章用电。加强对用户无功电力的管理，提高用户无功补偿设备的运行效果，帮助和监督用户提高功率因数。④ 加强计量管理。加强计量工作的管理，确保计量装置的准确性，要按规定定期校验和调换电能表，高压电能表的校前合格率应达到97%以上。

【思考与练习】

1. 实现变压器经济运行，主要有哪些方法？
2. 影响线损的因素有哪些？减少供电线路的电能损耗可以采用哪些技术措施？
3. 线损主要是由哪三个部分组成？

模块 2 电力系统经典经济调度（Z01E8002Ⅱ）

【模块描述】本模块介绍电力系统经典经济调度。通过对网损和降低网损的意义和措施分析，并联机组的等微增率经济运行、火电厂间有功功率负荷的经济分配、梯级电站经济调度、水火电厂联合经济调度描述与分析，了解电力系统经典经济调度，熟悉其方法。以下着重介绍各种方法的回顾和经典经济调度的发展历史。

【模块内容】

在电力系统中，实现系统安全经济运行对国民经济发展具有重大的意义，因此从20 世纪 30 年代开始，世界各国对发电厂的经济负荷分配、系统的安全经济调度、最优潮流等问题都做了深入的研究，并逐步地将各种优化调度方法应用到实际系统中。近年来电力市场在国内外的普遍运行，也将促进优化调度理论更进一步发展。

电力系统优化调度的分类，通常按照其优化方法及发展历程，应该归结为两类：经典经济调度和最优潮流（现代经济调度），而从优化时间段的长短上又可分为静态优化调度和动态优化调度。

1. 优化调度方法研究与应用的回顾

电力系统不仅本身庞大复杂，而且它对国民经济发展具有极强的重要性，因此将优化原理应用到电力系统中，实现电力系统安全、可靠、优质经济运行，一直是电力工作者所关注的课题。早在1920年就已经开始了这方面的研究工作，发展到现在已经提出了很多种优化调度的方法。目前用于电力系统优化调度问题的数学方法归纳起来共有四类：线性规划模型、非线性规划模型、一次规划模型和动态规划模型。

（1）线性规划模型。线性规划是研究在一组线性约束条件下，寻找目标函数的最大值或最小值的问题。该模型的研究较多，美国纽约调度中心和法国电力调度中心在20世纪80年代末期都使用了这种经济调度模型。该模型计算迅速、收敛可靠，便于处理各种约束，但缺点是优化的目标函数的精度低。

（2）非线性规划模型。非线性规划模型处理在等式约束或不等式约束条件下优化目标函数，其中等式约束、不等式约束或目标函数至少有一个为非线性函数。非线性规划模型又可进一步分为一阶梯度法和二阶梯度法。

一阶梯度法主要有Dommel Tinney等人提出的简化梯度法，改进的简化梯度法和J. Capentier提出的微分注入法及其改进形式。一阶梯度法包括海森矩阵法、牛顿法、内点法等。海森矩阵法直接使用目标函数的二阶导数矩阵，而牛顿法使用扩展目标函数所形成的海森矩阵。内点法是在20世纪90年代后兴起的一种方法，可以很方便地处理大规模性的优化问题，因此得到了广泛的关注。

非线性规划模型的特点是精度比较高，但计算量相对较大，解算大规模问题时收敛特性不是很稳定。但牛顿法和内点法在这两方面突破很大，是目前发展较为成熟的方法。

（3）二次规划模型。二次规划模型所优化的目标函数多为二次实函数，其约束为线性的等式、不等式。由于二次规划可以由泰勒展开转化为线性规划，因求解简单而近年来得到了人们的青睐。

（4）动态规划模型。动态规划法把全过程化为一系列结构相似的子问题，每个子问题的变量个数大大减少，约束集合也简单，更利于得到全局最优解，并且可以利用经验提高求解的效率。其缺点是用数值方法进行求解时存在维数灾的问题，也无法构造标准的数学模型。动态规划法可以用来较好地求解动态优化调度问题，也可以圆满地完成负荷经济分配任务。

2. 经典经济调度

经典经济调度是指系统的发电容量大于负荷需求时，系统中参加运行的机组已经预先确定的情况下，将负荷优化分配给各发电机组，达到全系统的燃料消耗量或发电费用最小。经济调度的发展历经了基本负荷法、最优负荷点法以及等微增率法三个阶段，目前仍以等微增率法为基本的方法，当前各国电力公司采用的实时优化调度程序多数是基于经典经济调度的数学模型。

由于采用经济调度方法进行电力调度的确能为电力系统节省很多发电费用，因此经典经济调度得到了广泛的应用，但在 20 世纪 80 年代以前经济调度的一个缺点是不重视线路的安全性因素，而线路安全性问题恰恰是系统发生事故的主要原因。20 世纪 80 年代以来，许多学者提出了解决这一问题的方法，即考虑线路安全约束的经济调度，这些方法在根据系统负荷需求对发电机输出功率进行经济调度的同时，能够考虑正常运行状态下线路安全约束，避免了线路潮流越限情况的出现，使得在进行经济调度的同时能兼顾了系统的安全性。但在 20 世纪 70 年代末期国内外几次大的电力事故的发生，使人们越来越注意并重视只考虑正常运行状态的安全约束的经济调度是远远不够的，必须计及 $N-1$ 线路安全约束的经济调度。因此出现了将 $N-1$ 安全约束以预想事故约束全部引入经济调度模型，尽管这种方法能够考虑 $N-1$ 安全约束，但对实际规模的电力系统来讲，约束众多（可以多达几万至几十万个约束）无法处理，并且预先考虑的事故约束，使得目标函数的寻优区域变小，尽管保证了 $N-1$ 安全性，但却失去了一定的经济性。由于预想事故分析不可行，因此有人提出出现断线事故以后重新对功率分配进行调整计算的方法，得到一个新的、满足该约束条件的经济调度方案。其中最为典型的是 M ota–Palomino 等人提出以分段微分罚函数法的非传统的线性规划法来完成针对某种特定的偶然事故的经济调度，该方法利用罚函数的伪梯度作为寻优方向，不需要可行的初值目寻优速度快。但其缺点是只针对特定的断线故障，不具有普遍性。而中国学者李文沅提出的多发电计划有功经济调度模型，将正常状态的经济调度与发生单线断线故障时的经济调度统一协调考虑，能够一次性计算出各种状态下的发电计划。能处理各种断线故障，更具有实用性。该方法在静态优化调度中考虑了一种动态限制条件，即发电机组调整速率限制。

尽管考虑安全因素的经济调度得到了大量的研究，但多数文献更偏重于系统经济性的考虑，对系统安全性不够重视，使得优化后的系统多数工作在安全边界上，造成系统的安全隐患。

上面论述了对单区域系统进行经济调度的发展历程，而在电力系统中也存在很多多区域互联电力系统，这些系统不仅存在与单区域系统经济调度相同的约束条件，又增加了每个区域间联络线的功率约束，因此比单区域系统的经济调度更为复杂。为实现对互联系统的经济调度，20 世纪 50 年代初 Kron 和 Kirchmayer 等人提出以单个发电公司的 B 系数矩阵来确定整个内联系统的网损微增率的方法，成功解决了多区域互联系统的网损计算问题。Kerr 和 Kirchmaye：在以上工作的基础上将协调方程式扩展到多区域互联系统的经济调度算法中，自此互联电力系统的经济调度开始启用。以后相继出现了基于分解协调原理的各种互联电力系统经济调度的各种算法，并且一些算法成功地计入了网络安全约束。

一方面，考虑网损修正的经典经济调度精度较高，但其网损修正微增率的工作量都很大；另一方面，它只考虑发电机有功功率的优化调度，没有对有功、无功进行协调优化，因此优化后仍有可能存在电压偏离等安全问题。尽管如此，经典的经济调度与最优潮流相比，其主要的优点是计算速度快，这对于实时在线应用是最重要的。虽然在安全性约束的问题上，经典经济调度与最优潮流相比没有优势，但经典经济调度的速度优势是后者无法相比的，尽管最优潮流发展了近四十年，仍无法取代经典经济调度在电力调度中心位置。

【思考与练习】

1. 目前用于电力系统优化调度问题的数学方法归纳起来共有哪四类？
2. 动态规划法有哪些优缺点？
3. 什么叫经典经济调度？

模块 3 电力系统最优潮流（Z01E8003Ⅱ）

【模块描述】本模块介绍电力系统最优潮流。通过对最优潮流数学模型和主要求解方法的描述与应用例析，了解最优潮流对经济和安全问题统一寻优，熟悉其应用。

【模块内容】

最优潮流是同时考虑网络安全性和系统的经济性的一种实现电力系统优化的问题，它以数学规划为基本模式，可以处理大量的约束。最优潮流与经典的经济调度相比，不仅可以考虑更多的约束条件，并且其优化精度更高。而目前经典经济调度，除了发电机的有功功率约束外，只有部分方法能够处理线路安全约束，对最优潮流中的其他约束无法处理。

在 20 世纪 60 年代，法国学者 J. Carpentier 首次将节点电压约束、支路潮流约束等约束引入到经济调度中，尽管没有成功地对该问题进行解算，但他却提出了最优潮流问题的最早的数学模型，为后人指出了一个同时考虑经济性和安全性的优化调度方向。而 H. W. Domnmel 和 W. F. Tinnev 在 J.C arpentier 工作基础上，用梯度法成功地对最优潮流问题进行了解算，使得最优潮流应用到实际电力系统成为一种可能。在 20 世纪 70 年代部分学者提出了各种方法来解算最优潮流问题，但真正具有应用价值的是 David I. Sun 等人提出了用牛顿法解算最优潮流问题的方法，使得最优潮流应用在实际系统中成为一种可能。

在以 Newton 法进行最优潮流解算时，对违约的不等式约束，采取保持 Hessian 矩阵非对角元不变的情况下，用试验迭代对违约不等式约束进行处理，而且提出了进一步解决的方案，即在不等式约束处理过程中考虑优先级策略，作者认为变量型约束优先级高，函数型约束优先级低。当高优先级约束逐步稳定后再将低优先级约束引入试验迭代，该文提出了由“有效约束集”向“紧约束集”转变的过程处理策略，对无功补偿设备和变压器分接头变比的处理，采用将海森矩阵对角元置一正小数 E，解决海森矩阵病态问题。提出快速预估起作用的不等式约束集方法。该作者认为根据电网拓扑结构，可以将有越限的母线分成多层，每一层选取一个越限相对严重的节点进入起作用的不等式约束集，依次处理各层搜索到所有节点，这种方法相对节省迭代次数。而试验迭代采用有限次终止策略。而选择和施加最少数量起作用的不等式约束，以少的振荡很快得到优化解。由于牛顿法最优潮流中起作用的不等式约束集无法事先预测，需要进行试验迭代来确定，增加了计算的难度和复杂性。针对此问题，提出用线性规划技术，取代试验迭代来进行有效不等式约束的识别，从而跨越了试验迭代这条鸿沟。

最优潮流计算要满足实时运行对计算速度和内存量的要求，最好的办法是降低求解问题的维数。由于电力系统传输网络的物理弱耦合性，有功功率和电压相角的关系比较紧密，无功功率和电压幅值的关系比较大，因此，可以将耦合的最优潮流问题分解成 P 优化和 Q 优化两个子优化问题并对其轮流求解，求解一个问题时，保持另一子问题的变量为常数，使优化问题的变量和约束数日降低到原问题的一半。但这种方法也存在缺点，即用同一种方法计算两个子问题，往往是有功子问题收敛效果好，无功子问题的优化收敛很慢，严正等人提出了用混合解耦法最优潮流，用线性规划法求解有功优化子问题，用非线性规划法求解无功优化子问题，这种方法在保证了解耦的有效性同时也保证了算法的灵活性，它在中国的东北电力调度中心实际在线应用效果较好。同时王宪荣注意到，根据电力系统支路参数特征，牛顿法最优潮流中海森矩阵的元素可以合理常数化，海森矩阵的元素只与平衡机的耗量微增率和节点导纳的乘积有关，并在此基础上提出快速解耦牛顿法。该算法在迭代过程中不必重新形成扩展海森矩阵的因子表，显著地缩短了每次迭代的时间，较其他的分解优化潮流更适合在线计算。

最优潮流问题的优化目标可以是多种的，对正常的运行状态而言，优化目标可以是最少的发电费用、有功网损最小、最小无功补偿费用、最大联络线交换功率、最小废气排放量等等。而对于故障后的系统而言，追求控制量变化最小、节点电压变化最小或甩负荷量最少更具有调度实际应用价值。目前最优潮流中考虑正常状态下的不发生支路潮流过载的文章较多，对在故障状态下不发生支路潮流过载的研究较少。这是由于最优潮流本身计算量就很大，无法同时考虑两种状态下优化潮流，计算时间太长。

目前最优潮流用于实时应用还有几方面的困难，一是其计算量大、计算速度慢，无法在较短的时间内完成优化计算，并且其优化后的发电机发电量距离原发电计划的各机组发电量较远。二是目前它所考虑的只是正常工作状态下的线路安全约束，如果同时计入故障状态下的线路安全约束，将大大增加计算量和计算时间，使得最优潮流计算在线应用变得不可能。三是静态优化调度只是对动态电力系统的一个时间段进行优化计算，不考虑各时间段之间的耦合性和变量变化的连续性。而实时化调度是一个动态调度问题，需要考虑相邻时刻之间的运行状态的相互影响，即控制变量的连续性，如发电机的调整速度的限制，水库存水量有限等。这些是约束式静态优化潮流所无法处理的。

【思考与练习】

1. 什么叫最优潮流？
2. 目前最优潮流用于实时应用还有哪些困难？
3. 最优潮流计算要满足什么要求？

模块4 电力市场和节能调度（Z01E8004Ⅱ）

【模块描述】本模块介绍电力市场和节能调度的基础知识。通过对电力市场和节能调度基本概念的介绍和与电力系统经典经济调度与最优潮流的比较分析，了解电力市场和节能调度，熟悉它们与经典经济调度和最优潮流的分析方法的异同。

【模块内容】

在英美等市场化较发达国家，电力市场概念的表述通常使用电力工业重组（electricityrestructuring）、放松管制（deregulation）、放开电网（unlockingthegrid）、开放输电通道（opentransmissionaccess），而较少泛泛使用 powermarket（电力市场）。从以上概念可见，市场改革同破除垄断之间有着密切的联系。随着现代高压互联电网技术的应用，单独一个电厂已经失去了垄断地位，电力工业的自然垄断特性实质是指电网的垄断。市场化改革的思路是：在垄断环节实行科学的监管，尽可能减少电网对市场的束缚；在其他环节，打破垄断，引入竞争，给市场参与者以充分的选择自由。市场参与者自由选择权是实现改革目标的最大保证。有了选择权，才能保证所有市场参与者利益极大化，才能保证资源有效配置，才能保证电力供应商长期健康成长，才能保证用户合理、高效使用电能。

1. 电力市场特征

电力市场特征分别从五个方面进一步描述。

（1）产权结构。

1）电力工业按生产可以分为发电、输电、配电三个主要环节，传统电力工业在整个电力生产环节实行垂直一体化经营，由一家“电力公司”垄断一个或数个地区的电力生产、输送、分配和销售。在产权层面强制拆分垂直一体化经营的电力工业，为打破垄断提供了基本保证。

2）垂直一体化的产权结构在带来规模效益的同时，必然导致整个电力工业垄断经营。

电厂与电网分离是发电侧竞争市场形成的必要条件，各国对此认识统一，都强调电厂与电网在产权层次上必须严格分离。为了保证发电侧竞争充分有效，单个发电公司在一个地区内的市场份额应受到控制，鼓励不同性能的发电机组，不同能源结构的发电公司参与竞争。鉴于发电领域的竞争性，许多国家将国营发电公司私营化，政府退出发电领域的经营。

输电网和配电网分离是批发竞争市场形成所必需的。但是，对于输电网和配电网的产权是否需要完全分离，存在一定的争议，主要是考虑规模效益的因素。较为温和的做法是，实施法人分离，成立独立公司（也可设定为子公司），实行财务分开，防止和杜绝交纳补贴。

（2）市场交易功能与机构。为了保证电能正常的交易，以下五种功能是必备的：

1）系统调度功能，校验并执行电力交易计划，保证系统的安全可靠运行。

2）市场库交易的功能，电力买卖双方集中在一个特定的市场竞价，决定交易量并产生统一的交易价格。

3）非市场库交易的功能，相对于库交易的场外交易，一般通过买卖双方签订双边合同的形式执行，每笔合同的交易量与交易价格由买卖双方协商决定。

4）输电服务交易功能，电力交易的实现必然涉及利用电网输电，因此，输电服务的买卖成为电力交易不可或缺的一部分。

5）辅助服务交易功能，电力系统在运行中受物理定律支配，需要无功支持、备用容量、调频、调压等辅助服务，对于因实现特定电力交易而产生的辅助服务需要收费，辅助服务交易为辅助服务的供需双方提供了买卖的途径。

电力市场化改革前，电力公司集成了所有交易功能，统一调度、运输、销售电力。改革后，多数电力市场设立中立的电力市场运营机构和独立调度机构承担上述功能。

可以采用分步实施的方式组建新机构。发电竞争初级阶段，电网公司承担所有交易功能，为了削减电网对电厂的不平等地位，首先将运行电力库的市场运营机构从电网中分离出来，并允许非库交易。紧接着，调度机构从电网中独立出来，此时电力市场一般表现为批发竞争的模式。随着技术支持条件的具备，辅助服务和输电服务交易功能同电网分离，标志着电力市场进入到允许零售竞争的成熟阶段。新设立的市场运营机构和调度机构应是非营利性质的组织，接受监管机构监督独立运行。

（3）市场结构与价格形成。

1）市场的作用是决定一种产品的价格。不同类型的市场按其在决定价格方面的作用区分为不同的市场结构。不同的市场结构以其特点影响厂商的行为和活动。区分市场结构的两种标准：① 该行业所包含的厂商数目之多寡；② 一个行业的各厂商所产产品之间相互替代的程度大小。改革单一的市场结构是推进市场化的又一重点。

2）传统垄断经营的电力公司单方面决定服务与价格，电力用户没有选择权。单一购买（发电竞争）的电力市场，电力公司选择低成本电厂再将电能销售给用户。批发竞争阶段有多个供电公司竞争采购电力，到了零售竞争阶段，电力用户可以直接选择电厂和供电公司。

随着改革的深入，竞争的加剧，电力买卖双方的构成呈现出多元化，电力用户甚至可以通过电力回购，或在电力金融市场成为卖方，电力交易也从最初的强制电力库交易、单向竞价转变为可选择的多种交易形式、双向竞价。

（4）市场体系。电力商品（服务）是一个笼统的概念，按其满足消费的功能和在生产流通中的作用可以进一步细分为电能、电力、无功、可靠性（服务）、调频（服务）、调压（服务）、备用（服务）、紧急事故处理（服务）等一系列产品，并对应相关市场。按其交易方式又可以分为现货市场、期货市场和金融市场等。按照从生产到消费的各个环节，可以分为投融资市场、基本建设市场、发电市场、排污市场、输电市场、配电市场、批发市场、零售市场等。围绕电力商品（服务）所形成的一系列市场构成了电力市场体系。

市场体系反映了市场开放与成熟程度。电力市场由电能量市场、辅助服务市场和输电权市场三个基本市场构成，并进一步衍生细分出其他市场。

（5）市场层次。理论上讲，在一个互联的电网上可以构建成一个单一的电力市场。但是，考虑到政治、地理、制度等多种因素，特别是市场交易费用的问题，多数互联电网中的电力市场是分区、分层的。区域市场主要从事本区域内部的电力交易，区域间的交易另有交易场所。在分层的市场中，一般批发与零售交易分开进行。市场合理的分区、分层可以有效降低交易成本，但应注意必须保证市场规则的统一，同时不能对资源有效流动造成障碍。

2. 一种可能的理想框架

市场设计遵循的主导思想是，打破垄断，引入竞争，给所有市场参与者以自由选择权，从而最大限度依靠市场机制实现各项改革目标。一种可能的电力市场理想框架是：

（1）电厂与电网产权分开。在发电领域开展充分竞争，鼓励多种所有制形式进入发电领域，国有资本逐步退出竞争领域，转而加强电网建设；输电网与配电网实行独立核算，产权与运营权分离，电网运营由中立的市场运营机构和调度机构实施，并接受严格的监管。

（2）成立非营利性质的市场运营机构和独立调度机构。市场运营机构负责电力交易所涉及的经济事项，独立调度机构负责实现各项交易并保证系统安全。

（3）设立电能市场、辅助服务市场和输电权市场，允许各种经济实体和自然人进入市场进行电力产品的买卖，不允许投机行为的发生。

（4）鼓励市场参与方对各种新交易形式、新交易品种的探索。电力市场必须为市场参与者提供更多的选择，买方和卖方相互选择，包括自我供应、长期和短期合同、输电权采购、财务对冲机会等。

（5）建立科学的价格体系，发挥价格信号作用。价格由市场形成，但必须接受监管。

（6）建立输电网规划和电力工业发展规划制度，引导长期投资并回应电力需求。

（7）具有电网回收成本和自我发展的机制。

（8）全国统一的电力市场规则，不断创新的市场设计。允许各地区根据不同系统条件实行不同的市场模式。

3. 经济调度与电力市场的关系

电力系统经济调度和电力市场的目标具有一致性，其差别在于一个是用“有形的手”使参与者被动实施，一个是用“无形的手”引导参与者自觉参加。经济调度不仅是电力市场理论基础的组成部分，也是评估电力市场实践的标准。

（1）经济调度是搞好电力市场的基础。发电市场竞价的目标，是在满足负荷需求的条件下总购电费用最小。负荷经济分配的目标，是在满足负荷需求的条件下总发电成本最小。电力市场与经济调度最终的目标，都是社会效益（或称福利）最大。

在垂直一体化的管理经营模式下，电力系统经济调度是由电力公司自上而下统一操作：由发电厂上报发电成本曲线，在发电厂内按机组耗煤（热）微增率相等原则分配负荷，在各发电厂间按发电成本微增率相等原则分配负荷。而在电力市场环境下，达到同一目标需要由发电厂上报发电报价曲线，在发电厂内仍按机组耗煤（热）微增率相等原则分配负荷，在各发电厂间则按发电报价（曲线）微增率相等原则分配负荷。

在电力市场形成初期，发电厂报价偏离发电成本曲线是正常的，也就偏离社会效益最优的目标；经过充分市场竞争后，发电厂报价应该越来越接近发电成本，长久来看能够达到社会效益最大。因此，美国有些电力市场规定，当检测到某些报价曲线偏差较大时可用成本曲线代替。

实际上，20 世纪 50 年代前，中国华北、东北和华东等地区电力系统曾开展过经济调度，在各大火电厂（包括大水电厂）进行过锅炉效率试验，编制过发电耗煤微增率曲线和厂内经济调度方案，电力调度中心也曾配置过火电经济调度程序、网损修正计算程序和水火电协调程序等。

经济调度应做好以下工作：① 加强发电厂燃料计量；② 恢复周期性锅炉 5 点效率试验，及时修正机组发电成本曲线；③ 进行机组正平衡效率分析研究，实时估计发电成本曲线。如果短期做不出每台机组发电成本曲线，可以在全国或区域范围内选择典型火电机组（如 50、75、120、200、300、350、600MW 机组），先编制标准发电成本曲线，用于当报价偏离时做代替曲线和评估电力市场竞价结果。

（2）经济与安全的协调。电力潮流在电网上是根据克希霍夫定律分布的，发电和用电功率须时时保持平衡，局部电网一处故障可能很快波及全网。电力市场交易必须服从这些客观规律，引入竞争给电网带来的最大问题是安全问题，并网电厂和电网的安全稳定运行是相关各方的共同利益所在，电力传输的各环节之间必须保持协调、配合、一致和系统性，服从电网统一调度。这是维护全局利益的有效保障。

在编制电力系统负荷经济分配计划以及预防性控制、安全校正和恢复控制中，均要调用安全约束（经济）调度，即针对支路潮流过负荷调整相关发电厂功率，使各越限支路潮流回到限值（当然还不能出现新的越限支路），并保持总发电成本或总购电费用上升最少。

目前，美国电力市场竞价使用的主要应用软件是安全约束经济调度（SCED）和安全约束机组组合（SCUC），前者实际是大型线性规划的有功（直流）最优潮流，后者是大型混合整数规划程序。它们能够保证编制出的每个交易计划和下达的每一控制方案都是在安全的前提下达到尽可能经济的目标。美国在各大电力市场中还普遍采用了新的安全防御手段——金融输电权（FTR），避免电网阻塞。

（3）发电与输电的协调。输电成本一般随输电距离增加而增加，有时甚至更高一些。煤耗（成本）低的电厂往往远离负荷中心，输电距离的增大引起网损增大。实际上，网损增大等于加大了全网负荷，即增加了全网所需发电量。远离负荷中心的电厂每增发单位功率会引起全电网网损功率增加，因此在调度时要对其进行成本曲线修正，考虑网损增加的因素，增加其综合发电成本（燃料加网损）。发电与输电的协调，即发电成本与输电损失协调，其结果既不是全网煤耗最低，也不是网损最低，而是要保证全网发电加输电成本最低。水电与火电的协调水电的经济效益取决于以下因素：① 防止弃水，充分利用自然来水；② 调峰，使电力系统运行成本（费用）微增率在周期内波动尽量小；③ 水头，水电站高水头运行，利用自然来水多发电；四是效率，在同一水位下，水电机组效率随功率变化。

对水电调度计划的约束则是多方面的：① 自然来水，或由水库调度计划确定的可用发电水量；② 水库水位和放流量限制，包括航运、灌溉等要求；③ 水电机组发电或过电流限制；④ 电力系统方面的限制，主要来自机组组合、交换计划、燃料和备用等。

水电调度计划是一个具有复杂约束的大型非线性规划问题。20 世纪 50 年代，提出了水火电协调方程法，可以解决少量定水头水电站的调度问题；60 年代，提出动态规划法，可进一步解决变水头水电站的调度问题；而 80 年代提出的网络流规划法，可以全面解决水电调度计划问题，包括梯级水电站和抽水蓄能电站。

水火电协调的意义不是使水电站以规定的用水量发出最大的电量，而是配合火电取得最大社会效益。电力市场中水电竞价的结果应符合这一目标。

（4）发电与用电的协调。将用电负荷看成为常数的市场不是完整的市场，只能取得较小的社会效益，考虑负荷响应的电力市场才能取得更大的社会效益。考虑负荷效益，应以每千瓦时电能的社会效益最大为目标。

近年来，美国随电力市场的发展，大力研究负荷响应和需求侧管理及可中断负荷参与备用市场的竞争，研究结论可降低旋转备用成本并提高速度。

把需求侧作为负荷备用和事故备用，提高了用户的选择性。原来的负荷控制与需求侧管理的差别是：前者控制权在供电方，是“有形的手”；后者的控制权在用户方，供电方只能用“无形的手”使用户响应电价变化。用户根据自己每千瓦时电能创造的价值出价，竞价结果显然能够达到更大的社会效益。

只有批发没有零售，也不能算是完整的电力市场。电力零售市场能取得更广泛的社会效益，同时也为 20 世纪新型的分散式发电和蓄电的出现创造条件，将在提高发电效率和降低环境污染方面创造出更高的社会效益。

4. 节能调度与竞价上网能完美结合

节能发电调度主要考虑上网机组的能耗指标与污染物排放指标，确定发电机组上网排序、机组发电组合方案的制订与机组负荷的分配。

中国现阶段电力市场主要表现为发电侧电力市场，其核心特征是对竞价电量部分实行竞价上网，依据所报上网电价的高低来决定其发电的先后排序。在竞价上网的区域电力市场中，对于燃煤火电机组来说，价格机制为主要运行决定条件。

推进电力市场化改革，将实施节能发电调度与健全竞价上网的电力市场机制有机结合起来，这些值得深入研究。

首先，从本质上看，两者都旨在降低能耗，合理科学利用能源。但节能发电调度更多地从降低污染物排放指标角度考量，而电力市场竞价上网则更多从运用市场价格机制来权衡发电资源的优化配置。

其次，从电量价格来看，两者有显然差异。发电侧电力市场的基本因素是竞价上网的电量价格，按现行做法，它仅仅占发电商年度分配电量的 15%左右，另外大部分电量仍以合约电量的价格计算；而节能发电调度的实施效果，除了优先调度的再生能源机组外，对于燃煤火电机组来说则能及时有效地促使发电企业狠抓精细化管理，把发电企业内部的节能降耗工作落实到每一个环节和每一个岗位，在更大范围内通过降低发电燃煤成本来降低上网电价，从而有利于发挥竞争优势。

再次，从电力工业的可持续发展来看，两者殊途同归。电力市场实行竞价上网，必然促进电力市场化运行机制全面建立，优胜劣汰，激励低能耗的大机组多上网发电，引导高耗能高排污的小火电机组退出现役，有利于上大压小，优化资源配置；节能发电调度的制度实施，既是对电力市场化运行规则的补充完善，同时也是一种电力市场的监管方式，有利于加速小火电机组的淘汰，有利于促进电力市场的规范建设。

实施节能发电调度与电力市场机制有机结合，既要积极开展节能发电调度试点工作，完善调度技术手段和人员配备，制订电网应急预案，确保新旧调度方式的平稳过渡和电网安全稳定运行；又要在非试点地区，按照节能、环保、经济的原则，改进发电调度方式，对不同能耗、排污的发电机组安排差别电量计划。

随着电力市场化改革的深入，市场配置资源的作用明显加强，节能发电调度与电力市场机制结合，必将减少能源消耗和污染物排放，提高能源效率，推动电力工业又好又快发展。

【思考与练习】

1. 经济调度与电力市场的关系包含哪些内容？
2. 节能发电调度的主要依据是什么？
3. 各类发电机组如何确定节能发电序位？

第八章

跨区电网联络线调控

模块 1　跨区电网联络线调控原理及方法（Z01E9001Ⅱ）

【模块描述】本模块介绍跨区电网联络线调控原理及方法。通过原理讲解、条文解释及案例学习，了解对跨区电网的负荷频率控制及控制策略的配合，熟悉跨区电网控制性能标准，了解跨区电网联络线调控 AGC 控制方法。

【模块内容】

一、跨区电网的负荷频率控制

跨区电网两个并联电网示意图如图 8–1–1 所示。

互联电网的频率变化取决于总的功率缺额和总的单位调节功率。电力系统的负荷频率控制有如下三种主要控制方式：

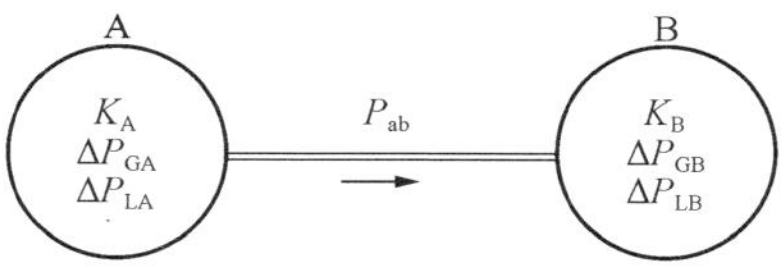

图 8–1–1　两个互联电网示意图

（一）恒定频率控制（flat frequency control，FFC）

这种控制方式最终维持的是系统频率恒定，即$\Delta f=0$，对联络线上的交换功率则不加控制。因此，这种方式一般适合于独立系统或联合系统的主系统。

（二）恒定联络线交换功率控制（flat tie-line control，FTC）

这种控制方式的控制目标是维持联络线交换功率的恒定，即$\Delta P_{ab}=0$，对系统的频率则不加控制。因此，这种方式一般适合于联合系统中的小容量系统。

（三）联络线和频率偏差控制（tie-line load frequency bias control，TBC）

这种控制方式的控制目标是维持各分区功率增量的就地平衡，即$\Delta P_{GA}=\Delta P_{LA}$，或者表示为 $K_A\times\Delta f+\Delta P_{ab}=0$，既要控制频率有要控制交换功率。因此，这种方式是互联电力系统中的最常用的，尤其是当各系统容量相当时。

联合电力系统中控制的基本原则是在执行计划的交换功率的情况下，每个系统负责处理本系统所发生的负荷扰动，只有在紧急情况下给予相邻系统以临时性支援，并在动态过程中得到最佳的动态性能。

二、跨区电网控制性能标准

（一）A1、A2 标准

北美电力系统可靠性协会（NERC）早在 1973 年就正式采用 A1、A2 标准来评价电网正常情况下的控制性能，其内容是：

A1：控制区域的 ACE 在 10min 内必须至少过零一次。

A2：控制区域的 ACE 10min 内的平均值必须控制在规定的范围 L_d 内。

NERC 要求各控制区域达到 A1、A2 标准的控制合格率在 90%以上。这样通过执行 A1、A2 标准，使各控制区域的 ACE 始终接近于零，从而保证用电负荷与发电、计划交换和实际交换之间的平衡。国内各大电网的联络线指标考核一直按照 A1，A2 的规定进行。但是，A1、A2 标准也有缺陷：

（1）控制 ACE 的主要目的是为保证电网频率的质量，但在 A1、A2 标准中，却未体现出对频率质量的要求。

（2）A1 标准要求 ACE 应经常过零，从而在一些情况下增加了发电机组无谓的调节。

（3）由于要求各控制区域严格按 L_d 来控制 ACE 的 10min 平均值，因而在某控制区域发生事故时，与之互联的控制区域在未修改联络线交换功率时，难以做出较大的支援。

基于上述原因，北美地区部分国家于 1983 年就开始研究改进控制性能评价标准。经过多年的探索，终于在 1996 年推出了 CPS1、CPS2 标准。

（二）CPS1、CPS2 标准

相对于主要根据经验制定的 A 系列标准而言，基于统计学理论的 CPS 指标计算公式具有较强的理论基础，它着眼于频率质量和一个控制区域在频率偏差控制方面的长期表现，因而更为合理，它主要要求：

CPS1：控制区域的控制行为对电网频率质量有贡献。

CPS2：控制区域 ACE 每 10min 的平均值必须控制在规定的范围。

目前，国内各大电网多采用 CPS 标准对电网频率进行考核，对比 A 标准，有以下优点：

（1）CPS 标准不要求 ACE 经常过零，可以避免一些不必要的调节，有利于机组的稳定运行。

（2）CPS1 标准中的参数 ε_1、ε_{10} 体现了电网频率控制的目标，有利于促使省、市电网在控制行为上注意关心电网的频率质量，有利于提高电网的频率质量。

（3）CPS1 标准对各控制区域对电网频率质量的“功过”评价十分明确，特别有利于某一控制区域内发生事故时，其他控制区域对其进行支援。

三、跨区电网联络线调控 AGC 控制方法

在区域电网中，网调一般担负系统调频任务，其控制模式通常选择定频率控制模式，省调一般保证按联络线计划调度，其控制模式通常选择定联络线控制模式。在大区域互联电网中，互联电网的频率及联络线交换功率应由参与互联的电网共同控制，其控制模式应选择联络线偏差控制模式。同时，在利用 AGC 进行跨区间联络线控制时，除满足 CPS 考核标准外，还必须满足以下三个条件：

（一）电网安全约束

在通过 AGC 进行负荷调整时，必须满足电网所有安全约束条件，不能造成设备过载或者超过稳定控制极限。对于调整过程中跟踪联络线进行调整可能造成设备过限的电厂，调度指挥中心对于该部分机组可以将其 AGC 投入“设定”负荷模式，其机组只能带调度员设定负荷，或者设置其 AGC 上下调节范围，保证机组功率在允许范围内波动。

（二）节能优化调度原则

（1）满足水电厂调度需求。即避免水电厂弃水，提高水能利用率，同时满足防洪及灌溉、航运等要求。在这种情况下，调度中心需要根据实际情况，协调不同水电厂之间和水火电厂 AGC 投入方式，当进入丰水期后，水电厂根据来水情况，投入“设定”模式，以水定电，而火电厂投入“等比例”或者“超短期负荷预测”模式，负责跟踪联络线，火电厂尽量不要投入“自动模式”。正常情况下，可由水电厂投入“自动”模式，跟踪负荷变化，而火电厂投入“计划”模式，跟踪负荷变化趋势，并使水电机组目标功率逐渐恢复到应有的水电机组二次调频的目标功率。

（2）满足火电厂节能环保需要。即煤耗低、损耗小、污染少电厂多发。可以在 AGC 中增加相关的程序判断，同时，该项原则在发电计划中也有所体现。

（三）满足三公调度原则

保证各个电厂按照年度计划发电。在该种情况下，将需要的机组投入“计划”模式。

四、案例

如图 8–1–1 所示，电网 A 与电网 B 相联，构成联合跨区电网，其联络线调控方法为：采用联络线和频率偏差控制 TBC 控制模式，其控制性能标准按照 CPS1、CPS2 标准。即两个电网间联络线区域控制偏差 A_{CE} 按照是否满足 CPS 标准进行控制，联络线区域控制偏差 A_{CE} 计算公式方法为

$$A_{CE}=\Delta P+B\times\Delta f$$

式中 ΔP——联络线偏差，MW；

B——负荷频率响应特性值，MW/0.1Hz；

Δf——电网频率偏差，Hz。

说明这种方式既要控制频率又要控制交换功率，从而完成整个互联电网的调频任务。

【思考与练习】

1. 跨区电网的负荷频率控制主要有哪几种方式？
2. 对比 A 标准，CPS 标准有何优点？
3. 节能优化调度原则是什么？

第二部分

电 网 操 作

第九章

合 解 环 操 作

模块 1　电力系统合、解环操作（Z01F2001Ⅱ）

【模块描述】本模块介绍电力系统合、解环操作的条件及合、解环操作后潮流对系统的影响与注意事项。通过概念解释、操作注意事项讲解，掌握电网合、解环操作的基本要领。

【模块内容】

一、合环操作

1. 合环操作的含义

合环操作是指将线路、变压器或断路器串构成的网络闭合运行的操作。同期合环是指通过自动化设备或仪表检测同期后自动或手动进行的合环操作。

2. 电网合环运行的优点

电网合环运行的优点是各个电网之间可以互相支援互相调剂，互为备用，这样既可以提高电网或供电的可靠性，又保证了重要用户的用电；同时如果在同样的导线条件下输送相同的功率，环路运行还可以减少电能损耗，提高电压质量。

3. 合环操作应具备的条件

（1）合环点相位、相序一致。如首次合环或检修后可能引启相位变化，必须经测定证明合环点两侧相位、相序一致。合环时的电压差，220kV 系统一般允许在 20%，最大不超过 30%以内，负荷相角差小于 30°，500kV 系统一般不超过 10%，最大不超过 20%，负荷相角差不超过 20°。

（2）如属于电磁合环，则环网内的变压器接线组别之差为零。

（3）合环后环网内各元件不致过负荷。

（4）合环后系统各部分电压质量在规定范围内。

（5）继电保护与安全自动装置应适应环网运行方式。

（6）稳定符合规定的要求。

二、解环操作

1. 解环操作的含义

解环操作是指将线路、变压器或断路器串构成的闭合网络开断运行的操作。

2. 解环操作应具备的条件

（1）解环前检查解环点的有功、无功潮流，确定解环后是否会造成其他联络线过负荷。

（2）确保解环后系统各部分电压质量在规定范围内。

（3）解环后系统各环节的潮流变化不超过继电保护、系统稳定和设备容量等方面的限额。

（4）继电保护与安全自动装置应适应电网解环后运行方式。

（5）稳定符合规定的要求。

三、合、解环操作后潮流对系统的影响与注意事项

（1）合环操作必须相位相同，电压差、相位角应符合规定。在 220、110kV 环路阻抗较大的环路中，合环点两侧电压差最大不超过 30%，相角差小于 30°（或经过计算确定其最大允许值）。500、220kV 环路中合环断路器两侧电压差一般不超过 10%，最大不超过 20%，相角差最大不超过 20°。

（2）应确保合、解环网络内，潮流变化不超过电网稳定、设备容量等方面的限制，对于比较复杂环网的操作，应先进行计算或校验。

（3）继电保护、安全自动装置应与解、合环操作后的电网运行方式配合。

（4）确知合、解环的系统是属于同一系统，并已经核相正确。

（5）了解两侧系统的电压情况。

（6）对于消弧线圈接地的系统，应考虑在合、解环后消弧线圈的正确运行。

（7）应使用断路器进行合、解环操作，特殊情况下需用隔离开关进行合、解环操作，应先经计算或试验，并应经有关领导批准。

（8）在合环后应检查和判断合环操作情况；解环时应检查合环系统，在合环运行状态后才能进行解环操作，防止误停电。

（9）操作前后应与有关方面联系。

四、电网合、解环操作过程中的危险点及其预控措施

电网合、解环操作过程中的危险点主要有：① 误解列，在未合环运行的情况下就进行解环操作，使部分电网解列运行或造成停电；② 合、解环操作出现稳定问题。

（1）解环操作中误解列的防范措施：合解环操作指令必须下达逐项下达，即先下达合环操作指令，待调度系统运行值班人员汇报合环操作完毕后，确认合环正常（潮流发生变化）才能下达解环操作指令。

（2）合、解环操作出现稳定问题的防范措施：

1）合、解环操作应进行计算或校核。

2）首次合环或检修后可能引启相位变化的，必须测定合环点两侧相位一致。

3）合环点有同期时，应使用同期合环。

4）加强上下级联系，选择适合的合环点和解环点。

【思考与练习】

1. 电网合环运行应具备哪些条件？

2. 电网解环操作应具备哪些条件？

3. 根据当地电网实际情况，安排电网内通过某设备合、解环操作的 DTS 实训。

第十章

并解列操作

模块1　电力系统并、解列操作（Z01F1001Ⅱ）

【模块描述】本模块介绍电力系统并、解列应具备的条件，并、解列方法及并、解列操作的注意事项。通过概念解释、操作注意事项讲解，掌握并、解列操作的基本要领。

【模块内容】

一、并列操作

（一）并列操作的含义

并列操作是指发电机（调相机）与电网或电网与电网之间在相序相同，且电压、频率允许的条件下并联运行的操作。

（二）并列操作的方法

电力系统并列的方法有准同期法和自同期法。

1. 准同期法

当满足条件或偏差在允许范围内时，合上电源间的并列开关的并列方法，称为准同期并列。准同期并列时，手动操作合闸称为手动准同期并列，自动操作称为自动准同期并列。

准同期并列的优点是正常情况下并列时冲击电流很小，对电网设备冲击小，对电网扰动小；缺点是由于准同期并列条件较复杂，并列操作时间长，同时对并列合闸时间要求较高，如果并列合闸时间不准确，可能造成非同期并列的严重后果，对设备和电网造更大的冲击。准同期法不仅适用于发电机与电网的并列，也适用于两个电网之间的并列，是电力系统中最常见和主要的并列方式。

2. 自同期法

发电机自同期并入系统的方法是：在相序正确的条件下，启动未励磁的发电机，当转速接近同步转速时合上发电机开关，将发电机投入系统，然后再加励磁，在原动机转矩、异步转矩、同步转矩等作用下，拖入同步。

自同期具有操作简单、并列迅速、便于自动化等优点，但由于自同期在合闸时的冲击电流和冲击转矩较大，同时并列瞬间要从电网、吸收大量无功功率，造成电网电压短时下降。因此自同期并列仅在系统中的小容量发电机上采用，大中型发电机及电网间并列时一般采用准同期法进行。

（三）并列操作条件

1. 发电机自同期并列条件

（1）与母线直接连接容量在 3000kW 以上的汽轮发电机，计算汽轮发电机自同步电流，在满足一定条件时，方可采用自同期并列。

（2）容量在 3000kW 及以下的汽轮发电机、各种容量的水轮发电机和同步调相机以及与变压器作单元连接的汽轮发电机，均可采用自同期并列。

2. 准同期并列条件

（1）并列点两侧的相序一致、相位相同。

（2）并列点两侧的频率相等（调整困难时允许频率偏差不大于 0.50Hz）。

（3）并列点两侧的电压相等（电压差尽可能减小，当无法调整时，允许电压相差不大于 20%）。

二、解列操作

（1）解列操作的含义。解列操作是指通过人工操作或保护及自动装置动作使电网中断路器断开，使发电机（调相机）脱离电网或电网分成两个及以上部分运行的过程。

（2）解列操作的条件及方法。解列操作时应将解列点的有功和无功潮流调至零，或调至最小，然后断开解列点断路器，完成解列操作。

三、并、解列操作的注意事项

（1）地区电网与主电网并、解列时，操作前必须征得上级调值班调度员的同意，并应注意重合闸方式的变更，继电保护定值和消弧线圈分接头的调整以及低频减载装置投入方式等。

（2）解列时，将解列点有功潮流调整致零，电流调整致最小，如调整有困难，可使小电网向大电网输送少量功率，避免解列后小电网频率和电压较大幅度变化。

（3）选择解列点时要考虑到再同期时找同期方便。

四、并、解列操作中的危险点及其预控措施

并、解列操作的危险点主要有：① 误解列，解列点未满足解列条件时就进行解列操作，致使小电网的频率和电压发生较大幅度变化甚至瓦解；② 非同期并列，对系统造成严重冲击。

1. 误解列的防范措施

（1）解列操作前通知相关单位。

（2）解列时，将解列点有功潮流调整至零，电流调整至最小再进行解列操作。

2. 非同期并列的防范措施

（1）在初次合环或进行可能引起相位变化的检修之后，必须进行相位测定正确后才能进行合环操作。

（2）防止人员误操作。

（3）检查同期点的同期装置完好。

（4）准同期时，严格遵守准同期并列的条件。

【思考与练习】

1. 电力系统同期并列方法有哪些？

2. 准同期并列的条件是什么？

3. 根据当地电网实际情况，安排电网解列后两部分间并、解列操作的 DTS 实训。

模块 2 非同期并列对发电机和系统的影响（Z01F1002Ⅲ）

【模块描述】本模块介绍非同期的概念、非同期并列对发电机和系统的影响以及预控非同期的措施。通过概念描述、要点归纳讲解，掌握非同期并列对发电机和系统的影响。

【模块内容】

一、非同期的概念

准同期并列的条件有：

（1）并列点两侧的相序、相位相同。

（2）并列点两侧的频率相等。

（3）并列点两侧的电压相等。

当不满足上述条件进行系统并列时即为非同期并列。

二、非同期并列对发电机和系统的影响

在不符合准同期并列条件时进行并列操作，称为非同期并列。当不满足并列条件时会产生以下后果：

（1）电压不等：其后果并列后，发电机和系统间有无功性质的环流出现。

（2）相序相位不一致：其后果是可能产生很大的冲击电流，将发电机烧毁，或将端部受到巨大电动力的作用而损坏。

（3）频率不等：其后果是将产生拍振电压和拍振电流，这个拍振电流的有功成分在发电机机轴上产生的力矩，将发电机产生机械振动。当频率相差较大时，甚至使发

电机并入后不能同步。

发电机非同期并列是发电厂的一种严重事故，它对有关设备破坏力极大，如发电机及与之相串联的变压器、开关等。严重时，会将发电机绕组烧毁端部严重变形，即使当时没有立即将设备损坏，也可能造成严重的隐患。就整个电力系统来讲，如果一台大型机组发生非同期并列，则影响很大，有可能使这台发电机与系统间产生功率振荡，严重地扰乱整个系统的正常运行，甚至造成系统崩溃。

三、防止非同期并列的具体措施

1. 非同期并列事故一般发生的主要原因

（1）一次系统不符合并列条件，误合闸。

（2）同期用的电压互感器或同期装置电压回路，接线错误，没有定相。

（3）人员误操作，误并列。

2. 防止非同期并列的具体措施

非同期并列，不但危及发电机、变压器，还严重影响电网及供电系统，造成振荡和甩负荷。就电气设备本身而言，非同期并列的危害甚至超过短路故障。防止非同期并列的具体措施是：

（1）设备变更时要坚持定相。发电机、变压器、电压互感器、线路新投入（大修后投入），或一次回路有改变、接线有更动，并列前均应定相。

（2）防止并列时人为发生误操作。

1）值班人员应熟知全厂（所）的同期回路及同期点。

2）在同一时间里不允许投入两个同期电源开关，以免在同期回路发生非同期并列。

3）手动同期并列时，要经过同期继电器闭锁，在允许相位差合闸。严禁将同期短接开关合入，失去闭锁，在任意相位差合闸。

4）工作厂用变压器、备用厂用变压器，分别接自不同频率的电源系统时，不准直接并列。此时，倒换变压器要采取“拉联”的办法，即先手动拉开工作厂用变压器的电源断路器，后使备用厂用变压器的断路器联动投入。

5）电网电源联络线跳闸，未经检查同期或调度下令许可，严禁强送或合环。

（3）保证同期回路接线正确、同期装置动作良好。

1）同期（电压）回路接线如有变更，应通过定相试验检查无误、正确可靠，同期装置方可使用。

2）同期装置的闭锁角不可整定过大。

3）自动（半自动）准同期装置，应通过假同期试验、录波检查特性（导前时间、频差Δf、压差ΔU）正常，方可正式投入使用。

4）采用自动准同期装置并列时，同时也可将手动同期装置投入。通过同期表的运转，来监视自动准同期装置的工作情况。特别注意观察是否在同期表的同期点并列合闸。

（4）断路器的同期回路或合闸回路有工作时，对应一次回路的隔离开关应拉开，以防断路器误合入、误并列。

（5）认真吸取事故教训，防止类似事故再发生。

【思考与练习】

1. 发生非同期事故的主要原因有哪些？

2. 准同期并列的条件是什么？

3. 什么是发电机非同期并列？有什么危害？

第十一章

母 线 操 作

模块 1 母线停送电和倒母线操作（Z01F3001Ⅱ）

【模块描述】本模块介绍母线停、送电和倒母线操作的方法及二次部分的调整。通过操作方法讲述、案例介绍，掌握母线停送电和倒母线操作方法和基本要领。

【模块内容】

一、母线停、送电操作的方法及二次部分的调整

（1）母线停电时，先断开母线上各出线及其他元件断路器，最后分别按线路侧隔离开关、母线侧隔离开关依次拉开。母线送电时操作与此相反。

（2）如线路停送电时伴随 220kV 母线停送电，可采取 220kV 线路与 220kV 空母线一并停送电方式。

（3）对母线送电：有母联断路器时应使用母联断路器向母线充电。母联断路器的充电保护应在投入状态，必要时要将保护整定时间调整到 0。这样，如果备用母线存在故障，可由母联断路器切除，防止事故扩大。如 220kV 及以下电压等级母线如无母联断路器，在确认备用母线处于完好状态并不带电容器、电源及一次负荷设备后，也可用隔离开关充电，但在选择隔离开关和编制操作顺序时，应注意不要出现过负荷。

（4）除用母联断路器充电之外，在母线倒闸过程中，应将母联断路器改非自动（即母联断路器的操作电源拉开），防止母联断路器误跳闸，造成带负荷拉隔离开关事故。

二、倒母线的方法

（一）母线的“冷倒”方法

母线的“冷倒”一般情况下适用于母线故障后的倒母线方式，具体操作方法是：

（1）断开元件断路器。

（2）拉开故障母线侧隔离开关。

（3）合上运行母线侧隔离开关。

（4）合上元件断路器。

（二）母线的“热倒”方法

母线的“热倒”是正常情况下的母线倒闸方式，即线路不停电的倒母线方式，如无特别说明倒母线均采用“热倒”方式。具体操作方法是：

（1）母联断路器在合位状态下，将母联断路器改非自动（即母联断路器的操作电源拉开），保证母线隔离开关在并、解时满足等电位操作的要求。

（2）合上母线侧隔离开关。

（3）拉开另一母线侧隔离开关。

（三）母线倒闸时母线侧隔离开关的操作方法

多个元件倒母线操作时，母线倒闸时母线侧隔离开关的操作原则上有两种操作方法：

（1）将一元件的隔离开关合于一母线后，随即断开该元件另一母线上的隔离开关，直到所有元件倒换至另一母线。

（2）将需要倒母线的所有元件的隔离开关都合于运行母线之后，再将另一母线的对应的所有隔离开关断开。

具体操作方案根据操动机构位置（两母线隔离开关在一个走廊上或两个走廊上）和现场规程决定。

三、案例

倒母线操作前方式如图 11–1–1 所示（母联断路器热备用），1 线、3 线由Ⅱ母运行倒至Ⅰ母运行，调度逐项指令主要内容如下：

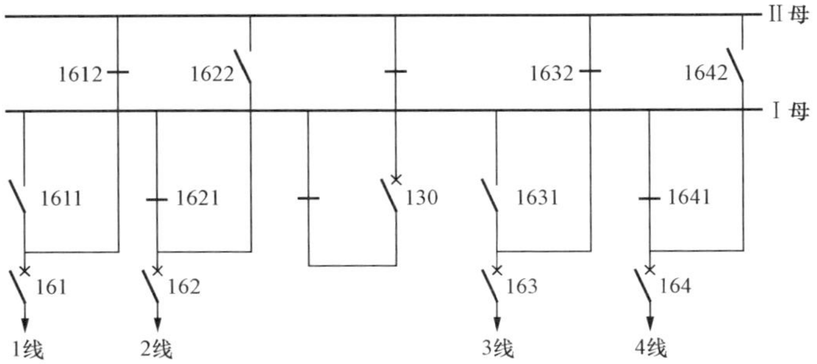

图 11–1–1　主接线简图

（1）母联 130 断路器热备用转运行。

（2）断开母联 130 断路器直流操作电源。

（3）合上 1 线Ⅰ母侧 1611 隔离开关。

（4）拉开 1 线Ⅱ母侧 1612 隔离开关。

（5）合上 3 线Ⅰ母侧 1631 隔离开关。

（6）拉开 3 线Ⅰ母侧 1632 隔离开关。

（7）合上母联 130 断路器直流操作电源。

（8）母联 130 断路器运行转热备用。

【思考与练习】

1. 母线倒闸过程中，为什么要将母联断路器的操作电源拉开？

2. 倒母线有哪两种操作方法？

3. 根据当地电网实际情况，安排某厂站双母线倒母线操作的 DTS 实训。

模块 2　母线操作中的问题（Z01F3002Ⅲ）

【模块描述】本模块介绍母线停、送电操作中常见的问题及倒母线操作中的常见问题。通过问题分析讲解，掌握母线停送电和倒母线操作过程中的危险点及其预控措施。

【模块内容】

一、母线停、送电操作中常见的问题

（1）备用和检修后的母线送电操作，应使用装有反应各种故障类型速断保护的断路器进行，若只用隔离开关向母线充电，必须进行必要的检查，确认设备良好、绝缘良好，并确认备用母不带电容器、电源及一次负荷设备。在有母联断路器时应使用母联断路器向母线充电，母联断路器的充电保护应在投入状态。

（2）带有电感式电压互感器的空母线充电时，为避免断路器触头间的并联电容与电压互感器感抗形成串联谐振，母线停送电前将电压互感器隔离开关断开或在电压互感器二次回路并（串）联适当电阻。

（3）母线停、送电操作时，应做好电压互感器二次切换，防止电压互感器二次侧向母线反充电。

（4）母联断路器因故不能使用，必须用母线隔离开关拉、合空载母线时，应先将该母线电压互感器二次断开。

二、倒母线操作中的常见问题

（1）进行母线倒闸操作时应注意对母差保护的影响，要根据母差保护运行规程作相应的变更。在倒母线过程中无特殊情况，母差保护应投入运行。

（2）由于设备倒换至另一母线或母线上电压互感器停电，继电保护和自动装置的电压回路需要由另一电压互感器供电时，应注意避免继电保护和自动装置因失去电压而误动作。避免电压回路接触不良以及通过电压互感器二次向不带电母线反充电，而引起的电压回路熔断器熔断，造成继电保护误动作等情况出现。

（3）无母联断路器的双母线或母联断路器不能启用，需停用运行母线，投入备用母线时，应尽可能使用外来电源对备用母线试送电。不具备上述条件时，则应仔细检查备用母线，确认设备正常、可以送电后，先合上原备用母线上的隔离开关，再拉开原运行母线上的隔离开关。

（4）母线的电压互感器所带的保护，如不能提前切换到运行母线的电压互感器上供电，则事先应将这些保护停用。

（5）已发生故障的母线上的断路器需倒换至正常母线上时，应先拉开故障母线上的断路器和隔离开关，检查明确，并隔离母线故障后，才能进行由正常母线对断路器的恢复送电操作。

（6）由于500kV空载母线充电容量大，因此不允许用隔离开关拉合500kV空载母线，也不允许用隔离开关拉合电容式电压互感器。

（7）进行倒母线操作，操作前要做好事故预想，防止因操作中出现隔离开关磁柱断裂等意外情况，而引启事故扩大。

三、母线操作过程中的危险点及其预控措施

母线操作过程中的危险点主要有：① 对故障母线充电，引起事故扩大；② 可能发生的带负荷拉隔离开关事故；③ 母线倒闸过程中继电保护及自动装置误动；④ 向空载母线充电发生串联谐振。

1. 对故障母线充电的防范措施

（1）母线充电有母联断路器时应使用母联断路器向母线充电，母联断路器的充电保护应在投入状态，必要时要将保护整定时间调整到0，这样可以快速切除故障母线，防止事故扩大。

（2）母线故障后的倒母线采用应“冷倒”方式。

2. 倒母线过程中带负荷拉隔离开关事故的防范措施

（1）除用母联断路器充电之外，在母线倒闸过程中，母联断路器的操作电源应拉开，防止母联断路器误跳闸，造成带负荷拉隔离开关事件。

（2）对于500kV空载母线，不允许用隔离开关拉合500kV空载母线，也不允许用隔离开关拉合电容式电压互感器。

3. 母线倒闸过程中继电保护及自动装置误动的防范措施

（1）母线倒闸过程中应注防止继电保护和自动装置失去电压，母线的电压互感器所带的保护，如不能提前切换到运行母线的电压互感器上供电，则事先应将这些保护停用。

（2）母差保护与母线运行方式适应。

4. 向空载母线充电发生串联谐振的防范措施

停送仅带有电感式电压互感器的空母线时前，在二次回路并（串）联适当电阻，或母线停电前先将电压互感器转冷备用，母线送电后再将电压互感器转运行。

【思考与练习】

1. 对带有电感式电压互感器的空母线充电时注意什么问题？

2. 能用隔离开关对空载母线充电吗？为什么？

3. 根据当地电网实际情况，安排某厂站带有电感式电压互感器的母线停送电的DTS 实训。

第十二章

线　路　操　作

模块1　线路停送电操作（Z01F4001Ⅱ）

【模块描述】本模块介绍线路停电前潮流的调整、相关保护和安全自动装置的调整、断路器和隔离开关的操作顺序等注意事项；线路送电时充电端的选择、送电的约束条件、相关保护和安全自动装置的调整。通过要点归纳讲解，掌握线路停、送电操作的方法和基本要领。

【模块内容】

一、线路停电前潮流的调整、相关保护和安全自动装置的调整

（1）线路停电时，应考虑本站是否为本线路的合适的解列点或解环点，并应考虑减少系统电压波动，必要时要调整电压、潮流。对馈电线路一般先拉开受电端断路器，再拉开送电端断路器。

（2）双回线路供电的其中一条线路停电时，应检查两条线路的负荷情况，防止因一条线路已停运，拉开另一条线路断路器时，造成用户停电；或一条线路停电时，造成另一条线路过负荷。

（3）如果线路停电涉及安全自动装置变更，应按相关规定执行。

（4）线路停电操作时先停用一次设备，后停用保护、自动装置。

二、线路停电时断路器和隔离开关的操作顺序

（1）拉开线路各侧断路器。

（2）先拉开线路侧隔离开关，后拉开母线侧隔离开关。这样做是因为即使发生意外情况或断路器实际上未断开，造成带负荷拉、合隔离开关所引起的故障点始终保持在断路器的负荷侧，这样可由断路器保护动作切除故障，把事故影响缩小在最小范围。反之，故障点如出现在母线侧隔离开关，将导致整条母线全部停电。

（3）可能来电的各端合接地开关（或挂接地线）。

（4）3/2断路器接线方式，线路停电时一般应先断开中间断路器，后断开母线侧断路器，然后拉开线路侧隔离开关，最后拉开母线侧隔离开关。

三、线路送电时充电端的选择、送电的约束条件、相关保护和安全自动装置的调整

（1）线路送电时充电端的选择：线路送电操作时，如一侧发电厂、一侧变电站时，一般在变电站侧送电，在发电厂侧合环（并列）；如果两侧均为变电站或发电厂，一般从短路容量大的、强联系的一侧送电，短路容量小的、弱联系的一侧合环（并列）；有特殊规定的除外。

（2）线路送电的约束条件、相关保护和安全自动装置的调整。

1）充电前，线路上（包括两侧隔离开关）所有安全措施均已拆除，人员撤离已工作现场，具备送电条件。

2）充电线路的开关设备必须具有完备的继电保护。

3）线路送电时先投入保护、自动装置，后投入一次设备。

4）线路送电时，无自动闭锁重合闸的，重合闸必须停用。

5）对于新线路第一次送电时，为防止接线错误引起保护装置误动，对于高频保护，阻抗保护、差动保护及其他有方向行性的保护，必须在线路充电并进行带负荷测试，证明保护完全符合要求、方向正确后，才能投入。

6）如果线路送电涉及安全自动装置变更，应按相关规定执行。

四、线路送电时断路器和隔离开关的操作顺序

（1）拉开线路各端接地开关（或拆除接地线）。

（2）先合母线侧隔离开关，后合线路侧隔离开关。

（3）合上断路器。

（4）3/2 断路器接线方式，线路送电时一般应先合上母线侧隔离开关，再合上线路侧隔离开关，然后合上母线侧断路器，最后合上中间断路器。

【思考与练习】

1. 线路停、送电时断路器和隔离开关的操作顺序是什么？

2. 线路送电时怎样正确选择充电端？

3. 根据当地电网实际情况，针对双回线路中任意一回线路停送电安排 DTS 实训。

模块 2　线路操作中的问题（Z01F4002Ⅲ）

【模块描述】本模块介绍停、送电操作中的注意事项。通过要点归纳讲解，掌握停、送电操作过程中的危险点及其预控措施。

【模块内容】

一、线路停、送电操作中的注意事项

（1）勿使空载时末端电压升高至允许值以上。

（2）投入或切除空载线路时，不要使电网电压产生过大波动。

（3）避免发电机带空载线路的自励磁现象的发生。

（4）线路停送电操作要注意线路上是否有“T”接负荷。

（5）应考虑潮流转移，特别注意勿使非停电线路过负荷，勿使线路输送功率超过稳定限额。

（6）严禁“约时”停电和送电。

（7）新建、改建或检修后相位有可能变动的线路，在并列或合环前，必须进行定相或核相，确保相位正确。

（8）消弧线圈补偿系统中的线路停、送电时，应考虑消弧线圈补偿度的调整，防止出现全补偿运行状态。

（9）充电端必须有变压器中性点接地。

二、停、送电操作过程中的危险点及其预控措施

停、送电操作过程中的危险点主要有：① 空载线路送电时线路末端电压异常升高；② 发生带负荷拉合隔离开关事故；③ 带电合接地开关（挂接地线）或带接地开关（接地线）送电。

1. 空载线路送电时线路末端电压异常升高的防范措施

（1）适当降低送电端电压。

（2）充电端必须有变压器中性点接地。

（3）超高压线路送电要先投入并联电抗器再合线路断路器。

2. 带负荷拉合隔离开关事故的防范措施

（1）停电时按断路器—线路侧隔离开关—母线侧隔离开关顺序操作，送电时操作顺序相反。

（2）严格按调度指令票的顺序执行，不得漏项、跳项，并加强操作监护。

3. 带电合接地开关（挂接地线）或带接地开关（接地线）送电事故的防范措施

（1）线路停电需转检修时，采用分步发令法，先将线路各侧转为冷备用（包含线路 TV），再将各侧由冷备用转检修，送电时操作顺序相反。

（2）严格按调度指令票的顺序执行，不得漏项、跳项，并加强操作监护。

【思考与练习】

1. 线路停、送电操作中有哪些注意事项？

2. 根据当地电网实际情况，安排有“T”接负荷的联络线路停送电的 DTS 实训。

第十三章

变压器操作

模块1　变压器操作（Z01F5001Ⅱ）

【模块描述】本模块介绍变压器的中性点、变压器操作的方法及保护调整。通过要点归纳讲解、案例学习，掌握变压器操作方法。

【模块内容】

一、变压器中性点的操作方法及保护调整

（1）中性点直接接地系统中投入或退出变压器时，应先将该变压器中性点接地，调度要求中性点不接地运行的变压器，在投入系统后随即拉开中性点接地隔离开关，这样做的目的是防止拉合断路器时，因断路器三相不同期而产生的操作过电压危及变压器绝缘。

（2）变压器中性点切换原则是保证电网不失去接地点，采用先合后拉的操作方法：

1）合上备用接地点的中性点接地开关；

2）拉开工作接地点的中性点接地开关；

3）将零序过电流保护切换到中性点接地的变压器上去（间隙保护应退出）。

（3）变压器中性点接地隔离开关操作应遵循下述原则：

1）若数台变压器并列于不同的母线上运行时，则每一条母线至少需有1台变压器中性点直接接地，以防止母联断路器跳开后使某一母线成为不接地系统。

2）若变压器低压侧有电源，则变压器中性点必须直接接地，以防止高压侧断路器跳闸，变压器成为中性点绝缘系统。

3）若数台变压器并列运行，正常时只允许1台变压器中性点直接接地。在变压器操作时，应始终至少保持原有的中性点直接接地个数，如2台变压器并列运行，1号变压器中性点直接接地，2号变压器中性点间隙接地。1号变压器停运之前，必须首先合上2号变压器的中性点隔离开关，同样地必须在1号变压器（中性点直接接地）充电以后，才允许拉开2号变压器中性点隔离开关。

4）变压器停电或充电前，为防止断路器三相不同期或非全相投入而产生过电压影

响变压器绝缘，必须在停电或充电前将变压器中性点直接接地。变压器充电后的中性点接地方式应按正常运行方式考虑，变压器的中性点保护要根据其接地方式做相应的改变。

（4）运行中的变压器在大电流接地系统侧断路器断开时，该侧中性点接地开关应合上。

二、变压器操作的方法及保护调整

1. 单电源变压器停送电操作的方法

单电源变压器停电时，应先断开负荷侧断路器，再断开电源侧断路器，最后拉开各侧隔离开关；送电顺序与此相反。

2. 双（三）电源变压器停送电操作的方法

双电源或三电源变压器停电时，一般先断开低压侧断路器，再断开中压侧断路器，然后断开高压侧断路器，最后拉开各侧隔离开关；送电顺序与此相反。

3. 变压器停送电操作时的保护调整

（1）一般变压器充电时应投入全部继电保护。

（2）变压器中性点零序过电流保护和间隙过电压保护不能同时投入，变压器中性点零序过电流保护在中性点直接接地时方能投入，而间隙过电压保护在变压器中性点经放电间隙接地时方能投入。如两者同时投入，将有可能造成上述保护的误动作。

三、案例

如图 13–1–1 所示，倒闸操作前方式：1 号主变压器、2 号主变压器并列运行，1 号主变压器中性点直接接地，2 号主变压器中性点经间隙接地，1 号主变压器需由运行状态转为冷备用状态。调度逐项指令主要内容如下：

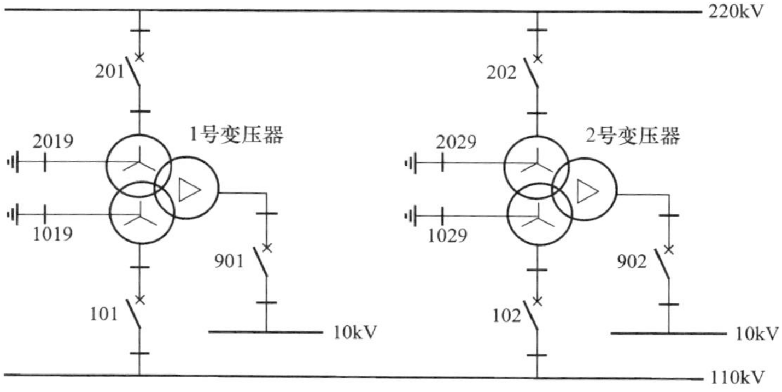

图 13–1–1 主接线简图

（1）退出 2 号主变压器 220kV 侧、110kV 侧中性点间隙过电压保护，投入 2 号主变压器 220kV 侧、110kV 侧中性点零序过电流保护。

（2）合上 2 号主变压器 220kV 侧中性点 2029 接地开关、110kV 侧中性点 1029 接地开关。

（3）1 号主变压器 10kV 侧 901 断路器由运行状态转为冷备用状态。

（4）1 号主变压器 110kV 侧 101 断路器由运行状态转为冷备用状态。

（5）1 号主变压器 220kV 侧 201 断路器由运行状态转为冷备用状态。

（6）拉开 1 号主变压器 220kV 侧中性点 2019 接地开关、110kV 侧中性点 1019 接地开关。

【思考与练习】

1. 变压器中性点切换时应遵循什么原则？

2. 变压器中性点零序过电流保护和间隙过电压保护能同时投入吗？为什么？

3. 根据当地电网实际情况，安排两台并列运行变压器其中一台变压器停送电的 DTS 实训。

模块 2　变压器操作中的问题（Z01F5002Ⅲ）

【模块描述】本模块介绍变压器的励磁涌流、变压器分接头调整、潮流转移及负荷重新分布知识。通过概念描述、公式分析、案例介绍，掌握变压器操作过程中的危险点及其预控措施。

【模块内容】

一、变压器的励磁涌流

1. 励磁涌流的概念

变压器励磁涌流是指变压器全电压充电时，当投入前铁芯中的剩余磁通与变压器投入时的工作电压所产生的磁通方向相同时，因总磁通量远远超过铁芯的饱和磁通量而在其绕组中产生的暂态电流。变压器投入前铁芯中的剩余磁通与变压器投入时工作电压产生的磁通方向相同时，其总磁通量远远超过铁芯的饱和磁通量，因此产生较大的涌流，其中最大峰值可达到变压器额定电流的 6～8 倍。励磁涌流随变压器投入时系统电压的相角，变压器铁芯的剩余磁通和电源系统阻抗等因素有关。最大涌流出现在变压器投入时电压经过零点瞬间（该时磁通为峰值）。变压器涌流中含有直流分量和高次谐波分量，随时间衰减，其衰减时间取决于回路电阻和电抗，一般大容量变压器约为 5～10s，小容量变压器约为 0.2s 左右。

2. 变压器励磁涌流的特点

（1）励磁涌流大小随变压器投入时电网的电压相角、变压器铁芯剩余磁通和电源系统阻抗等因素有关，最大励磁涌流出现在变压器投入时电压经过零点瞬间（该时刻磁通为峰值）。

（2）励磁涌流中包含直流分量和高次谐波分量，并随时间衰减，衰减时间取决于回路的电阻和电抗，一般大容量变压器约为5～10s，小容量变压器约为0.2s。

（3）励磁涌流波形之间出现间断。

二、变压器分接开关调整

变压器分接开关调整分有载调整和无载调整两种方式。

1. 无载调压分接开关操作

变压器无载分接开关的调整须将变压器停电后方可进行。

2. 有载调压分接开关操作

变压器有载分接开关的调整可以在变压器运行中进行。在进行有载分接开关的操作时，应注意：

（1）有载调压装置的分接变换操作，应按调度部门确定的电压曲线或调度命令，在电压允许偏差的范围内进行。220kV及以下电网电压的调整宜采用逆调压方式。

（2）分接变换操作必须在一个分接变换完成后，方可进行第二次分接变换。操作时，应同时观察电压表和电流表的指示。

（3）两台有载调压变压器并列运行时，允许在85%变压器额定负荷电流及以下的情况进行分接变换操作。不得在单台变压器上连续进行两个分接变换操作。

（4）多台并列运行的变压器，在升压操作时，应先操作负荷电流相对较小的一台，再操作负荷电流较大的一台，以防止环流过大；降压操作时，顺序相反。

（5）有载调压变压器和无励磁调压变压器并列运行时，两变压器的分接电压应尽量靠近。

（6）分接开关一天内分接变换次数不得超过下列范围：35kV电压等级为30次；110kV电压等级为20次；220kV电压等级为10次。

（7）每次分接变换，应核对系统电压与分接额定电压间的差距，使其符合规程规定。

（8）禁止在变压器生产厂家规定的负荷和电压水平以上进行主变压器分接头调整操作。

三、变压器的并列运行和负荷分配

（1）变压器并列运行的条件：变比相等（允许相差5%）；短路电压相等（允许相

差 10%)；绕组接线组别相同。特殊情况下，若电压比或短路电压不相等，在确保任何一台变压器不过载的情况下可以并列运行。

（2）当变比不同时，变压器二次侧电压不等，并列运行的变压器将在绕组的闭合回路中引启均衡电流的产生。均衡电流的方向取决于并列运行变压器二次输出电压的高低，其均衡电流的方向是从二次电压高的变压器流向输出点电压低的变压器。该电流除增加变压器的损耗外，当变压器带负荷时，均衡电流叠加在负荷电流上。均衡电流与负荷电流方向一致的变压器负荷增大，均衡电流与负荷电流方向相反的变压器负荷减轻。

（3）当并列运行的变压器短路电压相等时，各台变压器功率的分配是按变压器的容量的比例分配的，若并列运行的变压器的短路电压不等，各变压器的功率分配时按变压器短路电压成反比例分配的，短路电压小的变压器易过负荷，变压器容量不能得到充分利用。

如果有 n 台电压器并列运行，则第 m 台电压器的负荷为

$$S_m=\frac{\sum_{i=1}^{n}S_i}{\sum_{i=1}^{n}\frac{S_{Ni}}{U_{dli}\%}}\times\frac{S_{Nm}}{U_{dlm}\%} \tag{13-2-1}$$

式中　$\sum_{i=1}^{n}S_i$ ——n 台并联运行变压器的总负荷；

$\sum_{i=1}^{n}\frac{S_{Ni}}{U_{dli}\%}$ ——每台变压器的额定容量除以短路电压百分值之和；

S_{Nm} ——第 m 台变压器的额定容量；

$U_{dlm}\%$ ——第 m 台变压器短路电压百分值。

（4）不同接线组别的变压器并联运行，二次侧回路因变压器各二次电压相位不同而产生较大的相位差和较大的环流，严重时相当于短路。

（5）环网系统的变压器进行并列操作时，应正确选取充电端，以减少并列处的电压差。

四、变压器操作过程中的危险点及其预控措施

变压器操作的危险点主要有：① 切合空载变压器过程中出现操作过电压，危及变压器绝缘；② 变压器空载电压升高，使变压器绝缘遭受损坏。

（1）切合空载变压器产生操作过电压的预控措施：中性点直接接地系统中投入或退出变压器时，必须在变压器停电或充电前将变压器中性点直接接地，变压器充电正常后的中性点接地方式按正常运行方式考虑。

（2）变压器空载电压升高的预控措施：调度员在进行变压器操作时应当设法避免变压器空载电压升高，如投入电抗器、调相机带感性负荷以及改变有载调压变压器的分接头等以降低受端电压。此外，还可以适当地降低送端电压。

五、案例

三台接线组别和变比相同的三相变压器并列运行，总负荷为 4000kVA，三台变压器的额定容量和短路电压分别为

$$S_1=1200\text{kVA} \qquad U_{ka}（\%）=6.25\%$$

$$S_2=1800\text{kVA} \qquad U_{ka}（\%）=6.6\%$$

$$S_2=2400\text{kVA} \qquad U_{ka}（\%）=7\%$$

求：（1）每台变压器分配的负荷。

（2）在任意一台变压器都不过负荷的情况下，三台变压器允许的最大总负荷。

答：（1）$\sum_{1}^{n}\frac{S_{Ni}}{U_{dli}\%}=1200/0.0625+1800/0.066+2400/0.07=80\ 758$

每台变压器分配的负荷

$$S_1=\frac{4000}{80\ 758}\times\frac{1200}{0.062\ 5}=952（\text{kVA}）$$

$$S_2=\frac{4000}{80\ 758}\times\frac{1800}{0.066}=1350（\text{kVA}）$$

$$S_3=\frac{4000}{80\ 758}\times\frac{2400}{0.07}=1698（\text{kVA}）$$

（2）在任意一台变压器都不过负荷的情况下，三台变压器允许的最大总负荷：各变压器的功率分配时按变压器短路电压成反比例分配的，短路电压小的变压器易过负荷，因此三台变压器允许的最大总负荷应按短路电压最小的变压器带额定负荷时计算

$$S=80\ 758\times0.0625=5050（\text{kVA}）$$

此时三台主变压器分配负荷为

$$S_1=1200\text{kVA}$$

$$S_2=\frac{5050}{80\ 758}\times\frac{1800}{0.066}=1705（\text{kVA}）$$

$$S_3=\frac{5050}{80\ 758}\times\frac{2400}{0.07}=2145（\text{kVA}）$$

【思考与练习】

1. 变压器并列运行的条件有哪些？

2. 什么是变压器的励磁涌流？有哪些特点？

3. 并列运行变压器调整分接头的 DTS 实训。

4. 根据当地电网实际情况，安排关于变压器停送电后潮流分布变化测试方面的 DTS 实训。

第十四章

断路器及隔离开关操作

模块 1　断路器及隔离开关操作的注意事项（Z01F6001Ⅱ）

【模块描述】本模块介绍断路器及隔离开关的作用、分类及操作方面的相关知识，铁磁谐振产生的原因及处理等内容。通过分类介绍、要点归纳讲解，掌握断路器和隔离开关的基本知识、操作要领、严禁进行的操作及危险点预控。

【模块内容】

一、断路器的作用、分类

1. 断路器的作用

（1）在电网正常运行时，根据电网需要，接通或断开正常情况下空载电路和负荷电流，以输送及倒换电力负荷，这时起控制作用。

（2）在电网发生事故时，高压断路器在继电保护装置的作用下，和保护装置及自动装置相配合，迅速、自动地切断故障电流，将故障部分从电网中断开，保证电网无故障部分的安全运行，以减少停电范围，防止事故扩大，这时起保护作用。

2. 断路器的分类

（1）按灭弧介质分：油断路器（包括少油断路器和多油断路器）、压缩空气断路器、磁吹断路器、真空断路器、SF_6 断路器。

（2）按操作性质分：电动机构、气动机构、液压机构、弹簧储能机构、手动机构。

（3）按安装地点分：户内式、户外式、防爆式。

二、不能用断路器进行分合的操作

（1）严重漏油，油标管内已无油位。

（2）支持绝缘子断裂、套管炸裂或绝缘子严重放电。

（3）连接处因过热变色或烧红。

（4）SF_6 断路器气体压力、液压机构的压力、气动机构的压力低于闭锁值，弹簧操动机构的弹簧闭锁信号不能复归等。

（5）断路器出现分闸闭锁。

（6）少油断路器灭弧室冒烟或内部有异常声响。

（7）真空断路器真空损坏。

三、误拉合断路器对系统的影响

（1）误拉断路器会造成电力用户和设备停电，扩大停电范围；造成系统的非正常解列等事故。

（2）误合断路器会造成停电设备误送电，带接地开关（接地线）送电等事故，造成设备损坏和人身伤亡。

四、隔离开关的作用、分类

1. 隔离开关的作用

（1）隔离开关的作用是在设备检修时，造成明显的断开点，使检修设备与系统隔离。

（2）将已退出运行的设备或线路进行可靠接地，保证设备或线路检修的安全进行。

2. 隔离开关的分类

（1）隔离开关按安装位置可分为户内式、户外式两种形式。

（2）隔离开关按结构形式可分为单柱伸缩式、双柱水平旋转式、双柱水平伸缩式和三柱水平旋转式四种形式。

五、允许用隔离开关进行的操作

（1）在电网无接地故障时，拉合电压互感器。

（2）在无雷电活动时拉合避雷器。

（3）拉合 220kV 及以下母线和直接连接在母线上的电容电流，拉合经试验允许的 500kV 空载母线和拉合 3/2 断路器接线母线环流。

（4）在电网无接地故障时，拉合变压器中性点接地开关或消弧线圈。

（5）与断路器并联的旁路隔离开关，当断路器完好时，可以拉合断路器的旁路电流。

（6）拉合励磁电流不超过 2A 的空载变压器、电抗器和电容电流不超过 5A 的空载线路，但 35kV 及以上应使用户外三联隔离开关。

六、误拉合隔离开关对系统的影响

由于合隔离开关或拉隔离开关的瞬间会产生电弧，而隔离开关没有灭弧机构，将会引起设备损坏和人身伤亡，并造成大面积停电事故。

七、铁磁谐振产生的原因及处理

1. 铁磁谐振产生的原因

铁磁谐振是由铁芯电感元件，如发电机、变压器、电压互感器、电抗器、消弧线圈等和系统的电容元件，如输电线路、电容补偿器等形成共谐条件，激发持续使系统产生谐振过电压。

电力系统的铁磁谐振可分两大类：① 在66kV及以下中性点绝缘的电网中，由于对地容抗与电磁式电压互感器励磁感抗的不利组合，在系统电压大扰动（如遭雷击、单相接地故障消失过程以及开关操作等）作用下而激发产生的铁磁谐振现象；② 发生在220kV（或110kV）变电站空载母线上，当用220、110kV带断口均压电容的主断路器或母联断路器对带电磁式电压互感器的空母线充电过程中，或切除（含保护整组传动联跳）带有电磁式电压互感器的空母线时，操作暂态过程使连接在空母线上的电磁式电压互感器组中的一相、两相或三相激发产生的铁磁谐振现象，即串联谐振，简单地讲就是由高压断路器电容与母线电压互感器的电感耦合产生谐振由于谐振波仅局限于变电站空载母线范围内，也称其为变电站空母线谐振。

2. 铁磁谐振的处理

铁磁谐振的消除方法：改变系统参数。

（1）断开充电断路器，改变运行方式。

（2）投入母线上的线路，改变运行方式。

（3）投入母线，改变接线方式。

（4）投入母线上的备用变压器或站用变压器。

（5）将TV开口三角侧短接。

（6）投、切电容器或电抗器。

八、断路器和隔离开关操作中的危险点及其预控措施

断路器和隔离开关操作中的危险点主要有：① 误拉合不具备操作条件的断路器；② 断路器操作出现非全相运行；③ 带负荷拉合隔离开关事故。

（1）误拉合不具备操作条件的断路器防范措施：断路器出现分闸闭锁时，不能直接拉开断路器，应先拉开该断路器的操作电源，然后采用停用线路对侧断路器或母线断路器等方法使该断路器停电。

（2）断路器操作出现非全相运行防范措施：断路器操作完毕后，应仔细检查断路器三相位置。断路器操作时发生非全相运行，应立即拉开该断路器。

（3）带负荷拉合隔离开关事故的防范措施：

1）停电时按断路器—线路侧隔离开关—母线侧隔离开关顺序操作，送电时操作顺序相反。

2）严格按调度指令票的顺序执行，不得漏项、跳项。

【思考与练习】

1. 允许用隔离开关进行的操作有哪些？

2. 铁磁谐振产生的原因是什么？怎么消除？

3. 根据当地电网实际情况，针对某厂站设备断路器出现分闸闭锁时的操作安排DTS 实训。

模块 2　断路器旁代操作（Z01F6002Ⅲ）

【模块描述】本模块介绍断路器旁代操作的方法、顺序及注意事项。通过要点归纳讲解及案例学习，掌握断路器旁代操作的要领及方法。

【模块内容】

一、断路器旁代操作的方法、顺序

断路器旁代操作的方法有等电位操作法和负荷转移操作法两种。

1. 等电位法操作方法、顺序

（1）检查旁路断路器与所旁代断路器的保护定值是否一致（若互感器变比不同，则保护定值应进行折算）。

（2）投入旁路断路器专用充电保护给旁母充电，充电正常后退出专用充电保护。

（3）投入旁路断路器的旁代保护，取下所旁代断路器的操作熔断器。

（4）合上所旁代断路器的旁路隔离开关。

（5）合上所旁代断路器的操作熔断器。

（6）断开所旁代断路器的断路器和隔离开关。

2. 负荷转移法（不等电位法）的操作方法、顺序

（1）检查旁路断路器与所旁代断路器的保护定值是否一致（若互感器变比不同，则保护定值应进行折算）。

（2）投入旁路断路器专用充电保护，合上旁路断路器给旁母充电，充电正常后断开旁路断路器，退出专用充电保护。

（3）投入旁路断路器的旁代保护，合上所旁代断路器的旁路隔离开关。再合上旁路断路器。

（4）断开所旁代断路器的断路器和隔离开关。一般提倡采用负荷转移法操作：① 为了防止正在合旁路隔离开关时，正遇上所旁代线路故障时原被带断路器的保护动作掉闸，造成带故障合旁路隔离开关的事故；② 等电位操作必须取下原被带断路器的操作熔断器。此时，若发生线路故障时，该断路器就拒动，致使上级电网越级动作，结果扩大停电范围。

二、旁代操作的注意事项

（1）旁代操作时，注意检查旁路断路器与所旁代断路器的保护定值一致，并投入

旁代保护。

（2）对220kV及以上断路器或装有高频保护的断路器进行旁代操作必须按单项命令执行，是因为超高压电网均采用高频保护，线路两侧的高频保护的停投必须同时进行，在时间差内若相邻线路和设备故障，则未退出高频保护的断路器就会误动或误发信号，造成事故停电范围扩大。

（3）旁路断路器合上后，先停用被旁代线路重合闸，再投入旁路断路器重合闸。

（4）旁代主变压器断路器运行时，旁路断路器电流互感器与主变压器电流互感器转换前要退出主变压器差动保护连接片；旁代操作完成后投入主变压器差动保护及其他保护和自动装置跳旁路断路器连接片。

（5）对于母联兼旁路断路器的旁代操作，应使母线运行方式该变前后母联断路器继电保护和母线保护定值的正确配合。

三、案例

如图14–2–1所示，220kV AB线A变电站侧261断路器停运，需旁代运行。220kV AB线两侧均装设有纵差保护，A变电站220kV 261断路器运行于220kV Ⅰ母并投入重合闸，旁路2615隔离开关在断开位置。旁路290断路器热备用于220kV Ⅰ母，B变电站220kV 263断路器为运行位置。

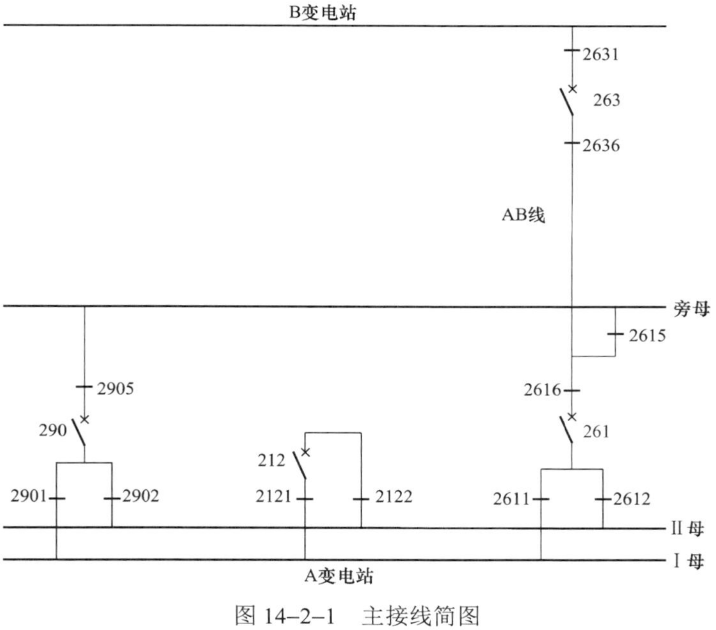

图14–2–1 主接线简图

旁代操作调度逐项指令主要内容如下：

1. 负荷转移法（不等电位法）

（1）启用 220kV 旁路 290 断路器代 220kV AB 线 261 断路器的除纵联保护外其余保护，停用重合闸。

（2）合上 220kV 旁路 290 断路器对 220kV 旁母充电。

（3）充电正常后拉开 220kV 旁路 290 断路器热备用。

（4）合上 220kV AB 线 2615 旁路隔离开关对 220kV 旁母充电。

（5）将 220kV AB 线 261 断路器 1、2 号纵联保护由跳闸改投信号。

（6）将 220kV AB 线 263 断路器 1、2 号纵联保护由跳闸改投信号。

（7）停用 220kV 旁路 290 断路器代 220kV AB 线 261 断路器的零序Ⅱ、Ⅲ、Ⅳ段保护。

（8）停用 220kV AB 线 261 断路器 1、2 号零序Ⅱ、Ⅲ、Ⅳ段保护。

（9）检同期合上 220kV 旁路 290 断路器合环。

（10）拉开 220kV AB 线 261 断路器热备用。

（11）启用 220kV 旁路 290 断路器代 220kV AB 线 261 断路器的零序Ⅱ、Ⅲ、Ⅳ段保护。

（12）启用 220kV 旁路 290 断路器代 220kV AB 线 261 断路器的纵联保护，启用 220kV 旁路 290 断路器重合闸。

（13）启用 220kV 263 断路器的纵联保护。

（14）将 220kV AB 线 261 断路器由热备用转为冷备用。

2. 等电位操作法

（1）启用 220kV 旁路 290 断路器代 220kV AB 线 261 断路器的除纵联保护外其余保护，停用重合闸。

（2）合上 220kV 旁路 290 断路器对 220kV 旁母充电。

（3）将 220kV AB 线 261 断路器 1、2 号纵联保护由跳闸改投信号。

（4）将 220kV AB 线 263 断路器 1、2 号纵联保护由跳闸改投信号。

（5）停用 220kV 旁路 290 断路器代 220kV AB 线 261 断路器的零序Ⅱ、Ⅲ、Ⅳ段保护。

（6）停用 220kV AB 线 261 断路器 1、2 号零序Ⅱ、Ⅲ、Ⅳ段保护。

（7）取下 220kV AB 线 261 断路器的操作熔断器。

（8）合上 220kV AB 线 2615 旁路隔离开关合环。

（9）合上 220kV AB 线 261 断路器的操作熔断器。

（10）拉开 220kV AB 线 261 断路器热备用。

（11）启用 220kV 旁路 290 断路器代 220kV AB 线 261 断路器的零序Ⅱ、Ⅲ、Ⅳ段保护。

（12）启用 220kV 旁路 290 断路器代 220kV AB 线 261 断路器的纵联保护，启用 220kV 旁路 290 断路器重合闸。

（13）启用 220kV 263 断路器的纵联保护。

（14）将 220kV AB 线 261 断路器由热备用转为冷备用。

【思考与练习】

1. 旁代操作采用等电位法操方法时，为什么要取下所旁代断路器的操作熔断器？
2. 旁代操作的负荷转移法（不等电位法）操作顺序是什么？
3. 根据当地电网实际情况，安排某厂站旁路代送线路的 DTS 实训。
4. 根据当地电网实际情况，安排某厂站旁路代送主变压器断路器的 DTS 实训。

第十五章

补 偿 设 备 操 作

模块 1　电容器、电抗器及消弧线圈的操作（Z01F7001Ⅱ）

【模块描述】本模块介绍电容器、电抗器及消弧线圈操作的注意事项。通过要点归纳讲解，掌握电容器、电抗器和消弧线圈等设备的操作注意事项、危险点及预控措施。

【模块内容】

一、电容器操作的注意事项

（1）电容器组禁止带电荷合闸。电容器组切除 3min 后才能进行再次合闸，严禁连续合闸。

（2）凡装有自动投切装置的电容器，自动装置应经常投入运行，若电容器组和变压器有载调压开关联合调压时，应优先投入电容器组。

（3）正常情况下母线停电操作时，应先断开电容器断路器，后断开各路出线断路器。恢复送电时，应先合各路出线断路器，后合电容器组的断路器。

（4）电容器开关跳闸后不应强送，保护熔丝熔断后，在未查明原因之前也不准更换熔丝送电。

（5）电容器停用时应经放电线圈充分放电后才可合接地开关，其放电时间不得少于 5min。

（6）电容器停送电操作前，应将该组无功补偿自动投切功能退出。

二、电抗器操作的注意事项

（1）当母线电压低于调度下达的电压曲线时，应优先退出电抗器，再投入电容器。

（2）当母线电压高于调度下达的电压曲线时，应优先退出电容器，再投入电抗器。

（3）断路器后置式低压电抗器正常情况下允许用低压电抗器隔离开关拉合处于充电状态的低压电抗器，但操作前应检查低压电抗器断路器确已分闸、低压电抗器外部无异常、内部无故障，否则应用主变压器低压侧总断路器对低压电抗器充电。

三、消弧线圈操作的注意事项

（1）消弧线圈倒换分接头或消弧线圈停送电时，一般情况下应遵循过补偿的原则，当不能采用过补偿方式时，则采用欠补偿方式。

（2）消弧线圈在运行中的投退操作，只有确知网络无接地故障方可进行。当通过消弧线圈隔离开关的电流超过 5A 时，未经试验或计算，不得使用隔离开关进行操作。

（3）一般调整消弧线圈分头的操作顺序：过补偿运行下投入线路时，先调整消弧线圈分头，后投线路；退出线路时，先退出线路再调整消弧线圈分头。欠补偿运行下的操作顺序与上相反。

（4）任何情况下不允许将一台消弧线圈同时接于两台变压器中性点上。

（5）消弧线圈从一台变压器切换到另一台变压器时，应先将消弧线圈撤出，然后再投到另一台变压器的中性点上。

四、电容器、电抗器和消弧线圈等补偿设备操作过程中的危险点及其预控措施

1. 电容器操作过程中的危险点及其预控措施

（1）电容器带电荷合闸。

防范措施：电容器停电后须间隔 3min 以上才能再次合闸。

（2）电容器带电荷接地。电容器检修时，应对电容器放电充分后，才进行验电接地。

2. 电抗器操作过程中的危险点及其预控措施

电抗器操作过程中的危险点主要是带电拉、合电抗器。

防范措施：停电时先将线路转为冷备用再拉开电抗器；送电时先将电抗器合上再对线路送电。

3. 消弧线圈操作过程中的危险点及其预控措施

（1）产生谐振过电压。

防范措施：尽量采用过补偿方式，过补偿有困难时才采用欠补偿方式；过补偿运行方式下投入线路时，先调整消弧线圈后投入线路；退出线路时，先退出线路再调整消弧线圈。

（2）接地故障时操作消弧线圈。

防范措施：接地故障时停止操作消弧线圈。

【思考与练习】

1. 电容器操作的注意事项有哪些？

2. 消弧线圈操作的注意事项有哪些？

3. 根据当地电网实际情况，安排某厂站投退电容器的 DTS 实训。

4. 根据当地电网实际情况，安排投退某线路电抗器的 DTS 实训。

5. 根据当地电网实际情况，安排消弧线圈在两台变压器间切换的 DTS 实训。

模块 2　超高压串联补偿装置操作（Z01F7002Ⅲ）

【模块描述】本模块介绍串补装置的工作状态、串补装置的操作顺序。通过概念描述、要点归纳讲解、图形示意，掌握高压串联补偿装置操作方法及注意事项。

【模块内容】

一、串补装置的工作状态

1. 串联无功补偿

所谓串联无功补偿，就是通过在交流输电线路上串联补偿电容器从而缩短交流输电的等效电气距离，达到提高线路输送能力和稳定性的目的。

在如图 15–2–1 所示的线路中，由于线路所输送的功率 $P=\dfrac{U_A U_B \sin(\varphi_A-\varphi_B)}{X-X_C}$，将电容器组串联于交流输电线路，就可以减小线路的电抗值，从而达到提高输送容量，并补偿交流输电线路的电气距离（线路电抗）的目的。

串联无功补偿分有以下两种类型：

（1）输电线路固定串联补偿（简称固定串补或 FSC）。电容器串联接于输电线路中，通过在交流输电线路上串联补偿电容器从而缩短交流输电的等效电气距离，如图 15–2–2 所示。

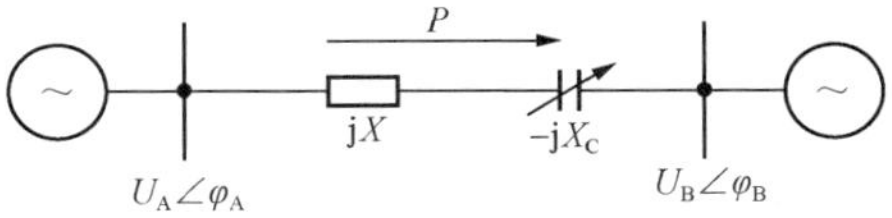

图 15–2–1　一次系统串联补偿接线图

（2）输电线路可控串联补偿（简称可控串补或 TCSC）。在常规串补的电容器上并联了晶闸管阀控制的电抗器，通过对电抗器电流的控制实现对线路串联补偿的可调节控制，如图 15–2–3 所示。

（3）串补装置的主要组成元件及相应功能。

1）串联电路容器组：是串补装置的基本组成元件，由多台电容通过串并联方式形成电容器组；串补电容器容抗补偿线路部分感抗，使电气距离缩短，提高线路输送能力。

2）金属氧化物避雷器（MOV）：电容器组的主保护元件，并联在电容器组两端，在线路故障或不正常运行情况下，防止过电压直接作用在电容器组上，以保护电容器免遭破坏。

3）放电火花间隙（GAP）：是 MOV 和串联电容器的后备保护，当通过 MOV 的能量或电流超过设定值时，间隙保护动作触发间隙，将金属氧化物避雷器旁路，以降低金属氧化物避雷器吸收的能量。

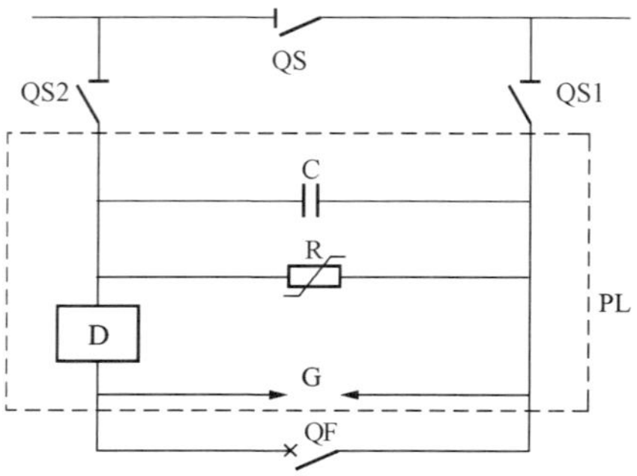

图 15–2–2 固定串联补偿

C—电容器组；R—金属氧化物限压器（MOV）；D—限流阻尼装置；G—火花间隙（GAP）；QF—旁路断路器（BCB）；PL—绝缘平台；QS—旁路隔离开关；QS1、QS2—平台隔离开关

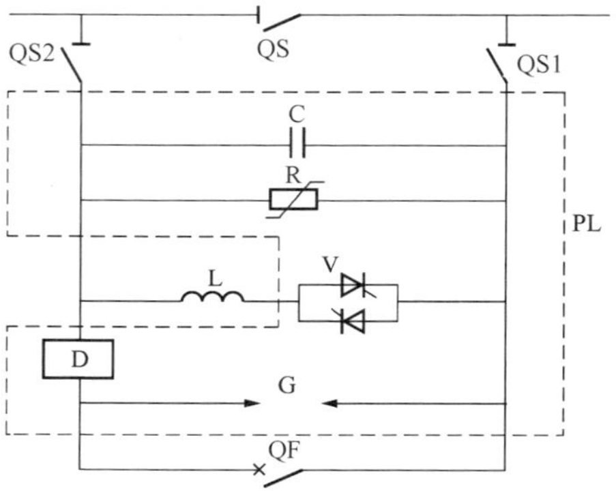

图 15–2–3 可控串联补偿

C—电容器组；R—金属氧化物限压器（MOV）；D—限流阻尼装置；G—火花间隙（GAP）；QF—旁路断路器（BCB）；L—阀控电抗器；V—晶闸管阀系统；PL—绝缘平台；QS—旁路隔离开关；QS1、QS2—平台隔离开关

4）限流和阻尼装置：是在间隙和旁路断路器动作时，限制电容器组放电电流的幅值和频率，使其很快衰减，防止电容器、火花间隙、旁路断路器等设备在放电过程中损坏。

5）旁路断路器：与隔离开关配合，投入和退出电容器组。旁路断路器合闸，可将火花放电间隙短接，使其熄灭，防止火花放电间隙燃弧时间过长。

6）隔离开关：旁路隔离开关（QS）和平台隔离开关（QS1、QS2）是投入和退出电容器的元件，以保证串补装置在退出检修时，同时保证线路的连续供电。

7）晶闸管阀和阀控电抗器：晶闸管阀和旁路电抗器串联后并联于电容器回路，通过晶闸管不同的触发角来控制通过电抗器回路的电流从而控制总的等致阻抗值，实现连续控制线路补偿度的目的。在输电线路正常情况下，实现电流的相角控制，产生容抗升高；在输电线路故障的情况下，晶闸管阀连续触发，能够作为电容器过电压保护方案中的重要部分。

8）绝缘平台（PL）：在 PL 上安装串补电容器及其保护装置，平台与地绝缘。

部分变电站的运行经验表明，串联补偿具有提高系统的输送能力、增强电力系统的稳定性、改善电力系统的运行电压及无功平衡条件、灵活调节并联线路或环网中的潮流分布、抑制次同步谐振、抑制阻尼功率摇摆和低频振荡、降低三相不平衡度功能，近年来，中国采用串联补偿的变电站数量有不断增多的趋势。

2. 串联补偿装置的工作状态

（1）运行状态：旁路断路器、平台隔离开关在分闸位置，串联补偿装置两侧接地开关在分闸位置。

（2）旁路状态：旁路断路器在合闸位置，平台隔离开关在合闸位置，旁路隔离开关在分闸位置，串联补偿装置两侧接地开关在分闸位置。

（3）隔离状态（备用）：旁路断路器在合闸位置，平台隔离开关在分闸位置，旁路隔离开关在合闸位置，串联补偿装置两侧接地开关在分闸位置。

（4）接地状态（检修）：旁路断路器在合闸位置，平台隔离开关在分闸位置，旁路隔离开关在合闸位置，串联补偿装置两侧接地开关在合闸位置。

二、串联补偿装置的操作顺序

串联补偿装置调度运行规定如下：

（1）超高压串联补偿中固定串补和可控串补分别有运行、旁路、隔离及接地四种状态。串联补偿使用何种状态由网调决定，现场运行人员无权自行变更串联补偿状态。

（2）串联补偿调度操作一般采用综合令形式，由网调值班调度员下达操作任务，变电站现场运行人员根据下达的操作任务进行操作，并对其正确性负责。

（3）串联补偿调度操作综合令格式为："将 500kV ××线路可控（固定）串联补偿装置由××状态转为××状态"。

（4）串联补偿装置中可控串联补偿与固定串联补偿既可同时运行，也可分别单独运行。

（5）串联补偿装置中可控串联补偿与固定串联补偿投入并列运行时，应先投入可控串联补偿，后投入固定串联补偿；串联补偿装置中可控串联补偿与固定串联补偿退出并列运行时，应先退出固定串联补偿，后退出可控串联补偿。

（6）线路送电时，应先送线路，然后将串联补偿装置转运行状态；线路停电时，线路可在串联补偿装置为运行状态时直接停电。

（7）当可控串联补偿在线路电流较小自动转为旁路状态或线路电流较大具备投入条件时，现场运行人员应立即汇报网调。

（8）串联补偿配置应配两套完全且独立的保护。串联补偿装置转运行状态或旁路状态时，必须保证至少有一套完整的串联补偿保护运行，不允许串联补偿装置脱离保护而运行。

（9）串联补偿投入运行前，变电站现场运行人员应确保串联补偿装置保护按有关规定使用。

（10）线路跳闸，线路强送电前应确保串联补偿在旁路状态（或退出状态），线路送电良好后方可将串联补偿装置转运行状态。

（11）当发生危及串补设备安全情况及其他异常事件时，而保护装置未动作，现场运行人员应按现场有关规定处置并同时汇报网调。

（12）当串联补偿装置中可控（固定）串联补偿装置发生异常无法正常运行时，若串联补偿装置已无法转为隔离（接地）状态，现场运行人员应立即申请网调将线路停电。

（13）可控（固定）串联补偿装置在运行状态时自动转为旁路状态，在原因未查清楚前，不得将可控（固定）串联补偿装置转为运行状态。

（14）系统运行正常，可控（固定）串联补偿装置旁路断路器出现非全相运行现象，且非全相保护未动作，此时串联补偿装置旁路断路器断开相可以再合闸一次，成功后将可控（固定）串联补偿装置转为隔离（接地）状态。若旁路断路器断开相合闸不成功，应立即将线路停电。

串联电容补偿装置的操作分为三种方式，即控制室操作、串联补偿继电保护室操作和就地操作。串联补偿装置的投入和退出均必须按照一定的程序进行，其控制和保护装置中都具有一定的闭锁逻辑，在电气回路上，串联补偿装置的两侧隔离开关受线路隔离开关闭锁，旁路隔离开关在断开时不能拉开串联补偿两侧隔离开关，另外，旁路断路器在合闸时方可操作旁路隔离开关。以图 15–2–4 为例，其投退操作顺序如下：

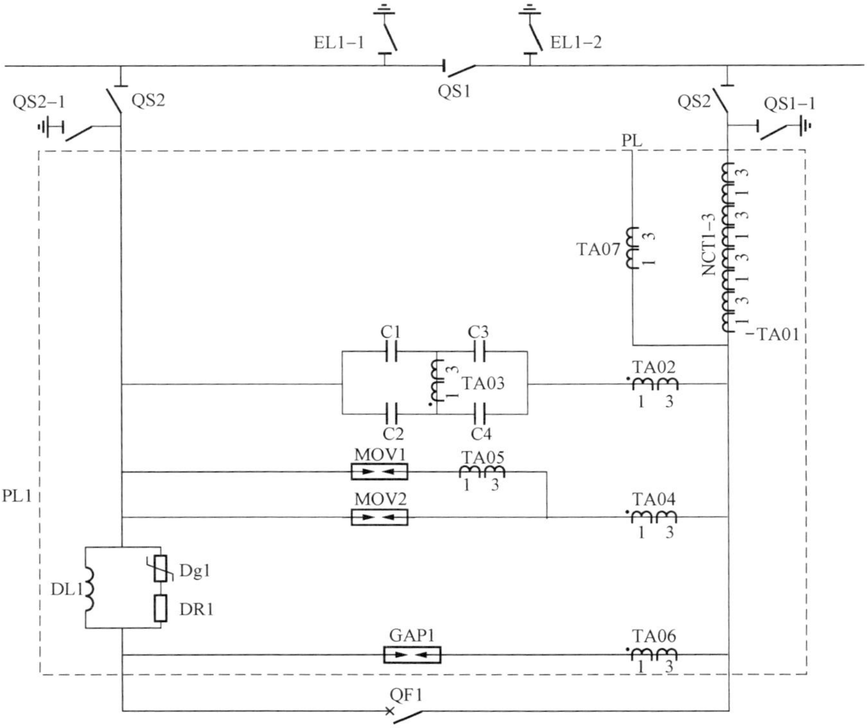

图 15–2–4 串补装置一次系统接线图

1. 串联补偿装置的投入

投入前，串联补偿两侧隔离开关和接地开关应在断开位置，线路应处在运行状态即线路隔离开关在合闸位置。其具体操作步骤如下：

（1）合上旁路 QF1 断路器。

（2）分别合上串联补偿装置 QS1、QS2 隔离开关。

（3）拉开旁路 QS1 隔离开关。

（4）拉开旁路断路器 QF1，此时串补投入运行。

2. 串联补偿装置的退出

（1）合上旁路 QF1 断路器。

（2）合上旁路 QS1 隔离开关。

（3）分别拉开 QS1、QS2 隔离开关。

（4）在 QS1、QS2 隔离开关串联补偿侧分别三相验电确无电压后，合上 QS1–1、QS2–1 隔离开关，此时串联补偿装置处在检修状态。

（5）拉开旁路断路器 QF1，此时串联补偿装置退出运行并处于备用状态。

【思考与练习】

1. 串联补偿装置的作用是什么？

2. 串联补偿装置的工作状态有几种？

3. 根据当地电网实际情况，安排投退某线路串联补偿装置的 DTS 实训。

第十六章

继电保护及安全自动装置调整

模块1　继电保护及安全自动装置的运行管理及调整（Z01F8001Ⅱ）

【模块描述】本模块介绍各种常用继电保护及安全自动装置的运行管理规定。通过规则讲解，掌握继电保护及安全自动装置运行管理及注意事项。

【模块内容】

一、线路保护

（1）在正常运行情况下，线路两侧同调度命名编号的纵联保护必须同时投运。

（2）当保护通道异常或任一侧纵联保护异常时，线路两侧的该套纵联保护应同时停运。

（3）一条线路两端的同一调度命名编号的微机纵联保护软件版本应相同。

（4）220kV 线路原则上不允许无纵联保护运行，在特殊情况下，可以将无纵联保护的运行线路后备Ⅱ段时间按有关规定调整后运行，但不允许一个厂站有两条及以上线路采用该运行方式，具体要求见有关规定。

（5）旁路断路器代线路断路器要启用高频保护时，应将高频电缆切换到旁路收发信机或将线路收发信机切换到旁路保护，不启用的高频保护应停用。

（6）对配置有两套微机重合闸的线路，正常运行情况下只启用一套重合闸，另一套重合闸备用，备用重合闸的重合方式应与运行重合闸相同。

（7）线路输送功率在任何情况下，不应超过距离Ⅲ段阻抗值整定允许的功率。

（8）对电气设备和线路充电时，必须投入快速保护。

（9）一般情况下，不允许用线路保护对变压器充电。

（10）在 220kV 厂站内的母线解合环操作时（角形接线除外），解合环过程中应将环内开关零序保护停用。

二、母差保护和断路器失灵保护

（1）母差保护正常时都应投入运行，原则上不允许母线无母差保护运行。

（2）母差保护应适应母线运行方式，在母线运行方式发生改变时，其调整按现场运行规程执行。

（3）特殊情况下，220kV 母线无母差保护运行时，应按有关规定执行。

（4）母联兼旁路（或旁路兼母联）断路器在作母联断路器运行时，应停用该断路器配置的线路保护及作为旁路运行时使用的断路器失灵启动保护。

（5）断路器配置的保护回路有工作时，应停用该断路器的失灵启动保护。

（6）双母线分开运行时应停用母联断路器失灵启动保护。

（7）配置有两套失灵保护装置的厂站，正常时只启用一套失灵保护，另一套失灵保护备用。

（8）微机母差保护停用时，原则上同一装置中的失灵保护也应停用。

三、变压器和电抗器保护

（1）220kV 变压器在运行中，其气体保护和纵差保护不得同时停用。

（2）变压器差动保护新装或二次回路有改变时，应进行带负荷测试正确后方可投运。

（3）变压器充电时，全部保护均应投入跳闸。在带负荷测试前，应将差动保护退出，再进行测试（其他保护按现场运行规程处理）。

（4）220kV 变压器中性点经间隙接地时应投入零序电压和间隙过电流保护，变压器中性点改为直接接地时，应停用间隙接地过电流保护。

（5）高（中）压侧为中性点直接接地系统的三绕组变压器，当高（中）压侧开关断开运行时，高（中）压侧中性点必须接地，并投入接地电流保护。

四、故障录波装置运行规定

（1）各电厂、变电站配置的故障录波装置必须投入运行，退出时，应经相关调度批准。

（2）系统发生故障，故障录波装置动作后，应及时向调度机构汇报，并在规定时间内，将录波图传送到相关调度机构。

（3）故障录波装置的运行维护同继电保护装置，检验管理按有关规程和规定执行。

五、重合闸运行规定

（1）下列情况重合闸应停用：

1）试运行的线路送电时和试运行期间。

2）断路器的遮断容量小于母线短路容量时。

3）断路器故障跳闸次数超过规定，或断路器本身有明显故障或存在其他严重问题。

4）线路带电作业要求退出。

5）重合闸装置失灵。

6）重合于永久性故障可能对系统稳定造成严重后果。

7）使用单相重合闸的线路且未投入全线快速保护。

8）线路零启升压。

9）融冰回路。

10）有其他特殊规定时。

（2）双电源线路若使用三相重合方式时，必须装设检定无压、同期重合闸，其使用方式的一般原则：

1）靠发电厂侧投入检定同期重合方式，对侧投入检定无压同期重合方式。

2）中间线路的主供电侧投入检定无压同期重合方式，对侧投入检定同期重合方式。

3）重合至永久故障对系统稳定影响小的一侧投入检定无压同期重合方式。

4）从方便事故处理来确定检定无压重合闸投入方式。

5）为防止断路器或保护拒动时发生非同期合闸事故，严禁相邻线路检定无压重合的方向不一致。

（3）如一台断路器配有两套重合闸，正常运行只投入一套，但两套重合闸的方式开关应切换一致，不投入的一套将其合闸压板退出。

六、低频自动减负荷装置

（1）为保证低频减载装置可靠投入运行，每年应定期对低频减负荷装置进行检验和处理缺陷。

（2）低频（低压）减负荷装置均应正常投入使用，未经相应调度同意，不得擅自退出、转移其控制负荷和改变装置的定值。若因故停用，如需校验、维护或更改定值，应按设备管辖范围逐级向上级调度申请。

（3）低频（低压）减负荷装置动作后，厂站运行值班人员应立即向调度机构逐级汇报，未经相应调度同意，不得自行恢复送电。

【思考与练习】

1. 线路保护运行中有哪些原则规定？

2. 重合闸的使用有哪些原则规定？

3. 哪些情况重合闸应停用？

模块2 继电保护及安全自动装置调整的注意事项（Z01F8002Ⅲ）

【模块描述】本模块介绍继电保护及安全自动装置调整的注意事项、危险点及其预控措施。通过要点归纳讲解，能根据继电保护动作情况分析故障，掌握自动装置调整的危险点及其预控措施。

【模块内容】

一、继电保护及安全自动装置调整的注意事项

（1）在下列情况下应停用整套微机保护装置：

1）在微机保护装置使用的交流电压、交流电流、开关量输入、开关量输出回路工作。

2）在装置内部工作。

3）继电保护人员输入定值。

4）装置异常。

（2）新投产保护装置或保护电流、电压回路有变动时，必须要带负荷测试。

（3）当双母线接线的两组 TV 只有一组运行时，应将两组母线硬联运行（可采用将母联断路器作为死开关或用隔离开关硬联两组母线）或者将所有运行元件倒至运行 TV 所在的母线。

（4）因一次运行方式的调整需更改运行保护装置定值时，值班调度员应根据设备在操作过程中保护是否有灵敏度来确定在方式调整前还是调整后更改保护定值。更改保护定值时，按下列规定执行：

1）电流定值。由大改小，应在运行方式改变后进行，并先调整时限较小的保护，如由小改大则反之。

2）时限定值。由小改大，应在运行方式改变前进行，并先调整时限较大的保护，如由大改小则反之。

3）电压定值。由小改大，应在运行方式改变后进行，并先调整时限较小的保护，如由大改小则反之。

4）阻抗定值。由小改大，应在运行方式改变后进行，并先调整时限较小的保护，如由大改小则反之。

（5）在改变系统运行方式或事故处理时，必须按相关规定相应变更保护定值或安全自动装置使用方式。

（6）在改变系统一次设备运行状态时，应充分考虑继电保护及安全自动装置的配

合，防止不正确动作。

（7）安控装置动作后，各厂站运行值班人员应及时向值班调度员汇报，厂站运行值班人员应根据值班调度员命令处理，不得自行恢复跳闸开关。

二、继电保护及安全自动装置调整的危险点及其防范措施

（1）继电保护及安全自动装置调整的危险点主要有：① 继电保护及安全自动装置定值与定值单等不符；② 继电保护及安全自动装置调整与运行方式的改变不配合。出现以上情况都会造成继电保护及安全自动装置调整的误动作。

（2）防范措施：

1）一次系统运行方式发生变化时，及时对继电保护和安全自动装置进行调整，并确保调控、运维、检修部门执行的整定单始终相一致。

2）操作前认真核对设备状态包括继电保护和安全自动装置。

3）操作前应使用相关工具进行计算或校核。

4）按规定填写调度指令票。

5）操作中严格执行监护、录音、复诵和记录制度，不得跳项、漏项等。

【思考与练习】

1. 微机保护在哪些情况下需停用？

2. 更改保护定值时需注意哪些问题？

3. 值班调度员应根据什么原则来确定在方式调整前还是调整后更改保护定值，具体规定是什么？

第十七章

新设备的启动投运

模块 1　新设备启动的调度管理（Z01F9001Ⅱ）

【模块描述】本模块介绍新设备的定义、新设备启动流程及调度规程对新设备启动的有关规定等内容。通过定义解释、启动流程图示介绍、管理规定讲解，掌握新设备启动的调度管理方法。

【模块内容】

一、新设备定义

新设备是指首次接入电网的电力基建、技改一次和二次设备，主要包括开关（断路器）、线路、母线、变压器、电流互感器、电压互感器、机组并网、保护更换以及新厂站投运等。

二、新设备启动流程

新设备启动流程如图 17–1–1 所示。

三、调度规程关于新设备接入系统的管理规定

新设备接入系统前，对项目初步可行性研究、可行性研究、接入系统设计、初步设计、设备招标等工作，项目主管部门应邀请调度机构参与评审，并在可行性研究阶段明确调度关系。项目主管部门应于会议前两周向调度机构提供工程项目的有关资料，以利调度机构进行研究，并提出评审意见。

电力调度通信、调度自动化、继电保护及安全自动装置等电网配套工程，应与发电、变电工程项目同时设计、同时建设、同时验收、同时投入使用。

网内变电站和发电厂的命名，由建设单位提出经相应等级调度批准。建设单位应（通过运行主管部门或所属调度）于启动前 3 个月向相应等级调度提供有关工程资料，其内容包括：政府有关部门下达的发电厂项目批准文件、电气一次主接线图、发电机及主变压器参数、励磁系统及调速系统模型和参数、线路长度、导线型号及原线路改接情况示意图、继电保护配置图、装置施工原理图及装置使用说明书、调度自动化、远动设施及设备情况、通信工程相关资料及其他相关设备资料及说明等，同时提供设

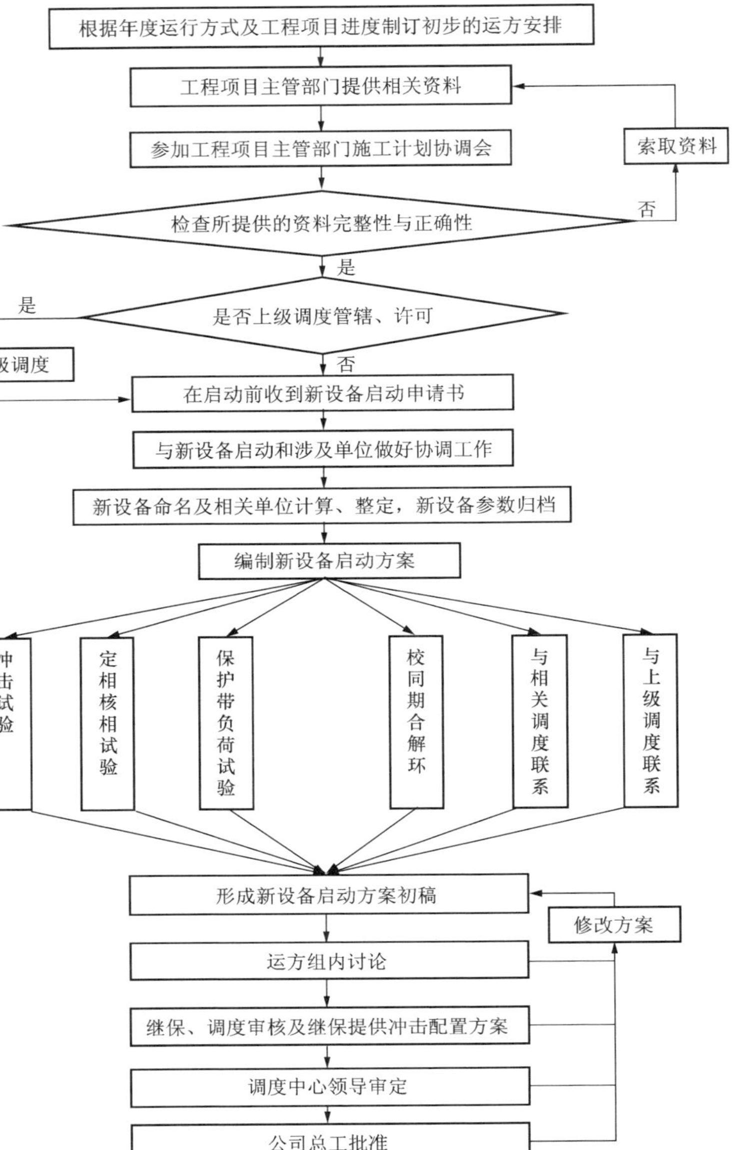

图 17-1-1 新设备启动管理流程图

备命名编号的建议。

在收到工程资料后的 1 个月内，调度将正式的新设备命名及调度关系发文下达给有关的设备运行维护单位。工程建设部根据工程施工、投运计划提前两个月会同生产、调度部门协调工程施工停电计划及启动投运的相关工作。

新设备启动前 1.5 个月，设备运行维护单位向调度提出接入系统运行的申请书，其内容包括：主变压器等设备实测参数、继电保护及安全自动装置的安装情况、启动试运行计划及负荷要求、现场运行规程和事故处理规程、批准的运行人员名单、调度通信设备调试情况、调度自动化、远动设施及设备安装、调试情况、预计投入运行的日期和原有设备的关系以及准备采取的基本运行方式等需要说明的内容。

调度至其调度管辖变电站的调度、自动化通道投运前 15 天，应提交接入系统运行的申请书，其内容包括：初步设计审查意见及调度至其调度管辖变电站的调度、自动化通道安排方案、变电站至下级调度接入点电路安排情况、下级调度对相关通信工程的验收报告等内容。相关电厂应按照有关规定和协议、合同，向相应调度电力通信机构提供相关的运行资料。

新设备启动前 1 个月，调度应向设备运行维护单位下达相关文件，其内容包括：新设备投运后的运行方式和注意事项、调度有权发布调度指令的人员名单。

新设备启动前 2 日，调度应向设备运行维护单位提供相关资料，其内容主要包括：调度实施方案、相关继电保护及安全自动装置的整定值（需要结合投产实测参数的，根据实测进度及时提供）、远动要求和注意事项、主变压器分接头位置等需要明确的事项。

新设备启动前 2 日，相关调度部门应完成以下工作：进行必要的稳定计算、修改调度模拟屏和调度自动化系统信息、修改电网生产统计报表、调整电网一次接线图、调整继电保护及安全自动装置配置图、修改参数资料及健全设备资料档案、修改有关调度运行规定或说明（包括设备运行规定、稳定限额、运行方式调整、继电保护及安全自动装置整定方案和运行说明等内容）、开通调度电话、有关人员应熟悉现场设备、现场规程、图纸资料、运行方式，并进行事故预想及其他相关的投运前的准备工作。

设备运行维护单位负责在工程启动前 1 个月提供正式的启动调试方案，调度部门根据工程启动调试方案编制调度实施方案和拟定启动操作任务票。启动前 5 个工作日，运行维护单位按设备调度管辖范围履行申请单的报批手续。

新设备启动前必须具备下列条件：

（1）发电企业已与省电力公司和相应调度机构签订购电合同及并网调度协议。

（2）新设备全部按照设计要求安装、调试完毕，且验收、质检工作已经结束（包括主设备、继电保护及安全自动装置、电力通信设施、调度自动化设备等），设备具备启动条件。

（3）220kV 及以上设备参数实测工作结束，并经设备运行维护单位确认，于启动前 3 日报送有关调度机构。

（4）现场生产准备工作就绪（包括运行人员的培训、考试合格，现场图纸、规程、制度、设备编号标志、抄表日志、记录簿等均已齐全），具备启动条件。

（5）电力通信通道及自动化信息接入工作已经完成，调度通信、自动化设备及计量装置运行良好，通道畅通，实时信息满足调度运行的需要。

新设备投运前，工程主管部门应及时组织有关单位召开启动会议，对启动方案、调度操作、试运行计划进行讨论，并取得统一意见，以便有关单位事先做好启动操作的准备并贯彻实施。

运行维护单位在认真检查现场设备满足安全技术要求后，向值班调度员汇报新设备具备启动条件。该新设备即视为投运设备，未经值班调度员下达指令（或许可），不得进行任何操作和工作。若因特殊情况需要操作或工作时，经启动委员会同意后，由原运行维护单位向值班调度员汇报撤销具备启动条件，在工作结束以后重新汇报新设备具备启动条件。

在基建工程或重大技改工程投入运行后 3 个月内，设备运行维护单位应向相关调度部门上报继电保护及安全自动装置等竣工图纸（电子版）。新投产发电机组应具备的 AGC、AVC（自动电压控制）等控制功能应在机组移交商业运行时同时投入使用。

【思考与练习】

1. 新设备的定义是什么？
2. 新设备启动前必须具备哪些条件？
3. 新投产发电机组应具备哪些控制功能？

模块 2 新设备启动操作（Z01F9002Ⅱ）

【模块描述】本模块介绍新设备的启动原则及新设备启动方案的执行等内容。通过原则讲解、图形示意、案例介绍，掌握新设备的启动原则，并能根据新设备启动方案进行新设备的启动操作。

【模块内容】

一、新设备启动要求

（1）在工程启动前 1 个月，新设备运行维护单位应提供正式的工程启动调试方案，调度部门根据工程启动调试方案编制调度实施方案，拟定启动操作任务票。

（2）新设备启动应严格按照批准的调度实施方案执行，调度实施方案的内容包括：启动范围、调试项目、启动条件、预定启动时间、启动步骤、继电保护要求、调试系统示意图。

（3）在编制新设备启动调度实施方案时，如遇特殊情况限制，无法按启动原则执行时，应报请主管部门领导批准后，作为特例处理。

（4）新设备启动过程中，如需对调度实施方案进行变动，必须经编制该调度实施方案的调度机构同意，现场和其他部门不得擅自变更。

（5）新设备启动过程中，调试系统保护应有足够的灵敏度，允许失去选择性，严禁无保护运行。

（6）新设备启动过程中，相关母差 TA 及母差方式应根据系统运行方式做相应调整。母差 TA 短接退出或恢复接入母差回路，应在断路器冷备用或母差保护停用状态下进行。

（7）运行维护单位向值班调度员汇报新设备具备启动条件后，该新设备即视为投运设备，未经值班调度员下达指令（或许可），不得进行任何操作和工作。若因特殊情况需要操作或工作时，经启动委员会同意后，由原运行维护单位向值班调度员汇报撤销具备启动条件，在工作结束以后重新汇报新设备具备启动条件。

（8）新设备启动过程中，客观上存在一定风险，有关发、供电单位及各级调度部门必须做好事故预想。

二、新设备启动的主要原则

（一）断路器启动原则

断路器启动分类：断路器本体一次启动；断路器一、二次均需启动。

（1）有条件时应采用发电机零启升压。

（2）无零启升压条件时，用外来电源（无条件时可用本侧电源）对断路器冲击一次，冲击侧应有可靠的一级保护，新断路器非冲击侧与系统应有明显断开点，母差 TA 或母差保护应做相应调整。新设备充电的具体方式如图 17–2–1～图 17–2–4 所示。

（3）必要时对断路器相关保护及母差保护做带负荷试验。

（4）新线路断路器需先行启动时，可将该断路器的出线搭头拆开，使该断路器作为母联或受电断路器，做保护带负荷试验。保护带负荷试验的具体方式如图 17–2–5～图 17–2–9 所示。

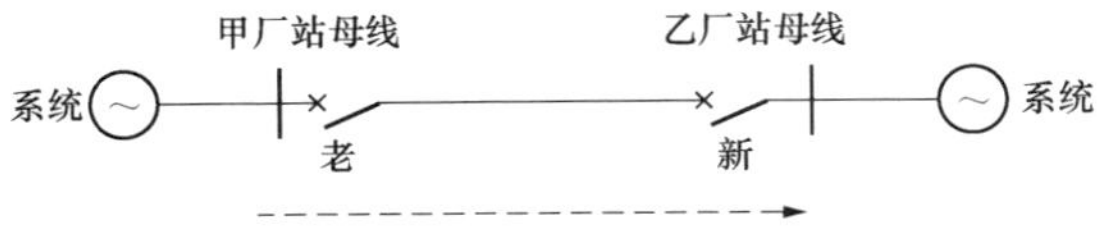

图 17–2–1 用外来电源冲击新断路器

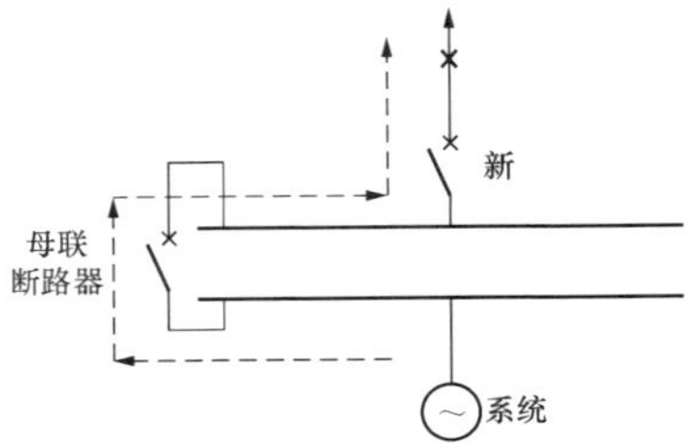

图 17–2–2 用本侧母联断路器冲击新断路器

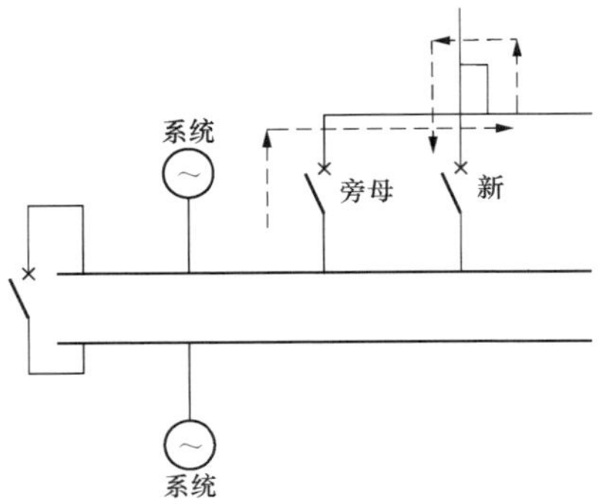

图 17–2–3 用本侧旁路断路器冲击新断路器（对侧断路器拉开）

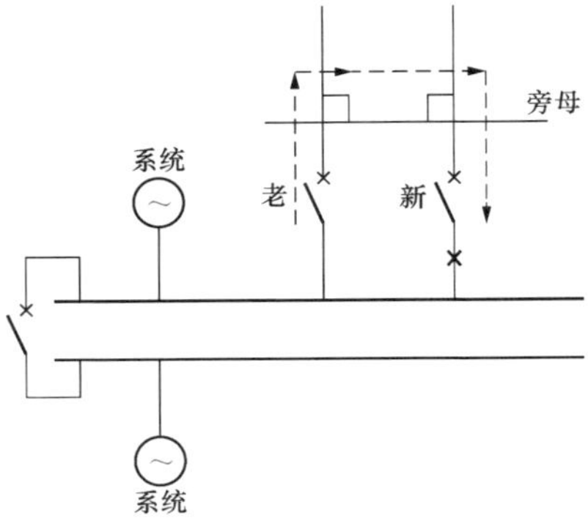

图 17–2–4 用本侧出线断路器冲击新断路器（两条出线对侧断路器均拉开）

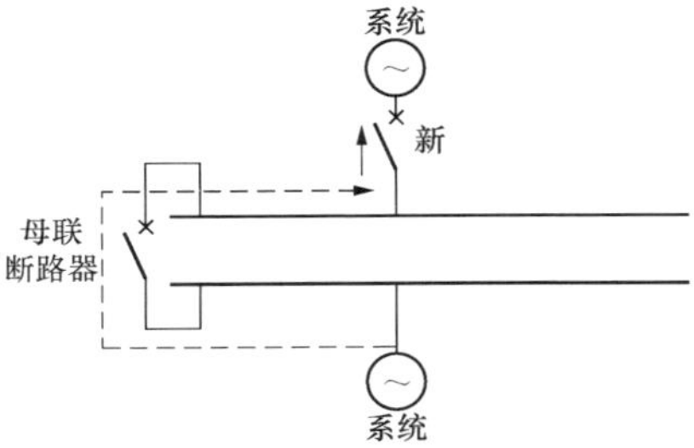

图 17–2–5 新断路器与母联串供做带负荷试验

（二）线路启动原则

线路启动分类：两侧间隔均采用原有保护；两侧间隔至少有一侧为新保护。

（1）有条件时应采用发电机零启升压，正常后用老断路器对新线路冲击 3 次（利用操作过电压来考验线路的绝缘水平、考验对线路与线路之间电动力的承受能力、考验断路器操作与线路末端过电压水平），冲击侧应有可靠的一级保护。

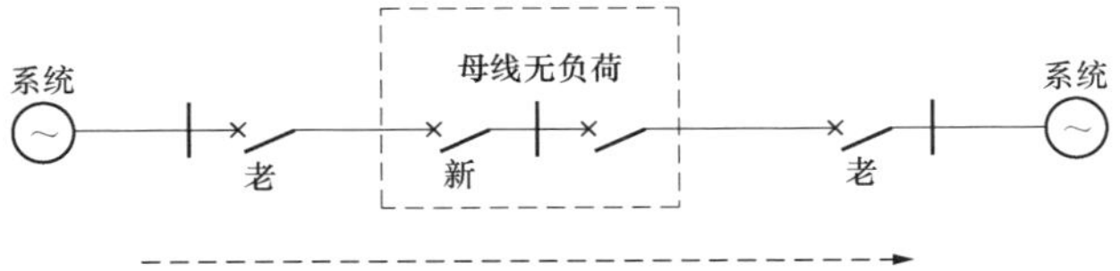

图 17–2–6 利用系统环路中的环流做新断路器带负荷试验（新断路器所在母线无其他负荷）

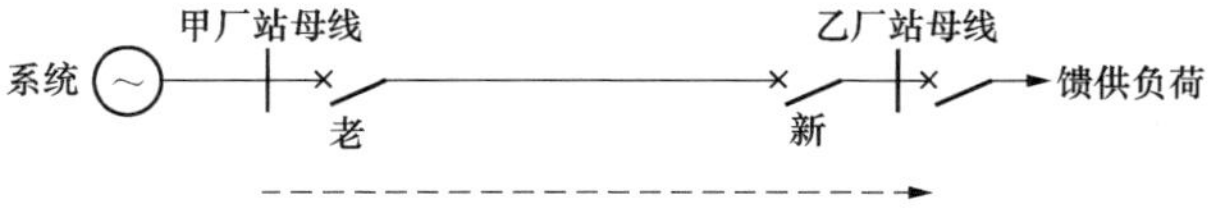

图 17–2–7　新断路器作为受电侧断路器做带负荷试验

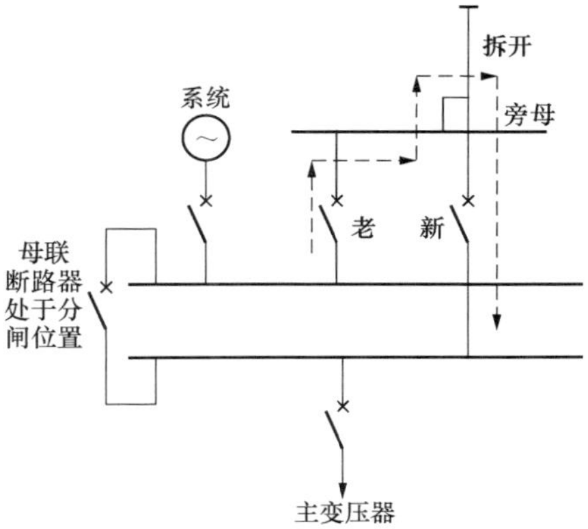

图 17–2–8　新断路器与旁路断路器（或出线断路器）构成母联做带负荷试验

（2）无零启升压条件时，用老断路器对新线路冲击 3 次（老线路改造其长度小于原线路 50%可只冲击 1 次），冲击侧应有可靠的两级保护，如图 17–2–10 所示。冲击时老断路器启用原有保护，且应保证对整个新线路有灵敏度，新断路器可启用尚未经带负荷试验的方向零序电流保护，并将方向元件短接，或新断路器启用已做过联动试验的线路过电流保护（属一级可靠保护）。母差保护、老断路器保护定值按继保规定调整。

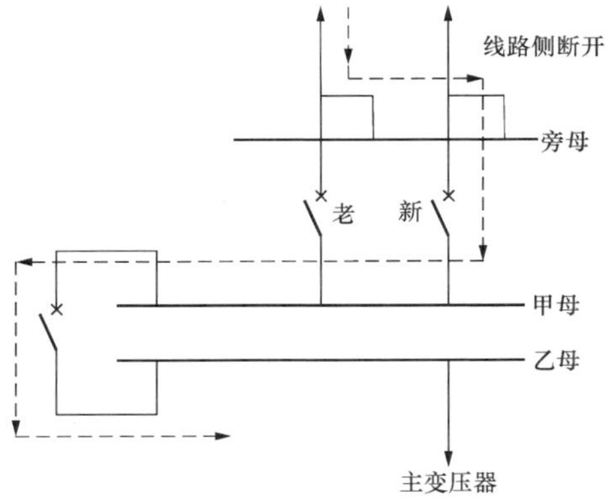

图 17–2–9　新断路器作为旁路断路器做带负荷试验（与母联断路器串供）

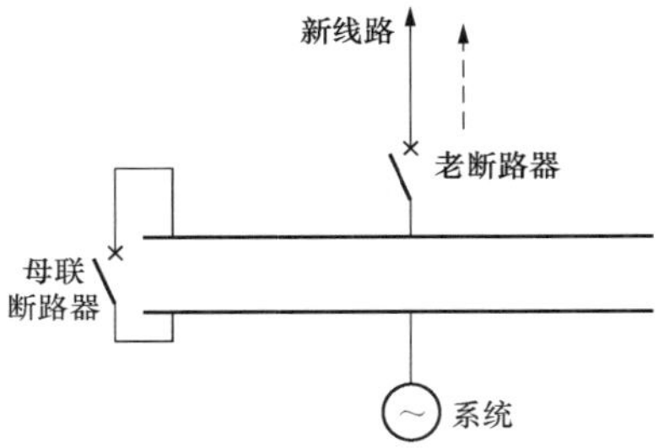

图 17–2–10　用本侧老断路器冲击新线路（老断路器启用原保护定值满足全线路要求）

（3）冲击正常后，线路必须做核相试验，核相时，考虑断路器并联电容和防止偷合的原因应将母联转为冷备用。如新线路两侧线路保护和母差保护回路有变动，则相关保护及母差保护均需做带负荷试验。

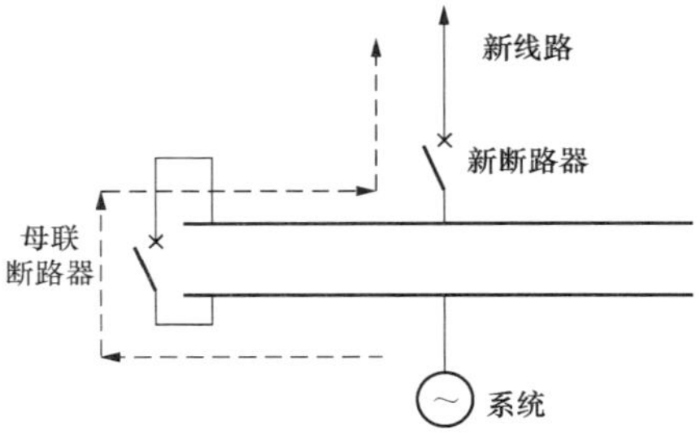

图 17–2–11 用母联断路器与线路断路器串供冲击新线路（启用母联长充电保护及线路保护）

冲击主要方式：零启升压；冲击侧母联断路器与线路断路器串供，启用母联长充电保护和线路保护（距离、方向零序过电流保护），如图 17–2–11 所示。

保护试验主要方式：母联串供方式，受电方式，系统环网方式（包括经线路和对侧母线构成本侧母联方式，新建电厂母线首次受电常用此方式），参照断路器带负荷试验方式进行。

（三）母线启动原则

（1）有条件时应采用发电机零启升压，正常后用外来或本侧电源对新母线冲击 1 次，冲击侧应有可靠的一级保护。

（2）无零启升压条件时，用外来电源（无条件时可用本侧电源）对母线冲击 1 次，冲击侧应有可靠的一级保护。

（3）冲击正常后，新母线电压互感器二次必须做核相试验，母差保护需做带负荷试验。

（4）母线扩建延长（不涉及其他设备），宜采用母联断路器充电保护对新母线进行冲击。

（四）变压器启动原则

新变压器时指新建、扩建变压器及其所属一、二次设备。

（1）有条件时应采用发电机零启升压，正常后用高压侧电源对新变压器冲击 5 次，冲击侧应有可靠的一级保护。

（2）无零启升压条件时，用中压侧（指三绕组变压器）或低压侧（指两绕组变压器）电源对新变压器冲击 4 次，冲击侧应有可靠的两级保护，如图 17–2–12 所示。冲击正常后用高压侧电源对新变压器冲击 1 次，冲击侧应有可靠的一级保护。

（3）因条件限制，必须用高压侧电源对新变压器直接冲击 5 次时，冲击侧电源宜选用外来电源，采用两只断路器串供，冲击侧应有可靠的两级保护。

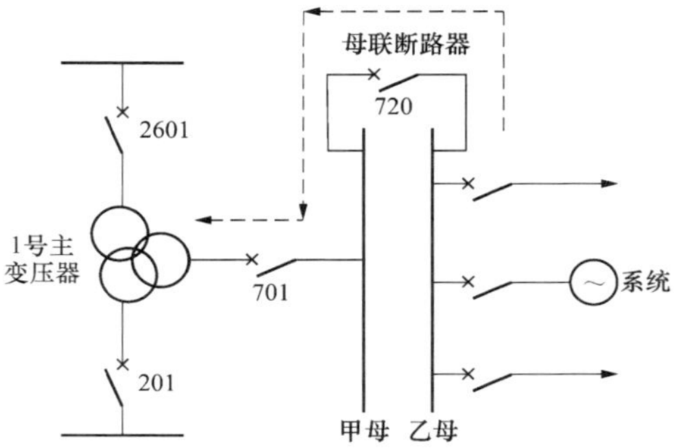

图 17–2–12 用中压侧电源冲击新主变压器（母联长充电保护时间按照躲过励磁涌流时间来考虑）

（4）冲击过程中，新变压器各侧中性点均应直接接地，所有保护均启用，方向元件短接退出。新主变压器所在母线上母差保护按继电保护规定调整。冲击侧线路高频保护停用（励磁涌流影响的原因）。

（5）冲击新变压器时，保护定值应考虑变压器励磁涌流的影响[一般用时间躲开（不大于0.3s），0.3s后励磁涌流衰减至2～3倍的峰值电流（极端情况下最大励磁涌流为5～6倍主变压器额定电流，0.3s后约为2～3倍主变压器额定电流）]，并有足够的灵敏度。

（6）冲击正常后，新变压器中低压侧必须核相，变压器保护（差动及后备保护）、母差保护需做带负荷试验。

（7）用母联断路器实现串供方式对主变压器充电时，应避免直接用母联断路器对其充电（除了旁兼母已改代出线方式），如必须用母联断路器对新主变压器直接充电，此时应将母线差动保护投信号或停用，启用母联断路器电流保护。

（五）电流互感器启动原则

（1）优先考虑用外来电源对新电流互感器冲击1次，冲击侧应有可靠的一级保护，新电流互感器非冲击侧与系统应有明显断开点，母差TA必须短接退出。

（2）若用本侧母联断路器对新电流互感器冲击1次时，应启用母联充电保护。

（3）冲击正常后，相关保护需做带负荷试验。

注意事项：新TA母差TA必须短接，且应注意母差保护方式。

（六）电压互感器启动原则

（1）优先考虑用外来电源对新电压互感器冲击1次，冲击侧应有可靠的一级保护。

（2）若用本侧母联断路器对新电压互感器冲击1次时，应启用母联充电保护。

（3）冲击正常后，新电压互感器二次侧必须核相。

（七）机组并网启动原则

（1）新机组并网前，设备运行维护单位负责做好新机组的各种试验并满足并网运行条件。

（2）新机组同期并网后，发电机—变压器组有关保护和母差保护需做带负荷试验。

（3）新机组的升压变压器需冲击时，在满足条件（1）后，按新变压器启动原则执行。如需提前直接冲击时，按特殊情况处理。

注意事项：发电机短路试验、空载试验、假同期试验由电厂负责，电网部门（调度部门）配合调整做上述试验时的电网方式，但应注意及时调整电厂母差方式，以及新机组主变压器的母差TA需短接退出所在母线的母差保护回路。

（八）保护更换（端子箱）后启动原则

1. 线路主保护更换后启动

（1）保护需做带负荷试验，一般两侧采取用母联断路器串供新保护断路器的方法来做。

（2）启用母联充电保护，用母联断路器串供主变压器来做，这适用于没有条件构成环路的情况。

（3）若在单母线、一次不可倒或母联不允许合环的情况下，可以采取启用做过联动试验的主保护，将方向元件短接的方式。

（4）启用断路器的过电流保护（但应事先确认该保护确实存在，且启用时不影响其他线路保护带负荷试验）。

2. 母差保护更换后启动

母差保护更换后启动一般程序是：

（1）先做现方式下的母差保护试验。

（2）试验正确后，用旁路断路器代某一断路器（必须与旁路断路器运行在同一母线，被代断路器改为热备用），再做母差保护试验。

（3）试验正确后根据实际情况需要，做母差保护切换试验（微机母差一般不需一次配合倒排，仅在 TA 二次做切换试验）。

3. 主变压器保护更换后启动

（1）有旁路断路器的母线接线：

1）用母联断路器、旁路断路器串供主变压器，启用母联长充电保护和旁路断路器线路保护，做旁路断路器代主变压器运行时的差动保护及主变压器后备、主变压器套管 TA 差动保护等试验，正常后上述保护正常启用。

2）恢复主变压器本身断路器运行（仍与母联断路器串供，母联断路器长充电保护启用），做主变压器断路器独立 TA 的主变压器差动、后备保护试验。

（2）无旁路断路器的母线接线：主变压器断路器与母联断路器串供运行（启用母联长充电保护、主变压器本身所有保护，其中主变压器保护的方向元件短接），做有关保护试验。

（九）新变电站启动

由上述各单项设备启动组合而成，但厂站内一次相位由施工单位（业主单位）在启动前确认正确。

三、案例

（一）案例 1:110kV 711 新建线路及一侧断路器启动方案

1. 启动范围

B 变电站 110kV 711 断路器间隔及 711 新建线路。

2. 调试项目

711 新建线路需冲击 3 次及 B 变电站侧断路器需冲击 1 次，B 变电站侧需要做核相试验，B 变电站侧 711 断路器保护的校核试验。711 线路冲击方式示意图如图 17–2–13 所示。

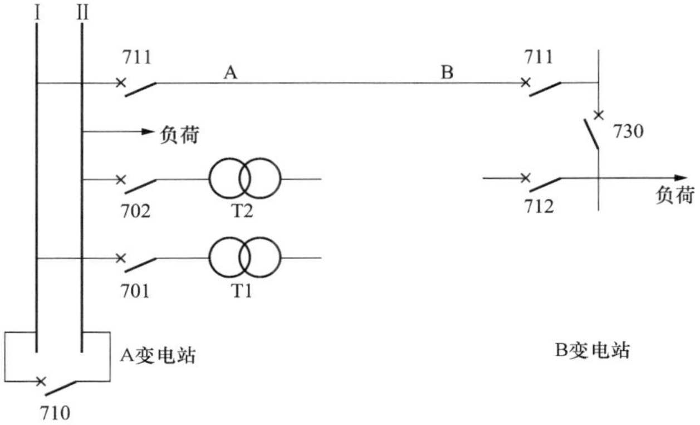

图 17–2–13　711 线路冲击方式示意图

3. 启动汇报条件

110kV 711 新建线路及 B 变电站 711kV 间隔有关工作竣工后，核对：110kV 711 线路及两侧断路器均为冷备用状态，A 变电站侧母差 TA 短接退出母差回路。启动前运行方式：A 变电站 T2 运行于Ⅱ母，母联 710 断路器热备用备自投启用，711 断路器冷备用，T1 运行于Ⅰ母，其余设备运行于Ⅱ母；B 变电站 711 断路器冷备用，其余设备运行。

4. 操作原则

（1）A 变电站：T1 保护启用冲击定值、711 保护启用冲击定值（由继电保护出定值），711 断路器改为热备用于Ⅰ母，合上 711 断路器（冲击 711 线路 2 次），拉开 711 断路器。

（2）B 变电站：合上 711 断路器及其线路侧隔离开关。

（3）A 变电站：合上 711 断路器（冲击 1 次）。

（4）711 线路及 B 变电站 711 断路器冲击正常后，在 B 变电站侧 711 断路器母线隔离开关两侧核相。核相正确后，调整运行方式，B 变电站侧 711 断路器保护做校核试验。

（5）恢复系统方式，将 A 变电站 T1 及 711 保护恢复正常定值。

（二）案例 2：220kV 变电站旁路 720 断路器间隔更换后启动方案（见图 17–2–14）

1. 启动范围

110kV 旁路 720 断路器间隔。

2. 调试项目

720 断路器及 TA 需冲击 1 次，需做 110kV 母差、线路保护带负荷试验以及 720

代 701 断路器时差动保护切换试验。

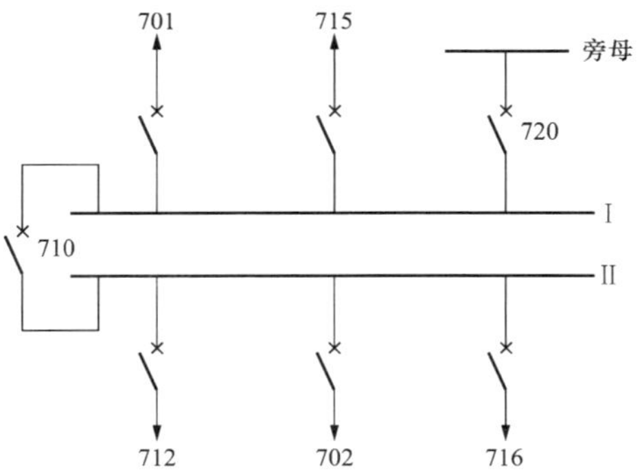

图 17–2–14 某 220kV 变电站旁路 720 断路器间隔更换后启动方案

3. 启动汇报条件

720 断路器间隔更换工作结束，验收合格，设备具备启动条件，现旁路 720 断路器及旁路母线冷备用，其母差 TA 短接退出母差回路。

4. 操作原则

（1）将 110kV Ⅰ 母线所有设备调至 Ⅱ 母线运行，拉开 110kV 母联 710 断路器。

（2）将 110kV 旁路 720 断路器由冷备用改为 110kV 正母线运行。

（3）合上 110kV 母联 710 断路器（充电）。

（4）冲击正常后，拉开 110kV 旁路 720 断路器，合上 1 号主变压器 7016 隔离开关。

（5）将 110kV 母差保护及 1 号主变压器差动保护停用。

（6）合上 110kV 旁路 720 断路器，将 1 号主变压器保护由跳 701 断路器改跳 720 断路器，拉开 1 号主变压器 701 断路器。

（7）将 110kV 旁路 720 断路器母差 TA 接入母差回路做旁路 720 断路器线路保护、母差保护、代 701 断路器时 1 号主变压器差动保护试验。

（8）试验正确后，1 号主变压器差动保护、110kV 母差保护按规定启用。

（9）恢复 1 号主变压器 701 本身断路器运行，将旁路母线转为热备用后，启用旁路断路器线路保护，合上 110kV 旁路 720 断路器，方式恢复正常。

（三）案例 3：A 变电站母联 710 断路器及电流互感器更换后的启动方案

A 变电站 110kV 母联 710 断路器及电流互感器更换工作结束后，需对新设备进行充电，并带负荷测试有关保护，如图 17–2–15 所示。现制订启动方案如下：

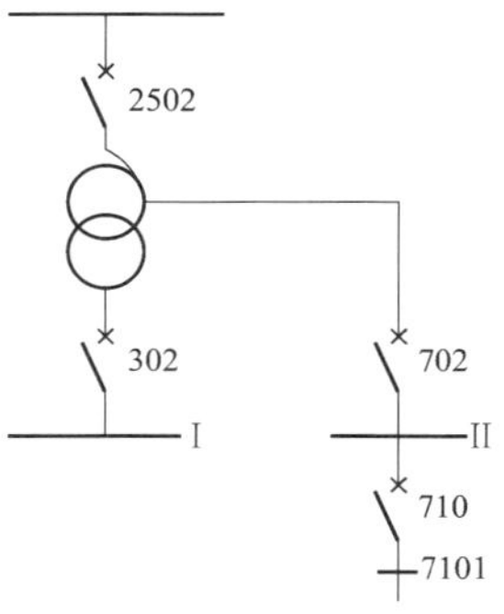

图 17–2–15 A 变电站母联 710 断路器及电流互感器调换后接线图

1. 启动范围

A 变电站 110kV 母联 710 断路器及电流互感器。

2. 启动条件

（1）A 变电站 110kV 母联 710 断路器及电流互感器更换工作结束，验收合格，设备可以送电。

（2）A 变电站 110kV 副母线及母联 710 断路器冷备用。

（3）A 变电站 2 号主变压器及三侧断路器均为冷备用状态。

3. 启动时间

××××年××月××日。

4. 启动步骤

（1）利用 A 变电站 2 号主变压器 702 断路器对新设备充电。

1）A 变电站 2 号主变压器 110kV 侧复合压过电流时间由 3s 改为 0.5s。

2）A 变电站 2 号主变压器 2502 断路器改为Ⅱ母运行。

3）A 变电站合上 110kV 母联 710 断路器及 7102 Ⅱ母隔离开关。

4）A 变电站 110kV 母差保护停用。

5）A 变电站 2 号主变压器 702 断路器改为Ⅱ母运行即对新设备充电一次。

6）充电结束后，A 变电站 110kV 母联 710 断路器改为热备用。

7）A 变电站 2 号主变压器 702 断路器改为热备用，2 号主变压器 110kV 侧复合电压过电流时间恢复正常定值。

（2）A 变电站 110kV 母联 710 断路器带负荷测试 110kV 母差保护。

1）A 变电站 110kV 母联 710 断路器改为运行，701 断路器改为热备用。

2）A 变电站测试 110kV 母差保护，正确后启用。

3）测试结束后，A 站恢复正常运行方式。

【思考与练习】

1. 新线路送电进行全电压冲击合闸的目的是什么？

2. 新变压器或大修后的变压器在正式投运前为什么要做冲击试验？一般要冲击几次？

3. 对新建的变电设备进行冲击合闸前，应注意哪些问题？

模块 3 新设备投运中的问题（Z01F9003Ⅲ）

【模块描述】本模块介绍新设备启动中的可靠保护、试验项目及新设备启动前的方式调整等需要注意的问题。通过要点归纳讲解、试验项目介绍、案例学习，掌握新设备投运中问题的解决办法及注意事项，掌握新设备启动方案的编制方法。

【模块内容】

一、新设备启动中可靠保护的判定及母联断路器充电保护的应用

（1）已经投运的并具有全线灵敏度的距离、方向零序保护、高频保护、母联充电保护，断路器的过电流保护均可视为一级可靠保护。

（2）母联断路器长充电保护可视为一级可靠保护。母联断路器长充电保护（微机保护装置中称为过电流保护，但调度术语仍称母联断路器长充电保护）适用于新断路器新线路新母线启动（其时间一般为0s），也适用于新主变压器启动（整定时间需按照躲过励磁涌流时间来考虑），启用母差长充电时母差不需退出运行，当需启用母差长充电保护而母差又需做带负荷试验时，应将母差保护出口连接片退出，装置电源不停。

（3）母联断路器短充电保护（微机保护称为充电保护），适用于母线检修后复役、充电等，启用后母差短时退出0.35s左右后再自动投运。

（4）部分厂站微机母差保护中加装的独立母联（分段）电流保护，可视为一级可靠保护。主要是为了解决微机母差保护停用时，母线一次设备检修结束后，用母联断路器对空载母线充电没有保护的问题。

（5）线路断路器配置的过电流保护，可视为一级可靠保护。

（6）已经投运的距离、方向零序保护，零序方向元件短接后，可视为半级可靠保护。

二、新设备启动过程中对继电保护定值整定的一般要求

1. 用外来电源对新设备进行冲击时的要求

（1）在新设备启动过程中，用外来电源采用一级半或两级保护对新线路、主变压器冲击时，其充电保护（各级电流保护）切除故障时间按不大于0.3s整定，且全线有灵敏度；其线路保护切除故障时间按不大于0.6s整定。

（2）在新设备启动过程中，用外来电源采用一级半或两级保护对新线路、主变压器冲击时，只要有一级保护切除故障时间满足不大于0.3s的要求，另一级保护切除故障时间可不作调整，且两级保护之间不考虑配合。

2. 用本站（厂）电源对新设备冲击时的要求

（1）在新设备启动过程中，用本站（厂）电源采用一级半或两级保护对新线路、主变压器冲击时，其充电保护（各级电流保护）切除故障时间按0s整定，且全线有灵敏度。

（2）在新设备启动过程中，用本站（厂）电源采用一级半或两级保护对新线路、主变压器冲击时，只要有一级保护切除故障时间满足0s的要求，另一级保护切除故障时间可不作调整，且两级保护之间不考虑配合。

3. 新设备有关保护试验要求

在新设备启动过程中，新设备有关保护试验时，串供的保护仍启用原冲击时的定

值及切除故障时间，在此期间只考虑保护灵敏度，不考虑保护之间的配合。

4. 特殊要求处理原则

（1）在新设备启动过程中，遇稳定有特殊要求时，由运方人员在新设备启动方案编制时明确。

（2）在新设备启动过程中，如按照上述一般原则进行保护调整将可能对电网的安全稳定运行有重大影响时，由继电保护人员具体提出调整要求，经运方人员进行校核后作为专项处理。

三、新设备启动的注意事项

（1）冲击过程中的一次方式安排要综合考虑多种因素。主要应从提高系统运行可靠性、减小设备故障影响范围的角度出发，尽量避开用电厂侧、馈供厂站侧、方式较为薄弱的厂站作为冲击电源点。

（2）保护考虑：冲击时保护应满足有关规定（可靠一级或二级），且必须满足全线灵敏度要求，方案中与上级调度管辖设备交界点的保护定值、时间整定应满足上一级电网和调度部门的要求。

（3）冲击及带负荷试验过程中，应特别重视母差电流互感器状态及母差保护的方式。

（4）启动过程中方式调整时，应注意一次设备操作与二次保护之间的配合，主要有隔离开关操作与母差保护停、启用之间的配合，合、解环前后环路中的保护调整。注意在110kV及以上电网无母差保护时，一般不允许进行母线侧隔离开关带电操作。

（5）用母联断路器实现串供方式对新投运的线路充电时，母线差动保护投信号，起用母联断路器长充电保护或母联断路器电流保护。用母联断路器实现串供方式对主变压器充电时，应避免直接用母联断路器对其充电；如必须用母联断路器对主变压器直接充电，此时应将母线差动保护投信号或停用，启用母联断路器电流保护（原因：母联断路器断开时，断路器辅助触点自动将母差电流互感器退出母差保护回路，在合上断路器时自动投入，如此时被充电母线故障，由于断路器一次触头与辅助触点闭合的不同时性，造成非故障母线跳闸。出线断路器母差电流互感器由隔离开关辅助触点控制）。

（6）冲击合闸用的断路器应退出重合闸，断路器的遮断容量满足要求，切断故障电流次数应在规定以内。

（7）被冲击设备无异常。

四、新设备启动试验项目

1. 定相和核相

交流电的特点是不仅有电流大小及电压高低之分，还有相位及相序之别，若相位或相序不同的电源并列或合环，将产生很大的电流，会造成发电机或其他电气设备损坏，因此必须进行定相和核相工作。为了防止发生非同期并列，新投产的线路及大修后的线路都必须进行相序及相位的核对，保证一次和二次的相序和相位都正确，对于与并列有关的二次回路有工作时，也必须进行相序及相位的核对确保正确无误。电压互感器更换后必须进行一、二次的定相及核相工作。

2. 新线路送电试验项目

（1）新线路送电前应进行工频参数测量，主要有以下内容：测试线路绝缘电阻、直流电阻、正序阻抗、零序阻抗、正序电容和零序电容，进行定相和核相。对于同杆（塔）双（多）回线路及平行架设的线路还需进行耦合电容及互感阻抗的测试。测量新线路绝缘电阻目的是检查线路绝缘情况、有无接地、短路等缺陷。测量直流电阻的目的是检查线路的连接情况和施工中是否有遗留的缺陷。其他参数均为线路运行及维护需要掌握的工频参数。双电源线路或双回线路送电后应做定相试验，同时来自双母线电压互感器的二次电压回路也应做定相试验。除了单电源馈供线路送电不需要核相（没有参照物）外，均需要进行核相，主要是为了避免线路两侧相位不一致或双电源线路相序及相位不一致在投运时造成短路事故。

（2）配合专业人员对线路的继电保护、自动装置进行检查和试验：为防止接线错误而引起保护的误动作，特别是高频保护、阻抗保护、差动保护（母线差动、纵联差动、横联差动保护）及其他的方向性保护，必须在线路送电后进行带负荷电流试验检查其特性，完全符合要求、方向正确后方可投入。对于可以同期并列的线路断路器，应对同期回路接线进行检查：将同期电源断路器投入、启动同期装置后同期表指示应该也同期。

五、案例

如图17–3–1所示为某220kV变电站的220kV母线一次接线图，其中2610、2611、2612、2613、2601、2602为已运行断路器；2614断路器及其电流互感器为新更换设备，所带线路为原已运行线路。

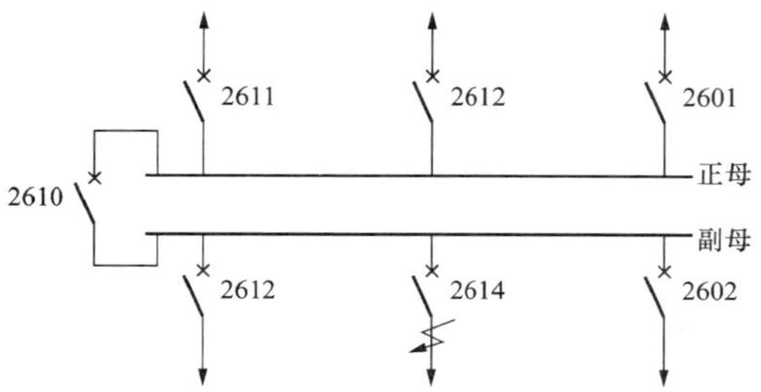

图17–3–1 某220kV变电站的220kV母线一次接线图

（1）新设备2614断路器及其电流互感器投入运行前需要做冲击耐压试验，2614断路器保护及220kV母差保护需做保护传动及带负荷试验。

（2）2612断路器为外来电源，用2612断路器对新设备2614断路器冲击，母联2610断路器应转为冷备用状态，母差保护投入方式改为双母分列运行方式。

（3）2612断路器为外来电源，用2612断路器对新设备2614断路器冲击，母差方式为双母分列方式，此时一定要注意母差电流互感器投入方式要与一次运行方式相对应，如果 2612 断路器母差电流互感器未短接退出，2614 断路器母差电流互感器又未接入母差回路，当 2614 断路器在图示处有故障时，母差保护中将流过 2612 断路器母差电流互感器的故障电流，同时电压元件出口，母差保护动作出口跳开副母线上面所有断路器。

（4）2612 断路器为外来电源，用 2612 断路器对新设备 2614 断路器冲击，母差运行方式调整为双母分列方式，如果 2612 断路器母差电流互感器未短接退出，2614 断路器母差电流互感器接入了母差回路，当 2614 断路器在图示处有故障时，母差保护可能有以下两种反应：如果 2614 断路器母差电流互感器极性正确，母差保护差流回路中只有不平衡电流，母差保护不动作；如果 2614 断路器母差电流互感器极性不正确，母差保护差流回路中有相当于两倍的故障电流，同时电压元件出口，母差保护动作，跳开副母线上面断路器。

（5）如果副母线上没有外来电源，必须使用母联 2610 断路器对新设备 2614 断路器冲击，2610 断路器母差电流互感器应以代出线方式接入母差回路；此时当 2614 断路器在图示处有故障时，母差保护差流回路中只有不平衡电流，母差保护不动作，母联 2610 断路器充电保护动作跳闸。

【思考与练习】

1. 新线路第一次送电应注意哪些问题？需要测量哪些工频参数？测量的目的是什么？

2. 哪些情况下需要定相和核相？为什么？

3. 根据当地电网实际情况，安排某新设备投运的 DTS 实训。

第三部分

电网异常处理

第十八章

频 率 异 常 处 理

模块 1　导致频率异常的原因及危害（Z01G1001Ⅰ）

【模块描述】本模块介绍频率异常的定义、危害及导致频率异常的因素。通过规定讲解、异常因素分析，掌握频率异常的征象、判断方法及危害。

【模块内容】

一、异常频率的定义

GB/T 15945—2008《电力系统频率允许偏差》规定以 50Hz 正弦波作为中国电力系统的标准频率（工频），并规定电网容量在 3000MW 及以上的，偏差不超过（50±0.2）Hz。电网容量在 3000MW 以下的，频率偏差不超过（50±0.5）Hz。2011 年颁布的《国家电网公司安全事故调查规程》规定：装机容量在 3000MW 及以上电网，频率偏差超出（50±0.2）Hz，且持续时间 30min 以上；或偏差超出（50±0.5）Hz，且持续时间 15min 以上；装机容量在 3000MW 以下电网，频率偏差超出（50±0.5）Hz，且持续时间 30min 以上；或偏差超出（50±1）Hz，且持续时间 15min 以上，定为一般电网事故。

装机容量在 3000MW 及以上电网，频率偏差超出（50±0.2）Hz，且持续时间 20min 以上；或偏差超出（50±0.5）Hz，且持续时间 10min 以上；装机容量在 3000MW 以下电网，频率偏差超出（50±0.5）Hz，且持续时间 20min 以上；或偏差超出（50±1）Hz，且持续时间 10min 以上，定为电网一类障碍。

由以上规定可知，装机容量在 3000MW 及以上电网，频率偏差超出（50±0.2）Hz 或装机容量在 3000MW 以下电网，频率偏差超出（50±0.5）Hz，即可视为电网频率异常。

目前，中国已形成若干交流同步互联大区电网，如东北电网、西北电网、南方电网、华东电网，以及华北—华中电网，由于电网规模越大频率波动越小，这些大区电网的频率波动通常很小，正常波动范围均在（50±0.1）Hz 以内。

二、导致频率异常的因素

1. 电网事故造成的频率异常

当电力系统中总的发电机有功功率与总的有功负荷出现差值时就会产生频率偏差，当差值到达一定程度就会产生频率异常。从电网运行的角度，可将产生频率异常的原因分为电网事故和运行方式安排不当两类。

发生电网解列事故后，送电端电网由于发电功率高于有功负荷因此会电网频率升高，而受电端电网由于发电功率低于有功负荷电网频率会降低。

发生发电机掉闸事故后，电网会出现发电功率的缺额，因此电网频率会降低。发生负荷线路或负荷变压器掉闸后，电网会出现有功负荷的缺额，因此电网频率会升高。

2. 运行方式安排不当造成的频率异常

由于负荷预测的偏差，导致电网发电功率安排不当也会导致频率异常。若最小日负荷预计不准确，在最小负荷发生时，发电功率过剩，导致电网频率升高。若最大日负荷预计不准确，在最大负荷发电功率不足，导致电网频率降低。

另外，电网中某些大的冲击负荷也会对电网频率产生影响，如某些大型轧钢厂和电解铝厂的冲击负荷会达到 100MW 左右。在某些特殊时间段，大量用户同时收看同一电视节目，如 1999 年收看国庆阅兵式，2008 年同时收看奥运开幕式，由于电视机输出功率变化也会对电网频率产生明显影响。

三、频率异常的危害

1. 频率异常对发电设备的危害

频率过高过低运行，受危害最大的是发电设备。主要危害有：引起汽轮机叶片断裂；使发电机功率降低；使发电机机端电压下降；使发电厂辅机功率受影响，从而威胁发电厂安全运行。

2. 频率异常对用电设备的危害

电网中对频率敏感的用电设备主要有同步电动机负荷、异步电动机负荷。根据电动机驱动的设备不同，电动机输出功率与频率的一次方或者高次方成正比。因此当系统频率发生变化时，这些设备的输出功率也会产生相应的变化。当频率变化过大时，对于输出功率要求比较严格的用电设备会产生不良影响。

3. 频率异常对电网运行的影响

当电网频率异常时会引起发电机高频保护、低频保护动作导致机组解列（包括风电），或者低频减载装置动作切除负荷等。

电网中线路损耗、变压器中的涡流损耗与频率的平方成正比，因此频率升高会导致电网的损耗增加。

【思考与练习】

1.《国家电网公司安全事故调查规程》对频率异常是如何定义的？

2. 频率异常对发电设备有什么影响？

3. 导致频率异常的因素有哪些？

模块 2　频率异常的处理方法（Z01G1002Ⅱ）

【模块描述】本模块介绍调整负荷、调整发电功率及跨区事故支援等频率异常处理方法。通过要点归纳讲解、案例学习，掌握频率异常处理方法。

【模块内容】

一、调整负荷

当电网频率低于正常值时，可采取紧急调整负荷的措施，包括：

（1）由低频减载装置动作切除负荷。

（2）调度员下令拉开负荷线路开关或负荷变压器开关。

（3）由变电站按事先规定的顺序自行拉开负荷线路开关。紧急切除的负荷均不得自行恢复，当电网频率恢复到正常值后，得到上级调度的命令才能恢复。

当解列小系统频率高于正常值而小系统内的机组已降至最低技术功率时，可考虑送出部分负荷。

二、调整发电功率

（1）当电网频率高出正常值时，须紧急降低发电机有功功率。按紧急程度分，措施有：

1）高频切机装置动作，切除部分机组。

2）调度员下令部分机组打闸停机。

3）电厂值班员紧急降低机组功率。

4）命令抽水蓄能机组泵工况运行。

（2）当电网频率低于正常值时，须紧急增加发电机有功功率。按紧急程度，措施有：

1）迅速调用旋备容量。

2）迅速开启备用机组（通常为启动快的水电机组）。

3）停用在抽水状态的抽水蓄能机组等。

某电网调度管理规程规定：当电网频率高于 50.10Hz 时，电网中所有发电厂的值班员无须等待值班调度员的命令，应立即自行降低有功功率直到频率恢复到 50.10Hz 以下或调整到运行设备最小功率为止。

三、跨区事故支援

对于跨区域电网，未发生事故的区域电网应在保证电网安全的前提下对发生事故的区域电网进行事故支援。而且实际上，当某一电网突然发生有功缺额时，由于互联电网的潮流分布，跨区联络线会自动增加，对有功率缺额的电网进行支援。

四、恢复独立运行系统联络线

对于独立运行的系统，当发生频率异常而缺乏调整手段时，应尽快采取措施与主网并列运行。

五、案例

如图 18–2–1 所示系统，局部电网与主网通过 3 回线路联系。

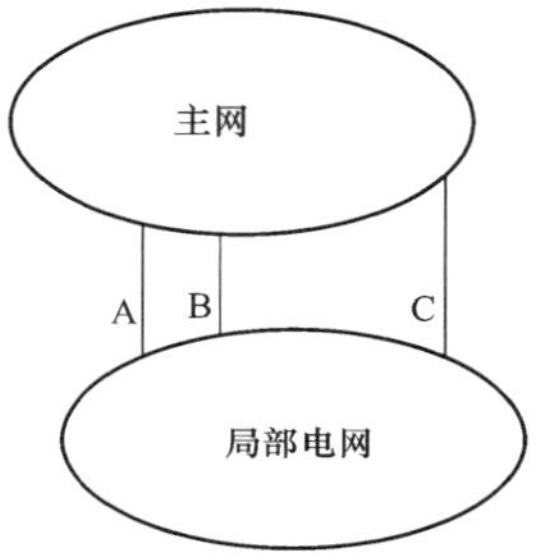

图 18–2–1 某电网结构图

现 3 回线通道有灾害性天气事件发生，导致 3 回线同时掉闸，当局部电网与主网解列，由于事故前局部电网向主网受电，导致局部电网频率低至 49.3Hz，事故后主网调度通知当地电网调度负责处理，调度员采取如下措施：

（1）立即下令增加网内电厂功率直至最大。

（2）开出备用水电机组并增加功率直至最大。

（3）按超供电能力限电序位表限电。30min 后，电网频率恢复至 49.90Hz，调度员向主网调度员申请小地区与主网同期并列。5min 后同期并列成功，地区电网恢复正常运行，通知水电机组停机，并恢复限电负荷。

【思考与练习】

1. 当电网频率高于正常值时可采取哪些措施？
2. 当电网频率低于正常值时可采取哪些措施？
3. 根据当地电网实际情况，针对电网频率异常降低至 49.50Hz 安排 DTS 实训。

模块 3 防止频率崩溃的措施（Z01G1003Ⅲ）

【模块描述】本模块介绍频率崩溃的定义及防止频率崩溃的措施。通过定义解释、措施介绍、装置原理讲解，能够采取有效措施防止频率崩溃。

【模块内容】

一、频率崩溃的定义

电力系统正常运行时，有功功率与有功负荷处于平衡状态，系统频率保持在一定范围内。在电力系统出现有功缺额时，电网频率会下降。如果没有旋转备用，则频率下降时有功负荷也会按静态频率特性下降，有功功率和有功负荷会在一个较低的频率下达到新的平衡。这是新的稳定点，有功缺额越大，新的频率稳定点就越低。然而实际上，由于发电厂的辅机受频率降低的影响，会降低输出功率，从而导致发电机有功功率会随着频率降低而降低。因此一旦低于某一临界频率，发电厂的辅机输出功率会显著降低，致使有功缺额更加严重，频率进一步下降，这样的恶性反馈使有功功率与有功负荷达不到新的平衡，频率快速下降，直至造成大面积停电，这就是频率崩溃。

二、防止频率崩溃的措施

为防止频率崩溃，电网应采取的措施有：

（1）电网运行应保证有足够的、发布合理的旋转备用容量和事故备用容量。

（2）电网应装设并投入有预防最大功率缺额切除容量的低频自动减负荷装置。

（3）水电厂机组采用低频自启动装置和抽水蓄能机组装设低频切泵及低频自启动发电的装置。

（4）制订系统事故拉路序位表，在需要时紧急手动切除负荷。

（5）制订保发电厂厂用电及重要负荷的措施。

三、低频减载和高频切机装置的作用和原理

电力系统中，自动低频减载装置是用来对付严重功率缺额事故的重要措施之一，当频率下降到一定程度时自动切除部分负荷（通常为比较不重要的负荷），以防止系统频率进一步下降。这样既能确保电力系统安全运行，防止事故扩大，又能保证重要负荷供电。在低频减负荷装置整定时主要考虑几点：

（1）最大功率缺额的确定。

（2）装置每级动作频率值的整定。

（3）每级切除负荷的限值的整定。

（4）装置每级动作的延时。

（5）某些与主网联系薄弱，容易造成系统解列的小地区的低频减载负荷量的确定。

通常低频减载装置分为普通级与特殊级。例如，某电网低频减载装置整定方案为：普通级 7 级，整定频率分别为 49.25、49.00、48.75、48.50、48.25、48.00、47.75Hz，时限均为 0.5s。特殊级为 49.25Hz，时限为 20s。各级减负荷比例依次为 4%、5%、6%、7%、8%、8%、9%、3%。

高频切机装置是防止电力系统频率过高的重要措施，当频率上升到一定程度时自动切除部分机组，以防止系统频率过高危害发电机组的运行。高频切机装置在送端电网装置。高频切机装置切除机组的台数和容量的确定非常关键，不能发生因切机装置动作导致电网频率低于正常值。同时装置动作频率动作值和动作延时的确定要和机组自身高频保护的动作值相配合，通常应低于机组高频保护的动作值。

【思考与练习】

1. 频率崩溃的定义是什么？
2. 防止频率崩溃的措施有哪些？
3. 通常低频减载装置分哪几级，各级的整定频率是多少？

第十九章

电压异常处理

模块 1 电压异常的原因及危害（Z01G2001Ⅰ）

【模块描述】本模块介绍电压异常的定义、危害及导致电压异常的因素。通过定义讲解、原因及危害分析，掌握电压异常原因、危害及判断方法。

【模块内容】

一、电压异常的标准

2011 年颁布的《国家电网公司安全事故调查规程》：电压监视控制点电压偏差超出电力调度规定的电压曲线±5%，且持续时间 1h 以上；或偏差超出±10%，且持续时间 30min 以上，构成电网一类障碍；电压监视控制点电压偏差超出电力调度规定的电压曲线±5%，且持续时间 2h 以上；或偏差超出±10%，且持续时间 1h 以上，定为一般电网事故。

二、电压异常的原因及危害

1. 低电压原因及危害

电力系统运行中的低电压一般是由于无功电源不足或无功功率分布不合理造成的。发电机、调相机非正常停运及并联电容器等无功补偿设备投入不足是无功电源不足的主要原因，变压器分接头调整和串联电容器投退不当则会造成无功功率分布不合理。

低电压可造成电炉、电热、整流、照明等设备不能达到额定功率，甚至无法正常工作，比如当电压低于额定电压 90%时，白炽灯照度约降低 30%，日光灯照度约降低 10%；如果电压低于额定电压 80%时，日光灯不亮，电视机失真。对于电动机负荷，低电压会使电流增大，电动机发热严重，当电压低于额定电压 80%时，电动机电流会增加 20%～30%，温度升高 12～15℃。此外，在低电压情况下，线路和变压器的功率传输能力降低，使输变电设备的容量不能充分利用；另外，低电压时输送电流增大会造成不必要的网损。

2. 高电压原因及危害

电网局部无功功率过剩是造成高电压的根本原因。负荷反送无功，空载、轻载架空线路和电缆线路发出无功都会导致电网局部无功功率过剩。在无功功率过剩的情况下，如果发电机进相能力不足，电抗器和并联电容器未及时投退，变压器分接头调整不当，无法合理调整过剩的无功，局部电网就会电压升高。

各种负荷设备有其规定的正常运行电压范围，高电压可能造成负荷设备减寿或损坏。对电网而言高电压会增加变压器的励磁损耗，并造成输变电设备绝缘寿命缩短甚至绝缘破坏。

三、电网过电压

1. 过电压的定义及分类

电网在正常运行情况下，电气设备在额定电压范围内运行，但由于雷击、操作、故障和参数配合不当等原因，电网中的某些元件或部分电压升高，甚至远超过额定值，这种现象被称为过电压。

过电压根据产生原因和作用机理不同分为大气过电压、工频过电压、操作过电压以及谐振过电压。

2. 产生过电压的原因

大气过电压是由于直击雷雷击电网或雷电感应产生的。

工频过电压产生的原因主要有三类：① 空载长线路的电容效应；② 不对称故障导致非故障相电压升高；③ 甩负荷引起电压升高。

产生操作过电压的原因有：

（1）切除空载变压器时，绕组中的感性电流被瞬间切断，电流的突变将使绕组感生出高电压。同样的现象在切除异步电动机、电抗器等感性元件时也会出现。

（2）空载线路切除时发生电弧重燃，以及合闸时回路中发生高频震荡都会产生过电压。

（3）中性点绝缘系统发生单相接地故障，接地点的电弧间歇性地熄燃，故障相和非故障相都会产生过电压，这种过电压被称为电弧接地过电压。

（4）解合大环路引起的过电压。系统进行操作和发生故障时不同元件的容性或感性在工频或其他谐波频率发生串联谐振，串联回路中的元件就会产生过电压，即谐振过电压。谐振过电压具体又可分为：

1）线性谐振过电压：不带铁芯的感性元件（如输电线路、变压器漏抗）或励磁特性接近线性的带铁芯感性元件可以与系统中的容性元件组成谐振回路，产生谐振过电压。

2）铁磁谐振过电压：带铁芯的感性元件（如空载变压器、电压互感器）在发生磁饱和时，感抗值将发生变化，如果其与系统其他容性元件满足谐振条件发生谐振，产生的过电压称为铁磁谐振过电压。

3）参数谐振过电压：感抗值周期性变化的感性元件（如凸极同步发电机）可能与系统其他容性元件在参数配合时发生谐振，从而产生过电压。

【思考与练习】

1.《国家电网公司安全事故调查规程》对电压异常是如何定义的？

2. 电压异常的原因及危害是什么？

3. 产生操作过电压的原因有哪些？

模块2 电压异常的处理方法（Z01G2002Ⅱ）

【模块描述】本模块介绍调整无功电源、无功负荷及电网运行方式等电压异常处理方法。通过方法介绍及案例学习，掌握正确进行电压异常处理的方法。

【模块内容】

一、调整无功电源

当电压异常降低时可以采取的措施有：

（1）迅速增加发电机无功功率，条件允许时可以降低有功功率。

（2）投入无功补偿电容器。

（3）切除并联电抗器等。

当电压异常升高时可以采取的措施有：

（1）降低发电机无功功率，必要时让发电机进相运行。

（2）切除并联电容器，投入并联电抗器。

二、调整无功负荷

当电压异常降低时应督促电力用户投入用户侧的无功补偿装置，当电网确无调压条件时，可以采取拉路限电等极端措施。

当电压异常升高时应督促电力用户将无功补偿装置退出运行。

三、调整电网运行方式

电压异常时可以采取调整变压器分头的方式强制改变无功潮流分布。

当某局部电网电压异常降低时可以采用合入备用线路等方法，加强电网的结构，提高电网电压。

当系统电压异常升高时而电网确无调整手段，而电网方式允许时可采取短时牺牲供电可靠性而断开某些线路等极端措施。

四、案例

如图 19–2–1 所示系统，A 省地区Ⅰ电网因电源事故或其他原因造成电网电压下降，已低于电压正常允许偏差范围时，地区Ⅰ地调应首先按照无功调整分层分区、就地平衡的原则，采取增加该地区电厂无功功率、投入低压电容器及静止无功补偿器、停用低压电抗器、调整有载调压变压器分接头等手段，尽可能地调整恢复地区电网电压。

如在采取以上措施后仍无法令地区电网电压恢复至正常范围内，地调已无其他可能的调整手段时，应及时向 A 省省调汇报，由 A 省省调协助调整提高临近的地区Ⅱ电网电压，并及时通过网调协调提高 B 省地区Ⅲ内直接向 A 省地区Ⅰ供电的电厂甲的无功功率，进一步调整恢复地区电压。

如地区Ⅰ电网电压下降严重，通过以上调整手段仍难以恢复正常，地区Ⅰ地调应及时对该地区负荷采取事故拉闸限电的措施，避免因电网电压降低造成事故扩大。

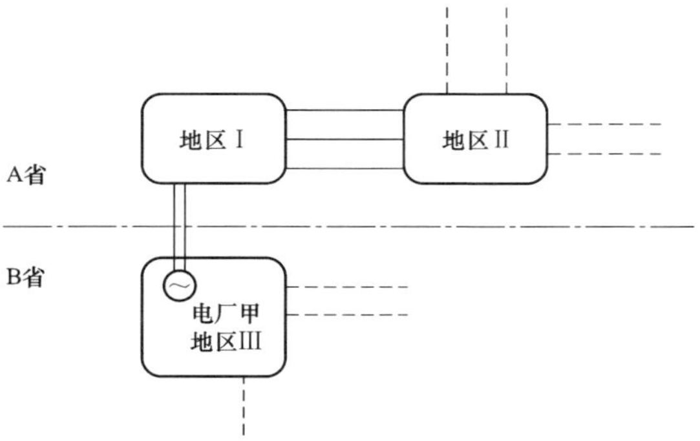

图 19–2–1 区域电网接线图

【思考与练习】

1. 电网电压异常降低时应采取哪些措施？
2. 电网电压异常升高时应采取哪些措施？
3. 根据当地电网实际情况，针对 220kV 电网某变电站母线电压升高至 245kV，安排 DTS 实训。

模块 3 防止电压崩溃的措施（Z01G2003Ⅲ）

【模块描述】本模块介绍电压崩溃的定义及防止电压崩溃的措施。通过定义讲解、原因分析、措施介绍，掌握采取有效措施防止电压崩溃的方法。

【模块内容】

一、电压崩溃的定义

由电力系统各种干扰引发的局部电网电压持续降低甚至最终到零电压的现象称为电压崩溃。电压崩溃发生的过程持续时间从几秒到几十分钟不等，发生的范围有时较大，甚至可以使局部电网瓦解。

二、导致电压崩溃的原因

电压崩溃的原因及其相互作用的机理十分复杂，现作简要的定性阐述。

（1）系统的电压稳定性首先与事故前系统的运行方式密切相关，紧密的电气联系和充足的无功储备有助于保持电压稳定，不合理的运行方式会埋下电压失稳的隐患。

（2）系统的电压稳定性和负荷水平以及负荷特性密切相关。在一些特殊方式下重负荷可能使诸如发电机、有载调压变压器等调压设备的调压能力达到其限值。不利的负荷电压特性会加剧电压失稳。

（3）电压失稳往往和功角失稳交替发生，并且两者会产生推波助澜的作用。

（4）事故过程中，各种保护及安全自动装置符合其动作策略的正确动作行为也可能会对电压稳定产生消极作用。

总体来讲，输电网络的强度，系统的负荷水平，负荷特性，各种无功电压控制装置的特性，以及保护、安全自动装置的动作策略，都对系统的电压不稳定甚至电压崩溃起着重要作用。

三、防止电压崩溃的措施

虽然电压崩溃现象的作用机理和研究方法目前在学术界尚无定论，但是仍可采取一些实际措施提高系统的电压稳定性。

（1）安装足够容量的无功补偿设备，保持系统较高的无功充裕度。

（2）坚持无功功率分层分区就地平衡的原则，避免电网远距离、大容量传送无功。

（3）在正常运行中要备有一定可以瞬时自动调出的无功备用容量，如 SVC、ASVG 等。

（4）在供电系统采用有载调压变压器时，必须配备足够的无功电源。

（5）高电压、远距离、大容量输电系统，在中途短路容量较小的受电端，设置静补、调相机等作电压支撑。

（6）在必要地区要安装低压自动减负荷装置，并准备好事故限电序位表。

（7）建立电压安全监视系统，它应具备向调度员提供电网中有关地区的电压稳定裕度、电压稳定易受破坏的薄弱地区、应采取的措施（无功电压调整、切负荷等）功能。

【思考与练习】

1. 电压崩溃的定义？导致电压崩溃的原因有哪些？
2. 导致电压崩溃的原因有哪些？
3. 防止电压崩溃的措施有哪些？

第二十章

线 路 异 常 处 理

模块 1　线路异常的种类（Z01G3001Ⅱ）

【模块描述】本模块介绍线路运行中的异常及缺陷。通过形象化介绍，了解各种线路异常征象及危害。

【模块内容】

一、线路运行中常见异常

1. 线路过负荷

线路过负荷指流过线路的电流值超过线路本身允许电流值或者超过线路电流测量元件的最大量程。

出现线路过负荷的原因有受端系统发电厂减负荷或机组跳闸；联络线并联线路的切除；由于安排不当导致系统发电功率或用电负荷分配不均衡等。

线路发生过负荷后，会因导线弧垂度加大而引起短路事故。若线路电流超过测量元件的最大量程，会导致无法监测到真实的线路电流值，从而给电网运行带来风险。

2. 线路三相电流不平衡

线路三相电流不平衡指线路 A、B、C 三相中流过的电流值不相同。

正常情况下电力系统 A、B、C 三相中流过的电流值是相同的，当系统联络线一相断路器断开而另两相断路器运行时，相邻线路就会就会出现三相电流不平衡；当系统中某线路的隔离开关或线路接头处出现接触不良，导致电阻增加，也会导致线路三相电流不平衡。小接地电流系统发生单相接地故障时也会出现三相电流不平衡。

通常三相不平衡对线路运行影响不大，但是系统中严重的三相不平衡可能会造成发电机组运行异常以及变压器中性点电压的异常升高。

当两个电网仅由单回联络线联系时，若联络线发送非全相运行会导致两个电网连接阻抗增大，甚至造成两个电网间失步。

3. 小接地电流系统单相接地

中国规定低电压等级系统采用中性点非直接接地方式（包括中性点经消弧线圈接

地方式)，在这种系统中发生单相接地故障时，不构成短路回路，接地电流不大，所以允许短时运行而不切除故障线路，从而提高供电可靠性。但这时其他两项对地电压升高为相电压的$\sqrt{3}$倍，这种过电压对系统运行造成很大威胁，因此，值班人员必须尽快寻找接地点，并及时隔离。

4. 线路其他异常情况

在实际调度运行中，还经常能遇到如线路隔离开关、阻波器过热等其他异常情况。

二、线路常见缺陷

1. 电缆线路缺陷

电缆线路常见缺陷有终端头渗漏油，污闪放电；中间接头渗漏油；表面发热，直流耐压不合格，泄漏值偏大，吸收比不合格等。

这些缺陷可能会引起线路三相不平衡，若不及时处理有可能发展为短路故障。

2. 架空线路缺陷

架空线路常见缺陷有线路断股、线路上悬挂异物、接线卡发热、绝缘子串破损等。这些缺陷可能会引起线路三相不平衡，若不及时处理有可能发展为短路或线路断线故障。

【思考与练习】

1. 小接地电流系统单相接地对电网运行有什么影响？
2. 架空线路有哪些常见缺陷？
3. 线路三相电流不平衡原因是什么？

模块2 线路异常的处理方法（Z01G3002Ⅲ）

【模块描述】本模块介绍线路常见异常的处理方法。通过处理方法讲解及案例介绍，掌握处理线路过负荷、三相电流不平衡等线路异常的方法，熟悉线路带电作业的注意事项。

【模块内容】

一、线路过负荷的处理

消除线路过负荷可采取以下处理方法：

（1）受端系统的发电厂迅速增加功率，并提高增加无功功率，提高系统电压水平。

（2）送端系统发电厂降低有功功率，必要时可直接下令解列机组。

（3）情况紧急时可下令受端系统切除部分负荷，或转移负荷。

（4）有条件时可以改变系统接线方式，强迫潮流转移。

应该注意的是，和变压器相比较，线路的过负荷能力比较弱，当线路潮流超过热稳定极限时，运行人员必须果断迅速地将线路潮流控制下来，否则可能发生因线路过负荷跳闸后引起连锁反应。

二、线路三相电流不平衡的处理

当线路出现三相电流不平衡时，首先判断造成不平衡的原因，应检查是测量表计读数是否有误、断路器是否非全相运行、负荷是否不平衡、线路参数是否改变、是否有谐波影响等。若线路三相电流不平衡是由于某一线路断路器非全相造成，则应立即将该线路停运。若该线路潮流很大，立即停电对系统有很大影响，则可调整系统潮流，如降低发电机功率，待该线路潮流降低后再将该线路停运。对于单相接地故障引起的三相电流不平衡，应尽快查明并隔离故障点。

三、线路带电作业时调度注意事项

发现线路缺陷后，检修人员会申请带电作业，此时调度人员应注意天气条件是否允许带电作业；有线路重合闸的线路带电作业时应退出线路重合闸；带电作业的线路发生跳闸事故后，不得强送电，应和作业人员取得联系后根据情况决定是否强送电，必要时降低线路潮流；应待工作人员达到工作现场后再停用线路重合闸，以缩短线路重合闸停用时间。

四、案例

1. 运行方式

某电厂额定容量为300MW×4，由电厂1、2号线与主网联络，两条出线最大承受电流均为1250A（合480MW），正常线路配有安全自动装置一套，即一回线跳闸后，自动装置检测机组功率，当机组功率超过定值后，将切除1～2台机组。

2. 异常及处理步骤

现1～4号机组均满负荷运行，电厂1号线跳闸，安全自动装置动作只切除了4号机组，电厂2号线严重过负荷。调度员接到电厂运行人员汇报后，立即下令电厂运行人员手动切除1台机组，并立即将另2台机组功率降低至480MW以下。1min内，电厂手动切除3号机，并在3min内1、2号机功率降至480MW以下，电厂2号线负荷恢复正常。

3. 附图

某电厂电网示意图如图20–2–1所示。

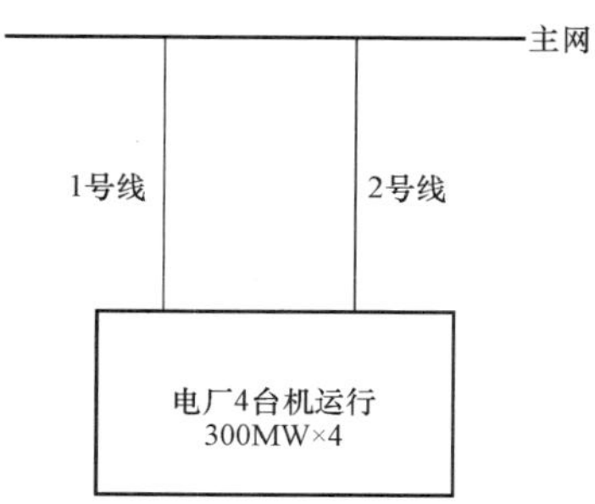

图20–2–1　某电厂电网示意图

【思考与练习】

1. 消除线路过负荷的措施有哪些？
2. 线路三相电流不平衡如何处理？
3. 线路带电作业时调度应注意哪些事项？

第二十一章

变压器异常处理

模块1　变压器异常的种类（Z01G4001Ⅱ）

【模块描述】本模块介绍变压器油色谱分析及变压器过负荷、温升过高及过励磁等异常现象。通过要点归纳讲解、列表说明，掌握变压器异常的种类及其征象。

【模块内容】

一、变压器油色谱分析

在热应力和电应力的作用下，变压器运行中油绝缘材料会逐渐老化，产生少量低分子烃类气体。变压器内部不同类型的故障，由于能量不同，分解出的气体组分和数量是有区别的。

油色谱分析是指用气相色谱法分析变压器油中溶解气体的成分。即从变压器中取出油样，再从油中分离出溶解气体，用气相色谱分析该气体的成分，对分析结果进行数据处理，并依据所获得的各组分气体的含量判定设备有无内部故障，诊断其故障类型，并推定故障点的温度、故障能量等。

二、变压器过负荷

变压器过负荷指流过变压器的电流超过变压器的电流值。

变压器过负荷时，其各部分的温升将比额定负荷运行时高。从而加速变压器绝缘老化，威胁变压器运行。通常变压器具备短时间过负荷运行的能力，具体时间和过负荷数值应严格按制造厂家的规定执行。造成变压器过负荷的原因有变压器所带负荷增长过快；并联运行的变压器事故退出运行；系统事故造成发电机组跳闸；系统事故造成潮流的转移等。

三、变压器温升过高

变压器温升过高，变压器的监视油温超过规定值（见表21-1-1）。

当变压器冷却系统电源发生故障使冷却器停运和变压器发生内部过热故障时，或环境温度超过40℃时，变压器会发生不正常的温度升高。

表 21-1-1　　油浸式变压器顶层油温的一般规定值

冷却方式	冷却介质最高温度（℃）	最高顶层油温（℃）
自然循环自冷、风冷	40	95
强迫油循环风冷	40	85
强迫油循环水冷	30	70

四、变压器过励磁

当变压器电压升高或系统频率下降时都将造成变压器铁芯的工作磁通密度增加，若超过一定值时，会导致变压器的铁芯饱和，这种变压器的铁芯饱和现象称为变压器的过励磁。

当变压器电压超过额定电压 10%时，变压器铁芯将饱和，铁损增大。漏磁使箱壳等金属构件涡流损耗增加，造成变压器过热，绝缘老化，影响变压器寿命甚至烧毁变压器。

五、变压器其他异常

变压器其他异常有：变压器油因低温凝滞；变压器油面过高或过低，与当时油温所应有的油位不一致；各种原因导致的变压器渗漏油等。

【思考与练习】

1. 什么是变压器油色谱分析？
2. 什么是变压器过励磁？
3. 变压器过负荷对变压器运行有什么影响？

模块 2　变压器异常的处理方法（Z01G4002Ⅲ）

【模块描述】本模块介绍变压器过负荷、温升过高及过励磁等异常处理方法。通过要点归纳讲解、案例学习，掌握变压器常见异常的处理方法。

【模块内容】

一、变压器过负荷处理方法

变压器过负荷时，参考 DL/T 572—2010《电力变压器运行规程》相关规定，一般应依次采取以下措施：

（1）投入备用变压器。

（2）改变系统运行方式，将该变压器的负荷转移。

（3）按规定的顺序限制负荷。

二、变压器温升过高处理方法

当变压器温升过高超过规定值时，现场值班人员应：

（1）检查变压器的负荷和冷却介质的温度，并与在同一负荷和冷却介质温度下正常的温度核对。

（2）核对温度测量装置是否准确。

（3）检查变压器冷却装置或变压器室的通风状况。

若温度升高的原因是冷却系统的故障，且在运行中无法修理的，应将变压器停运；若不能立即停运，则值班人员应按现场规程的规定调整变压器的负荷至允许运行温度下的相应容量。

在正常负荷和冷却条件下，变压器温度不正常并不断上升，且经检查证明温度指示正确，则认为变压器已发生内部故障，应立即将变压器停运。

变压器在各种超额定电流方式下运行，若顶层油温超过 105℃时，应立即降低负荷。

三、变压器过励磁处理方法

为防止变压器过励磁必须密切监视并及时调整电压，将变压器出口电压控制在合格范围。

四、其他异常处理

变压器中的油因低温凝滞时，可逐步增加负荷，同时监视顶层油温，直至投入相应数量的冷却器，转入正常运行。

当发现变压器的油面较当时油温所应有的油位显著降低时，应查明原因，及时补油。

变压器油位因温度上升有可能高出油位指示极限，经查明不是假油位所致时，则应放油，使油位降至与当时油温相对应的高度，以免溢油。

当气体保护信号动作时，应立即对变压器进行检查，查明动作原因，是否因聚积空气、油位降低、二次回路故障或是变压器内部故障造成的。然后根据有关规定进行处理。

五、案例

1. 运行方式

某电网 220kV 变电站两台 220kV 变压器并列运行，带 110kV 小地区运行。正常接地变压器为 1 号变压器，变压器额定容量 180MW。小地区有一台小水电机组备用，额定功率 50MW。小地区当前负荷 200MW，预计高峰负荷 250MW。

2. 异常及处理步骤

现场报，1 号变压器冷却系统故障切除全部冷却器，变压器顶层油温已达到 70℃，现场要求尽快将 1 号变压器转检修处理。调度令小地区水电机组开机发电，并带满负荷。令合上 2 号变压器中性点接地开关，然后令 1 号变压器转检修。同时为保证负荷高峰时 2 号变压器不过负荷，下令将该小地区 50MW 负荷倒至其他供电区。若小地区负荷无法倒出，可考虑在负荷高峰时期采取限电措施。某地区电网示意图如图 21–2–1 所示。

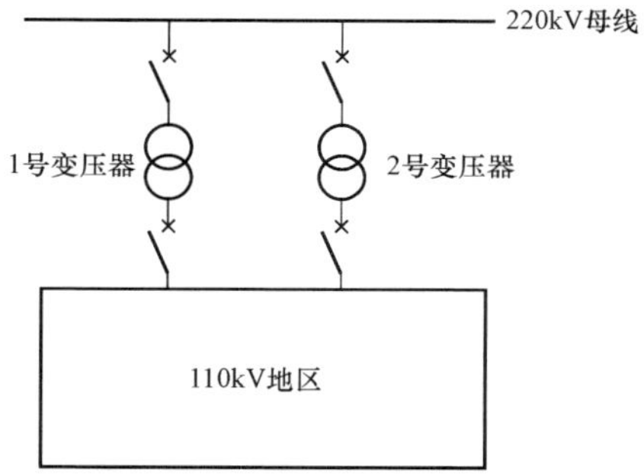

图 21–2–1　某地区电网示意图

【思考与练习】

1. 变压器过负荷后应采取什么措施？
2. 当变压器温升过高超过规定值时，现场值班人员应采取什么措施？
3. 根据当地电网实际情况，针对某变电站变压器过负荷安排 DTS 实训。

第二十二章

其他电网一次设备异常处理

模块1　断路器及隔离开关的异常现象（Z01G5001Ⅱ）

【模块描述】本模块介绍断路器、隔离开关异常的种类及危害。通过要点归纳讲解、案例学习，了解断路器及隔离开关的异常现象。

【模块内容】

一、断路器异常

1. 断路器拒分闸

断路器拒分闸指合闸运行的断路器无法断开。

断路器拒分闸原因分为电气方面原因和机械方面原因。电气方面原因有保护装置故障、开关控制回路故障、开关的跳闸回路故障等；机械方面原因有开关本体大量漏气或漏油、开关操动机构故障、传动部分故障等。

断路器拒分闸对电网安全运行危害很大，因为当某一元件故障后，断路器拒分闸，故障不能消除，将会造成上一级断路器跳闸即“越级跳闸”，或相邻元件断路器跳闸。这将扩大事故停电范围，通常会造成严重的电网事故。

2. 断路器拒合闸

断路器发生拒合闸通常发生在合闸操作和线路断路器重合闸过程中。拒合闸的原因也分为电气原因和机械原因两种。

若线路发生单相瞬间故障时，断路器在重合闸过程中拒合闸，将造成该线路停电。

3. 断路器非全相运行

分相操作的断路器有可能发生非全相分、合闸，将造成线路、变压器或发电机的非全相运行。非全相运行会对元件特别是发电机造成危害，因此必须迅速处理。

二、隔离开关异常

1. 隔离开关分、合闸不到位

由于电气方面或机械方面的原因，隔离开关在合闸操作中会发生三相不到位或三相不同期、分合闸操作中途停止、拒分拒合等异常情况。

2. 隔离开关接头发热

高压隔离开关的动、静触头及其附属的接触部分是其安全运行的关键部分。因为在运行中，经常的分合操作、触头的氧化锈蚀、合闸位置不正等各种原因均会导致接触不良使隔离开关的导流接触部位发热。如不及时处理，可能会造成隔离开关损毁。

三、案例学习

1. 运行方式

220kV A 变电站双母线运行，有 3 条 220kV 出线，分别为 AB 双回线、AC 线。220kV 1、2 号变压器并列运行，110kV 母线有若干出线，其中一条为 AD 线。

2. 异常情况

某日 15:02:07，110kV AD 线发生接地故障，116 断路器相间距离Ⅲ段，接地距离Ⅰ段，零序Ⅱ段动作，因断路器跳闸线圈烧坏，断路器未跳。15:02:09，1 号主变压器中压侧零序过电流Ⅱ段动作 101 断路器跳闸，2 号变压器电气量保护故障，所有电气量保护均未启动。15:02:14，B 电厂 220kV AB 一、二线零序Ⅳ段保护动作三相跳闸，导致故障扩大。

15:02:59，2 号主变压器重瓦斯保护动作三侧断路器跳闸，此时故障点才被切除。

此次事故中，由于断路器跳闸回路及变压器电气量保护故障，110kV 线路故障后，线路断路器及变压器断路器拒动，相邻 220kV 厂站后备保护动作，导致事故扩大，并最终造成了一次小地区全停的电网事故。

3. 附图

某小地区接线图如图 22-1-1 所示。

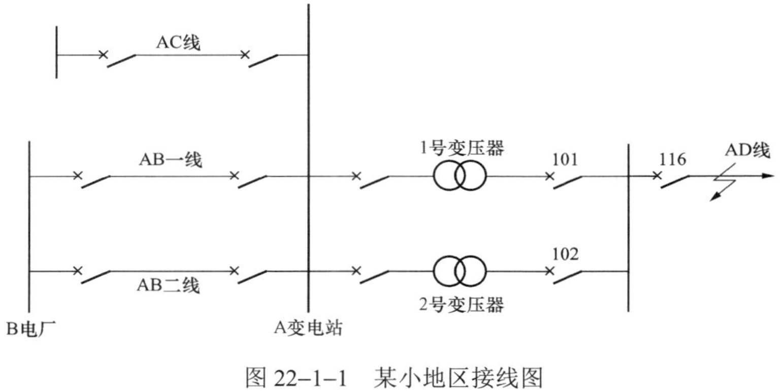

图 22-1-1　某小地区接线图

【思考与练习】

1. 断路器拒分闸对电网运行有什么影响？
2. 断路器非全相运行对电网运行有什么影响？
3. 隔离开关有哪些异常现象？

模块 2 断路器及隔离开关异常的处理方法（Z01G5005Ⅲ）

【模块描述】本模块介绍断路器及隔离开关异常的处理方法。通过要点归纳讲解、案例学习，掌握正确处理断路器拒分闸、拒合闸及非全相运行、隔离开关分、合闸不到位及接头发热等异常的方法。

【模块内容】

一、断路器异常及处理

1. 断路器拒分闸

运行中的断路器出现拒分闸，必须立即将该断路器停运。具体方法为用旁路断路器与异常断路器并联，用隔离开关解环路使异常断路器停电；或用母联断路器与异常断路器串联，断开母联断路器后，再用异常断路器两侧隔离开关使异常断路器停电。

对于 3/2 断路器接线的断路器，需将与其相邻所有断路器断开后才能断开该断路器两侧隔离开关。必要时可考虑直接拉开断路器两侧隔离开关解环，直接拉隔离开关时应至少断开本串开关的控制保险。

当母联断路器拒分闸时，可同时某一元件的双隔离开关合入，将一条母线转备用后，再将母联断路器停电。

2. 断路器拒合闸

断路器出现拒合闸时，现场人员若无法查明原因，则需将该断路器转检修进行处理。有条件采用旁路代方式送出设备。

当双母线运行的母联断路器偷跳后拒合闸时，不能直接同时合入某一元件的双隔离开关，必须通过旁路断路器将两条母线合环运行。

3. 断路器非全相运行

现场人员进行断路器操作时发生非全相时应自行拉开该断路器。当运行的断路器发生非全相时，如果时断路器两相断开，应令现场人员将断路器三相断开；如果断路器一相断开，可令现场人员试合闸一次，若合闸不成功，应尽快采取措施将该断路器停电。

除此以外，若由于人员误碰、误操作，或受机械外力振动等原因造成断路器误跳或偷跳，在查明原因后应立即送电。

二、隔离开关异常及处理

1. 隔离开关分、合闸不到位

由于通常操作隔离开关时，该元件断路器已在断开位置，因此隔离开关异常后，可安排该元件停电检修，进行处理。

2. 隔离开关接头发热

运行中的隔离开关接头发热时，应降低该元件负荷，并加强监视。双母接线中，可将该元件倒至另一条母线运行；有专用旁路断路器接线时，可用旁路断路器代路运行。

三、案例

1. 运行方式

220kV 某站双母线运行，2211、2213 断路器在 220kV 5 号母线运行，2212、2214 断路器在 220kV 4 号母线运行。母联 2245 断路器合入，旁路 220kV 6 号母线及 2246 断路器热备用，2246–4、2246–6 隔离开关合入（本案例仅适用于 220kV 及以下系统操作）。

2. 异常及处理步骤

母联 2245 断路器无故障跳闸，调度下令合上母联 2245 断路器，现场报 2245 断路器无法合上。需将母联 2245 断路器转检修。调度下令：① 合上 2246 断路器给 220kV6 号母线充电，正常后，拉开 2246 断路器。② 合上 2211–6 隔离开关，合上 2246 断路器，合上 2211–4 隔离开关。通过 2246 断路器将 220kV 4、5 号母线合环运行后，合入 2211 断路器双隔离开关。③ 拉开旁路 2246 断路器，拉开 2211–6 隔离开关。④ 将 220kV 5 号母线由运行转备用，将母联 2245 断路器转检修。

3. 附图

某变电站 220kV 接线图如图 22–2–1 所示。

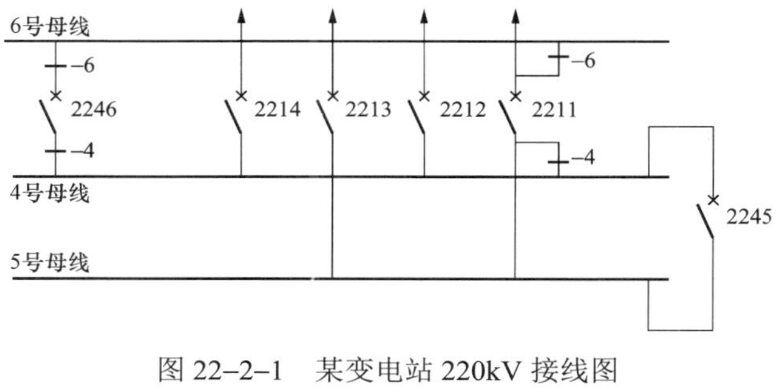

图 22–2–1　某变电站 220kV 接线图

【思考与练习】

1. 断路器拒分闸应如何处理？

2. 断路器非全相运行应如何处理？

3. 根据当地电网实际情况，针对某接线方式为双母线无旁路断路器变电站某出线断路器拒分闸，安排 DTS 实训。

模块 3 补偿设备的异常现象（Z01G5002Ⅱ）

【模块描述】本模块介绍电容器、电抗器、串联补偿装置及消弧线圈等设备的异常种类，通过要点归纳讲解，了解补偿设备的异常征象及危害。

【模块内容】

一、电容器的异常及危害

电容器异常情况有电容器外壳膨胀；电容器漏油；电容器电压过高；电容器过电流；电容器温升过高；电容器爆炸；电容器三相电流不平衡。

由于电容器的主要作用是补偿电力系统中的无功功率，因此电容器退出运行后会影响系统调节电压的能力。

二、低压电抗器的异常及危害

低压电抗器的主要异常有电抗器发热；电抗器支持绝缘子破裂；电抗器运行有异声等。

低压电抗器退出运行后，会影响系统调节电压的能力，当系统电压偏高时缺乏必要的调整手段。

三、高压并联电抗器异常及危害

高压并联电抗器主要安装在 500kV 系统，通常安装于长线路的一端或变电站的母线。其主要异常和电压电抗器相似。

当高压并联电抗器退出运行后，可能会导致系统电压偏高，影响线路重合闸动作行为。某些 500kV 长线路的运行规定高压电抗器退出运行后，该线路必须停用。

四、串联补偿装置的异常及危害

串联补偿装置主要安装于 500kV 线路，串联补偿装置由电容器组和放电间隙组成，主要异常有电容器电流、电压不平衡等。

若串联补偿装置退出运行，则会降低系统的稳定极限，减小线路输送容量，造成线路间潮流不平衡，增加网损等。

【思考与练习】

1. 高压并联电抗器退出运行后对电网运行有何影响？
2. 电容器的异常情况有哪些？
3. 低压电抗器的异常及危害？

模块 4　补偿设备异常的处理方法（Z01G5006Ⅲ）

【模块描述】本模块介绍电容器、低压高压电抗器、串联补偿装置及消弧线圈的各种异常处理方法。通过要点归纳讲解、案例学习，能进行补偿设备异常处理。

【模块内容】

一、电容器的异常处理

电容器跳闸故障一般为速断、过电流、过电压、失压或差动保护动作。电容器跳闸后不得强送，此时应先检查保护的动作情况及有关一次回路的设备。如发现故障应将电容器转检修处理。电容器退出运行后，应关注系统电压情况，必要时需投入备用无功设备。

二、低压电抗器的异常处理

电抗器跳闸故障一般为过电流、差动保护动作。电抗器跳闸后也不得强送，此时应先检查保护的动作情况及有关一次回路的设备。电容器退出运行后，应关注系统电压情况，必要时需投入备用无功设备。

三、高压并联电抗器异常的处理

如安装在线路上的高压并联电抗器未配置专用断路器，则须将线路停电后才能将电抗器退出运行。即需先将线路两侧断路器断开，然后离开该电抗器隔离开关。根据系统计算，有些线路在没有高压电抗器的情况下不能运行，有些线路在没有高压电抗器的情况下须停用线路重合闸。

四、串联补偿装置的异常处理

串联补偿装置异常时，可合上串联补偿装置旁路断路器将其退出运行，同时应调整线路潮流，将线路潮流降至新的输送极限之内。

五、案例

如图 22–4–1 所示，并联电容器组电容器渗油严重，需要停电处理。处理过程如下：

（1）立即拉开 QF4 断路器。

（2）拉开电容器组 QS43 隔离开关。

（3）在断开电容器 8min 后，合上 QS430 接地开关。

（4）电容器渗油异常处理。

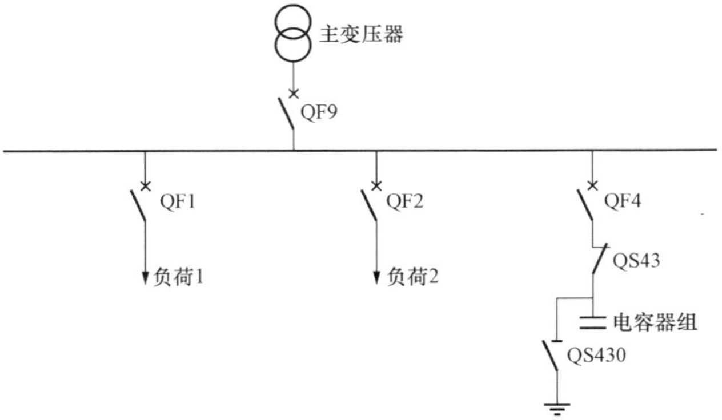

图 22–4–1 某变电站电压系统接线图

【思考与练习】

1. 低压电容器异常后，调度应采取什么措施？
2. 高压并联电抗器异常如何处理？
3. 高压并联电抗器停运应如何操作？

模块 5 电压互感器及电流互感器的异常现象（Z01G5003Ⅱ）

【模块描述】本模块介绍电压互感器和电流互感器的异常种类及危害。通过要点归纳讲解，了解电压互感器和电流互感器的异常现象。

【模块内容】

一、电压互感器异常现象及影响

通常情况下，35kV 及以下电压等级的电压互感器一次侧装设熔断器保护，二次侧大多也装设熔断器保护；110kV 及以上电压等级的电压互感器一次侧无熔断器保护，二次侧保护用电压回路和表计电压回路均用低压自动小开关作保护来断开二次短路电流。当电压互感器二次侧短路时，将产生很大的短路电流，会将电压互感器二次绕组烧坏。

电压互感器主要异常有发热温度过高、内部有放电声、漏油或喷油、引线与外壳间有火花发电现象、电压回路断线等。当电压回路断线时现场出现光字牌亮，有功功率表指示失常，保护异常光字牌亮等信号。

由于电压互感器一般接有距离保护、母线或变压器保护的低压闭锁装置、振荡解列装置、备自投装置、同期并列装置、低频电压减载装置等。因此当电压互感器异常是通常需将相关保护或自动装置停用。

二、电流互感器异常现象及影响

电流互感器运行中可能会出现内部过热、内部有放电声、漏油、外绝缘破裂等本体异常。还会出现过负荷、二次回路开路等异常。

电流互感器过负荷会造成铁芯饱和，使电流互感器误差加大，表计指示不正确、加快绝缘老化损坏电流互感器。电流互感器二次开路会在绕组两端产生很高的电压造成火花放电，烧坏二次元件，甚至造成人身伤害。

电流互感器接入绝大部分的保护装置，当电流互感器因铁芯饱和而误差加大时，可能会导致相关保护误动或拒动。因此当电流互感器异常时，需停用相关保护，从而使一次设备由于无保护设备而停运。

【思考与练习】

1. 电压互感器二次侧短路有什么危害？
2. 电流互感器二次侧开路有什么危害？
3. 电压互感器主要异常有哪些？
4. 电流互感器主要异常有哪些？

模块 6　电压互感器及电流互感器异常的处理方法（Z01G5007Ⅲ）

【模块描述】本模块介绍电压互感器和电流互感器异常对保护装置的影响。通过要点归纳讲解、案例学习，掌握电压互感器和电流互感器异常的处理方法。

【模块内容】

一、电压互感器异常的处理

通常电压互感器发生内部故障时，不能直接拉开高压侧隔离开关将其隔离，只能用断路器将故障互感器隔离；保护用电压二次回路短路时，应将其所带的保护和自动装置停用，如距离保护、线路重合闸、备用电源自投装置、低频低压减载装置等。

对于 110kV 及以上双母线接线变电站，母线电压互感器异常停运时母线必须同时停电。线路电压互感器异常停运后应考虑对同期并列装置的影响。

电压互感器发生异常情况可能发展成故障时，处理原则如下：

电压互感器高压侧隔离开关可以远控操作时，应用高压侧隔离开关远控隔离。

无法采用高压侧隔离开关远控隔离时，应用断路器切断该电压互感器所在母线的电源，然后再隔离故障的电压互感器。

禁止用近控的方法操作该电压互感器高压侧隔离开关。

禁止将该电压互感器的次级与正常运行的电压互感器次级进行并列。

禁止将该电压互感器所在母线保护停用或将母差保护改为非固定连接方式（或单母方式）。

在操作过程中发生电压互感器谐振时，应立即破坏谐振条件，并在现场规程中明确。

二、电流互感器异常的处理

电流互感器过负荷时，应设法降低该元件的负荷。当电流互感器二次开路时，也应降低该元件负荷、停用该回路所带保护，待现场做好措施后令其进行处理。若需将电流互感器停电，应需将该电流互感器所属元件停运，将其隔离。

三、案例

电路图如图 22–6–1 所示，母联断路器 QF9 运行，Ⅰ母、Ⅱ母并列运行，电压互感器 TV1 和负荷 1 运行于Ⅰ母，电压互感器 TV2 和负荷 2 运行于Ⅱ母。

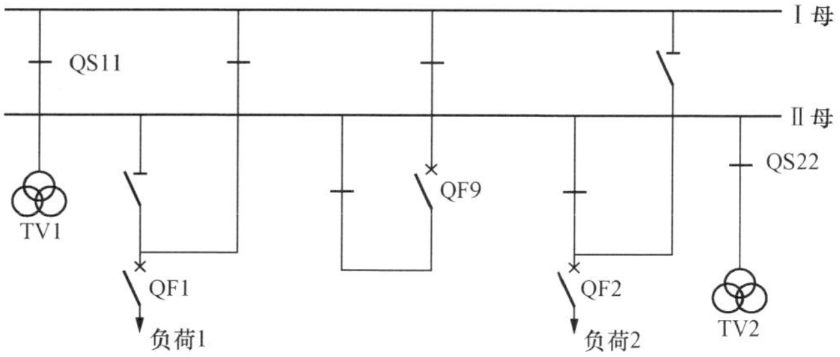

图 22–6–1 案例电路图

电压互感器 TV2 内部异常音响（放电声），需要停电处理。

电压互感器故障严重时严禁用隔离开关切除带故障的电压互感器，只能用断路器切除故障，应尽量用倒母线运行方式的方法隔离故障。操作过程如下：

（1）负荷 2 由Ⅱ母运行倒至Ⅰ母运行。

（2）断开母联断路器 QF9，使Ⅱ母停电。

（3）拉开Ⅱ母电压互感器 TV2 隔离开关 QS22，处理异常。

操作后电路状态见图 22–6–2。

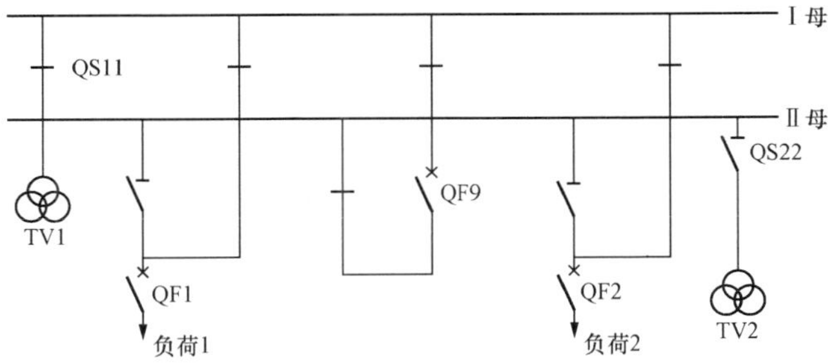

图 22–6–2　操作后电路状态

【思考与练习】

1. 母线电压互感器异常停运，应如何操作？
2. 某线路电流互感器异常停运，应如何操作？
3. 电压互感器异常会影响哪些保护装置？

模块 7　母线的异常现象（Z01G5004Ⅱ）

【模块描述】本模块包含高压母线异常现象和原因分析。通过现象描述和原因讲解，能够熟悉高压母线常见异常的特征。

【模块内容】

母线的正常运行状态是指母线在额定条件下，能够长期、连续地汇集、分配和传送额定电流的工作状态。高压母线在运行中发生故障的概率较低，大部分故障都是由于运行时间过长，设备老化而造成的。

一、母线上搭挂杂物

母线上搭挂杂物是母线异常中较为多见的一种，尤其是变电站四周有棉纱、塑料薄膜等易被大风吹起的物品时，极易发生大风吹起塑料薄膜等杂物搭挂到母线或母线绝缘子上，母线上搭挂杂物会降低母线的绝缘性能，可能造成母线接地或短路故障。

二、母线接触部分过热

母线接触部分过热可通过远红外测温或雨、雪天及夜间巡视发现。

母线过热的原因有：

（1）母线容量偏小，运行电流过大。

（2）接头处连接螺栓松动或接触面氧化，使接触电阻增大。

三、母线绝缘子破损放电

母线绝缘子在雷雨、冰雹等恶劣天气或者过电压运行时，易发生破损或放电现象，如母线绝缘子放电可听到放电的“噼啪”声，有时在夜间或光线较暗时可看到放电的蓝色闪光。母线绝缘子破损放电的原因有：

（1）表面污秽严重，尤其在污秽严重地区的变电站，含有大量硅钙的氧化物粉尘落在绝缘子表面，形成固体和不易被雨水冲走的薄膜。阴雨天气，这些粉尘薄膜能够导电，使绝缘子表面耐压降低，泄漏电流增大，导致绝缘子对地放电。

（2）系统短路冲击、气温骤变等使绝缘子上产生很大的应力，造成绝缘子断裂破损。

（3）长时间未清扫，污染过大、脏污过多。

（4）施工时造成机械损伤。

（5）系统过电压击穿。

（6）大风、冰雹等恶劣天气影响。

四、软母线断股或者室内母线铝排变形

（1）软母线断股的原因可能是：施工时造成机械损伤，冬季气候影响造成导线内部张力过大。

（2）室内母线铝排变形的原因可能是：外力机械损伤，较大短路电流产生的电动力作用。

五、硬母线伸缩接头部分断裂破损

硬母线伸缩接头在使用中有时会发生部分软压板断裂或破损的现象，这主要是由于使用时间过长，伸缩接头热胀冷缩运动造成的。如软压板断裂部分占全部压板比例较大会使母线伸缩接头部分电阻增大，长期通过电流时发热。

六、母线电压异常

电网监视控制点电压规定：超出电力系统调度规定的电压曲线数值的±5%，且延续时间超过 1h，母线电压超过规定数值的±10%，且延续时间超过 30min 为电压异常。母线电压异常分为电压过高和电压过低两种。

（1）电压过高的原因有：

1）系统电压过高。

2）负荷大量减少。

3）变压器带大量容性负荷运行，无功补偿容量过大，甚至反送无功。

4）变压器分接头位置调整偏高。

（2）电压过低的原因有：

1）上一级电压过低，超过规定值。

2）负荷过大或过负荷运行。

3）无功补偿容量不足，功率因数过低。

4）变压器分接头位置调整偏低。

【思考与练习】

1. 高压母线有哪些常见异常现象？

2. 母线绝缘子破损、放电的原因有哪些？

3. 母线电压过高和过低的原因是什么？

模块 8　母线异常的处理方法（Z01G5009Ⅲ）

【模块描述】本模块包含高压母线常见异常的处理。通过要点介绍，能够掌握高压母线常见异常的处理方法。

【模块内容】

母线在变电站中起着汇集和分配电流的作用，如果母线发生故障会造成大面积停电，所以发现母线异常应立即进行处理。下面介绍母线常见异常处理的方法。

一、搭挂杂物的处理

（1）发现母线或绝缘子上搭挂有塑料薄膜等杂物时，应立即由两人（一人监护、一人操作）用绝缘杆将杂物挑开，挑开杂物时应注意防止造成短路或接地，如塑料薄膜较长时，为了防止在处理时发生短路，或在用绝缘杆挑起时塑料薄膜由于大风又被吹走，可以先将塑料薄膜缠绕在绝缘杆上，再将其挑走。

（2）母线架构上有鸟窝等杂物无法用绝缘杆清除时，应报缺陷由检修人员处理，同时应加强监视，做好事故处理准备。

二、过热的处理

发现母线过热时，调度员根据现场值班员汇报，采取倒换母线或转移负荷的方法，直至停电检修处理。

（1）单母线可先减少负荷，再将母线停电处理。

（2）双母线可将过热母线上的运行断路器热倒至正常母线上，再将过热母线停电处理。

（3）当母线过热情况比较严重，过热处已烧红，随时可能烧断发生弧光短路时，为防止热倒母线时过热处发生弧光短路造成两条母线全部停电，应采用冷倒母线的方法将过热母线上的断路器倒至正常母线上恢复运行，再将过热母线停电处理。

（4）带有旁路母线时，如母线过热部位在母线与线路连接处，可先用旁路母线将过热处连接的线路代路，将该线路停电，消除过热的根源，再将过热母线停电处理。

（5）3/2 断路器接线母线发生过热，可直接将母线停电处理。但是主变压器没有进串运行的应先转移负荷，保证母线停电后运行主变压器不会过负荷。

三、绝缘子故障处理

发现母线绝缘子断裂、破损、放电等异常情况时，调度员根据现场值班员汇报，必须采取停电处理。在停电换绝缘子前，应加强对破损绝缘子的监视，增加巡视检查次数，并做好事故预想与处理准备。

（1）单母线接线应将母线停电处理。

（2）双母线接线应视绝缘子破损程度、天气情况等采用热倒母线或冷倒母线的方法将异常绝缘子所在母线上的断路器倒出后，将母线停电处理。如发现绝缘子裂纹，在晴天时可采用热倒母线处理；而在雨、雪等天气，为了防止在倒母线时裂纹进水造成闪络接地，使两条母线全部跳闸，宜采用冷倒母线的方式处理。

（3）3/2 断路器接线母线绝缘子异常，可直接将母线停电处理。但是主变压器没有进串运行的应先转移负荷，保证母线停电后运行主变压器不会过负荷。

四、电压异常的处理

母线电压异常包括电压过低和电压过高两种情况，下面分别进行处理。

（1）电压过低的处理：

1）投入电容器组，增加无功补偿容量。对装有调相机的变电站，应增加其无功功率。

2）调整发电机无功功率。

3）改变运行方式或调整有载调压变压器分接开关，提高输出电压。

4）根据超供电能力限电序位表进行拉闸限制负荷。

（2）电压过高的处理：

1）退出电容器组，减小无功补偿容量。对装有调相机的变电站，应减小其无功功率。

2）改变运行方式调整有载变压器分接开关，降低输出电压。

3）调整发电机无功功率。

【思考与练习】

1. 母线绝缘子故障应如何处理？
2. 母线电压过高、过低调度人员应如何处理？

模块 9 谐振的处理方法（Z01G5008Ⅲ）

【模块描述】本模块介绍谐振产生的原理及危害。通过原因分析、方法介绍、案例学习，掌握消除谐振的方法。

【模块内容】

一、谐振产生的原因及危害

电网中一些电感、电容元件在系统进行操作或发生故障时可形成各种振荡回路，在一定的能量作用下，会产生串联谐振现象，导致系统某些元件出现严重的过电压。谐振产生的过电压对电网会使绝缘设备损坏。谐振在电压互感器中产生的过电流甚至会导致电压互感器因过热而发生爆炸。谐振过电压分为以下几种：

（1）线性谐振过电压。谐振回路由不带铁芯的电感元件（如输电线路的电感、变压器的漏感）或励磁特性接近线性的带铁芯的电感元件（如消弧线圈）和系统中的电容元件组成。

（2）铁磁谐振过电压。谐振回路由带铁芯的电感元件（如空载变压器、电压互感器）和系统的电容元件（如开关断口电容）组成。因铁芯电感元件的饱和现象，使回路的电感参数是非线性的，这种含有非线性电感元件的回路在满足一定的谐振条件时，会产生铁磁谐振。如开关断口电容与变电站母线电压互感器之间的串联谐振。

（3）参数谐振过电压。由电感参数做周期性变化的电感元件和系统中的电容元件组成回路，当参数配合时，通过电感的周期性变化，不断向谐振系统输送能量，造成参数谐振过电压。如发电机接上容性负荷后的自励磁现象。

二、消除谐振的方法

运行中出现谐振现象，应通过改变电网运行方式破坏产生谐振的条件。

（1）提高断路器动作的同期性。由于许多谐振过电压是在非全相运行条件下引起的，因此提高断路器动作的同期性，防止非全相运行，可以有效防止谐振过电压的产生。

（2）在并联高压电抗器中性点加装小电抗。用这个措施可以阻断非全相运行时工频电压传递及串联谐振。

（3）破坏发电机产生自励磁的条件，防止参数谐振过电压。

采用电容式电压互感器取代电磁式电压互感器，防止铁磁谐振。

三、案例

谐振的处理方法主要改变系统参数，打破谐振产生的条件，最终消除谐振。

如图 22-9-1 所示，某变电站除站用变压器断路器 QF8 在断开外，所有元件均为运行，因故母线发生谐振，可以依次采取以下措施，直到谐振消除为止：

（1）断开空载充电线路断路器 QF3，改变运行方式。

（2）断开补偿电容器组断路器 QF4。

（3）合上站用变压器断路器 QF8。

（4）断开负荷 1 线路充断路器 QF1，改变运行方式。

（5）断开负荷 2 线路充断路器 QF2，改变运行方式。

（6）断开主变压器断路器 QF9。

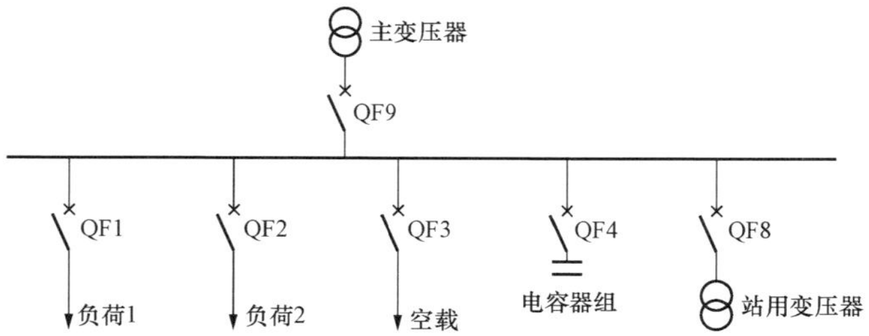

图 22–9–1

【思考与练习】

1. 电网产生谐振的原因有哪些？

2. 如何消除铁磁谐振？

3. 谐振危害有哪些？

第二十三章

继电保护及安全自动装置异常处理

模块 1　继电保护及安全自动装置的各种异常（Z01G6001Ⅱ）

【模块描述】本模块介绍继电保护及安全自动装置的各种异常。通过异常分析、规定讲解、案例学习，了解继电保护及安全自动装置异常现象。

【模块内容】

一、保护及安全自动装置的各种异常

1. 通道异常

线路的纵联保护、远方跳闸、电网安全自动装置等，需要通过通信通道在不同厂站间传送信息或指令，目前电力系统中的通道主要有载波通道、微波通道及光纤通道。

载波通道主要异常主要有收发信机故障、高频电缆异常、通道衰耗过高、通道干扰电平过高等。光纤通道的主要异常有光传输设备故障，如光端机、PCM 等；光纤中继站异常；光纤断开等。

2. 二次回路异常

（1）TA、TV 回路的主要异常有 TA 饱和、回路开路、回路接地短路、继电器接点接触不良、接线错误等。

（2）直流回路主要异常有回路接地、交直流电源混接、直流熔断器断开等。

（3）保护出口跳闸、合闸回路异常。

3. 装置异常

目前微机保护在电力系统中得到广泛应用，传统的晶体管和集成电路型继电器保护正逐步退出运行。微机保护装置的异常主要有电源故障、插件故障、装置死机、显示屏故障及软件异常等。

4. 其他异常

如软件逻辑不合理、整定值不当、现场人员误碰、保护室有施工作业导致振动大等。

二、处理方法

继电保护及安全自动装置发生异常，调控运行人员应结合自动化信息、运维人员检查继电保护装置存在缺陷与异常现象，做出正确判断和处理。

电气设备不允许无保护运行，由于特殊需要，县、配调调控员有权同意设备的部分保护短时停用：

主变压器气体保护和差动保护不得同时退出运行。县、配调调控员在本值时间内有权同意停用其中一套主保护，但应保留可靠后备保护。其他情况应得有关领导批准。

保护装置本身发生故障系指继电器及其回路发生不正常运行，如冒烟、异响、烧毁、电压回路失压及由于其他原因而发出警报信号等，县、配调调控员接到现场运行值班人员的汇报后，除令其按现场规程处理外，可根据具体情况停用有关保护，以免造成误动作。

如发生明显的由于保护误动跳闸，县、配调调控员应立即将其停用，并做出相应的措施，待查明原因后才能重新投入该保护。

三、案例

因某电网 220kV YS 线发生故障，保护装置异常导致事故扩大，引发 220kV SR 变电站全站失压。

1. 事故前运行方式

事故前，电网运行正常。SR 变电站 220kV 为双母线并列运行，220kV Ⅰ母带 YS 线 213 断路器、2 号主变压器 202 断路器，220kV Ⅱ母带 GS 线 212 断路器、1 号主变压器 201 断路器，231 断路器作母联开关运行，两台主变压器总负荷为 35MW。

2. 事故经过

19 时 45 分，YS 线 B 相故障，重合不成功。YH 变电站 YS 线 212 断路器方向高频、高频闭锁保护动作先跳 B 相，后跳三相；SR 变电站 YS 线 213 断路器方向高频、高频闭锁保护动作出口，但开关未及时跳闸，启动失灵保护跳 220kV Ⅰ母其余元件，即母联 231 断路器、2 号主变压器高压侧 202 断路器 A、C 相（B 相未跳），同时 220kV Ⅱ母 GS 线 212 断路器跳闸，全站失压。但是 SR 变电站 YS 线 213 断路器失灵保护动作时间滞后（经录波图分析），最后由后备保护跳开三相。此次事故 SR 变电站全站失压 33min，损失负荷约 35.2MW，损失电量 25MWh。

3. 事故原因分析

经查，220kV YS 线 B 相故障，SR 变电站 YS 线 213 断路器方向高频、高频闭锁保护动作，但断路器延时跳闸，引启失灵保护动作是造成本次事故的主要原因。

在 2002 年 1 月 SR 变电站增加一台主变压器、YS 线和增加一段母线的扩建工程中，施工单位未按设计图要求将 220kV 母差保护跳 GS 线断路器的Ⅰ、Ⅱ母元件出口回路分开，致使不论 SR 变电站 220kV Ⅰ母或Ⅱ母失灵（母差）保护动作均会跳开 GS 线开关，是本次事故扩大为全站失压的主要原因。

同时，SR 变电站 2 号主变压器高压侧 PXT–1222 型分相操作箱跳 B 相开关插件与插件背板槽接触不良，是造成 2 号主变压器 B 相开关未跳闸的原因。220kV YS 线失灵启动保护装置工作不稳定，分析认为是造成本次事故中失灵保护动作时间滞后的原因。

4. 附图

SR 变电站 220kV 主接线图如图 23–1–1 所示。

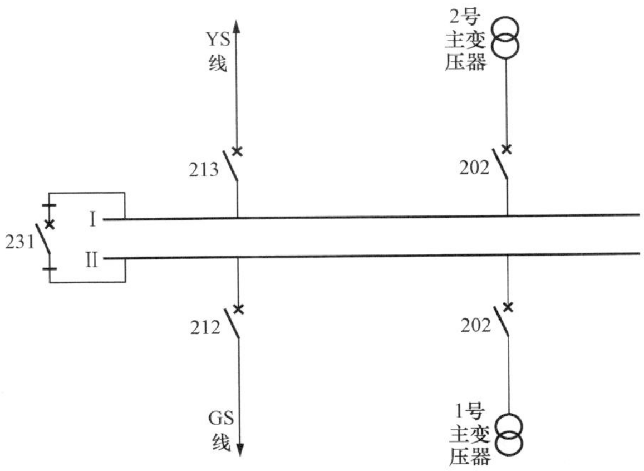

图 23–1–1　SR 变电站 220kV 主接线图

【思考与练习】

1. 继电保护的二次回路异常有哪些？

2.《国家电网公司安全事故调查规程》规定继电保护和安全自动装置非计划停运多长时间为一般电网事故？

3. 继电保护的装置异常有哪些？

模块 2　继电保护及安全自动装置的异常对电网产生的影响及处理方法（Z01G6002Ⅲ）

【模块描述】本模块介绍保护和安全自动装置停用、误动及拒动对电网的影响。通过分析讲解、案例学习，掌握正确分析处理保护和安全自动装置异常的方法。

【模块内容】

一、保护停用对电网的影响及处理

双重化配置的保护之一停用，增加了电网的风险，因为若另一套保护也退出，会使特定的设备无保护运行，发生故障无法切除。有些设备（如线路）有明确的规定，无保护必须停电。所以当保护退出将造成设备无保护运行，调度必要时须将该设备停电处理。

母线差动保护停用时，一般可不将母线停运，此时不能安排母线连接设备的检修，避免在母线上进行操作，减少母线故障的概率。

二、保护拒动或误动对电网的影响及处理

保护拒动指按选择性应该切除故障的保护没有动作，靠近后备或远后备保护切除故障。保护拒动会使事故扩大，造成多元件掉闸，影响电网的稳定。

保护误动使无故障的元件被切除，破坏电网结构，在电网薄弱地区可能影响电网安全。运行中若可明确判断保护为误动，可将误动保护停用，再将设备送电。

调度员应综合分析开关状态、相邻元件的保护动作情况、同一元件的不同保护动作情况、故障录波器动作情况、保护动作原理等信息判断保护是否拒动或误动。

三、电网安全自动装置停用对电网的影响及处理

安全自动装置停用，使电网抵抗电网事故的能力降低，电网的安全稳定水平降低，应制定相应控制策略，及时限制某些电源点的功率或断面潮流，并做好相关事故预想。

四、电网安全自动装置拒动或误动对电网的影响及处理

安全自动装置拒动有可能使电网在发生较大事故时失去稳定，不能及时控制事故形态使事故扩大甚至引起电网崩溃。

安全自动装置误动会切除机组、负荷或者运行元件，和保护的误动类似，如果是涉及面较广的多场站联合型的安自装置误动，可能切除多个元件，对电网影响很大。

电网发生事故后，如明确为安全自动装置拒动时，调度运行人员应立即根据应动作的控制策略下令采取相应措施。

五、案例

1. 事故前运行方式

事故前，电网运行正常。某电厂 220kV 为双母线并列运行，220kV 4 号母线带 PZ 二线 2214、2212 断路器，220kV 5 号母线带 2211 断路器、2213 断路器，2245 断路器作母联断路器运行，母线配有两套母差保护。

2. 事故经过

某日 11:30，220kV 4 号母线掉闸，双套母差保护动作其中一套动作，事故造成 PZ 二线 2214、出线 2212 断路器掉闸。同时 PZ 二线两套纵联电流差动保护动作，线路两

侧断路器均跳闸。13:20，现场报 PZ 二线 2、3 号塔导线对线下树木放电，导致线路故障。14:00，停用该母差保护，合上 2212 断路器，用该线路对侧开关给母线充电无问题，随后合入 2245 断路器。14:40，PZ 二线强送电成功。

3. 事故原因分析

该电厂母差保护动作原因现场母差改造时将 PZ 二线测量 TA 回路引入该母差保护装置的二次回路，导致在发生距离母线较近的区外故障时造成 TA 饱和，引起母差保护动作。待处理之后该母差才能投入运行。

4. 附图

某电厂 220kV 接线图如图 23-2-1 所示。

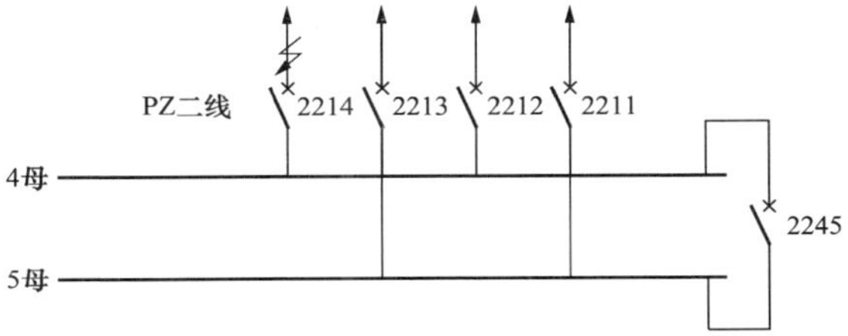

图 23-2-1　某电厂 220kV 接线图

【思考与练习】

1. 保护拒动对电网有什么影响？
2. 母线保护停运后应采取什么措施？
3. 电网安全自动装置拒动或误动对电网的影响有何影响？如何处理？

第二十四章

通信及自动化异常处理

模块1　通信及自动化的异常种类及对电网的影响（Z01G7001Ⅱ）

【模块描述】本模块介绍通信设备异常对保护和安全自动装置及自动化系统的影响。通过要点归纳讲解、规定解释、案例学习，了解通信、自动化系统异常对电网调度运行的影响。

【模块内容】

一、通信异常对电网调度的影响

1. 对保护和安全自动装置的影响

由于目前保护和安全自动装置的通道主要依赖电力专用通信通道，通信通道异常会直接影响纵联保护和安全自动装置的正常运行，若发生通道故障则需将受影响的保护和安全自动装置退出，甚至会导致保护和安全自动装置的误动或拒动。

2. 对自动化系统的影响

通信异常可能调度机构的自动化系统与厂站端的设备通信中断，影响自动化设备的正常运行。

3. 对调度电话的影响

调度员和厂站无法联系，调度业务无法进行，当电网发生事故后，调度员无法了解电网状况，影响事故处理。

二、自动化系统异常对电网调度的影响

当调度机构的电网自动化系统异常时，会导致运行人员无法监视电网状态，影响正常的调度工作。当AGC、AVC等系统发生异常时，无法对现场设备下发指令，从而导致频率和电压偏离目标值。

随着电网规模越来越大，电网结构越来越复杂，中国很多网省调度机构配置调度高级应用软件，用于电网运行的监视、预警和辅助决策，一旦这些软件停止运行，而调度员没有意识到在这种情况下就需要更主动、更仔细地对系统进行监控，并解读

SCADA 系统采集到的信息，尤其在电网事故情况下，很可能贻误事故处理的最佳时机，造成灾难性后果。

当现场自动化设备异常时，该厂站的遥测、遥信信息无法上传，调度指令无法下达到该厂站。

三、考核标准

《国家电网公司安全事故调查规程》规定：系统中发电机组 AGC 装置非计划停用时间超过 240h；地区供电公司及以上调度自动化系统、通信系统失灵延误送电或影响事故处理，构成一般电网事故。

系统中发电机组 AGC 装置非计划停用时间超过 120h；地区供电公司及以上调度自动化系统、通信系统失灵影响系统正常指挥；通信电路非计划停用，造成远方跳闸保护、远方切机（切负荷）装置由双通道改为单通道，时间超过 24h，构成电网一类障碍。

四、案例

由于通信通道接反，导致 BK 一线计划停电时，BK 双回线同时掉闸，KS 站 220kV 母线全停。

1. 事故前运行方式

A 变电站通过 AB 双回线带 B 变电站运行，220kV BC 双回线在 C 站备用。

2. 事故经过

某日 6:44，220kV AB 一线计划停电过程中，当 B 变电站拉开 AB 一线 2212 断路器后，AB 双回线掉闸。A 变电站 2217、2218 断路器掉闸，均为纵联电流差动保护动作，B 变电站 2211 断路器掉闸，纵联电流差动保护及纵联电流方向保护动作。事故造成 220kV B 变电站 220kV 母线停电，7:12 合上 C 变电站龙康双回线断路器，B 变电站 220kV 母线恢复送电。

3. 事故原因分析

经现场检查，220kV AB 一、二线纵差保护动作原因为通信通道接反，B 变电站侧 AB 一线纵差保护装置接入 A 变电站侧 AB 二线纵差保护装置，B 变电站侧 AB 二线纵差保护装置接入 A 变电站侧 AB 一线纵差保护装置。因此当拉开 B 变电站侧 AB 一线 2212 断路器时，A 变电站侧 AB 二线保护感受本侧断路器有电流，而对侧电流为 0，因此保护出口跳开 2218 断路器以及 B 变电站侧 2211 断路器；而 AB 一线保护动作情况类似，当拉开 B 变电站侧 AB 一线 2212 断路器时，A 变电站侧 AB 一线保护感受本侧电流为 0，而对侧断路器有电流，因此保护出口跳开 2217

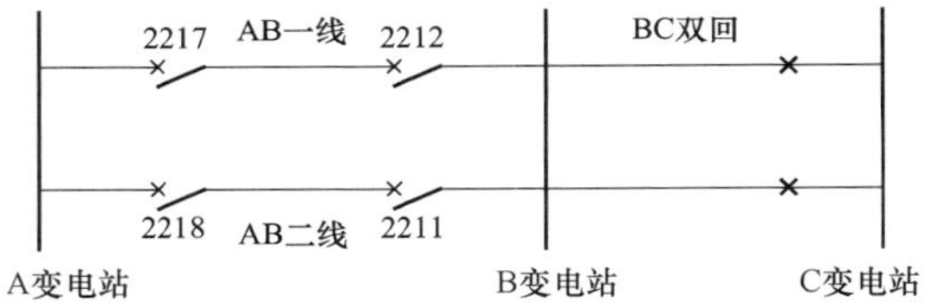

图 24-1-1　地区电网接线图

断路器。19:17 现场处理完毕后恢复正常方式。

4. 附图

地区电网接线图如图 24–1–1 所示。

【思考与练习】

1. 通信异常对电网调度有什么影响？

2. 自动化系统异常对电网调度有什么影响？

3.《国家电网公司安全事故调查规程》对通信异常如何界定一般电网事故和电网一类障碍？

模块 2 通信及自动化异常的处理方法（Z01G7002Ⅲ）

【模块描述】本模块介绍调度电话中断及自动化系统异常时调度应对措施。通过措施讲解、案例学习，掌握通信及自动化异常处理方法。

【模块内容】

一、调度电话中断时调度应采取的措施

与调度失去联系的单位，应尽可能保持电气接线方式不变，火电厂应按给定的调度曲线和有关调频调压的规定运行。

事故时，各单位应根据事故情况，继电保护和自动装置动作情况，频率、电压、电流的变化情况，自行慎重分析后进行处理，对于可能涉及两个电源的操作，必须与对侧厂、站的值班人员联系后方能操作。调度还可通过外线电话、手机等通信方式与厂站取得联系，也可通过委托第三方调度、启用备用调度等措施进行电网指挥。

二、自动化系统异常时调度应采取的措施

当班调度员在发现自动化系统异常后，应立即通知自动化处值班人员处理；通知调频电厂调频，同时要求全厂功率达到 80%额定功率时要上报中调；通知其他电厂维持目前的发电功率，并按照调度的指令带有功负荷、按照电压曲线调整无功；同时做好各电厂功率的记录（可通过调度台打印系统最后记录的发电表单），并随时修改；在执行的倒闸操作应执行完毕，未开始的倒闸操作应暂时中止。

若发生电网事故，应详细了解现场的运行情况，包括断路器、隔离开关的位置；有关线路的潮流；母线电压；有无正在进行的工作（站内的和线路的带电工作）；附近厂站的运行情况等，再处理；在自动化系统未恢复前，值内人员应加强相互之间信息交流，互通有无，并保持冷静。若自动化系统发生严重故障且短时无法恢复时，有条件的电网可考虑启用备用调度。

三、案例

某日上午某网调通信处接到 A 省电力通信公司的工作申请，因 A 省 220kV PZB 变电站扩建工程需要，A 省电力公司计划于 1 月 5～12 日对原 220kV JQ 线路进行间隔改造，届时 JQ 线 OPGW 光缆将开断改接，将影响 XY、LY 光纤电路专用纤芯。

由于该项工作未按照计划检修申请批复程序提前进行申请，备用光纤路由也尚未开通，西北网调通信处要求 A 省电力通信公司一方面尽快组织备用光纤路由，另一方面通知施工单位暂停工作，等待备用光纤电路的组织开通，全部通信业务倒换至备用路由后再开始施工。A 省电力通信公司着手组织备用迂回光纤路由。由于两地间备用路由长度达到 190km，两站的光传输设备现有配置无法满足光纤电路开通条件，需从其他厂站调用 2.5G 超长站距光板及配套的光功率放大器。为此网调通信处和 A 省电力通信公司进行着积极的组织协调工作，同时 A 省电力通信公司立即派人前往施工现场，与施工单位进行沟通协调，并确保现场光缆线路的安全。

1 月 6 日上午 A 省施工单位为保证工期向现场信通人员提出开断 JQ 线光缆，现场信通人员答复："我做不了主，等我 5 分钟打个电话"，大约 10:45，A 省通信公司人员通知某网调通信处施工单位准备对 220kV JQ 线 OPGW 光缆进行开断，网调通信处再次强调在光纤备用路由未组织通之前 OPGW 光缆绝对不能中断，否则将会对电网生产调度产生很大影响，并对网调通调启动铁通备用通道应急预案做了安排，同时立即向网调中心领导进行汇报，网调中心领导也与 A 省中调领导取得进一步的沟通联系，一再要求施工单位暂停工作，A 省中调领导表示马上给电网建设运行公司打电话，10:55 左右由于现场施工单位对现场信通人员答复的"等 5 分钟打个电话"理解上有误，对 JQ 线 OPGW 光缆进行了开断，致使网调至 A 省中调的调度电话、自动化数据网、行政电话、155M 广域网（DMIS 联网）、会议电视等通信业务，网调至多个厂站的调度电话及远动通道发生中断。

网调通信处发现电路中断后立即与 A 省通信公司，将部分重要业务倒换至铁通应急租用电路，并启动受影响厂站至网调的长途市话作为备用调度电话。在 A 省通信人员的大力配合下，网调至 A 省省调的调度电话、自动化数据网、行政电话、网调至部分厂站的调度电话、远动通道等通信业务于 14:00 恢复正常，同时，网调至 A 省各厂站的自动化数据已通过网络迂回方式恢复正常。但由于租用铁通带宽有限，网调至 A 省中调的 155M 信息广域网（DMIS 联网），网调至剩余厂站的调度电话及远动通道尚未恢复。网调只能临时通过长途市话备用方式对上述厂站进行生产调度。

事发后，A 省电力公司决定工程停工立即抢通光缆，恢复业务。23:00 A 省通信公司抢修队伍到达施工现场，于 1 月 7 日凌晨 1:13 恢复网调全部业务。

【思考与练习】

1. 调度电话中断后，调度应采取什么措施？

2. 自动化系统异常后，调度应采取什么措施？

3. 若发生电网事故或自动化系统发生严重故障且短时无法恢复时，调度员怎么办？

第二十五章

发电设备异常处理

模块 1　电厂设备的异常及种类（Z01G8001 Ⅱ）

【模块描述】本模块介绍火力发电厂发电机、锅炉、汽轮机及水电厂的各种发电设备的异常种类。通过要点讲解，了解电厂设备可能出现的异常情况。

【模块内容】

一、发电机的异常

发电机异常主要有负序过电流和低压过电流，定子匝间短路，定子一点接地，励磁回路一点接地，定子过负荷，转子过负荷，过电压，频率异常等。

二、锅炉本体设备异常

锅炉本体异常主要包括：主给水、蒸汽管路发生爆破；炉膛或烟道内发生爆炸，设备遭到严重损坏；锅炉燃烧不稳，炉膛压力波动大；锅炉四管爆裂；汽包水位过高或过低等。

在下列情况下，可以紧急停炉：

（1）运行工况，参数达到事故停炉保护动作定值，而保护拒动。

（2）全部给水流量表损坏，造成主汽温度不正常或虽然主汽温度正常，但 0.5h 之内流量表计未恢复。

（3）主给水、蒸汽管路发生爆破时。

（4）炉膛内或烟道内发生爆炸，设备遭到严重损坏时。

（5）蒸汽压力超过极限压力，安全门拒动或者对空排气门打不开时。

（6）中压安全门动作后不回座，再热器压力、气温下降，达到不允许运行时。

（7）主要仪表电源消失，无法监控机组运行时。

（8）低负荷锅炉燃烧不稳，炉膛压力波动大（蒸汽流量迅速下降）时。

（9）锅炉四管爆破，危及临近管子安全时。

（10）汽包水位计全部损坏或失灵，无法监视水位时。

（11）汽包水位过高或过低时。

三、汽轮机设备异常

汽轮机的主要异常包括：水击；机组超速；涨差超过允许值；油系统着火；冷油器出口油温过高；主、再热蒸汽温度高；高压缸排汽温度高；主机轴向位移大；轴振、瓦振大；凝汽器水位过高。

四、辅助设备异常

电厂辅助设备异常主要包括：磨煤机故障、吸风机故障、送风机故障、给水泵故障、冷却系统故障等。

【思考与练习】

1. 锅炉四管爆裂指的是哪些设备？
2. 汽轮机的主要异常有哪些？
3. 锅炉本体异常主要包括哪些？

模块 2　电厂设备异常对电网的影响及调度处理（Z01G8002Ⅲ）

【模块描述】本模块包含电厂设备异常对电网的影响。通过案例学习和操作技能训练，掌握电厂设备出现异常时调度应采取的处理方法。

【模块内容】

一、影响发电功率

许多电厂设备的异常并不一定导致机组解列，但通常会影响发电功率，使发电机最大功率不能达到额定值。也有某些异常会使机组的调峰、调频能力受到很大影响。

二、紧急停机

当发电机组遇有下列情况时，需要紧急停机：① 水击；② 机组超速；③ 胀差超过允许值；④ 机组内有清晰的金属声；⑤ 控制油箱油位低于停机油位；⑥ 油系统着火，威胁机组安全；⑦ 冷油器出口油温过高或超出规定值；⑧ 轴承金属温度高；⑨ 发电机密封油回油温度高；⑩ 主、再热蒸汽温度高；⑪ 正常运行时，主、再热蒸汽温度低；⑫ 高缸排气温度高；⑬ 低缸排气温度高；⑭ 主机轴向位移大；⑮ 偏心率大；⑯ 主机推力轴承温度高；⑰ 主机凝汽水位过高。

当遇有下列情况时，发电机必须与系统解列：① 发电机、励磁机内冒烟、着火或氢气爆炸；② 发电机或励磁机发生严重的振动；③ 发生威胁人员生命安全时。

三、电网调度处理

（1）电厂设备异常会使电网当前有功平衡受到影响，调度应及时调整其他机组功率，使电网频率或联络线考核指标在合格范围内。

（2）电厂设备异常会使电网在负荷高峰时旋转备用不足，也可能造成电网在负荷低谷时调峰能力不足。调度应安排好机组启停或限电计划，以满足电网在负荷高峰、低谷时的需求。

（3）某些负荷中心区的机组异常时，还可能会导致电网局部电压降低或某些联络线过负荷。调度应关注小地区的电压支撑及联络线潮流，及时投入备用的有功容量和无功容量，将小地区电压及联络线潮流调整至合格范围。

四、案例

2003 年 HB 电网多台大机组以及多条 500kV 线路跳闸，导致电网功率不足，造成事故拉路。

1. 事故前运行方式

2003 年 4 月 17 日，HB 电网正常方式运行。

2. 事故经过

16:13，SLZ 电厂网控发“直流Ⅰ组母线电压不正常”和“联变 A、B 柜直流电源消失”光字。同时，SLZ 电厂 SC 一线 5021 断路器跳闸，纵联方向保护动作，未重合。16:20，站内失去所有直流电源（原因为网控室电缆沟着火），导致控制电源、保护电源以及通信电源全部丧失。16:20，2 号启动备用变压器 2200 乙断路器跳闸，导致 3、4 号机没有备用厂用电源，16:32，0 甲变 2200 甲断路器跳闸，导致 1、2、3、4 号机公用系统失电。16:33，3 号机汽轮机跳闸，发电机开关未跳。16:37，2 号机汽轮机跳闸，发电机开关未跳。16:41，1 号机跳闸。

17:55，500kV SD 二线跳闸，两侧皆为纵联方向、纵联距离保护动作，选 A 相，重合不成功。随后，DT 二厂 500kV 3 号母线跳闸，母差保护动作，分段 5013、母联 5034、DF 二线 5053、5 号机 5005 断路器跳闸，同时 6 号机跳闸，定子过电流保护动作，FS 变电站侧 DF 二线 5021、5022 断路器跳闸，远跳保护动作。同时，DF 一线串补旁路 5010 断路器合闸，串补间隙保护动作。

因为 SLZ 电厂以及 DT 二厂相继发生事故，导致电网发电功率严重不足，电网频率最低降至 49.75Hz，低于 49.80Hz 运行 5min 53s，低于 49.90Hz 运行 35min22s。网调令中调将联络线潮流按 0 控制，并在六个地区事故拉路 380MW，限电约 520MW。至 21:23，所有拉路限电负荷全部恢复。

3. 事故原因分析

（1）SLZ 电厂事故：220kV 系统照明电缆短路放炮，引起电缆着火，是事故的起因。

1）现场勘察情况来看，电缆损坏最严重是一根截面积为 $70mm^2$ 的三相照明电缆，该电缆已烧断，断头分别搭接在该电缆桥架槽盒的两个边上，在槽盒边缘搭接处可见明显的电弧烧损的缺口，是电缆着火的起火点。该照明电缆的 B、C 相熔断器（200A）已熔断，说明事故前该电缆的 B、C 相先发生短路放炮并着火，随后引起其他电缆着火。该照明电缆短路放炮后，首先导致相邻的联变 A、B 柜直流电源电缆绝缘损坏接地、短路，直流熔断器熔断。

2）交直流动力电缆、控制电缆集中敷设，是事故的主要原因。电缆着火的部位，不仅敷设有交流动力电缆，如网控变压器 6kV 电源电缆，网控楼、220kV 站照明电缆，检修电源箱动力电缆等。而且敷设有电厂直流室的全部直流电缆和通信电缆。电厂照明电缆短路放炮后引起的电缆着火，导致电厂直流电源、仪表电源消失，4 台机组相继跳闸。

（2）DT 二厂事故：SD 二线线路故障点为 143、144 号塔导线与架空地线有放电痕迹，造成 SD 二线跳闸。500kV 3 号母线故障原因为 SD 二线 5055 断路器 C 相合闸电阻爆炸，影响到母线。

【思考与练习】

1. 哪些情况下发电机组需紧急停机？

2. 发电设备异常后调度应采取什么措施？

3. 当遇有哪些情况时，发电机必须与系统解列？

第四部分

电网事故处理

第二十六章

线路事故处理

模块 1　线路故障的原因及种类（Z01H1001Ⅱ）

【模块描述】本模块介绍线路故障的原因及分类。通过原因分析及案例学习，了解各种线路故障现象及其征象。

【模块内容】

对于电网调度人员，线路故障指线路因各种原因，导致线路保护动作，线路断路器两侧或一侧跳闸。

一、线路故障的主要原因

1. 外力破坏

（1）违章施工作业。包括在电力设施保护区内野蛮施工，造成挖断电缆、撞断杆塔、吊车碰线、高空坠物等。

（2）盗窃、蓄意破坏电力设施，危及电网安全。

（3）超高建筑、超高树木、交叉跨越公路危害电网安全。

（4）输电线路下焚烧农作物、山林失火及漂浮物（如放风筝），导致线路跳闸。

2. 恶劣天气影响

（1）大风造成线路风偏闪络。风偏跳闸的重合成功率较低，一旦发生风偏闪络跳闸，造成线路停运的概率较大。

（2）输电线路遭雷击跳闸。据统计，雷击跳闸是输电线路最主要的跳闸原因。

（3）输电线路覆冰。最近几年由覆冰引起的输电线路跳闸事故逐年增加，其中华中电网最为严重。覆冰会造成线路舞动、冰闪，严重时会造成杆塔变形、倒塔、导线断股等。

（4）输电线路污闪。污闪通常发生在高湿度持续浓雾气候，能见度低，温度在−3～7℃之间，空气质量差，污染严重的地区。

3. 其他原因

除人为和天气原因外，导致输电线路跳闸的原因还有绝缘材料老化、鸟害、小动物短路等。

二、线路故障的种类

1. 按故障相别划分

线路故障有单相接地故障、相间短路故障、三相短路故障等。发生三相短路故障时，系统保持对称性，系统中将不产生零序电流。发生而单相故障时，系统三相不对称，将产生零序电流。当线路两相短时内相继发生单相短路故障时，由于线路重合闸动作特性，通常会判断为相间故障。

2. 按故障形态划分

线路故障有短路、断线故障。短路故障是线路最常见也最危险的故障形态，发生短路故障时，根据短路点的接地电阻大小以及距离故障点的远近，系统的电压将会有不同程度地降低。在大接地电流系统中，短路故障发生时，故障相将会流过很大的故障电流，通常故障电流会到负荷电流的十几甚至几十倍。故障电流在故障点会引起电弧危及设备和人身安全，还可能使系统中的设备因为过电流而受损。

3. 按故障性质划分

可分为瞬间故障和永久故障等。线路故障大多数为瞬间故障，发生瞬间故障后，线路重合闸动作，断路器重合成功，不会造成线路停电。

【思考与练习】

1. 哪些种类的恶劣天气会对线路造成影响？
2. 线路故障的主要原因是什么？
3. 线路最常见的故障是什么，这些故障有什么特点？

模块 2　线路故障的处理原则及方法（Z01H1002Ⅲ）

【模块描述】本模块介绍线路故障跳闸对电网的影响、跳闸后送电的注意事项。通过要点归纳讲解和案例学习，掌握正确处理各种线路跳闸事故的方法。

【模块内容】

一、线路故障跳闸对电网的影响

（1）当负荷线路跳闸后，将直接导致线路所带负荷停电。

（2）当带发电机运行的线路跳闸后，将导致发电机解列。

（3）当环网线路跳闸后，将导致相邻线路潮流加重甚至过负荷。或者使电网机构受到破坏，相关运行线路的稳定极限下降。

（4）系统联络线掉闸后，将导致两个电网解列。送端电网将功率过剩，频率升高；受端电网将出现功率缺额，频率降低。

二、线路跳闸后的送电

1. 送电时机的选择

（1）线路跳闸后，若引起相邻线路或变压器过负荷、超稳定极限运行，则应在采取措施消除过负荷现象后再强送线路。

（2）当线路跳闸后，现场人员汇报已发现明显故障，则不能强送。

（3）当系统已较薄弱，经受不住严重故障的冲击，则应在现场人员汇报线路确无明显故障后再强送。

（4）线路有带电作业的线路跳闸后，需与现场工作人员取得联系，待现场人员同意后才能强送。

（5）试运行线路、电缆线路、已掌握有严重缺陷的线路不宜强送。

（6）由于恶劣天气，如大雾、暴风雨等，造成局部地区多条线路相继跳闸时，应尽快强送线路，保持电网结构完整。

2. 送电端的选择

（1）一般送电端应远离系统薄弱的一侧，一般避免从电厂侧强送。

（2）强送端的母线上必须有中性点直接接地的变压器。

3. 其他注意事项

（1）线路跳闸后强送时，断路器应完好，线路主保护应在投入状态。

（2）系统间联络线送电，应考虑是否会出现非同期合闸。

三、案例

RS 5237、5238 线是某地区电厂送出的重要通道，受暴风影响造成 RS 5237、5238 线相继跳闸，导致其他线路严重过负荷，调度果断采取了拍停机组等措施，及时消除了线路过负荷，保证了电网的安全稳定运行（见图 26–2–1）。

1. 事故前运行方式

某电网正常方式运行；YC 厂 6 台机组运行，上网功率 1800MW。

2. 事故经过及影响

6 月 14 日，网内部分地区雷雨、大风、冰雹天气。

21:25，RS 5238 线跳闸，B 相故障，重合不成。

21:30，RS 5237 线次跳闸，C 相故障，重合不成。

21:30，网调将 RS 双线事故情况汇报国调，申请国调拍停 YC 厂 4 台机，同时要求 A 省调拍停 XZ 地区相关机组 500MW，要求 A 省调控制 BS 5233/BS 5234 双线小于 1200MW。

21:31，国调紧急下令 YC 厂拍停 3 台机组，其余 YC 厂机组功率压至最低。

21:32，YC 厂 1、5 号机组停机，1 号机甩功率 326MW，5 号机甩功率 307MW。

21:33，YC 厂 3 号机停机，甩功率 323MW；YC 厂 500kV I 母陪停；BS 5233 线、BS 5234 线潮流恢复至 2146MW。

21:49，国调下令 YC 厂拍停 6 号机，甩功率 260MW；BS 5233 线/BS 5234 线潮流恢复至 1391MW。

21:55，BS 5233、BS 5234 双线潮流控制到稳定限额以内。

21:52，网调下令上河侧对 RS 5237 线强送，强送不成功。

22:04，网调下令上河侧对 RS 5238 线强送，强送成功。

6 月 15 日 2：00，RS 5237 线巡线发现 402～411 号共 10 基塔倒塔；RS 5238 线巡线发现线路有对树木放电痕迹。

6:02，RS 5237 线转检修（由于该地区雷雨持续时间很长，故线路操作停役时间有所延迟），开始抢修工作。

3. 事故原因分析

A 省北部地区出现雷雨、大风、冰雹恶劣天气，造成线路因风偏和倒塔跳闸。

4. 附图

地区电网结构图如图 26–2–1 所示。

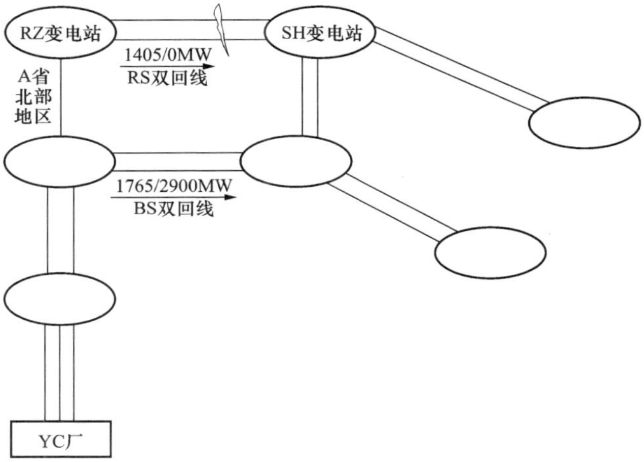

图 26–2–1　地区电网结构图

【思考与练习】

1. 线路故障跳闸对电网有何影响？

2. 线路跳闸后送电端一般如何选择？

3. 根据当地电网实际情况，针对某联络线跳闸导致两系统解列，安排 DTS 实训。

第二十七章

变压器事故处理

模块1　变压器故障的原因及种类（Z01H2001Ⅱ）

【模块描述】本模块介绍变压器故障的原因及分类。通过定义讲解、原因分析，了解变压器故障现象及其危害。

【模块内容】

对于电网调度人员，变压器故障指变压器因各种原因，导致变压器保护动作，变压器的各侧断路器跳闸。

一、变压器故障的原因

变压器的故障类型是多种多样的，引起故障的原因也是极为复杂。概括而言有：

（1）制造缺陷，包括设计不合理，材料质量不良，工艺不佳；运输、装卸和包装不当；现场安装质量不高。

（2）运行或操作不当，如过负荷运行、系统故障时承受故障冲击；运行的外界条件恶劣，如污染严重、运行温度高。

（3）维护管理不善或不充分。

（4）雷击、大风天气下被异物砸中、动物危害等其他外力破坏。

二、变压器故障的种类

1. 变压器内部故障

（1）磁路故障。即在铁芯、铁轭及夹件中的故障，其中最多的是铁芯多点接地故障。

（2）绕组故障。包括在线段、纵绝缘和引线中的故障，如绝缘击穿、断线和绕组匝、层间短路及绕组变形等。

（3）绝缘系统中的故障。即在绝缘油和主绝缘中的故障，如绝缘油异常、绝缘系统受潮、相间短路、围屏树枝状放电等。

（4）结构件和组件故障。如内部装配金具和分接开关、套管、冷却器等组件引起的故障。

2. 变压器外部故障

（1）各种原因引起的严重漏油。变压器漏油是一个长期和普遍存在的故障现象。据统计，在变压器故障中，产品渗油约占 1/4。变压器渗油危害很大，严重时会引起火灾烧损；使绕组绝缘降低；使带电接头、断路器等处在无油绝缘的状况下运行，导致短路、烧损甚至爆炸。

（2）冷却系统故障：冷却器故障、油泵故障等。

（3）分接开关及传动装置及其控制设备故障。

（4）其他附件如套管、储油柜、测温元件、净油器、吸湿器、油位计及气体继电器和压力释放阀等故障。

（5）变压器的引线以及所属隔离开关、断路器发生故障，也会造成变压器保护动作，使变压器跳闸或退出运行。

（6）电网其他元件故障，该元件的断路器拒动，导致变压器后备保护动作。

【思考与练习】

1. 导致变压器故障的主要原因有哪些？
2. 变压器内部故障有哪些种类？
3. 变压器外部故障有哪些？

模块 2　变压器故障的处理原则及方法（Z01H2002Ⅲ）

【模块描述】本模块介绍变压器故障跳闸对电网的影响及跳闸后送电的原则。通过要点归纳讲解、定性分析、案例学习，掌握正确处理变压器故障的方法。

【模块内容】

一、变压器跳闸对电网的影响

（1）变压器跳闸后，最直接的后果就是造成负荷转移，使相关的并联变压器负荷增加甚至过负荷运行。

（2）当系统中重要的联络变压器跳闸后，还会导致电网的结构发生重大变化，导致大范围潮流转移，使相关线路过稳定极限，如电磁环网中的联络变压器。某些重要的联络变压器跳闸甚至会引起局部电网的解列。

（3）负荷变压器跳闸后，其所带负荷全部转移到其他变压器，使得原本双电源供电的用户变成单电源供电，降低了供电的可靠性或直接损失大量的用户负荷。

（4）中性点接地变压器跳闸后造成序网参数变化会影响相关零序保护配置，并对设备绝缘构成威胁。

二、变压器事故跳闸的处理原则

变压器跳闸后应关注负荷及潮流转移情况，立即采取措施消除设备过负荷及断面过极限。当中性点接地变压器跳闸后，应考虑系统中性点接地数是否满足运行要求，必要时可将其他变压器中性点接地开关合入。

变压器跳闸后，应关注相关变压器、线路等设备是否有过负荷现象，对于变压器试送电应遵循以下原则：

（1）若变压器主保护（瓦斯、差动）动作，未查明原因并消除故障前不得送电。

（2）若只是变压器过电流保护（或低压过电流）动作，检查主变压器无问题后可以送电。

（3）有备用变压器或备用电源自动装置投入的变电站，当运行变压器跳闸时应先启用备用变压器或备用电源，然后再检查跳闸的变压器。

（4）检修完工后的变压器送电过程中，变压器差动保护动作后，如明确为励磁涌流造成变压器跳闸，可立即试送。

三、案例

某电网 500kV BZ 变电站两台 500kV 主变压器同时跳闸，造成大面积停电。

1. 事故前方式

电网运行正常，BZ 变电站两台主变压器并列运行，带某地区 5 座 220kV 变电站运行，220kV TL 双回线正常断开备用。BZ 变电站 500kV 系统及 220kV 母线由中调调度，BZ 变电站 220kV 线路及 5 座 220kV 变电站由地调调度。

2. 事故经过

2006 年 3 月 16 日 16:26，BZ 变电站 3 号主变压器两套差动保护动作跳闸，A 相 CVT 故障（当地刚刚下过雪）；16:30，BZ 变电站 500kV 1 号母线两套差动保护动作跳闸，同时造成 BB 线停电（BB 变电站 5031、5032 断路器空充 BB 线）。

16:36，BZ 变电站 2 号主变压器两套差动保护动作跳闸，C 相 CVT 烧黑。事故造成 220kV 5 个变电站停电，除部分 110kV 负荷倒出运行外，该地区大部分负荷停电。

18:21，BZ 变电站报 220kV 母线设备检查无问题，具备带电条件，中调将 BZ 变电站 220kV 母线借给地调串带负荷，地调合入 TL 双回线，逐步恢复地区负荷。19 时地区负荷恢复正常。

18:50，拉开 BZ 变电站 2、3 号变压器 220kV 侧断路器的母线侧隔离开关。

20:03，BZ 变电站报：500kV1 号母线及 BB 线间隔一、二次设备检查无问题，申请送电。

20:49，BZ 变电站 3 号变压器转检修。

21:25，BB 线及 BZ 500kV 1 号母线送电。12 日 3:00 2 号变压器送电。13:00 3 号

变压器送电。系统恢复正常方式。

3. 事故原因分析

3 月 16 日中午，当地突降小雪，雪停后刮起大风，由于经过整个冬天运行，站内设备污秽程度很高，在温度较高的情况下，附着在设备支持绝缘子的污秽和积雪造成站内多个设备闪络故障。其中 2、3 号变压器的故障点均为 CVT 绝缘子闪络。

某地区电网结构图如图 27–2–1 所示。

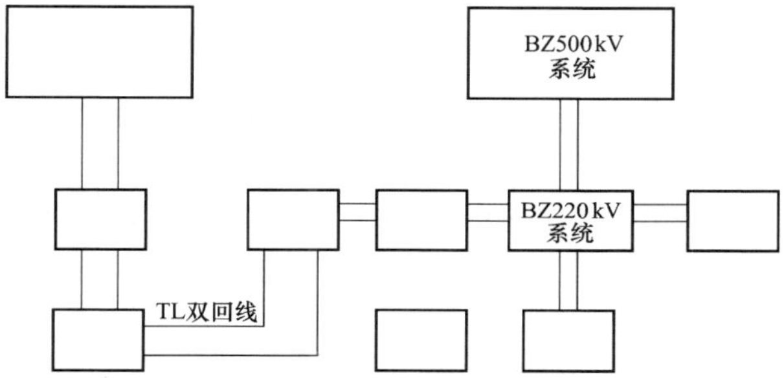

图 27–2–1　某地区电网结构图

【思考与练习】

1. 变压器跳闸对电网有什么影响？

2. 变压器事故跳闸后试送电要遵循什么原则？

3. 根据当地电网实际情况，针对某变电站一台变压器跳闸后导致另一台变压器过负荷，安排 DTS 实训。

第二十八章

母 线 事 故 处 理

模块 1　母线事故的原因及种类（Z01H3001Ⅱ）

【模块描述】本模块介绍母线停电的原因及母线的常见故障。通过概念描述、要点归纳讲解，了解母线停电的原因及现象，了解常见的母线故障征象。

【模块内容】

母线停电指由于各种原因导致母线电压为零，而连接在该母线上正常运行的断路器全部或部分在断开。

一、母线停电的原因

（1）母线及连接在母线上运行的设备（包括断路器、避雷器、隔离开关、支持绝缘子、引线、电压互感器等）发生故障。

（2）出线故障时，连接在母线上运行的断路器拒动，导致失灵保护动作使母线停电。

（3）母线上元件故障，其保护拒动时，依靠相邻元件的后备保护动作切除故障时导致母线停电。

（4）单电源变电站的受电线路或电源故障。

（5）发电厂内部事故，使联络线跳闸导致全厂停电。

二、母线常见故障

母线故障指由于各种导致母线保护动作，切除母线上所有断路器，包括母联断路器。

由于母线是变电站中的重要设备，通常其运行维护情况比较好，相对线路等其他电力元件，母线本身发生故障的概率很小。导致母线故障的原因主要有：

（1）母线及其引线的绝缘子闪络或击穿，或支持绝缘子断裂倾倒。在实际运行中，导致母差保护动作的大部分是这一类故障。

（2）直接通过隔离开关连接在母线上的电压互感器和避雷器发生故障。

（3）某些连接在母线上的出线断路器本体发生故障。这些断路器两侧均配置有

TA，虽然断路器不是母线设备，但是故障点在元件保护和母线保护双重动作范围之内，因此这些断路器本体发生故障时该断路器所属的元件保护和母差保护均会动作，导致母线停电。

（4）GIS 母线故障。目前 GIS 母线在电力系统中的应用越来越多，当 GIS 母线六氟化硫气体泄漏严重时，会导致短路事故发生。此时泄漏的气体会对人员安全产生严重威胁。

【思考与练习】

1. 母线的常见故障有哪些？
2. 导致母线停电的原因有哪些？
3. GIS 母线故障如何引起？有何危害？

模块 2　母线事故处理原则及方法（Z01H3002Ⅲ）

【模块描述】本模块介绍母线事故对电网的影响及母线事故后送电的原则。通过要点归纳讲解和案例学习，掌握正确处理母线故障的方法。

【模块内容】

一、母线停电对电网的影响

母线是电网中汇集、分配和交换电能的设备，一旦发生故障会对电网产生重大不利影响。

（1）母线故障后，连接在母线上的所有短路器均断开，电网结构会发生重大变化，尤其是双母线同时故障时甚至直接造成电网解列运行，电网潮流发生大范围转移，电网结构较故障前薄弱，抵御再次故障的能力大幅度下降。

（2）母线故障后连接在母线上的负荷变压器、负荷线路停电，可能会直接造成用户停电。

（3）对于只有一台变压器中性点接地的变电站当该变压器所在的母线故障时，该变电站将失去中性点运行。

（4）3/2 断路器接线方式的变电站，当所有元件均在运行的情况下发生单条母线故障将不会造成线路或变压器停电。

二、母线停电后故障的查找与隔离

（1）多电源联系的变电站母线电压消失而本站母差保护和失灵保护均为动作时，变电站运行值班人员应立即将母联断路器及母线上的断路器拉开，但每条母线上应保留一个联络线断路器在合入状态。

（2）当母线差动保护动作导致母线停电时，应检查母线本身及连接在该母线上在母线差动保护范围内的所有出线间隔，当发现故障点后应拉开隔离开关隔离故障。当故障母线无法送电而需将该母线上的元件倒至运行母线时，应先拉开该元件连接故障母线的隔离开关然后和连接运行母线的隔离开关。

（3）当失灵保护动作导致母线停电时，应将该失灵断路器转为冷备用后才能对母线送电。

三、母线试送电

（1）母线停电后试送电，应尽量选用线路断路器由相邻变电站送电，在选择本站断路器（通常为母联或变压器断路器）时，应慎重考虑若强送失败对电网的影响。

（2）母线送电时应确认除送电断路器外，其余断路器包括母联断路器均在断开位置。

（3）当母线故障原因不明时，有条件的变电站应利用发电机对母线进行零起升压。

四、母线故障处理原则

母线事故的迹象是母线保护动作（如母差等）、断路器跳闸及有故障引起的声、光、信号等。当母线故障停电后，现场值班人员应立即汇报值班调度员，并对停电的母线进行外部检查，尽快把检查的详细结果报告值班调度员，值班调度员按下述原则处理：

（1）不允许对故障母线不经检查即行强送电，以防事故扩大。

（2）找到故障点并能迅速隔离的，在隔离故障点后应迅速对停电母线恢复送电，有条件时应考虑用外来电源对停电母线送电，联络线要防止非同期合闸。

（3）找到故障点但不能迅速隔离的，若系双母线中的一组母线故障时，应迅速对故障母线上的各元件检查，确认无故障后，冷倒至运行母线并恢复送电。联络线要防止非同期合闸。

（4）经过检查找不到故障点时，应用外来电源对故障母线进行试送电，禁止将故障母线的设备冷倒至运行母线恢复送电。发电厂母线故障如条件允许，可对母线进行零起升压，一般不允许发电厂用本厂电源对故障母线试送电。

（5）双母线中的一组母线故障，用发电机对故障母线进行零起升压时，或用外来电源对故障母线试送电时，或用外来电源对已隔离故障点的母线先受电时，均需注意母差保护的运行方式，必要时应停用母差保护。

（6）3/2 断路器接线的母线发生故障，经检查找不到故障点或找到故障点并已隔离的，可以用本站电源试送电，但试送母线的母差保护不得停用。

五、封闭式母线的事故处理原则

封闭式（GIS）双母线一组母线故障，经外部检查，未查到故障点，应禁止各元件冷倒母线，有条件时可进行零起升压及升流；否则必须查清并修复故障或隔离故障点后方能试送。

六、案例

220kV 某电厂 220kV 4 号乙母线故障，现场未查明故障点的情况下将故障元件倒至运行母线，导致事故扩大。

1. 事故前方式

电网运行正常，某电厂双母线并列运行，5、7 号机在 5 号母线运行，2205、2207 断路器合入；6、8 号机在 4 号母线运行，2206、2208 断路器合入；高压备用变压器在热备用状态，2202 断路器热备用，2202–4 隔离开关合入。

2. 事故经过

11:35，某电厂 2206、2208、2245 乙、2222、2224、2226 断路器掉闸，母线差动保护动作，220kV 4 号乙母线停电。中调令电厂检查一、二次设备，并令电厂将 6、8 号机倒至 220kV 5 号乙母线并网，注意母线隔离开关要先拉后合。

11:47，现场未经调度同意将高压备用变压器 2202 断路器（双重调度设备）倒至 5 号母线运行，拉开 2202–4 隔离开关、合上 2202–5 隔离开关时，母差保护动作，2205、2207、2221、2223、2225 断路器跳闸，220kV 5 号乙母线停电。

电厂报 2202 断路器内部击穿放电，导致母线故障，经检查母线其他部位无故障点，中调令电厂拉开 2202–5 隔离开关，拉开 A 线对侧 2212 断路器，合上电厂 A 线 2221 断路器，再次合上 A 线对侧 2212 断路器给电厂 220kV5 号母线充电正常。电厂恢复正常方式，2202 断路器转检修。

3. 事故原因分析

2202 断路器内部击穿放电，是导致 220kV 4 号母线故障的原因。经事故后调查，故障时母线差动保护和高压备用变压器差动保护同时动作，由于高压备用变压器正常在备用状态，现场人员未能注意到该保护动作情况。由于急于将厂用电恢复正常方式，现场在未经调度同意的情况下，将 2202 断路器倒至 220kV 5 号母线，造成两条母线同时停电。

4. 附图

电厂接线示意图如图 28–2–1 所示。

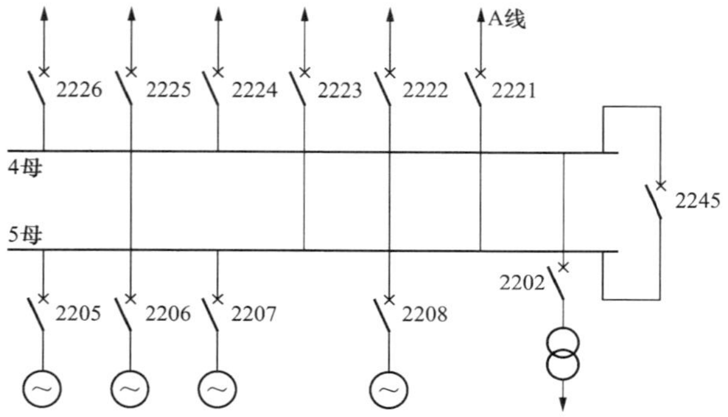

图 28-2-1 电厂接线示意图

【思考与练习】

1. 母线故障停电后，什么情况下应采取零起升压的措施？
2. 失灵保护动作导致母线停电后，应如何处理？
3. 将故障母线元件倒至正常母线时应注意什么？
4. 封闭式母线的事故处理原则是什么？
5. 母线故障处理原则是什么？
6. 根据当地电网实际情况，针对某枢纽变电站发生单母线故障，安排 DTS 实训。

第二十九章

发电机事故处理

模块1　发电机的故障类型（Z01H4001Ⅱ）

【模块描述】本模块介绍发电机跳闸、失磁、非全相及非同期并列等故障。通过概念描述和要点讲解，了解发电机可能出现的故障情况。

【模块内容】

发电机的故障类型通常为：

（1）发电机跳闸。发电机跳闸指发电机组高压侧断路器跳闸，当发电机、发电机的升压变压器、汽轮机（水轮机）、锅炉等设备发生故障时相关保护会动作导致发电机跳闸。如发电机的差动保护、发电机变压器组差动保护、发电机定子匝间保护以及某些热工保护等。

（2）发电机失磁。当发电机由于励磁回路开路，励磁绕组灭磁断路器误动作等原因而导致失磁后，发电机继续向系统输出有功功率，但是将从系统吸收大量无功功率。当系统缺乏无功备用启动发电机容量很大时，可能导致系统无功功率严重缺乏，以致破坏系统稳定。发电机失磁后，发电机机端电压下降，电流增加，如果不立刻解列发电机，发电机将很快转入异步运行状态。

（3）发电机非全相运行。发电机出口断路器一相与系统相联另两相断开或两相与系统相联另一相断开时，称为发电机非全相运行。

（4）发电机非同期并列。同步发电机在不符合准同期并列条件时与系统并联，就称为非同期并列。导致非同期并列的主要原因是误合发电机出口断路器。

【思考与练习】

1. 发电机有哪几种常见故障？
2. 造成发电机失磁的原因有哪些？
3. 何谓发电机非同期并列？

模块2 发电机事故对电网的影响及处理方法（Z01H4002Ⅲ）

【模块描述】本模块介绍发电机故障对电网的影响及跳闸后送电的原则。通过要点归纳讲解和案例学习，掌握正确处理发电机故障的方法。

【模块内容】

一、发电机跳闸对电网的影响及处理方法

发电机跳闸后将造成电网有功、无功功率的缺额，某些发电机跳闸也可能会引起相关线路或变压器过负荷，应调整相邻机组的有功、无功功率以维持电网功率平衡。然后根据发电机跳闸原因进行处理，如果是外部故障导致机组掉闸，经检查机组无异常，则应在外部故障消除后尽快命令机组并网。

二、发电机失磁对电网的影响及处理方法

发电机失磁后，从系统中吸收大量无功功率，引起电网的电压降低，如果电网中无功功率储备不足，将使电网中临近点电压低于允许值，从而破坏了电网中的无功平衡，威胁电网的稳定运行。同时由于电压下降，电网中其他发电机为维持有功输出，在自动励磁调整装置作用下增加发电机定子电流，可能会造成发电机因定子电流过高而跳闸，使事故进一步扩大。如果发电机转入异步运行状态，则可能使电网发生振荡。

因此大型发电机失磁后，必须立即与电网解列，以避免造成电网事故。若发电机无法解列，则应该迅速降低发电机有功功率，同时增加其他发电机的无功功率，必要时在合适的解列点将机组解列。

三、发电机非同期并列对电网的影响及处理方法

发电机非同期并列对于发电机而言是最危险的冲击，非同期会给机组轴系造成冲击而产生扭振。因此运行中必须采取措施避免出现非同期并列。发电机的高压断路器设置了同期并列装置，为保证同期并列装置的正确性，在发电机大修结束后均进行假同期试验。

当 3/2 断路器接线系统发生同一串断路器同时跳闸的事故后，试送机组和其他元件共用的中间断路器时要防止非同期并列。

四、发电机非全相运行对电网的影响及处理方法

当发电机与系统一相相联时，另两相的断口最大电压会达到线电压的 2 倍。而且发电机非全相运行产生的三相负荷不平衡会对发电机产生危害：发电机转子发热；机组振动增大；定子绕组由于负荷不平衡出现个别相绕组端部过热。

而且当发电机非全相运行时，系统中将产生零序电流，一旦零序电流达到定值时，

发电机相邻线路的零序保护会动作切除线路断路器，造成电网事故。

因此，发电机运行时一相断开应立即将该相开关合入；而运行时发生两相断开，则应立即将合入相断路器断开。若断路器闭锁，则应立即将发电机功率降至最低处理。

五、案例

1. 运行方式

某电厂 1 号机为单元接线，发电机出口经升压变压器、220kV 线路接入一 220kV 变电站母线。

2. 异常及处理步骤

电厂运行人员报，发电机出口断路器 A、B 相偷跳，仅 C 相断路器运行。调度令电厂立即下令将 C 相断路器断开，同时下令电厂将功率降至 0。并将其他电厂功率增加，保证电网频率在正常范围内。电厂报断路器已闭锁分合闸，无法断开断路器，调度立即下令将线路对侧断路器断开。

3. 附图

某电厂 1 号机为单元接线图如图 29–2–1 所示。

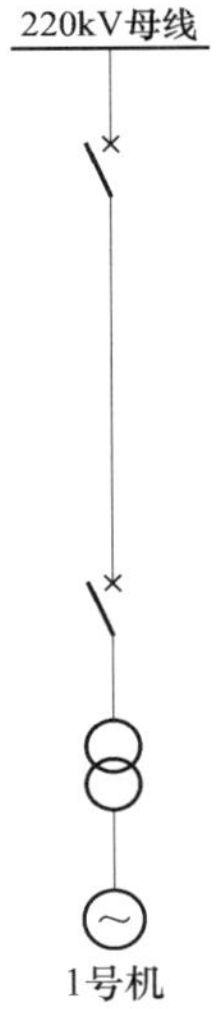

图 29–2–1　某电厂 1 号机为单元接线图

【思考与练习】

1. 发电机跳闸对电网会有什么影响？
2. 发电机失磁对电网会有什么影响？
3. 根据当地电网实际情况，针对某大容量机组跳闸导致电网频率降低，安排 DTS 实训。

第三十章

发电厂、变电站全停事故处理

模块1　发电厂及变电站全停的现象及危害（Z01H5001Ⅱ）

【模块描述】本模块介绍发电厂、变电站全停的定义及其现象。通过定义解释、要点归纳讲解，了解发电厂、变电站全停的现象及其对电网的危害。

【模块内容】

一、发电厂、变电站全停的定义

当发生电网事故造成发电厂、变电站失去和系统之间的全部电源联络线（同时发电厂的运行机组跳闸），导致发电厂、变电站的全部母线停电，即称为发电厂、变电站全停。

《国家电网公司事故调查规程》规定变电站（含开关站、换流站、变频站）全停系指该变电站各级电压母线转供负荷（不包括站用电）均降至零。

二、发电厂、变电站全停的现象

发电厂、变电站全停的现象与母线停电现象基本相同，其原因一般有母线本身故障；母线上所接元件故障时保护或开关拒动；外部电源全停造成等，同时发电厂、变电站的厂用、站用电全停。

判断是否为发电厂、变电站全停要根据系统潮流情况、现场仪表指示，保护和自动装置动作情况，开关信号及事故现象（如火光、爆炸声等）等，切不可只凭厂用、站用电源全停或照明全停而误认为是发电厂、变电站全停电。同时，应尽快查清是本站母线故障还是因外部原因造成本站母线停电。

三、发电厂、变电站全停的危害

发电厂、变电站全停严重威胁电网运行安全，具体表现在：

（1）大容量发电厂全停时使系统失去大量电源，可能导致系统频率事故及相关联络线过载等情况。

（2）变电站站用电全停会影响监控系统运行及断路器、隔离开关等设备的电动操作，同时发电厂失去厂用电会威胁机组轴系等相关设备安全，并会因辅机等相关设备停电对恢复机组运行造成困难。

（3）枢纽变电站全停通常将使系统失去多回重要联络线，极易引起系统稳定破坏及相关联络线过负荷等严重问题，进而引发大面积停电事故。

（4）末端变电站全停可能造成负荷损失，中断向部分电力用户的供电，如时间较长将产生较严重的社会影响。

【思考与练习】

1. 母线停电与发电厂、变电站全停有什么区别？
2. 发电厂、变电站全停的现象有哪些？
3. 发电厂、变电站全停对电网运行有什么危害？

模块2 发电厂及变电站全停的处理原则及方法（Z01H5002Ⅱ）

【模块描述】本模块介绍发电厂、变电站全停处理原则及方法。通过原则讲解、方法介绍，掌握发电厂、变电站全停的事故处理原则及要求，并能正确处理发电厂、变电站全停事故。

【模块内容】

一、发电厂及变电站全停的处理原则及方法

具有多电源联系的发电厂、变电站全停电时，运行值班人员应按规程规定立即将多电源间可能联系的断路器拉开，若双母线母联断路器没有断开应首先拉开母联断路器，防止突然来电造成非同期合闸。但每条母线上应保留一个主要电源线路开关在投运状态，或检查有电压测量装置的电源线路，以便及早判明来电时间。

当发电厂全停时，应设法恢复受影响的厂用电，有条件时，可利用本厂发电机对母线进行零起升压，成功后再设法与系统恢复同期并列。

发电厂、变电站全停时其他相关处理原则及方法可参照母线故障停电方式进行。

二、发电厂及变电站全停且与调度失去联系时的处理方法

当发电厂、变电站全停而又与调度联系不通时，现场运行值班人员应将各电源线路轮流接入有电压互感器（即有电压指示）的母线上，试探是否来电。调度员在判明该发电厂或变电站处于全停状态时，可分别选择一个或几个电源向该厂、站送电。发电厂、变电站发现来电后即可即使恢复厂用、站用负荷。这些处理程序事先应安排妥当，避免临时操作发生错误，特别要防止发生非同期合闸。

三、发电厂保厂用电的措施

由于发电厂失去厂用电后，会造成对厂用设备造成危害，对机组启动造成困难，因此发电厂要采取措施保证厂用电安全，保厂用电的措施有：

（1）发电机出口引出厂高压变压器，作为机组正常运行时本台机组的厂用电源，并可以做其他厂用电源的备用；作为火电机组，机组不跳闸，即不会失去厂用电；作为水电机组，机组不并网仍可带厂用电运行。

（2）装设专用的备用厂用高压变压器，即直接从电厂母线接入备用厂用电源，或从三绕组变压器低压侧接入备用电源。母线不停电，厂用电即不会失去。

（3）通过外来电源接入厂用电。

（4）电厂装设小型发电机（如柴油发电机）提供厂用电，或直流部分通过蓄电池供电。

（5）为确保厂用电的安全，厂用电部分应设计合理，厂用电应分段供电，并互为备用（可在分段断路器加装备用电源自动投入装置）。

（6）在系统方面，当系统难以维持时，对小电厂应采取低频解列保厂用电或其他方式解列小机组保证厂用电。

【思考与练习】

1. 具有多电源联系的发电厂、变电站全停电时，运行值班人员按规程规定应如何操作？

2. 发电厂保厂用电的措施有哪些？

3. 发电厂及变电站全停且与调度失去联系时的处理方法是什么？

模块3 发电厂及变电站全停的注意事项（Z01H5003Ⅲ）

【模块描述】本模块介绍发电厂、变电站全停事故处理的注意事项。通过要点归纳讲解和案例学习，掌握发电厂、变电站全停事故处理时的注意事项。

【模块内容】

一、发电厂及变电站全停的注意事项

（1）全面了解发电厂、变电站继电保护动作情况、断路器位置、有无明显故障现象。

（2）了解厂用、站用系统情况，有无备用电源等。

（3）全停发电厂有条件应启动备用柴油发电机，尽快恢复必要的厂用负荷，保证设备安全。

（4）利用备用电源恢复供电时，应考虑其负荷能力和保护整定值，防止过负荷和

保护误动作。必要时，只恢复厂用、站用电和部分重要用户的供电。

（5）恢复送电时必须注意防止非同期并列，防止向有故障的电源线路反送电。

二、案例

某电网 500kV BA 双回线故障跳闸造成 B 变电站、C 变电站及Ⅰ厂、Ⅱ厂全停。

1. 事故情况

某日 19:42，某电网一地区出现罕见的龙卷风天气，该地区 500kV BA 双回线相继故障跳闸，其中 BA1 号线 202、203、206 号塔倒塔，塔基部分损坏；BA2 号线 207 号塔横担折断，208 号塔倒塔。事故造成 500kV B 变电站、C 变电站及Ⅰ厂、Ⅱ厂全停，通过 BA 双回线向 A 省供电的Ⅱ厂 5 号机组（600MW 机组，当时功率 303MW）、Ⅰ厂 2 号机组（600MW 机组，当时功率 537MW）跳闸，系统频率最低 49.64Hz，频率低于 49.8Hz 共计 169s。

2. 事故前系统接线及潮流情况

事故前系统接线及潮流情况如图 30–3–1 所示。

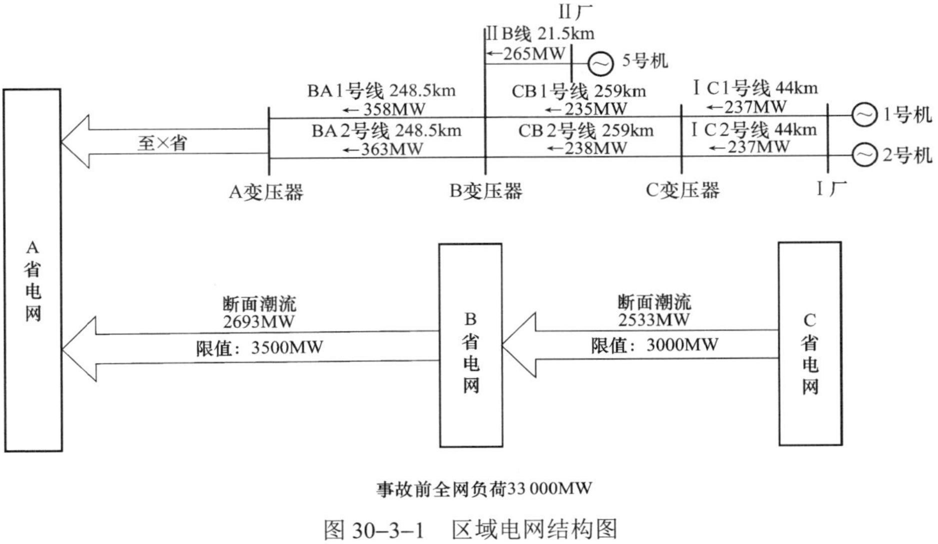

图 30–3–1　区域电网结构图

3. 事故处理过程

（1）采取紧急措施稳定系统。事故发生后，系统频率最低降至 49.64Hz，两个水电厂低频自启动装置动作，启动多台机组并网。网调值班调度员果断采取措施稳定系统，令有关电厂开机或增加功率，同时通知 A、B、C 三省调配合网调进行调整，及时降低了断面潮流，减少了频率越限时间，避免了事故扩大及电网负荷损失。

（2）启动应急处理机制。值班调度员及时将事故情况向主要领导做了汇报，主要领导及有关专业人员即刻赶到调度室，指挥事故处理。调度处立即组织精干力量，通知休班调度员紧急赶到单位，协助事故处理。

（3）保现场厂用、站用电措施。立即向通辽电厂、Ⅰ电厂、B 变电站、C 变电站通报 500kV BA 双回线故障情况，要求其做好启动柴油发电机、从邻近变电站引入低压电源线路等保证厂用电、站用电保安技术措施。

（4）尝试强送恢复系统。系统稳定后，调度员对 BA 2 号线、BA 1 号线各强送一次不良，且均为三相故障跳闸后，判断线路为永久故障，停止强送。

（5）后续工作。根据 BA 1 号线、BA 2 号线强送不良的情况，网调立即采取后续应急措施：立即通知线路维护局连夜带电巡线，发现问题及时联系处理。安排有关部门准备 BA 双回线铁塔及线材等基础资料，提前做好事故抢修准备工作。联系 A 省送变电公司，做好事故抢修支援准备工作。根据系统电源负荷情况，做好电源负荷平衡工作，组织安排备用电源并网，确保电网安全可靠供电。

【思考与练习】

1. 发电厂全停后调度员应了解哪些内容？
2. 恢复送电时应注意什么问题？
3. 发电厂全停后调度员利用备用电源恢复供电时，应考虑哪些因素？

第三十一章

电网黑启动

模块1　电网黑启动（Z01H6001Ⅱ）

【模块描述】本模块介绍电网黑启动的概念及基本原则。通过概念描述、原则讲解和案例学习，了解黑启动方案的基本内容。

【模块内容】

一、黑启动的概念

黑启动（Black–Start）是指整个电网因事故全停后，不依赖其他正常运行的电网帮助，通过系统中具有自启动能力的机组启动，来带动无自启动能力的机组启动，然后逐渐扩大系统的恢复范围，最终用尽量短的时间恢复整个电网的运行和对用户的供电。黑启动是电网安全措施的最后一道关口。

二、黑启动的基本原则

（1）选择电网黑启动电站。一般水电机组用作启动电源最为方便，但火电机组也应当能作为启动电源，其问题是要具有热态再启动的能力，而热态再启动能力的关键在于把握好某些允许的时间间隔，如汽包炉的热力机组不能安全再启动得最长时间间隔（如果需要由其他电厂提供厂用电源时，较为精确地掌握允许的时间间隔就更为重要）；或超临界直流炉的热力机组再启动的最短时间间隔。根据黑启动电站情况将电网分割出多个子系统。如利用水力发电机组尤其是抽水蓄能机组启动迅速方便，耗费能量少，功率增长速度快的特点，按水电站的地理位置将电网分割为多个子系统，制订相应的负荷恢复计划及断路器操作序列，并制订相应子系统的调度指挥权。

（2）对电网在事故后的节点状态进行扫描，检测各节点状态，以保证各子系统之间不存在电和磁的联系。

（3）各子系统各自调整及相应设备的参数设定和保护配置。

（4）各子系统同时启动子系统中具有自启动能力的机组，监视并及时调整各电网的参变量水平（如电压、频率）及保护配置参数整定等，将启动功率通过联络线送至其他机组，带动其他机组发电。

（5）将恢复后的子系统在电网调度的统一指挥下按预先制定的断路器操作序列并列运行，随后检查最高电压等级的电压偏差，完成整个网络的并列。

（6）恢复电网剩余负荷，最终完成整个电网的恢复。

当然在现代电网条件下，结合调度操作自动化，实现 SCADA、EMS 及其 AGC 对黑启动过程的自动控制，将会使事故损失减少到最小。

三、案例

如图 31–1–1 所示，为黑启动的目标电网图，为 220kV 系统，其中 A 变电站为 500kV 变电站，B 厂为调节性能较好水电厂，C 厂为火电厂，D、E、F、G、H 为 220kV 变电站。

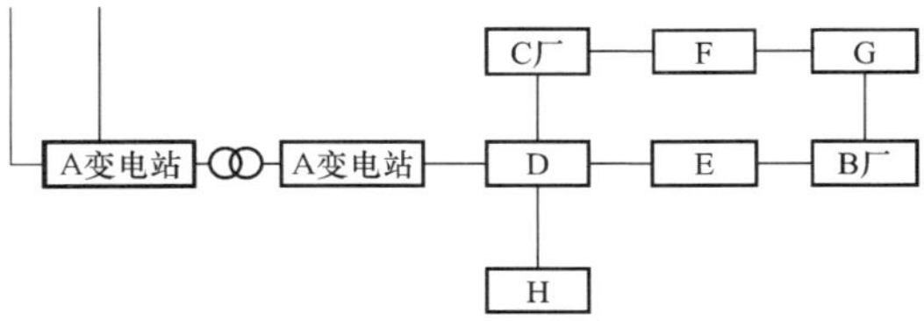

图 31–1–1 黑启动的目标电网图

这个电网的黑启动可采用以下黑启动电源：

1. 500kV 黑启动电源：A 变电站

用 A 变电站 500kV 电源通过主变压器恢复 A 变电站 220kV 母线，用 A—D—C 给 C 厂送厂用电，然后令 C 厂开机，用 D—E—B 送电至 B 厂，实现 500kV 电源与 220kV 电源的并列，逐步恢复各个变电站的负荷。

2. 220kV 黑启动电源：B 厂

令 B 厂黑启动成功后，通过 B—G—F—C 或 B—E—D—C 给 C 厂送厂用电，然后令 C 厂开机，逐步恢复其余 220kV 变电站，并逐步恢复负荷。

3. 小水电黑启动

如果上述两种方法都行不通，若地区有调节能力较好的小水电，可以通过小水电黑启动，通过 220kV 电网向 C 厂送厂用电，令 C 厂开机，然后视情况逐步恢复负荷。

【思考与练习】

1. 什么是电网黑启动？

2. 如何选择电网黑启动的电源？

3. 电网黑启动主要步骤有哪些？

模块2 电网黑启动需要注意的问题（Z01H6002Ⅲ）

【模块描述】本模块介绍电网黑启动过程中的无功平衡、有功平衡、频率电压控制及保护配置等问题。通过要点归纳讲解，了解电网黑启动过程中需要注意的问题。

【模块内容】

电网黑启动过程中需要特别注意以下问题：

一、无功平衡问题

在超高压电网恢复过程中，自启动机组发出的启动功率需经过高压输电线路送出，恢复初期，空载或轻载充电超高压输电线路会释放大量的无功功率，可能造成发电机组自励磁和电压升高失控，引起自励磁过电压限制器动作，因此要求自启动机组具有吸收无功的能力，并将发电机置于厂用电允许的最低电压值，同时将自动电压调节器投入运行；在超高压线路送电前，将并联电抗器先接入电网，断开静电电容器，安排接入一定容量（最好是低功率因数）的负荷等。

二、有功平衡问题

为保持启动电源在最低负荷下稳定运行和保持电网电压有合适的水平，往往需要及时接入一定负荷。负荷的少量恢复将延长恢复时间。而过快恢复又可能使频率下降，导致发电机低频切机动作，造成电网减负荷，因此增负荷的比例必须在加快恢复时间和机组频率稳定两者之间兼顾。为此，应首先恢复较小的直配负荷，而后逐步带较大的直配负荷和电网负荷，受按频率自动减负荷控制的负荷，只应在电网恢复的最后阶段才能予以恢复。一般认为，允许同时接入的最大负荷量，不应使系统频率较接入前下降 0.05Hz，国外几个电网的经验数据为负荷量不应大于发电量的 5%。

三、启动过程中的频率和电压控制问题

在黑启动过程中，保持电网频率和电压稳定至关重要，每操作一步都需要监测电网频率和重要节点的电压水平，否则极易导致黑启动失败。频率与系统有功即机组功率和负荷水平有关，控制频率涉及负荷的恢复速度、机组的调速器响应和二次调频，因此恢复过程中必须考虑启动功率和重要负荷的分配比例，尽量减少损失，从而加快恢复速度。

四、投入负荷过渡过程

一般除了电阻负荷外，在电网中接入其他负荷，都会产生过渡过程功率，但由于大多数负荷的暂态过程不过 1～2s，因此对带负荷机组的频率及电压一般影响都不大，即使是压缩空气负荷在断电后再投入，吸收的过渡过程功率时间长达 5s。也会由于电网全停后的系统恢复，其断电时间至少要 15min 以上，因此它只相当于初次启动时的

功率，不会出现太大的问题。

五、保护配置问题

恢复过程往往允许电网工作于比正常状态恶劣的工况，此时若保护装置不正确动作，就可能中断或者延误恢复，因此必须相应调整保护装置及整定值，力争简单可靠。

【思考与练习】

1. 黑启动过程中恢复负荷时应注意什么问题？
2. 黑启动过程中超高压线路恢复时应注意什么问题？
3. 为什么黑启动恢复过程中必须考虑启动功率和重要负荷的分配比例？

第三十二章

系统振荡处理

模块1　振荡的原因及类型（Z01H7001Ⅱ）

【模块描述】本模块介绍同步振荡、异步振荡、低频振荡及次同步振荡的原理及类型。通过概念描述、原理讲解和原因分析，了解振荡的基本原理及故障现象。

【模块内容】

一、振荡的类型

1. 同步振荡和异步振荡

同步振荡指当发电机输入或输出功率变化时，功角δ将随之变化，但由于机组转动部分的惯性，δ不能立即达到新的稳态值，需要经过若干次在新的δ值附近振荡之后，才能稳定在新的δ下。这一过程即同步振荡，亦即发电机仍保持在同步运行状态下的振荡。

系统发生同步振荡时，电网各机组间仍保持同步，振荡机组及附近机组会发生功率摆动，某些联络线的功率也会发生不同程度的摆动。

异步振荡指发电机因某种原因受到较大的扰动，其功角δ在0°～360°之间周期性的变化，发电机与电网失去同步运行的状态。在异步振荡时，发电机在发电机状态和电动机状态之间来回变化。

2. 低频振荡

并列运行的发电机在小干扰下发生的频率为0.1～2.5Hz范围内的持续同步振荡现象叫低频振荡。

3. 次同步振荡

当发电机经由串联电容补偿的线路接入系统时，如果串联补偿度较高，网络的电气谐振频率较容易和大型发电机轴系的自然扭振频率产生谐振，造成发电机大轴扭振破坏。此谐振频率通常低于同步（50Hz）频率，故称之为次同步振荡。

二、振荡的原因

1. 同步振荡和异步振荡的原因

系统发生振荡的原因主要有：输电线路输送功率超过极限值造成静态稳定破坏；

电网发生短路故障，切除大容量的发电、输电或变电设备，负荷发生较大突变等造成电网暂态稳定破坏；输变电设备故障跳闸后，系统间联系阻抗突然增大，引起动稳定破坏；大容量机组跳闸或失磁，使系统联络线负荷增大或使系统电压严重下降，造成稳定破坏；电网发生非同期并列。

2. 低频振荡的原因

低频振荡产生的原因是电网的负阻尼效应，常出现在弱联系、远距离、重负荷输电线路上，在采用现代、快速、高放大倍数励磁系统的条件下更容易发生。

3. 次同步振荡的原因

产生次同步振荡的主要原因是当发电机经由串联电容补偿的线路接入系统时串联补偿装置补偿度较高。对高压直流输电线路（HVDC）、静止无功补偿器（SVC），当其控制参数选择不当时，也可能激发次同步振荡。

【思考与练习】

1. 造成同步振荡和异步振荡的主要原因有哪些？

2. 低频振荡主要出现在什么情况下？

3. 什么是同步振荡和异步振荡？

模块 2 振荡的判断与处理（Z01H7002Ⅲ）

【模块描述】本模块介绍同步振荡、异步振荡、低频振荡及次同步振荡的判断方法与处理方法。通过方法介绍和案例学习，掌握正确判断与处理电网振荡事故的方法。

【模块内容】

一、同步振荡和异步振荡的判断与处理

（1）发电厂、变电站应迅速采取措施提高系统电压。

（2）频率升高的电厂，迅速降低频率，直到振荡消失或降到不低于 49.50Hz 为止。

（3）频率降低的电厂，应充分利用备用容量和事故过负荷能力提高频率，直至消除振荡或恢复到正常频率为止，必要时，值班调度员可以下令受端切除部分负荷。

（4）不论频率升高或降低的电厂都要按发电机事故过负荷规定，最大限度地提高励磁电流。受端负荷中心调相机按调度要求调整励磁电流。防止电压升高，负荷加大而恶化稳定水平。

（5）调度值班人员争取在 3～4min 内将振荡消除，否则应在适当地点解列。

（6）在系统振荡时，除现场事故规定者外，发电厂值班人员不得解列任何机组。

（7）若由于机组失磁而引起系统振荡时，应立即将失磁机组解列，但注意区别汽轮发电机失磁异步运行时，功率、电流也有小的摆动。

（8）环状系统解列操作引起振荡时，应立即投入解列的断路器。

二、低频振荡的判断与处理

（1）首先判断出发生低频振荡的系统位置，其次判断出振荡系统的送端和受端。

（2）立即降低振荡时送端系统主要发电机组（对系统稳定影响最大的机组）的有功功率，降低联络线有功潮流，同时提高送端系统主要发电机组的无功功率和母线电压。

（3）立即增加受端系统机组有功功率和无功功率，提高受端系统母线电压。

（4）如因线路、变压器等设备停电操作引起系统低频振荡，应立即恢复线路、变压器等停电设备运行。

（5）如因发电机并列操作引起系统低频振荡，应立即解列该发电机组。

（6）如因线路、变压器等设备事故跳闸引起系统低频振荡，应立即按规定控制相关断面、联络线等潮流，有条件尽快恢复跳闸设备运行。

（7）如因改变发电机励磁系统自动励磁调解器或 PSS 运行状态引起系统低频振荡，应立即恢复发电机自动励磁调解器或 PSS 原运行状态。

（8）如低频振荡导致系统稳定破坏，按系统稳定破坏事故进行处理。

三、次同步振荡的判断与处理

（1）附加一次设备或改造一次设备。

（2）降低串联电容器补偿度。

（3）通过二次设备提供对扭振模式的阻尼（类似于 PSS 的原理）。

四、案例

1. 电网运行方式

A 省电网与主网通过两回 500kV 线路 FW 双回线相连，事故前 A 省外送 1500MW。W 电厂装机容量 180MW×3，正常通过两回 220kV 线路与 A 省主网相连，事故前其中一回线路计划检修，3 台机组满发。

2. 事故经过及处理

20:57，A 省电网各发电厂汇报发电机出现摆动现象。其中 W 电厂摆动最大，达到 33 万～53 万 kW，G 电厂 18.3 万～19.7 万 kW，D 电厂 183 万～197 万 kW，H 电厂 88 万～100 万 kW，E 电厂 15.7 万～17.3 万 kW，M 电厂 18.1 万～21.2 万 kW。

500kV 线路潮流摆动情况：FW 双回线潮流在 110 万～200 万 kW 之间摆动，BW 双回线潮流在 12 万～28 万 kW 之间摆动，WS 双回线潮流在 80 万～170 万 kW 之间摆动，DY 双回线潮流在 37 万～97 万 kW 之间摆动，YF 双回线潮流在 95 万～124 万 kW 之间摆动。

W 电厂电压 179～235kV，S 电厂电压 215～223kV，G 电厂电压 519～529kV，F

变电站电压 504～518kV，W 变电站电压 515～519kV，D 变电站电压 514～521kV，W 变电站电压 506～518kV。

21:10 左右，A 省调、多个电厂分别向网调报机组负荷、电压波动。网调当时观察到 DY 双回、FW 双回、WS 双回有功潮流波动非常大。紧急令网内备用水电机组开机发电，同时令 A 省降联络线潮流运行。21:11，W 电厂 1 号机、3 号机由于调速器压力油罐压力低相继跳闸，跳闸后，A 省电网机组对主网的摇摆消失。21:17 左右，各机组负荷波动消失。

上述整个过程的振荡频率在 0.8～0.9Hz 左右，持续时间 13min 55s。

3. 事故分析结论

在整个振荡过程中，A 省电网所有机组均未失步，本次振荡属低频同步振荡。本次振荡的引发地点在 W 电厂，振荡的引发原因是振荡前运行方式下 W 电厂机组对系统振荡模式的阻尼已经较弱，随着摆动发生前电厂有功功率的增加或无功功率的减少，进一步降低了该振荡模式的阻尼，引发了 W 电厂机组对系统的低频同步振荡，由此激发了 A 省电网机组对主网的低频振荡。W 电厂 1 号机、3 号机由于调速器压力油罐压力低相继跳闸后，振荡消失。

4. 附图

某电网结构图如图 32–2–1 所示。

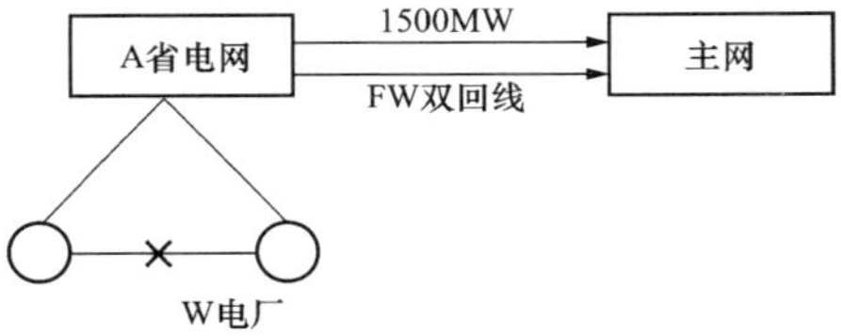

图 32–2–1 某电网结构图

【思考与练习】

1. 发生系统振荡应如何调整发电机组处理？
2. 抑制系统次同步振荡的措施有哪些？
3. 低频振荡如何判断与处理？

第三十三章

反事故演习

模块1　反事故演习基本知识（Z01H8001Ⅱ）

【模块描述】本模块介绍反事故演习的目的、作用、组织形式及演习流程等内容。通过要点归纳讲解，了解反事故演习活动。

【模块内容】

一、反事故演习的目的和作用

（1）定期检查电网运行人员处理事故的能力。

（2）使电网运行人员掌握迅速处理事故和异常现象的正确方法。

（3）贯彻反事故措施，帮助电网运行人员进一步掌握规程规定，熟悉电网及相关设备运行特性。

二、反事故演习的组织形式

调度系统反事故演习一般分为主演和被演两组，较大型的联合反事故演习还设置演习指挥和导演。

（1）主演组。针对电网薄弱环节编制反事故演习方案，设置事故处理考察要点，调控DTS系统，并根据反事故演习方案及被演事故处理情况逐步推进事故发展进程。

（2）被演组。被演组是反事故演习的主要考察对象，在演习过程中根据主演组设置的电网事故情况作出相应的反应，尽可能及时准确地进行事故处理。

（3）演习指挥和导演。在涉及多家单位的大型联合反事故演习中，总体掌控反事故演习进程，实现相关各系统的协调配合。

三、反事故演习的流程

典型的调度系统反事故演习通常包括以下流程：

（1）确定参演人员，并划分主演组、被演组（被演组成员也可临时决定）。

（2）由主演组制订演习方案。

（3）反事故演习具体实施过程。

（4）反事故演习考评及分析总结。

（5）被演组整理反事故演习报告。

四、反事故演习的注意事项

（1）反事故演习题目应有针对性，能反映电网危险点，并能较为全面地检验调度运行人员的事故处理能力。

（2）反事故演习题目应对被演组人员严格保密。

（3）涉及现场参与的反事故演习在演习过程中要有明确说明，避免和实际运行系统情况混淆。

（4）若反事故演习过程中实际电网出现异常及事故，应立即中止反事故演习活动，其他人员协助当班调度运行人员进行事故处理。

（5）反事故演习须有专用演练电话，通信保障系统和技术支持系统与正常通信设备严格隔离。

（6）反事故演习时间安排要适当，应避开调度计划工繁忙时段，人员要与正常值班分开，不能影响电网日常调控运行工作。同时要落实安全责任制，严防假戏真做。

【思考与练习】

1. 反事故演习的作用和目的是什么？
2. 反事故演习的注意事项有哪些？
3. 反事故演习的流程有哪些？

模块2 参与反事故演习（Z01H8002Ⅲ）

【模块描述】本模块介绍反事故演习方案编制、实施、评价总结等内容。通过要点归纳讲解和案例学习，掌握反事故演习方案编制方法，能组织实施反事故演习活动，对反事故演习活动进行评价。

【模块内容】

一、反事故演习方案编制

在开展反事故演习活动时，制订演习方案尤为重要，首先演习题目要有针对性，要结合电网设备运行方式、当前保供电任务、季节性天气特点以及人员技术水平等进行综合考虑，为了充分考察调度运行人员在事故处理中考虑问题的全面性及对复杂事故的应变能力，故障往往不能设置得过于简单，可人为使事故扩大化，应设置多重故障。另外为了达到实战效果，演习方案必须保密，不可事先告诉演习人员，只有这样才能在实际演练中暴露出真实存在的问题，有利于采取有效的应对措施。

二、反事故演习实施

反事故演习的关键在于演习过程的真实性，要让演习人员感觉就是真的事故发生了，要及时、正确、迅速地控制事故扩大，尽快恢复电网正常运行。最大程度再现事故处理现场的真实情况，考察演习人员调度用语的规范性和掌握有关规程制度的熟练程度以及根据事故现象独立分析、判断、处理事故的能力。

整个事故处理过程中，处理人员所进行的一切有关事故的现场汇报、及操作指令等，应做好记录，以便活动后考核、分析和总结。为了提高调度运行人员快速、准确处理事故的能力。同时演习活动还应有一定的时间限制，否则，处理过程拖得过长，也不适应事故处理实战中的客观要求。

三、反事故演习评价总结

整个反事故演习结束后，应组织全体人员参加考评、分析和总结，对参加反事故演习的人员，在本次反事故演习活动中的表现作出评价，指出整个演习过程中的错误和不足，最后针对反事故演习题目，提出正确、完善的处理步骤，再由大家充分讨论，找出问题出现的原因，总结经验教训，做好预防措施，从而提高调度运行人员对不同事故的应变及分析处理能力。

具体应参考的有关考评内容包括以下方面：

（1）事故发生后对事故总体情况的了解。

（2）调整稳定系统情况。

（3）根据保护动作情况对故障点的判断。

（4）对故障点的隔离。

（5）恢复系统的步骤。

（6）相关规程及汇报制度等的掌握情况。

（7）调度用语的规范性等其他内容。

四、案例

2008 年某电网奥运保联合反事故演习方案提纲

1. 联合反事故演习意义和目的

2. 联合反事故演习的组织安排

2.1　组织机构

2.2　联合反事故演习时间地点

2.3　联合反事故演习使用设备及演习电话

2.4　联合反事故演习观摩人员

2.5　参加联合反事故演习单位

3. 联合反事故演习相关措施及要求

3.1　组织措施

3.2　技术措施

3.3 安全措施
3.4 演习要求
3.5 演习中各有关单位的任务
3.6 通信和自动化保障方案
3.6.1 反事故演习会议电话系统方案说明
3.6.2 会议电话系统维护终端操作说明
3.6.3 反事故演习会议电话及视频系统方案说明
3.6.4 自动化保障措施
4. 联合反事故演习方案
4.1 总体构想
4.1.1 故障设置
4.1.2 事故处理要点
4.1.3 故障前系统方式
4.2 故障前后系统变化
4.2.1 故障前后系统接线
4.2.2 故障前后系统潮流
4.3 反事故演习进程
4.3.1 故障现象
4.3.2 处理参考过程
4.3.2.1 第一部分
附录一：××省调方案
附录二：××供电公司演习方案

【思考与练习】

1. 制订演习题目要注意什么问题？
2. 对事故演习进行评价时应考虑哪些方面？
3. 反事故演习的目的是什么？

第三十四章

复合故障处理

模块1　常见的复合故障原因及种类（Z01H9001Ⅱ）

【模块描述】本模块包含系统振荡、开关拒动、死区故障、全站停电等复杂事故原因及现象。通过案例分析，能分析判断系统振荡、开关拒动、死区故障、全站停电等复杂事故时的保护动作行为、相关保护信息情况。

【模块内容】

一、电网发生异步振荡

1. 电网发生异步振荡的一般现象

（1）电力线路、发电机和变压器的电压表、电流表和功率表的指针周期性剧烈摆动。发电机、变压器在表计摆动的同时发出有节奏的轰鸣声。

（2）振荡中心（位于失去同期的两电源间联络线的电气中心）附近的电压摆动最大，它的电压周期性地降到接近于零。白炽照明灯随电压波动一明一暗。

（3）失去同期的发电厂间的联络线的有功表摆动最大，输送功率往复摆动，每个振荡周期内的平均功率接近于零。

（4）送端系统的频率升高，受端系统的频率降低并略有波动（机组转速表能正确反映，数字式频率表则无法反映）。

2. 电网发生异步振荡的主要原因

（1）系统发生严重故障，超过稳定限额范围。

（2）系统发生多重性故障。

（3）失去大电源等原因使联络线路超过静态稳定限额。

（4）故障时开关或继电保护拒动或误动，无自动调节装置或装置失灵。

（5）电网发生短路故障，切除大容量的发电、输电或变电设备，负荷瞬间发生较大突变等造成电网暂态稳定破坏。

（6）大容量机组跳闸或失磁，使系统联络线负荷增大或使系统电压严重下降，造成联络线稳定极限降低，引起稳定破坏。

（7）环状系统（或并列双回线）突然开环，使两部分系统联系阻抗突然增大，引起动稳定破坏而失去同步。

（8）电源间非同步合闸未能拖入同步。

（9）系统功率不足，电压、频率低于临界值时，引起静态稳定破坏。

二、电网发生同步振荡

1. 电网发生同步振荡的一般现象

同步振荡时，系统频率能保持相同，各电气量的波动范围不大，且振荡在有限的时间内衰减从而进入新的平衡运行状态。负阻尼低频振荡的振荡频率为 0.2～2.5Hz，次同步振荡的振荡频率要高得多。主要表现在机组有功功率、无功功率、电流的上下波动，联络线潮流、系统频率的波动，以及电压的波动。严重时，有功、无功、电压、电流、频率大幅摆动，照明忽明忽暗，机组发出周期性轰鸣声，这些特征与异步振荡类似，只是在程度上有所不同。

2. 电网发生同步振荡的主要原因

（1）机组失磁或进相。

（2）负阻尼低频振荡产生的原因是电力系统的负阻尼效应，常出现在弱联系、远距离、重负荷输电线路上，在采用快速、高放大倍数励磁系统的条件下更容易发生。

（3）次同步振荡产生的原因是发电机经由串联电容补偿的线路接入系统时，串联补偿度较高，从而使网络的电气谐振频率较容易和大型汽轮发电机轴系的自然扭振频率产生谐振。此外，对高压直流输电线路（HVDC）、静止无功补偿器（SVC），当其控制参数选择不当时，也可能激发次同步振荡。

（4）机组励磁控制系统参数设置不当。

三、系统解列

1. 系统解列的主要原因

（1）系统联络线、联络变压器或母线发生事故、过负荷、保护误动作跳闸。

（2）为解除系统振荡，自动或手动系统解列。

（3）低频、低压解列装置动作将系统解列。

2. 系统解列的现象

（1）系统解列后，缺少电源的地方频率会下降，同时伴随着电压下降；电源充足的地方频率暂时会升高。

（2）系统解列后，潮流会发生变化，有可能导致某些输电线路、变压器等过负荷运行，应密切监视运行设备的过负荷状况。

四、死区故障

1. 保护死区的概念

在学习保护原理时，经常会提到死区的概念，那么什么是死区，又为什么有死区的存在呢？大多数保护装置都是通过对接入的电压、电流量进行分析，判断设备是否正常运行，而电流量取自各间隔的电流互感器二次，所以保护范围的划分，通常是以电流互感器为分界点的，而保护动作之后是通过跳开断路器切除故障，这样判断故障和切除故障的设备不同，在这两种设备之间就存在一个特殊的位置，也就是通常所说的死区。

比如对于一个双母线接线的线路间隔来说，电流互感器通常装在断路器和线路隔离开关之间，本间隔以它为分界，母线侧是母差保护范围，线路侧是线路保护范围。当死区范围内发生短路故障时，属于母差保护范围，母差保护动作，跳开母线上所有断路器，本间隔断路器跳开后，如果线路对侧有电源，那么故障点依然有短路电流，而线路对侧的快速保护范围是两侧电流互感器之间的部分，如果没有采取适当的措施，对侧快速保护则不能动作，只能等待后备保护动作。

对于双母线接线，母联断路器和电流互感器之间存在一个母联死区；对于 3/2 断路器接线，母线侧断路器和对应的电流互感器之间存在一个死区；同样，主变压器某一侧的断路器和电流互感器之间也有死区。

2. 母联死区故障和母联拒动的区别

若正常方式时母联断路器在合位，则母联死区故障和母联拒动的结果都是两条母线的进出线开关全部跳闸，母线电压为零，但是母联死区故障时母联断路器在分位，由母联死区保护动作切除故障，母联拒动时母联断路器在合位，由母联失灵保护动作切除故障。

3. 死区故障的判断

死区故障与对应开关拒动时的现象类似，但死区故障没有开关拒动情况，需要值班员根据事故现象综合分析，做出正确判断，若能及时发现死区故障，可大大提高事故处理速度，尽快恢复无故障设备送电。

五、开关拒动

当某一线路、母线、变压器发生故障时，相应的断路器动作跳闸，但由于断路器本体某些原因，开关拒动，未跳开，导致事故范围扩大，这种现象称为开关拒动。

开关拒动时，故障的切除依靠断路器的失灵保护、主变压器后备保护等，下面介绍发生各种开关拒动情况时保护的动作过程。

1. 220kV 开关拒动

卓越变电站 220kV 侧主接线如图 34–1–1 所示（双母线运行，211、241、245、247 断路器在Ⅰ母线运行，212、242、244 断路器在Ⅱ母线运行）。

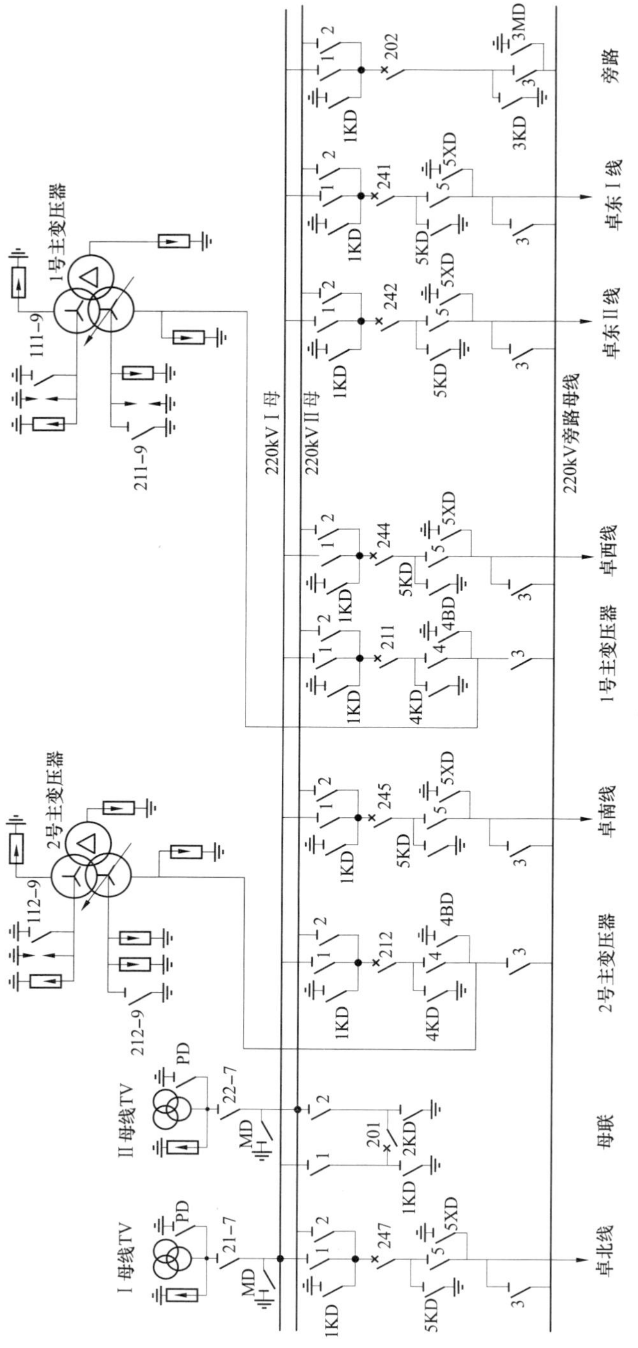

图 34-1-1 卓越变电站 220kV 侧主接线图

（1）220kV 卓东Ⅱ线线路故障，242 断路器拒动，失灵保护启动，切除 220kVⅡ母线上所有断路器（201、212、244）。

（2）220kVⅡ母线故障，242 断路器拒动，母差保护动作同时启动停信或远跳功能，使卓东Ⅱ线线路对侧断路器快速跳闸。

（3）220kVⅡ母线故障，201 断路器拒动，母联失灵保护动作，切除 220kVⅠ母线上所有断路器（211、241、245、247）。

（4）220kVⅡ母线故障，212 断路器拒动，失灵保护动作，跳开 2 号主变压器其他两侧断路器（112、512）。

（5）220kV 2 号主变压器故障三侧断路器跳闸，212 断路器拒动，失灵保护启动，切除 220kVⅡ母线上所有断路器（201、242、244）。

2. 220kV 变电站 110kV 侧开关拒动

220kV 卓越变电站 110kV 侧主接线如图 34–1–2 所示（双母线运行，141、143、145、111 断路器在Ⅰ母线运行，142、146、112 断路器在Ⅱ母线运行，并且 110kV 线路都是负荷线路，没有联络线，即在故障时不提供短路电流）。

（1）110kV 卓甲Ⅱ线线路故障，142 断路器拒动，2 号主变压器中压侧后备保护（零序过电流或复合电压闭锁过电流）动作，第一时限跳开母联 101 断路器，第二时限跳开中压侧断路器 112，故障切除。

（2）110kVⅡ母线故障，142 断路器拒动，由于线路对侧无电源，母线上其他断路器跳开后，故障即切除。

（3）110kVⅡ母线故障，101 断路器拒动，母联失灵保护动作，将Ⅰ母线元件跳开，故障切除。

（4）110kVⅡ母线故障，112 断路器拒动，主变压器后备保护（中压侧零序过电流或复合电压闭锁过电流）动作，第一时限跳母联，第二时限跳本侧，第三时限跳三侧，故障切除。

（5）110kV 2 号主变压器故障跳三侧断路器跳闸，112 断路器拒动，若主变压器中压侧后备保护带有方向，则由 1 号主变压器中压侧后备保护动作，第一时限跳母联，故障切除，若不带方向，则 1 号、2 号主变压器中压侧后备保护动作都动作，第一时限跳母联，故障切除。

3. 220kV 变电站 10kV（或 35kV）侧开关拒动

220kV 卓越变电站 2 号主变压器低压侧出线主接线如图 34–1–3 所示。

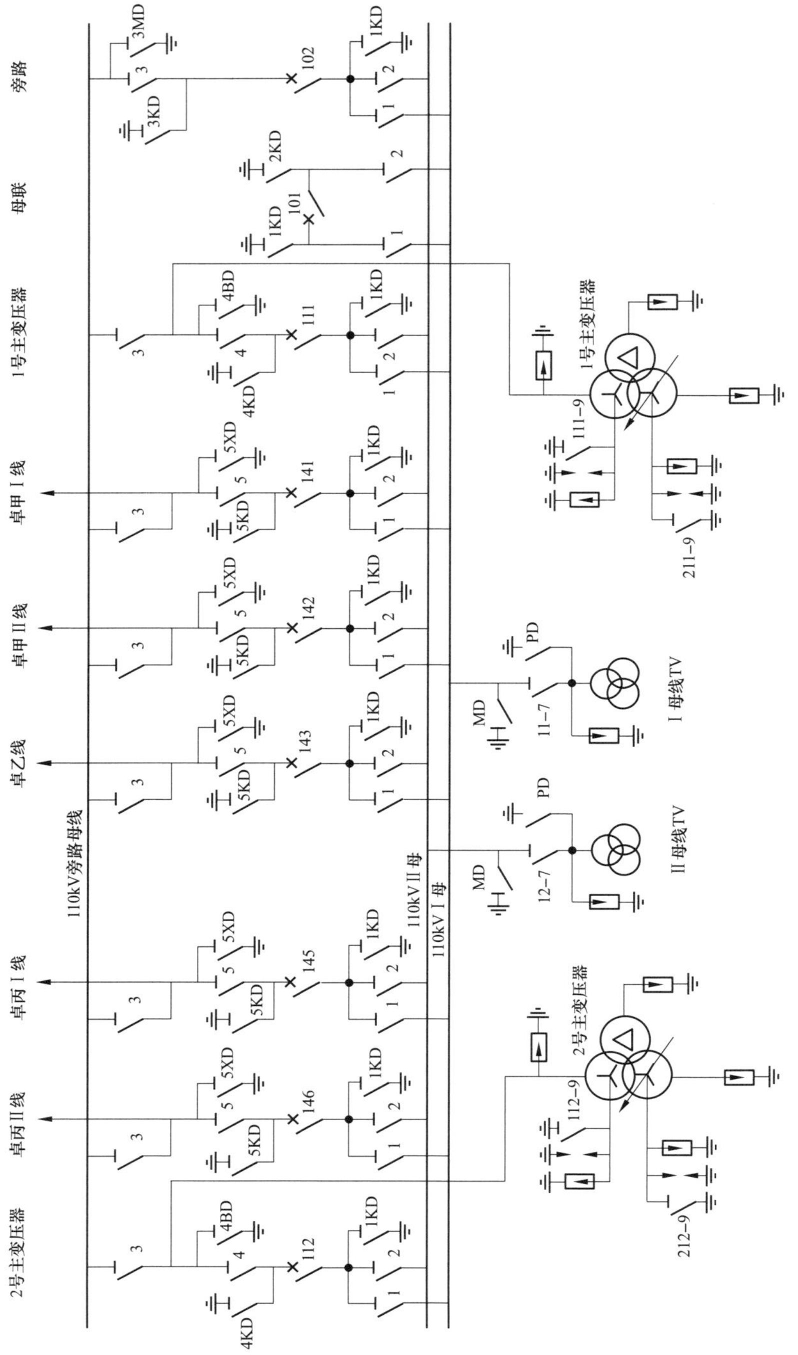

图 34-1-2 220kV 卓越变电站 110kV 侧主接线图

（1）10kV 卓夏线线路故障，542 断路器拒动，2 号主变压器低压侧后备保护动作，第一时限跳分段 501 断路器，第二实现跳本侧 512 断路器，切除故障。

（2）10kVⅡ母线故障，542 断路器拒动，由于线路对侧无电源，2 号主变压器低压侧后备保护动作（未装设母差保护），第一时限跳分段 501 断路器，第二时限跳本侧 512 断路器，切除故障。

（3）10kVⅡ母线故障，512 断路器拒动，2 号主变压器低压侧后备保护动作，第一时限跳分段 501 断路器，第二时限跳本侧 512 断路器，第三时限跳三侧断路器，切除故障。

（4）2 号主变压器故障跳三侧断路器，512 断路器拒动，由于低压侧无其他电源，主变压器高、中压侧断路器跳开后即切除故障。

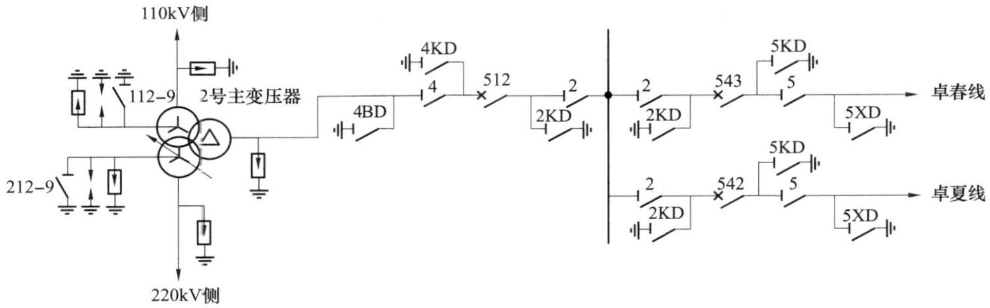

图 34-1-3　220kV 卓越变电站 2 号主变压器低压侧出线接线图

六、变电站全停

发生全站停电事故的主要原因如下。

（1）单电源进线变电站，电源进线线路故障，线路对侧跳闸。

（2）本站高压侧母线及其分路故障，保护拒动越级使各电源进线故障跳闸。

（3）系统发生事故，造成全站失电。

（4）严重的雷击、闪络及外力破坏。

【思考与练习】

1. 电力系统复合故障主要有哪些？
2. 异步振荡的现象及原因有哪些？
3. 同步振荡的现象及原因有哪些？
4. 系统解列的现象及原因有哪些？
5. 保护死区的概念及其动作过程？
6. 母联死区故障和母联拒动的区别？

模块2 复合故障处理原则及方法（Z01H9002Ⅲ）

【模块描述】本模块包含系统振荡、开关拒动、死区故障、全站停电等复杂事故的处理。通过案例分析，掌握复杂事故处理原则和步骤。

【模块内容】

一、电网发生异步振荡的处理

（1）频率降低的发电厂（受端）应立即自行增加功率至最大，并利用最大允许的过负荷能力，使频率恢复至 49.50Hz 以上或振荡消失为止，必要时应紧急拉路切除部分负荷。

（2）频率升高的发电厂（送端）应立即自行降低功率，使频率降至 49.50Hz 或振荡消失为止。

（3）若装有联锁切机装置的线路跳闸，而因装置失灵，应该切除的机组没有被切除（或远方切机装置动作，而应切除的机组没有被切除），系统发生振荡时，现场值班人员应尽快将该机组与系统解列。

（4）各发电厂在电网发生异步振荡时，值班人员无须等待调度指令，尽量利用发电机的过负荷能力增加无功功率，提高母线电压至最高允许值。

（5）在电网发生异步振荡时，各发电厂值班人员不得无故将发电机与系统解列（除特别规定允许在异步振荡时解列的发电机外）。在频率和电压严重下降到威胁厂用电安全时，根据现场规程将厂用电（全部或部分）按解列方案解列运行。

（6）若由于发电机失磁而引起电网振荡时，现场值班人员应立即将失磁的机组解列。

二、电网发生同步振荡的处理

（1）各发电厂当系统发生同步振荡时，值班人员无须等待调度指令，尽量利用发电机的过负荷能力增加无功功率，提高母线电压至最高允许值。

（2）在系统发生同步振荡时，发电厂值班人员不得无故将发电机与系统解列。在频率和电压严重下降到威胁厂用电安全时，根据现场规程将厂用电（全部或部分）按解列方案解列运行。

（3）若由于发电机失磁而引起系统振荡时，发电厂值班人员应立即将失磁的机组解列。若由于发电机进相而引起系统振荡时，现场值班人员应立即增加无功，将机组进相改为滞相运行。

（4）新机组调试期间，因励磁系统问题引发功率振荡，应立即将调试机组与系统解列。

（5）各变电站在系统发生同步振荡时，值班人员按照调度要求采取投入电容器等措施提高电压。在不影响设备安全时，不得将电容器退出。

三、系统解列的处理

（1）将频率较高的系统降低其频率，但不得低于49.50Hz。

（2）将频率较低的系统短时切除部分负荷，或切换至频率较高系统供电。

（3）将频率较高系统的部分发电机组或整个发电厂先与系统解列，然后再与频率较低的系统并列。

（4）启动备用机组与频率较低系统并列。

（5）在系统事故情况下，经过长距离输电线路的两个系统，允许在电压相差20%、频率相差0.5Hz范围内进行同期并列。

四、电网电压异常的事故处理

（1）电网中的电压变动超出电压正常范围（110kV母线电压不得低于99kV），所在的变电站根据就地平衡原则，将装有的无功调压设备（调相机、电容器、电抗器等）立即进行调整使电压恢复到允许的偏差范围内。当调整手段仍不能满足电压要求，应立即上报调度，变电站值班人员根据调度命令做好事故拉路等工作。

（2）当系统无功不足造成电压过低时，不宜采用调整变压器分接头的办法来提高电压。

（3）凡发生事故时，低压减载装置或联跳装置动作切除负荷的线路，均不得自行试送。

五、电网频率异常的处理

（1）当电网发生低频减载装置动作或联跳装置动作切除负荷时，值班人员应将装置动作时间、切除的开关和当时的负荷汇报有关调度。

（2）在电网频率异常的处理中，变电站值班人员应根据调度命令做好事故拉路限电处理。

（3）凡低频减载装置或联跳装置动作切除负荷的线路，均不得自行试送。

六、变电站全停事故处理

（1）发电厂、变电站母线失电是指母线本身无故障而失去电源，判别母线失电的依据是同时出现下列现象：

1）该母线的电压表指示消失。

2）该母线的各出线及变压器负荷消失（电流表、功率表指示为零）。

3）该母线所供厂用电或所用电失去。

（2）对多电源变电站母线失电，为防止各电源突然来电引起非同期，现场值班人员或调控、监控值班人员应按下述要求自行处理：

1）单母线应保留一电源断路器，其他所有断路器（包括主变压器和馈供断路器）全部拉开。

2）双母线应首先拉开母联断路器，然后在每一组母线上只保留一个主电源断路器，其他所有断路器（包括主变压器和馈线断路器）全部拉开。

3）如停电母线上的电源断路器中仅有一台断路器可以并列操作的，则该断路器一般不作为保留的主电源断路器。

（3）发电厂母线失电后，应立即自行将可能来电的断路器全部拉开。有条件时，利用本厂机组对母线零起升压，成功后将发电厂（或机组）恢复与系统同期并列；如果对停电母线进行试送，应尽可能用外来电源。

七、死区故障处理

死区的存在对系统的安全稳定运行有很大的威胁，因为死区大都位于母线的出口附近，一旦死区范围内发生故障，不能快速切除，对设备和电网的影响非常大，所以要采取措施尽快切除死区故障。线路死区如图 34–2–1 所示。以下介绍几种快速切除死区故障的方法。

（1）在断路器两侧分别安装电流互感器。如图 34–2–2 所示，在断路器两侧各装设一组电流互感器，两组电流互感器之间保护范围交叉，一旦该范围内发生故障，两种保护同时动作，快速切除故障。

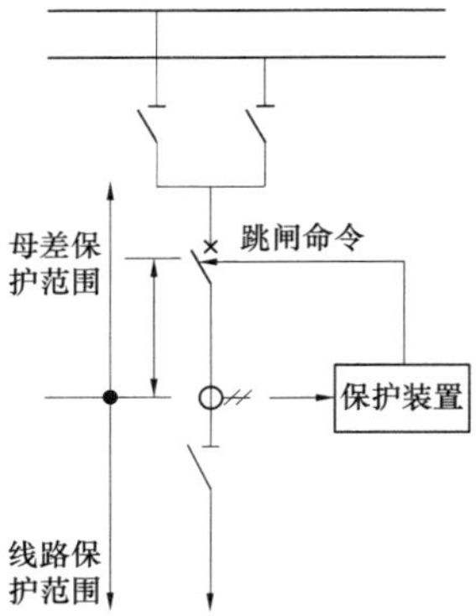

图 34–2–1 线路死区

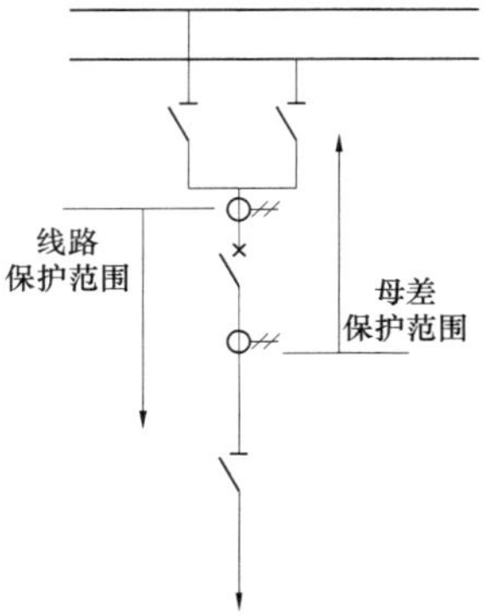

图 34–2–2 线路装设两组电流互感器

（2）设置专门的母联死区保护。在微机型母线保护中，针对单母线分段和双母线接线方式，专门设置了母联死区保护。当母联断路器与电流互感器之间发生故障时，母差保护小差选择元件会判断为断路器侧母线故障，将其切除之后，另一条母线仍然向故障点提供短路电流，此时大差启动元件和断路器侧小差选择元件均不返回，经过整定的较短延时跳开另一条母线，从而快速切除故障。

（3）使用母差停信或母差远跳功能。当线路死区范围内发生故障，母差保护动作，如果线路对侧有电源，可采用母差停信（或位置停信）或远跳的方式使对侧快速保护动作切除故障。对于配置高频闭锁式保护的线路，当母差保护动作之后，将故障母线上连接的线路保护发信机停信，停止向线路对侧发送闭锁信号，而线路对侧高频保护判断为正方向故障，又收不到闭锁信号，所以保护动作出口跳闸。对于配置光纤电流差动保护的线路，母差保护动作后，向线路对侧发出远跳信号，使对侧断路器跳开。

（4）利用后备保护切除死区故障。主变压器 220、110kV 电流互感器通常装在断路器的靠近主变压器侧，当断路器和电流互感器之间发生故障，属于母差保护范围。220kV 母差保护动作后有些变电站设置跳主变压器三侧断路器，故障即能切除；有些变电站设置只跳开本侧断路器，其他两侧会继续向故障点提供短路电流，此时要依靠失灵保护或主变压器后备保护切除故障。主变压器 110kV 侧死区故障，同样是母差保护动作后，再依靠主变压器后备保护动作切除故障。

对于 3/2 断路器接线，母线侧电流互感器通常装设在断路器和母线之间，如图 34–2–3 所示，当死区范围发生故障时，线路保护动作断路器跳闸，但母线仍向故障点提供短路电流，此时依靠母线侧断路器失灵保护动作（该断路器虽然跳开，但仍有电流），切除对应母线上的所有开关。

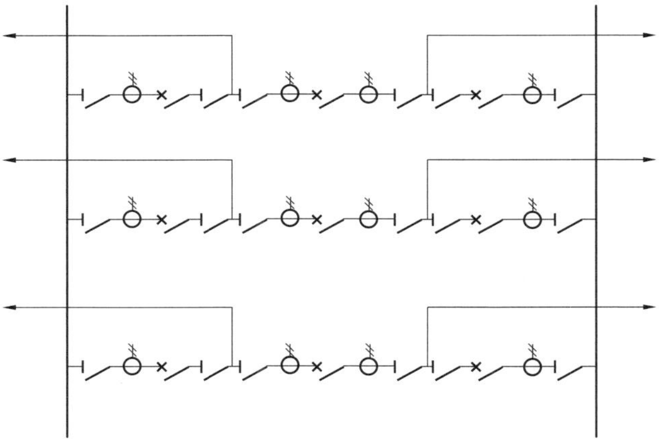

图 34–2–3　3/2 断路器接线方式

八、事故案例分析

（一）案例 1：卓东Ⅰ线 241 线路 C 相永久故障，C 相断路器跳开，A、B 断路器未跳开，非全相保护动作未跳开，线路非全相运行

1. 事故基本情况

2008 年 7 月 8 日 14:02，卓东Ⅰ线 241 断路器跳闸，C 相断路器跳开，A、B 断路器未跳开，线路非全相运行。

（1）监控系统主要信息。

1）241 断路器变位闪烁。

2）卓东Ⅰ线“RCS 保护动作”“PRS 保护动作”“重合闸动作”“241 断路器非全相保护动作”“故障录波器动作”光字牌亮。

3）卓东Ⅰ线 C 相电流、有功指示为零。A、B 相电流十几安、无功指示几兆乏。

（2）保护屏保护信号。

1）RCS 保护：跳 A 灯亮、跳 B 灯亮、跳 C 灯亮。

2）PRS 保护：跳 A 灯亮、跳 B 灯亮、跳 C 灯亮、重合闸灯亮。

3）241 断路器操作箱：第一组 TA、TB、TC，第二组 TA、TB、TC 灯亮。

2. 调度处理事故步骤

（1）当值调度员和现场值班员确认：事故发生时间、设备名称、断路器变位情况、重合闸动作、主要保护动作信号等事故信息

（2）拉开卓东Ⅰ线 241 断路器 B、C 相（若无旁路），试送 A 相线路，若不成功，将该线负荷转移，卓东Ⅰ线 241 断路器改冷备用

（3）若有旁路，优先采用旁路代后，本侧卓东Ⅰ线 241 断路器改冷备用

（4）许可现场值班员卓东Ⅰ线 241 断路器缺陷处理

3. 事故原因分析

卓东Ⅰ线线路单相故障，断路器单相跳开后，重合于故障，断路器三相跳闸，此时 C 相跳开，线路故障切除，A、B 相未跳开，由于对侧断路器跳开，241 断路器失灵不满足电流判据条件，所以 241 断路器失灵保护未启动，241 断路器非全相动作，非全相动作后，241 断路器 A、B 相仍未跳开。本次故障由于是 C 相永久故障，C 相断路器跳开，线路故障切除，如果是 C 相未跳开，故障电流仍然存在，则将发生越级跳闸。

4. 调度处理事故注意事项

按照相关调度规程规定，断路器发生非全相运行时，若单相跳开，另两相在合位，可合上跳开相，隔离开关时应首先查明断路器 A、B 相拒动的原因，可

先试合断开相，若试合不成，则拉开运行的两相；若能操作拉开，可正常隔离，若不能操作拉开，则应采用旁代或倒母线的方式将 241 断路器隔离，不允许直接拉隔离开关。

（二）案例 2：卓越变电站旁路 202 断路器在 110kV 系统发生接地故障时零序保护误动

1. 事故基本情况

2006 年 10 月 13 日 6:50，卓越变电站 110kV 卓甲Ⅱ线 142 线路 C 相发生单相接地故障，卓甲Ⅱ线线路保护 LFP–941A 保护装置零序Ⅰ段动作出口跳闸，并重合成功；故障同时变电站 202 断路器 C 相开关单跳单合（当时变电站运行方式：卓越变电站卓东Ⅱ线 242 断路器因机构压力闭锁进行消缺工作，处在检修状态，旁路 202 断路器转代 242 断路器运行）。

（1）监控系统主要信息。

1）202 断路器变位闪烁。

2）“卓甲Ⅱ线 LFP–941A 保护动作”“卓甲Ⅱ线重合闸动作”“202 断路器 LFP–901 高频保护动作”“202 断路器重合闸动作”“故障录波器动作”等光字牌亮。

（2）保护屏保护信号。

1）卓甲Ⅱ线：LFP–941A 保护动作、重合闸动作。

2）202 LFP–901 高频保护动作、重合闸动作。

2. 原因分析

在 202 保护用电流回路（A411、B411、C411、N411）进行绝缘检查时发现，在拆除 202 断路器端子箱处的接地点 D0 后，回路对地的绝缘仍然为零。于是又将回路断开后进行逐步的检查，发现在 EMLP–503 电缆的 2 号主变压器保护屏侧处还存在一个接地点 D1（该电缆从 202 线路保护屏接至 2 号主变压器保护屏，供转代主变压器时使用），如图 34–2–4 所示。

2005 年 12 月，卓越变电站 220kV 母线增加双套母线保护时，由于 202 断路器的 TA 二次线圈不够分配，从而改动了该保护回路，改动后 TA 二次线圈 1LH（即 411）回路经过 202 线路保护装置后编号为 413 回路，通过 EMLP–503 电缆经电流切换端子接入 2 号主变压器保护。检查发现，该电流回路 EMLP–503 电缆头处钢甲边缘嵌入 4 号线芯（N413 回路），时间一长造成了 N413 接地。正常运行中因无零序电流，没有表征异常现象。

由于 202 线路保护电流回路在开关场端子箱和主控室存在两点接地，接地点又分别在微机保护零序线圈（N68、N72）的两侧。系统接地故障时，一次故障电流造成两

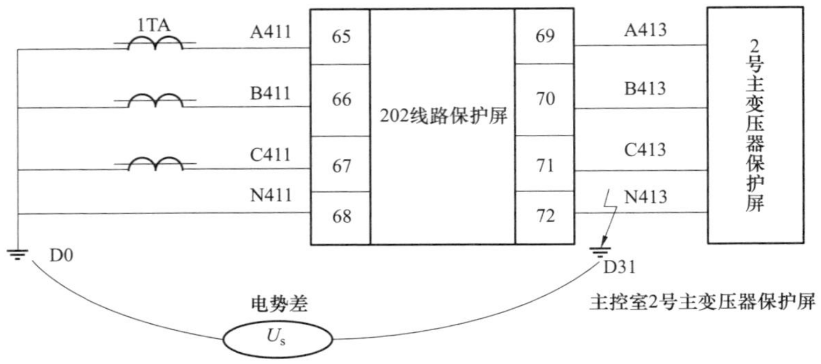

图 34–2–4 202TA 411 回路接线示意图

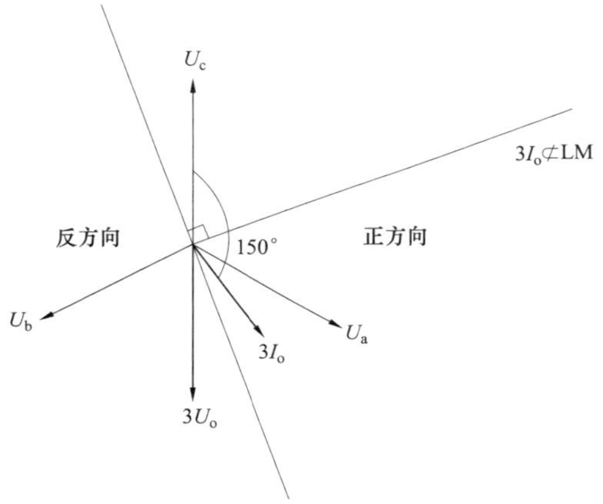

图 34–2–5 202 LFP–901 保护零序相量图

接地点之间存在一定的电位差 U_s。该电位差在保护零序线圈中形成附加电流 I_s，而该附加电流 I_s 与系统故障零序电流 I_d 叠加后，造成采样电流异常，角度发生偏移，几乎反相（为 120°～150°），零序方向进入保护动作区（见图 34–2–5），造成保护不正确停信，导致线路两侧高频保护动作跳闸。

3. 调度处理

当值调度员根据现场运维人员汇报确定处理方案：若能确认保护误动，解除故障原因后，则立即送电恢复原方式运行即合上卓越站旁路 202 断路器；若不能确认保护误动，将失电负荷转移，通知相关部门检查。

【思考与练习】

1. 电网发生异步振荡时的处理原则有哪些？

2. 电网发生同步振荡时的处理原则有哪些？

3. 变电站全站失压的处理原则有哪些？

4. 卓越变电站 101 TA 母差用保护的两个绕组之间故障，有何现象？请分析原因，应如何处理？

5. 卓越变电站 2 号变压器故障跳闸，中压侧 112 断路器偷合造成 110kV Ⅱ 母线失压，有何现象？请分析原因，应如何处理？

第五部分

调控自动化系统应用

第三十五章

DTS 系统应用

模块 1　DTS 系统应用（Z01I3001Ⅱ）

【模块描述】本模块介绍了 DTS 系统组成结构、基本功能，通过理论讲解、操作过程的详细介绍，掌握 DTS 系统的使用方法及利用 DTS 系统开展技术培训。

【模块内容】

一、DTS 系统简介

电网调度员培训仿真系统（dispatcher training simulator，DTS）是用于培训电网调度员的计算机数字仿真系统，是电力系统仿真和调度自动化的结合，它依照被仿真的实际电力系统建立数学模型，模拟各种调度操作和故障前后的系统工况，并将这些模拟信息送到仿真的电力系统控制中心模型内，为调度员提供一个逼真的身临其境培训环境，以达到既不影响实际电力系统的运行而又培训调度员的目的。

国外于 1976 年提出 DTS 的概念，1977 年研制出第一套 DTS，并很快大范围推广。DTS 系统能够培训调度员在正常状态下的操作能力和事故状态下的快速反应能力，已经成为调度员掌握电网运行客观规律、分析电网薄弱环节、增强事故处理能力并以此提高电网调度运行水平的现代化的重要工具。

二、组成结构及功能

（1）教案生成系统。直接取用 EMS 的实时状态估计结果作为在线教案或以历史断面或人工生成的离线潮流数据启动。

（2）稳态仿真。稳态模型考虑系统操作或调整后发电机和负荷功率的变化、潮流的变化和系统频率的变化，采用动态潮流算法来模拟，不考虑机电暂态过程。这种模型考虑了中长期动态过程，主要应用于调度员培训、运行方式安排、反事故演习等。

（3）故障仿真。故障仿真可模拟发生在各种电力设备上的故障，可以设置不同的故障相别和故障重数，故障计算结果给出三相电量和正负零序电量。可对故障起始时间、故障位置、故障持续时间、故障类型等进行设置。可以模拟多级拒动下的事故扩大的情况。可通过子教案编辑功能，预先定义好顺序发生的扰动事件，然后一次发送所有事件。

（4）保护和自动装置仿真。继电保护仿真采用较通用的继电保护装置模型结构，可以模拟实际电力系统常用的各种继电保护装置的运行。模拟常用自动装置的动作、投退、动作后的复位操作和定值修改等。

（5）教员系统。从实时断面、历史断面或人工生成的离线潮流数据启动，提供仿真的终止、暂停、恢复、快照、重演、快放、慢放、结束和恢复事故前的状态等控制操作。

在仿真培训过程中，主要用于潮流数据的初始化以及设备故障的设置，并能够根据故障处理过程中的负荷损失、设备过载及越限以及误操作等情况进行评分。

（6）学员系统。远动系统各环节的参数、运行状态和故障均与教员系统同步。学员可在本系统中查看系统潮流情况和保护动作信息，并进行遥控、遥调及继电保护和自动装置的调整等操作。

（7）辅助问答系统。用于模拟调度员与现场人员的联系，包括对相关设备的检查，发布工作指令等。设备的检查结果可由教员进行设置并反馈给学员。

（8）仿真运行评估系统。

1）培训评估：报告系统的功率、电压和频率越限的情况、失电情况、网损情况等，供教员在评估学员水平时参考。

2）提供可供参考的培训评估打分功能，教员可根据培训教案的难易确定基准分，计算机根据培训过程中电网运行的误操作、供电可靠性、安全性、电能质量、经济性等几个方面的调度失误自动分门别类打分，并给出评估报告。

DTS 系统组成结构见图 35–1–1。

三、DTS 系统的操作过程

学员区可以配置多个学员，典型配置为三个，分别为主值、副值和见习值班员，这样与实际调度班组的组成基本一致。

在演习过程中，教员一方面扮演下级厂站值班员的角色，对系统进行各种故障的设置，并负责接收处理学员发出的各种操作票命令；另一方面又要监控学员的行为，判断学员对故障的处理是否合理。

在演习过程中，学员扮演的是调度员角色，学员在培训过程中看到的画面和操作和实际系统中是一样的，学员要随时监视系统的运行状态，对系统中出现的异常和越限情况及时作出反应，并给教员下达操作票。教员接到学员发出的操作票后，在教员台上进行相应的操作，操作之后的系统变化情况同步到学员台上。

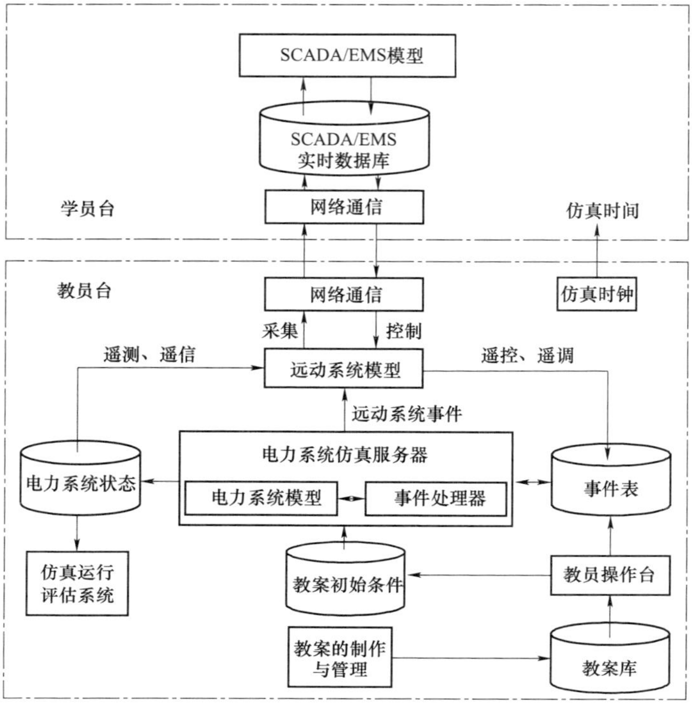

图 35–1–1 DTS 系统的组成

四、基本应用

（1）基本操作技能培训。主要针对新进人员，重点围绕调度规程要求，通过培训使其迅速掌握母线、线路、主变压器等各类现场一次设备与二次设备的正常停复役操作方法及工作流程，掌握相关的信息浏览、信息分类、统计报表查询等功能。

（2）故障处理能力培训。主要对于具备一定工作经验的调度值班员，以全网主设备 N–1 故障处理为基础进行培训。由教员系统设置故障后，可发送至学员端，模拟现场故障情况的处理。通过该项培训使调度员能够熟练掌握各电网主设备故障处理的原则和方法，提高故障处理能力。

（3）事故预想。在当班调度的工作中，结合具体的操作项目、危险源点及电网运行薄弱环节，进行针对性的事故预想，做好模拟操作记录，以便在事故情况下参考，切实做到防患于未然。

（4）操作模拟及调度方案的验证、优化。在正常的停复役等操作中，涉及未经验证的合解环操作时，可由运方或当班调度在 DTS 上进行模拟预演，对合解环前后的潮流、越限、失负荷等情况进行模拟。对于各种年度、季度、节假日运行方式、保供电方案，可以在 DTS 仿真上预先根据负荷预测的经验调整好区域电网的总负荷，再进行相应的潮流验证。

（5）反事故演习。基于 DTS 系统可进行调控中心反事故演习，甚至全网联合反事故演习，可由导演方、参与方等各方面人员共同参加完成，导演预先指定方案，分几个阶段，主要演练电网故障后学员的判断和处理。在新型的仿真系统中，可由调度 DTS 系统与监控、变电站的仿真系统进行对接，从而形成“大运行”的仿真系统体系，可进行调度、监控、运维等各方面同步的反事故演习。

（6）技能鉴定。通过仿真运行评估系统，提供可供参考的培训评估打分功能，可用于调度员的职业技能鉴定和升值考试。教员可根据培训教案的难易及鉴定等级要求确定基准分，计算机根据培训过程中电网运行的误操作、失电负荷、设备越限（载流能力）、供电可靠性、安全性、电能质量、经济性等几个方面的调度失误自动分门别类打分，并给出评估报告。可打印出学员一、二次的实时操作步骤，可供考评员复审，防止机器误判和漏判，有利于对学员技能水平的客观公平、公正鉴定。

五、DTS 系统的发展现状及前景

由于研发 DTS 厂家不同，开发的功能和应用范围也不尽相同。早期的 DTS 系统主要用于调度员的仿真练习，大运行改革后，在调控一体化模式下的情景演练愈发凸显其重要性，因此，地调、监控、配电一体化下的仿真演练将会成为今后 DTS 系统的重要功能。甚至可以结合变电运维仿真系统完成整个“大运行”体系下的仿真演习，从而大大提高“大运行”人员的事故处理能力。

【思考与练习】

1. 什么是 DTS 系统？
2. DTS 系统的基本结构有哪些？
3. DTS 系统的基本作用？

第六部分

调度监控规程

第三十六章

调度监控专业相关规程标准

模块 1　电力系统调度规程（Z01B8001Ⅱ）

【模块描述】本模块介绍典型调度规程的编写意义、约束对象、主要内容和调度规程实例。通过条文解释和案例学习，掌握《电力系统调度规程》内容，并能认真执行调度规程。

【模块内容】

一、调度规程的编写意义

电网的所有发电、供电（输电、变电、配电）、用电设施和为保证这些设施正常运行所需的保护和安全自动装置、计量装置、电力通信设施、电网自动化设施等是一个紧密联系的整体。电网调度系统包括各级电网调度机构和网内厂站的运行值班单位等。根据《中华人民共和国电力法》《电网调度管理条例》，以及有关规程、规定，为了加强电网调度管理，保障电网安全、优质和经济运行，保护用户利益，按照统一调度、分级管理的原则，结合各级电网实际情况，制定所在调度机构的电力系统调度规程。

电网调度机构是电网运行的组织、指挥、指导和协调机构，国家电网公司的调度机构分为五级，依次为：国家电网调度机构（即国家电力调度通信中心，简称国调），跨省、自治区、直辖市电网调度机构（简称网调），省、自治区、直辖市级电网调度机构（简称省调），省辖市级电网调度机构（简称地调），县级电网调度机构（简称县调）。调度规程的编写，不仅确立了各级调度机构在电网调度业务活动中是上下级关系，下级调度机构必须服从上级调度机构的调度；也明确了调度规程适用于本电网及并入本电网的所有发电、供电、用电等单位，网内各发电、供电、用电单位的有关领导、调度系统运行值班人员，以及相关专业技术人员，均应熟悉并遵守网内规程，服从调度管辖范围内调度机构的调度。

全国互联电网调度管理规程，适用于全国互联电网的调度运行、电网操作、事故处理和调度业务联系等涉及调度运行相关的各专业的活动。各电力生产运行单位颁发的有关电网调度的规程、规定等，均不得与该规程相抵触。与全国互联电网运行有关的各电网调度机构和国调直调的发、输、变电等单位的运行、管理人员均须遵守该规程；非电网调度系统人员凡涉及全国互联电网调度运行的有关活动也均须遵守该规程。

二、调度规程的约束对象

调度规程是组织、指挥、指导和协调电网的运行，基本要求就是使电网安全运行和连续可靠供电（供热），电能质量符合国家规定的标准；按最大范围优化配置资源的原则，实现优化调度，充分发挥网内发电、供电设备能力，最大限度地满足社会和人民生活用电的需要；依据有关合同、协议或规定，保护发电、供电、用电等各方的合法权益。因此，调度规程的约束对象包括国调、网调、省调、地调和县调，各级调度除受本级调度规程的约束外，还受上级调度部门的约束，各级调度机构的主要职责如下。

1. 国调的主要职责

（1）对全国互联电网调度系统实施专业管理和技术监督。

（2）依据年度计划编制并下达管辖系统的月度发电及送受电计划和日电力电量计划。

（3）编制并执行管辖系统的年、月、日运行方式和特殊日、节日运行方式。

（4）负责跨大区电网间即期交易的组织实施和电力电量交换的考核结算。

（5）编制管辖设备的检修计划，受理并批复管辖及许可范围内设备的检修申请。

（6）负责指挥管辖范围内设备的运行、操作。

（7）指挥管辖系统事故处理，分析电网事故，制定提高电网安全稳定运行水平的措施并组织实施。

（8）指挥互联电网的频率调整、管辖电网电压调整及管辖联络线送受功率控制。

（9）负责管辖范围内的继电保护、安全自动装置、调度自动化设备的运行管理和通信设备运行协调。

（10）参与全国互联电网的远景规划、工程设计的审查。

（11）受理并批复新建或改建管辖设备投入运行申请，编制新设备启动调试调度方案并组织实施。

（12）参与签订管辖系统并网协议，负责编制、签订相应并网调度协议，并严格执行。

（13）编制管辖水电站水库发电调度方案，参与协调水电站发电与防洪、航运和供水等方面的关系。

（14）负责全国互联电网调度系统值班人员的考核工作。

2. 网调、独立省调的主要职责

（1）接受国调的调度指挥。

（2）负责对所辖电网实施专业管理和技术监督。

（3）负责指挥所辖电网的运行、操作和事故处理。

（4）负责本网电力市场即期交易的组织实施和电力电量的考核结算。

（5）负责指挥所辖电网调频、调峰及电压调整。

（6）负责组织编制和执行所辖电网年、月、日运行方式。核准下级电网与主网相联部分的电网运行方式，执行国调下达的跨大区电网联络线运行和检修方式。

（7）负责编制所辖电网月、日发供电调度计划，并下达执行；监督发、供电计划执行情况，并负责督促、调整、检查、考核；执行国调下达的跨大区联络线月、日送受电计划。

（8）负责所辖电网的安全稳定运行及管理，组织稳定计算，编制所辖电网安全稳定控制方案，参与事故分析，提出改善安全稳定的措施，并督促实施。

（9）负责电网经济调度管理及管辖范围内的网损管理，编制经济调度方案，提出降损措施，并督促实施。

（10）负责所辖电网的继电保护、安全自动装置、通信和自动化设备的运行管理。

（11）负责调度管辖的水电站水库发电调度工作，编制水库调度方案，及时提出调整发电计划的意见；参与协调主要水电站的发电与防洪、灌溉、航运和供水等方面的关系。

（12）受理并批复新建或改建管辖设备投入运行申请，编制新设备启动调试调度方案并组织实施。

（13）参与所辖电网的远景规划、工程设计的审查。

（14）参与签订所辖电网的并网协议，负责编制、签订相应并网调度协议，并严格执行。

（15）行使上级电网管理部门及国调授予的其他职责。

3. 省调的主要职责

（1）负责省网的安全、优质、经济运行及调度管理工作。

（2）组织编制和执行电网的年、月、日调度计划（运行方式）。

（3）指挥调度管辖范围内设备的操作。

（4）根据网调的指令调峰、调频或控制联络线潮流及负责所辖范围内无功电压的运行和管理。

（5）指挥省网事故处理，负责进行电网事故分析，制订并组织实施提高电网安全运行水平的措施。

（6）参与编制调度管辖范围内设备的年度检修计划，并根据年度检修计划安排月、日检修计划。

（7）负责对省网继电保护和安全自动装置、电网调度自动化和电力通信系统进行专业管理，并对下级调度机构管辖的上述设备和装置的配置进行技术指导。

（8）参与省网规划编制工作及电网工程项目的可行性研究和设计审查工作，批准新建、扩建和改建工程接入电网运行，参与工程项目的验收，负责制订新设备投运、试验方案。

（9）参与电力生产年度计划的编制，依据年度及年度分月计划并结合电网实际，组织编制和实施月、日调度生产计划，负责实时调度中相关指标的统计考核。

（10）负责指挥省网的经济运行及管辖范围内的高压网损管理。

（11）负责制订事故和超计划用电限电序位表，报省人民政府的有关部门批准后执行。

（12）组织调度系统有关人员的业务培训和召开有关调度会议。

（13）统一协调水电厂水库的合理运用。

（14）负责与有关单位签订并网调度协议。

（15）协调有关所辖电网运行的其他关系。

（16）行使本电网管理部门或者上级调度机构批准（或者授予）的其他职权。

4. 地调的主要职责

（1）负责本地区（市）电网的调度管理，执行上级调度机构发布的调度指令；执行上级调度机构及上级有关部门制订的有关标准和规定；负责制订本地区（市）电网运行的有关规章制度和对县调调度管理的考核办法，并报省调备案。

（2）参与制订本地区（市）电网运行技术措施、规定。

（3）维护本地区（市）电网的安全、优质、经济运行，按计划和合同规定发电、供电，并按省调要求上报电网运行信息。

（4）组织编制和执行本地区（市）电网的运行方式；运行方式中涉及上级调度管辖设备的要报该级调度核准。

（5）根据省调下达的日供电调度计划制定、下达和调整本地区（市）电网日发、供电调度计划；监督计划执行情况；批准调度管辖范围内设备的检修。

（6）根据省调的指令进行调峰、调频或控制联络线潮流；指挥实施并考核本地区（市）电网的调峰和调压。

（7）负责指挥调度管辖范围内的运行操作和事故处理。

（8）负责划分本地区（市）所辖县（市）级电网调度机构的调度管辖范围。

（9）负责制订本地区（市）电网超计划限电序位表和事故限电序位表，经本级人民政府批准后执行。

（10）参与本地区（市）电网规划编制工作，批准新建、扩建和改建工程接入电网运行，参与工程项目的验收，负责制订新设备投运、试验方案。

（11）负责本地区（市）和所辖县（市）电网继电保护及安全自动装置、电力通信、电网调度自动化系统规划的制订及运行管理和技术管理。

（12）负责与有关单位签订所辖范围内的并网调度协议。

（13）负责本地区（市）电网调度系统值班人员的业务培训；负责所辖县（市）电网调度值班人员的业务指导技术培训。

（14）行使上级电网管理部门或上级调度机构授予的其他职权。

5. 县调的主要职责

（1）负责本县（市）电网的调度管理，执行上级调度及有关部门制订的有关规定；负责制订本县（市）电网运行的有关规章制度。

（2）维护本县（市）电网的安全、优质、经济运行，按计划和合同规定发电、供电，并按上级调度要求上报电网运行信息。

（3）负责根据地调下达的日供电调度计划制订、下达和调整本县（市）电网日发、供电调度计划；监督计划执行情况；批准调度管辖范围内设备的检修；运行方式中涉及上级调度管辖设备的要报上级调度核准。

（4）根据上级调度的指令进行调峰、调频或控制联络线潮流；指挥实施并考核本县（市）电网的调峰和调压。

（5）负责指挥调度管辖范围内的运行操作和事故处理。

（6）参与本县（市）电网继电保护及安全自动装置、电力通信、电网调度自动化系统规划的制订并负责其运行管理和技术管理。

（7）负责本县（市）电网调度系统值班人员的业务指导和培训。

三、调度规程应包括的主要内容

调度规程是组织、指挥、指导和协调电网运行的规范性文件，由于各级调度机构的职能和所辖范围的不同，调度规程所涉及内容也不尽相同，但为确保电网安全、优质、经济运行，调度规程一般应包括以下主要内容。

（1）总则。包括调度规程的制订依据和目的，管理原则、机构设置、管理范围和约束对象等。

（2）调度管理。包括调度管理任务，所辖各级调度的主要职责和调度管辖范围划分原则；调度管理制度，电网运行方式的编制要求，电网稳定管理的主要任务和内容，检修管理方法，电能质量管理要求和方式方法，电网频率与无功调整的管理规定；负荷管理的任务与预测要求，电网经济运行管理原则和分工及主要工作，水库调度管理的原则和方法，同期并列装置管理；新设备投产的调度管理，并网管理要求，继电保护和安全自动装置的运行管理，调度通信的管理，电网调度自动化的管理规定等。

（3）调度操作。包括操作管理与基本操作制度，并解列操作，线路停送电操作，变压器运行及操作，母线操作规定；事故处理的基本原则，指出异常频率、异常电压、线路跳闸事故、变压器事故、联络线过负荷、开关异常、母线失压、发电机跳闸、电网解列、设备过负荷（过热）、系统振荡事故的处理方法，电网黑启动方法和失去通信时的规定等。

（4）附录。包括电力调度中心调度管辖设备，电网电压考核点，典型操作的原则步骤，违反调度指令考核与处罚细则，电力系统异常及事故汇报制度，新设备投产前应报送的相关资料清单，相关法律、法规、规定及行业标准，设备命名及编号规定，电网调度术语等。

四、调度规程实例

作为全国互联电网调度系统实施专业管理和技术监督规程，《全国互联电网调度管理规程（试行）》从总则、调度管辖范围及职责、调度管理制度、运行方式的编制和管理、新设备投运的管理等17个方面，对调度运行的各方面工作，都做出了翔实的规定和具体要求，认真学习该规程，对于保障电力系统的安全稳定运行，具有重要的指导意义。

（1）总则部分，指出了规程的制订依据、调度原则和适用范围。

（2）调度管辖范围及职责部分，规定了国调、网调的调度管辖范围和主要职责。

（3）调度管理制度部分，规定了上、下级调度和厂站运行值班员的调度业务要求，相关调度通报要求，以及对拒绝执行调度指令、破坏调度纪律的行为处理办法。

（4）运行方式的编制和管理部分，规定了年度、月度和次日运行方式的下达时间和内容。

（5）设备的检修管理部分，规定了电网设备的检修分类，明确了计划检修和临时检修的概念，着重强调了计划检修、临时检修的管理规定，以及检修申请应包括的内容。

（6）新设备投运的管理部分，规定了新建、扩建和改建的发、输、变电设备，启动前必须向国调提供的相关资料和投运申请要求，着重强调了新设备启动前必须具备的条件，以及对有关人员的技术要求等。

（7）电网频率调整及调度管理部分，规定了电网的频率标准，有关网、省调值班调度员在电网频率调整及调度方面的具体要求。

（8）电网电压调整和无功管理部分，规定了电网的无功补偿原则，着重强调了500kV电网的电压管理的内容，以及各厂、站电压调整的主要方法。

（9）电网稳定的管理部分，规定了电网稳定的分级负责原则，提出了有关网、省调和运行单位主网架结构变化，或大电源接入时的具体要求。

（10）调度操作规定部分，规定了电网倒闸操作的调度原则，明确了不用填写操作指令票的操作项目，对于操作指令票制度，操作前应考虑的问题，计划操作应尽量避免的时间，并列条件，解、合环操作，500kV 线路停送电操作，断路器操作，隔离开关操作，变压器操作，零起升压操作，直流输电系统操作等，都提出了非常具体的规定，并指出了 500kV 串联补偿装置的投退原则。

（11）事故处理规定部分，规定了管辖系统事故处理的权限、责任和要求，着重强调了频率异常、电压异常、线路事故、发电机事故、变压器及高压电抗器事故、母线事故、开关故障、串联补偿装置故障、电网振荡事故、直流输电系统事故的处理方法。

（12）继电保护及安全自动装置的调度管理部分，规定了继电保护整定计算和运行操作所辖范围和管理、维护与检验要求。

（13）调度自动化设备的运行管理部分，规定了调度自动化设备包括的内容，以及相应的管理要求。

（14）电力通信运行管理部分，规定了联网通信电路管理部门的职责和管理原则，着重强调了正常检修与故障处理方法。

（15）水电站水库的调度管理部分，规定了水库的调度管理的总则，明确了水库运用参数和资料管理要求，着重强调了水文气象情报及预报、洪水调度、发电及经济调度和水库调度管理要求。

（16）电力市场运营调度管理部分，规定了国调、网调和独立省调，在电力市场运营调度管理的主要任务。

（17）电网运行情况汇报部分，给出了电力生产、运行情况汇报规定，重大事件汇报规定，以及其他有关电网调度运行工作汇报规定。

【思考与练习】

1. 地调的主要职责是什么？
2. 调度规程应包括哪些主要内容？
3. 调度操作包括哪些主要内容？

第二篇

监 控 部 分

第七部分

电 网 调 控

第三十七章

电压功率因数控制

模块1　电压、功率因数调控的原则（Z01E3001Ⅰ）

【模块描述】本模块介绍电压、无功的基本概念及电压、无功控制的要求和原则，同时介绍电力系统无功电源设备及负荷，分析影响电压及无功的各种因素。通过理论讲解介绍，能正确进行电压、无功调整。

【模块内容】

一、电力系统电压与无功的基本概念

电力系统中的电压、功率因数是电网运行的两个重要参数，电力系统中的电压、功率因数与电网中无功潮流有密切关系，电力系统的无功平衡是保证电压质量和功率因数合格的基本条件。有效的电压控制和合理的无功补偿，不仅能保证电网提供合格的电压，而且还能提高电网运行的稳定性和经济性。

（一）关于电力系统电压的基本知识

1. 电压的基本概念

电压，也称电势差或电位差，是衡量单位电荷在静电场中由于电势不同所产生的能量差的物理量。电压的国际单位制为伏特（V），常用的单位还有毫伏（mV）、微伏（μV）、千伏（kV）等。本文中所指电压是电压等级大于10 000V的电网电压。

2. 电网各类负荷的电压特性

（1）电网有功负荷的电压特性是：

1）同（异）步电动机的有功负荷与电压基本无关。

2）电炉、电热、整流、照明用电设备的有功负荷与电压的平方成正比。

3）网络损耗的有功负荷与电压的平方成反比。

（2）电网无功负荷的电压特性是：

1）异步电动机和变压器的励磁无功功率随着电压的降低而减少，漏抗中的无功损耗与电压的平方成反比，随着电压的降低而增加。

2）输电线路中的无功损耗与电压的平方成反比，但是线路充电功率与电压的平方

成正比。

3）电炉、电阻、照明等用电设备不消耗无功，没有无功负荷的电压静态特性。

3. 电力系统电压的调节原则

按照调度下达的电压曲线，以电厂调压为主，各变电站协调配合，按照分（电压）层和分（供电）区的无功就地平衡原则，在网架适宜的电网按照逆调压原则控制。

4. 电力系统电压允许的范围

监测电力系统电压值和考核电压质量的节点，称为电压监测点。电力系统中重要的电压支撑点称为电压中枢点。电压中枢点一定是电压监测点，但是电压监测点不一定是电压中枢点。

电网电压中枢点的允许电压偏移范围一般是以网络中最大负荷时电压损失最大的一点（即：电压最低的一点）和在最小负荷时电压损失最小的一点（即：电压最高的一点）作为依据，使它们的电压允许偏差在规定值的±5%范围以内，这样由其供电的所有用户的电压质量都能得到满足。

按照《国家电网公司电力系统电压质量和无功电力管理规定》及相关技术标准，正常情况下电压允许范围：

（1）用户受电端供电电压允许偏差值。

1）35kV 及以上用户供电电压正、负偏差绝对值之和不超过额定电压的 10%。

2）10kV 及以下三相供电电压允许偏差为额定电压的±7%。

3）220V 单相供电电压允许偏差为额定电压的+7%、–10%。

（2）发电厂和变电站的母线电压允许偏差值。

1）500（330）kV 及以上母线正常运行方式时，最高运行电压不得超过系统额定电压的+10%；最低运行电压不应影响电力系统同步稳定、电压稳定、厂用电的正常使用及下一级电压的调节。

2）发电厂 220kV 母线和 500（330）kV 及以上变电站的中压侧母线正常运行方式时，电压允许偏差为系统额定电压的 0～10%；事故运行方式时为系统额定电压的–5%～10%。

3）220kV 变电站的 220kV 母线正常运行方式时，电压允许偏差为系统额定电压的–3%～7%，日电压波动率不大于 5%。事故运行电压允许偏差为系统额定电压的–5%～10%。

4）发电厂和 220kV 变电站的 110～35kV 母线正常运行方式时，电压允许偏差为系统额定电压的–3%～7%；事故运行方式时为系统额定电压的–10%～10%。

5）带地区供电负荷的变电站和发电厂（直属）的 10（6、20）kV 母线正常运行方式下的电压允许偏差为系统额定电压的 0～7%。

（3）特殊运行方式下的电压允许偏差值由调度部门确定。

（二）关于电力系统无功功率的基本知识

1. 无功功率的基本概念

电网中电力设备大多是根据电磁感应原理工作的，它们在能量转换过程中建立交变的磁场，在一个周期内吸收的功率和释放的功率相等。电源能量在通过纯电感或纯电容电路时并没有能量消耗，仅在负荷与电源之间往复交换，在三相之间流动，由于这种交换功率不对外做功，因此称为无功功率。

2. 无功分类

感性无功：电流矢量滞后于电压矢量 90°。如电动机、变压器、晶闸管变流设备等。

容性无功：电流矢量超前于电压矢量 90°。如电容器、电缆输配电线路等。

基波无功：与电源频率相等的无功（50Hz）。

谐波无功：与电源频率不相等的无功。

3. 功率因数的基本概念

实际供用电系统中的电力负荷并不是纯感性或纯容性的，是既有电感或电容、又有电阻的负荷。这种负荷的电压和电流的相量之间存在着一定的相位差，相位角的余弦 $\cos\phi$ 称为功率因数。它是有功功率与视在功率之比。

三相功率因数的计算公式为

$$\cos\phi = \frac{P}{S} = \frac{P}{\sqrt{P^2 + Q^2}} \tag{37-1-1}$$

式中 $\cos\phi$——功率因数；

P——有功功率，kW；

Q——无功功率，kvar；

S——视在功率，kVA。

4. 无功补偿的基本概念

电力系统中，不但有功功率要平衡，无功功率也要平衡。由式 $\cos\phi=P/S$ 可知，在一定的有功功率下，功率因数 $\cos\phi$ 越小，所需的无功功率越大。为满足用电的要求，供电线路和变压器的容量就需要增加。这样，不仅要增加供电投资、降低设备利用率，也将增加线路损耗。为了提高电网的经济运行效率，根据电网中的无功类型，人为的补偿容性无功或感性无功来抵消线路的无功功率。

无功补偿的主要作用就是提高功率因数以减少设备容量和功率损耗、稳定电压和提高供电质量，在长距离输电中提高输电稳定性和输电能力以及平衡三相负荷的有功功率和无功功率。安装并联电容器进行无功补偿，可限制无功功率在电网中的传输，相应减少了线路的电压损耗，提高了配电网的电压质量。

（1）补偿无功功率，改善电压质量。把线路中电流分为有功电流 I_a 和无功电流 I_r，则线路中的电压损失

$$\Delta U=3\times(I_aR+I_rX_L)=3\times\frac{PR+QX_L}{U} \tag{37-1-2}$$

式中　P——有功功率，kW；

Q——无功功率，kvar；

U——额定电压，kV；

R——线路总电阻，Ω；

X_L——线路感抗，Ω。

因此，提高功率因数后可减少线路上传输的无功功率 Q，若保持有功功率不变，而 R、X_L 均为定值，无功功率越小，电压损失越小，从而改善了电压质量。

（2）提高功率因数，增加变压器的利用率，减少投资。功率因数由 $\cos\phi_1$ 提高到 $\cos\phi_2$，变压器利用率为

$$\Delta S\%=\frac{S_1-S_2}{S_1}\times100\%=\left(1-\frac{\cos\phi_1}{\cos\phi_2}\right)\times100\% \tag{37-1-3}$$

式中　S——视在功率，kVA；

$\cos\phi$——功率因数；

ΔS——视在功率变化率。

由此可见，补偿后变压器的利用率比补偿前提高$\Delta S\%$，可以带更多的负荷，减少了输变电设备的投资。

（3）减少用户电费支出。

1）可避免因功率因数低于规定值而受罚。

2）可减少用户内部因传输和分配无功功率造成的有功功率损耗，电费可相应降低。

（4）增加电网的传输能力

有功功率与视在功率的关系式为

$$P=S\cos\phi \tag{37-1-4}$$

式中　P——有功功率，kW；

S——视在功率，kVA；

$\cos\phi$——功率因数。

可见，在传输一定有功功率的条件下，功率因数越高，需要电网传输的功率越小。

二、影响电力系统电压及无功的因素

1. 影响电力系统电压的主要因素

电力系统各节点的电压取决于各地区有功与无功的平衡情况，也与网络结构（网络阻抗）有较大关系。负荷的电压静态特性是指在频率恒定时，电压与负荷的关系，即 $U=f(P, Q)$ 无功负荷与电压之间的变化关系较为重要，因为电压变化时，无功负荷的变化远远大于有功负荷的变化。而且无功负荷变化引起的电压波动也远比有功负荷大。

（1）由于生产、生活、气象等因素引起的负荷变化时没有及时调整电压。

（2）电网发电能力不足，缺无功功率，造成电压偏低。

（3）系统运行方式改变引起的功率分布和网络阻抗的变化。

（4）电网和用户无功补偿容量不足。

（5）供电距离超过合理的供电半径。

（6）受冲击性负荷或不平衡负荷的影响。

（7）电压管理上不够重视。

（8）系统发生故障。

2. 影响系统无功的主要因素

（1）大量的电感性设备，如异步电动机、感应电炉、交流电焊机等设备是无功功率的主要消耗者。据有关的统计，异步电动机的无功消耗占了 60%～70%；而在异步电动机空负荷时所消耗的无功又占到电动机总无功消耗的 60%～70%。所以要改善异步电动机的功率因数就要防止电动机的空负荷运行并尽可能提高负荷率。

（2）变压器消耗的无功功率一般约为其额定容量的 10%～15%，它的空负荷无功功率约为满负荷时的 1/3。因而，为了改善电力系统的功率因数，变压器不应空负荷运行或长期处于低负荷运行状态。

（3）供电电压超出规定范围也会对功率因数造成很大的影响。

当供电电压高于额定值的 10%时，由于磁路饱和的影响，无功功率将增长得很快，据有关资料统计，当供电电压为额定值的 110%时，一般无功将增加 35%左右。当供电电压低于额定值时，无功功率也相应减少而使它们的功率因数有所提高。但供电电压降低会影响电气设备的正常工作。所以，应当采取措施使电力系统的供电电压尽可能保持稳定。

三、电力系统无功电源设备及无功补偿配置的基本原则

（1）电力系统无功电源有：发电机、补偿电抗器、补偿电容器、静止无功补偿装置、同期调相机和动态无功补偿装置等。

（2）电力系统中无功功率平衡的基本要求是：系统中的无功电源可能发出的无功功率应该大于或至少等于负荷所需的无功功率和网络中的无功损耗。

按照《国家电网公司电力系统无功补偿配置技术原则》（国家电网生〔2004〕435号）要求，电力系统无功补偿配置的基本原则：

1）电力系统配置的无功补偿装置应在系统有功负荷高峰和负荷低谷运行方式下，保证分（电压）层和分（供电）区的无功平衡。分（电压）层无功平衡的重点是220kV及以上电压等级层面的无功平衡，分（供电）区就地平衡的重点是110kV及以下配电系统的无功平衡。无功补偿配置应根据电网情况，实施分散就地补偿与变电站集中补偿相结合，电网补偿与用户补偿相结合，高压补偿与低压补偿相结合，满足电网安全、经济运行的需要。

2）各级电网应避免通过输电线路远距离输送无功电力。

3）受端系统应有足够的无功备用容量。

4）35～220kV变电站，在主变压器最大负荷时，其高压侧功率因数应不低于0.95，在低谷负荷时功率因数应不高于0.95。

5）对于大量采用10～220kV电缆线路的城市电网，在新建110kV及以上电压等级的变电站时，应根据电缆进、出线情况在相关变电站分散配置适当容量的感性无功补偿装置。

6）电力用户应根据其负荷性质采用适当的无功补偿方式和容量，在任何情况下，不应向电网反送无功电力，不从电网吸收大量无功电力。

7）无功补偿装置宜采用自动控制方式。

8）“无功补偿装置的额定电压应与变压器对应侧的额定电压相匹配”，使无功补偿装置既不亏损容量，又不过电压运行。“选择电容器的额定电压时应考虑串联电抗率的影响”，电容器组的额定电压选取须考虑串联电抗器带来的容升，计算确定，以保证电容器安全运行。

9）对于220kV变电站，为充分发挥无功补偿装置的作用，对220kV降压变压器低压侧额定电压选择进行了规定。低压侧的额定电压宜选1.05倍系统标称电压；当供电距离长、供电负荷重时，低压侧的额定电压可选1.1倍系统标称电压；当低压侧不带负荷或仅带有站用变等轻载负荷时，额定电压可选1倍系统标称电压。否则主变压器有载分接开关运行挡位在1挡，低压母线电压仍超上限运行。该原则也适用于110kV降压变压器。

10）从理论上讲，合理的无功补偿配置，在电力系统中应呈现正三角形分布。也就是从500（330）kV层面、220kV层面、35～110kV层面、10kV（或其他电压等级）层面，电压等级越低，补偿容量应该越大，即越靠近负荷端，补偿容量应该越大。

11）对 110（66）kV 变电站，考虑变电站投运初期负荷较轻，最终负荷较大（或系统方式不同时，变电站负荷大小不同），为满足不同阶段负荷无功补偿的需要，将无功补偿容量按 1/3 和 2/3 配置，增加了无功配置组合方式，投运方式灵活，无功设备利用率高。根据目前运行情况，35～110kV 各电压等级变电站内配置电容器单组容量的最大值，不应再大，否则分组过少，影响投运。

四、电力系统无功设备补偿及调压

电力系统电压调整需要通过调节无功功率来实现，使用的电压无功功率设备大致可分为无功功率调节设备和电压调节设备。

电压调节的措施一般有发电机调压、变压器调压（有载调压、无载调压）、无功补偿设备调压（并联电容补偿、串联电容补偿）。

（一）无功补偿的原理

把具有容性负荷的装置与感性负荷的设备并联接在同一电路中，当容性负荷释放能量时，感性负荷吸收能量；而当感性负荷释放能量时，容性负荷却在吸收能量；能量在两种负荷之间交换。这样，感性负荷所吸收的无功功率，可以从容性负荷输出的无功功率中得到补偿，这就是无功功率补偿的基本原理。

（二）无功补偿方式的定义

无功补偿的方法很多，如采用电力电容器或采用其他无功电源装置进行补偿。

1. 以电力电容器接入补偿设备的方式分类

（1）串联补偿：串联电容补偿通常用在电压为 35kV 及以下的线路上，主要用在负荷波动大、负荷功率因数又很低的配电线路上。串联电容补偿不仅能提高电压，而且负荷大时调压效果大，负荷小时调压效果小。需要注意的是，超高压输电线路上的串补电容，其作用是改变线路参数，提高输电容量及系统稳定性，而不是为了调压。

串联电容补偿的调压原理是将电容器串联在线路上以降低线路电抗值，即用改变线路参数达到调压的目的。

（2）并联补偿：通过在负荷侧安装并联电容器来提高负荷的功率因素，以便减少通过输电线路上的无功来达到调压的目的。并联补偿容量的确定应该根据补偿的主要目的决定。当补偿的主要目的是调压时应按照调压的要求选择容量，当补偿的主要目的是降低网损时，应按最小年运行费用选择。并联电容器补偿就是目前应用最广的一种调压方法。

2. 以无功补偿装置（电力电容器）安装地点分类

（1）集中补偿：电力电容器装设在用户或变电站 6～35kV 母线上，可减少高压线路的无功损耗，而且能提高本变电站的供电电压质量。

（2）分散补偿：电力电容器装设在功率因数较低的用户车间或村镇终端变、配电站的高压或低压母线上。这种方式与集中补偿有相同的优点，但无功容量较小，效果较明显。

（3）就地补偿：电力电容器装设在异步电动机或电感性用电设备附近，就地进行补偿。这种方式既能提高用电设备供电回路的功率因数，又能改变用电设备的电压质量。

无功补偿的节能只是降低了补偿点至发电机之间的供电损耗，所以高压侧的无功补偿不能减少低压网侧的损耗，也不能使低压供电变压器的利用率提高。根据最佳补偿理论，就地补偿的节能效果最为显著。

（三）无功补偿方式的选择

（1）集中补偿与分散补偿相结合，以分散补偿为主。

（2）调节补偿与固定补偿相结合，以固定补偿为主。

（3）高压补偿与低压补偿相结合，以低压补偿为主。

（四）利用变压器调压

变压器分接头调压不能增减系统的无功，它只能改变无功分布。因此，在整个系统普遍缺少无功的情况下，不可能用改变分接头的办法来提高所有用户的电压水平。

变压器分接头通常设在高压绕组（双绕组变压器），或中、高压绕组（三绕组变压器），对应高压（或中压）绕组额定电压 U_n 的分接头为主抽头，变压器低压绕组不设分接头。调压变压器分为有载调压变压器和无载调压变压器。

在几台同容量的变压器并列运行的变电站中，可以通过改变变压器并列运行台数来达到调压的效果，并且在经济上还可以起到降低网损。

【思考与练习】

1. 简述 220kV 变电站的 220kV 母线、110kV 母线、35kV 母线正常运行方式和事故运行方式时电压允许偏差范围；带地区供电负荷的变电站和发电厂（直属）的 10（6、20）kV 母线正常运行方式下的电压允许偏差范围。
2. 无功补偿的作用有哪些？
3. 影响电力系统电压的主要因素有哪些？
4. 电力系统无功电源有哪些？

模块 2　电压、功率因数调控的异常处理（Z01E3002Ⅱ）

【模块描述】本模块介绍了 AVQC 系统的控制策略，通过电压及无功理论知识讲解，掌握电压、功率因数人工调控原则及方法，能对调控中出现的异常情况进行处理。

【模块内容】

一、电力系统电压与无功的控制措施

电力系统的电压需要经常调整，以满足电网运行的需要。当电压偏移过大时，会影响工农业生产产品的质量和产量，损坏设备，甚至引起系统性的“电压崩溃”，造成大面积停电。

电网电压不能全网集中调整，只能分区调整，电压的调整方法和措施如下：

（一）电力系统的调压措施

（1）调节励磁电流以改变发电机端电压。发电机母线做电压中枢点时，可以利用发电机的自动励磁调节装置调节发电机励磁电流改变其端电压以达到调压的目的。

（2）适当选择变压器变比。变压器分接头调压不能增减系统的无功，它只能改变无功分布。变压器调压方式分为有载调压和无载调压两种，有载调压是变压器在运行时可以进行分接开关的调节，从而改变变压器的变比，实现调压的目的。无载调压实在变压器停电或检修的情况下进行分接开关的调节，从而改变变压器的变比，实现调压的目的。

（3）改变线路的参数。串联电容补偿的调压原理是将电容器串联在线路上以降低线路电抗值，即用改变线路参数达到调压的目的。主要作用是改变纵向压降，纵向压降越大，调压效果越好。当线路不输送无功功率时，串联补偿基本上不起调压作用。

（4）增加无功电源。在负荷侧或供电设备上安装并联电容器，通过增加无功电源来提高负荷的功率因数。这样感性电气设备的无功功率由电容器提供，从而减少输电线路上的无功损耗，达到调压的目的。

（二）电力系统电压调整的方式

（1）逆调压。在负荷高峰期将网络电压向增高方向调整，增加值不超过额定电压的 5%；在负荷低谷期，将网络电压向降低方向调整，通常调整到接近额定电压，使网络在接近经济电压状态下运行。此种方式大都能满足用户需要，而且有利于降低配电网线损，因此在有条件的电网都应采用此方式。

（2）顺调压。在负荷高峰期允许网络中枢点电压略低，但不得低于额定电压的 97.5%；在负荷低谷期，允许网络中枢点电压略高，但不得高于额定电压的 107.5%。只有在负荷变动小，线路电压损耗小，或允许电压偏移较大的农村电网，才能采取该方式，但正常应避免使用该方式。

（3）恒调压。在任何负荷下都保持网络中枢点的电压基本不变，通常是保持网络中枢点的电压比额定电压高 5%。

在国内大多数电力系统，通常使用逆调压。

二、AVQC 系统常用控制策略

目前电力系统的电压和功率因数调节通常采用 AVQC 系统自动控制，正常无须人工干预。

根据 DL/T 1773—2017《电力系统电压和无功电力技术导则》和电网运行部门的管理规定，AVQC 系统采用如下无功电压综合优化控制策略。

（一）控制目标

在确保电网安全稳定运行的前提下，AVQC 软件的控制目标包括：

（1）确保变电站 10kV 侧 A 类考核母线的电压合格率。

（2）确保 220kV 变电站的主变压器高压侧受电关口的功率因数。

（3）在以上两点要求满足时，按无功分层就地平衡方式优化运算，降低系统网损。

AVQC 系统实行综合优化，在保证母线电压、功率因数合格的前提下，通过控制变电站变压器的无功流动，实现无功就地平衡，降低网损。

用户可以设定电压目标、功率因数指标，从而设定各个控制目标的优先级。当某个高优先级的指标没有达到时，AVQC 系统能自动调整相关的控制策略，牺牲低优先级的控制目标，满足高优先级的控制目标。

（二）控制范围和控制手段

无功电压优化闭环控制的最大范围为由地区电网管辖的能够在 SCADA 系统进行遥控遥调操作的 220kV 及以下变电站。将控制范围内的变电站作为考察单元，220kV 变电站为其馈供的 110kV 变电站的上级考察单元，建立考察单元之间的上下级层次关系，并以此为基础，通过不同层次的考察单元之间的相互协调，实现地区电网二级无功电压优化控制。

无功电压优化闭环控制的控制手段（控制对象）为 220、110、35kV 变电站的变压器有载分接开关、电容器、电抗器。

（三）分区控制

AVQC 系统提供基于区域的 2 级无功电压控制。系统对地区电网进行自动分区。采用地调 SCADA/PAS 中的电网拓扑结构库，以 220kV 变电站的中枢母线作为分区的出发点，根据设备拓扑连接关系以及断路器、隔离开关的实时状态自动对 110、35kV 变电站进行分区。当断路器、隔离开关状态发生变化时，分区也能自动进行修正。当某个断路器或隔离开关状态有误时，也可以根据周边其他断路器、隔离开关的状态进行修正。

（四）控制策略

1. 电压控制策略

为满足电压合格率的控制目标，AVQC 系统采用的控制策略是：

首先，按无功分层、分区就地平衡的原则，控制并联电容器投切，确保各 220kV 变电站的变压器高压侧功率因数满足合格范围。如果电容器安装容量不足，出现在负荷高峰时，投入该变电站内所有电容器后，220kV 变电站的变压器高压侧功率因数仍不合格，则用户可通过报表查历史数据来判断，是在该站原有的电容器上增容或新增电容器（即：考虑增加电容器的补偿容量）。

其次，在无功功率分层分区基本平衡的条件下，为进一步提高电压合格率，调整相应的有载分接开关。对 35kV 变电站而言，如果 10kV 电压不满足合格范围，则在最终上级 220kV 变电站功率因数合格的情况下，首先投入该变电站的电容器，然后再申请上级 110kV 变电站调档，上级 110kV 变电站会根据本身管辖的 35kV 变电站的电压情况做出判断是否都满足调节条件，否则不予理会。

最后再调节本站的有载分接开关。对 110kV 变电站而言，如果 35kV 电压和 10kV 电压都不满足合格范围（优先保证 10kV 电压），则在最终上级 220kV 变电站功率因数合格的情况下，首先投入该变电站的电容器，然后再申请上级 220kV 变电站调档，上级 220kV 变电站会根据本身管辖的 110kV 变电站和 35kV 变电站的电压情况做出判断是否都满足调节条件，否则不予理会，最后再调节本站的有载分接开关。对 220kV 变电站而言，如果 35kV 电压或 10kV 电压不满足合格范围，则在功率因数合格的情况下，首先投入该变电站的电容器，然后再调节本站的有载分接开关。如果无调节手段会有语音告警，提示用户进行手动干预一下。

AVQC 系统在控制电压时，可以根据用户的指令进行逆调压，即高峰时期各个节点的电压偏上运行，在负荷低谷时各个节点电压偏下限运行。这时调压的目标不仅是保证了电压质量，而且还降低了线损。

2. 功率因数控制策略

为满足功率因数合格率的控制目标，AVQC 系统采用的控制策略是：

若本供电区域的 220kV 变电站的变压器高压侧（省公司关口）的功率因数小于省公司的考核指标，则先将该 220kV 变电站所属下级 35kV 变电站的电容器投入，再将 220kV 变电站所属下级 110kV 变电站的电容器投入，最后将 220kV 变电站本身的电容器投入，具体原则是优先根据本级变电站的无功分层就地平衡，如按以上顺序电容器都投入后功率因数还不满足条件的情况下，再从 220kV 变电站、110kV 变电站、35kV 变电站依次将电容器强行投入（前提是 220kV 变电站无功不允许倒送，且电压都合格的情况下，下级会出现无功倒送很多），直到功率因数满足省公司的考核指标。

若本供电区域的 220kV 变电站的变压器高压侧（省公司关口）的功率因数大于省公司的考核指标，则先根据无功分层就地平衡的原则，从各无功倒送超过规定范围的变电站中将电容器切除（前提是保证电压合格），如按以上顺序电容器都切除后功率因数还不满足条件的情况下，则将该220kV变电站本身的电容器切除，再将220kV变电站所属下级110kV变电站的电容器切除，最后将220kV变电站所属下级35kV变电站的电容器切除，直到功率因数满足省公司的考核指标。

在有调节手段的情况下，保证电压和功率因数合格的优先级都是一样的，AVQC系统都是确保两者的合格率达到最高。如在无调节手段的情况下，则优先保证电压质量。

3. 网损控制策略

一般情况下，满足电压控制目标和功率因数控制目标后，基本上已经实现了无功的就地平衡，能较大地降低网损。

为了进一步降低网损，在不损害电压合格率和功率因数合格率的前提下，AVQC系统能通过投切电容器或调节主变压器分接开关，自动调整同区域的110kV变电站之间的无功流向，从而降低网损。

4. 与省调AVQC系统联网的控制策略

AVQC系统在地区电网运行时，具备与省调AVQC系统联网运行的条件。系统以省公司下发的220kV变电站的关口无功作为约束条件，进行区域的无功电压优化，其控制策略类似于对220kV变电站关口功率因数的控制策略。

AVQC系统通过电网分区潮流计算，能准确计算出同级电网每个分区保证电压不越限的情况下可投/切电容器的容量，并通过SCADA系统将此数据上传省调。

三、电力系统电压、无功功率（功率因数）人工调控原则

电力系统电压、无功功率（功率因数）正常由电压无功自动控制（AVQC）系统进行自动控制，无须手动控制调节。如发现电压无功自动控制系统出现异常，应立即将相应设备封锁，并转入监控人员手动调节，人工调节原则如下：

（1）电压、功率因数均越上限，先切电容器，投电抗器，如电压仍处于上限，再调节分接开关降压。

（2）电压越上限，功率因数正常，先调节分接开关降压，如分接开关已无法调节，电压仍高于上限，则切电容器，投电抗器。

（3）电压越上限，功率因数越下限，先调节分接开关降压，直至电压正常，如功率因数仍低于下限，则切电抗器，投电容器。

（4）电压正常，功率因数越上限，应切电容器，投电抗器，直至正常。

（5）电压正常，功率因数越下限，应切电抗器，投电容器，直至正常。

（6）电压越下限，功率因数越上限，先调节分接开关升压至电压正常，如功率因数仍高于上限，再切电容器，投电抗器。

（7）电压越下限，功率因数正常，先调节分接开关升压，如分接开关已无法调节，电压仍低于下限，则切电抗器，投电容器。

（8）电压、功率因数均越下限，先切电抗器，投电容器，如电压仍处于下限，再调节分接开关升压。

四、案例（举例调节电压和功率因数）

案例1：某日11:00某地区AVQC系统故障需短时退出运行，此时某110kV变电站的10kV母线电压高，但其下级厂站的10kV母线电压是正常的，当值值班人员该如何调节？

调节步骤：

因为11:00已接近高峰时段负荷的一个小低谷，此时若该110kV变电站的10kV母线电容器已切除，则调节该变电站的主变压器挡位，直到该变电站的母线电压合格，然后下级厂站再根据母线电压情况进行主变压器调挡。

若该110kV变电站的10kV母线电容器没有切除，则先切除该变电站的电容器，若电容器切除后10kV母线电压还偏高，则需调节该变电站的主变压器挡位，直到该变电站的母线电压合格，然后下级厂站再根据母线电压情况进行主变压器调挡。

案例2：某220kV变电站（一台220/110/35kV主变压器，该主变压器为有载调压）的35kV母线电压偏高（37.55kV），该变电站的主变压器110kV侧馈供的5座110kV变电站，其中4座110kV变电站10kV母线电压偏高（10.68kV），1座110kV变电站10kV母线电压偏低（10.05kV），此时如何进行人工操作？

调节步骤：

因为该220kV变电站的35kV母线电压及其所馈供的4座110kV变电站10kV母线电压都偏高，所以考虑直接调节220kV变电站的主变压器挡位可使调节次数最少，又因为有一座110kV变电站10kV母线电压偏低，所以要先对10kV母线电压偏低的变电站主变压器进行升挡，然后对该220kV变电站的主变压器进行降挡，直至下级变电站10kV母线电压恢复正常。

案例3：某220kV变电站（220/110/10kV主变压器、为有载调压主变压器），当季高峰电网目标电压是234kV，低谷电网目标电压是233kV，该变电站10kV母线有3台电容器，1号电容器4000kvar，2号电容器4000kvar，3号电容器6000kvar。

（1）某日8:55，1号主变压器高压侧有功是11.6MW，无功是–4.95Mvar，$\cos\phi$为0.92，220kV电网电压233.1kV，此时该变电站的电容器全部在投入位置，10kV母线电压为10.68kV，问：此时若TOP系统有故障不能发令操作，作为当班正值，应如何确保该变电站的功率因数合格？ 并简述理由。

（2）某日9:35，1号主变压器高压侧有功是8.4MW，无功是2.9Mvar，$\cos\phi$为0.945，220kV电网电压233.5kV，此时该变的电容器全部在退出位置，问：此时若TOP系统有故障不能发令操作，你作为当班正值，应如何确保该主变压器功率因数合格？并简述理由。

调节步骤：

（1）此时该变电站无功过剩，所以先拉开 3 号电容器（6000kvar），这样主变压器高压侧无功为 1.05Mvar，$\cos\phi$合格且不向主网倒送无功，如果电容器拉开后，10kV 母线电压还偏高，则对主变压器进行调挡，直至 10kV 母线电压合格。

（2）投 1 号（或 2 号）电容器（4000kvar），这样主变压器高压侧无功为–1.1Mvar，$\cos\phi$合格主网倒送无功不多，如果投入 3 号电容器（6000kvar），无功则为–3.1Mvar，$\cos\phi$不合格且主网倒送无功多，所以只能投入 1 号（或 2 号）电容器（4000kvar），不能投入 3 号电容器（6000kvar）。

【思考与练习】

1. 简述 220kV 变电站的 220kV 母线、110kV 母线、35kV 母线正常运行方式和事故运行方式时电压允许偏差范围；带地区供电负荷的变电站和发电厂（直属）的 10（6、20）kV 母线正常运行方式下的电压允许偏差范围。

2. 何为逆调压、顺调压、恒调压？

3. 110kV 变电站，如果 35kV 电压和 10kV 电压都不合格，AVQC 控制策略优先保证哪个电压等级的电压合格？AVQC 控制策略是如何进行电压调整的？ 若是 220kV 变电站的 35kV 电压或 10kV 电压不合格，AVQC 控制策略又是如何进行电压调整的？

4. 简述电力系统电压、无功功率（功率因数）人工调控原则。

模块 3 电压、功率因数指标综合分析（Z01E3003Ⅲ）

【模块描述】本模块介绍电压与无功的基本关系，分析电网电压与主变压器受电功率因数的综合指标，定性分析电压、功率因数对系统的影响，通过案例分析，指出电力系统电压与无功管理控制存在问题，提出改进措施。

【模块内容】

一、电力系统电压与无功的基本关系

电力系统中的电压和功率因数与电网中无功潮流有密切关系，而电网中无功是否平衡表现在节点电压上。节点上无功潮流为馈供流出，表明电网无功补偿不足，造成节点电压偏低；节点上无功潮流流向电源，表明电网无功功率过剩，使节点电压偏高。

（一）电力系统中无功功率（功率因数）指标

用主网电压水平制约无功潮流的方向，是功率因数考核的根本。即主网电压高于节点目标电压，说明无功平衡趋向无功过剩，下级电网不应向主网送进无功；主网电

压低于节点目标电压，说明无功平衡趋向无功不足，下级电网不应从主网吸收无功。

1. 地区电网 220kV 母线目标电压的制定

以逆调压为原则，根据地区各 220kV 变电站 220kV 母线在高峰和低谷时的电压静态特性，来确定各 220kV 变电站 220kV 母线目标电压值。为确保系统电压的稳定性，高峰和低谷时期的目标电压只相差 1000V。只有在合格的电压区间下，动态优化后的无功潮流的合理流动，才能使电网得到最大限度的经济运行。

2. 高峰、低谷时段划分原则及主变压器受电功率因数限值

以江苏电网为例：江苏省调对 220kV 电网运行电压实行统一管理，按季度编制下达电压控制点的电压曲线（分高峰、低谷两个时段）和电压控制点、电压监视点的规定值。每 0.5 小时为一个考核点，全天有 48 个考核点。

高峰时段指 8:00～24:00（含 24:00，不含 8:00），主变压器受电功率因数上限值为 1、下限值为 0.95；

低谷时段指 0:00～8:00（含 8:00，不含 0:00），主变压器受电功率因数上限值为 0.98、下限值为 0.94。

3. 220kV 变电站的主变压器受电功率因数合格点定义（分高峰、低谷两个时段）

为充分考虑变电站各台主变压器负荷率的不对称性，力求被考核的关口（220kV 变电站）节点受电功率因数的平衡，兼顾网络节点电压与功率因数的关系，以 220kV 变电站主变压器高压侧的有功与无功的代数和进行主变压器受电功率因数的计算。主变压器受电功率因数的计算方法：$\cos\phi = \sum P / S_{\mathrm{QR}}\left(\sum P_2 + \sum Q_2\right)$。

变电站 220kV 母线电压不应小于该时段目标电压，同时主变压器受电功率因数小于该时段受电功率因数上限值。

变电站 220kV 母线电压小于该时段目标电压，同时主变压器受电功率因数不应小于该时段受电功率因数下限值。

用向量图表述就是：① 220kV 母线电压高于目标电压，在负荷高峰期，主变压器受电功率因数应该在第一象限运行，负荷低谷期间区间收窄，此时主变压器受电功率因数要求在第一象限的 12° 以上运行。②220kV 母线电压低于目标电压，在负荷高峰期，主变压器受电功率因数应该在第一象限的 18° 以下和第四象限的区域运行，负荷低谷期间，主变压器受电功率因数要求在第一象限的 22° 以下和第四象限的区域运行。

当 220kV 母线电压低于目标电压时，即使向主网倒送无功，并使主变压器受电功率因数小于考核下限值，此时主变压器受电功率因数也是合格的。这是为了满足电网电压的合格要求，体现了无功潮流的平衡最终是服务于电网电压的质量。

主变压器受电功率因数的免考核点为：$\Sigma P<0$ 的点。如：某些 220kV 变电站的

110kV 接有电厂，电厂上网有功功率正好平衡所在变电站负荷后，使得 220kV 主变压器高压侧有功功率在受进和馈供界线上下波动，导致功率因数的方向飘忽不定，给功率因数考核带来困难，故此类变电站功率因数一般都免考核。还有某些 220kV 变电站的 110kV 接有风电的，由于风力发电的诸多不确定因素，导致网供负荷的不稳定，造成功率因数调节的困难，此类变电站一般也免于考核。

主变压器受电功率因数合格率的计算方法：合格率=合格点数/（总点数–免考核点数）×100%

（二）无功优化系统对电压、功率因数指标的控制策略

1. 全网无功优化补偿功能

当各级电网内各变电站电压处在合格范围内，控制本级电网内无功功率流向合理，达到无功功率分层就地平衡，提高受电功率因数。

2. 全网电压优化调节功能

当无功功率流向合理，变电站母线电压超上限或超下限运行时，分析同电源、同电压等级变电站和上级变电站电压情况，决定调节哪一级变电站有载主变压器分接开关。电压合格范围内，实施逆调压。实现减少主变压器并联运行台数以降低低谷期间母线电压。实施有载调压变压器分接开关调节次数优化分配。

无功电压综合优化功能。当变电站 10kV 母线电压超上限或下限时，寻求最佳的主变压器分接开关调整和电容器投切策略，尽可能保证电容器投入量最多。实现预算 10kV 母线电压，防止无功补偿设备投切振荡。实现双主变压器经济运行，支持投入 10kV 电抗器，增加无功负荷，达到降低电压的目的。

二、电力系统电压与无功管理控制存在问题及改进措施

电网电压及无功管理需从技术上保证、设备上跟进、管理上到位，这样才能确保电网电压及无功管理各项指标的顺利完成。

（一）电网中存在以下共性问题

1. 电容器、电抗器无功补偿设备配置不合理

电容器、电抗器无功补偿设备配置不合理，主要表现在两个方面：

（1）变电站配置的无功补偿容量不足。无功功率在电网元件传输上的损耗主要表现在变压器上，线路无功损耗只占 15%左右，而变压器的损耗占 85%左右。按《国家电网公司电力系统无功补偿配置技术原则》规定：220kV 变电站的容性无功补偿以补偿主变压器无功损耗为主，并适当补偿部分线路的无功损耗。补偿容量按照主变压器容量的 10%～25%配置；35～110kV 变电站的容性无功补偿装置以补偿变压器无功损耗为主，并适当兼顾负荷侧的无功补偿。容性无功补偿装置的容量按主变压器容量的 10%～30%配置，并满足 35～220kV 主变压器最大负荷时，其高压侧功率因数不低

于 0.95。

现运行的 35～220kV 变电站大都在低压侧设置并联电容器，中压侧一般不设置并联电容器，这样设置仅能补偿低压侧所缺无功，中压侧所缺无功不仅无法在中压侧得到补偿，反而增加了变压器的损耗。还有部分 220kV 变电站从经济角度出发未考虑在主变压器低压侧装设并联电抗器，导致在节假日，特别是在春节期间，主网无功过剩的情况下，因无调节手段导致母线电压、主变压器受电功率因数越上限运行。

（2）变电站的无功补偿容量配置不合理。按《国家电网公司电力系统无功补偿配置技术原则》规定：220kV 变电站无功补偿装置的分组容量选择，应根据计算确定，最大单组无功补偿装置投切引起所在母线电压变化不宜超过电压额定值的 2.5%。一般情况下无功补偿装置的单组容量，接于 35kV 电压等级时不宜大于 12Mvar，接于 10kV 电压等级时不宜大于 8Mvar。110kV 变电站无功补偿装置的单组容量不宜大于 6Mvar，35kV 变电站无功补偿装置的单组容量不宜大于 3Mvar，单组容量的选择还应考虑变电站负荷较小时无功补偿的需要。对于大量采用 10～220kV 电缆线路的城市电网，在新建 110kV 及以上电压等级的变电站时，应根据电缆进、出线情况在相关变电站分散配置适当容量的感性无功补偿装置。

电力用户应根据其负荷性质采用适当的无功补偿方式和容量，在任何情况下，不应向电网反送无功电力，并保证在电网负荷高峰时不从电网吸收无功电力。

目前存在变电站单组电容器的设计容量偏大，造成电容器的投、退对电压的影响较大，容易造成过补或欠补现象的发生。在负荷较低时，投入电容器会出现向主网倒送无功的现象，在负荷高峰时投入电容器补偿不足，电压调整困难。特别是在春节期间，由于负荷很低，造成主网电压偏高，主网无功过剩，此时没有适当容量的电抗器进行感性无功的补偿，势必造成主变压器受电功率因数越上限而不合格。

2. 运行方式对电网电压及无功的影响

某些 220kV 变电站低压侧母线是单母线，没有分段，造成主变压器无功补偿不灵活。或运行方式安排不合理等，如：主变压器中压侧挡位设置不合理（大都变压器中压侧挡位是无载调压的），造成主变压器高压侧分接开关调压时低压侧母线电压合格而中压侧母线电压越限的现象。

（二）提高电网电压和主变压器受电功率因数合格率的措施

电网电压和无功是相互关联、相互影响的，但有时存在一定的矛盾性，可以从以下几个方面来提高电网电压和主变压器受电功率因数的合格率。

1. 建立合理完善的电力网络

一个合理完善的网络结构是保证系统电压质量和供电可靠性基础，在电力系统规划设计中首先应对地区电网的 110kV 网络之间加强联系及电压支持，逐步形成一个坚固的 110kV 网络系统。

35kV 及以下电压等级中、低压电网的供电范围合理，应根据线路电压损失的允许值、线路负荷大小、无功潮流及供电可靠性要求，尽可能使供电半径保持在合理的范围内，并留有一定的裕度，满足负荷的增长。

要实时保证无功电源与无功负荷之间的平衡。不但要保证整个电力系统的无功平衡，同时也要做好分（电压）层和分（供电）区及每个点（变电站）内的无功平衡；在规划、建设时，无功电源应与有功电源同步进行；同时还要求电力系统中应有足够的无功电源备用容量和补偿装置，并分散装设于无功平衡和电压调整比较敏感的变电站内。

2. 配置合理的无功补偿设备

电力系统分层、分区及每个变电站内配置合理且合适的无功补偿设备是搞好无功电压管理、降低线损、提高功率因数合格率的基础。即：根据变电站主变压器容量、负荷需求、供电半径等配置适当数量和容量的并联电容器和并联电抗器，以满足不同运行方式下电压和功率因数的调节需求。

3. 配置足够的无功补偿设备

各变电站都应按 DL/T 1773—2017 要求配置足够的无功补偿设备，不能因一时电压的高、低而不配置或少配置电容器。对变电站电缆线路较多时，由于电缆线路是容性负荷，在切除并联电容器组后，有可能还会出现向系统到送无功现象，这时应在变电站低压母线上装设适当数量的并联电抗器，以增加该变电站无功负荷的储备容量，利于系统无功的合理补偿，达到无功就地平衡。

4. 配置容量合理的无功补偿设备

变电站内的无功补偿设备的单组容量不宜过大。如电容器单组容量过大，在负荷轻时，不投电容器，会使功率因数偏低，线损增大；投入电容器，又会造成向系统倒送无功。可以配置多组单组容量适中的电容器和电抗器，这样补偿方式更灵活。在配置无功补偿设备时还应考虑负荷的增长趋势，以便适应负荷增长后的无功补偿需求。

5. 合理设置变压器变比并尽量采用有载调压变压压器

各电压等级变压器的额定变比、调压方式、调压范围及每档的调压值，都应满足发电厂、变电站母线和用户受电端电压质量的要求，并考虑电力系统中长期电源建设和结构变化的影响。地区供电网中 110kV 及以下电压等级的变压器应全部采用有载调压变压器，220kV 变电站也应尽可能地采用有载调压变压器，便于灵活的调整母线电压并改变无功的重新分布。

6. 采用 VQC 系统自动调节电网电压和无功

积极采用无功、电压自动调节设备，提高电网自动化水平。如用户安装的高、低压电容器组，采用按功率因数及电压自动投切方式；变电站的电容器组和电抗器组以及变电站安装的有载调压变压器，都可以通过 AVQC 系统实现对无功功率和母线电压的实时控制。江苏电网目前已全部使用 AVQC 系统实现对管辖范围内变电站的无功功率和母线电压的实时自动控制，保证了电网运行的稳定性和经济性。

7. 重视电压和功率因数的分析管理工作

调度运行人员应注意监视设备的运行状况，充分利用电网中无功电源、无功补偿及电压调节设备，结合实际运行情况，进行有功电力调度和无功电压调整，从而在确保变电站 10kV 侧 A 类考核母线的电压和 220kV 变电站主变压器高压侧受电功率因数合格的前提下尽可能使无功功率就地平衡。

三、案例

电压和功率因数是电网的重要经济考核指标，所以监控电压和功率因数是调控值班员的主要职责之一。VQC 系统控制策略调整及 VQC 系统数据维护等都是动态管理，完全依靠厂家人员的维护是不现实的。调控人员要主动参与 VQC 系统管理和部分参数的维护工作，使 VQC 系统运行更稳定，确保电压、功率因数各项考核指标的顺利完成。

案例 1：变电站通道传输慢导致主变压器调挡频繁失败或连调失败。

某些老变电站的数据传输仍使用 CDT 通道，加之变电站位置偏远，数据传输时间 5～10min 不等。TOP 系统是以主变压器调挡指令发出后母线电压值是否有变化来判断主变压器调挡是否成功的；两台主变压器联调则是以主变压器挡位变化为依据的。单台主变压器调挡时，若达到规定时间（55×5s）电压还没有变化，则判断操作失败，隔 10s 后根据电网电压情况再次发令，这样主变压器就会连调 2 挡，导致电压一次升高或降低很多。两台主变压器联调时，若主变压器挡位数值在规定时间（55×5s）内还没有变化，则判联调失败。两者都有可能导致母线电压越限。

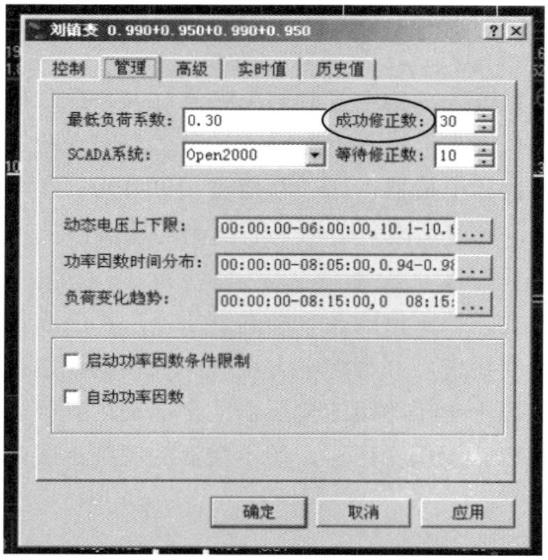

图 37-3-1 TOP 系统管理界面

解决措施：在 TOP 系统中将通道传输较慢变电站的“管理”中的“成功修正系数”由 0 改为 30，即增加 30×5s 的时间判断。这样该变电站总的闭锁周期数为 85 个周期（85×5s），延长了 TOP 系统判断的时间，解决了因变电站通道传输缓慢而造成的主变压器调挡失败或连调问题。如图 37-3-1 所示。

案例 2：参数设置错误导致变电站的功率因数越上限。

某日 8:00，某 220kV 变电站因功率因数越上限产生不合格点。当日 7:55 该 220kV 变电站的 220kV 母线电压 227.5kV（目标电压高峰为 228kV、低谷为 226kV），$\cos\phi$ 为 0.945。7:58 时 TOP 系统发令合上该 220kV 变电站 1 号电容器（容量是 12 000kvar，8:00 该 220kV 变电站 $\cos\phi$ 上升为 0.981 后，功率因数越上限。

高峰时段：8:00～24:00，不含 8:00，含 24:00 点；$\cos\phi$ 下限 0.95，上限 1.0。

低谷时段：0:00～8:00，不含 0:00，含 8:00；$\cos\phi$ 下限 0.94，上限 0.98。

以江苏省公司对 220kV 变电站受电功率因数的考核要求为例进行讲解。220kV 变电站受电功率因数合格点定义：① 变电站 220kV 母线电压不小于该时段目标电压，同时受电功率因数小于该时段受电功率因数上限值。② 变电站 22kV 母线电压小于该时段目标电压，同时受电功率因数不小于该时段受电功率因数下限值。

按照江苏省公司功率因数考核标准，7:55 时该 220kV 变电站的功率因数应该是合格的，但为何 TOP 系统要发令操作呢？查看 TOP 系统中功率因数参数设置，终于发现原因。原来 TOP 系统误将 7:55 归入高峰时段（如图 37–3–2 所示），此时该 220kV 变电站的 220kV 母线电压 227.5kV 小于高峰目标电压 228kV，则 $\cos\phi \geqslant 0.95$ 才合格，所以就发令投电容器，导致功率因数不合格。

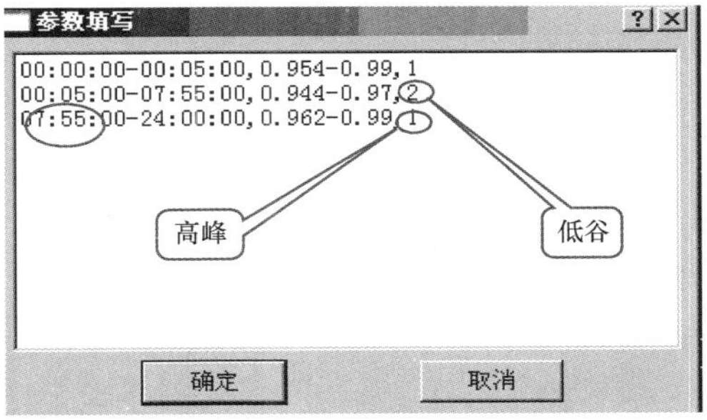

图 37–3–2　TOP 系统参数

解决措施：将 TOP 系统中功率因数参数设置进行调整，将 7:55 改为 8:05，这样 8 点之后的点就属于高峰时段的，修改后结果如图 37–3–3 所示。

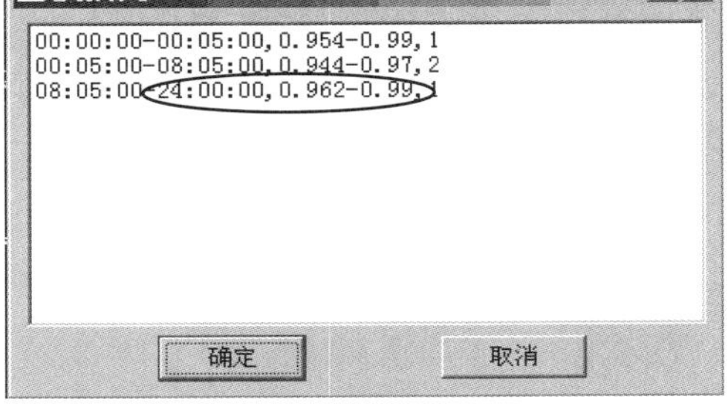

图 37–3–3　TOP 系统参数

案例 3：投入电容器容量不当，导致变电站功率因数越下限。

某日 9:25，某 220kV 变电站 1 号主变压器（只有 1 台主变压器）高压侧有功由

15.2MW 突然降至 8.4MW（无功 2.9Mvar），cosϕ由 0.982 直线降至 0.945。当时该变电站 220kV 母线电压 227.8kV（目标电压高峰为 232kV、低谷为 230kV），cosϕ≥0.95 才合格。该变电站有两组电容器在退出状态，一组容量为 4000kvar，一组容量为 6000kvar。当值监控人员想功率因数都这么低了，而且快要到考核点，（0.5h 为一个考核点），不能依赖 TOP 系统发令，干脆人工投一组容量大的电容器吧，结果一投电容器功率因数更低，降至 0.939，导致低走字。

在进行功率因数走点分析时，当值人员很不理解。当时主变压器高压侧无功数值为正，说明是从主网吸收无功的，此时投入电容器是正确的，但为何功率因数会更低呢？原因如下：

画图示意：设容量 6000kvar 的电容器无功为 Q_1，容量 4000kvar 的电容器无功为 Q_2。

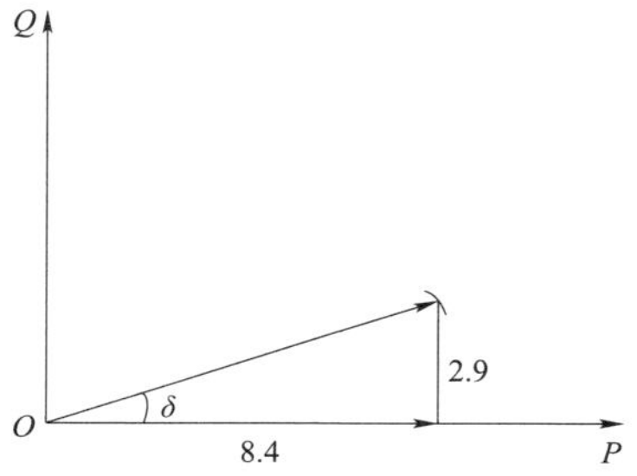

图 37–3–4 补偿前主变压器功率图

投电容器之前，1 号主变压器高压侧有功为 8.4MW，无功为 2.9Mvar，cosϕ为 0.945，如图 37–3–4 所示。

投入 6000kvar 的电容器后，1 号主变压器高压侧有功为 8.4MW，无功为–3.1Mvar，根据式（37–3–1）得知：cosϕ 为 0.939，无功补偿太多，功率因数反而下降。

$$\cos\phi=P/S=P/\sqrt{P^2+(Q_1-Q)^2}=0.939 \qquad (37\text{–}3\text{–}1)$$

式中 P——有功功率，kW；

$Q(Q_1)$——无功功率，kvar；

S——视在功率，kVA；

cosϕ——功率因数。

无功补偿后的功率三角形如图 37–3–5 所示。

若投入 4000kvar 的电容器，1 号主变压器高压侧有功为 8.4MW，无功为–1.1Mvar，根据公式（37–3–2）得知：cosϕ为 0.992，无功补偿适中，功率因数上升。

$$\cos\phi=P/S=P/\sqrt{P^2+(Q_2-Q)^2}=0.992 \qquad (37\text{–}3\text{–}2)$$

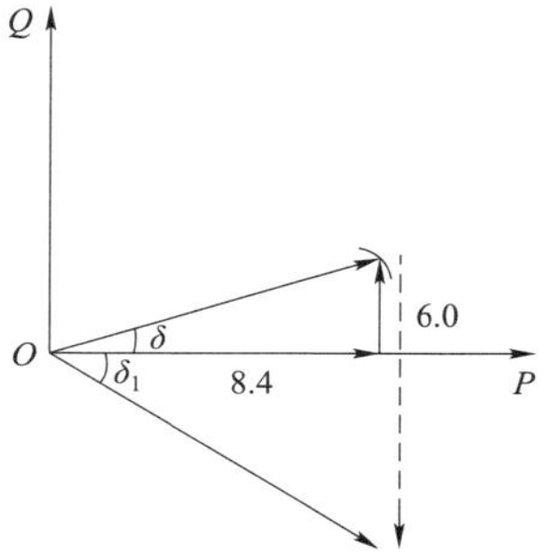

图 37–3–5 补偿后主变压器功率图一

式中 P——有功功率，kW；

$Q(Q_2)$——无功功率，kvar；

S——视在功率，kVA；

$\cos\phi$ ——功率因数。

无功补偿后的功率三角形如图 37–3–6 所示。

结论：由此可知，对系统进行无功补偿时，应尽可能地保证节点电压无功平衡。这样才能使动态优化后的无功潮流流动合理，使电网得到最大限度的经济运行。

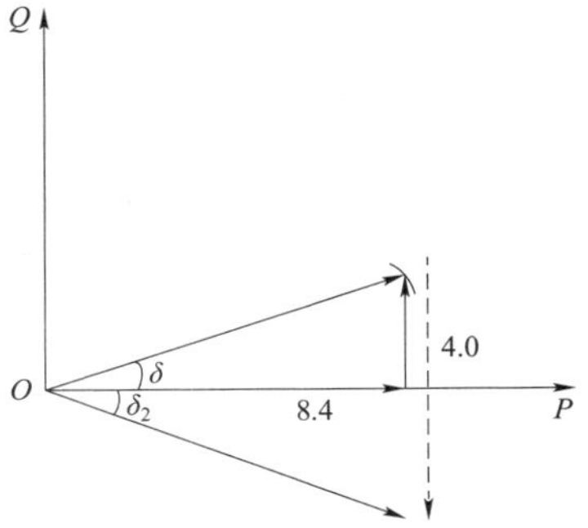

图 37–3–6　补偿后主变压器功率图二

【思考与练习】

1. 何种情况下主变压器受电功率因数可以免考核?为什么这么规定？

2. 请分别分析如果变电站无功补偿设备容量设计不合理或无功补偿设备配置不合理，对电网无功补偿的影响？

3. 在何种情况下可以大量采用有载调压变压器，调节有载调压变压器的挡位能改变 220kV 主变压器的受电功率因数吗？原因是什么？

4. 你认为电压和功率因数是怎样的关系，如何保证功率因数指标合格？

第三十八章

日　常　监　视

模块 1　设备运行状态的监视（Z01E10001 Ⅰ）

【模块描述】本模块包含了运行状态监视，通过对电压、功率因数、负荷、频率等遥测和遥信信息的监视及分析，掌握设备运行工况的监视要求。

【模块内容】

一、设备的运行工况监视的内容

调度控制中心对变电站的设备运行监视，是指利用微机监控系统为主、人工为辅的方式，对变电站内的日常信息进行监视，以达到掌握变电站的一、二次设备的运行状态及电网的潮流分布情况，保证电网正常运行的目的。

监控的运行工况监视包括以下内容：

监视变电站一次接线方式情况。

监视站用电系统运行情况。

监视直流系统运行方式、电压、电流及绝缘情况。

监视主变压器分接开关运行位置、油温、线温和各侧有功功率、无功功率及三相电流。

监视线路的有功功率、无功功率、三相电流、潮流方向。

监视主变压器功率因数及电容器、电抗器投切情况。

监视各级母线电压。

监视继电保护装置、安全自动装置运行是否正常。

监视各测控装置运行是否正常。

监视站内防盗、消防告警情况。

监视光子牌动作情况。

监视视屏监控系统运行情况

监视在线监测数据系统运行工况。

监视 AVQC 系统运行是否正常。

调度主站系统前置服务器、SCADA 服务器、人机工作站及各应用程序功能运行是否正常。

监视变电站通信通道工况。

二、设备的运行工况监视的要求

1. 电流、功率的监视

三相电流应平衡，数据刷新正常，无封锁、置数、遥测不刷新、三相不平衡较大等异常情况。

电流值不超过回路中设备最小通流允许值。

功率不超过调度下达的电网稳定控制要求，当电网运行方式改变时，应及时设置或取消稳定限额。

母线的进出线有功功率和无功功率应平衡。

线路的两端电流应平衡。

功率指示数值应与电流指示相对应。

变压器功率因素应在控制考核的范围内变动。

2. 电压的监视

母线三相电压应平衡，无接地、电压不合格等遥信告警。

母线三相电压应在合格范围内，符合电压曲线要求。

并列运行的母线电压应相差不大。

电压数据刷新正常，无封锁、置数、遥测不刷新、三相不平衡较大等情况。

电压显示应稳定，无异常波动，母线电压应在规定的范围内变动。

变压器的运行电压一般不得高于运行分接开关额定电压的 105%。

电容器不得在超过 1.1 倍的额定电压下长期运行。

3. 直流系统标称电压为 220V 或 110V，直流系统母线电压运行规定

正常运行直流母线电压应为直流系统标称电压的 105%。

直流母线最高运行电压一般不超过 110%，最低不超过 87.5%。

在直流充电装置交流失电情况时，直流母线电压波动不得大于 10%。

220V 直流系统两极对地电压绝对值差不超过 40V。

2V 普通铅酸蓄电池单体电压保持在 2.15～2.18V，阀控式铅酸蓄电池电压保持在 2.23～2.28V。

4. 频率的监视

按国家电网公司的规定，频率标准为 50Hz，频率偏差不得超过（50±0.2）Hz，正常情况下系统频率应保持在（50±0.1）Hz。

5. 主变压器温度的监视

主变压器一般通过上层油温来监视变压器的运行温度，正常最高顶层油温不得高于表 38–1–1 长期运行。

表 38–1–1　　油浸式变压器顶层油温一般限值

冷却方式	冷却介质最高温度（℃）	最高顶层油温（℃）
自然循环自冷、风冷	40	95
强迫油循环风冷	40	85
强迫油循环水冷	30	70

变压器上层油温与周围环境温度的差值称为温升。变压器运行时还应使得温升不超过以下要求：

油浸自冷或风冷变压器：额定负荷下，上层油温温升不超过 55℃。

强迫油循环风冷变压器：额定负荷下，上层油温温升不超过 45℃。

强迫油循环水冷变压器：额定负荷下，上层油温温升不超过 40℃。

对于强油风冷的变压器当风冷全停时，额定负载下允许运行时间不小于 20min，当油温未达到 75℃时，允许上升到 75℃，但最长运行不得超过 1h。

6. 其他温度的监视

蓄电池室温度宜控制在 15～30℃，最高不超过 35℃，最低不超过 5℃。

对于安装在开关柜中 10～66kV 微机继电保护装置，要求环境温度控制在–5～45℃范围。安装在室内的微机继电保护装置，要求环境温度应控制在 5～30℃范围内。

7. 主站系统的监视

前置机运行正常，无通信中断或其他异常告警信号。

SACDA 服务器运行正常，无通信中断或其他异常告警信号。

调控人员用人机工作站运行正常，无通信中断或其他应用程序异常告警信号。

遥测应刷新正常，无异常状态颜色显示。主站系统对遥测、遥信均有运行状态的质量定义，当计算机监控系统检测到遥测、遥信有非正常状态时，都会通过画面图元的闪烁、填充颜色变化、边框颜色变化等来提示监控人员加以注意。因此，日常监视过程中应特别注意画面上遥测和遥信的非正常颜色的显示，查明显示非正常的原因。常见遥测状态定义如表 38–1–2 所示。

表 38–1–2　　主 站 系 统 遥 测

正常	遥测数据刷新正常，无其他质量标志
工况退出	RTU 退出而导致数据不再刷新
不变化	该遥测一段时间内未发生变化
无效	目前暂未使用
遥测越限	量测超过限值范围，可设置 4 个级别的告警
非实测值	该遥测未从 RTU 采集
计算值	该遥测来自公式计算
被旁路代	该遥测被旁路量测替代
被对端代	针对线路的遥测，该遥测被线路的对端量测替代
历史数据被修改	当历史数据被修改后，在对其进行采样查询时该数据会提示“历史数据被修改”
可疑	对于计算量，表示参与计算的某个分量在数据库中已删除而导致计算异常
旁代异常	旁路代路异常
分量不正常	针对计算量，表示参与计算的某个分量状态不正常（如工况退出等）
置数	该量测为人工置数值，无法保持，有数据刷新时将恢复正常
封锁	该量测为人工置数值且保持住

8. 遥信应刷新正常，无异常质量颜色显示

常见系统遥信状态定义如表 38–1–3 所示。

表 38–1–3　　主 站 系 统 遥 测

正常	该遥信处于正常状态
工况退出	RTU 退出而导致数据不再刷新
非实测值	该遥信未从 RTU 采集
事故变位	该遥信出现事故分闸，尚未确认
遥信变位	该遥信出现遥信变位，尚未确认
坏数据	针对双节点遥信，两个节点值校验异常
告警抑制	该遥信相关的告警仅保存历史库，其他告警动作被屏蔽
置数	该遥信的数值为人工置数值，实际变位时将恢复正常
封锁	该遥信的数值为人工置数值且保持住

语音告警正常。

告警窗显示正常，无遗漏信号。

无厂站工况异常退出告警。

三、案例

案例 1：电压、电流、功率的越限。

遥测量的越限设置依据为设备额定参数、规程规定、调度要求、设备厂家特殊要求、用户端特殊需求等。应取以上依据的最大或最小值作为告警设置依据：需要越上限的告警的，一般设置上限中的最小值；需越下限告警的，则设置下限中的最大值。

例如：某变电站 1 号主变压器低压侧额定电流为 3306.7A，由于低压侧手车开关额定电流为 3000A，因此，该回路电流越限告警应设置为 3000A。

案例 2：某厂站实时数据不刷新。

正常巡视过程中，不仅要关注遥测值的大小，还应关注遥测值的显示状态，一般以区别正常状态的颜色、闪烁等方式体现。查询该遥测曲线时，将显示遥测状态记录。

例如：某变电站某间隔遥测颜色显示异常，鼠标选择该遥测时，显示数据“工况退出”状态，检查有“测控装置失电”告警，调取曲线后发现显示为一条直线，遥测无任何变化，通知现场运维人员检查发现电源开关跳开，试送后恢复正常。

【思考与练习】

1. 设备的运行工况监视的内容有哪些？
2. 主变压器温度监视的要求是什么？
3. 遥测有哪些状态定义？

模块 2 监控信息的分析判断（Z01E10001Ⅱ）

【模块描述】本模块介绍了监控运行信息的常见异常，通过案例分析，对电压、功率因数、负荷、频率等遥测和遥信信息的分析判断，掌握相关设备及回路异常分析方法，能发现监控设备或相关回路异常和缺陷。

【模块内容】

监控人员在值班过程中，主要通过对变电站主要设备的工作状态、变电站运行方式、潮流或负荷变化、母线电压等进行分析，发现设备运行异常或设备故障。在分析的过程中，应能熟练应用调控主站 EMS 系统提供的各种工具进行有效分析，提高分析的效率和效果。

一、设备运行工况分析判断

电网的负荷分配或潮流变化是随运行方式变化的，监控人员除了要监视各变电站线路、变压器的负荷电流和功率外，还要熟悉电网运行的接线、运行方式、电源点、潮流、特殊用户负荷，了解设备的容量和相关限值设定。通过分析线路、主变压器的电流、功率是否越限、分析潮流分布是否合理、运行方式是否正常等。尤其在高峰负荷时段、季节变化、特殊运行方式、重大保电、特殊气象等非常时期，尤其需要加强运行监视，及时发现异常问题。

1. 电流、功率显示不正常分析

三相电流不一致。应检查是否有冲击性不对称负荷，如大型钢厂、电气化铁路等；应检查线路对侧是否同时不平衡，排除单站 TA 故障或回路缺陷；检查合环运行的其他线路是否分配正常，检查负荷是否正常，是否由于负荷分配不平衡引起；是否同时伴有保护装置异常告警或装置呼唤等信号；检查实际显示和前置显示是否一致，排除 SCADA 系统数据刷新和画面链接错误问题。必要时联系自动化运维人员或变电运维人员现场检查处理。

一相电流为零，应检查线路对端电流是否正常、保护装置是否有异常告警、画面链接是否错误、前置采样和 SCADA 是否一致，必要时联系自动化运维人员或变电运维人员现场检查处理。

母线流入流出不平衡。变电站母线一般连接有多条线路，每条线路的功率潮流方向一般和电网的运行方式有关，功率潮流既可能流出母线，也可能流入母线，一般将流出母线定义为正，流入母线定义为负，在监控系统中有功和无功的值都赋予正负号以确定流进还是流出母线（电流无正负区分）。在忽略母线的有功、无功损耗前提下，根据功率守恒理论有：

$$Q_{母线}=\sum Q_{母线流入}-\sum Q_{母线流出}=0 \quad 即：\sum Q_{母线流入}=\sum Q_{母线流出}$$

$$P_{母线}=\sum P_{母线流入}-\sum P_{母线流出}=0 \quad 即：\sum P_{母线流入}=\sum P_{母线流出}$$

母线的有功不平衡率误差应小于 1.5%。

如以上公式分别乘以时间，即为有功电能和无功电能平衡公式。

2. 出现严重不平衡的原因

出现严重不平衡的原因可能有：

1）系统发生故障；

2）电流互感器内部故障；

3）二次回路故障；

4）遥测设置错误，如现场 TA 更换后未及时更改变比系数；

5）测控装置遥测插件故障；

6）测控通信中断、厂站通信异常；

7）如确定为缺陷，在缺陷未消除期间，应采取必要的措施，确保采样的正确，如线路电流或功率可通过对端替代的操作，将本侧线路电流、功率等用对侧变电站相应数值自动代替，确保 EMS 系统运行正常。

3. 电压显示不正常分析

（1）母线电压合格的分析。母线电压因无功功率和电压损耗等原因超出考核值，正常越限告警。按照电网无功管理的相关要求，通常在一个地区设立若干电压中枢点或电压监测点，以调整和监视该地区电网的运行电压，并进行考核，以某地区电网规定为例，电压合格点规定如下：10kV 母线为 0～7%，20kV 母线为 0～6%，35～110kV 母线为–3%～7%，220kV 母线电压按月下达电压曲线，一般要求控制在 227～233kV。

电压合格率计算公式如下

$$V_i(\%)=\left(1-\frac{\text{电压超上限时间}+\text{电压超下限时间}}{\text{电压监测总时间}}\right)\times 100\% \qquad (38\text{–}2\text{–}1)$$

除正常监视电压超过电压合格要求越限外，电压互感器还会出现一些异常情况，常见电压显示有明显不正常的原因有：

1）电压互感器二次熔断器熔断或二次空气开关跳开；

2）内部故障；

3）电压二次回路断线或接触不良；

4）电压互感器内部元件损坏；

5）不接地系统单相接地；

6）系统谐振；

7）测控装置采样故障、通信异常；

8）主站系统参数配置错误；

9）在监控过程中应注意电压互感器三相不平衡、电压偏高或偏低、波动幅度较大等情况，特别要重视“交流电压断线”“保护装置异常”“母线单相接地”“主变压器中性点电压偏移”等信号的出现，对频繁出现的母线电压越限要加以重视，发现这些问题应立即判断原因，通知运维单位立即处理，如能在主站端通过遥控手段隔离或排查故障的，应及时处理，避免事故的发生。

（2）直流电压异常的分析。在正常运行过程中，直流系统相关遥测应满足以下要求：

正常浮充运行直流母线电压不应超出直流系统标称电压的±5%，母线最低运行低压不得低于 90%直流母线电压过低的原因有：直流负荷过大、蓄电池组欠充电、直流电压调整不当，电压过高的原因有：直流负荷因故障原因大量减少、蓄电池组过充电、直流电压调整不当、降压硅堆击穿，造成母线电压过高。

当发生交流失电时，直流母线电压波动不得大于 10%，蓄电池脱离充电装置的时间最长不应超过 2h。当发生站用电系统故障或直流充电装置异常时，应密切关注直流系统电压运行情况，防止直流电压下降过大。

220V 直流系统两极对地电压绝对值差不超过 40V，超过则视为存在单相接地，应及时通知运维单位进行直流接地排查。

2V 普通铅酸蓄电池单体电压保持在 2.15～2.18V，阀控式铅酸蓄电池电压保持在 2.23～2.28V。造成电压偏离的原因有：维护不当、电池质量不良、充电不及时等。

蓄电池室的温度宜控制在 15～30℃之间，不应超出 5～35℃。温度偏离时，如有空调远程遥控，应检查温度设定是否正确，否则应联系运维单位检查空调运行状态，一般当站用电系统切换或失电后，空调停机，将会造成温度异常。有遥控条件的，应远程启动空调并设定合适的控制温度。

当遥测偏离上述运行指标时，应及时联系运维单位检查处理。

4. 变压器温度显示不正常分析

变压器在运行当中温度的变化是有规律的，当发热和散热相等达到平衡时，各部分的温度趋于稳定。一般情况下油温过高的可能有：

1）冷却器故障；

2）散热条件不良；

3）环境温度过高；

4）负荷较大；

5）内部故障；

6）温度计损坏；

7）一旦温度异常告警，应立即检查是否有冷却器系统告警信号、负荷大小、环境温度、温度计是否有损坏。在日常监视当中，可通过比较法来判断是否内部故障。一般情况下，如冷却条件、负荷大小、环境温度相同情况下，如上层油温比平时高出 10℃以上，或者负荷未增加而油温持续上升，则可认为变压器内部故障引起。

运行中的变压器，不仅要监视上层油温，而且还要监视上层油温的温升。这是因为变压器内部介质的传热能力和周围温度不是成正比关系。当周围环境温度很低时，变压器外壳散热能力大大增加，而变压器内部的散热能力却提高很少。尽管此时上层油温未超过允许值，但上层温升也可能超过允许值，这样也是不允许的。

5. 变压器温度显示不正常分析

变压器的过负荷分为允许过负荷、限制过负荷、禁止过负荷，变压器的过负荷能力受生产厂家、环境温度、起始负荷、过负荷倍数影响，如某变压器在环境温度 35℃、80%起始过负荷的条件下，发生 1.5 倍过负荷时，允许变压器持续运行 90min。当以上任一因素发生变化时，允许运行时间也将发生变化。

主变压器的正常过负荷、事故过负荷等都必须是在变压器无异常的前提下运行，当出现主变压器冷却器损坏、严重渗漏油、本体保护异常的情况下，则不许过负荷运行。

6. 频率的异常及汇报

系统频率超过（50±0.2）Hz 为事故频率，持续时间不得超过 30min；超过（50±0.5）Hz，持续时间不得超过 15min。根据 GB/T 1549—1995《电力系统频率允许偏差》规定以 50Hz 正弦波作为中国电力系统标准频率（工频），并规定电力系统正常频率标准为 50±0.2Hz。

当发生频率超过以上标准时，应立即向省调汇报，进入频率异常处理程序。

7. 遥信的监视运行分析

在日常监控中，监控人员需要对断路器、隔离开关、接地开关等一次设备位置进行检查，确认实际的运行状态，对光字牌信息进行巡视检查，确认无设备异常告警。在某些调控主站系统中（如 OEPN3000 系统）中，将断路器、隔离开关、接地开关定义为遥信，将反映二次回路异常、工作状态、事故跳闸的二次回路的遥信定义为二次遥信。

遥信监视时特别需要关注其颜色和位置状态，当出现和电压颜色不一致的情况时，即说明该遥信存在异常情况，如双位置不对应、该间隔测控退出运行、实际位置发生了异常变化等，应及时检查确认原因，加以解决。

光字牌信号反映了各种设备的运行状态，是监控人员直接判断事故、异常的最直接工具。当光字牌告警时，监控员应立即查明原因，排除检修工作、正常方式切换等原因，应立即联系自动化或运维人员检查处理。在以下几种情况时，应加强信号的比对和巡视，及时分析，发现隐患。

信号动作、复归较为频繁，如轻瓦斯动作、电动机启动、单相接地、绝缘降低、遥测越限等。

常亮光字牌复归后立即又出现的。

动作时间有逐渐增长趋势的，如电动机启动。

信号理论上动作后自保持的，但动作后立即复归的，如交流失压等。当发生失压时，该信号应动作保持，失压未消除时，应保持动作，但出现了动作后自动复归，多见为保护厂家设置错误，从而使得监控人员判断为误遥信。

监屏过程中，频繁告警的信号影响正常监屏后，应及时对该信号进行封锁；需要对告警频度进行分析的，应采用告警抑制方式，确保不上告警窗，但记录进历史数据库，便于以后分析。由于遥信传送的优先等级高于遥测，因此当遥信告警频繁出现时，可能会造成遥测量的上送延时，甚至堵塞无法接收，因此，当发生遥信刷屏告警时，除封锁该信号外，还必须检查遥测是否出现了数据长时间不变化，必要时联系变电站现场和自动化维护人员立即处理。

二、案例

案例 1： 主变压器 TA 更换后未进行遥测系数修改，造成遥测数据不正确。

某 220kV 变电站 220kV 母线运行工况，遥测值为有功功率，其中 2502 TA 更换投运后，试分析其遥测是否正常。系统接线图如图 38–2–1 所示，为便于读者使用，本书中部分电路图符号保持与现场实训系统图中符号一致。

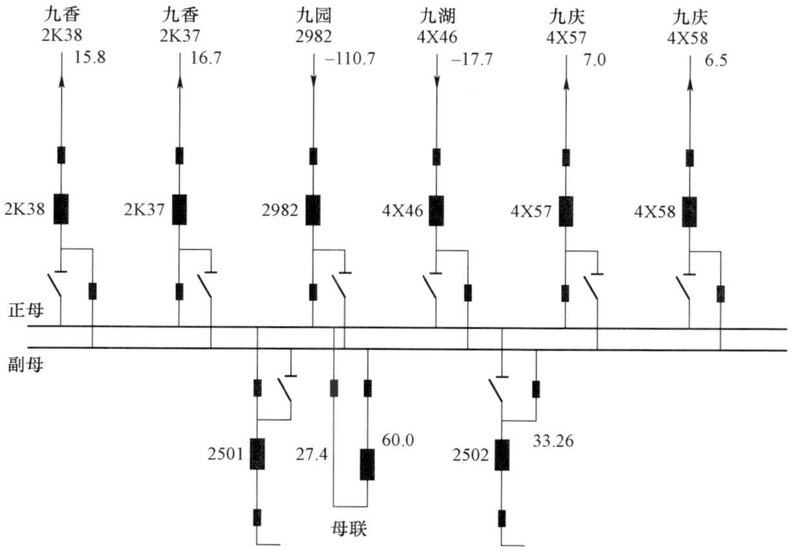

图 38–2–1　一次接线图

按母线功率守恒定律，2502 断路器所在副母的流进有功减去流出有功

$$（17.7+60）–（15.8+6.5）=55.4（MW）$$

$$实际相差\ 55.4–33.6=21.8（MW）$$

因此 2502 间隔 TA 改造后该遥测不正确，经自动化人员确认，是变比调整后，遥测系数未做调整造成。

案例 2： 计算母线电压合格率。

某变电站 10kV 母线电压在统计时间 720h（30 天）内，累计有 3.8h 的电压值超过调度下达的电压曲线，有 4.6h 电压值超过上限。试计算电压合格率

$$电压合格率=\left(1-\frac{3.8+4.6}{720}\right)\times 100\% = 98.83\%$$

案例 3： 遥信变位频繁动作，影响遥测显示。

某 220kV 变电站全站遥测数据颜色显示异常，鼠标右键选择任意遥测，查看“参

数检索”显示遥测状态为“不刷新”状态。初步怀疑为厂站通道异常，检查厂站工况运行正常；检查厂站光字牌，无测控装置异常或通信中断；测试挡位遥控，挡位变化正常，排除了测控装置异常。后检查班组缺陷记录，发现某备用“×××线路无压”光字牌因频繁告警被封锁，解开封锁后，该信号大量刷屏告警。经联系远动人员检查，发现是由于该信号上送频繁，遥信告警的等级优先于遥测，从而造成了遥测量被堵塞。检修人员现场处理该备用仓带电显示装置后，厂站所有遥测恢复正常。

【思考与练习】

1. 当出现某线路两侧负荷相差过大，可能存在异常时，如何判断？
2. 如何判断主变压器温度是否内部故障？
3. 直流系统电压监视有哪些要求？

模块 3 设备运行监控信息的综合分析及处理（Z01E10001Ⅲ）

【模块描述】本模块涵盖了监控运行信息各种异常情况的处理，通过对遥测、遥信的数据采集异常、画面显示异常、告警动作异常等的原理分析和案例讲解，掌握监控信息异常情况的分析和处理方法，并能提出改进措施。

【模块内容】

一、设备运行工况异常处理概述

监控人员在日常监视工作中，应能掌握区分异常信号是主站系统异常造成还是现场设备实际异常，区分真实的故障和缺陷范围后，属于现场设备问题或必须现场检查故障原因的，应告知运维人员，如为主站端系统设置、异常造成的缺陷，应立即通知自动化运维人员检查处理。必要时，当值监控人员应临时对数据进行必要的处理，如封锁、抑制、设置越限值、设置告警延时、数值替代、设置公式计算等。一般处理的原则要求：不影响对其他正常设备的监控、失去监控的范围尽量小、能通过必要的技术措施弥补当前监控的疏漏、短时间无法处理的而失去设备监视的，应及时将设备监控移交运维人员。

二、自动化系统异常检查处理

1. 遥测不刷新

如果遥测数值为 0，且不刷新，应核对当前运行方式，核查显示数值是否正确，必要时可通过测算母线有功、无功平衡，比对线路两侧遥测是否一致，比对主变压器各侧遥测是否正确，同时核查该间隔保护信号，区分是否有 TA 断线、TV 断线、装置异常等告警信号，排查是否 TA 或 TV 故障。

当出现遥测有数值，但不刷新时，应首先检查其他间隔遥测颜色显示是否异常，是本间隔不刷新还是该变电站均不刷新，区分全站性故障还是单间隔异常。

如为单间隔遥测不刷新，应首先通过曲线工具调取该曲线值，查看何时开始不刷新，查看变化趋势，排除因负荷较为稳定而正常出现的数据不变化。确定遥测不刷新后，首先检查是否有相关光字牌信号，如存在本间隔“测控装置失电”“测控装置通信中断”“测控装置就地位置”等反映非正常运行状态的信号，应立即通知运维人员现场检查处理：如为测控装置失电，可试送一次；如为测控通信中断，可重新上电；如测控装置置于就地位置，应立即切至远方位置。现场处理完毕后，监控人员应核对遥测是否恢复正常。如经以上检查尚未能发现问题，一般是测控装置采样回路或A/D转换部分故障，需要更换处理。

如果发现站内较多或全部遥测不刷新，而遥信显示正常，一般排除测控装置故障，可能为远动装置、主站系统、通道故障，应检查是否有异常告警的遥信，如告警系统无频发告警信号，应检查封锁或抑制中的信号，防止封锁或抑制中的信号频发，造成通道堵塞；还应检查是否有主站运行工况、主站数据库类或工况告警，及时要求自动化人员检查处理，检查是否通道异常、主站系统运行是否正常、变电站远动装置是否正常，排查异常范围。

遥测不刷新无法短期处理的，应将监控职责移交运维人员，由其按运行管理规定进行现场监视。

2. 遥测刷新但不正确

首先应检查画面遥测的数据库链接是否正确、母线或线路遥测是否达到有功和无功平衡。

调取前置实时遥测和SCADA实时遥测比较，如前置正确而SCADA实时态不正确，应通知自动化处理。如前置机显示也不正确，应联系运维人员核对处理。

如遥测缺陷短时间内无法处理的，应进行遥测的替代计算，保证系统的正常运转。联络线路执行对端数据替代，其他可用计算的方法替代，如对母线设备进行有功、无功的平衡计算、主变压器各侧电流按变比折算等。

3. 遥信数据不更新的原因和处理

画面有显示，而告警窗口无告警显示。原因和处理方法：

责任区不正确。应首先在信号上单击鼠标右键，如弹出的右键菜单为灰色，则标明当前信号不在当前监控人员的责任区，人员无权限操作，应检查人员登录是否正确；检查数据库“遥信定义表”或“二次遥信定义表”，责任区是否划分正确。

告警窗口配置错误。应检查告警窗口信息显示项目是否正确、是否误选中了停止信息的刷新、是否误选中了停止滚动信息。

告警方式选择不正确。数据库中告警类型设置是否正确，如错误应做正确配置。

以上检查无异常时，则可判定为告警异常处理模块故障，出线告警信号遗漏，应填报自动化缺陷，如发现遗漏较多时，应立即要求自动化人员检查处理。

如画面未显示变位，告警窗口有告警显示。原因和处理方法：

画面链接错误。可检查画面链接是否正常，是否该信号链接到了其他信号上；

图形浏览进程异常。可关闭所有图形浏览器，再执行重新打开，检查是否恢复正常；

重新关闭、启动应用进程。

画面未显示变位，告警窗口无告警。原因和处理方法：

信号动作复归太快或告警信号太多，系统未及时反应，产生了信号丢失现象。为确保遥信的正确，系统一段时间后会以全数据召唤的方式自动更新遥信状态，如确实存在遥信变位的，该遥信将以“（全数据判定）”的方式显示，同时画面显示实际位置。如系统尚未主动执行全数据召唤，可人工执行召唤数据，该厂站值班通道上点击右键，选择“通道原码”，在对话框中执行全数据召唤即可。系统将和现场遥信进行比对，确定现场实际遥信位置。

经以上检查无异常的，可能为数据库点号配置错误、通道有异常、现场测控装置丢失信号、测控装置光耦损坏、信号触点损坏、现场信号接线松动等原因，应由自动化人员和现场人员检查分析原因，必要时进行丢失信号的验收。

4. 一批遥信数据不更新

当出现多个变电站遥信数据不更新时，应检查画面是否被停止刷新、是否有厂站通道退出、告警窗口是否设置了不刷新，如未能发现问题。应立即联系自动化人员检查处理。

当单个变电站遥信数据不更新时，除执行上一条检查，执行手动全数据召唤，立即确保信号正常。检查通道是否有异常、检查该间隔遥测是否刷新、是否有置检修压板动作、测控装置失电或通信异常等故障信号无法处理的，应联系自动化处理，移交设备监控给运维人员。

5. 光字牌显示

光字牌显示异常，光字牌一般分为三个层次：全站总光字牌、间隔光字牌和反映异常的单个光字牌。一般系统判别的机理是：当单个光字牌动作时，其所属的间隔光字牌同时动作，任一间隔光字牌动作时，全站总光字牌动作。发生光字牌显示异常时，其原因和处理方法如下：

单个光字牌不亮。如果该信号光字牌属性和遥信属性链接混淆，光字牌图元连接上了遥信属性，则不能正常显示，应重新正确连接光字牌信息；如连接正确，应检查保护节点表中是否光字牌选项，将其调整为“是”选项。

间隔光字牌不亮。当单个光字牌动作后，对应间隔光字牌应动作亮出，如未动作，应检查单个光字牌是否链接错误、保护节点表中该信号间隔是否划分、划分是否正确，发现问题做相应调整。

全站总光字牌未动作，应检查已动作光字牌是否划分间隔，将其划分间隔；如总光字牌亮，而在光字牌汇总图上未发现有单个光子牌告警，则应该检查数据库中保护节点信息表，检查动作中光字牌是哪个，是否设置错误，并做调整。如有时会将无须做光字牌的信号做成了光字牌属性。

光字牌名称和实际遥信名称不一致。一般为数据库进行修改后，画面没有更新，应手动修改名称，如单间隔信号较多的，可执行冗于生成，批量自动更新。

6. 事故跳闸不推画面

当事故跳闸时，EMS 系统应自动将发生事故的变电站接线图推至最前端，告知监控人员发生事故，便于第一时间查看断路器变位情况。主站端事故跳闸的判别条件为断路器由合到分变位同时该变电站事故总信号动作。

当出现事故不推画面时，应检查遥信变位信号，确定有断路器变位和事故总信号，如无事故总信号，应查明原因。

如断路器变位和事故总信号均有，按以下顺序检查：

检查图形浏览器事故推画面是否被锁定，及时解锁。

检查两个信号动作之间时间差是否在同时动作的判定时间内，一般默认为 5s。如动作时间相隔太大，应在保护节点表中调整该信号的间隔时间。

检查该厂站的厂站信息表中“事故推画面”字段是否选择为“是”，检查配置的一次接线图字段是否正确，如不正确应做调整。

如存在现场事故总信号缺陷，无法实现事故总功能的，可将各保护动作信号属性在数据库中调整为“事故总”类型，代替全站事故总功能。

三、案例

案例 1：某 220kV 变电站运行中 3K4#4 电容器投入后，遥测采样显示为 0，遥信正常，现场检查为遥测采样故障，短期无法更换。为确保 AVQC 程序能判断电容器投入正常，必须提供该电容器无功值，如图 38–3–1 所示。

因此，调取公式编辑器，按无功平衡建立公式，公式定义界面截图如图 38–3–2 所示。

因电容提供无功流入母线为负，因无功缺失，因此计算结果为负，因此公式中还需增加负号。

案例 2：某 220kV 变电站事故跳闸，仅在告警窗口内显示相关断路器、保护、动作情况如图 38–3–3 中的表，但事故未能推画面。告警信息查询截图如图 38–3–3 所示。

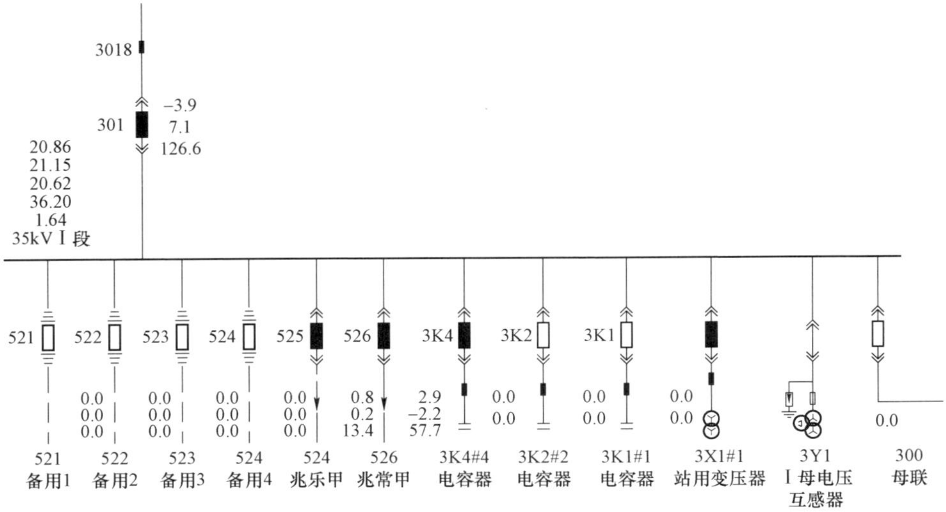

图 38–3–1　电容器接线图

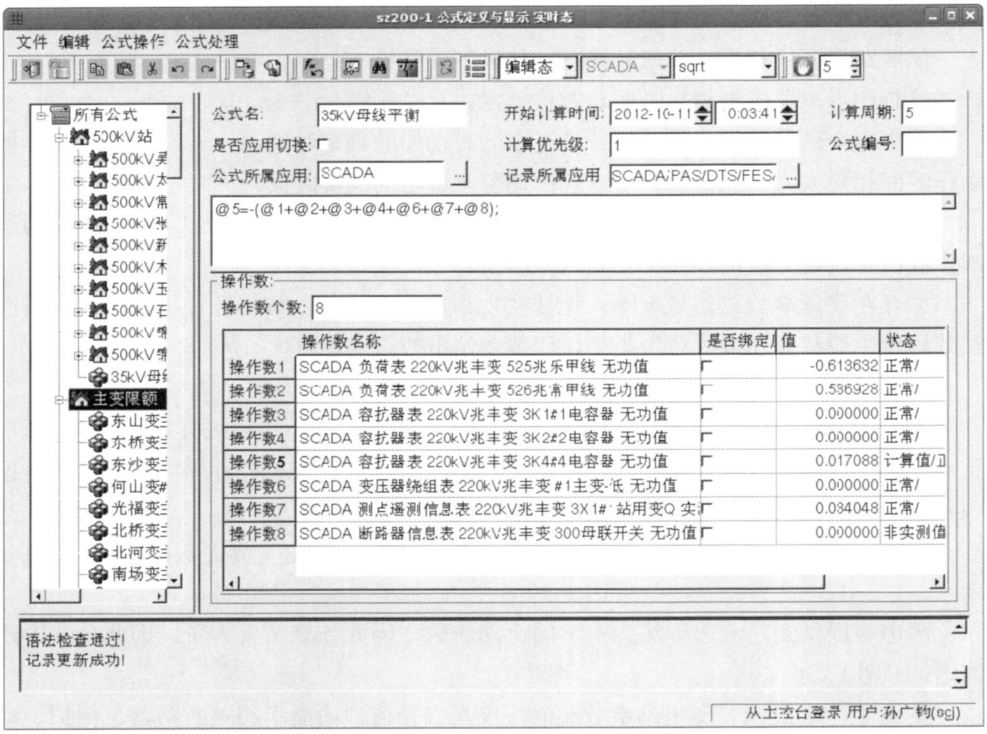

图 38–3–2　公式定义界面截图

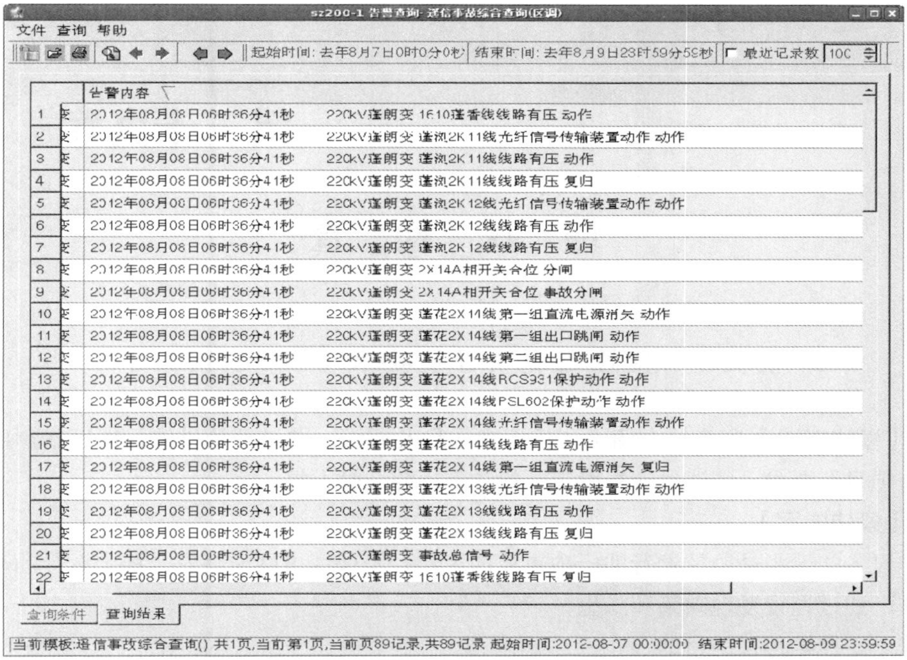

图 38–3–3 告警信息查询截图

从动作过程看，系统接收到的断路器和事故总信号时间相隔 0s，应符合默认的设置条件。

检查图形浏览器，推图锁定未被选择，符合正常值班要求；

检查“保护节点表”中默认配置，事故总信号已设置为“事故总”属性，判定时间为默认的 5s，应符合动作条件；

检查厂站信息表，发现“事故推画面”属性已选择为“是”，配置正确，进一步检查发现，该厂站推图画面设置为“220kV 蓬朗变一次接线图”，而实际浏览器上显示的该厂站接线图是“220kV 慈 X 变一次接线图（新）”，因此确认为该站推图画面配置错误造成。

修改推图画面设置字段后，模拟事故测试推图功能正常。

【思考与练习】

1. 画面有显示，而告警窗口无告警显示的原因有哪些？

2. 如值班时认为遥信位置和现场不一致时，应如何处理？

3. 变电站现场事故总信号频繁告警，影响正常值班，缺陷无法立即处理，监控应如何考虑处理？

第三十九章

巡视检查

模块1　监控巡视项目及要求（Z01E11001Ⅰ）

【模块描述】本模块介绍了监控巡视项目及要求，通过理论讲解，能够掌握监控巡视项目及要求，能通过巡视发现一般缺陷，并及时上报。

【模块内容】

设备的巡视是监控运行的一项重要的工作，是保证电网能够安全稳定运行的基础工作，通过巡视发现缺陷和隐患。

一、监控巡视的目的

巡视检查是监控人员一项重要技能，监控巡视的目的是监视电网设备的运行状态，掌握电网运行的实际情况，通过对系统采集的遥信、遥测、在线监测数据的巡视检查，及时发现设备的缺陷、隐患或故障，并采取必要的措施予以消除，预防事故的发生。

在集中监控模式下，调度EMS系统提供了较为完善的巡视检查的工具，通过合理利用这些工具，规范巡视检查的周期、流程，掌握一定的有效方法，可以快速有效发现缺陷和隐患。

巡视时，应对照巡视项目和标准，逐一检查、记录，发现缺陷或异常时，属于变电站现场设备的，应及时联系变电运维人员检查处理，属于EMS系统缺陷的应联系自动化运维人员处理。

二、设备巡视的周期和内容

对应于变电设备的巡回检查，监控的巡视可分为全面监视、正常监视和特殊监视。巡视的周期应严格按照本单位的有关规程、规定执行。

1. 正常监视

正常监视是指监控员值班期间对变电站设备事故、异常、越限、变位信息及输变电设备状态在线监测告警信息进行不间断监视。正常监视要求监控员在值班期间不得遗漏监控信息，并对监控信息及时确认。正常监视发现并确认的监控信息应按照《调控机构设备监控信息处置管理规定》要求，及时进行处置并做好记录。监视的项目包括：

（1）了解运行方式和设备缺陷、异常情况。

（2）了解运行方式的变化情况，对特殊运行方式下的线路、主变压器可能的重载进行检查。

（3）了解电网总体负荷潮流及重载情况。

（4）检查各站无异常光字牌，光字牌的动作情况和缺陷及检修状态一致。

（5）检查各分区电网母线电压无越限、母线流进流出功率平衡。

（6）检查各变压器无温度越限，冷却器启动方式和对应的油温和负荷一致。

（7）检查各变压器各站负荷平衡，电流三相平衡，无越限告警。

（8）检查各出线无越限告警，三相电流平衡，线路两端遥测一致。

（9）检查站用电和直流系统运行正常，母线电压显示正常。

（10）检查电容器（电抗器）三相电流是否平衡，有无不稳定或急剧变化情况。

（11）检查变电站挂牌正确，运行设备工况无封锁、抑制功能的挂牌。

（12）检查各变电站通道运行正常。

（13）检查主站系统无计算机异常退出。

（14）多用户角色的人员登录的，检查当前责任区选择正确。

（15）检查告警窗口刷新正常，语音告警清晰。

（16）检查视频监视系统运行正常。

（17）检查设备在线监测系统运行正常，无检测数据异常告警。

（18）检查 AVQC 系统运行正常，对异常告警进行确认复位。

2. 全面监视

全面监视是指按规定内容、项目进行的全面定期监视，每值应至少进行一次全面监视。

全面监视除包含正常巡视项目外，主要应结合阶段性运行分析，进行专题性检查。如缺陷闭环消除情况，是否有已自行消除的缺陷；封锁中异常信号是否已消除，可以撤销封锁；偶发性信号是否还在不定期发出，是否可能为设备缺陷的先兆；频发的信号是否有告警频度加快的趋势；三相不平衡电流或电压，不平衡度是否有增大趋势；AVQC 系统异常封锁或告警的检查排除、AVQC 是否有经常遥控失败的设备，检查失败的原因；当值设备改名、新增越限告警等是否更新等。

通过全面监视，发现变化缓慢、逐步加剧的隐藏缺陷，发现维护存在的疏漏，梳理汇总存在的严重缺陷，及时督促自动化运维人员或运检部门进行消除处理。

3. 特殊监视

特殊监视是指在某些特殊情况下，监控员对变电站设备采取的加强监视措施，如增加监视频度、定期查阅相关数据、对相关设备或变电站进行固定画面监视等，并做好事故预想及各项应急准备工作。

（1）设备有危急或严重缺陷时，在未处理结束前加强该缺陷的监视，并关注其他相关设备的遥信、遥测变化趋势。

（2）设备缺陷有发展时，前期已发现了缺陷，在继续运行，但是近期缺陷有发展的趋势，如告警更加频繁、遥测变化更加异常，可能造成更严重的后果。

（3）异常情况下的巡视，如过负荷或负荷激增、超温发热、主变压器风冷系统异常时的油温、系统冲击、有接地故障、特殊运行方式、系统异常或发生事故时。

（4）设备重载或接近稳定限额运行时。

（5）设备投运或大修后 4h 内。

（6）遇恶劣气候时。

（7）自动化装置故障或远动退出，恢复正常后。

（8）重点时期、重要时段及重要保电任务时。

三、常见的巡视检查方法

1. 装置异常告警信号巡视

（1）画面浏览：检查光字牌汇总图或间隔分图，查看动作中信号。

检查实时告警窗 B 类告警部分，如图 39–1–1 所示（上窗口为未复归信号）：

（2）数据库检索：通过检索保护节点表中动作中光字牌值，检查所有动作中光字牌。监控员可按时间、厂站等进行灵活的筛选、排查，如图 39–1–1 所示。

图 39–1–1 动作中光字牌列表

2. 遥测越限巡视

（1）画面浏览：检查各站一次接线图画面，检查遥测颜色异常（一般越限设置为红色显示，且闪烁），缺点是管辖变电站较多时，靠人工目视检查，效率较为低下，准确度较差。

（2）集中浏览：制作同类型遥测汇总图，如所有变电站主变压器温度一览图；所有变电站直流电压汇总图。

（3）棒图浏览：制作各站同类型遥测棒图，如三相母线电压，设置上下限值线，通过集中巡视的方法，是否越限。棒图的特点是较为直观体现三相之间数值的差异，发现相间差异较为方面。

（4）数据库检索：通过检索数据库遥测越限表，检查所有遥测越限情况，检查设备较为全面。监控人员可自行定义越限检查内容，如下图为某调控中心所辖所有变电站遥测越限总览，从数据库的越限表中检索所有系统分析的结果。如图 39–1–2 所示。

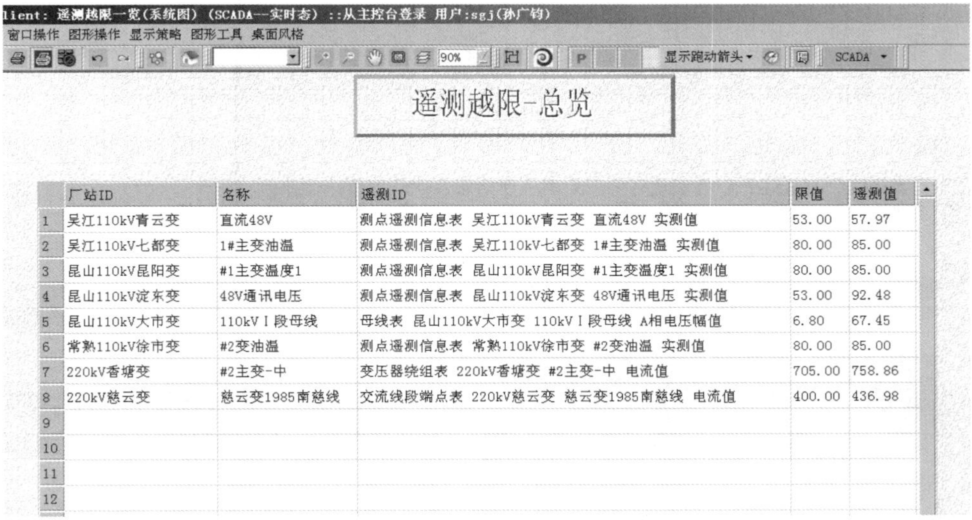

	厂站ID	名称	遥测ID	限值	遥测值
1	吴江110kV青云变	直流48V	测点遥测信息表 吴江110kV青云变 直流48V 实测值	53.00	57.97
2	吴江110kV七都变	1#主变油温	测点遥测信息表 吴江110kV七都变 1#主变油温 实测值	80.00	85.00
3	昆山110kV昆阳变	#1主变温度1	测点遥测信息表 昆山110kV昆阳变 #1主变温度1 实测值	80.00	85.00
4	昆山110kV淀东变	48V通讯电压	测点遥测信息表 昆山110kV淀东变 48V通讯电压 实测值	53.00	92.48
5	昆山110kV大市变	110kVⅠ段母线	母线表 昆山110kV大市变 110kVⅠ段母线 A相电压幅值	6.80	67.45
6	常熟110kV徐市变	#2变油温	测点遥测信息表 常熟110kV徐市变 #2变油温 实测值	80.00	85.00
7	220kV香塘变	#2主变-中	变压器绕组表 220kV香塘变 #2主变-中 电流值	705.00	758.86
8	220kV慈云变	慈云变1985南慈线	交流线段端点表 220kV慈云变 慈云变1985南慈线 电流值	400.00	436.98
9					
10					
11					
12					

图 39–1–2 遥测越限列表

检查实时告警窗 C 类越限告警部分，该值为近期刚动作的未复归且未人工确认的信号。如图 39–1–3（上窗口为未复归信号）。

3. 重载巡视

通过设置主变压器各侧绕组、线路负荷的额定容量，建立数据库当前值和设置的比值检索，灵活显示各重载情况。图 39–1–4 为某地区电网所有重载 90%的变压器检索。

图 39–1–3 越限告警窗口

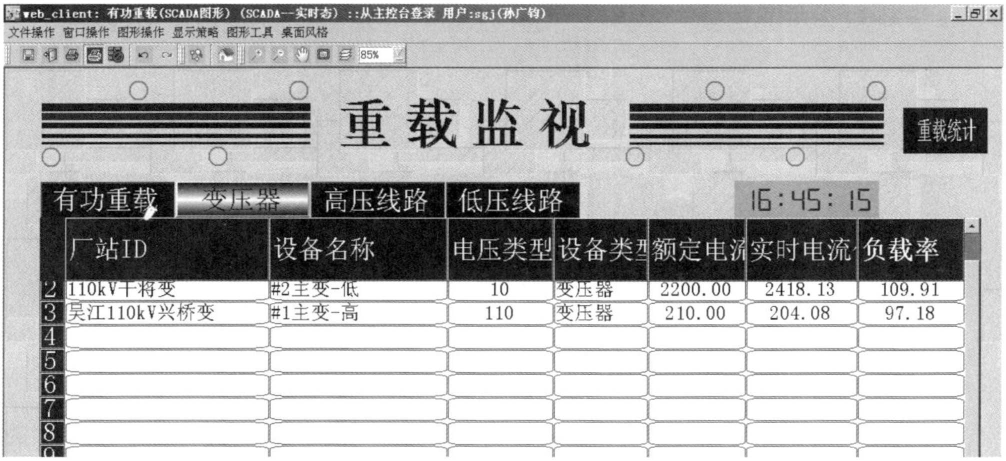

图 39–1–4 重载变压器列表

4. 数据刷新情况巡视

通过浏览变电站画面，查看是否有遥测显示为数据不刷新状态，也可对数据库遥测数据质量不刷新标志检索的方法巡视。遥测不变化列表如图 39–1–5 所示。

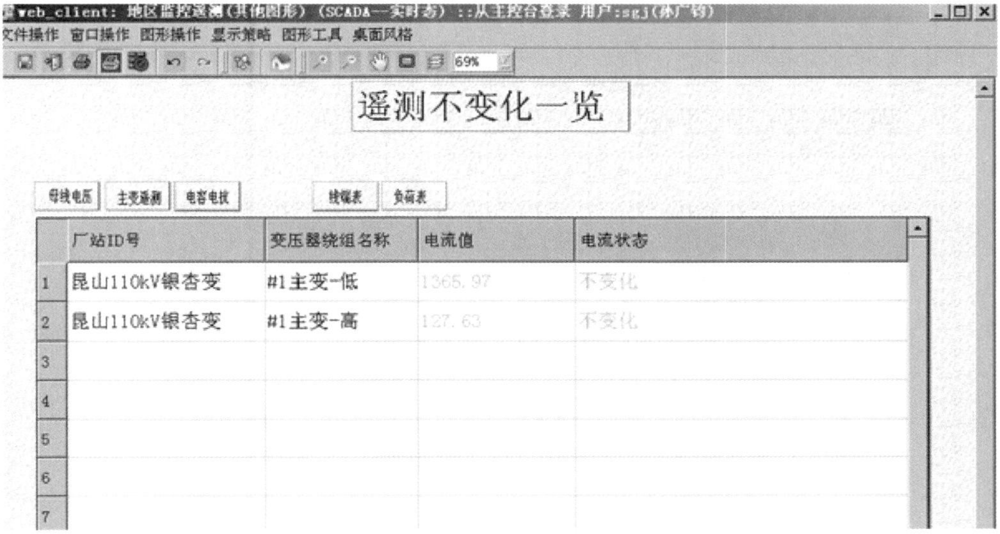

图 39–1–5　遥测不变化列表

5. 封锁或抑制信号巡视

当设备恢复正常运行或缺陷消除后，原先采取的封锁缺陷信号、封锁检修中信号应取消封锁、撤销相应的标示牌。如遗漏这一步骤，正常运行的设备异常时，相应信号将无法上送告警系统，对应的设备工况将失去监控，因此应对此类情况进行巡视检查，发现存在的疏漏。巡视的方法可通过检索数据库，检查封锁中信号实现。如图 39–1–6 所示。

图 39–1–6　间隔抑制列表

6. 置牌信息巡视

置牌设备列表如图 39–1–7 所示。

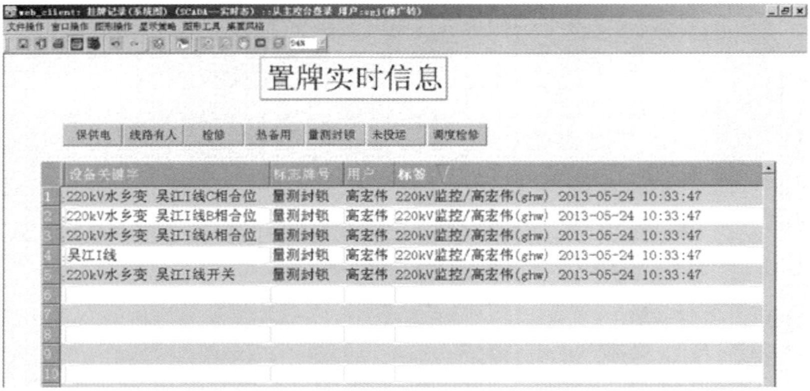

图 39–1–7 置牌设备列表

7. 历史数据的巡视

当需要对已发生的信号进行巡视检查时，如存在经常性发出的遥信，需要检查最近时间情况时，可通过历史数据的查询，统计近期动作情况，了解其告警的频度。图 39–1–8 为某线路装置呼唤信号当日频繁告警情况的检查。

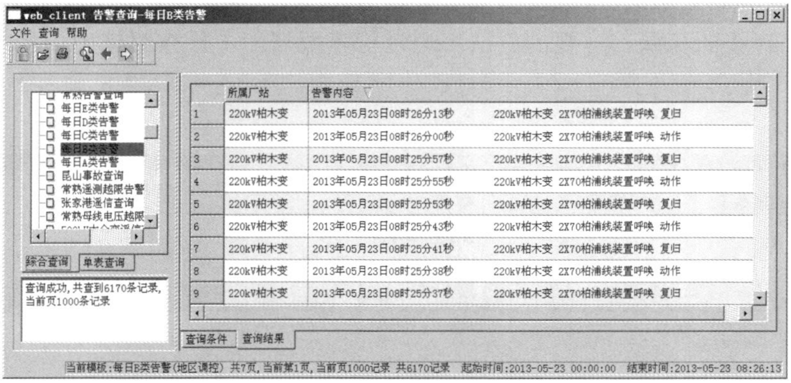

图 39–1–8 告警信息查询

8. 报表数据的巡视

利用主站系统提供的报表功能，可以对历史遥信、遥测进行指定时间的检索，同时实现关联数据的查询。如图 39–1–9，实现了对当月全系统所有主变压器最高负荷、出现时间、当时油温的浏览。

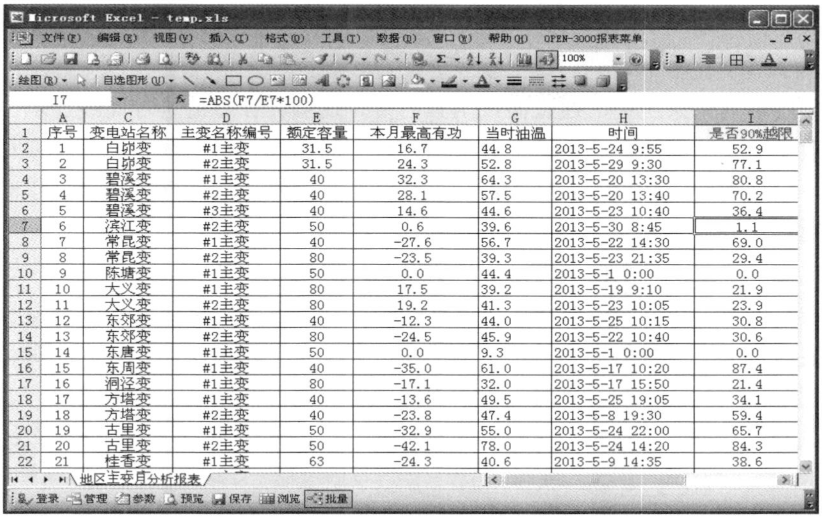

序号	变电站名称	主变名称编号	额定容量	本月最高有功	当时油温	时间	是否90%越限
1	白峁变	#1主变	31.5	16.7	44.8	2013-5-24 9:55	52.9
2	白峁变	#2主变	31.5	24.3	52.8	2013-5-29 9:30	77.1
3	碧溪变	#1主变	40	32.3	64.3	2013-5-20 13:30	80.8
4	碧溪变	#2主变	40	28.1	57.5	2013-5-20 13:40	70.2
5	碧溪变	#3主变	40	14.6	44.6	2013-5-23 10:40	36.4
6	滨江变	#2主变	50	0.6	39.6	2013-5-30 8:45	1.1
7	常昆变	#1主变	40	-27.6	56.7	2013-5-22 14:30	69.0
8	常昆变	#2主变	80	-23.5	39.3	2013-5-23 21:35	29.4
9	陈塘变	#1主变	50	0.0	44.4	2013-5-1 0:00	0.0
10	大义变	#1主变	80	17.5	39.2	2013-5-19 9:10	21.9
11	大义变	#2主变	80	19.2	41.3	2013-5-23 10:05	23.9
12	东郊变	#1主变	40	-12.3	44.0	2013-5-25 10:15	30.8
13	东郊变	#2主变	80	-24.5	45.9	2013-5-22 10:40	30.6
14	东唐变	#1主变	50	0.0	9.3	2013-5-1 0:00	0.0
15	东周变	#1主变	40	-35.0	61.0	2013-5-17 10:20	87.4
16	洞泾变	#1主变	80	-17.1	32.0	2013-5-17 15:50	21.4
17	方塔变	#1主变	40	-13.6	49.5	2013-5-25 19:05	34.1
18	方塔变	#2主变	40	-23.8	47.4	2013-5-8 19:30	59.4
19	古里变	#1主变	50	-32.9	55.0	2013-5-24 22:00	65.7
20	古里变	#2主变	50	-42.1	78.0	2013-5-24 14:20	84.3
21	桂香变	#1主变	63	-24.3	40.6	2013-5-9 14:35	38.6

图 39–1–9　历史数据查询

【思考与练习】

1. 正常巡视应包括哪些内容？
2. 何时需要特殊巡视？
3. 有哪些方法开展遥测越限的巡视？

模块 2　设备异常的分析判断（Z01E11001Ⅱ）

【模块描述】本模块介绍了各类设备异常运行工况，通过对设备异常原因的原理讲解，熟悉各类设备的常见异常运行状态，通过巡视能够发现隐蔽型的缺陷。

【模块内容】

在日常监控过程，通过对设备一般巡视，可以发现较为明显的缺陷，一般由光字牌告警、遥测越限告警来发现。但是，部分缺陷或隐患初期无光字牌告警、遥测未到越限报警值、信号偶然动作后即复归、报警信号未能正确发出等，需要通过一段时间的跟踪、比对、分析来发现，因此，应熟练掌握系统工具和方法，通过巡视进一步发现存在的隐患和缺陷，预防事故的发生。

一、巡视工具的应用

1. 告警窗口

告警窗口提供了 A 类、B 类、C 类、D 类、E 类告警分类及自动化系统告警信息的浏览窗口，较为直观地显示了动作中信号，可按变电站、间隔、时间等筛选排查近期发生的动作及复归状态的信号。

2. 曲线工具

在调度自动化系统中，通过曲线工具对实时遥测、计算值进行曲线显示，较为直观显示数值变化的情况。通过该工具可以查询实时曲线、日曲线、周曲线、月曲线、年曲线，检索得到的结果可以导出为文本格式的数据供第三方软件分析。该曲线同时提供了比对功能：

曲线比对：在同一个曲线显示工具上以同一坐标显示多个遥测。

曲线右比对：在同一个曲线显示工具上建立左右纵坐标，分别比对不同遥测。

曲线比对适用于数值大小差不多的比对，如同一遥测值不同日期的比对、同一母线不同相电压比对。曲线右比对适用于不同数值级别的两个遥测量的比对，如用左坐标显示主变压器电流，右坐标显示对应时刻油温，将数值相差较大的两个数比对变化趋势。

3. 列表工具

列表工具可以对实时数据库进行检索，查询数据库中所有当前遥信、遥测的状态和配置，是对实时数据库进行查询的较为方面的工具。通过对实时数据库的检索，可以对变电站进行纵向查询，一次性巡视出同一类型设备的运行工况或数据库配置，极大提高了集控条件下巡视的效率和正确性。如通过查询越限表，显示所有变电站当前越限情况。和直接查看数据库相比，其提供了较为方面的筛选、排序功能。如对负荷不平衡、主变压器负荷越限、主变压器温度越限、母线电压越限等均可进行检索，改变了传统方式下对各站进行巡视检查，实现了对所有变电站进行同一类型数据的纵向巡视。

4. 报表管理器

报表管理器适合对历史数据库进行检索，可提供对历史数据的比对分析，同时实现了数据的关联查询。和曲线工具不同的是，曲线工具显示了历史趋势，而报表工具则是对指定时间或不定时间的数值显示，可供具体数值分析。如可查询某主变压器某日最大有功值、出现的时间、当时的油温、当时的母线电压等。

二、变压器温度异常的分析和判断

过热对变压器是极其有害的，对变压器的寿命影响较大，国际电工委员会（IEC）认为在80～140℃的温度范围内，温度每增加6℃，变压器的绝缘有效使用寿命降低的速度增加一倍，这就是变压器的 6℃法则。规定要求：油浸变压器绕组的平均温升是65℃，顶部油温升是55℃，铁芯和油箱是80℃，IEC还规定绕组的热点温度不得超过140℃，一般取130℃作为设计值。在对油温进行巡视时，正常应关注油温无越限，当发生异常升高时，可能的原因有：

（1）变压器过负荷。

（2）变压器冷却装置故障。

（3）变压器内部故障，如内部接头发热、线圈匝间短路、铁芯存在短路或涡流不正常现象。

（4）温度表故障，指示错误。

（5）变压器维修后油路阀门未打开，或已打开，但开启不够。

处理方法：

在日常巡视中，变压器温度计因表计自身故障产生的误指示情况较多，因此当巡视发现温度异常时，首先应比对冗余配置的另一组温度计的指示是否一致（如有），通过曲线比对，查看两组温度计指示温度的历史变化，如变化一致，一般可认定为指示正确，确实温度异常。如无冗余配置的另一组温度计读数比对，则可进行该温度和主变压器负荷电流的曲线右比对，检查温度变化是否和负荷电流变化一致，检查不一致出现的时刻，并同时检查当时冷却器投入和退出的相关信号，检查是否冷却器未投入造成。也可比对近期环境温度一致、负荷基本一致时该变压器的油温，通过比对分析来发现是否确实温度异常。如该厂站配置红外功能视频探头，可通过调取红外视频探头对变压器进行红外模式的远程巡视，发现异常时，应立即联系运维单位现场检查处理。

如检查发现主变压器已过负荷，未发现变压器及冷却装置故障迹象，无误遥测情况，则温度升高是由主变压器过负荷造成，此时应按主变压器过负荷处理方法执行。

如温度异常升高，而同时伴随有“冷却器全停”信号或“第一组冷却器投入”复归、“第二组冷却器投入”复归信号，对该遥信查询发现在温度异常升高前就已发出，就能确定是冷却器故障或未投入造成温度异常。通知运维单位立即检查处理，必要时由调度进行减负荷处理。

如果变压器在高峰过负荷时段经常温度异常升高，如冷却器按负荷自动启动或按温度自动启动功能正常，则多为变压器散热器积垢引起散热不良，可以对变压器散热器进行带电水冲洗和清理来降温。

三、断路器打压超时告警和打压时间较长的分析和处理

一般情况下，当断路器电动机油泵热继电器动作或油泵启动运转超过 3min 时，将出现“超时打泵”信号，如无该遥信的断路器，一般表现为“电动机启动”长期动作复归。出现这种现象的原因是：

（1）电动机电源断线，使得电动机缺相运行；

（2）电动机内部故障；

（3）油泵故障；

（4）管道严重渗漏。

其中，电动机内部故障、油泵故障、严重渗漏应按危急缺陷处理，巡视发现有“超时打泵”信号或“电动机启动”动作后不复归的，应立即联系运维人员检查处理。如现场检查后，应人工复归该信号。

一般情况下“电动机启动”信号动作时间较短，动作几十秒左右即自动复归的，如巡视过程中发现该时间较长，达到几分钟，应进行分析，一般可通过比对站内同型号设备的“启动信号”的动作复归时间、该信号动作频次的变化、动作持续时间的长短变化等三个方面进行分析。一般建压时间较长的可能的原因有：

（1）油泵中空气未排尽；

（2）油箱油位过低，油量过少；

（3）油泵吸油阀不严；

（4）高压油路有泄漏；

（5）安全阀调整不当；

（6）止回阀没有完全复位；

（7）油泵本身有故障等。

处理方法：

如有“打压超时”信号，应及时联系运维单位现场检查处理，如该断路器未配置该信号，一般会表现为电机启动信号长久动作不复归、能复归但启动时间特别长或检查历史告警发现打泵时间频次逐渐加快、启动时间增长，不论其是否能否自动复归，也应立即联系运维，汇报调度。该信号的复归可能需要拉开一组或两组控制电源。

四、隔离开关位置合闸不到位的分析和处理

隔离开关在正常运行过程中，要求接头无松动，合闸位置接触良好，当发生接头松动、接触不良时，接触面电阻增大，产生发热，严重时造成隔离开关触头烧融，母差保护或线路保护动作，造成电网事故。同时，隔离开关的位置还接入母差保护、电压切换装置等二次设备，隔离开关位置的不正确将影响保护动作可靠性，因此必须增强对隔离开关运行位置的监视。

正常运行时隔离开关位置应正确显示，有电流显示的回路隔离开关位置应该在合闸位置，无隔离开关位置不正确的显示，如遥信坏数据、工况退出等。检修间隔的隔离开关予以告警抑制，不得干扰正常监屏工作。

隔离开关遥信的上传一般有两种方式：单遥信、双位置遥信。其中双位置遥信是将隔离开关的分闸位置和合闸位置的同时上送主站系统，合闸时合闸位置上送“1”，分闸位置上送“0”，分闸时合闸位置上送“0”，分闸位置上送“1”，如同时上送“1”

或“0”时，则表示隔离开关状态不确定，主站系统将显示该隔离开关为坏数据状态，如图 39–2–1 所示。

双位置上送的隔离开关遥信，如两个遥信同时动作时，如两个位置遥信动作时间超过 3s 则分别显示分位和合位动作情况，如在 3s 内同时收到两个遥信，则单独合成一个遥信显示。

当隔离开关位置和当前运行方式不正确或遥信质量显示异常时应通知运维单位检查核对实际位置，如同时有母差保护开入变位、TV 退出运行、电压显示异常遥信告警时，则应立即通知处理，并汇报调度。

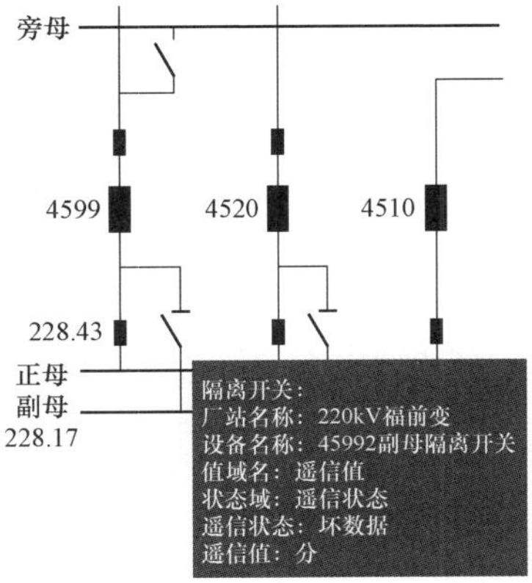

图 39–2–1　隔离开关状态不确定

五、电容式电压互感器电容元件损坏造成电压异常的分析和处理

（1）电容式电压互感器二次电压异常的现象主要原因如下：

1）二次电压波动。引起的主要原因可能为：二次连接松动；分压器低压端子未接地或未接载波线圈、电容单元可能被间断击穿、铁磁谐振。

2）二次电压低。引起的主要原因可能为：二次连接不良；电磁单元故障或电容器 C2 损坏。

3）二次电压高。引起的主要原因可能为：电容单元 C1 损坏，分压电容接地端未接地。

电容式电压互感器结构如图 39–2–2 所示。

（2）开口三角形电压异常升高。主要原因可能为某相互感器的电容单元故障。

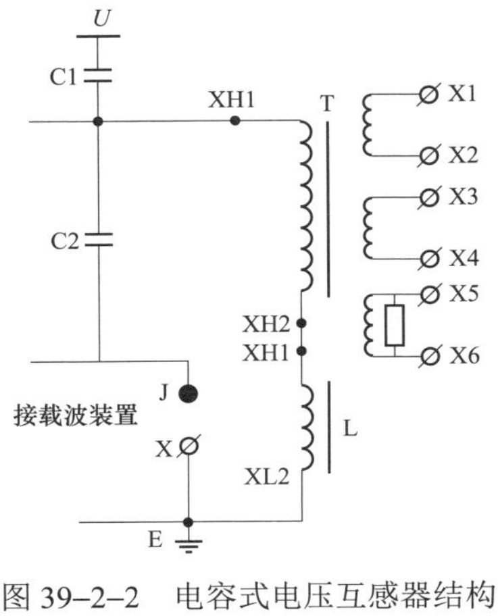

图 39–2–2　电容式电压互感器结构

在实际巡视工作中，各遥测量的监视不仅要看遥测正常越限告警，还要关注三相不平衡情况、波动情况。必要时，使用曲线工具的“实时曲线”功能，对遥测值进行秒级的曲线跟踪显示，查看实时变化情况。当确定互感器内部故障，需要紧急停用时，可按相关运行规程和调度规程的规定，执行远方遥控操作。无法遥控的，应立即通知运维单位按事故处理要求立即停用相关 TV。

六、直流系统单相接地分析和处理

变电站直流回路涉及面较广，从直流电源屏到各保护屏、测控屏、自动装置屏、断路器端子箱、主变压器控制箱等，一旦发生直流系统异常将对设备运行造成严重影响。在正常运行过程中，较为常见的现象是直流一点接地。直流一点接地时虽然不直接产生严重后果，但危害性很大。如一点接地后，同时发生另外一点再接地或另一极发生接地时，将构成两点短路，造成继电保护、信号、自动装置误动或拒动，或造成电源熔丝熔断、保护及自动装置失去电源。

直流正接地时，有可能造成保护及自动装置误动。如图 39–2–3 所示，当直流接地发生在 A、B 两点时，电流继电器动合触电 KA1、KA2 短接，动合触点 K1 闭合，由于断路器在合闸位置，所以回路导通，断路器跳闸。当 A、D 或 D、F 两点接地时，都能使断路器误跳闸。

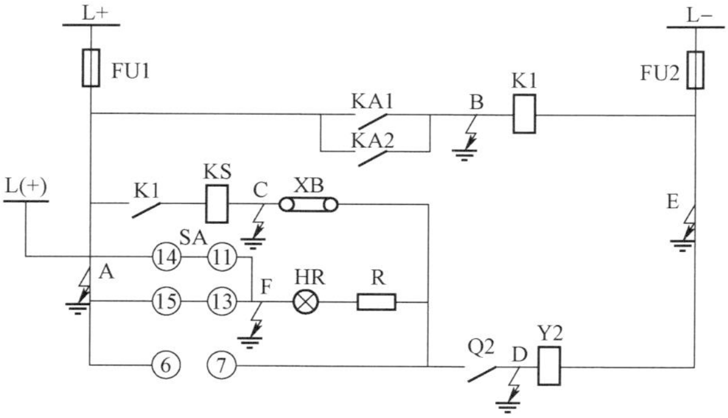

图 39–2–3 断路器控制回路图

直流负接地时，可能使保护及自动装置拒动。如图 39–2–3 所示，当 B、E 两点接地时，K1 线圈被短接，保护动作时，K1 不动作，断路器不跳闸。D、E 两点或 C、E 两点接地时，Y2 被短接，保护动作时，断路器不跳闸，易造成越级跳闸以致扩大事故。

直流正负各一点接地时，短路会使熔丝熔断（设置空气开关的，使空气开关跳开）。如图 39–2–3 所示，当接地发生在 A、E 两点或 F、E 两点时，即短路，使得熔丝熔断。断路器控制回路和保护直流失电。如 B、E 两点或 C、E 两点接地时，在保护动作时，不但断路器拒跳，而且使熔断器熔断，还会烧坏继电器触点。

直流一极接地时，“直流接地”或“直流系统异常”光子牌亮，正对地和负对地电压发生偏差，接地一相电压降低，未接地一相电压升高，同时可能伴有误遥信、断路器误动、拒动等现象，发生直流接地时应立即告知运维单位，并立即检查处理。同时加强该厂站的监视，防止因直流接地产生其他问题。

七、测控装置异常告警

当测控装置出现异常时，主站系统的一般表现是：装置异常告警、测控装置通信中断告警、遥测不刷新、遥信数据无效等。

现场较为常见的现象是通信中断信号或测控装置异常信号未发出，而采样输入回路故障、A/D 变换部分故障或光偶损坏，造成了上送主站系统的遥测或遥信数据不正确。此类缺陷隐蔽性较强，一般表现为遥测不刷新、遥信数据不正确，需要结合全面巡视才能发现。

一般方式检查方式是对每一变电站画面进行浏览检查，查看是否有遥测、遥信的颜色和电压色不一致；在集中监控模式下，由于监控人员监视的变电站较多，逐一查看变电站一次接线图并分析效率较为低下，存在人工失误的可能，因此利用主站系统自身提供状态估计，通过对数据库关键字段数据的检索，实现遥测、遥信异常的巡视，继而达到发现测控装置的异常，如对断路器当前非“正常”状态进行检索，查看系统中系统判别为非正常状态的断路器，如数据无效、工况退出等均能发现；对遥测数据标志为“不刷新”的进行检索，查看全系统哪些遥测不刷新；查看母线、变压器、线路有功、无功不平衡率，排除计量误差后，对不平衡率进行分析，查明原因。

当监控人员发现该间隔数据无法监视时，在排除主站端问题后应立即通知运维人员，并将监控职责移交给运维人员。

八、案例

案例 1：某调控中心巡视过程中发现某 110kV 变电站 35kV 母线偏差较大，检查发现，C 相电压逐步降低趋势，且有进一步降低的趋势，调取曲线工具显示如图 39–2–4 所示。

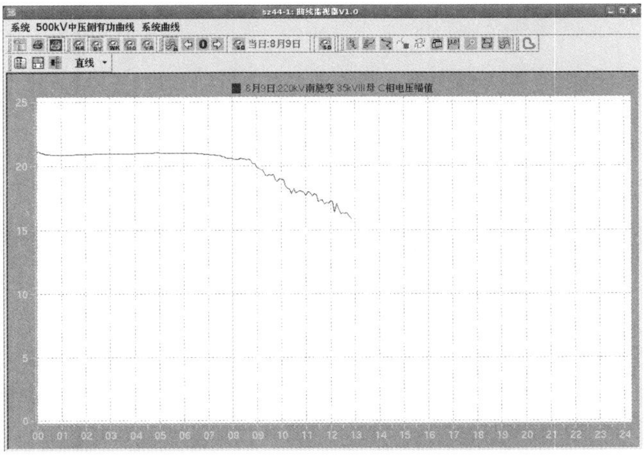

图 39–2–4　35kV 母线 C 相电压

进一步执行曲线右合并，比对其他两相电压显示，发现 9:00 时三相电压相差不大，如图 39–2–5、图 39–2–2–6 所示。

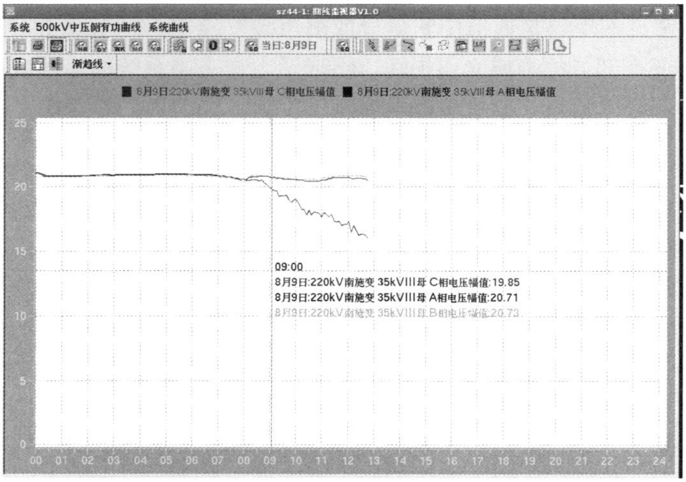

图 39–2–5　9:00 时的电压情况

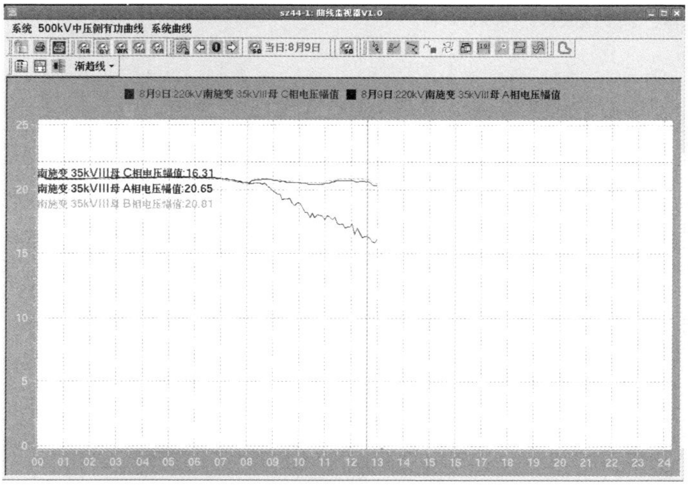

图 39–2–6　12:35 时的电压情况

从 9:00 开始，C 相电压逐步降低，12:35 时，电压低至 16.31kV，联系运维单位，现场检查测温发现高压熔丝内部有发热现象，停用电压互感器，更换高压熔丝后恢复正常。

案例 2：某调控中心全面巡视时，对母线功率平衡做节点巡查时，发现 110kV 副母线有功不平衡量相差 154MW，无功不平衡量相差 45.49Mvar，相差较大，如图 39–2–7 所示。

图 39–2–7 功率不平衡查询

当值调控员对该厂站一次接线图上 110kV 副母进行了检查，发现有功和无功的不平衡量正好和运行于 110kV 副母的 19H3 线路遥测几乎一致，检查该线路的遥信和遥测状态正常，遥测曲线正常刷新，和对侧电厂遥测几乎一致。110kV 线路遥测如图 39–2–8 所示。

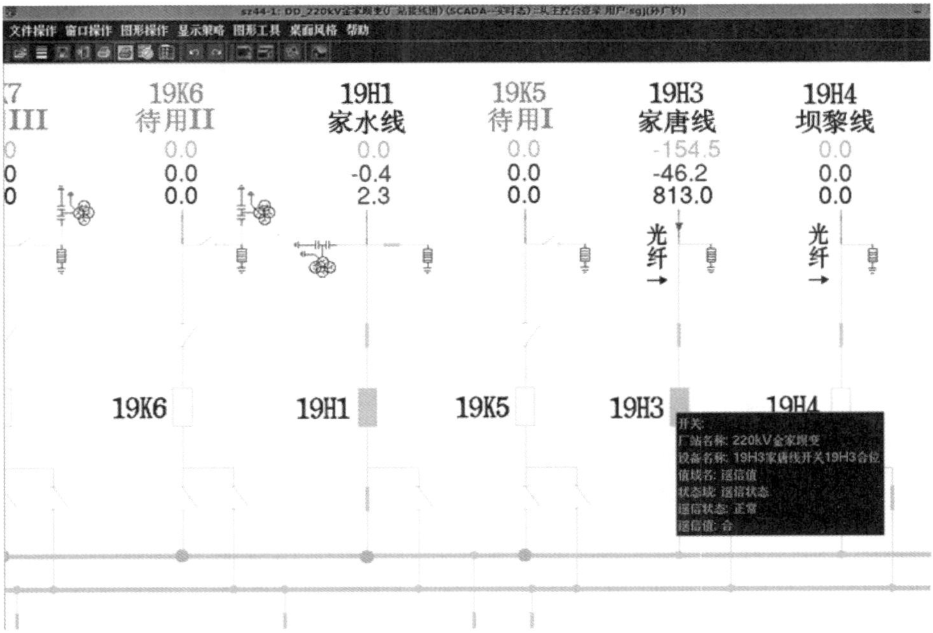

图 39–2–8 110kV 线路遥测

因此，排除现场测控装置的问题，初步判断为主站系统计算错误，运行方式未正确识别，检查发现该线路为新投运线路，接线图绘制后没有进行节点入库等相关操作，使得系统图形拓扑不完善，对一次接线图执行“节点入库”操作后，不平衡量计算正常。

从本例可见，主站系统实际已对母线、主变压器、线路进行了不平衡量的自动计算，充分利用这些计算量可以极大提高发现单一遥测量错误或系统设置错误的能力，解决隐藏的缺陷。

【思考与练习】

1. 曲线工具有哪些比对功能?
2. 直流电源正接地的危害是什么？
3. 说明双位置遥信的含义？
4. 电容式电压互感器二次电压波动的原因有哪些？后台如何检查波动？

第四十章

输变电设备在线监测

模块1　输变电设备在线监测的基础知识（Z01E12001Ⅰ）

【模块描述】本模块介绍了输变电设备在线监测的基本概念，通过概念描述，了解输变电设备在线监测系统的基本结构、功能及作用。

【模块内容】

输变电设备运行的可靠性和运行状况直接关系着整个系统的稳定和安全，也决定着供电质量和供电的可靠性。对设备存在的潜在事故隐患及时发现并报缺陷处理，将事故异常处理于萌芽状态是设备监控的重要职责。随着供电可靠性要求的提高，过去沿用多年的计划检修暴露出了较大不足，如临检频繁、维修过剩、盲目维修、维修不足等，因此逐步实现状态检修代替传统带有盲目性的强制性计划检修是检修方式发展的方向。

对输变电设备进行在线运行状态的监视，可在设备正常运行的前提下，实现对设备的电气、物理、化学等特征的数值的检测和变化趋势的分析，预测设备的可靠性和剩余寿命，从而能及早发现潜在故障，提供预警或告警信号，及时实时掌握设备运行状态和缺陷发展趋势，为状态检修提供必要的支撑。在线监测的实施可减少不足维修带来的强迫停运损失和事故维修损失，减少过剩检修，提高了检修的工作效率，增加了设备的可用率，节约了维修成本，进一步提高了电网设备运行的可靠性。

一、输变电设备在线监测的检测内容

各类设备的检测参数如下：

（1）变压器类：主要为充油式电力变压器或电抗器。主要检测量为油中溶解气体成分、铁芯接地电流、油中微水、油温、绕组温度、局部放电、漏抗、绕组变形等。

（2）电容性设备：包括电容式套管、电流互感器、电容式电压互感器、电容器等。主要检测量有介质损耗、泄漏电流、等效电容等。

（3）金属氧化物避雷器：主要检测量包括总泄漏电流值、阻性电流值。总泄漏电

流值的大小能反映氧化锌避雷器的绝缘状况，而阻性电流值的大小是表征绝缘性能优劣的敏感指标。

（4）高压断路器：包括油断路器、SF_6 断路器、真空断路器、隔离开关、接地开关、重合器、分断器等。主要检测量有遮断电流、分合闸线圈电流、机械特性相关参数、动态回路电阻、触头温升、SF_6 气体的密度、微水含量等。

（5）GIS 设备：主要检测量有各气室 SF_6 气体的压力、泄漏、湿度监测以及断路器的遮断电流、分合闸线圈电流、机械特性相关参数、动态回路电阻、局部放电检测、故障定位等。

（6）绝缘子：检测量有泄漏电流、闪络强度、污秽表面导电率、等效附盐密度等。

（7）电缆：检测量有温度、局部放电等。当电缆发生故障时，还可采用声波法、音频法等寻找电缆的确切故障点。

（8）输变电线路：检测量有覆冰、微气象、导线弧垂、导线温度、导线振动等。

二、常用检测参数

1. 局部放电监测及三维定位

电气设备的局部放电对电气设备的绝缘会产生不同程度的影响，严重情况下导致绝缘介质击穿、设备故障，局部放电水平突然增长是某些突发绝缘故障的先兆，局部放电的在线监测是发现潜在绝缘故障的有效手段。局部放电是衡量电力变压器绝缘质量的重要指标，也是衡量 GIS 设备绝缘质量的重要指标。

研究表明 GIS 中的局部放电还会在 GIS 内部空腔及外壳对地之间产生超高频电磁波，使接地线上有放电脉冲电流流过，局部放电还会使得通道气体压力骤增，并传递到金属外壳上，在外壳上形成各种纵波、横波和表面波。这些机械脉冲可借助安装在变压器缸壁、GIS 外壁上的压电转换器转换为电压信号而被监测。三维定位系统通过环绕设备的多组感应器，测量具备放电信号的抵达时差，从而确定局部放电来源。变电设备局部放电检测有脉冲电流法、DGA 法、超声波法、射频检测法等。局部放电监测的难点目前在于在现场状态下如何辨别区分干扰，从而有效提取信号。

2. 在线油中溶解气体监测

变压器等充油设备出现内部异常或故障时，内部绝缘油会分解出氢气、一氧化碳、甲烷、乙烷、乙烯、乙炔等气体，通过气体类别、浓度、变化趋势的监测，可判断可能存在的潜在故障。油气相色谱分析的过程就是从油样中取出混合气体，再将混合气体分离为要求的气体成分，通过各种气敏传感器将各种气体的含量转换为电信号，经过 A/D 转换后将信息上送。分析方法一般分为三组法和全组分法两种。其中三组分法适合于早期预警，全组分法适合于早期及故障发展趋势的连续检测。油中溶解气体在线监测可实现对设备状态的连续监测，检测周期可短到几个小时，有利于及时发现早期故障，及时采取纠正措施。

3. 变压器的铁芯接地电流

由于变压器铁芯接地电流的大小随着铁芯接地点多少和故障严重程度而变化，因此，可把变压器的铁芯接地电流作为诊断大型变压器铁芯短路故障的特征量。铁芯或夹件接地电流一般在几十毫安到数安培，有时甚至更大，检测量程较宽，且主要为阻性电流，测量方便容易，因此作为变压器状态监测的常见参数。

4. 氧化锌避雷器总电流和阻性电流

氧化锌避雷器在运行中长期承受工作电压，阀片容易劣化，结构不良导致密封不严，进而导致阀片受潮，阀片受潮后，电流增大，又进一步增加了劣化，电流中的阻性分量使得阀片温度上升，形成热崩溃，严重时导致避雷器爆炸。一般将总电流和阻性电流作为检测参数，如阻性电流测量包含绝缘子表面污秽时，可将表面污秽电流作为辅助检测参数。

5. 容性设备的电容量和介质损耗

容性设备主要指油浸式电流互感器、电容式套管、耦合电容器等。介质损耗的测量对于整体的绝缘劣化（如受潮、老化、杂质等）比较敏感，而电容量的测量对容性设备发生电容屏间短路的缺陷非常有效。

在设备运行额定电压下对进行电容量和介质损耗因素的因素非常准确，技术较为成熟，能有效反映内部缺陷，因此目前将这两个参数作为电容型设备的常规检测参数，介质损耗在线监测的原理方法主要有三种：硬件直接测量相位角，主要有过零点相位比较法、电压比较器法等；采用软件方法，对监测信号变化后，采用数字算法得到介质损耗值，主要使用谐波分析法；测量相对介质损耗，通过测量同一线路不同设备的泄漏电流，以某一设备作为基准得到相对介质损耗值。

6. 绝缘子泄漏电流监测

绝缘子表面有泄漏电流时电压、气候、污秽三要素的综合反应，绝缘泄漏电流在线监测的原理是通过特殊的引流装置采集沿绝缘子表面的泄漏电流，经过计算求得一段周期内泄漏电流的峰值平均值、峰值最大值和最大泄漏电流脉冲数等。

7. SF_6 监测

SF_6 气体因为高效的绝缘性在电力系统得到了广泛应用，如设备发生泄漏则其密度将降低，设备的电气性能将急剧降低，当环境温度发生变化时，泄漏部位产生呼吸效应，环境中水分将进入设备内部，进一步降低绝缘性能。目前 SF_6 气体主要监测项目有气体密度、微水含量等。

8. 其他参数选择

如主变压器温度、环境温度、湿度、压力、微水等。

三、在线监测系统构成

在线监测系统的主要功能可实现对电力设备状态的参数的连续检测、传输、处理分析，并可实现越限告警，提示设备可能存在的潜在缺陷。

1. 一般在线监测系统

（1）检测单元：实现被监测参数的采集、信号处理、模数转换和数据的预处理功能。

（2）数据传输单元：实现监测数据的传输。

（3）数据的处理、分析和设备状态预警单元：实现监测数据的处理、计算、分析、存储、打印、显示及预警，由主站单元实现。主站计算机系统通用功能包括人工召唤数据、定时轮询数据、对监测装置进行对时、更新数据浏览、历史数据浏览、特征参数趋势图显示、越限告警、重要状态变位告警、运行报表浏览及打印等。

2. 变电设备在线监测系统框架

按照 Q/GDW 534—2010《变电设备在线监测系统技术导则》要求，常见变电设备在线监测系统框架如图 40–1–1 所示。

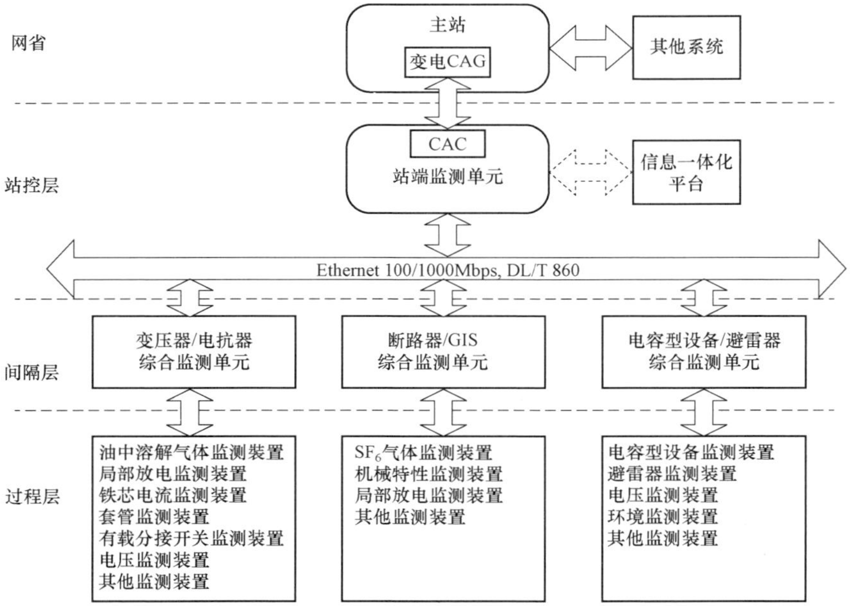

图 40–1–1 在线监测系统框架图

在过程层实施的在线监测装置通常安装在监测设备上或附近，用以自动采集、处理和发送被监测设备状态信息。它能通过现场总线、以太网、无线等通信手段与综合监测单元或直接与战端监测单元通信。

综合监测单元以被监测设备为对象，接收与被监测设备相关的在线监测装置发送的数据，并对数据进行加工处理，实现与站端监测单元进行数据通信。

站端监测单元以变电站为对象，实现对监测数据的综合分析、预警功能，以及对监测装置和综合监测单元设置参数、数据召唤、对时、强制重新启动等控制功能，并能与主站进行标准化通信。

3. 依托 PMS 的监测系统的构成

目前，国家电网有限公司依托 PMS 的建立，推广覆盖总部、网省和地市三级应用的统一输变电设备状态监测系统，提供各种输变电设备状态信息的展示、预警、分析、诊断、评估和预测功能，并集中为其他相关系统提供状态监测数据，实现输变电设备状态的全面监测和状态运行管理。

四、监控运行管理要求

1. 基本要求

设备监控单位应编写在线监测系统运行规程，建立在线监测系统缺陷管理流程。

应注意在线监测系统的数据采集、存储和备份，进行数据变化趋势的初步分析判断，报警值的管理等。

应监视在线监测系统的运行状况，及时发现并汇报其存在的缺陷。

当在线监测数据发生异常时，应分析判断，并及时汇报处理。

任何人员不得随意修改主站系统的软件设置，任何改动应在监控人员认可后方可进行。

监测软件应处于运行状态，不得随意关闭。

系统记录的历史数据不得随意修改、删除，系统应保留 5 年的历史数据。

2. 监控监视内容

检查数据通信正常。

检查检查主站计算机运行正常。

检查监测装置运行工况正常。

检查监测数据是否在正常范围内变化，如数值异常应进行数据变化趋势的分析和横向比较。

检查监测数据是否有异常波动，并判别是否扰动引起。

在雷击、短路等大的扰动后，或异常气候、大负荷情况下，应加强巡视。

【思考与练习】

1. 变压器类设备检测参数主要有哪些？
2. 在线监测设备的主要构成有哪些？
3. 在线监测监视内容主要有哪些？

模块 2 输变电设备在线监测的日常分析（Z01E12002Ⅱ）

【模块描述】本模块介绍了输变电设备在线监测系统的原理、监测的方法，通过原理讲解、仿真训练和案例分析，能根据系统数据发现设备异常和缺陷。

【模块内容】

一、变压器局部放电检测方法及其原理

变压器局部放电检测以局部放电所产生的各种现象为依据，通过能表述该现象的物理量来表征局部放电的状态，如电脉冲、电磁波、超声波、光、热及伴随一般采用电流脉冲和声波脉冲直接测量放电，比气体分析法的优越性是它能瞬间检测出变压器、电抗器内部故障。通常采用的方法有脉冲电流法、超声波法、光测法、气相色谱检测法、超高频法（UHF）等。变压器在线监测常用的方法是脉冲电流法和超声波法直接测量，比油中气体分析法优越的是，它能瞬间检测变压器内部出现的故障。

1. 脉冲电流法

脉冲电流是研究最早、最为广泛使用的一种方法。它通过检测阻抗、脉冲电流来获得放电量。检测局部放电脉冲的电流互感器一般采用罗哥夫斯基线圈，电流传感器分为窄带和宽带两种：窄带窄带具有灵敏度高、抗干扰能力强特点；宽带传感器具有脉冲分辨率高的优点，但信噪比低。脉冲电流法的缺点是：受耦合阻抗的限制，测量仪器的灵敏度受到限制；容易受到现场外界干扰噪声的影响，抗干扰能力差。

2. 超声波法

超声波法通过超声波传感器接收变电设备内部放电产生超声波，由此来检测局部放电的位置和大小，通常为了避免变压器磁噪声和机械振动噪声，超声波传感器采用压电传感器，频率范围为 70k～150kHz。由于变压器内部绝缘结构复杂，各种介质对声波的衰减不一样，当前使用的超声波传感器抗干扰能力较差，灵敏度不够，增加了检测难度，因此目前超声波检测主要用于定性地分析局部放电信号的有无以及进行故障定位。

3. 气相色谱检测法

气相色谱检测法是根据局部放电所分解气体来判断局部放电的程度和局部放电的模式。该方法可以避免电磁干扰，可根据局部放电所分解气体的成分和浓度判断放电的模式。

4. 超高频法

超高频法是目前较新的检测方法，通过检测变电设备内部局部放电产生的超高频（300M～3000MHz）电信号，实现放电的检测和定位。该方法的特点是检测频段高，能有效避开常规局部放电检测中的电晕、断路器操作等多种电气干扰，检测灵敏度高，而且可以识别故障类型和进行定位，同时检测范围宽，需要安装的传感器少。

变压器在线监测所用局部放电的定位一般有三种方法：

（1）超声波定位法：即将多个超声波传感器安装在变压器外壳，当发生局部放电时，布置在油箱外壳的不同位置传感器由于空间位置不一样，监测到局部放电的超声波信号时间不同，可通过测量超声波的大小及超声波传播的时延，确定局部放电点源。

（2）电–声联合定位法：主要利用超声波在变压器油和油箱壁中传播速度分别是1400m/s和5500m/s，远低于电信号传播的特点，当发生局部放电时，速度较快的电信号先触发监测器，再根据随后检测到的声波信号到达的时间差，推测内部放电的位置。

（3）电气定位法：该方法可灵敏检测出局部放电，还可以判断放电的强弱，多用于局部放电的定量分析。这种方法假定变压器的等效电路在某特点频率范围内是纯电容回路，而对于具体变压器，这种电容是可以计算的，当变压器发生局部放电时，其首末端电压比值与放电点的位置满足特定的函数，测量绕组首末端电压，就可判断出放电的位置。

二、变压器油中溶解气体在线监测方法及原理

目前各类变压器较多使用充油变压器，在正常情况下，油纸绝缘材料在电和热的作用下，会逐渐老化和分解，产生少量各种低分子烃类及二氧化碳、一氧化碳气体。这些气体溶于油中，因此，通过对油中溶解气体的组成分析，可反映变压器绝缘状态和故障状态。

1. 常用检测方法及原理

目前，常用变压器油中溶解气体在线监测方法主要有气相色谱法、传感器阵列与模糊识别技术检测法、基于傅里叶变换的检测法、光声光谱检测法。其中光声光谱法目前较为依赖进口，价格昂贵，气相色谱法应用较为广泛，技术相对成熟。

气相色谱法是目前使用最广泛和有效的使用方法，变压器油中溶解气体经过油气分离后，通过色谱柱对气体进行不同组分加以分离，分离后通过检测器来检测，检测器能将各组分的气体浓度变成电信号，再用记录仪将这些信号记录下来。目前应用最为普遍的是热导池检测器和氢火焰检测器。

热导池检测器是利用各种气体的导热系数不同原理制成的。这种检测器在一个金属池腔中安置一根温度系数大、电阻也大的电阻丝，作为电桥的一个桥臂，事先加热，并达到电桥的平衡。当流过的气体组成和浓度发生变化时，由于导热系数的不同，引起电阻丝温度变化，从而改变了电阻值，反应到电桥的输出端，出现了一个相应的电信号。

氢火焰离子化检测器就是一个离子室，室内有氢火焰燃烧和收集电极，当被测气体进入离子室时，就被氢火焰燃烧所电离，离子在电场作用下奔向集电极，产生电流。

这个电流的大小反映了被测气体的浓度。

2. 利用特征气体法判断变压器故障

变压器溶解气体的在线监测主要测量集中特征气体的浓度来识别各种内部故障，特征气体包括氢气、甲烷、乙烷、乙烯、一氧化碳、二氧化碳。其中甲烷、乙烷、乙烯、乙炔称为总烃。油中的溶解特征气体可以反映故障点引起的油、纸绝缘的热分解本质。在变压器中主要绝缘是油和绝缘纸、纸板等，其老化分解的主要气体是 CO、CO_2，因此可将这两种气体作为油纸绝缘系统固体分解的特征气体。变压器各类故障的特征气体如表 40–2–1 所示。

表 40–2–1　　变压器各类故障的特征气体

序号	故障性质	主要组分	次要组分	特征气体的特点
1	一般过热	CH_4，C_2H_4	H_2，C_2H_6	总体较高，CH_4 含量大于 C_2H_2，C_2H_2 占总烃的 2% 以下
2	严重过热	CH_4，C_2H_4，CO，CO_2	H_2，C_2H_6	总体高，CH_4 含量小于 C_2H_4，C_2H_2 占总烃的 5.5% 以下，H_2 占氢烃总量的 27%
3	局部放电	H_2，CH_4，CO	C_2H_2，C_2H_6，CO_2	总烃不高，H_2 含量大于 100mL/L，并且占到氢烃总量的 90%以上，CH_4 一般占总烃的 75%以上，为主要成分
4	火花放电	H_2，C_2H_2		总烃不高，C_2H_2 含量大于 10mL/L，并且一般占到总烃的 25%以上，H_2 一般占到氢烃总量的 27%以上，C_2H_4 占到总烃含量的 18%以下
5	电弧放电	H_2，C_2H_2	CH_4，C_2H_4，C_2H_6	总烃较高，C_2H_2 含量占到总烃的 18%～65%，H_2 占到氢烃总量的 27%以下
6	过热且电弧放电	H_2，C_2H_2，CO，CO_2	CH_4，C_2H_4，C_2H_6	总烃较高，C_2H_2 含量占到总烃的 5%～18%，H_2 占到氢烃总量的 27%以下

按相关电气试验规程要求，当出现以下数值时，应予以重视，加强巡视和分析。变压器、电抗器和套管油中溶解气体含量的注意值如表 40–2–2 所示。

表 40–2–2　　变压器、电抗器和套管油中溶解气体含量的注意值　　（μL/L）

设备	气体组分	含量	
		330kV 及以上	220kV 及以下
变压器和电抗器	总烃	150	150
	乙炔	1	5
	氢	150	150
套管	甲烷	100	100
	乙炔	1	2
	氢	500	500

经验证明，当怀疑设备固体绝缘材料老化时，一般 $CO_2/CO>7$。当怀疑故障涉及固体绝缘材料时（高于 200℃），可能 $CO_2/CO<3$，必要时，应从最后一次的测试结果中减去上一次的测试数据，重新计算比值，以确定故障是否涉及固体绝缘。

三、电容型设备介质损耗因素的测量方法及原理

介质损耗因素对于发现绝缘整体缺陷非常灵敏，电容型设备运行中如果出现劣化、进水、击穿，则主容量也会发生变化，因此同时测量介质损耗、电容量和泄漏电流非常重要。目前测量的方法有绝对测量法和相对测量法。

（1）绝对测量法。绝对测量法利用电压互感器二次电压信号作为基准电压，直接测量同相电容型设备的介质因素和电容量。测量接线如下图，在被试品的底线侧接一电流传感器，可反映被试品的电流和 U_1 相位，而由电压互感器得到母线电压 U_2，如果忽略互感器的角差，U_2 应该和母线电压同相位，因此 U_2 和 U_1 的相位差即为功率因数角。绝对测量法接线如图 40–2–1 所示。

（2）相对测量法。相对测量法一般使用“同相比较法”，该方法根据在两只同相电容设备末屏接地线所接电流传感器测量参考电流和被测电流，计算两者的介质损耗因数和电容量。其中一台为基准设备，另一台为被测设备，可排除环境因素造成的测量误差，测量结果相对稳定，其接线原理如图 40–2–2 所示。利用电流互感器获得输出电压 U_1 和 U_2，要求出其中一个介质损耗因数，需要计算两屏电流间的夹角以及给出另一个设备的介质损耗角。

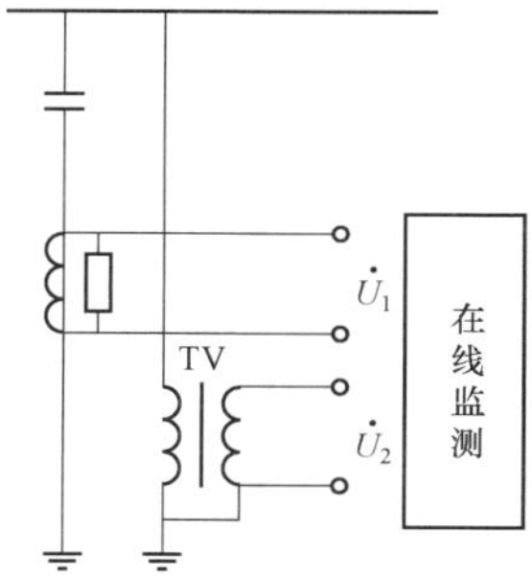

图 40–2–1　绝对测量法接线

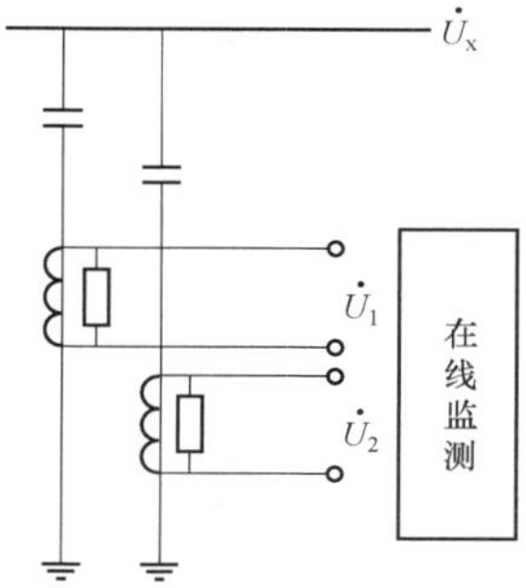

图 40–2–2　相对测量法接线

由于介质损耗因数的测量属于高电压、微电流、小角度的精密测量，测量系统需要很好的灵敏和准确度，一般传统的电桥法、伏安法、谐振法都不适合在线监测。在线监测装置一般采用数字化测量方法如软件法或硬件法。

按相关电气试验规程要求，介质损耗因数当出现以下数值时，应予以重视，加强巡视和分析。在线监测数据如表 40–2–3 所示。

表 40–2–3　　　　在线监测数据

<table>
<tr><th>设备</th><th colspan="4">正常监视内容</th><th>注意事项</th></tr>
<tr><td>变压器绕组 $\tan\delta$</td><td colspan="4">1）20℃时 $\tan\delta$ 不大于下列数值：
66～220kV　0.8%
35kV 及以下　1.5%
2）$\tan\delta$ 值与历年的数值比较不应有显著变化（一般不大于 30%）</td><td>1）同一变压器各绕组 $\tan\delta$ 的要求值相同
2）不同温度下的 $\tan\delta$ 值一般可按下式换算
$\tan\delta_2 = \tan\delta_1 \times 1.3^{(t_2-t_1)/10}$</td></tr>
<tr><td rowspan="5">电流互感器</td><td colspan="4">正常运行时，主绝缘 $\tan\delta$（%）不应大于下表中的数值，且与历年数据比较，不应有显著变化：</td><td rowspan="5"></td></tr>
<tr><td>电压（kV）
类型</td><td>220</td><td>66～110</td><td>20～35</td></tr>
<tr><td>油纸电容型</td><td>0.8</td><td>1</td><td></td></tr>
<tr><td>充油型</td><td></td><td>2</td><td>3.5</td></tr>
<tr><td>胶纸电容型</td><td>0.8</td><td>2</td><td>3</td></tr>
<tr><td rowspan="5">主绝缘及电容型套管对地末屏 $\tan\delta$ 与电容量</td><td>充油型</td><td>—</td><td>1.5</td><td>3.5</td><td rowspan="5"></td></tr>
<tr><td>油纸电容型</td><td>0.8</td><td>1.0</td><td>1.0</td></tr>
<tr><td>充胶型</td><td>—</td><td>2.0</td><td>3.5</td></tr>
<tr><td>胶纸电容型</td><td>1.0</td><td>1.5</td><td>3.0</td></tr>
<tr><td>胶纸型</td><td>—</td><td>2.0</td><td>3.5</td></tr>
</table>

四、金属氧化物避雷器的在线监测

MOA 氧化锌避雷器因其较多的优点目前在电网中得到了广泛应用，但使用中还是会出现老化、热击穿、受潮、受污秽等问题，出现性能降低、爆炸等故障，对其实施在线监测非常有必要。

在运行电压下，流过避雷器的泄漏电流主要有外表面电流和内部电流，外表面电流主要由污秽引起，为阻性电流；内部电流包括瓷套内壁、绝缘支架地阿牛、电阻片电流和均压电容电流。避雷器事故的主要原因之一就是阻性分量过大，损耗剧增，引起热崩溃。实际运用中，普遍采用监测 MOA 的阻性电流来诊断其绝缘状况。由于正常工作电压下流过阀片的主要是容性电流，因此在线监测主要解决的是从容性为主的总电流中分类出微弱的阻性电流。常见的在线监测方法包括全电流法、三次谐波法、基波法、补偿法等。

（1）全电流法：即总泄漏电流监测法，这种方法假定 MOA 泄漏电流容性分量基本不变，简单用总电流的变化视作阻性电流分量的变化。一般直接在避雷器接地线上安装微安表来检测。

（2）三次谐波法：又称为零序电流法。由于 MOA 是一个非线性电阻，在基波电压下，会引起三次阻性谐波电流，测量其变化就是阻性泄漏电流三次谐波的变化，可根据阻性三次谐波电流和阻性全电流的关系，得到阻性泄漏电流的变化。

（3）基波法：基波法是采用数字技术从采集到的避雷器末屏泄漏总电流中找到阻性电流的基波部分，通过阻性电流基波所占的比例来判断 MOA 工作状况。实际运用中从避雷器接地线上取得泄漏总电流，同时装置接入电网电压，经过相应计算得到泄漏电流基波值。其测量原理如图 40–2–3 所示。

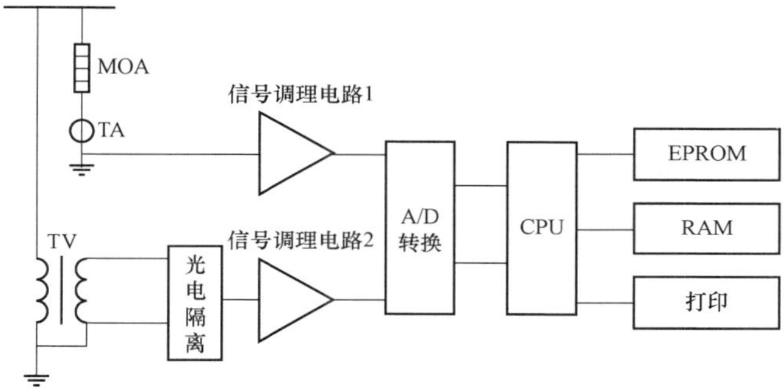

图 40–2–3　基波法测量原理

（4）补偿法：这种方法的原理是根据并联电路中电容电流与电压相差 90° 的特点，通过硬件调节装置输入与母线电压相差 90° 的电压进行补偿，平衡掉容性电流，使得测量装置检测到的即为阻性电流。其测量原理如图 40–2–4 所示，只要调节补偿装置使得 $U_1=U_2$ 即可。

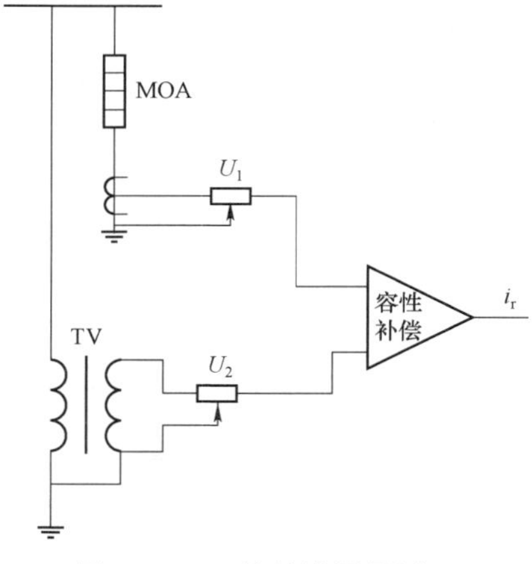

图 40–2–4　补偿法测量原理

监控人员在日常巡视中，应将 MOA 避雷器在运行电压下的全电流、阻性电流的测量值与初始值比较，有明显变化时应加强监测。

五、常见监测参数告警值设置

目前，输变电设备在线监测装置一般设置两级告警值（参考值），当达到预警值时，监控人员应加强监视和分析，当达到报警值时，应及时联系运维人员进行消缺。国家电网公司相关文件对在线监测装置预警值和告警值设置要求如下：

（1）变压器（电抗器）油中溶解气体报警表如表 40–2–4 所示。

表 40-2-4　　　　变压器（电抗器）油中溶解气体报警表

序号	报警参数	电压等级	储油柜结构	正常范围	预警值	报警值
1	氢气值（μL/L）	110kV 及以上	隔膜式、胶囊式	＜120	120	＞150
2	氢气绝对产气速率（mL/天）	110kV 及以上	隔膜式、胶囊式	＜3	3	＞10
3	氢气绝对产气速率（mL/天）	110kV 及以上	开放式	＜1.5	1.5	＞5
4	氢气相对产气速率（%/月）	110kV 及以上	隔膜式、胶囊式	＜6	6	＞10
5	乙炔值（μL/L）	330kV 及以上	隔膜式、胶囊式	＜0.8	0.8	＞1
6	乙炔值（μL/L）	220kV 及以上	隔膜式、胶囊式	＜4	4	＞5
7	乙炔绝对产气速率（mL/天）	110kV 及以上	隔膜式、胶囊式	＜0.06	0.06	＞0.2
8	乙炔绝对产气速率（mL/天）	110kV 及以上	开放式	＜0.03	0.03	＞0.1
9	乙炔相对产气速率（%/月）	110kV 及以上	隔膜式、胶囊式	＜6	6	＞10
10	总烃值（μL/L）	110kV 及以上	隔膜式、胶囊式	＜120	120	＞150
11	总烃绝对产气速率（mL/天）	110kV 及以上	隔膜式、胶囊式	＜3.6	3.6	＞12
12	总烃绝对产气速率（mL/天）	110kV 及以上	开放式	＜1.8	1.8	＞6
13	总烃相对产气速率（%/月）	110kV 及以上	隔膜式、胶囊式	＜6	6	＞10

（2）变压器（电抗器）油中微水监测报警值如表 40-2-5 所示。

表 40-2-5　　　　变压器（电抗器）油中微水报警参数与报警值汇总表

序号	报警参数	电压等级	正常范围	预警值	报警值
1	水分（mg/L）	220kV 及以下	＜20	20	＞25
2	水分（mg/L）	330kV 及以上	＜12	12	＞15

（3）变压器（电抗器）局部放电报警参数与报警值汇总表如表 40-2-6 所示。

表 40–2–6 变压器（电抗器）局部放电报警参数与报警值汇总表

序号	报警参数	端电压	放电相位	正常范围	预警值	报警值
1	放电量	110kV 及以上	A、B、C 相	＜300pC	300pC	500pC

（4）变压器（电抗器）铁芯接地电流监测报警值如表 40–2–7 所示。

表 40–2–7 变压器（电抗器）铁芯接地电流报警参数与报警值汇总表

序号	报警参数	正常范围	预警值	报警值
1	全电流	＜100mA	100mA	300mA

（5）电容设备绝缘监测报警参数与报警值汇总表如表 40–2–8 所示。

表 40–2–8 电容设备绝缘监测报警参数与报警值汇总表

序号	报警参数	电压等级	设备类型	正常范围	预警值	报警值
1	介质损耗因数	110kV 及以下	电流互感器	＜0.007	0.007	0.008
		220、330kV	电流互感器	＜0.006	0.006	0.007
		500kV 及以上	电流互感器	＜0.005	0.005	0.006
		所有	串级式、电磁电压互感器	＜0.015	0.015	0.02
		所有	非串级式、电磁电压互感器	＜0.004	0.004	0.005
		所有	电容式电压互感器（油纸绝缘）耦合电容器（油纸绝缘）	＜0.4	0.004	0.005
		所有	电容式电压互感器（膜纸绝缘）耦合电容器（膜纸绝缘）	＜0.002	0.002	0.0025
2	相对介质损耗因数（差）	所有	相对介质损耗因数（初值差）	＜10%	10%	30%
3	电容量相对变化率（初值差）	所有	电容量相对变化率（初值差）	＜5%	5%	15%
备注	初值：设备投运、A、B 类检修后初始测量值。 初值差=（当前监测值–初值）/初值×100%					

（6）电容设备绝缘报警参数与报警值汇总表如表 40–2–9 所示。

表 40–2–9 电容设备绝缘报警参数与报警值汇总表

序号	报警参数	安装部位	正常范围	预警值	报警值
1	SF_6气体压力			无	密度继电器
2	水分	断路器间隔隔离开关间隔	有电弧小于 300（ppm）	240ppm	300ppm
		母线、TV、避雷器、出线套管	无电弧小于 500（ppm）	400ppm	500ppm

（7）金属氧化物避雷器泄漏电流监测报警值如表 40–2–10 所示。

表 40–2–10 金属氧化物避雷器泄漏电流报警值汇总表

序号	报警参数	正常范围	预警值	报警值
1	阻性电流	＜1.5 倍避雷器安装后初始测量值	1.5 倍避雷器安装后初始测量值	＞2.0 倍避雷器安装后初始测量值
2	全电流	＜1.3 倍避雷器安装后初始测量值	1.3 倍避雷器安装后初始测量值	＞1.5 倍避雷器安装后初始测量值

注：1. 不同厂家避雷器泄漏电流值差别较大，但一般不应超出上述范围，初始测量值小于厂家宣称值即可。

2. 初值：设备投运、A、B 类检修后初始测量值。

六、案例

案例 1：某变压器在运行过程发生内部故障，重瓦斯和差动保护动作，事故时无任何操作，其色谱数据如表 40–2–11 所示。

表 40–2–11 变 压 器 色 谱 数 据 （μL/L）

时间	乙炔	甲烷	乙炔	乙烯	氢气	总烃	一氧化碳	二氧化碳
事故前	0.6	49	9	7	625	65.6	560	1528
事故时	81	115	11	55	707	262.6	673	1564

通过数据比对可知，事故后乙炔和总烃浓度急剧上升，表面变压器内部发生了电弧性放电事故。

案例 2：在线监测装置显示某变压器局部放电监测 515Pc 告警，如何处理?

在线显示值已达到告警值，应排除是否极个别突发偶然性告警，如有增加或一直大于 500Pc 的，应立即告知运维班组，检查处理。

【思考与练习】

1. 变压器局部放电在线监测的电–声联合定位法原理是什么？

2. 变压器内部放电的特征气体有哪些？

3. 氧化锌避雷器在线监测的常见方法有哪些？

模块3　输变电设备在线监测的综合分析（Z01E12003Ⅲ）

【模块描述】本模块包含了输变电设备在线监测系统运行数据的分析判断，通过理论讲解、仿真培训，能够编制各类报表、综合分析报表数据，对设备健康状态做出综合分析判断。

【模块内容】

在线监测装置在设备正常运行条件下，对设备的状态量数据进行连续监测，具有智能化程度高，可以自动记录、分析、报警，当监测数据达到设定值时会自动报警，具有一定的智能水平。但是，实际运行中环境温度、湿度、污秽程度、不同的测量原理、不同分析方法都会对状态量的反映都会产生误差，必要时，在线监测数据还应和离线监测数据进行比对分析，掌握两者之间差异的程度和规律。当在线监测系统告警时，应及时查明原因，尽快对检测结果进行分析确认。

一、在线监测试验数据的分析方法

尽管在线监测系统提供了一些智能故障诊断功能，但是必要时，必须加以人工分析，人工分析的方法是监控人员应掌握的基本技能。常见试验数据分析的方法有以下几种。

1. 阈值判断法

所谓阈值即相关规程或规定要求的临界值。通常情况下，任何监测数据均应符合相关规程的规定，即有无“超标”现象，由此判断设备运行状态是否正常。

但是阈值判断法是最基本的方法，不是状态量数据不超标就一定是完好设备，如有些数据并未超标，但从中长期运行数据趋势来看，数据劣化速度加快，同样说明设备可能存在安全隐患。同样，当数据显示超标时，可能并不表示设备存在问题，此时就要排查可能影响数据不正确的一些因素，如输变电设备所处的湿度、温度等环境因素、污秽程度、电压变化、出厂测试数据等。

2. 显著性差异分析法

当设备的状态量明显不同于其他设备时，可以采用此种方法。根据数理统计理论，同一批设备，由于设计、工艺、材质都相同，各台设备的同一状态量应视为同一母体的不同样本，如果被监测设备的状态量值 与其他设备的状态量值显著差异，必然存在一个原因，且很可能是早期缺陷的信号。实际应用中将同厂、同批次或同一设计、材质、工艺的不同厂生产的设备作为比较对象。

3. 纵横比较分析法

纵比是指将设备的检测数据和上次数据进行比对，横比是指同组设备不同相之间数据进行比较，分析判断状态量是否正常，一般不超过 30%即可判为正常。比如，当某些监测数据容易受环境影响时，实际应用中可将三相设备的上次检测值和上次检测值进行比较，如上次为 U_1、V_1、W_1，本次为 U_2、V_2、W_2，需要比较 U_2 是否正确时，根据 $U_2/(V_2+W_2)$ 和 $U_1/(V_1+W_1)$ 相比有无明显差异，一般不超过 30%即可判为正常。

当利用相邻两次或多次数据比较后，依然无法得出结论时，需要将检测数据和设备投运时初始数据进行比较，进一步分析判断。初始值是能代表状态量原始值的试验数据，一般可以是出厂试验值、交接试验值、早期试验值、设备主体或核心部件解体检修、更换后的试验值等。对于容易受安装环境影响的试验数据应选择交接或首次预试值作为初值，不受安装环境影响的试验数据可选出厂试验值作为初值，设备大修后采用大修后的首次试验值作为初值。

二、设备在线监测数据的处置原则

设备在线监测系统给出在线监测数据后，监控人员应根据数据情况综合分析，审核其正确性，并根据监测得到的数据进行相应的处理，一般监测得到的结论有合格和不合格，但对于监测数据又可分为正常值、注意值和警示值三种。

（1）正常值是指检测到的数据大小、趋势及相互平衡程度均在规程规定的限值范围内的数据。

（2）注意值是指当检测数据达到该值时，设备可能存在或发展为缺陷。如油浸式变压器中总烃含量小于 150μL/L。

（3）警示值是指状态量达到该数值时，设备已存在缺陷并有可能发展为故障。如电容器电容量初值差不超过±5%。

在线监测数据全部合格的设备为正常设备，正常设备执行正常的巡视检查。在线监测数据超过注意值或接近注意值的趋势明显，对于在运行的设备应加强跟踪巡视；对于停电设备，如怀疑属于严重缺陷，不宜投入运行。在线监测数据超过注意值或接近注意值的趋势明显时，应尽快安排停电试验处理，对于停电设备，未消除隐患前，不得投入运行。

三、在线监测试验数据的分析

判断在线监测数据是否正常，目前依据的评价标准是依据 DL/T 596—1996《电力设备预防性试验规程》、DL/T 393—2010《输变电设备状态检修试验规程》等。下面以变压器为例，介绍在线监测数据常见检测项目的分析。下面以变压器为例，介绍数据的分析（见表 40–3–1）。

表 40-3-1　　油浸式电力变压器在线数据分析表

在线监测项目	规　　定	要求和分析
油中溶解气体分析	1. 溶解气体： 乙炔：≤1μL/L（330kV 及以上）（≤5μL/L 其他）（注意值） 氢气：≤150μL/L（注意值） 总烃：≤150μL/L（注意值） 2. 绝对产气速率： ≤12mL/d（隔膜式）（注意值） ≤6mL/d（开放式）（注意值） 3. 相对产气速率： ≤10%/月（注意值）	若有增长趋势，即使小于注意值，也要加强关注，缩短巡视周期。烃类气体含量较高时，应关注总烃的产气速率。当怀疑有内部缺陷时，应立即联系检修人员进行额外的取样分析
绝缘油水分	≤15mg/L（注意值），330kV 及以上 ≤25mg/L（注意值），220kV 及以下	尽量在油温高于 60℃时取样
绝缘油酸度	≤0.1mg（KOH）/g（注意值）	0.03mg（KOH）/g 为新油，0.1mg（KOH）/g 为可继续运行，0.2mg（KOH）/g 可结合下次检修处理，0.5mg（KOH）/g 为油质较差
高压套管（油纸）	1. 电容量初值差不超过±5%（警示值） 2. 介质损耗因数符合以下要求： 1）500kV 及以上，≤0.006（注意值） 2）其他（注意值）： 油浸纸：≤0.007 树脂浸纸：≤0.007 树脂黏纸：≤0.015 聚四氟乙烯缠绕绝缘：≤0.005	
变压器局部放电	$1.3U_m/\sqrt{3}$ ≤300pC（注意值）	
铁芯接地电流	正常运行中铁芯接地电流一般不大于 0.1A	只对有外引接地线的铁芯、夹件进行测量
SF_6 气体湿度（SF_6 绝缘变压器）	箱体及开关：≤220μL/L（注意值） 电缆箱及其他：≤3759L/L（注意值）	

正常在线监测装置可按上表内容进行相关告警值得设置，必要时需要辅以必要的分析方法来排除可能存在的误差因素。除按特征数值法来判断异常外，一般在线监测装置还会根据气体含量的长期变化计算产气率，通过产气率来判断异常以及三比值法来判断变压器故障。

1. 产气率在油溶解气体中的应用

产气速率可分为绝对产气速率和相对产气速率。

绝对产气速率：每个运行小时产生某种气体的平均值，计算公式为

$$\gamma_a = \frac{C_{t2} - C_{t1}}{\Delta t}\frac{G}{d} \qquad (40\text{-}3\text{-}1)$$

式中　γ_a ——相对产气速率，mL/H；

C_{t1} ——第一次取得的气体含量；
C_{t2} ——第二次取得的气体含量；
Δt ——两次采气的间隔，h，
G——设备总油量，t；
d ——油的密度，t/m^3。

相对产气速率：每个月产生某种气体含量增加量的百分数平均值，计算公式为

$$\gamma_r = \frac{C_{t2} - C_{t1}}{C_{t1}\Delta t} \times 100\% \qquad (40\text{–}3\text{–}2)$$

式中 γ_r ——绝对产气速率，%/月；
C_{t1} ——第一次取得的气体含量；
C_{t2} ——第二次取得的气体含量；
Δt ——两次采气的间隔，月。

由式（40–3–2）可知，变压器的总烃绝对产气速率，开放式大于 0.25mL/h、密封式大于 0.5mL/h 和相对产气率大于 10%/月，即可认定故障存在。

2. 三比值法在油中溶解气体的应用

三比值法是目前重油电气设备故障类型分析的主要方法。它利用油中溶解的 5 种气体的三对浓度比值，以推测绝缘的故障类型及严重程度。表 40–3–2 为其编码规则，表 40–3–3 为故障类型判断方法。

表 40–3–2　　三比值法编码规则

气体范围	比值范围的编码		
	C_2H_2/C_2H_4	CH_4/H_2	C_2H_4/C_2H_6
<0.1	0	1	0
≥0.1～<1	1	0	0
≥1～<3	1	2	1
≥3	2	2	2

表 40–3–3　　故障类型的判断方法

编码组合			故障类型判断	故障实例
C_2H_2/C_2H_4	CH_4/H_2	C_2H_2/C_2H_6		
0	0	1	低温过热（低于150℃）	绝缘导线过热，注意 CO 和 CO_2 的含量及 CO_2/CO 的值
	2	0	低温过热（150～300℃）	分接开关接触不良，引线夹件螺栓松动或接头焊接不良，涡流引起铜过热，铁芯漏磁，局部短路，层间绝缘不良、铁芯多点接地等
	2	1	中温过热（300～700℃）	

续表

<table>
<tr><th colspan="3">编码组合</th><th rowspan="2">故障类型判断</th><th rowspan="2">故障实例</th></tr>
<tr><th>C_2H_2/C_2H_4</th><th>CH_4/H_2</th><th>C_2H_2/C_2H_6</th></tr>
<tr><td rowspan="2">0</td><td>0，1，2</td><td>2</td><td>高温过热（高于700℃）</td><td>分接开关接触不良，引线夹件螺栓松动或接头焊接不良，涡流引起铜过热，铁芯漏磁，局部短路，层间绝缘不良、铁芯多点接地等</td></tr>
<tr><td>1</td><td>0</td><td>局部放电</td><td>高温度、含气量引起油中低能量密集的局部放电</td></tr>
<tr><td rowspan="2">2</td><td>0，1</td><td>0，1，2</td><td>低能放电</td><td rowspan="2">引线对电位未固定的部件之间连续火花放电，分解抽头引线和油隙闪络，不同电位之间的油中火花放电或悬浮电位之间的电火花放电</td></tr>
<tr><td>2</td><td>0，1，2</td><td>低能放电兼过热</td></tr>
<tr><td rowspan="2">1</td><td>0，1</td><td>0，1，2</td><td>电弧放电</td><td>线圈匝间、层间短路、相间闪络</td></tr>
<tr><td>2</td><td>0，1，2</td><td>电弧放电兼过热</td><td>线圈匝间、层间短路、相间闪络、分接头引线间油隙闪络、引起对箱壳放电、线圈熔断、分接开关飞弧、因环路电流引起电弧、引线对其他接地体放电等</td></tr>
</table>

从表 40–3–3 中可见，C_2H_2/C_2H_4 决定了故障的类型：0 代表过热故障，1 代表高能放电故障，2 代表低能放电故障。计算得出的三组比值可确定故障类型。

四、设备状态的评价

设备状态评价是根据收集到的各类状态信息，依据相关标准，确定设备的状态和发展趋势。设备的状态评价需要综合运行、检修、管理、监测、不良运行工况、家族缺陷等多方面的设备状态信息。目前人工评价设备状态分为四个状态：正常状态、注意状态、异常状态和严重状态。

（1）正常状态。运行数据稳定，所有状态量符合标准，各种状态量处于稳定且在规程规定的标准限值以内，可以正常运行的设备状态。

（2）注意状态。单项或多项状态量变化趋势朝接近标准限值方向发展，但未超过标准限值，仍可以继续运行，但应加强运行监视的设备状态。

（3）异常状态。单项重要状态量变化较大，或几个状态量明显异常，已接近或略超过标准限值，已影响设备的性能指标或可能发展成严重状态，设备仍能继续运行，但应加强监视，并应适时安排停电检修的设备状态。

（4）严重状态。单项或几个重要状态量严重超过标准限值，需要尽快安排停电检修的设备状态。

五、案例

案例：综合利用特征气体法、产气率及三比值法判断变压器故障性质。某 120MVA、110kV 变压器，2000 年 6 月 11 乙炔含量达 5.27，以后逐步增加，见表 40–3–4。用三种方法分析故障性质。

表 40–3–4 变压器色谱数据

时间	H_2	CH_4	C_2H_6	C_2H_4	C_2H_2	CO	CO_2	总烃
6月11日	0	16.18	10.26	63.76	5.27	141.69	2096.6	95.7
6月14日	0	16.65	11.99	63.21	6.05	153.05	2284.4	96.9
7月07日	147.2	20.7	10.9	76	6	220.8	2047.8	113.6
7月28日	453	32.4	14.8	97	6	392.3	3816.5	150.3
8月08日	24.5	37.9	15.8	111.1	7.03	353.1	5929.7	171.9
8月28日	15.3	35.49	20.5	118.43	7.3	421.87	4769.6	183.2

从表 40–3–4 分析，按特征气体法判断，规程规定：220kV 以下变压器乙炔不大于 5μL/L，氢气不大于 150μL/L，总烃不大于 150μL/L，6 月 11 日乙炔 5.27 已开始超标，总烃 8 月 28 日 183.2 均已超标。

根据相对产气率公式，分别计算 6 月 11 日到 7 月 7 日以及 7 月 28 日到 8 月 28 日总相对产气量分别为 18.7%/月、21.2%/月，均已超过规程要求的 10%/月的标准。

将上表数据按三比值法公式计算，得出表 40–3–5：

表 40–3–5 变压器色谱数据

时间	C_2H_2/C_2H_4	CH_4/H_2	C_2H_4/C_2H_6	故障判别
6月11日	0	2	2	高温过热（高于 700℃）
6月14日	0	2	2	高温过热（高于 700℃）
7月07日	0	0	2	高温过热（高于 700℃）
7月28日	0	0	2	高温过热（高于 700℃）
8月08日	0	2	2	高温过热（高于 700℃）
8月28日	0	2	2	高温过热（高于 700℃）

从表 40–3–5 看出，本次故障性质是由引线接头不良、铁芯多点接地产生环流或主磁通及漏磁通在某些部件上引起涡流发热。

【思考与练习】

1. 如何用纵横比较法分析设备试验数据？
2. 试举例解释注意值和警示值。
3. 变压器常见在线监测项目的数据分析标准是什么？
4. 三比值法如何诊断变压器故障？

第四十一章

监控画面及信息规范

模块1　信息采集、系统功能及画面规范的概念及基础（Z01E13001Ⅰ）

【模块描述】本模块涵盖了监控功能需求、画面规范及信息采集规范，通过理论讲解，了解监控系统应具备的功能、画面制作的规范要求、监控信息采集规范及优化的基本概念。

【模块内容】

一、监控功能需求

（1）监控功能包括报警功能、操作功能、置牌功能等，监控功能应能满足监（调）控员日常巡视、操作等业务要求。

（2）报警功能：报警信息应直观、醒目，通过文字、语音等形式体现，便于监（调）控员及时发现设备异常和电网事故。

1）告警窗：报警条文按信号的不同类别分窗口显示，便于辨识处理。

实时告警窗的报警条文应按信号分类设置不同颜色，应支持逐条、分组和全部报警信息确认，未确认和已确认的信息应有明显的区别。

2）事故推图：发生事故时应能正确快速地推出事故的变电站画面及跳闸断路器列表（根据各地区实际需求采用）。

3）语音告警：事故跳闸和异常信号应设不同类型的语音信号，提醒监（调）控员注意事故、异常信息。

4）查询功能：应能根据时间段、变电站、信号分类等条件方便快捷的查询历史告警信息。

（3）操作功能：应设置操作权限、操作编码，有效防止监（调）控员误操作。

1）遥控操作时，选择了需要遥控的设备后，需输入操作人口令，口令错误弹出告警，防止无操作权限的人员误操作。

2）遥控操作过程中需输入待操作设备的变电站编号、设备编号，编号错误时弹出告警，防止监（调）控员操作时勿入相邻变电站或误遥控相邻间隔。

3）遥控操作监护画面需输入监护人的口令，口令错误弹出告警，防止无监护权限的人员误操作。

4）遥控预置时显示遥控设备的变电站名称及设备名称、编号，供监（调）控员再次核对。

5）监控系统应能将操作人员及监护人员进行的操作内容、操作时间、执行结果及人员姓名等自动记录，在遥控查询中可查询历史遥控信息。

（4）置牌功能：监控计算机应具有人工置牌功能，标志牌包括有“检修”牌、“试验”牌、“热备用”牌、“接地” 牌、“注释” 牌、“冷备用”牌等。注释牌如图 41–1–1 所示。

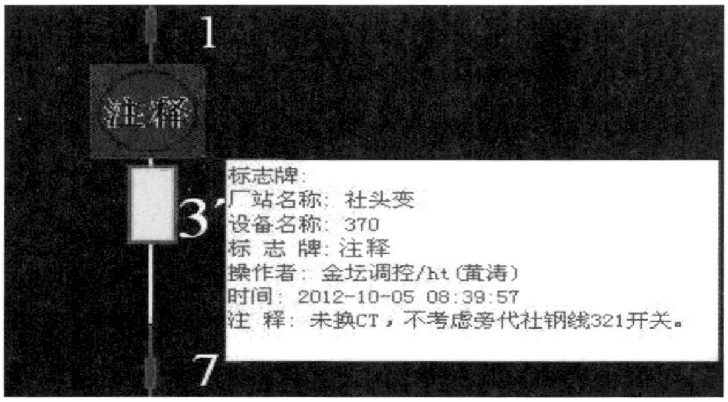

图 41–1–1 缺陷注释牌

二、监控画面规范

（1）监控画面按使用功能划分为检索画面、接线图画面、告警信息画面、各种集中画面等，满足监（调）控员各种运行需求。

（2）检索画面包括主菜单画面、变电站列表，通过检索画面能快速调用系统功能及各变电站接线图。

主菜单界面作为整个监控系统的总目录，通过按钮方式进入变电站列表、集中监视画面、变电站运行工况图等各个分菜单，进行相应操作。

变电站列表是将所有变电站名称列表置于一张画面内显示，可点击进入各变电站接线图画面，也可通过返回链接回到主菜单画面。变电站名称按钮上应附光字牌以提醒本站是否有未确认或复归的告警信号。

（3）接线图画面包括各变电站一次接线图、按电压等级划分的分接线图、按间隔划分的分接线图。

1）接线图画面规范：接线图画面应满屏显示，比例适当，图形、标注等清晰，易于辨认。

接线图画面底色应选黑色，文字统一为宋体，数字及字母为 Times New Roman 体，字体大小、排列方向视画面比例合理制定。文字、数字字体颜色统一选白色。数值单位（电流、电压、有功、无功、频率、温度等）可在画面上集中标注。

接线图设备图元颜色按电压等级统一，应具备拓扑着色的功能，设备全部或部分带电时，以设备工作的一次电压等级颜色对图元着色，在设备不带电时，应转为失电颜色，方便监（调）控员了解设备运行情况，设备得电后恢复为初始颜色。设备着色标准见表 41–1–1。

表 41–1–1　　设备着色标准

电压等级	颜　色	说　明
500kV		橙色 RGB（250.128.10）
220kV		紫色 RGB（192，0，192）
110kV		红色 RGB（255.0.0）
35kV		鲜黄 RGB（255.255.0）
20kV		梨黄 RGB（226.172.6）
10kV		浅绿 RGB（0.210.0）
6kV		国网蓝 RGB（0，112，128）
失电颜色		灰色 RGB（128.128.128）

设备的基本图元使用国网标准图元，分、合状态应有明显区分。图元示例如图 41–1–2～图 41–1–7 所示。

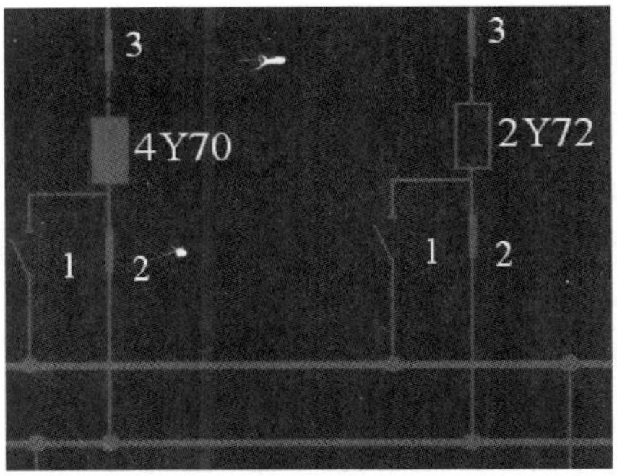

图 41–1–2　断路器及隔离开关分位、合位

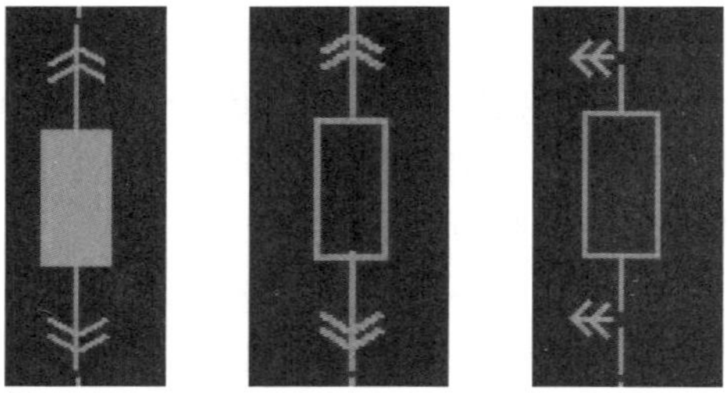

图 41–1–3 带手车断路器运行、热备用、冷备用

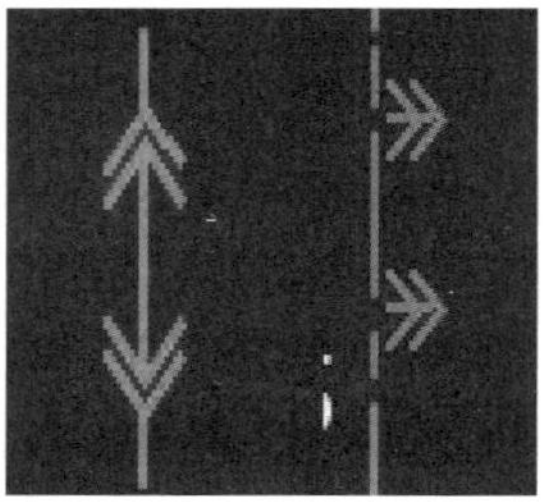

图 41–1–4 手车式隔离开关合、分

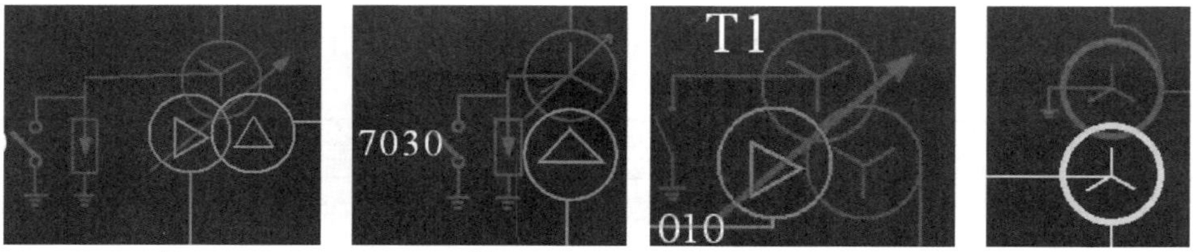

(a) (b) (c) (d)

图 41–1–5 变压器图元示例

（a）110kV 三绕组变压器 110/20/10kV（有载）；（b）110kV 两绕组变压器 110/10kV（有载）；
（c）220kV 三绕组变压器 220/110/10kV（有载）；（d）220kV 自耦变压器 220/110/35kV（无载）

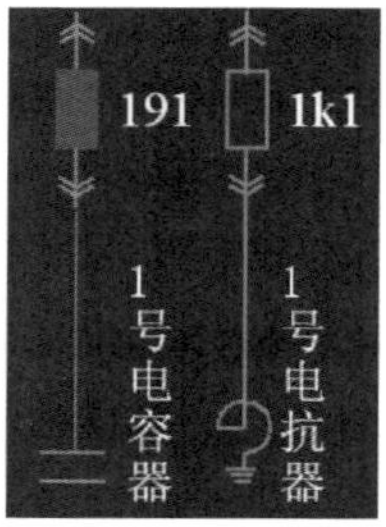

图 41–1–6 电容、电抗器

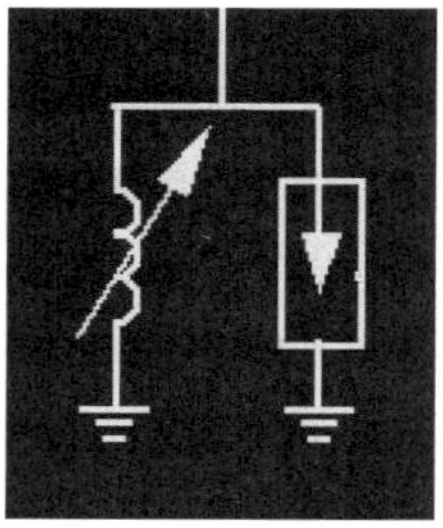

图 41–1–7 消弧线圈、避雷器

有遥信动作，未确认前，对应的设备图元（断路器、隔离开关）应闪光，确认后应不再闪光。对于不能反映实时状态的，应能人工置位，并能记忆和保存，不得由于系统重启或刷新而改变置位状态。

当遥测发生越限、不变化、非实测值时，数字颜色应能发生变化并明显区分。遥测着色实例如图 41–1–8 所示。

2）主接线图规范。在主接线图画面上半部分位置显示变电站名称，并可通过变电站名称按钮链接返回至变电站列表。

主接线图界面上，应能反映一次系统的实际运行方式，显示本站主要遥测，并可遥控操作。

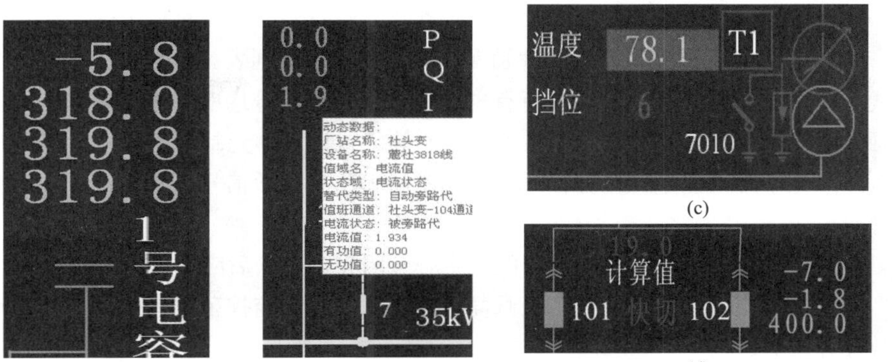

(a)　(b)　(c)　(d)

图 41–1–8　遥测着色示例

（a）遥测死数；（b）遥测旁路代；（c）遥测越限；（d）计算值

主接线图与分接线图画面、公用信号画面和交直流分画面应建立链接。

主接线图遥测：线路标注：有功、无功、A 相电流；变压器标注：主变压器挡位和各侧有功、无功、A 相电流，油温；电容器、电抗器标注：无功、电流；母线标注：线电压（一般取 U_{ab}）、35kV 及以下母线还应标注各相电压和 $3U_0$、频率（220kV 及以上母线标注）；母联（分段）开关标注：三相电流

3）分接线图规范。按电压等级制作的分接线图参照主接线图制作。

按设备间隔制作的分接线图包含电气间隔的一次接线图、遥测信息、遥控信息、告警光字牌、装置信息和通信状态监视等。遥控包括开关及其他遥控量（指重合闸软压板、备自投软压板、保护功能软压板、主变压器调挡等）。间隔接线图如图 41–1–9 所示。

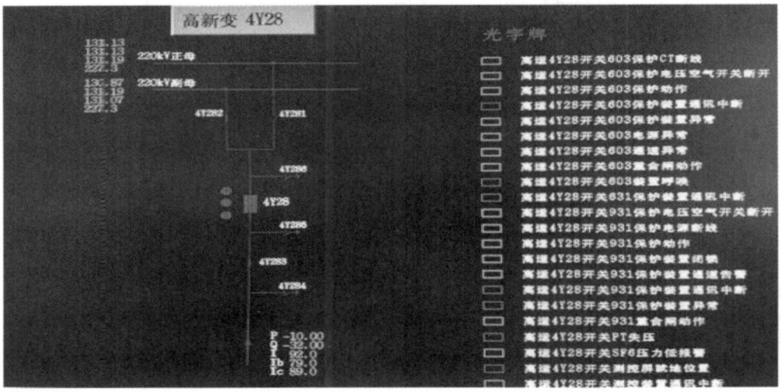

图 41–1–9　间隔分画面示例

按设备间隔制作的分接线图时主变压器及三侧断路器单元应制作在一张分图内。

（4）告警信息画面包括光子牌画面、未复归信息总列表。总光字牌画面可通过主接线图画面上的链接进入，站内所有事故信号、异常信号均应制作光字牌，集中在一张画面上显示。如信号过多，可按不同电压等级或设备单元制作多张光字牌画面。

间隔光字牌画面建立在分接线图上，本间隔所有事故信号、异常信号均应制作光字牌。

有遥信动作，未确认前，对应的光字牌应闪光，确认后应不再闪光。

未复归列表可通过变电站列表画面链接进入，显示监控范围内所有变电站动作的事故及异常类遥信。

（5）集中监视画面。

1）集中监视画面包括：变电站运行工况图、实时遥测越限列表、母线电压集中监视画面、主变压器温度与负荷集中监视画面、所用交、直流电压集中监视画面、遥信封锁集中监视画面、检修置牌集中监视画面等。

2）集中监视画面的作用是将监控范围内所有变电所部分重要的遥信、遥测信息集中在同一画面上监视，方便监（调）控员巡视，可通过相同遥测量的横向对比，及时发现异常情况。

3）各集中画面说明如下，监（调）控员可根据运行需要设置其他集中监视画面。

4）变电站运行工况图：指将各变电站运行工况集中在一个画面内显示，应能区分各变电站工况投、退及故障情况。

5）实时遥测越限列表：指将各变电站设备实时越限的遥测量集中在一个画面内显示。

6）母线电压集中监视画面：指将各变电站 10kV（20kV）母线线电压情况集中在一个画面内实时显示，方便监（调）控员及时发现各站电压越限及异常情况。

7）主变压器温度与负荷集中监视画面：指将各变电站主变压器温度与负荷情况集中在一个画面内实时显示。

8）所用交、直流电压集中监视画面：指将各变电站所用交流电、直流电压情况集中在一个画面内实时显示。

9）遥信封锁集中监视画面：指将各变电站遥信封锁情况集中在一个画面内实时显示。

10）检修置牌集中监视画面：指将各变电站检修置牌情况集中在一个画面内实时显示。

三、监控信息采集规范

（1）信息采集规范指对调度自动化系统采集的信号进行规范优化，方便监（调）

控员对信息的分析判断，提高监控运行管理的安全与效率，使监（调）控员更好地监视变电站设备运行状态及工况，保障电网和设备的安全运行。

1）统一设备监控信息的分类设置。

2）规范监控信息的描述。

3）删除部分不重要的信号，该部分信号为正常运行信号或部分不需实时监控的信息，由运维人员定期巡视时结合检查。

4）对部分同类型的信号进行了合并，减少监控的信息总量。

5）要求新建变电站监控信息应按信息规范上送，已运行的变电站结合改造逐步完成站内信号的规范化采集上送。

（2）监控信息的分类：根据监控信息的重要程度及信号特点，将监控信息分为事故、异常、越限、变位、告知五类，在监控系统上实现分类显示。

1）事故信号：由于电网故障、设备故障等，引起开关跳闸（包含非人工操作的跳闸）、保护及安控装置动作出口跳合闸的信息以及影响全站安全运行的其他信息，是需实时监控、立即处理的重要信息。主要包括：全站事故总信息；单元事故总信息；各类保护、安全自动装置动作出口信息；开关异常变位信息。一般字体颜色为红色，确认后变为黑色，并伴有语音告警，上事故信号窗和实时告警窗。

2）异常信号：反映设备运行异常情况的报警信息和影响设备遥控操作的信息，直接威胁电网安全与设备运行，是需要实时监控、及时处理的重要信息。主要包括：一次设备异常告警信息；二次设备、回路异常告警信息；自动化、通信设备异常告警信息；其他设备异常告警信息。一般字体颜色为橙色，确认后变为黑色，并伴有语音告警，上异常信号窗和实时告警窗。

3）遥测越限信号：反映重要遥测量超出报警上下限区间的信息。重要遥测量主要有设备有功、无功、电流、电压、主变压器油温、断面潮流等，是需实时监控、及时处理的重要信息。越限信息一般可设置延时告警，上越限信号窗和实时告警窗。

4）变位信号：变位信息特指开关类设备状态（分、合闸）改变的信息。该类信息直接反映电网运行方式的改变，是需要实时监控的重要信息。一般字体颜色为紫色，确认后变为黑色，上变位信号窗和实时告警窗。

5）告知信号：告知信息是反映电网设备运行情况、状态监测的一般信息。主要包括隔离开关、接地隔离开关位置信息、主变压器运行挡位，以及设备正常操作时的伴生信息（如：保护压板投/退，保护装置、故障录波器、收发信机的启动、异常消失信息，测控装置就地/远方等）。该类信息需定期查询，一般字体颜色为黑色，上告知信号窗，不上实时告警窗。

（3）监控信息描述的规范。

1）一次设备的名称、编号应使用正式的调度命名。

2）二次信息规范，原则为一次设备的名称＋编号＋信号名称，如“上元 2516 断路器第一组控制电源消失”。

3）二次保护装置信号规范，原则为一次设备的名称＋编号＋保护装置名称＋信号名称，如“上元 2516 线 603 保护后备保护出口”。

4）保护动作信号均统一为“××保护出口”，避免与告警信息后缀词“动作/复归”产生歧义。

（4）监控信息合并。实现告警直传方式的变电站以一次设备间隔为对象，增加各间隔“一次故障”“一次告警”“二次故障”“二次告警”四个合并信号。除开关、隔离开关位置信号、保护出口信号、间隔事故总信号外其他所有信号均按信号严重程度合并入该四个合并信号。

1）“一次故障”指“一次设备故障”，合并该间隔一次设备信息中影响设备运行或操作的严重异常信息，包括 SF_6 气压低闭锁、操作机构引起的闭锁分合闸信号、弹簧未储能等；对于主变压器间隔其冷却器故障、冷却器全停等信号合并在内。

2）“一次告警”指“一次设备告警”，合并该间隔一次设备信息中对设备运行有一定影响，但在一定范围内可持续运行的异常信息，包括 SF_6 气压低告警、操作机构异常告警信号、储能电机异常告警信号等；对于主变压器间隔其本体油温、油位、压力报警信息包含在内。

3）“二次故障”指“二次设备或回路故障”，合并该间隔二次保护信息中影响设备操作及保护装置运行的严重异常信息，包含控制回路断线、控制电源消失、保护装置故障闭锁、保护通道异常、TA/TV 断线、切换继电器失电等。

4）“二次告警”指“二次设备或回路告警”，合并该间隔二次保护信息中对影响设备操作及保护装置运行影响不严重的信息，如保护装置告警、收发信动作、保护通信中断等。

合并信号动作时，监（调）控员察看告警直传信息，分析判断实际动作的信息。

未实现告警直传方式的变电站部分信息也可进行合并。

二次设备保护装置告警为合并信号，包含装置告警及 TA、TV 断线等信号；二次设备保护装置故障为合并信号，包含装置电源故障、闭锁等信号。

GIS 设备其他气室 SF_6 气压低告警为合并信号，包含本间隔所有其他气室合并，不包括开关气室，开关气室单列。

电容器保护信号中所有保护出口合并，欠压保护出口单列；

主变压器有载调压异常为合并信号：包含电源消失、滑挡、电机故障等；

主变压器过负荷告警为合并信号：各侧过负荷信号并联上送；

××UPS（逆变器）电源异常为合并信号，包含××UPS（逆变器）交流电源异常、直流电源异常、装置故障、过载、旁路供电等信号。

（5）信号的删减。鉴于部分隔离开关操作箱中电源长期断开，隔离开关操作箱电源及异常信号不上送监控。

1）故障录波启动信号可不上送；

2）开关机构箱中照明电源监视信号不必上送；

3）其他不需实时监控的信号可不上送。

【思考与练习】

1. 设备发生异常时，监（调）控员如何应用监控系统的各相功能？

2. 变电站典型设备间隔应采集哪些信号？

3. 变电站典型设备间隔信号按告警分类如何划分？

模块2　信息采集、系统功能及画面规范的应用（Z01E13001Ⅱ）

【模块描述】本模块介绍了监控功能需求及画面规范，监控信息采集规范，通过理论讲解，熟练掌握监控功能需求及画面规范、熟练掌握监控信息采集规范。

【模块内容】

一、监控功能规范及应用

1. 报警功能规范

报警信息应直观、醒目，通过文字、语音等形式体现。报警条文用语应规范化，可按信号的不同类别分窗口显示，便于辨识处理。一般按信号分类（事故、异常、越限、变位、告知五类）进行分窗口的划分，另可设未复归信号窗、SOE窗等特殊分类的信息窗口。应支持逐条、分组和全部报警信息确认。未确认和已确认、未复归和已复归的信息应有明显的区别。

事故推图功能指发生事故时应能正确快速地推出事故的变电站画面及跳闸断路器列表，并发出事故告警语音信号，由变电站事故总＋变电站开关变位发出。

语音报警应能及时提醒值班员发现异常和缺陷。报警格式为“变电所名称＋报警类型”。报警类型分“事故跳闸”“异常”“越限告警”，事故跳闸语音信号必须实时发出，重要异常、越限告警信息在发出后5min内（可根据需要设置时间）不复归方触发语音报警。

2. 报警功能的应用

正常监盘时一般监视实时告警总窗口，防止信号的遗漏。遇特殊情况可优先查看事故或异常分窗口。如大面积跳闸时信号上传量较多，可优先查看事故窗口，先确定事故跳闸范围，迅速汇报调度，然后再关注当时的异常情况，再次汇报，也可由监（调）控员分工监视分类信号后汇总，加快事故分析判断。

信息量较多，各变电站信息混杂，可单独显示指定变电站所有信息，便于异常分析。

事故跳闸时，监（调）控员应结合事故、异常信息和事故推图中跳闸开关的实际状态及遥测情况综合分析事故跳闸情况。

监（调）控员在监控运行时应及时确认已处理或复归的信息，确保不漏遥信。

告警查询功能，可根据需要的时间段、变电站及告警分类查询历史信息，为事故、异常的分析提供可靠支撑。

3. 操作功能规范

遥控操作时，选择需要遥控的设备后，需输入待操作的变电站编号、设备编号，以及操作人、监护人口令，并实现如下功能：当遥控选择的设备与所输入的设备编号不一致时，禁止操作；一致时，允许操作人、监护人分别选择用户名并输入口令，口令正确后，才弹出遥控窗口，进行遥控操作。监控系统应能将操作人员及监护人员进行的操作内容、操作时间、执行结果及用户名等自动记录。

4. 操作功能应用

所有参与操作的人员应以各自用户名登录系统，系统实时记录操作（监护）人员的动作行为，强调遥控操作的职责，强化遥控操作过程的规范性。

遥控操作时系统自动检验待操作设备的变电站编号、设备编号，防止监（调）控员选择遥控设备时点错间隔或设备，从技术上防止误操作。

遥控操作系统自动记录，在后期事故、异常分析时能提供设备变位说明，如分析电容器开关变位是 AVC 操作、监控操作、现场操作还是事故变位。

5. 置牌功能规范

监控计算机应具有人工置牌功能，标示牌按其功能分为检修牌和提示性置牌。

“检修”牌：挂在所检修的设备单元上，其作用是：遥控封锁，检修时，在监控站的报警窗口及事件库里不反映该设备所发出的信号。

“试验” 牌在设备验收时挂在需验收的设备单元上，其作用是：遥控开放，报警窗口及事件库里反应信号，但信号后面应有“试验”标志；不关联事故推图功能。实时报警窗口不反映该设备所发出的信号，防止试验设备信号干扰正常监控。

提示性置牌：“热备用”“接地”“冷备用”“注释”牌为提示性置牌，反应设备运行状态或在设备有缺陷时作相应注释。其中“热备用”牌挂在热备用的设备单元上，“冷备用”牌挂在冷备用的设备单元上，“接地”牌挂在线路检修有接地线的设备单元上，“注释”牌挂在需要做其他提示标注的设备单元上。

6. 置牌功能应用

“检修”牌、“试验”牌对信号上送有影响，置“检修”牌完全抑制信息的上送，置“试验”牌的间隔信息上送检修试验信息窗，在实时信息总窗口不显示。所以在置牌时应检查待置牌的间隔信息正确，无其他运行设备的信号，防止运行设备信号遗漏。

“检修”牌、“试验”牌置牌应有规范流程，保证置牌和拆牌的及时性。

设备试验时置“试验”牌，既能避免检修设备信息干扰正常运行设备的监视，又能在设备检修信息窗单独显示试验信息，方便设备调试验收。新建厂站建设调试过程中信号杂乱且没有监控需求，“检修”置牌能避免现场信息对监控的影响。

二、监控画面规范及应用

1. 监控画面规范

监控画面包括主菜单画面、接线图画面、光字牌画面、变电站运行工况图、实时遥测越限列表、母线电压集中监视画面、主变压器温度与负荷集中监视画面等。

主菜单界面作为整个监控系统的总目录，通过按钮方式进入变电站列表、集中监视画面、变电站运行工况图等各个分菜单，进行相应操作。

变电站列表单击进入各变电站接线图画面，也可通过返回链接回到主菜单画面。变电站名称按钮上应附光字牌以提醒本站是否有未确认或复归的告警信号。

主接线图画面上半部分位置显示变电站名称，并可通过变电站名称按钮链接返回至变电站列表。主接线图界面上，运行人员应能查询本站遥测、遥信情况，可操作。主接线图上应反映主变压器有载挡位、变压器油温、变压器线温、直流母线电压、交流母线电压、事故总信号等位置信号。主接线图与分接线图画面、公用信号画面和交直流分画面应建立链接。

按设备间隔制作的分接线图应由该单元接线图、遥测量、光字牌信号、其他遥控量（指重合闸、备自投等软压板）组成。分画面内应可对该单元所有遥控点（包括保护软压板）进行正常的遥控操作。各分画面内应显示该单元设备的相关遥测及遥信值（遥信以光字牌形式表示）以及开关“远方/就地控制”及“同期投入/退出”等位置信号。

基本图元使用国网标准图元，使用明显的开、闭画面表示分、合位置。各电压等级颜色应符合国网要求，应具备拓扑着色的功能，在设备失电后应转为失电颜色，

接线图应能反映一次系统的实际运行方式，对于不能反映实时状态的，应能人工置位，并能记忆和保存，不得由于系统重启或刷新而改变置位状态。

变电站集中光字牌画面通过主接线图画面上的链接进入，站内所有事故信号、异常信号均应制作光字牌，集中在一张画面上显示。如信号过多，可按不同电压等级或

设备单元制作多张集中光字牌画面。

变电站运行工况图、实时遥测越限列表、母线电压集中监视画面、主变压器温度与负荷集中监视画面等为集中监视画面，是将监控范围内所有变电所部分重要的遥信、遥测信息集中在同一画面上显示。

2. 监控画面规范应用

监控巡视时应用实时遥测越限列表、母线电压集中监视画面、主变压器温度与负荷集中监视画面等集中画面，重要遥测、遥信集中显示，大大提高巡视速度。

设备操作是使用间隔分图，间隔图形清晰，遥测、遥信齐全，遥控过程不必再进行其他画面切换。操作前通过间隔光子牌可查看设备情况，有无影响遥控的异常信号；操作后间隔接线图清晰展示开关分相位置变化、三相电流指示；间隔光子牌反应操作中所有该间隔的动作信号。

当个别信号频繁动作、复归，在通知运维检查后可在光子牌画面进行遥信封锁，避免该信息影响正常监控。

遥测发生异常时可使用遥测历史曲线查看指定时间段的遥测曲线，分析遥测值的变化趋势，也为事故、异常的分析判断提供依据。

画面规范应用案例：

甲变电站 10kV 母线 TV 高压熔丝 A 相熔断时，三相电压指示：A 相：0kV；B 相：5.92kV；C 相：6.01kV，如图 41–2–1 所示。

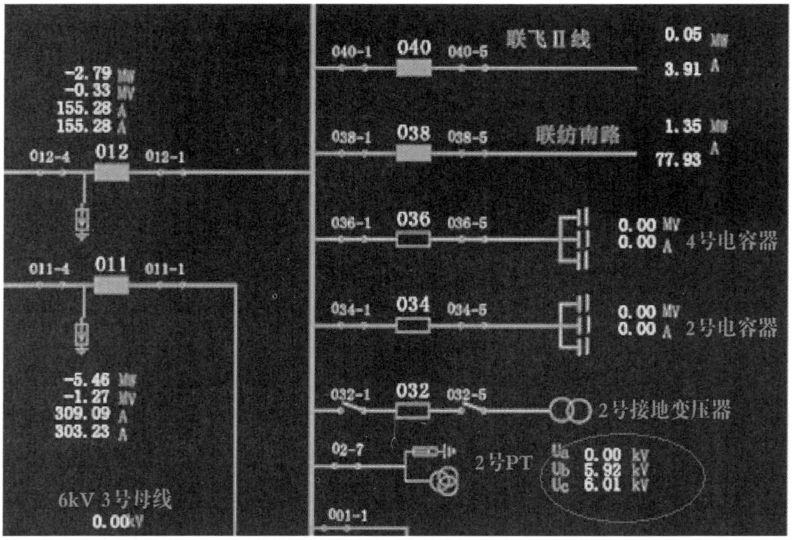

图 41–2–1 甲站三相电压指示

乙变电站 6kV 母线 A 相接地时，三相电压指示：A 相：0kV；B 相：6.10kV；C 相：6.10kV，如图 41–2–2 所示。

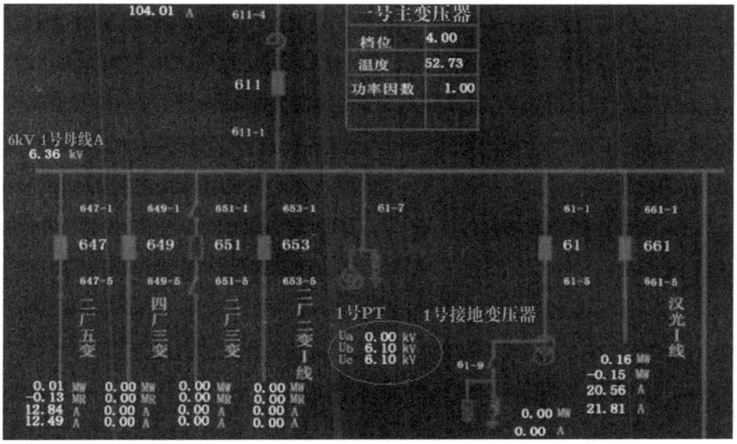

图 41–2–2 乙站三相电压指示

两种异常情况电压数值基本相同，分析判断时如只关注电压的数值，有可能造成误判，不同电压等级的母线颜色不同，对监（调）控员的分析判断有辅助作用。

三、监控信息采集规范（适用于 220kV 及以下变电站）

1. 遥测采集规范

（1）线路遥测原则上采集有功、无功、三相电流，线路电压仅在有线路电压互感器时才取，部分 10kV 线路因仅安装 A、C 两相电流互感器，监控采集两相电流。线路 A 相电流设限值，按导线载流量或调度下发稳定限额设置。

（2）母联分段开关原则上采集有功、无功、三相电流，A 相电流设限值，按元件最小载流量设置。

（3）主变压器原则上采集各侧有功、无功、三相电流，高压侧功率因数、主变压器挡位（也可采遥信）、主变压器油温、线温。各侧 A 相电流设限值，按主变压器额定电流设置；油温设限值，按主变压器的不同冷却方式，设置最高允许温度。

（4）低压电容器、低压电抗器等无功调节设备原则上采集无功和三相电流。

（5）母线电压原则上接三相相电压和线电压，线电压 U_{AB} 设限值，按调度下发电压合格范围设置，35kV 及以下三相相电压及 $3U_0$ 设限值为单相接地或 TV 熔丝熔断提供依据。

（6）交直流原则上采集所用电母线三相电压、线电压，直流控制母线电压及蓄电池组电压，不设限值，作为交直流异常时的辅助判据。

2. 遥信采集规范

遥信采集应以现场设备实际配置和接线为基础，对设备运行有影响需要实时监控的信号原则上都应采集。

事故总信号：可采集全站事故总、各间隔事故信号或按需要采集各电压等级事故总信号。全站事故总信号要求由间隔事故信号跳变沿触发，延时 10s 自动复归。

断路器应采集合闸位置，分相断路器应采集分相合闸位置。

隔离开关按一次设备接线方式采集隔离开关、接地开关位置合闸位置；35kV 及以下手车应采集手车工作位置。

SF_6 断路器应采集 SF_6 压力低报警及闭锁信号；GIS 设备还应采集其他气室 SF_6 报警信号。

断路器按操作机构不同分别采集机构压力低告警及闭锁分合闸信号，弹簧机构采集弹簧未储能信号；机构电源异常信号；分相机构还应采集三相不一致跳闸出口，如表 41–2–1 所示。

表 41–2–1 断路器机构异常信息

断路器液压机构	××开关油压低分合闸总闭锁	异常
	××开关油压低合闸闭锁	异常
	××开关油压低重合闸闭锁	异常
	××开关 N_2 泄漏	异常
	××开关油泵启动	告知
	××开关油泵打压超时	异常
断路器气动机构	××开关空气压力低分合闸总闭锁	异常
	××开关空气压力低合闸闭锁	异常
	××开关空气压力低重合闸闭锁	异常
	××开关气泵启动	告知
	××开关气泵打压超时	异常
	××开关气泵空气压力高告警	异常
断路器弹簧机构	××开关机构弹簧未储能	异常
机构异常信号	××开关储能电源消失	异常
	××开关加热器故障	异常
	××开关机构三相不一致跳闸出口	事故

测控及控制回路应采集控制电源消失、控制回路断线，测控及现场的远近控、测控解除连锁、测控装置异常、测控通信中断信号。

线路保护应采集事故信号包括保护出口、重合闸出口，有全线速动主保护的还应采集主保护出口信号；异常信号包括保护告警、故障、保护通道异常、通信中断等信号；有电压切换装置的还应采集电压切换继电器失电及同时动作的信号，部分六统一的线路保护采用线路电压互感器电压，取消了操作箱，无该信号；有远跳功能的应采集远跳收发信信号；35kV 及以下线路保护还应采集低周减载出口和接地告警信号（按实际线路配置情况采集）。

断路器保护应采集保护出口、装置告警、装置故障通信中断信号，部分六统一保护 220kV 失灵判别改为集成于母差保护，线路不单独配开关失灵保护，则无此信号。

母联保护应采集事故信号包括充电、过电流、三相不一致等，按保护配置采集相关信号；异常信号采集装置告警、装置故障、通信中断等信号。

主变压器本体：冷却器应采集交、直流电源异常、冷却器故障信号，强油风冷的主变压器应采集冷却器全停信号；本体保护应采集重瓦斯、轻瓦斯、压力释放、油温异常、油位异常等信号；有载调压主变压器还应采集有载调压重瓦斯、轻瓦斯、压力释放、油位异常、有载调压装置异常等信号。

主变压器保护：事故信号应按保护配置采集差动（主保护）、各侧后备、过励磁、失灵等保护出口信号，异常信号包括过负荷、闭锁调压、装置告警、装置故障通信中断信号。主变压器差动保护与后备保护的保护范围和动作结果都有很大不同，应分别上送。

母线二次信号采集电压互感器次级空开跳开、电压并列及并列装置异常信号；35kV 及以下母线应采集单相接地信号。

母线保护采集母差保护出口、失灵保护出口（按保护配置）、TA 断线、开入异常、装置告警、装置故障、通信中断等信号。

电容、低抗保护采集保护出口、装置告警、装置故障、通信中断信号，电容器还应单独采集低电压保护出口信号（该保护出口一般电容器本身并无故障，可继续运行）。

消弧线圈采集重瓦斯、轻瓦斯出口（按实际配置采集），控制装置异常、挡位异常、通信中断等信号。

所用电采集低压总开关和分段开关合位（按实际接线方式采集），进线电源异常、400V 母线电压异常、备自投出口、备自投装置故障等信号。

直流系统采集直流接地、直流系统异常、通信中断等信号。

公用设备采集各公用装置异常、通信中断信号；消防、防盗告警等信号。

3. 遥控采集规范

线路、母联、主变压器各侧、电容器、低压电抗器等设备均应采集开关分/合，有同期合闸要求的开关还应采集同期合闸。

变压器中性点经隔离开关接地的应采集中性点隔离开关分/合；用有载调电压互感器的应采集分接开关升/降、主变压器调挡急停。

其他保护功能、重合闸、自投切等软压板投/退，可根据需要采集。

【思考与练习】

1. 监（调）控员正常巡视使用系统的哪些功能？

2. 哪些遥测量需要加限值？限值如何设定？

3. 监（调）控员在遥控操作中如何应用操作功能防止误控？

模块 3 信息采集、系统功能及画面规范的优化（Z01E13001Ⅲ）

【模块描述】本模块介绍了智能变电站设备监控信息采集及系统功能规范，通过理论讲解，熟悉智能变电站设备监控信息采集及系统功能规范，能够对调度自动化系统监控功能需求及画面规范提出修改建议或要求。

【模块内容】

一、智能化变电站信息规范

1. 智能设备遥测

由于智能变电站智能设备多安装在一次设备现场，工作环境较为恶劣，同时智能设备对温湿度又有一定要求，所以智能设备需采集温湿度遥测，并按厂家规定设置限值，若有多个温度，采智能设备板上温度，如表 41–3–1 所示。

表 41–3–1 智能设备遥测

智能设备	单位	设置限值
××智能终端温度	℃	越限
××智能终端湿度	%	越限
××合并单元温度	℃	越限
××合并单元湿度	%	越限
××智能单元温度	℃	越限
××智能单元湿度	%	越限

2. 智能设备遥信

智能化变电站的线路、主变压器保护由于电压采集通过合并单元完成，取消了操作箱，无“TV 失压”“切换继电器同时动作”信号。

智能变电站过程层保护装置与间隔层设备之间采用 GOOSE 网传输数据，添加重要的 GOOSE 链路中断信号，装置采样异常信号；智能变电站装置“置检修”是一种特殊状态，所有信号加检修状态标志，且其他装置收到带检修标志的信息会默认该信号无效，不会进行相应动作，带检修标志的信息也不会上传监控。保护装置采集置检修、采样异常、GOOSE 链路中断信号，如表 41–3–2 所示。

表 41–3–2　　　　智能设备保护装置独有信息

保护装置	××保护装置检修	告知
	××保护采样异常	异常
	××保护 GOOSE 链路中断	异常

线路、主变压器、母联等间隔设有合并单元、智能终端用于数据上传、控令下传，合并单元、智能终端信号为智能站独有信号，双套配置，信号包括装置运行状态信号、装置异常信号，GOOSE 网路状态信号，如表 41–3–3 所示。

表 41–3–3　　　　合并单元及智能终端信息

合并单元	××开关合并单元 A 置检修	告知	
	××开关合并单元 A 装置异常	异常	
	××开关合并单元 A 采集器（互感器）异常	异常	
	××开关合并单元 A 对时异常或采样失步	异常	
	××开关合并单元 A GOOSE 断链	异常	
	×kV×母合并单元 A TV 并列	异常	母线合并单元独有
	××开关合并单元 B 置检修	告知	
	××开关合并单元 B 装置异常	异常	
	××开关合并单元 B 采集器（互感器）异常	异常	
	××开关合并单元 B 对时异常或采样失步	异常	
	××开关合并单元 B GOOSE 断链	异常	
	×kV×母合并单元 B TV 并列	异常	母线合并单元独有
智能终端	××开关智能终端 A 置检修	告知	
	××开关智能终端 A 装置异常	异常	
	××开关智能终端 A GOOSE 链路中断	异常	
	××开关智能终端 B 置检修	告知	
	××开关智能终端 B 装置异常	异常	
	××开关智能终端 B GOOSE 链路中断	异常	

续表

智能单元	××线路智能单元 SV 置检修	告知	智能单元为智能终端与合并单元合一的设备
	××线路智能单元置 GOOSE 检修	告知	
	××线路智能单元装置异常	异常	
	××线路智能单元采集器（互感器）异常	异常	
	××线路智能单元对时异常或采样失步	异常	
	××线路智能单元 GOOSE 断链	异常	

3. 公共信号

智能站信息交互采用了大量交换机，站控层与过程层通过 MMS 网进行数据交互，其交换机为站控层交换机，过程层与间隔层通过 GOOSE 网络进行数据交互，其交换机为过程层交换机。公用信号采集“站控层交换机装置异常”“过程层交换机装置异常”，如表 41–3–4 所示。

表 41–3–4　　智能变电站独有公共信息

公用信号	站控层××交换机装置异常	异常
	过程层××交换机装置异常	异常

二、监控信息采集优化

1. 监控信息采集优化的原则

（1）重要信息不缺漏；

（2）信息描述简明清晰；

（3）减少监控信息总量和实时动作的监控信息量。

2. 监控信息采集优化示例

（1）上送方式优化：对正常运行方式变化时动作复归的伴随信息，如弹簧未储能、控制回路断线、装置告警信号可加短延时上送。优化上送方式后正常运行方式变化时将不再出现伴随信号，而当确实发生弹簧未储能等异常情况时，相应异常信号能正常上送，不影响监控判断。

（2）信号合并：对监控处理方式相同的异常信息可合并上送，合并时应注意对异常严重程度表征不同的信息不予合并。如保护装置告警、保护 TV 断线信号，监控处理方式均为通知运维人员现场检查保护装置情况后处理，可合并为装置告警信号上送监控，减少监控的信息总量。

对于实现告警直传方式的变电站以一次设备间隔为对象，增加各间隔“一次故障”、“一次告警”“二次故障”“二次告警”四个合并信号。除断路器、隔离开关位置信号、保护出口信号、间隔事故总信号外其他所有信号均按信号严重程度合并入该四个合并信号，大大减少了监控实时告警信息的总量，当合并信息动作时监（调）控员查看相应告警直传信息，确认现场实际动作的异常信息，综合判断分析。

三、监控功能优化

1. 监控功能优化原则

从监控具体业务出发，挖掘和应用自动化系统功能，为监控工作提供便利。

2. 监控功能优化示例

事故推图优化，事故送跳闸推跳闸设备间隔分图，间隔分图包含该间隔所有遥信、遥测信息，事故及异常信息一目了然。

优化应用各种集中画面，如未复归信息列表：显示管辖范围内所有变电站动作未复归的 B 类异常类信息；遥测不刷新列表：显示一定时间段内未变化的遥测量等。

告警信息窗的优化，设立使用的分窗口如信号未复归窗口：显示实时动作未复归的告警信息。

事故辅助分析，利用系统事故追忆及专家分析系统辅助分析大型复杂的系统故障。

【思考与练习】

1. 对监控系统的画面有什么优化建议？
2. 监控系统功能应用有哪些需要优化的应用？
3. 智能变电站 GOOSE 链路中断时对监控和设备运行各有何影响？

第四十二章

信号接入及验收

模块 1　监控信息信号接入及验收基本流程及方法（Z01E14001 Ⅰ）

【模块描述】本模块介绍了监控信号接入及验收的流程、管理规定及要求，通过理论讲解，能参与信号接入与验收。

【模块内容】

一、监控信号接入基本流程

变电站监控信息接入调控中心的全过程包括监控信息的设计、审核、接入申请、调试与验收、验收中的缺陷处理等环节。

1. 设计

基建（改、扩建）工程在设计招标和设计委托时，工程管理部门应向设计部门明确信息设计的相关要求。

设计部门设计根据设备配置情况结合监控信息规范设计接入调控中心的监控信息表。

工程管理部门组织工程设计审查、交底，调控中心、设备运维单位应参与审查，对信号的设计修改、完善意见。

设计部门根据各部门意见修改监控信息表并提交。

2. 申请审核

设备运维单位审核信息表后，至少提前 6 个工作日向调控中心提交监控信息接入申请，上报监控信息表、一次接线图、交直流系统图等资料。

调控中心对监控信息表及其他申报资料进行审核。审核中发现问题，由变电运维单位修改后重新进入审核流程。调控中心在 2 个工作日内对变更申请单进行审核并批复。

调控中心自动化在 3 个工作日内完成主站端信息维护，同时运维单位完成一、二次设备厂站端信息接入修改。

运维单位应至少提前3工作日（改、扩建工程启动投运至少提前2个工作日）向调控中心提交验收申请。

3. 验收

调控中心组织开展监控信息接入验收，运维单位、施工单位配合验收，工程管理部门负责现场协调。

验收中发现变电站站端缺陷，主站端由调控中心消缺，厂站端由工程管理部门负责消缺，消缺后重新验收。

验收合格，调控中心将接入申请及相关资料归档。

4. 变电站监控信息

变电站监控信息接入调控中心管理流程如图42–1–1所示。

5. 监控人员在监控信息接入中的重点工作

（1）接入申请的审核。审查信息接入申请单填写是否规范，所申请接入范围是否正确，有无缺漏。

审查提交的监控信息表是否正确规范，信息表中设备应与一次接线图一致且使用调度正式命名，信息描述应正确、清晰，符合监控信息采集规范的要求，重要信号无缺漏。

审查一次接线图中设备是否齐全、图形是否清晰，有无缺漏，是否使用调度正式命名。

审查交、直流系统分图是否正确、图形清晰。

（2）监控信息接入验收内容。

1）技术资料。

2）遥信、遥测及遥控验收。

3）监控画面及功能验收。

二、监控信号接入验收要求

监控信息接入流程图如图42–1–1所示。

1. 遥测验收

遥测验收重点为检验遥测点号正确、遥测数值正确。

遥测验收一般由现场模拟产生电流、电压、温度等遥测量，验收人应检验监控后台遥测与模拟数据基本一致。

为检验遥测点号正确，各间隔遥测应依次分别加模拟量验收，同一间隔中的遥测同时加模拟值时应加不同数值，便于区分。

2. 遥信验收

遥信验收重点为检验遥信点号正确、遥信描述及动作状态与现场实际一致。

一般采用现场实做或外加信号源模拟，检验监控后台遥信与现场实际状态一致或与模拟发生的情况一致。

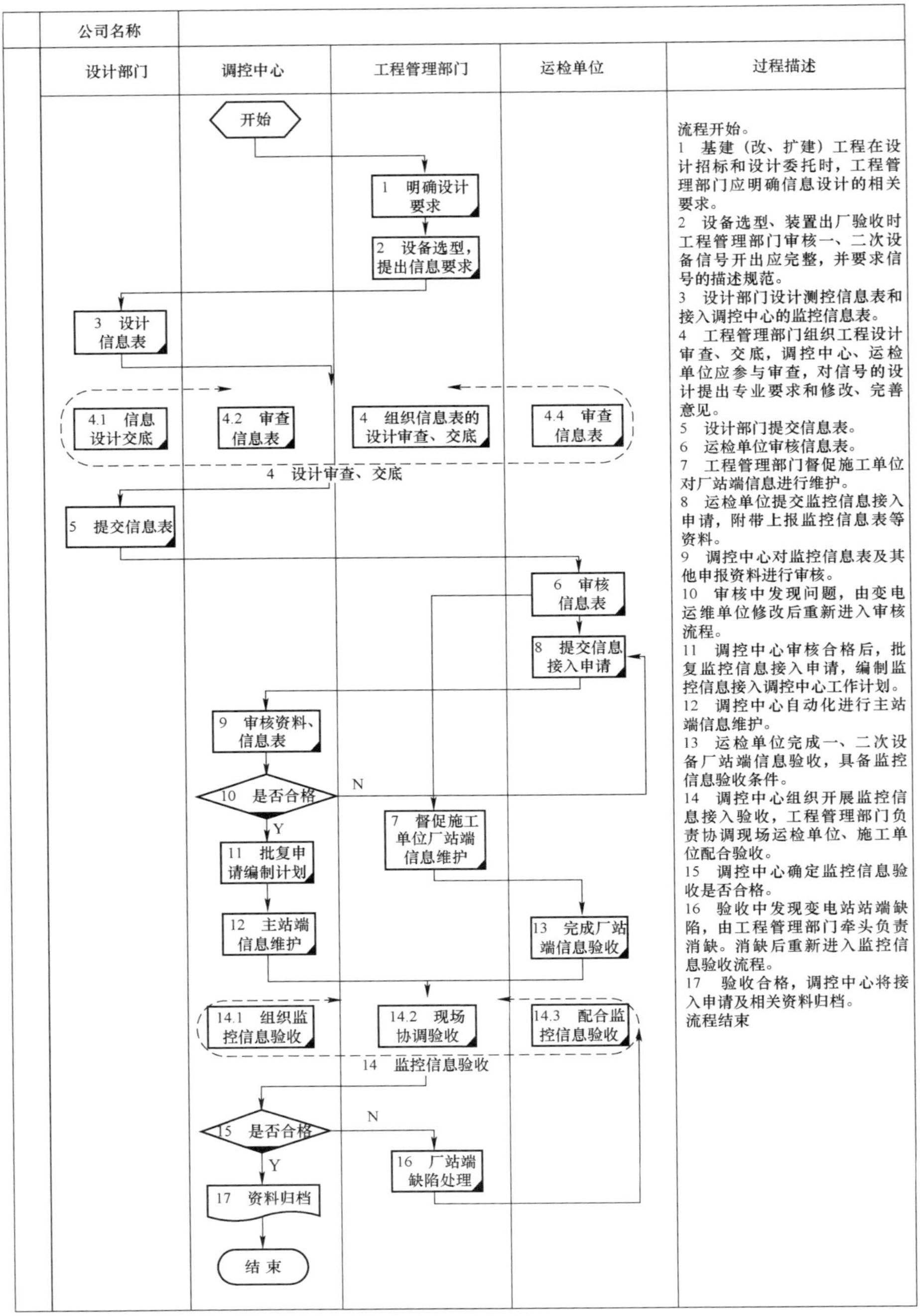

图 42-1-1 监控信息接入流程图

为检验遥信点号正确，遥信验收时各遥信应依次单个验收。

为检验遥信动作状态，遥信应检验动作、复归两种状态一一对应，防止遥信极性错误。

3. 遥控验收

遥控验收重点为检验遥控点号正确，遥控后设备状态变化正确。

遥控验收一般采用实际遥控操作，检查现场设备是否发生相应变位；特殊情况下可采取模拟遥控方式。

遥控验收时现场应完成相应的安全措施，防止误控其他设备；进行模拟遥控验收时现场应断开实际遥控回路，防止误控。

遥控验收应由现场运维人员检查设备现场无人工作后发令操作，防止发生机械伤人。

4. 监控画面及功能验收

遥信、遥测、遥控验收中应同步验收相关光字牌、接线图、信息窗中信号的分类、数据链接关系、事故推图等自动化相关功能。

遥测验收中应同步检查接线图画面中相关设备的遥测显示。

遥信验收中应同步检验信息分类是否正确，是否按分类推送各信息分窗口及语音报警功能。

遥信验收中涉及事故信号验收时应同步检验事故推图功能、语音报警。

遥控验收时应同步校验接线图中设备图元的分合状态。

调试过程中应同步记录调试时间、调试结果及调试人，信息验收记录应归档保存。

【思考与练习】

1. 什么是监控信息信号接入及验收的基本流程？
2. 遥控验收的注意事项？
3. 监控画面及功能如何验收？

模块 2　监控信息信号接入及验收的要求与规定（Z01E14001Ⅱ）

【模块描述】本模块介绍了变电站监控信息接入调度自动化系统的验收规范，信号接入验收的流程、管理规定及要求，通过要点讲解，熟练掌握监控信息表审核及验收项目，能熟练组织、监护、指挥信号接入及验收工作。

【模块内容】

一、监控信息接入流程

（一）监控信息的设计

基建（改、扩建）工程在设计招标和设计委托时，工程管理部门应明确要求设计涵盖变电站监控信息接入调控中心的内容，信息表的设计应依据变电站典型监控信息表进行，确保信息表的准确、完整性，有效减少调试过程中修改数据库的次数。

工程设计中，设计单位负责设计变电站测控信息表和接入调控中心的监控信息表，保证信息表的正确、完整，满足变电站典型监控信息表的要求。

基建（改、扩建）工程设计交底前，设计单位应向运检单位、调控中心提供变电站测控信息表和接入调控中心的监控信息表。调控中心、运检单位参与工程初步设计审查、交底，对监控信息表的设计提出专业要求。设计单位根据调控中心、运检单位意见修改信息设计。工程管理部门督促施工单位根据审定的信息表和设计图纸开展变电站站端自动化系统设备安装、数据维护、通道调试等工作。为确保监控信息接入验收工作的顺利进行，工程管理部门应合理安排工期，为监控信息审核、接入及验收预留足够的时间。

调控中心在信息设计阶段的主要工作：

（1）在收到设计单位提供的信息表后应尽快熟悉该变电站的信息，按典型变电站监控信息表的规范审核接入调控中心的监控信息表，对监控信息表初稿的规范性、正确性和完整性进行审查。

（2）参加工程设计交底会，对有疑问的信息、缺漏的重要信息及描述不清楚不规范的信息提出整改意见。

（二）监控信息的接入申请

运检单位应至少提前 6 个工作日，向调控中心提交变电站监控信息变更申请单，提交监控信息接入（变更）申请时应附带上报监控信息表、一次接线图、站内交、直流系统图。

调控中心在 2 个工作日内对变更申请单进行审核并批复，完成对变电站监控信息表的审核修改，运检单位配合调控中心完成监控信息表的审核修改。

1. 监控信息接入（变更）申请审核项目

审核信息接入申请单填写是否规范，无缺项漏项。

2. 监控信息表审核要求

（1）信息表应全，符合现场一、二次设备实际，无遗漏间隔、所有间隔无遗漏信号；特别是在改造、技改工作时，应检查原信息表中所有与改造设备相关的信息，不遗漏变更的信息特别是改为备用的信息，以防原信息内容与变更后信息内容交错，产生疑义。

例：某站新增 2 号消弧线圈，由于在信息变更时未注意原 1 号消弧线圈的信息变更，导致变更后同时存在 1 号消弧线圈异常、消弧线圈装置故障、2 号消弧线圈装置故障信号，给监（调）控员信号分析制造障碍。

（2）信息表应正确，能清楚表述现场设备实际状态或实际异常情况，对应点号正确，设备命名采用设备调度命名文件中的正式命名，与一次接线图对应正确；遥信表中间隔分类、信号告警类型、电压等级等应正确。

（3）信息表应规范，信息描述统一，信息表格式符合规定，信息描述符合监控信息采集规范的要求。

（4）审核一次接线图中设备是否齐全、图形是否清晰，有无缺漏，是否使用调度正式命名。

（5）审核交、直流系统分图是否正确、图形清晰。

（三）监控信息的接入

工程管理部门负责督促变电站站端自动化系统的数据维护、通道调试及验收工作。

调控中心在 3 个工作日内完成调度自动化系统主站端的数据维护、画面制作、数据链接、通道调试等工作。在开展数据库、画面修改等工作时，应做好主站端安全隔离措施，防止影响或干扰运行设备的正常调控业务。

（四）监控信息的验收

变电站在监控信息联调验收前应具备以下条件：

（1）变电站一、二次设备完成现场验收工作；

（2）变电站站端自动化系统已完成验收工作，监控数据完整、正确；

（3）调控中心调度自动化系统主站端已完成数据接入和维护工作；

（4）相关远动设备、通信通道应正常、可靠。

新建变电站满足联调验收条件后，在设备投入运行前，运检单位应至少提前 3 工作日（改、扩建工程启动投运至少提前 2 个工作日）向调控中心提交验收申请。运检单位与调控中心应拟定计划验收的时间，明确监控、现场调试负责人姓名、联系电话，后台厂家人员姓名、联系电话。

调控中心组织开展监控信息接入验收工作，验收内容包括技术资料、遥测、遥信、遥控（调）、监控画面及调度自动化系统相关功能，同时验证告警直传和远程浏览功能。

变电站监控信息接入验收过程中，应按照信息表内容逐条进行验收，调控中心验收人员应同步做好验收记录。信息表中无法调试的信号（比如部分厂家采用报文合并的闭锁信号），调试负责人应在调试结束后用书面形式说明无法调试的原因，并与监控信息表一同归档保存。

运检部门配合调控中心进行变电站监控信息的接入（变更）验收工作，并做好现场安全措施，调试负责人始终在现场协调验收工作。

工程管理部门负责监控信息接入验收的现场协调工作，协调变电站监控后台、设备的厂方人员和施工、调试人员到现场配合调试。

（五）监控信息接入验收中的缺陷处理

变电站监控信息接入验收过程中发现的调度自动化系统主站端问题由调控中心负责处理，变电站站端问题由工程管理部门督促消缺，必要时履行设计变更手续。

在调试过程中尽量减少变电站信息转发库的修改次数，双总控的转发库应同步修改，现场应采取可靠措施保障已验收的“四遥”信息不发生误变动。

变电站监控信息存在误报、重要信号漏报、频繁变位、遥控异常或其他严重影响正常监控的缺陷，必须在设备投运前完成整改并重新通过验收。

（六）资料归档

变电站监控信息接入工作结束后，由监（调）控员、现场调试负责人共同对验收情况及遗留问题进行确认，监（调）控员完成验收报告，记录验收遗留问题、整改措施、验收结论等，并将相关验收资料归档保存。

二、监控信息验收规范及方法

（一）监控信息验收范围及总体要求

变电站一次设备新建、扩建、技改、检修等情况下，新增或更改接入调度自动化系统监控信息的，在完成监控信息接入后应进行验收。

变电站综自系统（包括后台）改造、变电站远动机或其他变电站终端设备以及调度监控系统更换等情况下，影响接入调度自动化系统监控信息的，在完成相关改造工作后应进行监控信息验收。

在远动主机或其他远动终端工作，引起远动数据库变动后应进行监控信息验收。

对于新（扩）建设备，遥测、遥信、遥控（调）信息表中所有的信息均需逐一经过验收，不得遗漏。遥测、遥信、遥控（调）验收应采用全回路验证。

对于主站系统更换时，监（调）控员与自动化人员共同确认新老主站系统中遥测、遥信、遥控（调）信息表的一致性，核对新老主站系统的监控画面遥测值和遥信值是否一致，抽取部分遥信和遥控（调）信号做模拟试验。

（二）遥测验收要求

1. 停电的一次设备

停电的一次设备，由试验人员通过外加信号源模拟产生电流、电压、温度等遥测信息。

（1）先校验满度值，在变化遥测加量，监（调）控员应检查主站端遥测值与信号源模拟值是否基本一致。

（2）多个间隔待验收时，应逐路加量以区分间隔。

（3）电流、电压在各相遥测值加量时应有明显大小差异以区分相别，采用每相加不同量一次性调试结束。如：有功、无功调试时，角度原则上不采用 0°、45°、90°，建议采用 30°或 60°；三相电流调试时可按 1:2:3 加量以区分相别。

（4）主变压器温度验收时，现场应多做测试几个遥测点，防止投运后主变压器温度变化，遥测温度与实际偏差大。

案例：××变电站在季度四遥信息核对时发现×号主变压器温度值与现场实际值偏差较大，经检查投运验收时，主变压器温度验收合格，但当时仅核对了实际温度值，由于实际温度值较低，主变压器温度偏差值在允许范围内，随着气温升高，主变压器温度值明显上升，监控主变压器温度偏差也明显变大，后经检修人员调整主变压器上送参数后恢复正常。

（5）母线 $3U_0$ 应注意满值的正确性（浮点上送的数据除外），部分变电站取电压互感器开口三角电压，满值 100V，部分取中性点零序电压，满值为 $100/\sqrt{3}$ V。

案例：××变电站 10kV 母线单相接地时 $3U_0$ 未越限报警，显示值偏低，设定后经检查发现该母线 $3U_0$ 采自母线电压互感器中性点电压，接地时电压值较小，$3U_0$ 越限定值按满值 100V 的情况设定，后经系数调整，扩大监控 $3U_0$ 显示值，以满足 $3U_0$ 作为母线接地辅助判据的要求。

2. 运行的一次设备

运行的一次设备，采用核对主站与变电站后台遥测值的方式验证遥测信息，检验监控遥测量与后台数据基本一致，热备用设备的遥测量待设备转运行后补验收。主站系统更换时核对新老监控画面上遥测值是否一致。

3. 其他注意事项

配有双数据单元的变电站，应校验两个数据单元数据基本一致。

遥测验收时应同步校验变电站主接线图及分图中的遥测量链接是否正确，遥测限值设置是否正常。如图 42-2-1 所示。

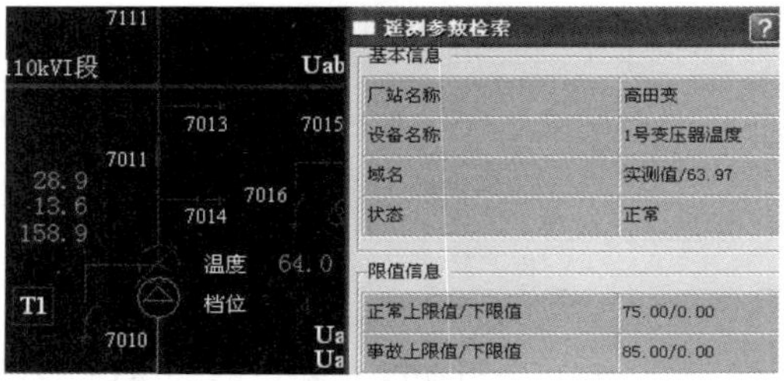

图 42-2-1　主变压器温度限值设置

（三）遥信验收要求

调试开始前调试人员认真做好准备工作，熟悉信息表，对有疑问的信号应询问含义。

1. 停电的设备

停电的设备，由试验人员通过整组传动、实际操作设备、设备本体上点端子等方式产生遥信信号。“遥信”调试宜采用一一对应（每次只核对一个信号）的方法进行。遥信核对一次只能核对一个信号，不能一次确认多个遥信；遥信核对时必须核对实时状态一致，不能只核对遥信点号一致，防止遥信描述与实际状态不符。

对于运行的一次设备，由试验人员通过在测控装置信号回路上拆接线或短接等方式来模拟产生遥信信号，禁止采用在数据处理及通信单元上置位的方式来模拟遥信信号。监（调）控员应检查主站端遥信值与现场模拟情况完全一致。

2. 运行的一次设备

运行的一次设备，保护测控一体化的装置不得采用二次回路拆接线或短接等方式模拟产生遥信信号，防止影响保护功能，其遥信验收需结合停电进行。

3. 软报文信号

软报文信号（如部分直流信号、智能设备信号、通信中断信号）无法通过在测控装置信号回路上拆接线或短接等方式来模拟产生，需现场实做（人工设直流一点接地、拔网线等）以产生信号，应结合停电进行验收。

4. 合成信号

合成信号（如装置异常等）应逐一验证所有合成条件均能可靠触发总信号并上传至主站。事故总合成信号应对全站所有间隔进行触发试验，保证任一间隔保护动作信号或开关位置不对应信号发出后，均能可靠触发事故总信号并上传至主站端，并且在发出 10s 后能够自动复归。

5. 其他注意事项

遥信验收时监（调）控员应同步检查告警窗、接线图画面、光字牌画面，验证遥信信号是否正确变位、信号分类是否正确，画面遥信链接是否正常，无错误与疏漏。

配有双数据单元的变电站，应校验两个数据单元信号完全一致。

案例：××变电站 10kV ×号电容器故障跳闸，监控收到××变电站事故总动作，××变电站 10kV ×号电容器开关跳闸信号，无保护动作信号，如图 42–2–2 所示。

	所属厂站	告警内容	
1	变	2013年03月10日01时27分05秒	变 391 事故分闸
2	变	2013年03月10日01时27分05秒	变 391 分闸
3	变	2013年03月10日01时27分06秒	变 35kV保护测控装置控制回路断线 动作
4	变	2013年03月10日01时27分06秒	变 35kV保护测控装置控制回路断线 复归
5	变	2013年03月10日01时27分06秒	变 全站事故总信号 动作
6	变	2013年03月10日01时27分10秒	变 全站事故总信号 复归

图 42–2–2 告警信息

监（调）控员初始判断可能为 AVC 系统发令开关合闸，开关未合上（脱扣），后检查 AVC 系统，未发现系统发令指示，检查电容器电流及无功值发现信号触发前电容器为投入状态。

后经运维人员现场检查发现电容器保护有动作信号，为差压保护动作跳闸。现场检查发现有一只电容器熔丝熔断。

电容器转为检修方式后经保护校验发现该电容器差压保护出口信号未合并至电容器保护动作信号内上传监控。经检修更改变电站总控转发库后信号上送正常。

发生上述情况的原因为电容器投运验收时监（调）控员对保护动作信号的合并情况不清楚，保护动作信号未将应合并的各类保护动作一一试验。

（四）遥控（调）验收要求

1. 停电的一次设备

停电的一次设备，遥控（调）验收应进行实控验证，实际操作传动开关、主变压器有载开关以及同期、重合闸、备自投功能软压板等，检查现场设备是否正确变位，相关遥信是否正确。遥控软压板后，应检查监控画面上软压板位置信号是否正确变位，重合闸充电、备自投充电等遥信信号是否对应变位，并与现场核对。

2. 运行的一次设备

运行的一次设备，遥控验收前现场应做好防止开关实际出口的安全措施，具备条件的应采用在测控装置上读取遥控报文等方式验证，现场读取报文应与操作项目完全一致，如采用外接跳闸继电器的应检查外接跳闸继电器正确动作。主变压器有载调压、电容器开关、电抗器开关在条件允许的情况下可进行实控验证。

3. 设备检修调试

设备检修过程中需要进行遥控操作试验（其他设备均正常运行）时，现场运维人员应将其他设备的方式选择开关切至“就地”位置后，向调控中心提出遥控试验要求；遥控试验时现场运维人员告知值班监（调）控员遥控试验设备的三重名称，即变电站名称、设备名称及编号。试验结束后，现场运维人员应立即将方式选择开关恢复原位并告知值班监（调）控员。

4. 其他注意事项

遥控操作试验时监（调）控员应注意检查遥控控制画面的厂站名称、设备名称及编号，避免遥控错误。

配有双数据单元的变电站两个单元分别验收遥控正确。

建议遥控在遥信和遥测全部调试结束后进行，遥控调试结束后尽量避免对转发库进行修改。

案例 1：某站遥控退出××线 122 断路器重合闸软压板遥控失败，后经检查发现该遥控点号错误，现场总控在更改转发库时发生错误，该点号错连至××线 123 断路器重合闸软压板，由于××线 123 断路器为电缆线，重合闸为退出状态，导致遥控失败。

案例 2：××遥控点位重合，造成 220kV 断路器误分闸。

某年 5 月 22 日某运维班在 220kV 某变电站执行将拉开 10kV 0 号站用变压器 130

断路器的操作时，由于该站后台监控系统中 130 断路器遥控点位与 220kV ××67 断路器遥控点位重合，造成 220kV ××67 断路器误分闸。

事故原因及后果：后台厂家将 130 断路器遥控点位与×× 67 断路器遥控点位设置重合，且后台遥控操作闭锁功能有缺陷。变电站投运前验收人员把关不严，未能发现现场后台中 130 断路器遥控点位与×× 67 断路器遥控点位重合。

监控人员执行 A 县调调令，拉开 220kV 某变电站 10kV 0 号站用变压器 130 断路器，8:51 监控人员对 130 断路器进行遥控分闸时，发现 130 断路器未能分闸，且 220kV ××67 断路器分闸。

监控分析：0 号站用变压器 130 断路器在后台只有一个图形示意，并没有遥信信息和遥控点号，监控在验收过程中应该对此提出疑问，并问明具体原因。由于 130 断路器设计方案有变动，变电站投运前，地区监控未对 130 断路器进行验收。

事故分析：

（1）变电站建设过程中，后台厂家将 130 断路器遥控点位与×× 67 断路器遥控点位设置为同一点位。导致操作 130 断路器时，130 断路器未能正确动作，×× 67 断路器误动。同时后台遥控操作的闭锁功能有缺陷，遥信名称与遥控指令不对应时不能正确闭锁操作。

（2）变电站投运前，验收人员把关不严，未能发现现场后台中 130 断路器遥控点位与×× 67 断路器遥控点位重合。此次事故之前，现场曾经对 130 断路器进行过多次分合操作，但均在测控单元上进行操作，未进行遥控操作，因此并没有发现此问题。

（3）在设计时，130 断路器应为负荷开关（带灭弧功能的隔离开关），在变电站投运前才临时改为手车断路器。因此，现场提供的变电站遥控点表中并没有此开关的遥控信息。投运后，地区监控也未对此开关进行补验收。

事故教训或对监控的启示：

（1）在验收工作中，验收人员应检查监控系统一次画面中的开关图元与遥信点号是否正确关联，如有疑问，应向自动化人员询问清楚。

（2）因设计变更造成临时设备更换而没有相应“四遥”信息，现场运维人员应该事后补送所更换的设备资料与“四遥”信息表。监控对于未及时验收的设备应在投运后尽快进行补验收（包括设备资料与“四遥”信息）。

案例 3：因测控同期条件设置错误，导致 220kV 线路控合失败。

某年 7 月 24 日 21 时 30 分左右，省调发令：拉开 220kV 某变电站 220kV ××44 断路器，监控执行操作指令，成功拉开××44 断路器。7 月 24 日 23 点 15 分 省调发令合上××44 断路器（合环）。监控执行操作指令，但遥控失败。立即联系运维人员至现场操作。23 点 45 分，运维人员在现场后台执行操作，遥控合上××44 断路器。

事故原因及后果：

原因：当时对侧变电站的××44 断路器已改充电运行状态，因为监控遥控开关合闸时，测控装置具有自适应功能（不同的型号会有所差异，但一般可自适应选择检同期方式、检无压方式、不检方式、捕捉同期方式、检无压转同期、检无压转捕捉同期方式），由于现场测控装置同期条件设置错误，导致监控遥控合××44 断路器失败。监控操作××44 断路器时，不满足现场测控装置设置的同期条件，而此时电网的电压、相角是符合同期合闸的条件的，由于现场该断路器的测控装置同期检定条件设置错误，导致此时电网虽然符合同期合闸要求，但却遥控合闸失败。运维人员在现场后台操作该开关合闸时采用的是非同期合闸方式，故现场操作合闸成功。

后果：该断路器在满足遥控合闸的条件下，未能成功合闸，需运维人员赶往现场执行操作，影响了负荷送电，延长了停电时间。

事故反措：

（1）监控人员对开关进行遥控验收时，除检无压合闸验收外，也要进行检同期合闸验收，以检查测控装置同期合闸参数设置。

（2）运维人员需对变电站内各开关测控装置同期参数设置进行检查，并做好记录和存档。

事故教训或对监控的启示：

监控需提高开关遥控验收的质量，制定明确且可操作的监控遥控验收流程，制定监控操作异常处置预案。

（五）监控画面及相关功能验收要求

1. 监控画面验收

监控画面验收包括接线图画面验收、光字牌画面验收等。

（1）主接线图：各设备连接关系正确，名称编号无误；遥测量数据和现场一致；断路器、隔离开关位置正确；画面上可以进行设备遥控、遥调操作；和变电站名称列表画面、各分画面连接无误。

（2）各间隔画面：连线正确，遥测、光字牌完整无缺，在间隔画面上可以进行遥控、遥调操作。可以进行主接线画面和间隔画面切换。

（3）光字牌画面：各光字牌齐全，同一间隔、同一装置的光字牌规范放置，字体符合相关要求，画面之间连接关系正确。

（4）告警窗口告警信号分层正确、分类无误。

（5）遥测越限各遥测量正常、事故限制设置正确。

2. 数据链接关系验收

数据链接关系验收包括接线图画面链接关系验收、光字牌画面链接关系验收等，验收内容为检查相关遥测数据、光字牌、设备图元是否与数据库正确关联。

一次接线图与间隔接线图、变电站列表之间的画面链接是否正确；

光字牌主列表与间隔光子牌图、间隔光子牌图与接线图的链接是否正确；

画面索引与集中画面、集中画面与变电站一次接线的链接是否正确；

告警信息窗的告警信息与变电站一次接线图的链接是否正确。

3. 语音告警及事故推画面验收

语音告警及事故推画面：语音告警设置准确，事故时能推出变电站主接线画面。事故推画面功能验收检查主站端收到变电站事故总信号，同时收到该站开关分闸信号，能否准确推出事故画面，语音告警与动作正确。建议事故推图功能分跳闸一次、重合于故障（跳闸两次）两种情况验收，检验事故总与断路器分闸、保护动作的时间配合。

4. 其他应用功能验收

信息的间隔分类及告警类型划分在遥信验收过程中应同步检查，可在遥信验收时进行检修挂牌试验，也可通过检查接线图中的设备间隔参数的方式验收设备的间隔划分。

（六）其他注意点

单总控在主通道验证全部遥测、遥信和遥控，在备通道验证全部遥控，遥测、遥信抽取部分进行验证。

双总控变电站监控信息验收时，先将一个总控退出，另一总控在主通道验证全部遥测、遥信和遥控，备通道验证全部遥控，遥测、遥信抽取部分进行验证。完毕后将验收结束的总控信息全库覆盖到退出总控，在主、备通道分别抽取部分遥测、遥信和遥控进行验证。

【思考与练习】

1. 调度控制中心在监控信息接入流程各环节有哪些重点工作？
2. 哪些信号必须在设备停运情况下验收？
3. 设备运行时如何进行遥控验收？

模块3　监控信息信号接入及验收的组织与修订（Z01E14001Ⅲ）

【模块描述】本模块介绍了编制信号接入及验收方案，信号接入及验收方案的编制原则，危险点源控制方法，相应的控制措施，通过理论讲解，能够解决接入及验收中存在的问题，并提出改进意见，能制定相应的控制措施。

【模块内容】

一、编制监控信息接入及验收方案

调控中心在批复监控信息接入调度系统申请后，编制监控信息接入验收工作方案，主要内容包括：接入验收工作计划，安全、技术和组织措施，接入验收作业指导书。

1. 接入验收工作计划内容

（1）完成遥测、遥信、遥控数据库录入或修改计划时间、负责人；

（2）完成一次接线画面、光子牌制作或修改计划时间、负责人；

（3）完成变电站通道联调计划时间、负责人；

（4）完成某间隔遥信、遥测、遥控及画面功能调试验收计划时间、验收负责人。

2. 安全、技术和组织措施

（1）组织措施：内容包括相关领导小组和工作小组组成人员及各小组的主要责任，做到职责分工明确。

（2）安全措施：

1）监控信息接入工作的安全措施包括：需要履行的工作票制度、各项规章制度和现场安全规程；对可能影响 EMS 系统正常运行的系统工作，需严格执行的相关流程、安全注意事项及相关系统和设备的应急预案等。

2）监控信息验收的安全措施包括：遥控验收防止误控的安全措施；遥信、遥测验收时防止影响正常监控工作的安全措施；验收时现场发生异常或事故的处理预案等。

（3）技术措施：

1）监控信息接入工作相关技术标准；

2）监控信息验收规范。

3. 作业指导书

（1）监控信息接入工作各具体项目的操作要求；

（2）监控信息验收工作各具体项目的验收要求：包括资料验收、遥测验收、遥信验收、遥控验收及监控系统画面功能验收的具体要求和验收方法。

二、监控信息接入及验收危险点预控

（1）调试验收前自动化完成实时信息转发表的制作，监（调）控员认真做好准备工作，提前熟悉接入的监控信息，熟悉图纸和现场设备。

（2）利用调度监控系统主站系统责任分区功能，将变电站监控信息接入的厂站/间隔设置为调试责任区，与正常监控责任区隔离，避免调试验收信号干扰正常监控工作。责任区设置由监（调）控员提出需求，自动化调度监控系统管理员负责设置。

（3）验收时不能影响电网的安全稳定运行，特别是涉及遥控的试验必须做好完备的安全措施。

（4）遥控实验时应确保现场安全措施到位，主站遥控时必须两人进行，一人操作，一人监护，并同时监视遥控报文是否正确。

（5）系统调试过程中一旦发生电网运行异常情况，应立即停止调试，查明原因，如与调试工作无关，经运行人员同意，方可继续进行调试工作。

三、监控信息验收的优化

信号验收过程中应注意与现场的配合，可优化验收遥信、遥测、遥控的验收顺序，提高验收效率。

例：某 10kV 线路间隔遥信：××线路××开关、××线路××手车工作位置、××开关储能电源消失、××开关弹簧未储能、××开关控制回路断线、××线路保护出口、××线路重合闸软压板投入、××线路重合闸投入状态、××线路保护重合闸出口、××线路测控装置就地控制、××线路测控保护装置告警、××线路测控保护装置故障、××线路测控保护装置通信中断等。

开关分闸状态下才能操作手车，手车操作过程中会出线装置告警和控制回路断线动作、复归信号；开关在合位时重合闸才可能充电，开关在分闸位置不会出现重合闸投入状态信号。

正常开关合闸时会有弹簧未储能动作、复归信号；如在储能电源消失状态下合开关会有弹簧未储能信号（不复归），再拉开开关，会有控制回路断线信号（不复归）；开关位置、重合闸压板信号、重合闸投入状态可结合遥控核对，开关遥控操作同时核对开关位置信号，重合闸压板投退遥控投压板，重合闸压板状态合位，重合闸投入状态延时动作；装置告警信号为合并信号，“过负荷”“TV 断线”“控制回路断线”等信号动作时都能带出“装置告警”信号，则认为“装置告警”信号核对正确。

断开装置电源，先出线装置闭锁信号，延时发装置通信中断。

在验收过程中应注意信号验收的先后次序，注意信号发生时的伴生和组合情况，正确判断信息的正确与否，避免不必要的反复验收，提高验收效率。

四、监控信息表的管理

新建变电站工程调试完毕后，监控应根据监控信息接入最终情况，完善调度监控信息表，形成监控信息表竣工稿。

监控应负责保存运行的设备监控信息表，并在后期设备改扩建、设备更名时及时更新监控信息表，信息表每次变动都应标注更新原因、更新日期。

监控应保证监控信息的准确性、完整性，定期开展信息核对工作，确保调度自动化系统监控信息与监控信息表的一致性。

【思考与练习】

1. 监控信息验收应采取哪些安全措施？
2. 监控在何种情况下需变更监控信息表？信息表变更有哪些注意事项？
3. 监控信息验收应如何组织才能验收到位且过程流畅？

第八部分

电 网 操 作

第四十三章

监 控 基 本 操 作

模块1　监控操作基本概念和内容（Z01F10001Ⅰ）

【模块描述】本模块介绍了监控操作基本概念和内容，通过知识讲解和实际操作，掌握电气设备状态及设备操作基本顺序；掌握监控操作及调令转接的基本要求、管理规定、基本步骤。

【模块内容】

一、监控操作基本概念和内容

倒闸操作是变换电气设备的运行状态、改变系统接线方式、调整设备的运行参数、测试设备的工作特性等一系列作业行为和过程的总称。

（一）监控操作基本知识

变电站操作权限由远方控制中心—站控层—间隔层—设备层的顺序层层下放，无论设备处在哪一层操作控制，设备的运行状态和选择切换开关的状态都应处于自动化系统的监视中。监控遥控操作原理见图43-1-1。

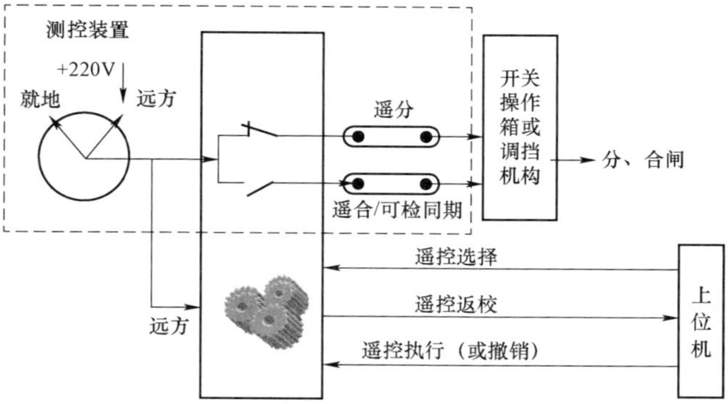

图43-1-1　监控遥控操作示意图

监控操作有以下特点：

（1）采用信息确认、信息返校等措施保证遥控过程正确无误。

（2）鉴于遥控的时效性强，在命令的发送端和接收端均设有超时控制，一旦超时，则有权取消本次遥控。

（3）鉴于遥控命令的排他性，在一个命令源开始遥控选择开始到完成执行任务的过程中，对来自另外一个命令源的选择或执行报文作出忽略处理或作出否定的返校报文。

（二）倒闸操作的方式

倒闸操作分为遥控（后台）操作、测控远方操作和现场（就地）操作三种方式。

（1）遥控（后台）操作指监控班（调控班）值班员在调度自动化系统监控工作站上或运维值班人员在变电站后台机上所执行的遥控操作。

（2）测控操作指运维班值班员在站内保护室测控屏上进行的远方操作。

（3）现场（就地）操作指运维班值班员在设备所在地汇控柜或设备机构箱所执行的操作。

（4）各类操作对设备的控制级别由高到低分别为：就地操作、站内测控操作、遥控（后台）操作，三种控制级别间相互闭锁，同一时刻只允许一级控制操作。

1）设备层操作（断路器、隔离开关、主变压器分接头控制箱的“就地/远方”切换开关处于“就地”位置）。此时，间隔层、站控层（后台机）、监控中心操作控制无效。

2）间隔层操作（间隔层测控单元的“就地/远方”切换开关处于“就地”位置，设备层控制箱的“就地/远方”切换开关处于“远方”位置）。此时，站控层（后台机）、监控中心操作控制无效。

3）站控层或远方监控中心操作（间隔层和设备层的“就地/远方”切换开关处于“远方”位置）。此时，后台机和远方监控中心可以操作。有部分变电站在总控装置侧配置了“禁止调控遥控”把手。该把手在“允许”位置时，才能对变电站进行遥控操作。

（三）监控操作项目

监控人员操作（除电容器、电抗器、主变压器有载分接开关外）应听从当值调度员统一指挥。监控人员应严格执行规定范围内的操作，其他操作均由变电运维人员执行。监控可执行以下操作项目：

（1）拉、合开关的单一操作。

（2）调节主变压器分接开关。

（3）对具备远方投切功能的保护和自动装置软连接片操作。

（4）对具备程序化操作功能的设备的程序化操作。

（5）事故情况下拉、合主变压器中性点接地闸刀的操作。

（四）电气设备的状态及操作指令术语

（1）电力系统的设备状态一般划分为运行、热备用、冷备用和检修四种状态，见表 43–1–1。

表 43–1–1 电气设备状态

电气设备状态	状态释义
运行	开关（断路器）及刀闸（隔离开关）都在合上位置，并且电源至受电端间的电路连通（包含辅助设备，如电压互感器、避雷器等）
热备用	设备仅仅靠开关（断路器）断开，而刀闸（隔离开关）都在合上位置，即没有明显的断开点，其特点是开关（断路器）一经合闸即可将设备投入运行
冷备用	开关（断路器）及刀闸（隔离开关）都在断开位置
检修	开关（断路器）及刀闸（隔离开关）都在断开位置，并装设接地线或合上接地刀闸

（2）电气设备的操作指令术语见表 43–1–2。

表 43–1–2 操作指令术语

操作指令术语	术语释义
合上×开关	使×开关（断路器）处于接通位置
合上×开关（充电）	使×开关（断路器）处于接通位置，并使某设备带电，但不带负荷
合上×开关（合环）	使×开关（断路器）处于接通位置，并接通某环路
合上×开关（同期并列）	使×开关（断路器）处于接通位置，并使某发电机与系统（或两个系统间）经检查同期并列运行
拉开×开关	使×开关（断路器）处于切断位置
拉开×开关（解环）	使×开关（断路器）处于切断位置，并断开某环路
拉开×开关（解列）	使×开关（断路器）处于切断位置，并使某发电机（或一个系统）与系统解除并列运行
将××开关××保护停用	退出××开关××保护功能投入软压板
将××开关××保护启用	投入××开关××保护功能投入软压板
将××开关重合闸停用	退出××开关重合闸软压板
将××开关重合闸启用	投入××开关重合闸软压板
将××kV 备自投停用	退出××kV 备自投软压板
将××kV 备自投启用	投入××kV 备自投软压板

二、监控操作的基本原则及注意事项

（一）监控操作的基本原则

（1）要求受控站运行或热备用状态的断路器正常应具备远方遥控操作条件，但对于分相式断路器，如三相位置信号未全部上传则不允许遥控。

（2）同一项操作任务，现场运维人员可连续不间断完成的，由现场运维人员负责。

（3）值班监控员进行遥控操作时，可不填写操作票，但必须做好监护和记录。

（4）除无功电压调整、事故情况下拉、合主变压器中性点接地闸刀的操作外，监控操作必须根据调度值班人员的操作指令进行操作。

（5）监控操作必须两人进行（有规定可单人进行的操作除外），必须严格按照倒闸操作规定执行，确保操作正确性。在发布和接受调度操作指令时，双方必须互报单位、姓名，使用普通话和统一的调度、操作术语，并严格执行发令、复诵、监护、汇报、录音和记录等制度。发令、受令双方应明确“发令时间”和“完成时间”，以表示操作的始终。

（6）实行单人操作的设备、项目及运行人员，需经设备运行管理单位批准，人员应通过专项考核。

（二）监控操作的基本要求

监控人员在接令时要核对当时的运行方式是否与指令要求相符；考虑操作过程中的危险点预控措施；对调度指令有疑问时，应及时向发令人提出。

监控人员遥控操作时，必须严格执行操作监护制度，确保遥控操作正确。执行遥控操作应在被控对象的间隔分接线图画面上操作，操作人手动输入待操作变电站代码及设备编号，以核对待操作变电站及设备正确；操作人、监护人分别输入操作密码，以加强操作监护；经遥控返校成功后确认执行。

监控遥控操作结束后，值班监（调）控员应确认设备状态后，汇报发令调度，并通知相应现场运维人员。

现场执行的操作任务，现场运维人员操作前、后均应告知值班监控员；监控执行的操作任务，操作结束后，值班监控员应确认设备状态后，汇报发令调度，并通知相应现场运维人员。值班监控员、现场运维人员在操作完成后均应相互通告电网方式、设备状态的变更情况，通告时应确认操作设备无异常动作信号。

1. 断路器的操作

（1）电容器从运行状态拉闸后，应经过充分放电（不少于 5min）才能进行合闸运行操作。

（2）正常方式下，3/2 断路器接线方式的线路或主变压器停电，应按照中间开关—边开关的顺序进行，送电合闸操作顺序应与上述顺序相反。

2. 变压器有载调压操作

（1）进行有载调压操作时，必须逐挡调节，并注意电压和电流的指示是否在调压规定的范围内。

（2）两台有载调压互感器并联运行时，允许在85%变压器额定负荷电流及以下的情况下进行分接变换操作，不得在单台变压器上连续进行两个分接变换操作，必须在一台变压器的分接变换完成后再进行另一台变压器的分接变换操作。升压操作（主变压器高压侧的挡位电压降低）时，应先操作负荷电流相对较小的一台，再操作负荷电流相对较大的一台，防止环流过大造成主变压器过负荷；降压操作（主变压器高压侧的挡位电压升高）时与此相反。每进行一次变换后，都要检查电压和电流的变化情况，防止过负荷。操作完毕，应再次检查并联的两台变压器的电流大小与分配情况。

（3）在下列情况下，禁止调压操作：

1）有载轻瓦斯保护动作发信时；

2）有载开关油箱内绝缘油劣化不符合标准；

3）有载开关油箱的油位异常；

4）主变压器过负荷时，不宜进行调压操作；过负荷1.2倍时，禁止调压操作。

3. 主变压器操作

（1）主变压器并列运行的一般条件：结线组别相同；电压比相等；短路电压相等。

（2）主变压器投入运行时应先合上电源侧断路器，后合上负荷侧断路器。停用时操作顺序相反。

（3）主变压器充电时，其断路器应具备完备的继电保护，并保证有一定的灵敏度。

（4）主变压器停复役操作前，中性点接地隔离开关应合上，并注意中性点间隙保护的投退情况、主变压器有载开关应在合适挡位。

4. 系统的合、解环操作

（1）合环操作：合环操作前，应充分考虑两侧的电压差，防止合环时出现继电保护误动、超系统稳定限额、超设备容量限额等情况的发生，合环操作后应检查负荷分配正常，三相电流无较大差异等。

（2）解环操作：解环操作前，应检查解环点的潮流，防止因解环造成潮流重新分布导致继电保护误动、超系统稳定限额、超设备容量限额情况的发生，同时应注意解环操作后，系统各部分电压均在规定的范围内，解环操作后的检查同合环操作。

5. 程序化操作

程序化操作是指按设定步骤顺序进行操作，即设备从当前状态到目标状态由程序来控制进行一系列操作。操作执行程序，从正确判定变电站的设备的初始状态到控制电气设备按规定程序到达终了状态，所执行的检测、判断、控制、监视、测量、操作等工作全部通过计算机控制完成。除按监控正常操作时的规定执行外，还应按以下步骤进行遥控操作：

（1）进入设备程序操作界面；起始状态核对；

（2）目标状态选定；

（3）程序化操作执行；

（4）操作结果或最终状态核对；

（5）程序化操作结束后，应对所操作的设备进行一次全面检查，以确认操作正确完整，设备状态正常。

（三）监控操作的注意事项

（1）现场运维人员全面负责在变电站现场参与的倒闸操作任务，不实施遥控与就地混合操作，并负责监视处理操作中发生的设备异常、事故信号。现场运维人员进行现场操作时，值班监控员不得对该设备进行遥控操作。

（2）远方操作一次设备前，宜对现场发出提示信号，提醒现场人员远离操作设备。

（3）正常停电操作，在拉开馈供线路（配电网线路除外）的断路器前，应检查该断路器负荷为零；对于并列运行或联络的线路，应注意在该线路拉开后另一线路或其他电源是否过负荷。

（4）断路器分、合闸前，应检查相关信号正常，无影响断路器分、合闸的异常信号（如“控制回路断线”“氮气泄漏”“SF_6气体压力低告警”“机构未储能”“分、合闸闭锁”等信号），无保护装置故障或异常的信号，测控装置“远方/就地”位置信号、同期“投入/退出”位置信号正确。应考虑因断路器机构失灵可能引起非全相运行造成系统中零序保护动作的可能性，做好开关非全相运行的事故预想。

（5）监控遥控操作过程中，值班监控员（调控员）应根据音响、开关变位、信号及潮流、电压变化等情况做出正确判断；操作中发现疑问或遥控失灵和系统发生异常、事故时，影响操作安全，值班监控员应中止操作并汇报当值负责人及发令调度，通知运维人员现场检查，查明问题后再进行操作，必要时根据新的调度指令进行操作或移交现场操作。

（6）电气设备遥控操作后可通过相关设备的遥信、遥测等信号的变化来判断实际位置状态。判断时，至少应有两个非同样原理或非同源的指示发生对应变化，且所有指示均已同时发生对应变化，才能确认该设备已操作到位。

（7）继电保护远方操作时，至少应有两个指示发生对应变化，且所有这些确定的指示均已同时发生变化，才能确认该设备操作到位。

（8）断路器累计分闸或切断故障电流次数（或规定切断故障电流累计值）达到规定时，应停役检修。当断路器跳闸次数仅剩一次时，应停用重合闸，以免故障重合时造成跳闸引起断路器损坏。

（9）断路器的实际短路开断容量低于或接近运行地点的短路容量时，短路故障后禁止强送电，并应停用自动重合闸。

（10）出现以下情况时，监控不得进行遥控操作：

1）调度自动化系统计算机画面上开关位置及遥测、遥信信息与实际不符；

2）调度自动化系统发生异常时；

3）被控设备本身有异常或缺陷时；

4）未通过监控遥控验收或遥测、遥信信息不全；

5）变电站现场正在操作中或进行检修的设备；

6）设备未通过遥控验收；

7）断路器操作或跳闸次数已到达极限次数时。

三、监控操作的流程

监控操作流程如图 43–1–2 所示。

四、调度发令的操作要求

倒闸操作应根据调度管辖范围划分，实行分级管理。各级调度直接、间接调度的设备，由各级调度通过“操作指令”“委托操作”和“操作许可”三种方式进行调度操作管理。

副值及以上监控员有权接受各级调度的倒闸操作预令，正值及以上监控员有权接受倒闸操作正令，接受、转发调度令时应严格执行复诵、录音、记录等制度。

属监控执行的操作任务，由值班调度员将操作正令或口令发至监控席位。所有操作均须在得到调度操作正令或口令并复诵无误后方可进行。

1. 省级调度发令的现场倒闸操作

目前关于省调发令全国没有统一模式，有的地区是：属于现场操作的，无论是预发令还是正式令都是直接发令到现场；有的地区是：属于现场操作的，预发令由监控转发，正式令发到现场。具体做法请按照各地要求进行。

（1）现场运维人员按预告操作时间到达受控站现场后，应主动与调度联系，接受调度命令。

（2）现场倒闸操作前，现场运维人员应及时与值班监控员联系，告知操作内容。

（3）现场倒闸操作结束后，现场运维人员应向发令调度汇报，并与值班监控员核对设备状态正确。

2. 省级及以上调度发令的监控操作

（1）值班监控员负责接收省级及以上调度的操作预令并与发令调度核对。

（2）值班监控员接受调度正令。

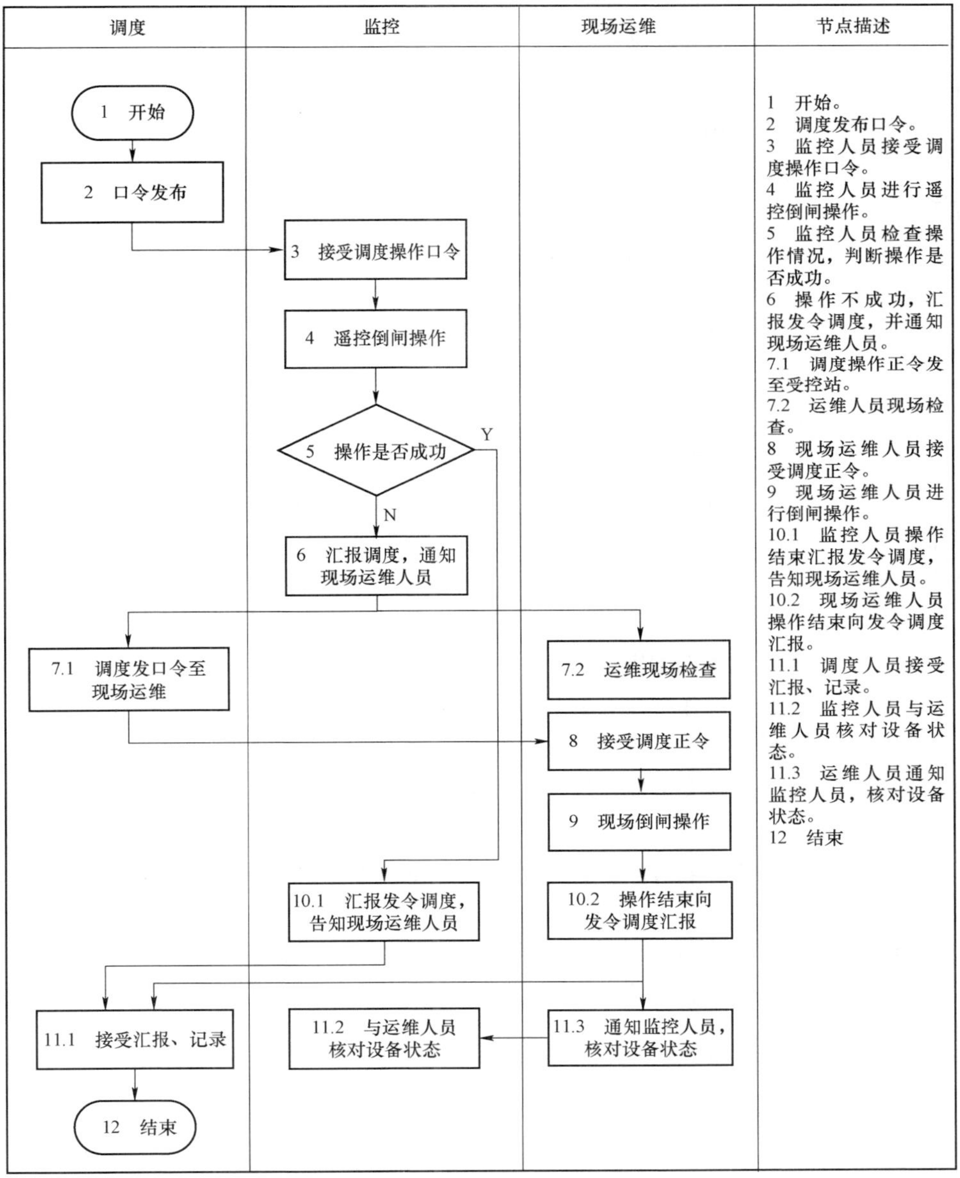

图 43-1-2　监控遥控流程图

（3）值班监控员遥控操作结束后，应向发令调度汇报，并通知现场运维人员。

（4）值班监控员遥控操作失灵时，应汇报发令调度，并通知现场运维人员，由运维人员现场操作。现场倒闸操作结束后，现场运维人员应向发令调度汇报，并与值班监控员核对设备状态正确。

3. 市级调度发令的现场倒闸操作

（1）现场运维人员按预告操作时间到达受控站现场后，应主动与调度联系，接受调度正令。

（2）现场倒闸操作结束后，现场运维人员应向发令调度汇报，并与值班监控员核对设备状态正确。

4. 市级调度发令的监控操作

（1）值班调度员预发调度指令给值班监控员，并核对正确。

（2）值班调度员正式发令给值班监控员。

（3）值班监控员遥控操作结束后，应向发令调度汇报，并通知现场运维人员。

（4）值班监控员遥控操作失灵时，应汇报值班调度员，并通知现场运维人员，由运维人员现场操作。现场操作结束后，应向发令调度汇报，并与值班监控员核对设备状态正确。

【思考与练习】

1. 什么是电气设备倒闸操作？
2. 监控可执行的操作项目有哪些？
3. 简述监控操作的注意事项。
4. 简述省级调度发令的监控操作流程。

模块 2 操作中异常情况的处理（Z01F10002Ⅱ）

【模块描述】本模块介绍了监控操作中出现的异常情况及处理，通过理论讲解、案例分析，掌握监控操作中出现异常情况的处理方法，能够监护、组织、指挥监控操作。

【模块内容】

一、遥控操作失败的现象及原因

1. 遥控操作失败的现象

（1）遥控选择命令发不出；

（2）遥控预置超时；

（3）遥控选择命令发出后，装置无返校或者返校错；

（4）遥控返校正确，执行后开关未变位。

2. 遥控操作失败的原因

（1）遥控选择命令发不出。

1）该开关禁止遥控、遥控点号未设置、在远动库中将该开关遥控与装置关联错；

2）“五防”未模拟、“五防”逻辑错误。

（2）遥控预置超时。

1）测控装置面板 KK 把手在就地位置、测控装置有关参数设置错误；

2）通道受到干扰，无法上传预置信号。

（3）遥控选择命令发出后，装置无返校或者返校错。

1）测控装置面板 KK 把手在就地位置、测控装置五防逻辑闭锁、测控装置故障、总控单元遥控点号设置错、总控单元遥控与装置关联错；

2）通信故障、主站遥控转发表设置错误、主站遥控信息体地址设置错误。

（4）遥控返校正确，执行后开关未变位。

1）遥控连接片未投入或遥控出口继电器故障、一次设备“远方/就地”开关在“就地”位置；

2）测控装置同期定值设置错误、变电站内通信异常、控制回路故障、设备操动机构故障或分、合闸线圈坏。

二、遥控操作失败处理原则及注意事项

发生遥控操作失败，应停止操作，汇报发令调度，若是由于调度自动化系统原因造成的，应立即通知自动化人员处理，并通知设备管辖单位的运维人员做好进行现场操作的准备工作。

若不能立即处理且需要现场操作的，值班调度员应终结监控操作任务后，重新发令至变电站现场。现场倒闸操作结束后，现场运维人员应向发令调度汇报，并与值班监控员核对设备状态正确。

1. 遥控操作失败处理总体原则

（1）遥控预置超时的处理原则。

1）如遥控预置超时可再试一次；

2）检查测控单元是否故障、通信是否中断；

3）检查测控装置“就地/远方”切换开关的位置；

4）检查调度自动化系统及其传输通道是否异常（由值班监控员通知自动化人员处理）。

5）如果仍不行，应汇报调度，通知设备管辖单位的运维班操作人员准备进行现场操作，通知主管部门派员处理。

（2）遥控执行命令发出，被控对象拒动的处理原则。

1）检查操作是否符合规定。

2）检查测控单元是否故障、通信是否中断。

3）检查测控装置“就地/远方”切换开关的位置。

4）检查控制回路是否故障（断线），分、合闸闭锁是否有动作。

5）检查调度自动化系统及其传输通道是否异常（由值班监控员通知自动化人员处理）。

6）通知现场检查测控单元出口连接片的位置，检查现场设备是否正常。

7）如果仍不行，应汇报调度，通知设备管辖单位的运维班操作人员准备进行现场操作，通知主管部门派员处理。

2. 断路器操作异常处理原则及注意事项

（1）断路器出现非全相合闸时［有的单位SCADA系统画面上显示的是断路器三相合成后的位置（三相都为合才判断路器合位；三相任一相为分就判断路器分位），无分相位置显示，当非全相合闸时，主站判断路器仍在分位］，若只合上两相，应立即再合一次，如另一相仍未合上，应立即拉开该断路器，汇报调度及相关领导，终止操作。若只合上一相时，应立即拉开，不允许再合，汇报调度及通知设备管辖单位的运维人员现场检查处理。

（2）断路器出现非全相分闸时，若只分开两相时，不准将断开的二相再合上，而应迅速再分一次，如另一相仍未分开，汇报调度，同时通知设备管辖单位的运维人员进行现场检查处理。并根据调度命令做进一步处理。如只分开一相，应迅速恢复全相运行，事后汇报调度及通知设备管辖单位的运维人员现场检查处理。

（3）断路器合闸送电时，如因保护动作跳闸，应立即停止操作并向调度汇报，并通知设备管辖单位的运维人员现场检查处理，严禁不经检查再次合闸强送。

（4）若断路器分闸后仍然有负荷，即断路器遥信已变分位但遥测未归零，应立即汇报调度，并通知设备管辖单位的运维人员现场检查。若现场检查确认断路器确未被拉开，则移交现场人员处理，并立即汇报调度。

（5）若发生断路器分、合闸失灵（拒分、拒合），经检查确无影响断路器操作的异常信号，调度自动化系统及其传输通道经自动化人员确认无异常，可重新再操作一次，若断路器仍拒分或拒合，应立即停止操作并向调度汇报，并通知设备管辖单位的运维人员现场检查处理。

（6）若断路器分、合闸后发控制回路断线，机构未储能，分、合闸闭锁等本体异常信号，则按照设备异常缺陷处理原则执行。

（7）断路器遥控操作过程中发生异常，不能立即处理者，应汇报调度，通知设备管辖单位的运维人员至现场检查处理，若需要现场操作的，值班调度员应终结监控操作任务后，重新发令至变电站现场。现场倒闸操作结束后，现场运维人员应向发令调度汇报，并与值班监控员核对设备状态正确，并确认操作设备无异常动作信号。

（8）发生误拉、合开关时，排除人员误操作因素，若是自动化系统原因造成的，应立即汇报值班调度员，同时汇报主管专职和分管领导，分析原因，提出整改措施并实施。同时通知设备管辖单位的运维班操作人员至现场，根据调度指令进行复位操作。

3. 变压器有载调压操作异常处理原则及注意事项

（1）若发生有载调压拒动，经检查确无影响有载调压操作的异常信号，调度自动化系统及其传输通道经自动化人员确认无异常，可重新再操作一次，若有载调压仍拒动，应立即停止操作，并通知设备管辖单位的运维班操作人员进行现场检查处理。

（2）变压器有载分接开关切换时发生滑挡、超时或机构异常等情况，应立即停止调压操作，进行遥控“急停”命令的操作，并通知设备管辖单位的运维班操作人员至现场检查处理（注：在监控操作中，“急停”按钮的操作意义不大，但对于现场操作还是有意义的）。

（3）发生遥调主变压器有载分接开关发生误动时，排除人员误操作因素，应立即停止操作，并汇报主管专职和分管领导，分析原因。若是调度自动化系统原因造成的，应立即通知自动化人员进行处理，并提出整改措施；若是现场设备原因，应立即通知设备管辖单位的运维人员至现场检查处理。

（4）在上述异常处理过程中，若母线电压不合格急需调压操作，可分以下两种情况进行处理：

1）在运维班操作人员还未到现场的情况下，监控值班员可通过调整上一级变电站的主变压器有载分接开关挡位或无功设备来使母线电压控制在合格范围之内，但在调整上一级变电站的主变压器有载分接开关挡位或无功设备前应同时考虑对本级和其他相关变电站母线电压、220kV 主变压器受电功率因数的影响。

2）运维班操作人员到达现场后，若确认现场能调压操作的，监控值班员可根据母线电压情况，要求其进行现场调压操作。

（5）有载调压操作过程中发生有载重瓦斯保护动作，应立即停止调压操作，并按主变压器有载重瓦斯保护动作事故处理原则执行。

4. 程序化操作异常处理原则及注意事项

（1）若设备状态未发生改变，须在排除停止顺控操作的原因后继续进行顺控操作，若停止顺控操作的原因无法在短时间内排除，应改为常规操作。

（2）若设备状态已发生改变，根据调度命令按常规操作要求重新填写操作票进行常规操作，对程序化已执行步骤，需现场核对设备状态。

（3）如现场也无法继续操作，则汇报调度后，由调度中止原操作任务，调度按事故处理进行处置。

三、案例介绍

1. 因变电站内通信异常导致监控遥控操作频繁失败

××××年 6 月 10 日，某地区 AVQC 系统发令合某 110kV 变电站 5 号电容器时屡次失败，人工在 SCADA 系统中操作也一直不成功（预置是成功的）。当值监控人员在 OPEN 系统的“系统运维”中检查“厂站状态监测”情况，101 和 104 通道误码率都为 0，可以基本排除主站端通信问题。电话联系运维值班员到现场机后台操作电容器是成功的。这说明从后台机—以太网—测控装置—电容器操作控制回路通信是好的，测控装置上遥控出口继电器是好的。请自动化班检查，变电站远动机到主站端通信是好的，怀疑是所内通信问题（现场检查后确认是远动机到测控装置的通信接口松动导致），经处理后恢复正常。

变电站通道分上行通道和下行通道，一般光纤信号衰减或电磁干扰会引起通道误码。一般而言，上行通道对误码的精度要求不是很高，即通道误码率在允许范围内时，上行通道还是能顺畅的传输遥信和遥测量的。下行通道（遥控和遥调）对误码率要求很高，误码会导致遥控和遥调操作不成功。当然遥控出口继电器有问题也会导致遥控（调）不成功。遇到遥控（调）操作不成功的，可以多操作几次，以免是瞬间的通道干扰（误码）影响了操作的成功率。

2. 因变电站通道传输慢导致 AVQC 系统中主变压器调挡频繁失败

某地区部分变电站仍使用 CDT 通道，加之变电站位置偏远，数据传输时间 5～10min 不等。AVQC 系统是以电压值是否有变化来判断主变压器调挡是否成功的；两台主变压器联调则是以挡位变化为依据的。单台主变压器调挡时，若达到规定时间（55×5s）电压还没有变化，则判操作失败，隔 10s 后根据电网电压情况再次发令，这样主变压器就会连调 2 挡，导致电压一次升高或降低很多。两台主变压器联调时，若主变压器挡位数值在规定时间（55×5s）内还没有变化，则判联调失败。两者都有可能导致电压越限不合格。后在 AVQC 系统中将该变电站总的闭锁周期数增加为 85 个周期，解决了因变电站通道传输缓慢而造成的主变压器调挡失败问题。

3. 因变电站内开关“远方/就地”切换开关在“就地”位置导致监控操作失败

××××年 8 月 7 日，在大型事故处理过程中，当值监控人员接省调令合上某 220kV 变电站××35 断路器，监控遥控操作失败。运维人员到达现场操作时发现该 220kV 变电站××35 断路器测控装置“远方/就地”切换开关在“就地”位置。

原因是同年 6 月，该 220kV 变电站现场后台更换，现场后台的遥控需重新试验，由于变电站内断路器均在运行，只能结合停电会逐一试验。出于安全考虑就将变电站内所有断路器测控装置的"远方/就地"切换开关切在"就地"位置，但未及时告知监控，导致在事故处理时监控遥控操作失败，延误事故处理时间。

【思考与练习】

1. 简述断路器操作异常处理原则及注意事项。
2. 简述变压器有载调压操作异常处理原则及注意事项。
3. 简述程序化操作异常处理原则及注意事项。
4. 简述遥控操作失败的原因有哪些。

模块 3　监控操作进行危险点源分析（Z01F10003Ⅲ）

【模块描述】本模块介绍了监控执行各种类型遥控操作时的危险点源。通过案例分析，掌握监控遥控操作危险点源的正确分析方法，并制订预控措施。

【模块内容】

一、遥控操作危险点分析及预控措施

断路器、变压器有载调压、程序化、保护和自动装置软压板操作危险点分析及预控措施见表 43–3–1～表 43–3–4。

表 43–3–1　　断路器操作危险点分析及预控措施

序号	操作项目	危险点	预控措施
1	拉断路器	误拉断路器	严格执行接令、监护、唱票、复诵制度。接令应使用规范的操作术语和设备双重编号；听清调度下令执行并复诵正确后，方可操作
			正确核对变电站名称和操作断路器的名称编号、状态，进入间隔分接线图画面操作
		线路有电流，甩负荷	在拉开馈供线路（配电网线路除外）的断路器前，应检查该断路器负荷为零；如有电流，应与调度核对，确认该线路是否可以操作
		断路器未拉开	操作执行完毕后应及时核对设备状态和相关遥测量的变化正确，应有两个及以上的指示同时发生正确变化
		未充分考虑设备停电对系统及相关设备的影响，导致操作时系统潮流、电压越限或保护不配合	（1）了解系统和厂站接线方式； （2）了解一次设备停电对系统潮流、电压化及保护配合的影响； （3）掌握安全自动装置与系统一次运行方式的配合
		误判或遗漏信号	认真分析开关分闸过程中出现的信号，发现异常信号时应进行综合分析判断。对于重要告警信号，即使动作、复归了，也要慎重判断，若不能确认，应要求运维班操作人员到现场做进一步检查确认

续表

序号	操作项目	危险点	预控措施
2	合断路器	误合断路器	严格执行接令、监护、唱票、复诵制度。接令应使用规范的操作术语和设备双重编号；听清调度下令执行并复诵正确后，方可操作
			正确核对变电站名称和操作断路器的名称编号、状态，进入间隔分接线图画面操作
		断路器未合上	操作执行完毕后应及时核对设备状态和相关遥测量的变化正确，应有两个及以上的指示同时发生正确变化
		未充分考虑设备送电对系统及相关设备的影响，导致操作时系统潮流、电压越限或保护不配合	（1）了解系统和厂站接线方式； （2）了解一次设备送电对系统潮流、电压化及保护配合的影响； （3）掌握安全自动装置与系统一次运行方式的配合
		误判或遗漏信号	认真分析断路器合闸过程中出现的信号，发现异常信号时应进行综合分析判断。对于重要告警信号，即使动作、复归了，也要慎重判断，若不能确认，应要求运维班操作人员到现场做进一步检查确认
3	合环操作	未充分考虑两侧的电压差，导致合环时出现继电保护误动、超系统稳定限额、超设备容量限额等情况的发生	（1）了解系统运行方式； （2）检查合环两侧电压差在规定范围内
4	解环操作	未检查解环点的潮流，解环时造成潮流重新分布导致继电保护误动、超系统稳定限额、超设备容量限额情况的发生	（1）了解系统运行方式； （2）检查解环点的潮流在规定范围内

表 43–3–2　　变压器有载调压操作危险点分析及预控措施

序号	操作项目	危险点	预控措施
1	调压操作	误调压，导致母线电压越限	正确核对变电站名称和调压主变压器名称编号；在专用调压画面上进行操作
			进行有载调压操作时，必须逐挡调节，并注意电压和电流的指示是否在调压规定的范围内
		有载分接开关机构或本体有异常信号未发现，调压导致有载分接开关发生故障	调压前应确认无异常信号后再执行调压操作
		变压器过负荷时调压，导致有载分接开关发生故障	调压前应检查确认变压器负荷在规定范围内

表 43–3–3　　程序化操作危险点分析及预控措施

序号	操作项目	危险点	预控措施
1	程序化操作	误操作	严格执行接令、监护、唱票、复诵制度。接令应使用规范的操作术语和设备双重编号；听清调度下令执行并复诵正确后，方可操作
			正确核对变电站名称和操作设备的名称编号，进入设备程序操作界面操作，并按以下步骤操作：① 核对起始状态；② 选定目标状态；③ 操作执行
		操作失败	操作执行完毕后应及时核对设备状态和相关遥测量的变化正确，应有两个及以上的指示同时发生正确变化
		线路有电流，甩负荷	执行馈供线路（配电网线路除外）的程序化操作前，应检查该断路器负荷为零；如有电流，应与调度核对，确认该线路是否可以操作
		未充分考虑设备停电对系统及相关设备的影响，导致操作时系统潮流越限或保护不配合	（1）了解系统和厂站接线方式； （2）了解一次设备停电对系统潮流、电压化及保护配合的影响； （3）掌握安全自动装置与系统一次运行方式的配合
		漏监信息，造成事故处理不及时或扩大事故；错判信息，造成事故或异常错误处理	认真分析程序化操作过程中出现的信号，发现异常信号时应进行综合分析判断。对于重要告警信号，即使动作、复归了，也要慎重判断，若不能确认，应要求运维班操作人员到现场做进一步检查确认

表 43–3–4　　保护和自动装置软连接片操作危险点分析及预控措施

序号	操作项目	危险点	预控措施
1	软压板投停操作	误投或漏投软压板	严格执行接令、监护、唱票、复诵制度。接令应使用规范的操作术语和设备双重编号；听清调度下令执行并复诵正确后，方可操作
			正确核对变电站名称和操作软压板的名称编号、状态；进入间隔分接线图画面操作
			操作执行完毕后应及时核对软压板状态和相关遥信变化情况，所有指示应同时发生对应变化

二、案例分析

1. 断路器弹簧未储能，造成线路故障跳闸重合不成

事故概况：

××××年 6 月 10 日 9 时 20 分：220kV 甲变压器 375 断路器过电流 I 段动作，重合闸动作，375 断路器无合闸信号，断路器分闸位置。

××××年 6 月 10 日 9 时 20 分：35kV 乙变压器备自投动作，乙变压器 375 断路器分闸，326 断路器合闸。

事故原因及后果：

××××年6月10日7时20分，调度发令将甲变压器375线路改为运行。7时30分操作完毕。此时甲变压器375断路器“弹簧未储能”信号未复归。监控操作人员未及时发现，监控值班员巡视不到位也未及时发现该信号。9时20分，甲变压器375线路故障跳闸重合不成。35kV乙变压器备自投正确动作。T接于375线路的三号临时变压器失电。

事故教训或对监控的启示：

（1）严格执行监控操作规定，操作前、后检查设备是否存在异常信息。

（2）加强监控值班纪律，保证监控巡视质量，及时对未复归信号与现场核实。

（3）及时对光字牌进行清闪，防止对监控正常巡视工作造成干扰。

2. 断路器机构异常，造成断路器非全相分闸

事故概况：

××××年3月2日，监控值班员在实时信息窗中发现110kV某变电站20kV 4号电容器294断路器有分、合信号，经画面检查发现断路器显示合位且三相电流不平衡，C相电流为零，A、B相还有电流显示。结合以往经验教训，初步分析可能断路器发生非全相分闸，随即通知现场运维班，避免了异常进一步扩大。

事故处理具体经过：

12时40分，正值调压高峰期，电容器操作的信息大量上传，监控值班员发现110kV某变电站20kV 4号电容器294断路器有分、合信号。

12时43分，监控值班员调取该厂站接线图，发现20kV 4号电容器294断路器显示合位，遥测C相电流为0，A相、B相有电流显示，无功量有显示。

12时45分，监控值班员调取20kV 4号电容器294断路器遥测实时曲线图，发现A相、B相电流和无功量比正常值偏低。

12时46分，监控值班员调取无功优化控制系统设备操作信息，发现该变电站20kV 4号电容器294断路器由无功优化控制系统遥控分闸。

12时48分，监控值班员综合遥信、遥测信息情况，结合以往经验教训，初步分析可能20kV 4号电容器294断路器发生非全相分闸，随即通知现场运维班。

经检修人员检查发现294断路器机构发生非全相分闸，进一步检查发现操动连杆松脱，B相灭弧室真空包破裂，初步分析为操动连杆固定螺栓松动导致断路器发生非全相分闸。

事故教训或对监控的启示：

监控人员操作执行完毕后应及时核对设备状态，并同时核对相关遥测量的变化正确，应有两个及以上的指示同时发生正确变化，才能判断为操作正确。

【思考与练习】

1. 简述监控在执行线路从运行改为热备用操作时的危险点及其预控措施。
2. 简述监控在执行变压器有载调压操作时的危险点及其预控措施。
3. 简述监控在执行程序化操作时的危险点及其预控措施。
4. 简述监控在执行重合闸投停操作时的危险点及其预控措施。

第九部分

电网异常处理

第四十四章

其他电网一次设备异常处理

模块1　母线的异常现象（Z01G5004Ⅱ）

【模块描述】本模块包含母线异常的种类及危害。通过案例学习，了解母线异常现象。

【模块内容】

母线异常主要包括母线及其辅助设备异常、母线避雷器异常、母线电压互感器异常等。监控人员主要通过母线电压的数值变化和监控异常信号分析、判断，其他母线异常情况需由运维人员现场检查发现。

一、母线过热

1. 母线过热的原因

（1）接头处连接螺栓松动或接触面氧化，使接触电阻增大；

（2）母线严重过负荷；

（3）母线连接处接触不良，母线与引线接触不良。

2. 母线过热的现象

（1）红外线测温仪测量母线的温度过高。

（2）金属油漆变色或变色漆变色。

（3）夜间巡视检查有发红、冒火现象。

（4）母线示温蜡片熔化。

（5）小雨或浓雾时有水汽蒸发现象。

（6）下雪天无积雪。

（7）晴天有明显的热气流上升现象。

二、母线绝缘子破损、放电

母线的支柱或悬式绝缘子一旦破损，则绝缘降低，或绝缘降至零值，将造成绝缘击穿放电烧坏母线，或造成母线接地、相间短路，故应定期检测绝缘子的绝缘。

三、母线电压不平衡

母线电压不平衡的原因：

（1）输电线路发生金属性接地或非金属性接地故障；

（2）电压互感器一、二次侧熔断器熔断；

（3）空母线或线路的三相对地电容电流不平衡，有可能出现假接地现象。

（4）母线电压谐振。

四、母线避雷器常见异常

（1）运行中避雷器瓷套有裂纹。

1）若天气正常，可停电将避雷器退出运行，更换合格的避雷器，无备件更换而又不致威胁安全运行时，为了防止受潮，可临时采取在裂纹处涂漆或黏接剂，随后再安排更换。

2）在雷雨中，避雷器尽可能先不退出运行，待雷雨过后再处理，若造成闪络，但未引起系统永久性接地时，在可能条件下，应将故障相的避雷器停用。

（2）运行中避雷器突然爆炸，若尚未造成系统接地，可远控拉开隔离开关，使避雷器停电，若爆炸后引起系统接地时，不允许操作隔离开关，需停电后隔离。

（3）运行中避雷器接地引下线连接处有烧熔痕迹时，可能是内部阀片电阻损坏而引起工频续流增大，应停电使避雷器退出运行，进行电气试验。

（4）避雷器接地不良、阻值过大，应停用尽快处理。

（5）避雷器内部有放电声。在工频电压下，避雷器内部是没有电流通过的。因此，不应有任何声音。若运行中避雷器内有异常声音，则认为避雷器、阀片间隙损坏失去了防雷的作用，而且可能会引发单相接地故障，一旦发现此种避雷器，应立即将其退出运行，予以更换。

（6）运行中避雷器有异常响声，并引起系统接地时，值班人员应避免靠近，应断开断路器，使故障避雷器退出运行。

五、电压互感器常见异常

中国 110kV 及以上电压等级为大电流接地系统，其母线电压互感器高压侧不装设熔断器，其低压侧安装空气开关，当电压互感器二次发生短路故障时，空气开关跳闸；110kV 以下电压等级采用中性点不接地运行方式，其电压互感器高压侧装设熔丝，二次侧可以安装空气开关，也可以装设熔丝，用于电压互感器二次小母线短路时的保护。

（一）电压互感器二次电压异常升降

电压互感器二次电压异常升降在排除一次电压异常波动的情况下，常常与电压互感器的内部故障有关，电磁式电压互感器有可能是一、二次绕组匝间短路，电容式电压互感器则极有可能是局部电容击穿、失效或电磁单元故障，因此，一旦发现二次电压异常升降，应对其变化和发展情况进行密切监视，同时立即对电压互感器进行外观检查，并将检查与监测情况迅速向调度及有关领导报告，设法将电压互感器停役检查。

（二）电压互感器二次失压

1. 电压互感器二次失压的现象

（1）现在母线电压互感器二次通常都安装空气开关，取代原来的电压互感器二次熔丝，该母线的各个间隔的保护、计量、测量回路所使用的电压都来自母线电压互感器二次侧，另外，还有一些公用的保护、自动装置也要使用母线电压互感器二次电压，当电压互感器二次空气开关跳闸后，影响范围很广。

（2）母线电压互感器二次空气开关跳闸后，会有电压互感器保护回路二次空气开关跳闸或电压互感器计量回路二次空气开关跳闸信号。母线电压的遥测量为零，接于该母线的各间隔电流遥测量正常，有功功率、无功功率为零。

（3）母线的母差保护发出电压互感器断线信号，接于该母线的各间隔保护装置发出装置告警信号。

使用该母线电压的备自投装置会因为失压，发出装置告警、备自投放电信号；故障录波器会因为失压，而误启动；取用该母线电压的低周、低压解列装置会因为失压，而发出装置告警信号。

2. 电压互感器二次空气开关跳闸原因

（1）电压互感器二次空气开关特性不好，误动作。电压互感器二次空气开关跳闸大多数情况是由于这个原因引起的。

（2）电压互感器二次空气开关动作电流不正确，电压互感器二次负载较大，超过二次空气开关动作电流数值。

（3）电压互感器二次回路存在短路故障，造成电压互感器二次空气开关跳闸。

3. 电压互感器二次空气开关跳闸危害

（1）母线上各间隔计量电能表失去交流电压，造成电能表漏计量。

（2）不能正确显示母线上各间隔有功功率、无功功率数据，不能正确采集该母线电压数据。

（3）母差保护失去交流电压闭锁，可能造成母差保护误动；母线上各间隔保护失去交流电压，可能造成距离保护误动；备自投、低周减载保护可能因为失去交流电压，不能正确动作；使得故障录波器因为失去交流电压而误动作。

六、小电流接地系统母线异常

（一）单相接地故障现象

（1）监控后台发 10kV（35kV）系统接地信号，中性点经消弧线圈接地系统的还有“消弧线圈动作”信号，并伴有语音告警。

（2）如系统发生单相金属性接地，主站端 10kV（35kV）母线电压显示接地相电压降为零，其他两相电压升高至线电压。如 10kV（35kV）系统发生单相经高电阻接地，电压一般显示为接地相电压降低但不为零，其他两相电压升高，线电压正常。

（二）电压互感器熔丝熔断

1. 电压互感器熔丝熔断现象

（1）电压互感器高压熔丝熔断，监控后台发 10kV（35kV）系统接地信号，并伴有语音告警。

（2）电压互感器高压熔丝一相熔断，熔断相电压降低，但是通常情况下不会为零，其余两相电压不变，与熔断相相关的线电压降低。需要特别注意的是很多情况下，电压互感器高压熔丝熔断，其熔断相电压下降并不多。

（3）电压互感器高压熔丝二相熔断，熔断相电压降低，另一相电压不变，两熔断相间线电压为零，熔断相和健全相间线电压值均为相电压。

（4）电压互感器低压熔丝一相熔断，熔断相电压降低至零，其余两相电压不变，与熔断相相关的线电压则降低。

（5）电压互感器低压熔丝二相熔断，熔断相电压降低至零，另一相电压不变。

2. 电压互感器熔丝熔断的原因

（1）当系统在某种运行方式、某种条件下，可能产生铁磁谐振，会产生过电压，有可能使电压互感器的励磁电流增加十几倍，引起电压互感器高压熔丝熔断。

（2）系统发生单相间歇性电弧接地时会出现过电压，可达正常相电压的3～3.5倍，可使电压互感器的铁芯饱和，励磁电流急剧增加，引起电压互感器高压熔丝熔断。

（3）电压互感器本身内部故障（单相接地、相间短路故障、绕组绝缘破坏）及电压互感器出口与电网连接导线的短路故障，都会引起电压互感器高压熔丝熔断。

（4）10kV（35kV）系统单相接地时，其余两相的对地电压升高为线电压，对于YN，yn 接线的电压互感器，由于电压升高会引起电压互感器电流的增加，可能会使高压熔丝熔断。

（5）电压互感器二次回路发生短路，引起电压互感器二次侧熔断器熔断。二次侧发生短路而二次侧熔断器未熔断时，也可能造成电压互感器高压熔丝熔断。

3. 电压互感器熔丝熔断分析

（1）电压互感器高压熔丝一相熔断，开口三角电压互感器变化情况：如 A 相高压熔丝熔断，开口三角中 A 相线圈电压 U_a=0，B、C 相电压 U_b=U_c 均为 100/3V，U_N、U_b、U_c 组成等边三角形，U_N=U_b=U_c=100/3V。开口三角输出电压为 33.3V，大于 30V，监控主站有 10kV（35kV）母线单相接地信号。

（2）电压互感器高压熔丝二相熔断，开口三角电压互感器变化情况：如 A、C 相高压熔丝熔断，开口三角中 A、C 相线圈电压 $U_a=U_c=0$，B 相电压 U_b 为 100/3V，$U_N=U_b=100/3V$。开口三角输出电压为 33.3V，大于 30V，监控主站有 10kV（35kV）母线单相接地信号。

（3）电压互感器低压熔丝一、二相熔断，熔断相电压降低至零，其余相电压不变。而开口三角绕组相电压不变 $U_a=U_b=U_c$ 均为 100/3V，三相平衡 $U_N=0$，开口三角输出电压为零，电压继电器不会发出母线单相接地信号。

（4）小电流接地系统，电压互感器高压侧熔丝熔断，由于接入母线电压互感器的三相一次电压不对称，电压互感器的开口三角绕组有电压输出，其数值大于接地信号发出的定值，会发出母线接地信号；电压互感器低压侧熔丝熔断，接入母线电压互感器一次的三相电压，仍然是对称的，电压互感器开口三角绕组不会有较大电压输出，因此不会发出母线接地信号，这一点是判定电压互感器一次、二次熔丝熔断的主要特征。

4. 电压互感器熔丝熔断的危害

（1）对电压类保护、方向类保护、自动装置有影响，可能引起误动或拒动。

（2）由于电压降低，影响无功优化系统（AVQC）的动作正确性，造成电压合格率降低。

七、母线谐振

（一）谐振的种类

（1）线性谐振过电压：谐振回路由不带铁芯的电感元件（如输电线路的电感、变压器的漏感）或励磁特性接近线性的带铁芯的电感元件（如消弧线圈）和系统中电容元件所组成的，产生线性谐振过电压。

（2）铁磁谐振过电压：谐振回路由带铁芯的电感元件（如空载变压器、电压互感器）和系统中电容元件所组成，铁芯电感元件的饱和现象，使回路的电感参数呈非线性，这种含有非线性电感元件的回路在满足一定条件时，产生铁磁谐振过电压。

（3）参数谐振过电压：由电感参数作周期变化的元件（如凸机发电机的同步电抗在 X_d—X_q 间周期变化）和系统中电容元件（如空载线路）组成回路，当参数匹配时，通过电感的周期性变化，不断向谐振系统输送能量，造成参数谐振过电压。

（二）系统谐振的现象

电力系统的谐振因谐振频率不同，分为基波谐振、分频谐振、高频谐振。

（1）基波谐振是指导线对地电容的容抗 X_{C0} 和综合电感的感抗 X_M 比值接近 50Hz 发生的谐振，称为基波谐振。其现象是：

1）谐振时，过电流很大，电压互感器有响声。

2）三相电压表中两相对地电压升高，一相电压降低，线电压基本不变。

3）过电压倍数一般不超过 3.2 倍的相电压。

4）基波谐振和系统单相接地时现象相似（假接地现象）。

（2）分频谐振是指导线对地电容的容抗 X_{C0} 和综合电感的感抗 X_M 比值远远小于 50Hz（如为 50Hz 的 1/2、1/3、1/4 倍等）发生的谐振，称为分频谐振。其现象是：

1）过电压倍数较低，一般不超过 2.5 倍相电压。

2）三相电压表同时升高，而且有周期性的摆动，线电压指示基本不变。

（3）高频谐振是指导线对地电容的容抗 X_{C0} 和综合电感的感抗 X_M 比值远远大于 50Hz（如为 50Hz 的 3、5、7 倍等）发生的谐振，称为高频谐振。其现象是：

1）谐振时，过电流较小。

2）过电压倍数较高，一般不超过 5.1 倍的相电压。

3）三相电压表同时升高，而且比分频谐振时高得多，线电压的指示和分频谐振相同。

（三）谐振的危害

（1）电力系统出现铁磁谐振时，将出现超过额定值几倍至几十倍的过电压和过电流，造成瓷绝缘放电、绝缘子、套管等铁构件出现电晕。往往导致设备绝缘击穿、避雷器损坏。

（2）铁磁谐振引起电压互感器铁芯饱和，产生饱和过电压。电压互感器出现很大的励磁涌流，致使其一次电流增大十几倍，造成一次熔丝熔断，严重时可能使电压互感器烧坏。电压互感器发生谐振时，还可能引起继电保护及自动装置误动作。

【思考与练习】

1. 小电流接地系统发生单相接地时有什么现象？

2. 电压互感器二次空气开关跳闸有哪些现象？

3. 电压互感器二次空气开关跳闸的原因有哪些？

4. 小电流接地系统发生单相接地与电压互感器高压熔丝熔断一相、铁磁谐振有什么区别？

5. 谐振对系统有哪些危害？

模块 2 母线异常的处理方法（Z01G5009Ⅲ）

【模块描述】本模块介绍母线的各种异常处理方法，通过案例学习和操作技能训练，能进行母线异常处理。

【模块内容】

一、母线避雷器出现以下情况必须停电处理

（1）严重烧伤的电极；

（2）严重受潮、膨胀分层的云母垫片；

（3）击穿、局部击穿或闪络的阀片；

（4）严重受潮的阀片；

（5）非线性并联电阻严重老化，泄漏电流超过运行规程规定的范围者；

（6）严重老化龟裂或严重变形，失去弹性的橡胶密封件；

（7）瓷套裂碎；

（8）雷电放电后，连接引线严重烧伤或断裂，或放电动作记录器损坏；

（9）避雷器的上、下引线接头松脱或折断应尽快处理。

二、母线电压互感器异常处理

（一）母线电压互感器异常处理注意事项

（1）在电压互感器出现异常的情况下，不得用近控操作方式拉开电压互感器高压隔离开关将电压互感器切除，不得将异常电压互感器的次级与正常电压互感器次级并列。禁止将该电压互感器所在母线保护停用或将母差保护改为非固定连接方式（或单母方式）。

（2）电压互感器出现异常并有可能发展为故障时，值班人员应主动提请调度将该电压互感器所在母线上的设备倒至另一条母线上运行，然后用隔离开关以远控操作方式将异常电压互感器隔离。

（3）发现电压互感器电磁震动明显增强或有异常声响，并伴有电压大幅度升高或波动时应考虑发生谐振的可能。

（4）运行中的母线电压互感器原则上不准停用，母线电压互感器停用时，应将有关保护停用。

（5）母线电压互感器次级并列开关 BK 应经常断开，原则在母线联络后接通，以提供母线电压。

（6）电压互感器停电操作应包括高压侧隔离开关、次级开关、熔丝（含计量专用熔丝），防止由二次侧反充电造成保护误动。停电步骤应先次级后初级，送电时反之。电压互感器二次熔丝熔断或自动开关跳闸后，应立即恢复，若再次熔断或跳闸，此时，不允许以二次电压并列开关并列，应汇报调度申请停用故障电压互感器及相关保护，报检修部门派人检查。

（二）电压互感器二次失压处理原则

值班人员应迅速检查相应小开关或熔丝的跳闸或熔断情况，为争取时间，可在检查未发现故障点的情况下将小开关试合一次或换上相同规格熔丝后试放一次，如不成，则不得再次试合或试放熔丝。此时，应立即将电压互感器二次失压的情况及对保护装置的影响向调度报告，并按调度指令进行处理。处理中必须注意以下几点：

（1）双母线接线方式下，在电压互感器二次回路故障发现并消除前，不得通过电压互感器二次并列开关与其他母线电压互感器二次回路并列，或运用热倒的方法将线路/元件倒至另一条母线运行，以免扩大故障。正确的方法是采用冷倒的方法将电压互感器二次回路故障母线上的线路/元件倒至另一条母线运行。由于需将倒排的线路/元件短时间停电，需要调度在电网运行方式上做出适当调整。

（2）采用3/2断路器接线的500kV线路/元件，其电压互感器一般有两组次级，分别对应两个独立的电压互感器二次回路，同时故障的概率极低，故可以在停用受影响的一组保护后，继续维持线路/元件的运行，同时急召继保人员检查处理。

（3）3/2断路器接线的母线电压互感器二次回路故障仅对同期回路产生影响，故可以静待继保人员查处。

（三）电压互感器熔丝熔断及二次空气开关跳闸处理方法

1. 电压互感器熔丝熔断处理

电压互感器熔丝熔断时，根据相电压指示和有无接地信号，判断是高压熔丝，还是低压熔丝熔断，并确认熔断相别。如果是低压熔丝熔断，更换低压二次熔丝后，检查、观察电压是否恢复正常。如果是高压熔丝熔断，汇报调度，停用母线电压互感器后，更换高压熔丝，检查、观察电压是否恢复正常。电压互感器熔丝熔断处理的注意事项如下：

（1）若高压熔丝熔断，应在退出可能误动的保护和自动装置，断开二次熔丝，拉开一次隔离开关，更换同规格的熔断器，若再次熔断说明电压互感器有故障，应停用检修。

（2）电压互感器高压熔丝熔断后不允许用普通熔丝代替。

（3）若高压熔丝熔断，同时系统中有接地故障，此时不能拉开电压互感器一次隔离开关。应先处理接地故障，待接地故障消失后，再停用电压互感器。

（4）二次侧熔丝更换时，不得加大熔断器容量或二次空气开关的动作电流值。

（5）二次侧熔丝的额定电流应大于最大负荷电流，但不应超过额定电流的1.5倍。若二次侧熔丝容量选择不合理，有可能造成一次侧熔丝熔断，甚至可能烧坏电压互感器。

（6）若二次熔丝熔断，应在退出可能误动的保护和自动装置，更换同规格的熔断器，重新投入一次，成功后投入相关保护。若再次熔断，应检查二次回路有无短路、接地现象，不易查找应汇报调度。

2. 电压互感器二次空气开关跳闸处理

（1）电压互感器二次计量回路空气开关跳闸。电压互感器二次计量回路空气开关跳闸后，会有电压互感器计量回路二次空气开关跳闸、计量回路失压信号，由于计量电压回路独立于保护、测量电压回路，因此对保护装置和测量回路没有影响。

1）计量回路二次空气开关跳闸后，运行于该段母线的各间隔计量电能表停止计数。

2）由于各间隔计量回路不装设分路空气开关，因此处理时不能采用缩小故障范围的方法。

3）首先人工查看运行于该段母线的各电能表、端子排等设备，是否能发现母线短路点。

4）经过查找没有发现明显短路点，试送跳开的电压互感器二次回路空气开关。

5）如果试送成功，对各电能表进行检查，确认其电压回路已经正常。

6）假如试送不成功，汇报调度调整运行方式，将相应母线停电，请求相关人员对计量回路、电压互感器二次计量小母线进行检查处理。

7）处理这一故障时，不能将电压互感器二次计量小母线并列。

（2）电压互感器二次保护、测量空气开关跳闸。

1）监控值班员发现母线电压互感器保护、测量电压互感器二次空气开关跳闸信号后，快速进行综合判断，检查主接线图上电压互感器空气开关跳闸母线上所有间隔的遥测量，电流数值应正常，有功功率、无功功率数值应该为 0，该母线上各间隔的保护装置发出电压互感器断线信号或告警信号，取用该母线电压互感器二次电压的自动装置也应发出电压互感器断线信号或告警信号。

2）确认这些现象都出现后，可以排除误发信，立即报告当值调度员，通知运维人员到变电站现场，首先联系调度停用失压可能误动的保护装置，例如距离保护、低电压解列装置、备用电源自投等，检查电压回路，没有发现明显异常后，在电压互感器二次端子箱内，试送跳闸的二次空气开关，若试送成功，投入退出的保护及自动装置。

3）如果试送后，空气开关再次跳开，拉开各间隔保护屏后交流电压空气开关、拉开各自动装置屏后交流电压二次空气开关、拉开测控装置屏后交流电压二次空气开关，再试送电压互感器端子箱保护、测量二次空气开关，试送成功后，说明电压互感器二次回路故障点在各支路上，然后试送各支路电压互感器二次空气开关，当试送到某支路空气开关，电压互感器端子箱空气开关又跳开，说明故障点就在这一支路上，合上总空气开关，投入除故障支路退出的保护和自动装置，通知二次人员检查处理。如果各支路空气开关拉开后，电压互感器端子箱空气开关上送又跳开，则故障点在电压互感器二次小母线上，通知继电保护人员处理，调度做好事故预想或调整运行方式。

4）特别要注意的是：发生这种异常，即使一次系统满足电压互感器二次并列条件，也绝不能将电压互感器二次并列，避免正常运行的电压互感器二次空气开关跳闸，使故障范围扩大。

三、系统谐振处理

1. 预防或消除线性谐振的方法

（1）中性点经消弧线圈接地系统采用过补偿运行方式。

（2）改善变压器保护的避雷性能（选用额定电压低一些的氧化锌避雷器）。

（3）应避免操作仅带电抗器负荷的变压器，第三绕组连接的电抗器应能自动投入切换。

（4）设计选型及整定变压器保护时，应避免变压器充电励磁涌流而误动作。

（5）向线路—变压器组送电时，如高压侧有断路器，则先向线路充电，后由该断路器向变压器充电。

2. 防止、消除铁磁谐振的方法

（1）在电压互感器开口三角绕组两端连接一适当数值的阻尼电阻 R，R 约为几十欧（R=0.45X_L，X_L 为回路归算到电压互感器二次侧的工频励磁感抗）。

（2）选用励磁特性较好的电磁式电压互感器或使用电容式电压互感器，在母线上接入一定大小的电容器，使 $X_C/X_L<0.01$，就可避免谐振。

（3）改变操作顺序。如为避免变压器中性点过电压，向母线充电前，先合上变压器中性点的接地开关，送电后再拉开，或先合线路断路器，再向母线充电。

（4）在 10kV 及以下母线上装设一组三相对地电容器。

（5）提高断路器动作的同期性。由于许多谐振电压是在非全相运行条件下引起的，因此提高断路器动作的同期性，防止非全相运行，可以有效防止谐振电压的发生。

（6）选择消弧线圈位置时，尽量避免电网中失去一部分消弧线圈的可能，以免变成欠补偿方式。

（7）发生谐振后可以采取临时倒闸操作措施，投入事先选定的某些线路或设备或恢复原有运行方式，当用母联向空载母线充电时发生谐振，应立即拉开母联断路器使母线停电。

（8）防止发生谐振送电时，可以采用线路和母线一起充电的方式，或在对母线充电前合上电压互感器一次隔离开关，充电正常后在投入电压互感器二次空气开关（或熔丝）。

四、母线电压异常的处理

1. 母线电压异常的处理方法

可采用将电网解列或并列的方法来实现，通常采用拉开（或合上）35kV 母分断路器，这是一个非常实用的办法。可以让电压异常原因迅速“浮出水面”。如有谐振，则谐振会消失。根据电压的变化，还可以区分单相接地还是高压熔丝熔断。这样就缩小了查找范围。下面分两种情况说明：

（1）35kV 母线正常分列运行时（即 35kV 母分断路器热备用），可以合上 35kV 母分断路器，按该段母线电压情况作以下分析：

1）电压降至正常，说明谐振消失；

2）电压降至正常电压以下，说明谐振消失，可能同时有熔丝熔断；

3）异常电压“殃及”另一段母线（升高），说明存在单相接地；

4）电压基本不变，说明有高压熔丝或低压熔丝熔断。

（2）35kV 母线正常并列运行时（即 35kV 母分断路器运行），可以拉开 35kV 母分断路器，将母线分段处理，这时可以排除谐振，检查低压熔丝是否完好，再根据相关变电站电压情况，容易分清有无单相接地，哪段母线接地，并按单相接地处理方法消除。

如上述方法还不能恢复正常，可采取更换高压熔丝。电压仍异常，则判定为二次电压回路异常。

上述方法适用于有 2 台主变压器的变电站，如果只有 1 台主变压器，则可以通过合上 35kV 联络线，来达到同样目的。10kV 系统也可以参照解决。

从以上分析可知，可采取的处理次序为：谐振、低压熔丝熔断、单相接地、高压熔丝熔断、二次回路异常。

造成电压异常的情况还有可能如母线电压互感器接触不良等很特别的情况。也还可能几种原因混在一起，但也可按上述思路查找。如仍无法弄清异常原因，将异常部分退出运行，交给检修人员处理。作为调度及运行人员，判断出异常原因在母线电压互感器及以下回路，并恢复系统电压正常即可。

2. 母线电压异常案例

案例 1：35kV 母线接地处理。

现象：某 110kV 变电站正常并列运行，35kV 母线Ⅰ段电压 U_a=0kV，U_b=37kV，U_c=34kV；Ⅱ段电压 U_a=28kV，U_b=37kV，U_c=22kV，同时伴有“35kVⅠ段、Ⅱ段母线接地”异常信号。

处理：拉开 35kV 母分断路器后，电压显示为：

35kV 母线Ⅰ段电压 U_a=22kV，U_b=22kV，U_c=21kV；Ⅱ段电压 U_a=28kV，U_b=27kV，U_c=21kV，“35kVⅠ段母线接地”信号复归。

表明Ⅰ段正常，接地在Ⅱ段。检查发现，35kVⅡ段母线电压互感器 A、C 相低压熔丝熔断，更换低压熔丝后，Ⅱ段电压 U_a=3kV，U_b=36kV，U_c=33kV，表明 A 相接地。试拉Ⅱ段上发现，接地在蓝黄 3526 线路。

案例 2：35kV 母线电压互感器高压熔丝熔断处理。

现象：Ⅱ段电压 U_a=25kV，U_b=27kV，U_c=13kV 母线接地，出线变电站电压正常。

处理：从相关变电站电压正常判断，应为Ⅱ段电压互感器高压熔丝熔断，但电压升高属反常。

为防万一合上 35kV 母分断路器，电压值仍不变，可以彻底排除单相接地和谐振。检查低压熔丝完好，更换Ⅱ段电压互感器高压熔丝后，电压不变。只可能是二次回路异常，经查发现确实是二次小线已烧熔。

最后判断结果是Ⅱ段电压互感器 B 相高压熔丝熔断（当时值班员换上了仍是已熔断的熔丝），同时二次回路异常。

五、母线保护常见异常处理

（一）母差保护开入异常处理

1. 母差保护开入异常信号发出的原因

母联断路器的位置开入，正常情况下应该有分位无合位或有合位无分位，当出现有分位又有合位时，说明母联断路器的位置信号开入错误；当母联断路器处于合闸位置，运行人员误投了分列运行功能连接片；假如某间隔运行于正母线（母差根据电流计算判断），可是该间隔的副母线隔离开关有开入；某间隔的失灵保护启动有开入或主变压器间隔的解除复合电压闭锁有开入，但是经过给定延时失灵保护没有满足动作条件。出现这些情况时，母差保护发出开入异常信号。

2. 母差保护开入异常的处理

（1）监控值班人员发现变电站母差保护发出开入异常信号后，立即报告调度员；

（2）通知运维人员到变电站现场，对母差保护进行检查，可以从保护报文中看出开入异常信号发出时，那个开入发生了变位。首先检查母线上各间隔的一次接排方式，看母差保护的各间隔母线隔离开关位置开入是否与一次接排方式一致。如果发现某间隔不一致，可以在母差保护屏上，将母线隔离开关开入强制对位；假如母联断路器处于合闸位置，运行人员错误地投入了分列运行连接片，应立即将误投的连接片退出；如果某间隔在保护没有动作的情况下，开入到母差保护的失灵启动或解除复合电压闭锁有开入，应立即退出该开入回路，防止失灵保护误动。

（二）母差保护 TA 断线闭锁处理

1. 母差保护 TA 断线闭锁的原因

母差保护 TA 断线闭锁的原因和母差 TA 断线告警原因基本相同，当母差保护 TA 断线闭锁信号发出后，母差保护的 TA 断线告警信号一定发出，否则可能是母差 TA 断线闭锁信号误发。

2. 母差 TA 断线闭锁信号发出对母差保护的影响

母差保护 TA 断线告警、TA 断线闭锁信号发出后，10s 闭锁母差保护。

3. 母差保护 TA 断线闭锁的处理

（1）母差保护 TA 断线闭锁信号发出后，说明母差保护已经被闭锁，监控值班员立即报告当值调度员，调度员做好母差保护不能动作的事故处理预案。

（2）通知运维人员去变电站现场退出母差保护，检查母差保护和母差保护电流回路，紧急情况下根据调度命令调整系统运行方式。运维人员检查母差保护装置时，不得随意按母差保护信号复归按钮，防止区外故障母差保护误动。

运行人员找不到母差保护 TA 断线闭锁信号发出的原因时，请求继电保护人员处理，继电保护人员将 TA 断线闭锁原因处理好后，经大于 TA 断线闭锁信号发出的延时时间，该信号不再发出，说明异常确实消除，运维人员重新启用母差保护。

【思考与练习】

1. 电压互感器计量回路二次空气开关跳闸如何处理？
2. 电压互感器高压熔丝熔断如何处理？
3. 电压互感器保护、测量回路二次空气开关跳闸如何处理？

第四十五章

变电站异常信息的处理

模块1　常见异常信息的处理（Z01G9001Ⅰ）

【模块描述】本模块介绍了电网及变电站常见异常信息，通过理论讲解介绍，能及时发现并进行汇报。

【模块内容】

一、主变压器过负荷

1. 主变压器过负荷的判断

主变压器过负荷运行时，电量保护会发出主变压器过负荷信号。监控人员发现某变电站主变压器发出过负荷信号后，应该进行综合判断，以排除过负荷信号误发。某台主变压器过负荷信号发出后，立即查看该台主变压器各侧的电流，将电流的数值和各侧额定电流进行比较，如果负荷电流确实大于额定电流，并且超过了过负荷发信号的定值，说明主变压器确实发生了过负荷异常。否则有可能是过负荷信号误发。

2. 主变压器过负荷的原因

变电站主变压器运行中出现过负荷可能是因为：供电负荷突然增加；夏季供电高峰；电力系统发生事故，负荷重新分配；变电站两台主变压器运行，其中一台主变压器停用，所有负荷由一台主变压器带。

3. 主变压器过负荷处理

监控发现主变压器过负荷运行时，首先查看过负荷信号，核对主变压器各侧负荷电流，确认主变压器确认发生过负荷运行，排除过负荷信号误发。

记录过负荷发生的时间、过负荷倍数、主变压器上层油温，查看主变压器冷却装置运行情况，若主变压器冷却装置可以远方遥控，则遥控投入主变压器冷却装置。汇报当值调度员，通知所属运维班运行人员现场检查。

运维人员对过负荷主变压器进行特巡，核对主变压器现场油温，查看运行规程，严格按规程规定的过负荷时间、倍数监视主变压器。监控人员认真监视主变压器负荷和油温，防止主变压器上层油温和过负荷数值超过规程规定数值。当主变压器过负荷时间或过负荷数值超过规程规定值时，立即汇报当值调度员，根据调度命令进行处理。

二、主变压器油温高报警

1. 主变压器油温高的原因

主变压器在运行过程中，由于存在有功、无功损耗，因此会产生一定的热量，引起温度升高，当发热和散热平衡后，温度会稳定在一定的数值。当主变压器出现过负荷运行、内部发生轻微故障、主变压器冷却装置全停、过励磁等情况时，会使主变压器油温异常升高，发出主变压器油温高报警信号。

2. 主变压器油温高的危害

主变压器内部存在很多绝缘材料，这些绝缘材料的最高运行温度不能超过 105℃。主变压器运行温度过高会加速这些绝缘材料老化，缩短主变压器正常寿命。由于主变压器线圈温度和上层油温有相应的关系，一般情况下线圈温度比上层油温高 10℃，因此可以间接用上层油温反映其线圈温度。

3. 主变压器油温高处理

监控值班人员发现主变压器油温高报警信号后，应立即检查主变压器各侧负荷及主变压器冷却装置运行情况，报告当班调度员，通知相应运维操作班人员进行现场检查，运维人员到达变电站现场后，遥测温度和主变压器现场温度、红外测温温度进行比较，排除主变压器油温高误报警后，如果冷却装置没有投入，则开启所有冷却器，严密监视主变压器负荷及温度变化情况。若是由于主变压器过负荷引起温度升高，按主变压器过负荷运行处理；假如是因为主变压器过励磁造成温度升高，依据主变压器过励磁运行处理；假如主变压器冷却装置全部投运，变压器也没有过负荷，而主变压器油温比相同环境温度和负荷的情况下异常升高，应怀疑主变压器发生了内部故障，通过调整运行方式、启用备用变压器，将油温高报警的主变压器停用后，检查处理。

4. 异常处理案例

某 220kV 变电站，2 台主变压器都处于运行状态，监控端发出“1 号主变压器油温高”报警信号，监控人员检查主变压器负荷在额定负荷内，没有发生过负荷运行，核对 1 号主变压器上层油温为 71℃。

当值监控人员立即汇报调度员，通知运维值班人员到变电站现场，对 1 号主变压器进行详细检查，核对现场主变压器油温确已达到 70℃以上，发现主变压器冷却装置没有投入运行，运维人员手动开启主变压器冷却装置，观察主变压器油温下降，在主变压器油温低于 65℃后，后台及监控主站端“1 号主变压器油温高”信号复归。

三、主变压器有载调压开关异常

1. 主变压器有载调压开关异常的原因

为了保证母线电压在合格范围内，目前电力系统主变压器大多采用有载调压方式，以达到自动调节负荷侧母线电压的目的。主变压器有载调压开关正常情况下都接入无功电压自动调节系统。主变压器有载调压开关异常信号发出，可能是主变压器有载调压开关调节过程中出线滑挡，即一次调压脉冲发出后，主变压器调节两个以上挡位；另外一种情况是主变压器调压装置失电，可能是调压电机控制电源失电，也可能是电机电源失电。

2. 主变压器有载调压开关异常对主变压器运行的影响

当主变压器有载调压开关出线滑挡时，母线电压可能超过合格范围，造成母线电压越限。主变压器有载调压开关发生滑挡后，无功电压自动封锁该主变压器分接开关调节，直到故障处理好后，监控运行人员手动解锁；有载调压开关电源消失，同样会造成调压开关不能动作，失去自动调压功能。

3. 有载调压开关异常的处理

监控值班人员发现主变压器有载调压开关异常信号发出后，立即检查主变压器挡位和负荷侧母线电压，核对无功电压自动调节系统，确认该主变压器有载分接开关已经自动封锁，如果没有自动封锁，则手动将该有载分接开关封锁。然后通知运维人员到变电站现场检查，重点检查主变压器挡位和有载调压开关电源，如果主变压器挡位在中间位置，则拉开调压开关电源，手动将挡位调节到合适位置；假如主变压器有载调压开关电源空开跳闸，试送电源空开，试送成功后，汇报监控人员解除该有载开关的封锁。其他情况运维人员上报缺陷，由检修人员检查处理。

四、断路器 SF_6 压力低报警

1. SF_6 气体压力低报警的原因

绝缘和灭弧为 SF_6 气体的断路器，当 SF_6 气体压力降低时，其绝缘性能和灭弧性能都下降，断路器 SF_6 气体压力下降的原因有：环境温度大幅下降，断路器运行过程中密封不好，出现渗漏。这些因素会使断路器 SF_6 气体压力降低，当其压力低于报警压力值时，发出 SF_6 压力低报警信号。

2. 断路器 SF_6 压力低对一次设备的影响

断路器 SF_6 气体压力降低时，会造成断路器绝缘性能和灭弧性能下降，当断路器 SF_6 压力低报警信号发出时，断路器可以进行正常分、合，不闭锁分、合闸回路。但是如果不及时采取措施，断路器密封性能不好，SF_6 气体压力继续下降，将会闭锁断路器分、合闸回路，使断路器不能正常分、合闸。

3. 断路器 SF_6 气体压力低报警处理

断路器 SF_6 气体压力低信号发出后，监控人员应检查断路器是否发出控制回路断线和 SF_6 压力低闭锁信号。立即汇报当值调度员，通知运维人员进行现场检查，确认 SF_6 压力低报警信号不是误发，断路器本体 SF_6 压力确实已经低于报警压力值，由运维人员上报缺陷，检修人员进行补气，假如断路器补气后，经过较短时间再次发生 SF_6 气体压力低报警，应将断路器停用，消除渗漏点。

4. 异常处理案例

某 220kV 变电站 3 号主变压器 2503 断路器处于运行状态，监控端发出“3 号主变压器 2503 断路器 SF_6 压力低报警”信号，监控人员检查该间隔设备无其他异常，立即将这一现象汇报当班调度员，并且通知运维人员到变电站现场检查。

运维人员检查 2503 断路器 SF_6 压力，发现额定压力的 0.6 的断路器，此时表压只有 0.54，变电站后台也发出“3 号主变压器 2503 断路器 SF_6 压力降低报警”信号，运维人员将检查结果汇报调度员，并通知检修人员到变电站进行紧急处理，对 2503 断路器进行检漏并补充 SF_6 气体，后台和主站端信号复归。

五、断路器合闸弹簧未储能

1. 断路器合闸弹簧未储能的原因

对于弹簧机构的断路器，通过合闸弹簧储能进行断路器合闸，分闸弹簧在断路器的合闸过程中，利用合闸的能量进行储能。断路器合闸弹簧未储能的原因可能有：断路器未储能动断辅助触点未接通、断路器储能电源故障、断路器储能电机故障、断路器电机回路电源空气开关未合上、断路器储能回路启动继电器不动作及断路器机构由于机械原因不能储能。

2. 断路器合闸弹簧未储能对一次设备的影响

断路器合闸弹簧未储能信号发出，切断断路器的合闸回路，如果断路器处于分闸状态，控制回路断线信号会发出，断路器不能进行合闸；假如断路器处于合闸状态，断路器控制回路断线信号不会发出，线路故障后，断路器可以正常分闸，切除线路故障，但是断路器分闸后，若满足重合闸动作条件，重合闸动作出口，此时断路器不能合闸。

3. 异常处理案例

某 220kV 变电站，1 号主变压器 2501 断路器手动合闸后，监控端发出“1 号主变压器 2501 断路器储能回路失电”“1 号主变压器 2501 断路器合闸弹簧未储能信号”。两个信号在断路器合闸后的一段时间内没有自动复归。

4. 监控人员立即汇报当值调度员，并且通知在变电站现场操作的运维人员

运维人员对 2501 断路器储能电源进行检查，发现断路器端子箱内 2501 断路器储能电源空气开关确实跳开，断路器的合闸弹簧也没有储能，运维值班员试送储能电源空气开关后，储能点击启动，“1 号主变压器 2501 断路器储能回路失电”信号立即复归，断路器储能完成后，“1 号主变压器 2501 断路器合闸弹簧未储能”信号复归。

六、断路器储能电机电源消失

1. 断路器储能电机电源消失的原因

断路器储能电机电源消失的原因有多种，主要有交流所用电失电；交流屏断路器端子箱环路电源空气开关跳闸；断路器端子箱或断路器机构箱储能电源空气开关跳闸。

2. 断路器储能电机电源消失对一次设备的影响

断路器储能电机电源消失后，对于弹簧机构的断路器，如果断路器合闸弹簧未储能信号没有发出，断路器可以正常分闸，分开后的断路器也可以进行重合，但是不能再次进行合闸，而且重合闸动作后，由于合闸弹簧能量释放，不能及时储能，合闸弹簧未储能信号此时也应发出。假如储能电机电源消失信号发出的同时，断路器合闸弹簧未储能信号也发出，则此断路器智能分闸不能合闸。对于液压机构的断路器，如果合闸、分闸闭锁信号没有发出，不影响断路器正常分、合闸。

3. 断路器储能电机电源消失的处理

监控人员发现断路器储能电机电源信号发出，应查看该断路器的合闸弹簧未储能信号是否发出，然后通知运维人员到变电站现场，进行设备检查，如果是其中一台所用电消失引起，则可以送上停用的所用电，或者将端子箱电源切换到运行所变；假如是因为交流电流空气开关跳开造成，试送跳开的交流电压空气开关，试送不成功，通知检修人员处理。

七、测控装置逻辑闭锁解除

1. 测控装置逻辑解锁信号发出的原因

测控装置逻辑解锁信号发出，说明变电站该间隔测控屏上联锁、解锁开关切到“逻辑解锁”或“硬件解锁”位置。

2. 测控装置联锁开关切“逻辑解锁”“硬件解锁”的原因和目的

切换开关切“逻辑解锁”是在本间隔测控装置和站内网络正常，但是与本间隔防误逻辑有关的其他间隔测控装置不能正常工作下使用，其作用有两个：① 测控装置上，后台，监控端的遥控分、合断路器和隔离开关的遥合、遥分继电器触点将不受逻辑防误闭锁，只要通过上述方式下达分、合命令，遥控的分、合触点都会接通，即不进行本间隔的逻辑运算；② 测控装置输出的逻辑防误触点也不受防误逻辑控制，自动接通。

切换开关切“硬件解锁”是在本间隔测控装置出现异常不能正常工作时使用，在这种情况下本间隔的断路器隔离开关不能在测控上、后台、监控端操作，断路器只能通过测控装置上把手操作，隔离开关只能在断路器端子箱、隔离开关机构箱操作，当测控装置上切至硬件解锁位置时，SK 的八副触点短接测控装置输出的八组逻辑防误闭锁触点，使断路器、隔离开关的操作不受测控装置损坏影响。

八、线路失压

1. 线路失压信息发出的原因

线路失压信号是由间隔断路器端子箱内低电压继电器的动断触点，通过测控装置发出的。线路处于运行状态时，线路电压互感器二次有电压，低电压继电器动断触点打开，线路无压信号不会发出，当线路两侧断路器断开，线路确实不带电时，线路无压信号应该发出。线路处于运行状态，线路无压信号发出时，可能是因为线路电压互感器故障、线路电压互感器二次空气开关跳开、低电压继电器线圈断线、低电压继电器定值整定不恰当或动断触点误闭合等原因引起。

2. 线路无压信号发出的危害

线路电压互感器二次电压的作用有本间隔断路器合闸时的同期鉴定，断路器重合闸的同期鉴定和无压鉴定，线路侧接地隔离开关的防误操作闭锁。如果线路确实失电，线路无压信号发出是正确的。假如线路有电而发出线路无压信号，排除线路无压信号误发，此时断路器误发同期合闸，无压和同期鉴定重合闸也不能正确动作，还影响线路接地隔离开关的防误闭锁。

3. 线路无压信号发出处理

线路无压信号发出后，监控人员应利用网络接线路，判定线路是否确实没有电压。线路确实有电压，而发出线路无压信号，监控人员应通知变电运维人员进行现场检查。首先查看断路器端子箱内电压互感器二次空气开关是否跳闸，若二次空气开关跳闸，对空开进行试送。线路电压互感器二次空气开关没有跳开，测量线路电压互感器二次电压，若二次电压正常，那么不影响断路器同期合闸和重合闸正确动作，可能是低电压继电器原因，通知二次人员检查处理。

九、线路电压互感器二次空气开关跳闸

1. 线路电压互感器二次空气开关跳闸信号发出的原因

线路电压互感器二次空气开关跳闸信号发出的可能原因有：线路接地隔离开关合上后，运维值班员人为拉开线路电压互感器二次空气开关；线路处于运行状态，线路电压互感器二次电压回路发生短路，造成线路电压互感器二次空气开关跳闸；线路电压互感器二次空气开关可靠性差，误动跳开，这种原因占较大比例。

2. 线路电压互感器二次空气开关跳闸的危害

断路器处于热备用状态无法进行同期合闸；保护动作，断路器跳开后，同期检定、无压检定重合闸不能正确动作；合线路接地隔离开关时，不能正确实现电气和逻辑闭锁。

3. 线路电压互感器二次空气开关跳闸处理

排除运维人员手动拉开电压互感器二次空气开关，线路运行或备用状态，电压互

感器二次空气开关跳闸信号发出后，监控人员应检查线路无压信号也应发出，同时运维人员到变电站现场，查看端子箱二次空气开关确在分闸位置，试合跳闸的线路电压互感器二次空气开关，假如试合不成功，通知保护人员检查处理，并汇报调度，退出无压检定重合闸，同期检定重合闸可以不退。

4. 异常处理案例

一个 220kV 变电站，处于运行状态的 110kV 虎寒 1143 线路，监控端发出“线路无压信号”。

监控当班人员对该间隔四遥信息进行检查，未发现其他异常，立即将这一情况汇报当班调度员，并且通知运维人员到变电站现场，对设备进线检查。

运维人员检查发现 1143 断路器端子箱内，线路电压互感器二次电压继电器线圈烧坏，线路电压互感器二次电压正常，不影响断路器的同期合闸、无压检定、同期检定重合闸及线路接地隔离开关闭锁，运维人员将检查结果报告调度及监控，并上报缺陷处理。

十、母差保护 TA 断线告警

1. 母差保护 TA 断线告警的原因

当母差保护的大差元件或小差元件的任意一相差电流大于母差保护定值单重差流报警定值时，差动保护发出差动保护 TA 断线报警信号。母差保护正常运行情况下，差动回路存在不平衡电流，不平衡电流的产生是由于电流互感器特性不好、TA 变比误差等原因产生，这个数值一般很小。当母线上某间隔 TA 二次开路、电流互感器二次没有接入差动回路、间隔负荷过大造成 TA 饱和等都会使母差回路差电流互感器大，发出母差保护 TA 断线告警信号。

2. 母差保护 TA 断线告警信号发出后的处理

监控人员发现变电站母差保护 TA 断线告警信号发出后，报告当值调度员，通知运维人员到变电站现场对差动保护装置进行检查，查看差动保护大差、小差的差流数值，确认最大差流已经大于告警定值，对电流互感器二次回路检查，是否能发现开路点，如果运维人员找不到问题，请求二次保护人员检查处理。母差保护 TA 断线告警信号发出后，不闭锁母差保护，但是需要尽快处理，否则差流增大到母差保护 TA 断线闭锁信号发出后，将造成母差保护闭锁。

十一、母差保护 TA 断线闭锁

1. 母差保护 TA 断线闭锁的原因

母差保护 TA 断线闭锁的原因和母差保护 TA 断线告警原因基本相同，当母差保护 TA 断线闭锁信号发出后，母差保护的 TA 断线告警信号一定发出，否则可能是母差保护 TA 断线闭锁信号误发。

2. 母差 TA 断线闭锁信号发出对母差保护的影响

母差保护 TA 断线告警、TA 断线闭锁信号发出后，说明母差保护在正常运行的情况下出现了较大的不平衡电流，此时母差保护若不采取措施，当系统发生区外故障，母差的复合电压元件开放，母差保护就有可能误动。因此，母差差流大于断线闭锁定值时，一般给定 10s 母差保护出口窗口事件，过了 10s 复合电压元件还没有开放，保护判定差流是由于 TA 回路断线等原因引起，闭锁母差保护。

3. 母差保护 TA 断线闭锁的处理

母差保护 TA 断线闭锁信号发出后，说明母差保护已经被闭锁，监控值班员立即报告当值调度员，调度员做好母差保护不能动作的事故处理预案。通知运维人员去变电站现场退出母差保护，检查母差保护和母差保护电流回路，紧急情况下根据调度命令调整系统运行方式。运维人员检查母差保护装置时，不得随意按母差保护信号复归按钮，防止区外故障母差保护误动，运行人员找不到母差保护 TA 断线闭锁信号发出的原因时，请求继电保护人员处理，继电保护人员将 TA 断线闭锁原因处理好后，经大于 TA 断线闭锁信号发出的延时时间，该信号不再发出，说明异常确实消除，运维人员重新启用母差保护。

十二、母差保护开入变位

1. 母差保护开入变位的原因

微机母差保护作为开入量输入装置有以下一些回路：各间隔的母线隔离开关位置，用于判定各间隔电流参与哪条母线小差电流计算。母差保护功能连接片，母差保护判定哪些功能是启用的。母联断路器位置，用于判断母线是并列运行还是分列运行。各间隔失灵启动或主变压器间隔解除复合电压闭锁回路有开入。

2. 母差保护开入变位的处理

监控人员发现变电站母差保护开入变位信号发出后，询问运维人员是否操作母差保护功能连接片，是否操作间隔母线隔离开关或母联断路器。排除人为操作的因素后，应怀疑间隔的失灵启动回路或主变压器解除复合电压回路误动。如果是失灵启动或复合电压解闭锁回路误动，会延时发出开入异常信号，这种情况下监控人员应报告调度员，并通知运维人员进行现场检查。

十三、母差保护互联

1. 母差保护互联信号发出的原因

对于双母线接线的母差保护，有双母线方式和互联方式，母差保护为互联方式时，母差保护没有选择性，当出现以下情况时，母差保护互联信号发出。① 母联差动电流互感器断线；② 运行人员投入母差互联连接片；③ 母差保护定值单中互联控制投入；④ 同一个间隔两把母线侧隔离开关都合上。

2. 母差保护互联信号发出检查处理

监控人员发现母差保护互联信号发出后，对变电站主接线图进行检查，确认是否由于运维人员倒闸操作引起，排除这一原因后，报告当值调度员，通知运维值班员到现场进行检查，调阅保护装置上母联间隔三相电流，确认是否由于母联间隔 TA 断线造成。查看保护定值单，确认互联控制字没有投入。检查母差保护母线隔离开关位置模拟盘，确认互联信号发出是否是由于开入到母差保护中的母线侧隔离开关位置错误造成的，必要时通知继电保护人员处理。

十四、不间断电源异常

1. 不间断电源异常信号发出的原因

为了保证变电站一些由交流提供工作电源的设备，在变电站全所失电的情况下正常运行，变电站必须配置一定容量的不间断电源。需要由不间断电源提供工作电源的设备包括主变压器油温、线圈温度采集、电能表的数据远传、变电站后台监控系统等。不间断电源的输入电源通常有两路，一路是交流电源，另一路是直流电源，装置的输出为交流电源。当装置输入的交流或直流异常，输出的交流过电压或过电流、不间断电源本身故障，都会发出不间断电源异常信号。

2. 不间断电源异常的检查处理

当变电站不间断电源异常信号发出后，监控人员检查主变压器温度是否正常，数据是否刷新，主变压器温度数值准确，也能正常刷新，则询问变电站是否短时间停用直流或交流所用电，造成本间隔电源输入电源失电，如果是仅仅停用不间断电源的交流或直流电源，那么装置可以正常运行，仅仅是装置工作电源失去备用。排除上述原因后，通知运维人员到变电站现场检查，若为不间断电源失去直流或交流工作电源，就进行试送，试送成功，装置异常信号复归。如果不间断电源本身故障，通知继电保护人员处理。

【思考和练习】

1. 主变压器过负荷的原因有哪些？
2. 主变压器过励磁有哪些危害？
3. 主变压器油温高如何处理？
4. 主变压器油位异常的原因有哪些？
5. 主变压器充氮灭火装置异常如何处理？
6. 主变压器保护中，TV 断线的判据是什么？

模块 2 各类异常信息的处理（Z01G9002Ⅱ）

【模块描述】本模块介绍了电网及变电站各类异常信息，分析各种设备异常的原因及危害，正确的应对措施，通过理论讲解、图形示意、案例介绍，熟悉电网及变电站各类异常信息，能够正确分析各种设备异常的原因及危害，并采取正确的应对措施。

【模块内容】

一、主变压器油位异常报警

1. 主变压器油位异常的原因

主变压器内部充满变压器油，变压器油承担对地绝缘、对外散热、有载开关的变压器油还担负着熄灭有载开关调挡过程中电弧的作用。运行主变压器油温异常可能是因为：主变压器多次放油后，没有及时进行补充；环境温度大幅变化引起油位升高或降低；主变压器发生严重漏油现象；主变压器油温异常变化，引起油位变化；主变压器呼吸器堵塞、胶囊破裂，出现假油位。

2. 主变压器油位异常的危害

主变压器油位过高时，会造成运行过程中对外喷油，油位过高还会使储油柜上部空间变小，降低储油柜调节主变压器油位的能力；主变压器油位过低会使主变压器铁芯和线圈暴露在空气中，容易造成线圈受潮，使主变压器绝缘击穿。另外，暴露在空气中的线圈和铁芯，更容易使温度异常升高。有载开关油位过低，还可能使有载开关在调节分接头过程中，失去灭弧功能，造成有载开关损坏。

3. 主变压器油位异常判断

判断油位异常信号发出后，监控没有其他可以佐证的信号，只有由运维人员到现场进行检查，首先应判断是否出现假油位，判断的依据是主变压器上层油温、环境温度、主变压器负荷是否有变化，主变压器近期是否取过油样，变压器是否有严重渗漏现象，主变压器套管是否漏油。排除这些因素后，可以初步判断主变压器出现假油位。

4. 主变压器油位异常处理

确认主变压器油位异常后，程度较严重的漏油或长期的微漏油现象可能会使变压器的油位降低，应立即通知检修人员进行堵漏和加油。如因大量漏油而使油位迅速下降时，禁止将重瓦斯保护改信号，通知检修人员迅速采取制止漏油的措施，并立即加油。如油面下降过多，危及变压器运行时应提请调度将故障变压器停运；正常时本体油箱与调压开关油箱之间是隔离的，而且从设计上保证了本体油位高于调压开关油位，因此，一旦因电气接头发热或其他原因使两者的阻隔密封破坏时，本体油箱的油将持续流入调压开关油箱，使调压开关油位异常升高，甚至从调压开关呼吸器管道中溢出。这种情况一经确认，应申请主变压器停役加以处理。

二、主变压器轻瓦斯动作

1. 主变压器轻瓦斯保护动作的原因

主变压器本体和有载开关都配置轻瓦斯保护，主变压器轻瓦斯动作有可能是因为变压器内部发生了轻微故障，也有可能是因为主变压器油中进入了空气，还有可能是因为变压器油面下降。并且，在夏季高峰负荷期间，由于有载调压开关动作太频繁也有可能造成主变压器有载轻瓦斯保护动作。

2. 主变压器轻瓦斯保护动作判断

主变压器有载轻瓦斯保护动作信号发出后，监控人员查看 AVC 系统，分析是否由于有载开关调压太频繁引起，还应查看最近该主变压器有载开关是否有工作，如果近期有载开关进行了检修，也可能是油中进入了空气造成，若不存在这些情况，应判定为主变压器有载开关发生了故障。对于主变压器本体轻瓦斯动作的分析判断类似于有载轻瓦斯，不同的是本体轻瓦斯不存在调压造成轻瓦斯保护动作的问题。

3. 主变压器轻瓦斯保护动作的处理

监控人员发现主变压器轻瓦斯保护动作后，应立即进行综合分析判断，报告当值调度员，通知所属运维操作板进行现场检查处理。

（1）对变压器进行外观检查；对主变压器的负荷、温度、油位、声响及渗漏油情况进行细致的检查和辨析。

（2）采集气体继电器内的气体，并记录气量。值班人员采气一般使用较大容量的注射器进行。先取下注射器针尖，换上一小段塑料或耐油橡胶细管，排出空气，再将软管接在气体继电器的排气阀上（要求接头严密不漏气）。打开排气阀，缓缓抽动注射器活塞，吸入管道内残留的变压器油，然后关闭阀门断开软管，将注射器活塞推到底，排除变压器油。再接上软管将气体吸入注射器内。最后关闭排气阀，拆除软管与排气阀连接。

（3）对气体进行感官检查并进行定性分析。对气体进行感官检查的方法为：首先观察注射器内的气体是否无色透明，然后换装针头将少量气体徐徐推出，辨别其气味，再推出部分气体于针尖处点火试之，判别是否可燃，并将检查情况报告调度及有关领导。

（4）通知有关专业人员取样做色谱和气相分析。一旦发现采集的气体有浑浊、味臭、可燃等情况，应迅速将剩余气样送有关部门或由他们重新采样进行进一步的定量分析。并根据分析结果分别作出将主变压器停役、继续采样观察或撤销警戒的处理。

三、主变压器保护装置闭锁

1. 主变压器保护装置闭锁的原因

保护装置由于自身硬件故障、定值出错或装置工作电源消失时，会发出装置闭锁（装置故障或直流电源消失）信号。

2. 主变压器保护闭锁对主变压器保护的影响

某保护装置闭锁信号发出后，闭锁整套保护的所有功能，包括主变压器差动保护和装置包含的后备保护功能，对于 110kV 及以下电压等级的主变压器保护，主、后分开，只闭锁装置内的主保护或后备保护。也就是说装置闭锁信号发出后，这个机箱内的所有保护功能都不会动作。

3. 主变压器保护装置闭锁处理

监控当班人员发现某主变压器保护装置闭锁信号发出后，快速报告当值调度员，通知运维人员到变电站现场，对主变压器保护进行检查，将检查结果向调度汇报，在调度员指挥下进行处理，有备用变压器的启用备用变压器，将保护装置被闭锁的主变压器退出运行。负荷可以转移的，将失去保护的主变压器负荷转移，然后停用主变压器。

四、测控装置通信中断

1. 测控装置通信中断的原因

测控装置需要和站控层通信才能完成间隔的四遥功能，测控装置通信中断的原因有测控装置失电、测控装置通信模块损坏、测控装置通信地址设置错误、测控装置和总控单元之间通信线缆断开、测控装置或总控单元相应水晶头损坏等。

2. 测控装置通信中断的危害

测控装置通信中断后，断路器、隔离开关不能在主站端、变电站后台操作，但是断路器可以在测控屏操作，隔离开关可以在开关端子箱分、合。测控装置通信中断后遥信信息可以在就地装置上查看，不能送到变电站后台或主站端。对于遥测量同样可以在装置上查看，也不能上送。同期判断和逻辑防误闭锁功能不受影响。

3. 测控装置通信中断的处理

监控值班员发现某间隔测控通信中断信号发出后，查看该间隔遥测、遥信数据，判定测控通信中断信号不是误发。通知运维人员到变电站现场，对测控装置进行检查，找不到明显故障点时，上报缺陷，由通信自动化人员处理，若短时间误发恢复，将监控职责移交给运维人员。

五、切换继电器同时动作

1. 切换继电器同时动作信号发出的原因

对于双母线接线方式的接线，为了实现一次运行母线和保护、测量和计量回路使用电压互感器二次电压对应，在断路器操作箱中都设有由母线隔离开关辅助触点启动的重动继电器。利用两个切换继电器动合触点串联，发切换继电器同时动作信号。假如一个间隔的两把母线隔离开关都处于合上位置，则切换继电器同时动作信号发出是正确的，如果不是这种情况，那么可能是拉开的母线侧隔离开关辅助触点误接通，或者是应该返回的切换继电器没有返回。

2. 切换继电器同时动作对设备的影响

倒母线操作过程中，同一个间隔两把母线隔离开关都合上，切换继电器同时动作信号发出，此时，母差保护自动改为互联方式，一条母线故障，两条母线上所有开关都跳闸。若一个间隔两把母线隔离开关没有同时合上，而该间隔的切换继电器同时动作信号发出，此时两条母线电压互感器二次有可能在一次系统没有并列的情况下误并列，容易使电压互感器二次空气开关跳闸。

3. 切换继电器同时动作信号发出的处理

监控人员发现变电站某间隔切换继电器同时动作信号发出后，核对该变电站是否在进行倒母线操作，这一间隔的两把母线隔离开关是否都处于合闸位置。排除这些原因后，立即通知运维人员去现场检查，首先检查开关操作箱，确认两把母线隔离开关启动的切换继电器都处于励磁状态，然后到母线隔离开关机构箱检查确认启动切换继电器 YQJ 的母线隔离开关动合辅助触点已经接通，可以临时将母线隔离开关处于分闸位置的动合辅助触点断开，让不该启动的 YQJ 继电器返回，上报缺陷，通知检修人员对隔离开关辅助触点消缺。

六、保护装置通道异常

1. 保护装置通道异常的原因

对于 220kV 及以上电压等级的联络线，当线路发生故障时，为了保护快速切除，都配置了反映双端电气量的纵联保护，本侧保护必须知道对侧保护判断出的故障方向或电流数值及相位，快速接受对侧数据、发送本侧数据都要依靠通道，当前大多采用光纤通道，主保护绝大部分是分相电流差动保护。当通道误码率大于设定数值、丢帧数大于整定值、光纤通道或通道设备故障，造成收不到对侧数据时，保护会发出通道异常信号。

2. 通道异常对保护装置的影响

通道异常信号发出后，保护接收到对侧数据不正确，或者根本接受不到对侧数据，对于纵联、分相电流差动保护，判断发生的故障在本线路，还是在线路外侧，必须依靠两侧数据，单侧数据只能区分正方向故障还是反方向故障，通道故障，失去一侧保护信息后，保护不能准确判断出本级故障还是下级线路故障，所以保护装置中的主保护自动闭锁，以防止保护装置误动。

3. 通道异常的处理

监控人员发现运行线路保护通道异常信号发出后，报告当值调度员，通知所属运维班运行到变电站现场，对保护装置进行检查，联系调度，退出主保护投入功能连接片，手动复归通道异常信号，若复归后不再发出，根据调度命令启用已经退出的主保护功能连接片，否则通知保护人员处理，调度做好线路主保护退出的事故处理预案。

七、电压互感器计量二次空气开关跳闸

1. 电压互感器计量二次空气开关跳闸的原因

为了防止电压互感器二次计量回路小母线、电能表电压线圈等回路发生短路故障，造成电压互感器损坏，在电压互感器端子箱安装计量回路二次保护空气开关，空气开

关的动作电流一般为2～4A。计量回路仅仅在电压互感器端子箱安装保护空气开关，各间隔电能表的支路一般情况不安装空气开关保护，这一点和保护、测量回路是有区别的。每个间隔的计量交流电压，同样经过切换继电器切换后，接到各支路电能表的电压线圈，电压互感器二次计量总空气开关跳闸的原因一般有：空气开关特性不好，发生误动，这个原因较为常见；计量电压小母线或电能表电压线圈发出短路故障，电流超过空气开关跳闸整定电流。

2. 电压互感器计量二次空气开关跳闸对设备运行的影响

电压互感器计量二次空气开关跳闸后，对于不在线路上安装三相电压互感器的接线方式，所有运行于该电压等级母线上的各出线间隔、主变压器间隔、旁路及母联间隔的电能表都失去电压互感器二次电压，电能表都停止计量，造成漏计电量。

3. 电压互感器计量二次空气开关跳闸的处理

监控值班员发现母线电压互感器计量电压互感器二次空气开关跳闸后，立即报告当值调度员，通知运维人员到变电站现场，试送跳开的电压互感器端子箱计量回路二次空气开关，试送成功后，异常消失，各间隔电能表恢复正常计量，如果试送后，空气开关再次跳开，说明计量二次回路确实存在短路故障，通知继电保护人员检查处理同样需要注意即使一次系统运行方式满足电压互感器二次并列条件，也绝不能将电压互感器二次并列，避免正常运行的电压互感器二次空气开关跳闸，使故障范围扩大。

八、电压互感器二次并列

1. 电压互感器二次并列的目的

对于配置两组电压互感器，当一次系统并列，电压互感器二次就可以实现并列。但是也不是只要一次并列运行，电压互感器二次就必须并列。当运行方式为两条母线或两个电源并列运行，其中一组电压互感器因为异常、检修等原因，需要停用时，为了保证停用电压互感器所在母线上各间隔的保护、测量和计量回路不失压，必须将两组电压互感器二次并列。另外一种情况是双线接线，某一个间隔倒母线操作过程中，需要将电压互感器二次回路进行并列，其目的是用电压互感器二次重动及并列装置中的并列继电器触点并列电压互感器二次，如果这种情况不手动并列电压互感器二次，那么就由母线隔离开关同时合上间隔的切换继电器触点并列电压互感器二次，由于切换继电器触点容量较小，并列、解列过程中，有可能造成切换继电器触点烧坏。

2. 电压互感器二次并列的检查判断

监控运行人员发出变电站某电压等级电压互感器二次并列信号发出后，检查该电压等级的接线方式，一次是否是并列运行，如果一次确实是并列运行，询问运维人员变电站是不是其中一组母线电压互感器停电，运维人员已经手动并了电压互感器二次；运维人员是否在进行倒母线操作，假如是在进行倒母线操作，那么监控人员应注意监视，当运维人员倒母线操作结束后，电压互感器二次并列信号应消失。排除这些情况后，监控人员通知运行人员现场检查，确认并列开关位置，如果并列开关处于解列位置，而并列信号发出，则可能是并列开关触点不好，造成信号误发，如果并列开关处于并列位置，那么运维人员检查原因，必要时将其切至解列位置。

九、母差保护 TV 断线告警

1. 母差保护 TV 断线信号发出的原因

对于 220kV 及以下电压等级的母差保护，为了防止母线差动保护装置误动，母差保护都经过复合电压元件闭锁，母差保护要出口跳闸，必须大差元件、小差元件、复合电压元件都动作。母差保护中复合电压元件的判据有相电压低于整定值、负序电压大于整定值、零序电压大于整定值三个。从复合电压元件的动作条件看，只要接入母差保护的电压消失或母线电压不平衡，母差保护的 TV 断线信号都会发出。

2. 母差保护 TV 断线的处理

母差保护 TV 断线信号发出后不闭锁母差保护，只是开放母差保护中复合电压元件，如果在这种情况下母差保护电流元件误动，将造成无故障情况下，母差保护出口。监控值班人员发现母差保护发出 TV 断线信号后，可以结合其他信息进行综合判断，检查母差保护所在母线电压，查看电压是否消失、三相电压是否平衡、取用该母线电压的其他保护是否发出告警信号。然后报告当值调度员，通知运维人员进行现场检查，如果母线上其他保护装置告警信号也发出，可能是电压互感器二次端子箱空气开关跳闸或电压互感器二次重动及并列装置失电，按电压互感器端子箱空气开关跳闸、重动装置失电处理。排除这种故障，运维人员检查母差保护屏后空开，若空气开关跳闸，则可以试送一次，试送不成功或运维人员找不到原因，应通知继电保护人员处理。

十、母差保护开入异常

1. 母差保护开入异常信号发出的原因

母差保护的开入变位和开入异常信号有一些相似性，和其他条件相校验，相互之间没有矛盾，就属于正常变位，发出开入变位信号。相互校验不对应，就发出开入异常信号。母联开关的位置开入，正常情况下应该有分位无合位或者有合位无分位，当出现有分位又有合位时，说明母联断路器的位置信号开入错误；当母联断路器处于合闸位置，运行人员误投了分列运行功能连接片；假如某间隔运行于正母线（母差根据电流计算判断），可是该间隔的副母线隔离开关有开入；某间隔的失灵保护启动有开入或主变压器间隔的解除复合电压闭锁有开入，但是经过给定延时失灵保护没有满足动作条件。出现这些情况时，母差保护发出开入异常信号。

2. 母差保护开入异常的处理

监控值班人员发现变电站母差保护发出开入异常信号后，立即报告调度员，通知运维人员到变电站现场，对母差保护进行检查，可以从保护报文中看出开入异常信号发出时，哪个开入发生了变位。首先检查母线上各间隔的一次接排方式，看母差保护的各间隔母线隔离开关位置开入是否与一次接排方式一致，如果发现某间隔不一致，可以在母差保护屏上，将母线隔离开关开入强制对位；假如母联断路器处于合闸位置，运行人员错误地投入了分列运行连接片，应立即将误投的连接片退出；如果某间隔在保护没有动作的情况下，开入到母差保护的失灵启动或解除复合电压闭锁有开入，应立即退出该开入回路，防止失灵保护误动。

十一、站用变压器二次电压异常

1. 站用变压器二次电压异常信号发出的原因

这个信号反映的是站用变压器二次侧电压情况，不是交流站用变压器母线电压，信号发出的原因有站用变压器失电、站用变压器一次断开、站用变压器二次电压过低或过高、站用变压器二次电压缺相、站用变压器高压侧熔断器熔断、站用变压器二次电压接入电压监视装置的空气开关跳开。

2. 站用变压器二次电压异常的危害

如果站用变压器处于运行状态，站用变压器一次、二次断路器，隔离开关都合上，站用变压器带400V母线运行，那么当站用变压器二次电压异常信号发出后，排除该信号误发，那么对应的400V母线电压也异常，可能影响断路器的交流电机储能，各端子箱、机构箱加热照明，使用交流电流的电动隔离开关操作，还可能影响直流充电装置的正常运行，站用变压器低压侧空气开关和站用电分段空气开关的操作也可能不能正常进行。

3. 站用变压器二次电压异常的检查处理

监控值班员发现变电站站用变压器二次电压异常信号发出后，首先检查站用变压器高压侧系统是否发生事故，造成站用变压器失电；其次检查站用变压器的运行状态，确认站用变压器是运行状态；查看该站用变压器所在400V母线电压情况，是否出现电压过高、过低或三相严重不平衡。然后通知运行人员到变电站现场检查，查看交流屏后接入电压检测装置的空气开关是否跳开，若是空气开关跳开，可以试送一次；查看站用变压器一次熔断器，如果一次熔断器熔断，将站用变压器停电后，进行更换；用万用表测量站用变压器二次电压，根据电压情况判定信号的真实性；上述检查还是不能发现站用变压器二次电压异常信号发出的原因，要通知检修人员处理。

十二、站用变压器母线失电

1. 站用变压器母线失电原因

220kV变电站交流站用电接线方式一般为单母线分段，每台站用变压器低压侧装设一台空气开关，两段母线之间安装一台分段空气开关，正常运行时两台站用变压器各带一段 400V 母线，分段空气开关热备用。站用变压器母线失电的原因可能有：相应母线故障，站用变压器低压侧空气开关电流保护动作跳开；母线上出线短路故障，支路空气开关拒动，越级跳开站用变压器低压侧空气开关；站用变压器高压侧电源失电，分段空气开关自投拒动或分段自投未投入。

2. 站用变压器母线失电对设备运行的影响

当变电站其中一段站用变压器母线失电时，直流充电装置会失去一路电源，发直流系统异常告警；主变压器冷却装置两路电源失去一路，应发出工作电源失电告警；开关端子箱交流电源从两段母线上各出一路，正常情况下可以两路都送，中间解开，还可能在交流屏上只送其中一路，当站用变压器其中一段母线失电时，有可能造成断路器端子箱交流电源消失，影响断路器储能、电动隔离开关操作和加热照明，也会引起站内照明、空调、动力失电。

3. 站用变压器母线失电的处理

站用变压器母线失电信号发出后，监控人员应进行综合检查判断，首先查看该段母线电压，确认已经失电，其次检查一些辅助佐证信号，直流系统异常、主变压器冷却装置电源失电等信号发出，通知运行人员现场检查，如果是因为分段备自投没有启用，造成其中一段母线失电，则分开站用变压器低压侧空气开关，试送分段断路器一次，若试送不成功，拉开失电母线上所有支路空气开关，可以再试送一次，还是不成功，应对失电母线进行检查，必要时通知检修人员处理，此时运行人员调整站用电负荷，确保不失电。

十三、站用电源备自投动作

1. 站用电源备自投动作的原因

当两台站用变压器，其中一台站用变压器因为高压侧电源失电，站用变压器低压侧空气开关失压保护动作跳闸，站用变压器的分段空气开关自投动作，跳失电站用变压器低压侧空气开关，合上分段空气开关，保证两段交流站用变压器母线都不失电，发出站用电源备自投动作信号。需要注意的是站用变低压侧空气开关因为电流保护动作跳开后，站用电的分段空气开关备自投保护不会动作，避免引起故障范围扩大。

2. 站用变压器备自投动作的检查处理

监控人员发现变电站站用变压器备自投装置动作信号发出后，检查两台站用变压器的高压侧电源，其中一台站用变压器高压侧应该已经失电，查看两段站用变压器母线三相电压，确认三相电压都支持，通知运行人员到变电站现场，检查站用变失电原因，设法恢复失电的站用变压器运行。

十四、直流系统蓄电池电压异常

1. 蓄电池电压异常信号发出的原因

蓄电池电压异常信号反映的是整组蓄电池电压过高或者过低，另外一种情况就是某一个单只蓄电池的电压超过或者低于告警值，设置该信号的目的是及时发现单只电池异常或者蓄电池组过充电、欠充电。

2. 蓄电池电压异常检查处理

监控值班员发现变电站蓄电池电压异常信号发出后，应加强对变电站直流系统的检查，直流控母电压是否正常，系统是否发出其他告警信号。通知运行人员检查变电站蓄电池的整组电压和单只电压，排除这些问题，则有可能是信号误发，若蓄电池整组或单只电压过高、过低，通知二次维护人员处理。

【思考和练习】

1. 控制回路断线信号发出的原因有哪些？
2. 切换继电器失电原因有哪些？对设备正常运行有什么影响？
3. 线路电压互感器二次电压用于哪些回路？
4. 哪些情况下会发出切换继电器同时动作信号？
5. 断路器 SF_6 压力低闭锁信号发出后，会发出哪些伴随信号？
6. 测控装置通信中断，对设备运行有哪些危害？

模块3　复杂异常信息的处理（Z01G9003Ⅲ）

【模块描述】本模块介绍了复杂异常情况，通过理论讲解、案例分析、仿真培训，能对复杂异常情况提出合理的处理意见，能正确进行危险点源分析、优化处理方案，能正确分析异常类型、位置、原因，能对系统电压、潮流、负荷的异常处理提出有效的措施、建议。

【模块内容】

一、冷却装置故障或冷却器全停

1. 冷却装置异常或冷却器全停的原因

主变压器冷却方式有油浸自冷、油浸风冷、强油风冷和强油水冷等，冷却装置通常有两路电源供电，而且能实现自动切换。冷却装置常见的故障有工作电源之一故障、冷却装置控制电源故障、单组工作冷却器故障、冷却装置全停等。引起冷却装置全停通常是因为两路工作电源同时消失、冷却装置控制回路故障、监视单相的自动切换回路非故障失电不能自动切换等。

2. 冷却装置故障或冷却器全停的分析判断

当冷却装置发出工作电源Ⅰ或工作电源Ⅱ故障时，监控值班人员应立即检查交流站用电的两段母线电压，确认是否因为某一台站用电失电引起，如果两段站用变压器电压都正常，有可能是主变压器冷却装置工作电源空气开关跳闸造成；如果冷却装置全停信号发出，应结合工作电源消失信号进行综合判断，并报告当值调度员，通知运维人员进行现场检查。

3. 主变压器冷却装置故障或冷却器全停处理

发现冷却系统故障或发出冷却器故障信号时，变电站值班人员必须迅速作出反应。首先应判明是冷却器故障还是整个冷却系统故障。

若是一组或两组冷却器故障，则无论是风扇电机故障还是油泵故障均应立即将该组冷却器停用，并视不同情况调整剩余冷却器的工作状态，确保有一组工作于常用状态。然后对故障冷却器进行检查处理或报修。在一组或两组冷却器停运期间，值班人员必须按现场运行规程中规定的相应允许负荷率对主变压器的负荷进行监控。

冷却器全停时，应由值班负责人指定专人监视、记录主变压器的电流与温度，并立即向调度汇报，同时以最快的速度分析有关信号，查找原因并设法恢复冷却器运行。若是站用电失电所致，则按站用电失电有关规定处理；若是冷却系统备用电源自投回路失灵，则立即手动合上备用电源；若是直流控制电源失电则将冷却器控制改为手动方式后恢复冷却器运行。

如果一时无法恢复冷却器运行时应于无冷却器允许运行时间到达前报告调度要求停用主变压器。而不管上层油温或线温是否已超过限值，因为在潜油泵停转的情况下，热传导过程极为缓慢，在温度上升的过程中，绕组和铁芯的温度上升速度远远高于油温的上升速度，此时的油温指示已不能正确反映主变压器内部的温度升高情况，只能通过负荷与时间来进行控制。以避免主变压器温度升高的危险程度。

强迫油循环风冷变压器运行中，当冷却系统（指油泵风扇、电源等）发生故障，冷却器全部停止工作，运行在额定负荷下运行 20min。20min 后顶层油温未达到 75℃，则运行继续运行到顶层油温未达到 75℃。但切除全部冷却器的最长时间在任何情况下不得超过 1h。

4. 主变压器风冷全停处理案例

监控班：

3 月 7 日 20:30，监控值班员发现某 110kV 变电站“风冷电机全停”发信。油温 63℃，负荷 28 000kW，且在缓慢上升中，即通知操作班值班员。

操作班：

20:30 监控通知运维某变电站“风冷电机全停”发信，温度 63℃，负荷 28 000kW，且在缓慢上升中。

20:50 到达现场发现 2 号主变压器风冷全停，油温 78℃，负荷 35 000kW，且油温和负荷还在上升中，汇报调度后，到 2 号主变压器风冷箱进行检查：① 交流总电源测量正常；② 各分路空气开关均在合闸位置，且各分路无电源，初始判断为总交流电源接触器故障，值班员无法排除。

风扇电机全停信号的发出应同时满足空气开关 ZK 在合上状态，交流接触器 C 在分开状态，在确认 ZK 在合上状态后应立即检查交流接触器 C 回路。查找应遵循逐级查找的原则。交流接触器回路：自动投入回路：220–1RD–LK3、4 触点–自动启动回路中间继电器 ZJ 触点–交流接触器 C–N；手动投入回路：220–1RD–LK2、1 触点–交流接触器 C–N。

21:01 向调度汇报，建议转移负荷，调度告知 1 号主变压器已满负荷，无法转移负荷。

21:15 调度按拉路顺序发口令限负荷。

二、主变压器充氮灭火装置异常

1. 主变压器充氮灭火装置异常的原因

主变压器充氮灭火装置的作用是当主变压器发生内部故障时，主变压器本体重瓦斯保护动作，而且变压器顶部温度达到设定值，变压器充氮灭火装置自动启动，打开下部放油阀门，当油位放到一定位置后，向变压器油上部充氮，使得又和氧气隔离，达到灭火的目的。充氮灭火装置设置一个装置异常信号，该信号发出可能是因为装置本身硬件损坏、装置的直流工作电源消失或者装置的交流工作电源消失。

2. 主变压器充氮灭火装置异常信号发出后对一次设备的影响

主变压器充氮灭火装置信号发出后，从前文信号发出的原因看，该信号发出后，主变压器的充氮灭火装置不能按要求动作。主变压器充氮灭火装置属于主变压器的辅助设备，在主变压器没有内部故障的情况下，充氮灭火装置异常对主变压器没有影响。为了防止充氮灭火装置误动，目前各变电站主变压器充氮灭火装置都切在手动位置，没有放在自动位置，也就是说即使主变压器发生内部故障，充氮灭火装置也需运维人员到现场启动。

3. 主变压器充氮灭火装置异常处理

监控人员发现变电站充氮灭火装置动作后，报告当值调度员，通知运维人员到变电站现场，对装置进行详细检查。然后将装置投入连接片退出，如果装置直流或交流电流消失，则试送电源，试送成功后，检查无异常后，将装置投入运行。假如试送不成功或充氮灭火装置本身故障，则上报缺陷，由检修人员处理。

三、主变压器保护装置告警

1. 主变压器保护装置告警的原因

保护装置由于一些非保护装置自身原因或装置工作电源消失的异常运行情况时，发装置告警信息，告警信号发出后，保护自动退出与告警内容相关的一些保护功能，而不闭锁整套保护装置。主变压器保护发出告警信息的原因有：差动回路最大差流大于告警定值、断路器在合闸位置或者本侧电流大于某一个数值，但是本侧电压互感器二次三相失压、一侧一相电压低于整定值或负序电压大于整定值、不接地一侧零序电压大于告警值、某一侧电流反相序、某一侧零序电流大于告警值等。

2. 主变压器保护告警对主变压器保护的影响

某一侧电压回路断线造成保护装置告警时，保护的电压判断条件满足，后备保护失去电压闭锁，当接入保护的电流元件误动时，保护装置有误动的可能。差动电流大于告警值使主变压器保护装置告警时，定值单中若整定 TA 断线闭锁差动保护，则主变压器差动保护被闭锁，如果整定 TA 断线比闭锁差动保护，则 TA 断线引起的保护装置告警不闭锁差动保护。某一侧电流不平衡或相序错误造成保护装置告警，有可能使零序保护误动。

3. 主变压器保护装置告警处理

监控当班人员发现某主变压器保护装置告警信号发出后，查看主变压器的不接地侧母线电压三相是否平衡，如果是由于本侧母线单相接地引起主变压器保护装置告警，则当接地消失后，主变压器保护告警信号会自动复归。不是不接地侧母线电压不平衡造成的保护装置告警，监控值班员立即向调度员汇报，然后通知运维人员现场检查，查看保护装置的报文信息，确认保护装置告警原因。报文显示某侧 TV 断线，投入本侧电压连接片，查看保护屏后电压回路空气开关是否跳闸和该侧电压采样值，交流电压空气开关跳闸引起，则试送交流电压二次空气开关，试送成功后，退出本侧电压连接片，试送不成功，请求检修人员处理。差流大于整定值使保护装置告警，检查各侧差动 TA 回路，确认是否因为电流互感器二次开路引起，发现 TA 开路，采取措施在靠近电流互感器一侧将 TA 回路短接，然后请求保护人员处理，不是因为 TA 开路引起，应由保护人员对装置进行检查处理。

四、断路器 SF_6 压力低闭锁

1. 断路器 SF_6 气体压力低闭锁的原因

断路器 SF_6 气体压力低闭锁信号发出，说明 SF_6 气体压力值已经低于闭锁的压力数值，断路器本体的密封性能不好，SF_6 气体发生严重渗漏。之前断路器 SF_6 气体压力低报警信号发出后没有及时补气，或者渗漏很严重，补气不起作用。

2. 断路器 SF_6 气体压力低闭锁的影响

断路器 SF_6 气体压力低闭锁信号发出后，灭弧性能和绝缘性能已经不能满足正常运行要求，断路器的分闸回路和合闸回路被闭锁，不能进行正常分、合，如果断路器处于合闸位置，则第一组控制回路断线、第二组控制回路断线、SF_6 气体压力低报警信号应发出。假如断路器处于分闸位置，那么第一组控制回路断线信号、SF_6 气体压力低报警信号发出。这些信号是判断断路器 SF_6 气体压力确实低于闭锁压力的佐证，若仅仅有断路器 SF_6 气体压力低闭锁信号发出，没有控制回路断线信号和 SF_6 气体压力低报警信号，则有可能是 SF_6 气体压力低闭锁信号误发，因为 SF_6 气体压力低闭锁信号是通过重动继电器触点发出的，受断路器的控制电源影响。

3. 断路器 SF_6 气体压力低闭锁处理

监控值班人员发现断路器 SF_6 气体压力低闭锁信号发出后，应结合断路器位置、控制回路断线信号、SF_6 气体压力低报警信号是否发出进行综合分析，排除 SF_6 气体压力低闭锁信号误发后，报告当值调度员，通知运维人员到变电站现场，对断路器本体进行详细检查，确认断路器 SF_6 气体压力值已经低于闭锁压力，汇报调度员将断路器改为非自动状态。如果断路器处于分闸位置，直接改为冷备用状态，由检修人员进行处理。假如断路器处于运行状态，对于带有旁路的接线方式，用旁路断路器带 SF_6 气体压力闭锁的断路器运行，使故障断路器退出运行。对于没有旁路的接线方式，可以采用母联串供的方式，将故障断路器隔离后，进行检修处理。

4. 案例

变电站主接线图截屏如图 45–3–1 所示。

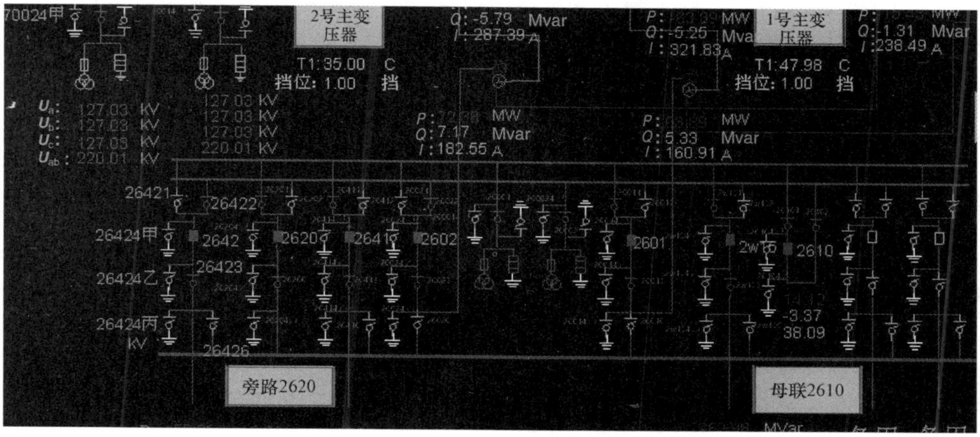

图 45–3–1 变电站主接线图截屏

主要现象：2601 断路器 SF_6 气体压力低报警、2601 断路器 SF_6 气体压力低总闭锁、2601 断路器 1 组控制回路断线、2601 断路器 2 组控制回路断线，PST1222 分相双跳操作箱上合闸位置 A/B/C 灯熄灭，主变压器测控屏上红、绿灯熄灭。SF_6 气体压力表值：0.2。

异常处理过程：汇报调度：单位、姓名、发现异常时间；填写上报Ⅰ类缺陷，汇报工区；检查 1 号主变压器保护装置上 2601 断路器合闸位置灯灭，检查 1 号主变压器测控屏上 2601 红、绿灯、合位灯均灭。

拉开 1 号主变压器保护上 2601 操作回路电源Ⅰ、Ⅱ空气开关（非自动），拉开 2620 断路器；合上 26016 隔离开关；停用 220kV 旁路断路器失灵保护；取下 220kV 旁路跳闸出口连接片，将 220kV 旁路保护屏电流端子切至代 1 号主变压器。

取下 1 号主变压器保护 A 屏差动连接片 1LP，取下 1 号主变压器保护 B 屏差动连接片 1LP（可以不退），取下 1 号主变压器保护 B 屏保护跳 2601 断路器出口Ⅰ连接片 21LP，取下 1 号主变压器保护 B 屏保护跳 2601 断路器出口Ⅱ连接片 22LP，取下 1 号主变压器保护 B 屏保护跳 701 断路器出口连接片 25LP，拉开 1 号主变压器保护 B 屏保护跳开 301 断路器出口连接片 27LP，取下 1 号主变压器保护 B 屏保护跳开 710 断路器出口连接片 30LP，取下 1 号主变压器保护 B 屏保护跳开 310 断路器出口连接片 31LP，放上 1 号主变压器保护 B 屏、非电气量保护跳开 2620 断路器出口连接片 43LP。

取下 1 号主变压器保护 A 屏保护非全相运行连接片 10LP，取下 1 号主变压器保护 A 屏主变压器失灵保护过电流解除甲母闭锁连接片 35LP，取下 1 号主变压器保护 A 屏失灵保护连接片 36LP，投入 1 号主变压器保护 A 屏 220kV 旁路电流端子。

合上 2620 断路器，将 1 号主变压器保护 A 屏高压侧电压切至旁路，拉开 220kV 旁路 2620 断路器操作电源（非自动），解锁拉开 26013 隔离开关、26011 隔离开关，合上 220kV 旁路 2620 断路器操作电源（改自动）。

断开 1 号主变压器保护 A 屏 220kV 侧电流端子（切至短路退出位置），放上 1 号主变压器保护 A 屏保护差动连接片 1LP，验明确无电压后，合上 26014 甲、26014 乙接地开关，拉开 2601 操作电源箱 2601 机构补压，拉开 2601 操作电源箱 2601 隔离开关操作电源，取下 1 号主变压器保护 B 屏保护非电量跳 2601 断路器出口Ⅱ连接片 41、42LP，取下 1 号主变压器保护 A 屏电气量保护跳 2601 断路器出口Ⅰ连接片 21、22LP，取下 220kV 母差保护屏上 1 号主变压器组跳闸出口连接片 10、11LP，断开电流端子，失灵保护启动回路。

五、断路器三相不一致保护动作

1. 断路器三相不一致保护动作原因

220kV 线路间隔断路器本体配置三相不一致保护，保护装置中也配置了三相不一致保护。当断路器三相不是同时处于合闸位置或分闸位置时，经过设定延时后，断路器本体三相不一致动作。继电保护中三相不一致保护需要经过电流元件闭锁。

2. 断路器三相不一致保护动作处理

监控值班人员发现断路器三相不一致保护动作信号发出后，检查断路器位置，线路潮流，确认断路器三相处于分闸位置，汇报管辖调度员，通知运维人员到变电站现场，对断路器三相进行详细检查，在调度的指挥下进行事故处理。

3. 典型案例：2642 断路器三相不一致且操作失灵

主要现象：三相电流不平衡，三相不一致发信。

检查监控信息（表计）指示，检查相关保护情况，汇报调度：异常发现时间和设备现状。

手动再次合闸一次，手动分闸一次将现象汇报调度，将对侧断路器拉开，停用 26 断路器操作电源。

将 2620 断路器冷倒至副母线运行，拉开 2620 断路器，拉开 26201 隔离开关，合上 26202 隔离开关，合上 26426 隔离开关。

检查 2620 断路器保护与 2642 断路器保护一致，合上 2620 断路器，停用 2620 断路器操作电源，解锁拉开 26422、26423 隔离开关，投入 2620 断路器操作电源。

投入 2620 断路器重合闸。

验电后合上 26424 甲、26424 乙隔离开关。

六、断路器测控装置闭锁或电源消失

1. 断路器测控装置闭锁或失电的原因

断路器测控装置闭锁原因之一是测控装置硬件故障，使测控装置不能正常工作；第二个原因是测控装置的直流工作电源消失，出现这种情况，测控装置也一定退出运行。

2. 测控装置闭锁或电源消失对变电站设备的影响

测控装置的功能有：遥控功能，完成对本间隔断路器、隔离开关、接地开关的遥控操作；遥测功能，对接到本测控装置的电流、电压进行直接测量，并通过电流、电压完成一些间接数据的测量，主要包括有功功率、无功功率、功率因素、系统频率、积分电量等。

遥信功能，采集接于该测控装置的本间隔所有硬接点信号；遥调功能，测控装置可以完成对主变压器有载分接开关的调节；逻辑防误功能，测控装置可以根据设定的逻辑条件，输出防误闭锁触点，逻辑条件满足，逻辑防误触点闭合。反之，防误闭锁触点打开；同期检测功能，当断路器两侧电压满足同期合闸条件时，同期闭锁触点闭合，断路器可以进行合闸；和总控单元通信功能，接收来自主变压器端或变电站后台的遥控、遥调命令。通过通信口上送该测控装置采集的遥信、遥测数据。

当测控装置闭锁信息发出后，上送所有功能都失去，遥信信号不变位，遥测数据不刷新，不能在主站端或变电站后台进行遥控、遥调操作。

3. 测控装置闭锁或电源消失处理

监控值班员发现某个间隔测控装置闭锁或电源消失后，查看该间隔的遥信信号和遥测数据，综合判断测控装置确已退出运行，汇报当值调度员，通知运维人员进行现场检查，如果装置工作电源消失，设法恢复测控装置直流工作电源。如果测控装置硬件故障或电源误发恢复，上报紧急缺陷，由保护、自动化人员处理，短时间内测控装置不能恢复正常运行时，应将本间隔的监控职责移交给运维人员。待测控装置运行正常后，监控值班员再将监控职责收回。

七、切换继电器失电

1. 切换继电器失电异常信息发出原因

操作箱中切换继电器是否启动，受母线隔离开关辅助触点和直流工作电源影响，切换继电器失电信号由 1YQJ 和 2YQJ 继电器常闭触点串联发出。当 1YQJ、2YQJ 都不励磁时，该信号发出。从该信号回路的接线可以看出，当一个间隔处于冷备用状态，两把母线隔离开关都拉开，切换继电器失电信号一定发出，但是这种情况下切换继电器没有失电；另外一种情况就是切换继电器的直流工作电源消失或者屏后电源空开跳闸。

2. 切换继电器失电对设备运行的影响

切换继电器失电信号发出后，如果该间隔处于冷备用状态，断路器、隔离开关都拉开，那么对设备运行没有影响。假如设备是运行或热备用状态，切换继电器失电信号发出，对“六统一”设计的 220kV 间隔，由于保护、计量和测量回路的交流电压都使用线路电压互感器，所以对保护、计量和测量回路没有大的影响，不过其母线电压互感器的 A 相电压还是要经过切换继电器切换，然后上保护和测控装置，因此，运行或热备用状态的间隔发出切换继电器失电信号，母线电压互感器的单相电压不能接入保护和测控装置，影响到断路器的同期合闸，也使得保护装置中的同期鉴定重合闸不能正确动作。

对于不是按“六统一”设计的 220kV 间隔或 110kV 间隔，由于间隔的保护、计量和测量回路都使用母线电压互感器二次电压，而电压互感器二次电压要接入保护、计量和测量装置，都要经过切换继电器 YQJ 的动合触点。当切换继电器失电信号发出后，继电器动合触点打开，母线电压互感器二次电压无法进入这些装置，使线路保护不能准确动作，计量电能表电压线圈失压，测量装置数值错误，断路器同期合闸、同期重合闸不能正确动作。

3. 切换继电器失电处理

监控值班人员发现某间隔发出切换继电器失电信息后，需要进行综合判断，对于按“六统一”设计的220kV间隔，检查间隔的电流、有功功率和无功功率数值应正常，如果保护投同期鉴定重合闸方式，可能因为同期电压消失而发出装置告警信息，假如不是同期重合闸方式，保护应不发出告警信号，监控人员汇报调度员，通知运维人员到变电站现场，联系调度停用同期鉴定重合闸，检查切换继电器电源空气开关，必要时通知保护人员处理。对于不是按“六统一”设计的220kV间隔或110kV间隔，当切换继电器失电信息发出后，监控人员查看该间隔遥测数据电流正常，有功功率、无功功率应为 0，保护装置由于交流电压回路失压，会发出告警信号，监控人员应立即汇报当值调度员，通知运维值班员到变电站现场，检查该间隔二次设备，操作箱1YQJ、2YQJ应同时失磁，保护装置告警信号灯点亮，报文信息发出TV断线，间隔电能表失压停走，汇报调度将失压会误动的保护停用。查看保护屏后切换继电器电源空气开关，如果切换电源和断路器控制电源共用一个空气开关，则查看控制电源空气开关，如果空气开关跳开，则试送该空气开关，试送成功，切换继电器重新启动后，投入退出的保护，试送不成功，通知二次维修人员处理。

假如不是因为电源空开跳闸引起切换继电器失电，则可能是合闸位置的母线侧隔离开关动合辅助触点接触不好，运维人员可以用万用表检查母线隔离开关辅助触点接通情况，必要时通知保护人员检查处理。

八、控制回路断线（控制回路一断线、控制回路二断线）

1. 控制回路断线信号发出的原因

控制回路断线信号回路如图45–3–2所示。

图45–3–2　控制回路断线信号回路图

220kV 断路器由于配置了两个跳闸线圈，为了监视两个跳闸回路完好性，因此有两个控制回路断线信号，要使控制回路一断线信号发出，必须接在第一控制电源下的断路器跳闸位置继电器和合闸位置继电器同时失电，这种情况发生的比较常见原因是：第一路控制电源开关4K1跳开，断路器在分闸位置弹簧未储能，断路器本体的SF_6压力下降至总闭锁压力以下；要使控制回路二断线信号发出，必须接在第一控制电源下的跳闸位置继电器和接在第二路控制电源下的合闸位置继电器同时失电，这种情况出现的常见原因有：断路器在合闸位置第二路控制电源断路器跳闸，断路器本体 SF_6 气体压力低于总闭锁压力。

断路器 SF_6 气体压力低闭锁信号回路图如图 45–3–3 所示。

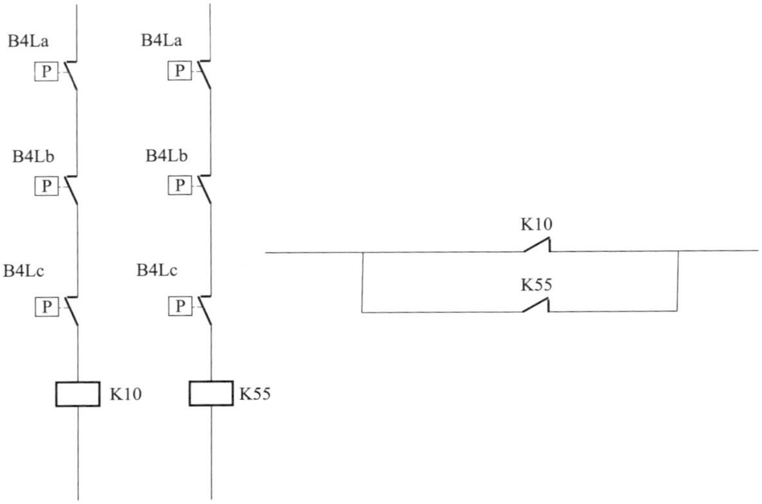

图 45–3–3 断路器 SF_6 气体压力低闭锁信号回路图

从图 45–3–3 可以得知，断路器任意一相 SF_6 气体压力低于闭锁压力以下，都可以使 K10 和 K55 继电器失磁，K10 或 K55 的动断触点闭合，发断路器 SF_6 气体压力低总闭锁信号，需要注意的是 K10 继电器的工作电源取自断路器的第一组控制电源，也就是说当发生断路器的 SF_6 气体压力正常的情况下，如果断路器的第一组控制电源空气开关跳开，K10 也会失磁，其动断触点闭合误发 SF_6 气体压力低总闭锁信号；同样情况 K55 继电器的工作电源取自断路器的第二组控制电源，也就是说断路器 SF_6 气体压力正常的情况下，断路器控制回路第二组控制电源空气开关跳开，同样会误发 SF_6 气体压力低总闭锁信号。这种误发信号的根本原因是使用了重动的 K10 和 K55 继电器造成的，如果信号回路直接用断路器 SF_6 气体压力表触点来发，就可以避免出现这种情况，但是用重动继电器也有好处：可以增加触点数量，还可以增大触点容量。

该变电站两个信号同时发出的可能原因：

当时的信号是控制回路二断线及第二路直流电源消失和断路器 SF_6 气体压力低总闭锁信号，当时断路器处于合闸位置，断路器控制回路中的跳闸位置继电器不励磁，第一控制电源回路和第二控制电源回路的合闸位置继电器都应该励磁。此时如断路器

某一相 SF_6 气体压力低于总闭锁压力，则由 K10 继电器的动合触点切断断路器的合闸回路和第一分闸回路，由 K55 继电器的动合触点切断断路器的第二分闸回路。当然，此时 K10 和 K55 的动断触点一定闭合，这时会有三个信号发出：第一路控制回路断线及第一路直流电源消失、第二路控制回路断线及第二路直流电源消失和断路器 SF_6 气体压力低总闭锁信号，而实际上是发出了两个信号，因此原因不是断路器 SF_6 气体压力低于闭锁压力造成的。

断路器的第一路控制电源空气开关跳开引起。第一路控制电源空气开关跳开，K10 继电器失电，其动合触点切断断路器的合闸和第一路分闸回路，必定会发出第一路控制回路断线及第一路直流电源消失信号，K10 的动断触点闭合，因此，断路器 SF_6 气体压力低总闭锁信号也会发出，还有一个信号可以佐证，第一路控制电源空气开关跳开后，正常应该励磁的控制回路 22YJJ 继电器失磁，断路器弹簧未储能及 SF_6 压力低闭锁重合信号也肯定要发出。

断路器的第二路控制电源空气开关跳开。第二路控制电源空气开关跳开，K55 继电器失电，切断断路器第二路跳闸回路，而 K10 继电器不会失磁，此时发出第二路控制回路断线及第二路直流电源消失信号，第一路控制电源断线及第一路直流电源消失信号不会发出，断路器弹簧未储能及 SF_6 气体压力低闭锁重合信号也不会发出，K55 继电器的动断触点闭合，会发出断路器 SF_6 气体压力低总闭锁信号。

通过以上分析可以看出，断路器 SF_6 气体压力低于总闭锁压力、断路器第一路控制电源空气开关跳开和断路器第二路控制电源空气开关跳开，这三种情况下发出的光字牌信号不同，运行人员可以区别开来的。

断路器机构箱远方就地切换开关切至就地位置，这种情况下断路器的合闸回路和分闸回路都被切断，所以控制回路断线信号发出。

断路器的操作电源消失，或者操作电源空气开关跳闸，断路器控制回路的 HWJ 和 TWJ 同时失磁，其动断触点同时接通，断路器的控制回路断线信号也会发出。

断路器处于合闸位置，若其分闸回路的动合辅助触点解除不好，应该励磁的 HWJ 继电器失磁；处于分闸位置的断路器，接在合闸回路的断路器动断辅助触点接触不好，会造成应该励磁的 TWJ 继电器失磁，都会使断路器的控制回路断线信号发出。

断路器分闸、合闸操作过程中，由于分闸、合闸触点会短时短接 HWJ 或 TWJ 的线圈，如果测控装置中控制回路断线信号的防抖延时设置不恰当，会短时发出控制回路断线信号，当断路器分闸、合闸到位后，控制回路断线信号应立即返回。

2. 控制回路断线对设备的影响

断路器的控制回路断线是一个非常严重的异常，必须引起监控人员和运维人员的高度重视，对于 110kV 及以下电压等级的断路器，当其控制回路断线信号发出后，断路器无法进行分闸、合闸，作用于该断路器的保护、重合闸都不起作用。电压等级为220kV 及以上的断路器，都配置两路操作电源，第一路操作电源作用于断路器的合闸和第一路分闸回路，第二路操作电源作用于断路器的第二路分闸回路，断路器的控制回路断线信号也有两个，第一路控制回路断线信号发出后，断路器不能合闸，作用于第一组跳闸线圈的保护也失去功能；第二组控制回路断线信号发出后，作用于第二组跳闸线圈的保护不起作用。

3. 断路器控制回路断线信号发出的处理

监控人员发现断路器控制回路断线信号发出后，检查断路器的运行状态，对于冷备用的断路器，通知运行人员到变电站现场检查断路器的操作电源是否拉开，若断路器操作电源被拉开，则信号发出是对的，将控制电源空气开关送上，信号应该复归。

若断路器运行方式为热备用状态，监控人员报告调度员，通知运维人员现场检查，查看控制电源空气开关是否跳开，如果控制电源空气开关跳开，那么上送一次控制电源开关，上送成功后，信号应复归。不是控制电源空气开关跳开造成，检查断路器 SF_6 气体压力，看 SF_6 压力是否已经低于闭锁压力，如果 SF_6 压力已经低于闭锁压力，报告调度员，有旁路断路器的用旁路断路器带压力闭锁断路器，将 SF_6 压力闭锁断路器停用后，由检修人员处理。

排除 SF_6 气体压力闭锁原因，检查断路器机构箱远方就地切换开关，是否切在就地位置，若是切在就地位置，由运维人员切到远方位置，此时控制回路断线信号应复归。

九、电压互感器保护、测量二次空气开关跳闸

1. 电压互感器保护、测量二次空气开关跳闸的原因

为了防止电压互感器二次回路发生短路故障，造成电压互感器损坏，电压互感器二次回路都安装空气开关保护，空气开关的动作电流一般为 2～4A。电压互感器二次回路除在电压互感器二次端子箱配有总的空气开关保护外，每个间隔的交流电压，经过切换继电器切换后，在每个支路也都装设空气开关保护，支路空气开关和电压互感器二次总空气开关应满足上、下级配合要求，电压互感器二次总空气开关跳闸的原因一般有：空气开关特性不好，发生误动，这个原因较为常见；上、下级空气开关特性配合不好，支路发生短路，支路空气开关没有跳开，越级跳电压互感器二次总空气开关；支路空气开关前面的电压互感器二次小母线故障，使电压互感器二次总空气开关跳闸。

2. 电压互感器保护、测量二次空气开关跳闸对设备运行的影响

电压互感器保护、测量二次空气开关跳闸后，对于不在线路上安装三相电压互感器的接线方式，所有运行于该电压等级母线上的各出线间隔、主变压器间隔、旁路及母联间隔的保护装置均失去交流电压，取用电压互感器二次电压的保护装置都不能正

确动作，例如距离保护、方向零序保护等，各保护装置发出 TV 断线信号。取用该母线电压互感器二次电压的自动装置，包括母线差动保护、备用电源自投装置、解列装置、故障录波器等全部因为失去交流电压而不能正确动作，而且发出 TV 断线报警或告警信号。各间隔的测控装置交流电压也消失，所以电流指示正常，而有功功率、无功功率指示为 0，断路器的同期合闸回路，因为母线电压消失，不能满足同期要求，造成无法合闸。

3. 电压互感器保护、测量二次空气开关跳闸的处理

监控值班员发现母线电压互感器保护、测量电压互感器二次空气开关跳闸后，快速进行综合判断，检查主接线图上空气开关跳闸母线上所有间隔的遥测量，电流数值应正常，有功功率、无功功率数值应该为 0，该母线上各间隔的保护装置发出 TV 断线信号或告警信号，取用该母线电压互感器二次电压的自动装置也应发出 TV 断线信号或告警信号。确认这些现象都出现后，可以排除电压互感器保护、测量二次空气开关跳闸信号误动，立即报告当值调度员，通知运维人员到变电站现场，首先联系调度停用失压可能误动的保护装置，例如距离保护、低电压解列装置、备用电源自投等，检查电压回路，没有发现明显异常后，在电压互感器二次端子箱内，上送跳闸的二次空气开关，假如上送成功，投入退出的保护及自动装置。如果试送后，空气开关再次跳开，拉开各间隔保护屏后交流电压空气开关、拉开各自动装置屏后交流电压二次空气开关、拉开测控装置屏后交流电压二次空气开关，再试送电压互感器端子箱保护、测量二次空气开关，试送成功后，说明电压互感器二次回路故障点在各支路上，然后试送各支路电压互感器二次空气开关，当试送到某支路空气开关，电压互感器端子箱空气开关又跳开，说明故障点就在这一支路上，合上总空气开关，投入除故障支路的退出的保护和自动装置，通知二次维修人员检查处理。如果各支路空气开关拉开后，电压互感器端子箱空气开关上送又跳开，则故障点在电压互感器二次小母线上，通知继电保护人员处理，调度做好事故预想或调整运行方式，特别要注意的是：发生这种异常，即使一次系统满足电压互感器二次并列条件，也绝不能将电压互感器二次并列，避免正常运行的电压互感器二次空气开关跳闸，使故障范围扩大。

十、电压互感器二次重动及并列装置失电

1. 电压互感器二次重动及并列装置失电原因

为了防止一次设备停电后，通过电压互感器二次对一次设备返送电，电压互感器的二次都经过重动继电器的动合触点，然后上电压互感器二次电压小母线，只要电压互感器一次隔离开关拉开，电压互感器二次就自动和小母线断开。但是这种接线也有一些缺点，假如运行的电压互感器一次隔离开关合上，但是重动继电器直流工作电源消失，就会造成运行的电压互感器二次电压无法上小母线，使取用该电压互感器二次

电压的保护、测量和计量回路失电。电压互感器二次重动及并列装置安装在一个机箱，装置的工作电源空气开关装在屏后，如果变电站直流电源消失或重动及并列装置屏后工作电源空气开关跳闸，都使重动及并列装置失电。

2. 电压互感器二次重动及并列装置失电对设备运行的影响

电压互感器二次回路如图 45-3-4 所示。

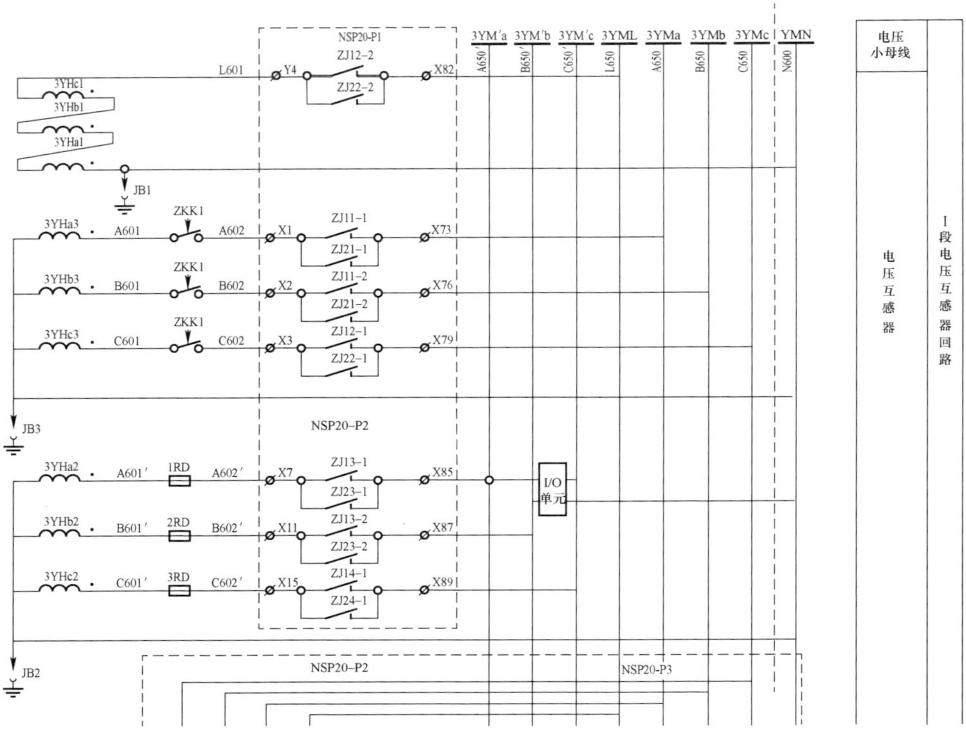

图 45-3-4 母线电压互感器二次回路图

运行的电压互感器二次电压，首先经过电压互感器二次端子箱空气开关的动合触点或二次熔断器，然后引到控制室的重动及并列装置，经装置内的重动继电器的动合触点，引到屏顶的二次电压小母线，供各间隔的保护、测量和计量回路。如果切换及并列装置工作电源消失，重动继电器失电，其动合触点都打开，电压互感器二次虽然有电压，但是不能上电压互感器二次电压小母线，运行于该电压互感器所在母线间隔的保护、测量、计量回路都失压，取用该母线电压互感器二次电压的自动装置，例如母差、故障录波器等同时失压。后果是保护和自动装置可能误动或拒动，测量数值不正确，计量电能表漏计量。

3. 电压互感器二次重动及并列装置失电的处理

监控值班员发现母线重动及并列装置失电后，快速进行综合判断，检查主接线图上空气开关跳闸母线上所有间隔的遥测量，电流数值应正常，有功功率、无功功率数值应该为0，该母线上各间隔的保护装置发出TV断线信号或告警信号，取用该母线电压互感器二次电压的自动装置也应发出TV断线信号或告警信号，电压互感器计量回路失压信号发出（计量电压小母线电压继电器动断触点）。确认这些现象都出现后，可以排除电压互感器重动及并列装置失电信号误动，立即报告当值调度员，通知运维人员到变电站现场，首先联系调度停用失压可能误动的保护装置，例如距离保护、低电压解列装置、备用电源自投等，检查电压互感器二次重动及并列装置，没有发现明显异常后，在重动及并列装置屏后，上送直流工作电源空气开关，假如试送成功，投入退出的保护及自动装置。如果试送后，空气开关再次跳开，说明重动及并列装置内部存在故障，报告当值调度员，采取措施调整系统运行方式，通知继电保护人员，到变电站现场检查处理。

十一、直流接地

1. 直流系统接地的危害

直流系统正常运行是不接地的，当直流母线或支路对地绝缘破坏时，会引起直流系统接地，当变电站有工作时，由于二次人员操作不当，也会造成直流系统接地。变电站直流系统一点接地时，不影响保护、自动装置运行及断路器分合闸，但是在直流系统已经存在一点接地的情况下，如果再发生另外一点接地，就可能使直流系统正极和负极端子、保护自动装置误动或者拒动。

2. 直流系统接地的检查处理

监控人员发现变电站直流接地信号发出后，立即检查直流母线电压应正常，正极接地时，正极对地电压下降，负极对地电压升高；负极接地，负极对地电压下降，正极对地电压升高。通知变电运行人员到变电站现场，按以下步骤和方法进行处理：

（1）手动装置处理。

直流接地的查找，应先判明故障的极性，利用故障直流绝缘监测装置测量正、负对地电压，判明是正极接地或负极接地。然后按以下顺序和方法查找：

1）分清接地极性，初步分析故障原因。

2）二次回路是否有工作或设备相关操作。

3）是否因天气影响，如梅雨、潮湿、进水等。

4）若二次回路上有人工作或检修试验工作，应立即停止，检查接地现象是否消失。

5）若二次回路上无人工作，可先将直流系统分开各成相对独立的系统，缩小查找范围，应注意查找过程中不能使保护或控制直流失去。

6）对不重要的直流馈线，可采用“瞬时停电法”查找分支馈线有无接地点，如信号回路等。

7）对于较为重要的直流馈线，可采用“转移负荷法”查找支路上有无接地点。

通过上述方法仍无法确认接地点可能在保护或控制回路中，应汇报调度，做好安全措施，分回路按顺序瞬时断开直流熔断器，用“瞬时通电法”查找接地点，每一回路的查找均应与调度联系一次，防止查找过程中造成保护或控制回路的误动作。

如果接地发生在雨天，则应重点检查回路端子箱、就地操作箱、机构箱端子排、断路器、隔离开关辅助触点，气体继电器触点等是否进水、潮湿等；若有雨水，可用吹风器将雨水、潮气吹干，观察接地现象是否消失。

若上述查找不成功，未找出接地点，应通知上级有关部门，联系专业人员进行查找。

（2）自动装置处理。

直流系统接地后，直流屏母线绝缘不良指示灯亮，WZJD–5A 微机直流接地检测装置显示接地回路支路号及相关数据。值班员应记录时间、接地极、支路号、绝缘电阻。汇报调度。

在调度同意下，用试拉的方法寻找接地回路，先拉监控装置提示的支路，接地不能消失再拉其他支路，并按照先次要后重要的顺序逐路进行。

试拉的同时检查接地现象是否消失，当拉开某一直流回路时接地现象消失，说明故障点在该回路。继续合上该支路直流开关，回报调度及工区，安排停电及故障处理。

发生直流接地后，值班员应迅速通知二次回路上的工作人员停止工作，防止出现两点接地造成直流回路短路和断路器误跳。

查找直流接地的注意事项如下：

查找故障时，应停止二次回路上的所有工作，防止触发回路误动作。

查找故障时，应两人以上进行，一人操作，一人监视，并做好安全监护工作。

查找直流系统接地应中将系统分开，缩小查找范围时，应注意双回供电的并环支路应先解环，才能确定接地点在哪条母线上。

查找直流支路中接地点时，按先有缺陷的，后无明显异常的支路；先户外，后室内；先有过接地记录的，后一般的；先潮湿、污秽严重的，后干燥、清洁的；先不重要，后重要的；先新投运的设备，后已运行多年的设备的原则来选择支路。

瞬时停电法拔插直流熔断器时，应经调度同意，停电时间一般不超过 3s。

查找使用的仪表内阻不应低于 2kΩ/V，禁止用灯泡查找接地。

对断电可能导致误动的回路，在查找时应汇报调度，先做好安全防误动措施再进行查找。

查找直流接地应尽量避免在高峰负荷时进行。

十二、直流系统异常

1. 直流系统异常信号发出的原因

直流系统异常信号是由多个装置异常信号合并的，也包括直流屏整流模块故障，整流模块输入的交流电源故障，整流模块交流输入回路避雷器故障，蓄电池输出回路总保险熔断，直流控制母线电压异常，直流系统绝缘监察装置故障，合闸母线和控制母线之间降压硅链故障等。

2. 直流系统异常信号发出的检查处理

直流系统异常信号发出后，监控人员检查直流控母电压是否正常，加强对变电站直流系统遥测、遥信的检查。及时通知运行人员到变电站现场，对直流系统进行检查，针对该信号发出的原因逐项加以排除，如果运行人员不能找到故障原因，通知二次保护人员处理。

十三、直流系统集中监控装置异常

1. 直流系统集中监控装置的作用及故障后对直流系统运行的影响

直流系统遥信、遥测上送有两种方式，第一种方式是各故障信息的硬接点接到变电站的公用测控上，通过公用测控上送到变电站后台和主站端，各遥测量也可以经过公用测控上送。第二种方式是直流系统的遥信、遥测由本身集中监控装置采集，集中监控装置采集的这些量通过监控装置通信口，送到规约转换装置，然后再由变电站站控层的通信网上送。当前变电站重要的遥信、遥测通过公用测控装置上送，其他一些数量较大信息由集中监控装置上送。从集中监控装置承担的作用可以看出，当集中监控装置异常信号发出后，由公用测控上送的遥测、遥信不受影响，其他的一些如蓄电池参数、各直流支路绝缘等数据无法送到变电站后台和主站端。需要注意的是某些变电站所有遥测、遥信都经过集中监控装置传送，当直流集中监控装置异常后，直流系统失去监视。

2. 直流系统集中监控装置异常的检查处理

变电站直流系统集中监控装置信号发出后，监控值班员检查直流系统控母电压情况，各异常信号是否变位。如果直流控母电压不刷新，应怀疑直流系统遥信、遥测采用集中监控装置上送。立即通知运行人员检查变电站直流设备，查看是否由于直流系统集中监控装置失电引起，假如是装置失电，设法恢复装置工作电源。如果无法恢复或其他原因导致直流系统集中监控装置异常，应通知继电保护人员处理，运维值班员应加强对直流系统的巡视检查，短时间无法恢复的，监控人员应将直流系统监控职责移交给运维人员。

【思考和练习】

1. 主变压器过励磁如何处理？
2. 简述控制回路断线信号发出的原因。
3. 断路器控制回路断线信号发出如何处理？
4. 简述直流系统异常信号发出的原因。
5. 直流系统集中监控装置异常如何处理？

第十部分

电网事故处理

第四十六章

线 路 事 故 处 理

模块 1　线路故障的处理原则及方法（Z01H1002Ⅲ）

【模块描述】本模块介绍线路故障跳闸对电网的影响、跳闸后送电的注意事项。通过案例学习和操作技能训练，正确掌握线路跳闸的信号分析及事故处理的方法，以下着重介绍线路故障的原因及分类、分析和判断线路故障性质、事故处理原则及处理步骤和注意事项。通过原因分析及案例学习，掌握各类线路故障现象及其特征及处理方法。

本模块包含 220、110kV 及以下线路的事故处理相关内容。

【模块内容】

一、110kV 及以下线路事故处理

输电线路分布广、数量大，易受环境、气候等外部因素的影响，具有很高的故障概率，线路故障开关跳闸也是变电所发生率最高的输变电事故。线路故障一般有单相接地、相间短路、两相接地短路等多种形态，其中以单相接地最为频繁。连接于线路上的设备，如线路电压互感器、电流互感器、避雷器、阻波器等的故障，按其性质、影响、保护反应等因素考虑，也应归属为线路故障。

（一）线路故障的处理原则

1. 线路事故处理的一般原则

线路跳闸后，现场值班员必须对故障跳闸线路的有关设备进行外部检查，确认可以正常送电。

遮断容量不足或需要在就地操作的开关，在未查出故障并加以消除前不得进行试送。

线路故障跳闸重合不成，一般情况下不强送。

强送不成，一般情况下将线路转检修。若电网运行急需，经请示有关领导同意后再强送一次。

2. 110kV 及以下馈供线路故障的处理原则

有单电源重要用户的线路故障跳闸重合不成，经请示领导同意后，允许强送一次。

无人值班变电站，当重合闸装置原处于投入状态，无法得到保护装置动作信息时，不得强送。

无人值班变电站，如有保电任务（或其他紧急情况）线路故障跳闸重合不成，调度运行值班人员可不经检查断路器设备立即进行送电一次。

当线路可以分段送电时，应逐段强送。

10、35kV 线路单相接地后跳闸，重合闸失败的，不再强送。

3. 全电缆线路事故跳闸处理原则

不经巡视不允许对故障电缆线路强送电。

经巡视，找到故障点，在隔离故障点后，可对停电线路试送电。

经巡视，未找到故障点，经过耐压试验正常后可以试送一次。

特殊情况经领导批准后可试送一次。

（二）线路保护配置

在 110kV 及以下电网中，保护配置的基本原则是：主保护+远后备保护。一般来说，在 110kV 及以下电网中的线路，其保护的基本配置是三段式保护（三段式电流或三段式距离保护），其中Ⅱ段作为线路主保护。由于Ⅱ段保护的速动性差，所以，为了弥补主保护的不足，设置了具有快速动作的Ⅰ段作为主保护的辅助保护。因此，有些技术资料上也这样表述：Ⅰ段和Ⅱ段共同作为线路的主保护。在三段式保护中，Ⅲ段作为线路的后备保护，而且要求具有远后备的作用。即当相邻的故障元件保护或开关拒动时，可以由电源侧的上一级开关的保护装置断开故障点。

1. 距离保护

距离保护指反应保护安装处至故障点的距离，并根据这一距离的远近而确定动作时限的一种保护装置。

短路点越靠近保护安装处，其测量阻抗就越小，则保护的时限就越短，反之，短路点越远，其测量阻抗就越大，则保护动作的时限就越长。这样，保证了保护有选择性的切除故障线路。距离保护包括三段相间距离保护和三段接地距离保护：距离Ⅰ段的保护范围应限制在本线路内，其动作阻抗应小于线路阻抗，通常其保护范围为被保护线路的全长的 80%～85%；距离Ⅱ段的保护范围超出本线路全长，才能保护线路全长，所以应与下线路Ⅰ段相配合，即不超出下线路Ⅰ段保护范围，动作时限也与之配合；距离保护Ⅲ段作为Ⅰ、Ⅱ段的近后备保护又作相邻下一线路距离保护和断路器拒动时的远后备保护。

2. 零序过电流保护

零序过电流保护是反映线路发生接地故障时零序电流分量大小的多段式电流方向保护装置。

零序过电流保护分带方向的和不带方向的，不带方向的，就是一个简单的多段式零序电流保护。带方向的，即加入了一个零序功率继电器，以判断零序功率方向，零序功率继电器是比较零序电压和零序电流之间的相位关系来判断方向的。

零序过电流保护包括四段零序方向过电流保护，其特点为：灵敏度高，发生单相接地故障时，故障相的电流与三倍零序电流 $3I_0$ 相等，所以零序电流保护的灵敏性更高些；系统发生振荡或者短时过负荷时，零序电流保护不会误动；只能用来保护接地短路故障，对两相不接地的短路和三相短路不能起到保护作用。

3. 光纤差动保护

光纤差动保护是指采用 PCM 光纤或光缆作为通道、分相电流差动元件的快速保护，其动作速度快，因而一般作为短线路的主保护。

110kV 线路光纤差动保护应具备以分相电流差动和零序电流差动为主体的快速主保护，由三段相间和接地距离保护、四段零序方向过电流保护构成的全套后备保护。

4. 纵联距离保护

线路纵联保护是当线路发生故障时，借助通道将线路两侧判别量传送到对侧，以特定关系作为判据，使两侧断路器同时快速跳闸的一种线路的主保护。

110kV 线路纵联距离保护应具备以闭锁式（或允许式）距离和零序方向为快速主保护，由三段相间和接地距离保护、四段零序方向过电流保护构成的全套后备保护。

（三）线路故障处理的基本步骤

线路保护动作跳闸后，调控值班员应及时查看主要保护动作信号和跳闸的断路器，将事故发生的时间、设备双重编号、断路器变位情况、重合闸动作、主要保护动作信号、负荷情况等信息通知运维人员现场检查，汇报相关部门，便于有关部门及时、全面的了解事故情况，进行分析判断。

检查受事故影响设备的运行状况，如双回线路，一条线路发生跳闸，应该检查另一条线路的运行状况，严密监视负荷超载情况。

运维人员到现场检查、记录保护及自动化装置屏上的相关信号，尤其是要重点检查线路故障录波器的测距数据，打印故障录波报告及微机保护报告。核实故障线路对应的断路器的实际位置，无论重合是否成功，都应该检查断路器及线路侧所有设备有无短路、接地、闪络、绝缘子破损炸裂、喷油等现象；检查站内相关设备有无异常；将详细检查结果汇报调度及相关部门。

拟写调度命令对设备进行隔离，恢复无故障设备的运行，将故障设备转为检修，并做好安全措施。

事故处理完毕后，值班人员应该详细填写运行日志，断路器分、合闸记录，并根据断路器跳闸情况、保护及自动装置的动作情况、故障录波报告及处理过程，详细整理事故的经过及处理。

（四）架空线路故障的分类及原因

输电线路大多是导线裸露的架空线路，由于直接暴露在大气当中，所以受到天气因素的影响较大，线路的故障类型也较为复杂，主要有站内线路设备支持绝缘子、线路绝缘子闪络，大雪、雷电、大雾、大风等恶劣天气造成的雷击、线路舞动、雾闪、冰闪等常见故障。

架空线路故障大体分为以下三类：

（1）短路故障：由于线路中不同电位的两点被导体短接起来，造成故障点产生较大的短路电流而不能正常工作的故障，称为短路故障。

（2）断路故障：线路的某个回路由于外力等原因非正常断开，使电流不能正常在回路中流通的故障，称为断路故障。如断线、接触不良等。

（3）接地故障：线路中的某点非正常接地所形成的故障，称为接地故障。

以上三种类型线路故障的形成原因主要有以下三种情况：

（1）架空线路的短路故障十分常见，根据不同情况又可分为金属性短路和非金属性短路；两相短路和三相短路。引发线路短路的原因主要有：

1）导线弧垂过大，遇大风天气导致线路摆动，两相或者三相形成短路；

2）杂物搭在两根线路之间造成相间短路；

3）受到雷击造成相间击穿而短路；

4）线路带地线合闸形成三相短路；

5）线路杆塔由于外力破坏而倒塌造成三相接地短路。

（2）断路故障也是线路中常见的故障类，是由于一相或者两相线路的断开造成线路的非全相运行，在断点有时还会引发过电压，产生电弧甚至可能导致电气火灾和爆炸的事故。其主要原因有：

1）架空线路中的一相因外力而断开；

2）导线接头处接触不良或烧断；

3）配电网络中的低压侧熔丝熔断。

（3）架空线路的接地故障在线路故障中属于最多的情况，特别是在雷雨天气里单相接地故障更是经常发生，其主要原因有：

1）线路附近的树枝等碰及导线；

2）绝缘子等电气元件绝缘能力下降，而对造成闪络或者对附近物体放电；

3）因外力破坏造成导线从线夹脱落而落地。

架空线路故障原因及防范措施一览表见表 46–1–1。

表 46–1–1 架空线路故障原因及防范措施一览表

序号	故障	故障原因	故障防范措施
1	导线混连短路	1）导线的弧垂太大； 2）同档用不同的导线连接； 3）外力、外物破坏； 4）导线上结冰融化脱落或导线跳动	1）按规程调整导线的弧垂； 2）加长承力杆横担； 3）夏季重点加强线路巡视工作
2	导线拉断	1）导线的拉力太大； 2）导线被损伤； 3）产品质量低劣； 4）导线上结冰	1）导线的弧垂太小及时调整（冬季）； 2）严把施工质量关； 3）使用国标产品； 4）加强新建线路验收； 5）机械或者电除冰
3	导线接头接触不良	1）承力接头质量低劣； 2）弓子线路不合格	1）直接绑接法； 2）钳压接法； 3）严格按规程要求施工
4	倒杆、断杆、断横担	1）电杆埋置深度不够； 2）电杆埋在松土、水田里； 3）雨季电杆未采取防风措施； 4）冬季施工解冻后杆基下沉	1）加强施工质量； 2）保持杆周围环境； 3）采用有效措施； 4）采用国标产品； 5）加强新建线路验收
5	绝缘子不良	1）制造质量不良； 2）施工碰伤； 3）雷电过电压； 4）污脏； 5）外力破坏； 6）绝缘老化	1）采用名牌产品； 2）耐压试验； 3）加强施工质量； 4）严禁向绝缘子抛物； 5）严禁在线路上打鸟、射击； 6）带电测试； 7）停电用绝缘电阻表测试
6	污闪	1）尘土污秽； 2）盐碱污秽； 3）海水污秽； 4）工业污秽； 5）鸟粪污秽	1）确定线路污秽期及污秽等级； 2）定期清扫； 3）更换不良绝缘子； 4）增加单位泄漏比距； 5）采用有效涂料

（五）电缆线路故障的分类及原因

电缆线路由于其绝缘性能较强，一般铺设在地下沟道中，受到天气的影响较小，所以其可靠性比架空线高较多，其故障的特点也具有其独特的特点和类型。

电缆故障根据其特性大体可以分为以下四类：

（1）接头故障：电缆线随电压等级的升高其线体的粗度也极具增大，为了便于运输安装被分割为一小段，电缆接头也就变得非常多，并成为电缆线路安全的薄弱环节，电缆接头虚接、发热故障也成为威胁电缆安全的重大隐患。

（2）接地和短路故障：由于绝缘损坏或者长期的酸碱腐蚀而造成绝缘破损，单相电缆线绝缘击穿而造成接地，多相绝缘损坏就会造成多相短路接地。

（3）断线故障：由于电缆的铺设比较隐蔽，在施工中被挖断而损坏造成断线故障。

（4）交联聚乙烯绝缘老化：电缆线路的交联聚乙烯材料在地下复杂、潮湿、阴暗的环境受到电化学作用的长期影响而老化，长期作用引起绝缘老化。

电缆线路产生故障的原因大致有机械损伤、绝缘受潮、绝缘老化变质、护层腐蚀、过电压、材料缺陷等。

电缆线路故障类型及原因一览表见表 46–1–2。

表 46–1–2　　电缆线路故障类型及原因一览表

序号	故障类型	故障原因
1	机械损伤	直接受外力损伤，因振动引起铅护层的疲劳损坏、弯曲过度、因地承受过大的拉力等
2	绝缘受潮	水分或潮湿从终端或电缆护层侵入
3	绝缘老化	绝缘在电热的作用下局部放电，生成树枝而老化，使介质损耗增大而导致局部过热击穿
4	护层腐蚀	护层因电解腐蚀或化学腐蚀而损坏
5	过电压	雷击或者其他过电压使电缆击穿
6	过热	过载或散热不良，使电缆热击穿

（六）线路故障现象及其特征

线路故障的类型和原因各不相同，较轻的故障会引发运行异常，严重的线路故障会引发线路保护动作而跳闸。线路故障可以分为瞬时性故障和永久性故障，其中瞬时性故障出线的概率最大占到总故障的 75%左右。线路故障的现象主要通过调控技术支持系统反应，常规现象有以下情况：

（1）调度技术支持系统发出事故总、音响报警、推事故画面，线路断路器变位，故障线路的电压、电流、功率等遥测值变化。

（2）系统实时告警窗根据信息类型，分别发出保护动作、重合闸动作、备自投动作等事故信号；控制回路断线、弹簧未储能、装置异常等异常信号及断路器变位、保护呼唤、打压启动、故障录波器启动等其他伴随信号。

（3）现场故障线路的保护装置可以查阅到具体保护动作情况、故障测距、故障相别、重合闸动作情况等。

线路故障现象描述一览表见表 46–1–3。

表 46–1–3 线路故障现象描述一览表

线路故障情况	开关状态	线路电流、功率变化情况	保护动作情况
瞬时性故障跳闸，重合成功	断路器先断开，再合闸	故障线路电流、功率瞬间为零，继而恢复数值	故障线路的某种保护动作、重合闸动作、故障录波动作
永久性故障，重合不成	断路器先分位，再合位，然后再次分位	故障线路电流、功率瞬间为零	故障线路的某种保护动作、重合闸动作、故障录波动作
线路跳闸，重合闸未动作	断路器断开	故障线路电流、功率瞬间为零	故障线路的某种保护动作、故障录波动作、重合闸未动作
线路跳闸，重合闸动作，开关拒合	断路器显示分位	故障线路电流、功率瞬间为零	故障线路的某种保护动作、重合闸动作、故障录波动作

（七）线路故障案例学习

甲变电站：由于外力破坏造成 35kV 线路故障跳闸。

1. 事故前运行方式

甲变电站 333 线运行，35kV 丙变电站 353 断路器运行、333 断路器热备用（丙变电站备用电源），备自投投入。35kV 乙变电站 333 断路器运行，354 断路器热备用（35kV 乙变电站备用电源），备自投投入。系统事故前运行方式见图 46–1–1。

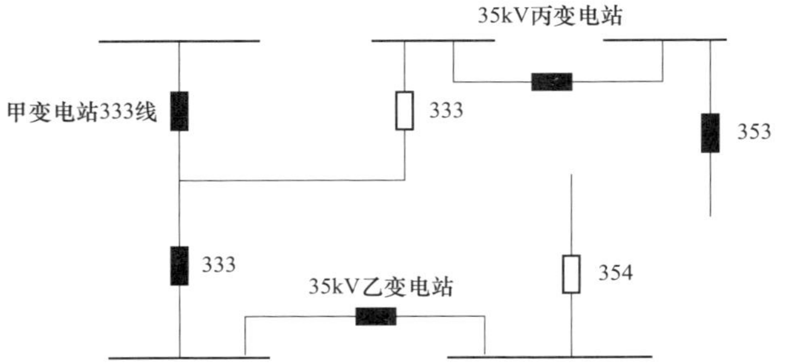

图 46–1–1 系统事故前运行方式

2. 调控系统信息

事故总动作、事故推图、事故语音、一次接线图内本 333 断路器间隔电流、功率等遥测值为 0、333 断路器分位闪烁。

告警信息窗显示：甲变电站 35kV“333 线过电流 I 段动作”“333 断路器分闸”“重合闸保护动作”“333 断路器合闸”“333 断路器分闸”等信息。

35kV 乙变电站备自投未动作，全站失电，“电容器 170 开关分闸”“170 开关低电压保护动作”等信息发出。

3. 现场检查情况

经检查：333 线在某杆处因外力破坏造成线路相间短路。

造成 35kV 丙变电站失去备用电源，乙变电站备自投未动作，造成全站失电。

4. 分析及处理过程

调控值班员发现，甲变电站发出 333 线过电流Ⅰ段出口动作，重合闸出口动作。333 断路器出现分—合—分过程，乙变电站发电容器 170 低电压动作。从甲变电站发出信号，判断甲变电站 333 线跳闸，画面中甲变电站 333 断路器在分位，乙变电站发电容器 170 低电压动作跳闸，判断甲变电站 333 线重合闸未成功，线路存在故障。

调控值班员及时查看主要保护动作信号和跳闸的断路器，模拟备投，尽可能恢复无故障设备送电，立即通知相关部门到现场巡视检查，根据现场情况，拟写调度命令对故障线路进行隔离，将故障线路转为检修，并做好安全措施。通过历史信息，筛查是否存在其他异常信息。

二、220kV 线路事故处理

220kV 线路发生短路故障，往往导致切除大容量的发电、输电或变电站设备，负荷瞬间发生较大突变等，造成电力系统暂态稳定破坏，输电线路输送功率超过极限值还会造成静态稳定破坏。环状系统（或并列双回路）突然开环，使两部分系统联系阻抗突然增大，引起动稳定破坏而失去同步。电网的电流、电压和功率将大幅度波动，严重时使电网解列，造成部分发电厂停电及大量负荷停电，从而造成巨大的经济损失。

（一）220kV 线路故障的处理原则

1. 220kV 联络线事故处理的原则

监控运行人员应将设备动作情况向调度运行值班人员汇报，并通知运维操作班到现场检查。

若重合闸装置动作成功，现场值班人员应立即将保护和重合闸动作情况汇报调度运行值班人员。

若重合闸装置未动作或动作不成功，现场值班人员立即将事故情况汇报调度运行值班人员。调度运行值班人员判明线路无电压后，可根据规定和系统情况正确选择强送端强送一次。

强送成功，对侧断路器检定同期进行并列或合环。

强送不成，一般情况下将线路转检修。若电网运行急需，经请示领导同意后可再强送一次。

向设备运行维护单位发布巡线指令。

2. 220kV 馈供线路事故处理的原则

220kV 馈供线路断路器跳闸，重合闸不成功，又难以转移负荷时，则在检查断路器无异状的情况下，了解受端变电站正常，并拉开该线路断路器后，涉及上级调度的必须与上级调度运行值班人员联系后，可强送一次，若不成功或上级调度不同意时，应立即汇报有关领导。

线路故障跳闸后，为加速事故处理，调度运行值班人员可不待查明线路跳闸原因，立即进行强送电（确认已有故障者除外），强送电前应考虑：

（1）强送电的断路器要完好，且有完备的继电保护。线路跳闸后，现场值班人员必须对故障跳闸线路的有关设备进行外部检查，确认可以正常送电。

（2）正确选择强送端进行强送。

（3）对可分段线路是否分段试送。

（4）断路器跳闸次数不超过允跳次数。当线路断路器跳闸次数已达到规定和遮断容量不足的断路器跳闸后，不得进行强送电。

（5）线路及其所供下级变电站无小机组并列。

除上述考虑之外，还应参照线路送电注意事项进行。

3. 线路解、合环操作及解并列操作的注意事项

解、合环操作及解并列操作应考虑的问题：同期性、相序正确性、相位差、电压差、潮电流互感器化以及继电保护、安全自动装置的调整配合等。

并列必须采用同期并列方法的方式，通过同期并列采用准同期并列方法。要求相序相同、频率相等（频率相差不超过 0.5Hz）、电压差尽量小（最大允许相差不能超过 20%）。

防止非同期并列，引起电网事故。

解列操作应将解列点有功潮流调整到接近于零、无功潮流尽量小，使解列后的两个系统的频率、电压波动尽量小，均保持在允许范围之内。

防止小机组，小电网代大负荷使系统频率、电压突然大幅降低拖垮系统；防止大机组，大系统代小负荷使系统频率、电压突然大幅升高，使系统出现高频、高电压造成电气设备绝缘击穿，造成系统负荷不断切除；引起大面积停电，系统瓦解。

（二）线路保护配置

对于 220kV 及以上的复杂电网，由于系统稳定性要求高，如果按照远后备的方式配置保护，将不能满足快速性的要求，而且在 220kV 以上的电网中，远后备保护往往也不能满足灵敏性的要求。所以，为了满足系统稳定性这个最基本的要求，在 220kV 及以上电网中，保护的配置原则上设置两套完整、独立的全线速动的主保护，每套主保护都有自己独立的一套后备保护，后备采用近后备方式，一般推荐选用差动保护＋纵联距离保护。

220kV 线路保护主要配置见表 46–1–4。

表 46–1–4　　220kV 线路保护主要配置

220kV 线路保护主要配置		主要厂家的常见保护型号			
		南瑞	许继	南自	四方
主保护	纵联光纤差动	RCS–931	WXH	PSL	CSL
	纵联变化量方向保护（方向高频）（闭锁式）				
	纵联距离保护（高频闭锁距离）				
	纵联零序方向保护（高频闭锁零序）				
后备保护	三段式相间距离				
	三段式接地距离				
	四段零序方向过电流				
断路器保护	断路器失灵保护	RCS–923	WXH	PSL	CSL
	三相不一致保护				
	充电保护				
	过电流保护				
	重合闸				

（三）线路跳闸时的处理方法

1. 线路瞬时性故障跳闸且重合闸动作成功

（1）监控系统故障现象。

监控系统发出事故总动作、音响报警、推事故画面，线路开关位置合位闪烁，电压、电流、有功功率、无功功率等遥测数据发生波动，然后恢复正常状态。

实时告警窗根据信息类型，发出“事故总动作”“××开关事故跳闸”“220kV 第×套保护动作”“重合闸动作”等事故信息；“弹簧未储能动作、复归”“控制回路断线动作、复归”等异常信号；“××开关分闸、合闸”两条信息及“故障录波器动作”“收发信机动作”等信号。

（2）故障处理方法。

监控值班员复归音响，根据上述现象初步判断故障性质、范围，并将故障线路名称、时间、重合闸及保护动作情况、断路器变位情况、电压、负荷是否正常等情况，使用标准的调度术语汇报相应调度，并立即通知相应运维班到变电站现场检查。

现场人员检查开关位置三相均在合闸位置。对厂内与故障线路有关的回路和电气设备，如断路器、隔离开关、互感器、电缆头、耦合电容器和阻波器等进行详细的检查，例如检查跳闸断路器的外观有无异常和损伤，导线有无烧损或变形，油断路器的油色、油位是否正常，有无喷油现象，断路器的操动机构是否正常等。

经现场检查，如本站断路器跳闸或重合闸动作重合成功，但无故障波形，且对侧未跳，可能是本侧保护误动或断路器误跳，经详细检查证实是保护误动，可申请将误动的保护退出运行，根据调度命令试送电；若查明是断路器误跳，则待查明误跳原因和确认断路器可以试送后，才能向调度申请试送，但若断路器机构故障，则通知专业人员进行处理。

现场人员将一次设备检查结果及分析情况详细汇报调度及有关生产部门，做好断路器跳闸记录，核对断路器跳闸次数，若至临检次数，应汇报上级及有关部门通知检修人员临检。若断路器遮断容量不足（例如油断路器油色严重发黑，断路器事故跳闸次数超过规定标准）时，应向调度申请退出重合闸。

2. 线路永久性故障跳闸且重合闸动作未成功

（1）监控系统故障现象。

调控系统发出事故总动作、音响报警、推事故画面，线路断路器位置分位闪烁，电流、有功功率、无功功率等遥测数据发生波动，故障线路的电压、负荷显示为0。

实时告警窗根据信息类型，发出“事故总动作”“××断路器事故跳闸”“220kV第×套保护动作”“重合闸动作”等事故信息；“弹簧未储能动作、复归”“控制回路断线动作、复归”等异常信号；“××断路器分闸、合闸、分闸”三条信息等变位信号。

（2）故障处理方法。

监控值班员复归音响，根据上述现象初步判断故障性质、范围，并将故障线路名称、时间、重合闸及保护动作情况、断路器变位情况、电压、负荷是否正常等向调度汇报，并立即通知相应运维班到变电站现场检查。

现场人员检查断路器位置三相均在分闸位置。对站内与故障线路有关的回路和电气设备，如断路器、隔离开关、互感器、电缆头、耦合电容器和阻波器等进行详细的检查，检查它们有无异常及故障现象。例如对跳闸断路器检查各部分有无机械损伤，油箱或储气罐是否破裂或位移、变形，套管、绝缘子是否碎裂，导线是否烧断或变形，油断路器的油色、油位是否正常，有无喷油现象，液压操动机构各部分及压力、弹簧机构储能等情况是否正常或电磁操动机构的合闸动力保险是否完好等。

现场人员结合对保护动作情况的检查分析，确定开关是否确实进行过一次重合闸过程，排除重合闸动作信号发出，而开关因操动机构等原因合不上而造成断路器重合闸不成功的情况。

若线路断路器跳闸，重合闸未投入运行，待查明非本厂设备的故障后，可向调度汇报，按照调度命令试送一次。如查明是本厂设备故障引起跳闸，应立即报请专业人员抢修。

若线路故障跳闸，重合闸正常投入而重合闸拒动，运行人员应汇报调度及上级有关部门，根据实际情况，结合故障录波图进行分析，查找拒动的原因。例如检查自动重合闸装置是否确已投入，连接片接触是否良好，检查重合闸方式选择与保护动作情况是否对应；检查二次回路是否有问题，检查自动重合闸装置是否正常。将检查分析情况详细汇报调度及有关部门，根据调度命令将故障线路停电，并在线路上挂设接地线或合上接地开关，做好安全措施，待故障消除后再根据调度命令送电。

如果线路保护动作两次并且重合闸动作，一般可判断线路上发生了永久性短路故障，重合闸不成功，原则上应排除故障后再送电。若经检查设备无问题，继电保护完好，断路器本身回路完好，操动机构工作正常，气压或液压在额定值，断路器故障跳闸次数在允许范围内，尽快将一次设备检查结果及分析情况详细汇报调度及有关生产部门，做好断路器跳闸记录，核对断路器跳闸次数，若至临检次数，应汇报上级及有关部门通知检修人员临检。若断路器遮断容量不足（例如油断路器油色严重发黑，断路器事故跳闸次数超过规定标准）时，应向调度申请退出重合闸。根据天气、保护动作情况等，严格按照调度或现场规程规定，判断是否可试送一次。

根据调度命令，将故障线路停电，并在线路上挂设接地线或合上接地开关，做好安全措施，待故障排除后再根据调度命令送电。

（四）线路故障处理过程中存在的危险点

线路故障发生跳闸之后，如果运行人员没有仔细地检查线路间隔内的设备，可能存在该线路断路器在切断故障电流时造成断路器损坏，在恢复线路送电时，该断路器在合闸时有可能引发爆炸等事故。

线路故障后没有确定断路器在分闸位置就去拉开两侧的隔离开关，如果存在假分现象时，便会造成带负荷拉隔离开关的电网事故。

线路断路器跳闸后，没有记录事故跳闸累计次数，可能造成断路器跳闸次数超过其规定最高次数，因为超限度使用在拉合断路器时有可能造成断路器灭弧室爆炸等事故。

对于电缆线路按规定应该停用其重合闸，如果在没有查明原因时便进行强送电，并引发第二次事故冲击甚至造成事故扩大。

220kV 线路故障引起 220kV 某母线失压，在恢复主变压器运行时，没有合上主变压器中性点隔离开关，可能因为操作引发操作过电压而损坏主变压器绝缘。

在用分段断路器对母线充电后，未停用分段断路器的充电保护，在母线带上负荷时，引起充电保护动作，分段断路器跳闸。

（五）线路故障处理中危险点的控制措施

线路故障后应对故障间隔所属的所有设备进行全面检查，防止其设备在切断故障电流后存在安全隐患而恢复运行。

要拉开断路器两侧的隔离开关时，应首先确认断路器在分闸位置，否则应在确认断路器确实没有电压的情况下才可以拉两侧的隔离开关。

线路断路器跳闸以后，应及时记录事故跳闸的累计次数，如果事故分闸的次数超过规定次数，应及时上报。

电缆线路或者按规定没有投入重合闸的线路发生跳闸后，应在查明原因后再进行恢复送电。

在合上主变压器高压侧断路器之前，应首先合上主变压器的中性点接地开关，并进行零序保护和间隙保护的切换。

利用分段断路器对母线进行充电正常后，应立即解除分段断路器的充电保护。

通知线路运检部门应加强线路特别是重要线路巡视检查，恶劣天气或高温、高负荷应增加特巡。

（六）案例

案例 1：某 220kV 变电站：110kV 731 断路器过电流Ⅰ段动作，重合闸不成。

1. 事故前运行方式

731 断路器运行于 A 站 110kV 正母线，主供 B 站 1 号主变压器。如图 46–1–2 所示。

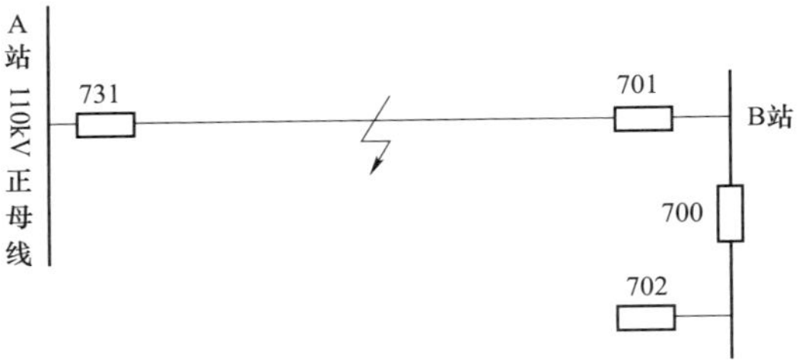

图 46–1–2 事故前线路运行方式

110kV 线路保护配置：三段式相间距离保护，四段零序保护、三相一次重合闸。

2. 监控系统信息

A 站 731 断路器事故分闸，事故总动作，事故推图，事故语音、一次接线图内本间隔电流、功率等遥测值为零。

告警信息窗显示，A 站 110kV 731 断路器事故分闸，110kV 线路过电流Ⅰ段动作，731 断路器重合闸动作、110kV 线路距离加速动作、B 站备自投动作，700 断路器合闸、701 断路器分闸等信号。

A 站光字牌目录中：事故总、731 断路器间隔光字牌闪烁。B 站 110kV BZT 等相关光字牌信号闪烁。

3. 现场检查情况

经巡视发现 731 线路 16 号杆塔处 C 相绝缘子上有明显放电迹，是由于绝缘子表面存在污秽而造成闪络放电。731 线路保护和下级变电站备自投动作正确。

4. 分析及处理过程

监控值班员及时查看主要保护动作信号和跳闸的断路器，正确汇报调度，并立即通知相应运维班到变电站现场检查。

现场运维班检查 A 站 731 线路保护屏和测控屏动作情况，查看本站保护动作和重合闸动作情况，调故障录波并打印保护动作的详细报告，复归确认过后的信号，同时对一次设备进行外部检查。

现场检查 731 断路器的外部有无异常，确认三相断路器位置状态、变电站内线路无异常。

巡视检查 B 站保护室，查看 701、700 断路器的动作情况，并检查断路器外部状态有无异常。

现场运维人员将现场具体情况详细汇报调度，调度根据故障测距，安排进行线路巡视，查询故障源点，并将线路转为检修。

案例 2：220kV 线路故障，断路器拒动。

1. 事故分析

当某 220kV 线路单相接地或相间故障，同时该故障线路的断路器机构卡死而拒动。

2. 厂站现场主要现象

220kV 某断路器双套保护的高频、零序方向、接地距离、分相电流差动保护动作，220kV 母差保护中正母线或副母线失灵保护动作。

一时限跳开 220kV 母联断路器、二时限跳开母线上其他断路器及主变压器总断路器，110、35kV 侧如配置了备自投，备自投应按照整定的方式动作，例如跳开主变压器中压侧总断路器，合上 110kV 母联断路器。

馈供次级变电站根据备自投投入情况，相关断路器变位。母线失电瞬间，运行中的电容器开关失压或低电压保护动作，切除电容器。

如失灵保护不动，靠 220kV 两段母线上所有出线的二段后备保护动作，延时切除故障点。全站停电。

3. 调控工作站主要信息

语音报警，推出事故变电站（包括备自投动作的次级变电站）一次接线图。

事故变电站 220kV 正副母差保护动作、母差失灵保护动作、故障线路保护动作。

该母线除拒动断路器外，所有断路器分闸变位。

配置并投入备自投的本站及馈供次级变电站，备自投动作信息发出，相关断路器分闸或合闸变位。

根据事故情况相关控制回路断线，弹簧未储能，收、发信机动作等伴随信息发出。

4. 监控汇报流程

复归音响、迅速查阅告警窗事故及异常信息，检查一次画面断路器变位及负荷变化情况（包括备自投动作的次级变电站），进行综合判断与汇报。

根据调度所辖范围，使用标准调度术语进行针对性的事故汇报，汇报包括互通姓名、时间、事故变电站的保护动作情况、断路器变位情况、母线电压情况。必要时，强调拒动断路器及保护动作信息；针对备自投动作的次级变电站应汇报备自投动作情况、主变压器负荷情况等。

通知各个相关运维操作班，简要告知变电站事故情况，并督促其尽快赴现场检查设备及保护动作情况，尽快向值班调度员汇报详细情况。

5. 事故处理步骤

根据调令，对备自投未正确动作的变电站进行模拟备自投或合环倒电遥控操作。

检查断路器拒动原因，若断路器自身的各种原因导致分、合闸闭锁，事先有信号；机械传动连杆部件，在动作时发生卡死和其他故障，导致断路器拒动的，事先一般没信号；二次回路、操作回路的原因导致操作命令不能到达断路器的，大多情况下事先有信号。

根据调令，试分开关拒动、隔离故障点。

如果母线上有电容器，则送电完毕后根据电压情况投入电容器组。

执行调度下达的其他事故处理遥控操作指令，最终依次恢复各个变电站原运行方式。

【思考与练习】

一、110kV 及以下线路事故处理

1. 简述线路事故处理的一般原则。
2. 110kV 及以下馈供线路故障的处理原则有哪些？
3. 全电缆线路事故跳闸处理原则有哪些？
4. 架空线路故障的原因主要有哪些？
5. 电缆线路故障的原因主要有哪些？
6. 线路故障时的主要现象有哪些？

二、220kV 线路事故处理

1. 简述 220kV 及以下联络线事故处理的原则。
2. 简述 220kV 馈供线路事故处理的原则。
3. 简述线路解、合环操作及解并列操作的注意事项。
4. 线路事故处理过程中存在哪些危险源点？

第四十七章

变压器事故处理

模块1 变压器故障的处理原则及方法（Z01H2002Ⅲ）

【模块描述】本模块介绍了变压器故障跳闸对电网的影响、跳闸后送电的原则。通过定性分析、案例学习和操作技能训练，正确掌握变压器跳闸的信号分析及事故处理的方法。以下内容还涉及变压器故障的处理原则、保护配置、类型及原因分析、变压器故障跳闸对电网的影响。最后介绍了变压器常见故障的处理步骤。

本模块包含220、110kV及以下变压器事故处理。

【模块内容】

一、110kV及以下变压器事故处理

（一）变压器事故处理的原则

变压器的重瓦斯或差动保护动作断路器跳闸，未经查明原因和消除故障以前，不得进行强送。

变压器差动保护动作跳闸，经外部检查无明显故障，且变压器跳闸时电网无冲击，有条件者可用发电机零起升压。在电网急需时，经请示局领导同意后可试送一次。

重瓦斯保护动作跳闸后，即使经外部和瓦斯性质检查，无明显故障也不允许试送，除非已找到确切依据证明重瓦斯保护误动，方可试送。如找不到确切原因，则应测量变压器线圈直流电阻，进行油的色谱分析等补充试验，证明变压器良好，经公司领导同意后可试送一次。

变压器后备保护动作跳闸，应检查主变压器及母线所有一次设备有无明显故障，检查出线断路器保护有否动作；经检查属于出线故障断路器拒动引起，应拉开拒动断路器后，对变压器试送一次。如检查设备均无异常，继电保护也未动作，可先拉开各路出线断路器，对主变压器试送一次。

变压器过负荷及其异常情况，按现场规程规定进行处理。

（二）变压器保护配置

1. 瓦斯保护

瓦斯保护分为轻瓦斯（信号）和重瓦斯（跳闸）。

适用范围：800kVA 及以上的电力变压器；带负荷调压的油浸式变压器的调压装置。

针对油箱内的各种故障及油面降低。

整定重瓦斯流速一般整定为 0.6～1m/s，强迫油循环的变压器整定为 1.1～1.4m/s，轻瓦斯的动作容积整定范围为 200～300mL 范围内。

优点：油箱内部所有故障，灵敏性高。

缺点：不能反映油箱外部的故障。

2. 纵差保护

针对绕组、套管及引出线上的相间短路，在一定程度上反映绕组内部匝间短路及中性点接地侧接地短路。

保护范围：变压器各侧差动电流互感器之间。

特点：瞬时动作切除故障。

适用范围：对容量较大的变压器，如并列运行的 6300kVA 及以上、单独运行的 10 000kVA 及以上的变压器，要设置差动保护装置。

3. 电流速断保护

针对绕组、套管及引出线上的相间短路，在一定程度上反映绕组内部匝间短路及中性点接地侧的接地短路。

保护范围：电流速断保护装设在变压器的电源侧，由瞬动的电流继电器构成。

特点：瞬时动作切除故障。

适用范围：对于 2000～10 000kVA 及以下较小容量的变压器，如灵敏系数满足要求时，采用电流速断保护。

4. 变压器后备保护

变压器后备保护主要包括相间短路后备保护、接地短路后备保护、阻抗保护。

后备保护的作用：防止外部故障引起的变压器绕组过电流，并作为相邻元件（母线或线路）保护的后备保护及在可能条件下作为变压器内部故障时主保护的后备保护。

5. 相间短路的后备保护

相间后备保护用以防止变压器差动保护范围外相间短路引起变压器绕组的过电流，并作为变压器本身差动保护、瓦斯保护的后备和相邻元件保护的后备。当变压器所连接母线未装设专用母线保护时也作为母线保护。

相间后备保护可选用过电流保护、复合电压启动的过电流保护及负序过电流保护等。

6. 过电流保护

动作电流按躲过变压器可能出现的最大负荷电流整定，即

$$I_{op}=\frac{K_{rel}}{K_r n_a}I_{L.max} \tag{47-1-1}$$

式中 I_{op} ——动作电流；

K_{rel} ——可靠系数；

K_r ——返回系数

n_a ——电流互感器变比；

$I_{L.max}$ ——最大负荷电流。

需要分别考虑躲过并列运行的变压器切除一台时产生的过负荷电流，躲过电动机负荷的自启动电流等，动作时限和灵敏度需要与相邻元件的过电流保护相配合。

7. 复合电压启动的过电流保护

复合电压指负序电压和低电压。负序过电压继电器作为不对称故障的电压保护，而低电压继电器作为三相短路的电压保护。

动作电流按按躲过变压器额定电流整定，即

$$I_{op}=\frac{K_{rel}}{K_r n_a}I_N \tag{47-1-2}$$

式中 I_N ——变压器额定电流。

负序电压过电压继电器的动作电压按躲过正常运行时出现的最大不平衡电压整定，即

$$U_{op.2}=(0.06\sim0.12)U_N/n_{Tv} \tag{47-1-3}$$

式中 $U_{op.2}$ ——负序电压继电器动作电压；

U_N ——变压器额定电压；

n_{Tv} ——电压变比。

8. 负序过电流保护

负序电流保护灵敏度较高，但整定计算相对复杂，由于负序过电流不反应三相对称短路，所以必须加装一套低电压启动的过电流保护来反应三相对称短路。

9. 接地短路的后备保护

对 110kV 及以上中性点直接接地电网中的变压器，对外部接地短路引起的过电流，应装设零序保护，作为变压器主保护的后备保护和相邻元件接地故障的后备保护。

变压器零序保护的方式与变压器中性点运行方式有关。

10. 中性点直接接地变压器的零序电流保护

由两段式零序过电流保护构成，通常以较短时限动作于缩小故障范围，以较长时

限动作于断开变压器各侧断路器。

11. 中性点不接地变压器的零序电流、电压保护

对于有多台变压器并列运行的情况，通常只有部分变压器中性点接地运行，而另一部分变压器中性点不接地。当相邻母线或线路发生接地故障，故障元件保护拒动时，则中性点接地变压器的零序电流保护动作，将中性点接地变压器切除，此时中性点不接地变压器可能产生过电压。

12. 过励磁保护

当变压器在电压升高或频率下降时都将造成工作磁通密度增加，导致变压器的铁芯饱和，这种现象称为变压器的过励磁。变压器过励磁造成变压器铁芯过热，严重时烧毁铁芯。

变压器过励磁保护就是通过测量 U/f 之间的关系来监视过励磁的大小，当 U/f 的数值达到预定值时就延时发出信号，并使变压器跳闸。

13. 变压器阻抗保护

等同于线路的距离保护，保护方向指向变压器，通过切换，可以反映相间和接地故障。本保护为变压器故障的后备保护，并对母线故障起后备保护作用。变压器阻抗保护适用于 500kV 及以上的大型变压器，此处不再详述。

（三）变压器常见故障类型及原因分析

1. 变压器故障类型

变压器与其他设备相比发生事故的概率较小，根据故障类型分为内部故障和外部故障两种。

内部故障包括绕组故障（绕组的匝间短路、层间短路、接地短路、相间短路等）、铁芯故障（铁芯多点接地、相间短路等）。

外部故障包括变压器引出线和套管上发生故障或系统短路和接地故障引起的变压器过电流。

2. 变压器常见故障的原因分析

（1）雷击过电压。一种情况是因为避雷器接地电阻过高，当雷电流流经时引发变压器外壳电位增高，如果其达到一定的数值，就会击穿变压器绝缘，导致其损坏。另一种情况则为避雷器接地引下线长度太长，此时，如果某一陡度电流通过，避雷器的残压与接地引下线上的压降相叠加，作用变压器绕组，从而破坏变压器绝缘。

（2）电网系统波动干扰。电网系统波动干扰在造成变压器事故的所有因素中属于最重要的。主要包括：合闸时产生的过电压，在低负荷阶段出现的电压峰值，线路故障，由于闪络以及其他方面的异常现象等。这类故障在变压器故障中占有很大的比例。

因此，必须定期对变压器进行冲击保护试验，检测变压器抗励磁涌流的强度。

（3）过负荷超载运行。过负荷是指变压器长期处于超过铭牌功率工作状态下的变压器。过负荷经常会发生在发电厂持续缓慢提升负荷的情况下，冷却装置运行不正常，变压器内部故障等，最终造成变压器超负荷运行。由此产生过高的温度则会导致绝缘的过早老化，当变压器的绝缘纸板老化后，纸强度降低。因此，外部故障的冲击力就可能导致绝缘破损，进而发生故障。

（4）绝缘老化。变压器的绝缘是变压器正常运行的基本条件之一，其使用期限是一定的，由于使用不当造成的变压器绝缘老化的速度加快，大大低于预期为35～40 年的寿命，因此决定着变压器的使用寿命。变压器在正常的运行过程中，绝缘材料也在不断的损耗，当使用达到一定的年限时，绝缘材料就会严重老化，出现发黑、枯焦等情况。此时，失去了应有弹性的绝缘在受到外界的作用力下，如震动、撞击、摩擦等，就可能出现破损，从而造成绕组相间或匝间的短路及绕组接地故障。

变压器绕组的主绝缘和匝间绝缘是容易发生故障的部位。主要原因是：由于长期过负荷运行、或散热条件差、或使用年限长，使变压器绕组绝缘老化脆裂，抗电强度大大降低；变压器多次受到短路冲击，使绕组受力变形，隐藏着绝缘缺陷，一旦遇有电压波动就有可能将绝缘击穿；变压器油中进水使绝缘强度大大降低而不能承受允许的电压，造成绝缘击穿；在高压绕组加强段处或低压绕组部位，由于绝缘膨胀，使油道阻塞，影响了散热，使绕组绝缘由于过热而老化，发生击穿短路；由于防雷设施不完善，在大气过电压作用下，发生绝缘击穿。

铁芯绝缘故障也比较常见，变压器铁芯由硅钢片叠装而成，硅钢片之间有绝缘漆膜。由于硅钢片紧固不好，使漆膜破坏产生涡流而发生局部过热。同理，夹紧铁芯的穿芯螺栓等部件，若绝缘损坏也会发生过热现象。此外，若变压器内残留有铁屑或焊渣，使铁芯两点或多点接地，都会造成铁芯故障。

（5）变压器油位过高或过低。油位过高的原因：

1）油位计故障；

2）储油柜内胶囊破裂；

3）呼吸器堵塞；

4）变压器温度急剧升高。

油位过低的原因：

1）油位计故障；

2）储油柜内胶囊破裂；

3）变压器漏油。

（6）绝缘油劣化。绝缘油在变压器的正常运行中起着重要作用，其可以将绕组和铁芯等产生出来的热量传递至变压器的冷却装置，因而是良好的散热媒介；此外，还可以在绕组之间、绕组与铁芯和箱体之间起到绝缘介质的作用。在变压器的运转过程中，绝缘油在较高温度下运行，可能会溶解大量空气，并因与氧气作用生成各种酸性氧化物，从而使得绝缘受到腐蚀，同时，还会增加绝缘油的介质损耗，降低绝缘油的品质，引发变压器内闪络，导致击穿事故。另外，绝缘油也可能因与空气接触而吸收空气中所含的水分，因水在变压器电场的作用下容易电离分解，从而增加了绝缘油的导电性能，如有洪水、管道泄漏、顶盖渗漏、水分沿套管或配件侵入油箱等都会严重影响变压器的安全运行。

3. 分接开关故障

（1）无载分接开关故障。变压器发生漏油现象时，分接开关将会在空气中裸露，从而会引发分接开关的绝缘受潮，容易导致放电短路的发生，引起变压器的损坏。变压器的运行中，分接开关的触头部分会发生磨损或污染，分接开关弹簧的弹性会在电流热效应作用下变弱，从而降低了动、静触头之间的接触压力，增大了触头之间的接触电阻，容易引发触头处的发热或烧坏事故。同时，触头处的发热又会造成触头的变形和氧化腐蚀，如此的恶性循环往往导致变压器损坏事故的发生。

（2）有载分接开关故障。正常情况下，变压器本体中的油与开关桶中的油是相互隔绝的，从而保障变压器的安全运行。有载分接开关在频繁的切换操作过程中，因会产生电弧，导致油中乙炔等可燃性气体的生成，此时，如果切换开关油室与变压器本体隔离密封不严，将会造成油的内渗，这些气体就会进入变压器主体油中，造成本体油箱可燃性气体含量的异常增加，威胁变压器的可靠运行。此外，有载分接开关在切换操作中，如果内部零件松动或脱落，也会引发有载分接开关出现故障。

4. 磁路故障

变压器正常运行时，绕组四周会存在交变的磁场，在电磁感应作用下，外壳与铁芯之间、铁芯与低压绕组之间及低压绕组与高压绕组之间会存在寄生电容，带电绕组正是通过其耦合作用，使得铁芯对地产生悬浮电位。因铁芯等各个金属构件距离绕组的空间不等，金属构件之间有电位差的存在，当这种电位差达到一定限度时，就会击穿其间的绝缘，产生火花放电现象，影响变压器内绝缘等的性能。因此，为了消除这种现象，保障变压器正常运行，应当避免铁芯多点接地，实践中将铁芯与外壳进行可靠的连接，以保证铁芯与外壳的等电位。

5. 外部闪络故障

外部闪络故障主要是套管闪络和爆炸，变压器高压侧一般使用电容套管，由于套管瓷质不良或者有沙眼和裂纹，套管密封不严，有漏油现象；套管积垢太多等都有可能造成闪络和爆炸。

6. 设备质量问题

变压器本身出厂时就存在的问题。如端头松动、垫块松动、焊接不良、铁芯绝缘不良、抗短路强度不足等。

（四）变压器故障现象及监控信息

1. 变压器故障现场的现象

（1）变压器内部有强烈而不均匀的噪声，有爆裂的火花放电声音。

（2）储油柜或防爆筒喷油。

（3）漏油现象严重，致使油面降至油位指示计的最低限度，且一时无法堵住时。

（4）套管有严重的破损及放电炸裂现象，以不能持续运行时。

2. 主变压器故障的监控信息

主变压器油温过高时，调控系统监视界面中，上层油温、绕组油温等遥测值越限，实时告警窗发出“主变压器温度异常”“备用冷却器投入”等信号。

主变压器漏油时，根据事件严重程度，实时告警窗发出相关信息，如“本体压力释放动作”“本体压力突变动作”“主变压器油位异常”或“轻、重瓦斯动作”及开关事故跳闸信号等。

主变压器着火时，根据事件严重程度，告警窗“灭火装置动作”“灭火装置异常”或“充氮灭火”及开关事故跳闸等信号发出。

主变压器保护动作时，根据故障严重程度、范围及性质，告警窗分别发出“轻、重瓦斯动作”“差动保护动作”“高、中、低后备保护动作”及断路器事故跳闸信号等。

事故跳闸同时，调控系统语音报警、推出事故变电站的一次图，事故总信号及伴随的其他异常信息发出。

（五）变压器常见故障的处理步骤

变压器故障，保护动作跳闸后，调控值班员应及时查看主要保护动作信号和跳闸的断路器，核实事故发生的时间、设备名称、断路器变位情况、重合闸动作、主要保护动作信号、负荷情况等，通知运维人员速去现场检查，汇报有关部门，便于有关部门及时、全面的了解事故情况，进行分析判断。

检查受事故影响的运行设备状况，如一台主变压器发生跳闸，应该检查备投动作情况、另一台主变压器的运行状况，严密监视负荷、油温情况。

根据现场运维人员反馈的信息，对相关设备进行隔离，恢复无故障设备的运行，将故障设备转为检修。

事故处理完毕后，值班人员应详细填写运行日志、断路器跳闸记录，详细整理事故的经过及处理过程。

运维人员到现场检查、记录保护及自动化装置屏上的相关信号，核实故障对应的断路器位置，检查主变压器相关设备有无短路、接地、闪络、绝缘子破损炸裂、喷油等现象；查站内相关设备有无异常；将详细检查结果汇报调度和相关部门。

（六）变压器故障案例

某35kV 变电站 1号主变压器重瓦斯保护动作跳闸。

调控系统收到35kV某变电站1号主变压器301、101断路器分闸信号，没有其他信号。

1. 事故前运行方式

事故前该变电站1号主变压器正常运行，301、101断路器在合位，1、2号主变压器为并列运行状态，所带负荷正常；现场无检修及操作任务。

2. 调控系统信息

调控系统：语音报警、推出事故变电站一次接线图，监控画面中，1 号主变压器失电，由于该变电站1、2号主变压器原为并列状态，所以电压、负荷未受影响。

调控系统告警窗信息：1号主变压器差动保护动作、重瓦斯保护动作跳闸等。

3. 现场检查情况

经运维人员现场检查，该变电站1号主变压器为有载调压装置内部故障，现场主变压器保护装置上有“重瓦斯保护动作”信号。

事后继保人员去现场检查，发现主变压器通信管理单元上报定值出错，根据现象对装置进行检查并做模拟试验后判断为主变压器通信管理单元CPU板故障。

4. 分析及处理过程

调控人员立即查看变电站一次接线图画面，发现301、101断路器确已分开，并非系统误发信号；1、2号主变压器原为并列状态，所以电压、负荷未受影响。通知运维人员速去现场检查核实，严密监视2号主变压器负荷及温度情况。

5. 注意事项

调控人员要了解正常运方及现场检修情况，当发生事故时可以迅速、准确地对事故作出分析判断。当对监控信号存有疑问时，调控人员应结合各种现象，考虑各种可能发生的原因，必要时询问相关人员。

二、220kV 变压器事故处理

（一）变压器保护装置及配置介绍

1. 220kV 变压器保护装置

220kV 变压器保护装置要求较高，要求双重化的保护配置，参照《防止电力生产重大事故的二十五项重点要求 继电保护实施细则》（国电调〔2002〕138号）》及 DL/T 769—2001《电力系统微机继电保护技术导则》，采用具有独立性、完整性、成套性的双主、双后配置。双主为两种不同原理的差动保护，双套后备保护采用的是相同配置；一套本体非电量保护及一套失灵保护装置。

主变压器保护双重化配置的保护装置之间不应有任何电气联系。双重化配置的保护装置的保护投退及限跳出口均可通过控制字选择。二套完整的电气量保护和一套非电量保护的跳闸回路应同时作用于220kV侧断路器的两个跳闸线圈。二套保护装置的交流电压分别取各自的220kV及110kV电压切换箱、二套保护装置的交流电流应分别取自电流互感器互相独立的绕组。220kV操作直流控制设置独立的直流电源引入。

当装置出现单一硬件故障退出运行时，被保护设备应能允许继续运行。当运行中的一套保护因异常需要退出或需要检修时，应不影响另外一套保护正常运行。所有保护跳闸出口均应具有软压板和硬压板的双重出口。非电量保护可经装置触点转换出口或经装置延时后出口，装置应反映其信号。随着综合自动化程度的提高，保护装置除了具有必要的参数监视功能外，还具有远方进行在线召唤和修改保护整定定值及事件顺序记录（SOE）等功能。

2. 220kV变压器保护配置

220kV变压器保护配置有别于110kV及以下主变压器，除了配置常用纵差保护、本体瓦斯保护、后备保护等保护功能外，还具备失灵保护、断路器非全相保护等。

失灵保护的作用是当保护装置出口动作发出跳闸脉冲而断路器拒动时，以较短的时限断开相邻元件的断路器以及相邻元件的断路器失灵时，变压器各侧断路器的保护装置。

非全相保护是当发生非全相合闸或跳闸时，由于造成三相负荷不平衡，保护变压器铁芯不致发热损坏的保护装置。

3. 220kV变压器后备保护的常规整定配置

（1）高压侧后备保护。

高压侧后备保护一般称为110kV复合电压闭锁过电流保护。

保护动作2.6s跳开主变压器三侧断路器。

对于110kV外桥接线，包括跳110kV线路断路器、桥开关。

保护方向朝主变压器。

（2）中压侧后备保护。

中压侧后备保护一般称为35kV复合电压闭锁方向过电流保护。

保护动作第二时限2.3s跳开主变压器35kV断路器。

保护动作第一时限2.0s跳开35kV母联断路器。

保护方向朝 35kV 母线。

（3）低压侧后备保护。

低压侧后备保护一般称为 10kV 侧过电流保护。

保护动作第一时限 2.0s 跳开 10kV 母联断路器。

保护动作第二时限 2.3s 跳开主变压器 10kV 断路器。

保护方向朝 10kV 母线。

4. 220kV 变压器保护的相关监控信息

220kV 变压器保护的监控信息，一般分为两套发出，后备保护为合并信号，例如：

第一套××主变压器瓦斯保护动作。

第一套××主变压器差动保护动作。

第一套××主变压器后备保护动作。

第二套××主变压器瓦斯保护动作。

第二套××主变压器差动保护动作。

第二套××主变压器后备保护动作。

……

智能变电站的保护信号描述略有不同，如：

第一套电气量主保护动作。

第一套电气量后备保护动作。

第一套电气量通风启动。

第一套电气量过负荷。

高压侧失灵经主变压器跳闸。

中压侧失灵经主变压器跳闸。

……

（二）变压器常见保护范围及动作特性

1. 差动保护

保护范围：高、中压侧断路器电流互感器（包括电流互感器）至主变压器中性点电流互感器。

动作特性：瞬时跳开主变压器三侧断路器。

特点：不受励磁涌流的影响，对单相接地故障灵敏度高。

2. 瓦斯保护

保护范围：可以反映主变压器内部各种故障（包括接头过热、局部放电、铁芯故障等）。

动作特性：轻瓦斯保护动作于发信号，重瓦斯保护动作瞬时跳开各侧断路器。

3. 后备保护

动作特性：高压侧带方向的保护装置有三个时限：第一时限跳开母联；第二时限跳开本侧断路器；第三时限跳开主变压器三侧断路器。不带方向的保护设置有三个时限，该保护动作第一时限跳开母联、第二时限跳开本侧断路器、第三时限跳开主变压器三侧断路器。中压侧保护配置同高压侧相似。只有过电流保护，且多数不带方向，没有零序保护也没有间隙保护。

4. 复合电压零序过电流（接地后备保护）

保护范围：带方向的（本站是由主变压器指向母线）保护本侧的主变压器、母线及出线；不带方向的保护本侧的母线及出线、主变压器甚至中、低压侧的母线及出线。

5. 间隙保护

间隙保护（中性点不接地时投入），动作后直接跳三侧断路器。

（三）变压器故障跳闸对电网的影响

1. 变压器主保护与后备保护动作跳闸的现象比较

变压器主保护与后备保护动作跳闸的现象见表 47–1–1。

表 47–1–1　　变压器主保护与后备保护动作跳闸的现象比较

	主保护动作跳闸的现象	后备保护动作跳闸的现象
设备状态	主变压器各侧断路器断开	变压器一侧或各侧断路器断开
保护动作情况	主变压器主保护中至少一个动作 主变压器内部严重短路故障时，气体继电器内可能有气体聚集，压力释放阀动作	变压器相应后备保护动作

2. 变压器跳闸对电网的影响

变压器跳闸后，最直接的后果就是造成负荷的转移，使相关的并联变压器负荷增加甚至超过负荷运行。

当系统中重要的联络变压器跳闸后，还会导致电网的结构发生重大的变化，导致大范围潮流转移，使相关线路过稳定极限。

负荷变压器跳闸后，其所带负荷全部转移到其他变压器，使得原本双电源供电的用户变成单电源供电，降低了供电可靠性或直接损失大量的用户负荷。

中性点接地变压器跳闸后造成序网参数变化会影响相关零序保护配置，并对设备绝缘构成威胁。

（四）变压器主保护动作的原因分析及处理

为了保证变压器的可靠运行及当变压器本身发生电气方面故障（如层间、相间短路）时尽快将其推出运行，从而减少事故情况下变压器损坏的程度，对大容量的变压器均应设置差动保护装置。与瓦斯保护相同之处，是两种保护动作都灵敏、迅速，都是变压器本身的主要保护，与瓦斯保护不同之处，变压器主保护中，瓦斯保护主要反应变压器内部过热引起的油气分离发展（大量气体或油气冲动）的故障，而差动保护则是反映纵差保护范围内的电器故障。主变压器瓦斯保护、差动保护动作，变压器各侧断路器同时跳闸。

1. 瓦斯保护动作

（1）重瓦斯保护动作的原因。

运行中变压器发生重瓦斯保护动作跳闸，其原因有：

1）保护装置二次回路故障。

2）变压器内部发生故障。

（2）通过监控信息判别故障类型。

若轻瓦斯发信号和重瓦斯跳闸同时出现，往往反映的是变压器内部发生故障。因为轻瓦斯动作同时发出，一般来说可以判明气体继电器内不断集聚气体，然后轻瓦斯发信，随着事态发展，异常气体快速集聚到了一定数量，致使重瓦斯保护动作，由此判断了故障性质，同时排除二次回路故障的可能性。

（3）现场通过瓦斯气体的判别故障类型。气体的颜色、可燃性鉴别或送化验必须迅速进行。因为有色物质会沉淀，经一定时间会消失。点火检查是否可燃：气体若有色、有味、可燃说明内部有故障。气体继电器内气体的可燃成分，占容积的20%～25%以上时，气体即可点燃。检查气体性质是否可燃时，须特别小心，取气候应远离变压器点火检查。气体的可燃性和油的闪光点降低，可直接判断变压器内部故障。

2. 差动保护动作

（1）差动保护动作的原因。

1）变压器内部故障。

2）变压器及其套管引出线，各侧差动电流互感器以内的一次设备故障。

3）保护整定或二次回路问题误动作。

4）差动电流互感器二次开路或短路。

（2）监控相关信息及处理。

监控系统事故语音报警、推出事故变电站一次图，变压器三侧断路器出现变位信息。告警窗显示“第一套、第二套差动保护动作”等信息。

变压器三侧的电流、功率等为零。

事故发生后，监控值班员及时查看主要保护动作信号和断路器变位信号，使用标准的调度术语，按照主变压器设备所辖范围，分别向相关调度汇报，通知相应运维人员尽快到变电站现场检查，积极协助上级调度进行事故处理，并向分管领导汇报。

（3）现场人员采取的措施。

若差动保护动作，引起断路器跳闸，运行人员应采取以下措施：

向调度及上级主管领导汇报，并复归事故音响信号。

立即停用潜油泵的运行（避免把故障部位产生的炭粒和金属微粒扩散到各处，增加修复难度）。

对差动保护范围内所有一、二次设备进行检查，即变压器各侧所有设备、引线、电流互感器、穿墙套管及二次差动保护回路等有无异常和短路放电现象。

对变压器测量绝缘电阻，检查有无内部故障。

检查直流系统有无接地现象。

检查变压器本体有无异常，检查差动保护范围内的绝缘子是否有闪络、损坏，引线是否有短路。

如果变压器差动保护范围内的设备无明显故障，应检查继电保护及二次回路是否有故障，直流回路是否有两点接地。

经检查以上无异常时，试送一次，试送后又跳闸，不得再送。

如果是因继电器或二次回路故障，直流两点接地造成的误动，应将差动保护退出运行，将变压器送电后，再处理二次回路故障及直流接地。

经过上述检查后，如判断确认差动保护是由于外部原因，如保护误动、保护范围内的其他设备故障等引起动作（瓦斯保护未动作），则变压器可不经内部检查而重新投入运行。

如不能判断为外部原因时，则应对变压器做进一步的测量、检查分析，以确定故障性质及差动保护动作的原因，必要时进行吊壳检查。

重瓦斯与差动保护同时动作跳闸，则可认为是变压器内部发生故障，不经内部检查和试验，故障未消除前不得送电。

（五）变压器跳闸送电后的注意事项及防范、预控措施

1. 变压器跳闸送电后的注意事项

变压器跳闸时，调度运行值班人员应根据变压器保护动作情况进行处理：

重瓦斯和差动保护同时动作跳闸，未查明原因和消除故障之前不得强送。

重瓦斯或差动保护之一动作跳闸，在检查外部无明显故障，经过瓦斯气体检查（必要时还要测量直流电阻和色谱分析）证明变压器内部无明显故障后，经设备运行维护单位总工程师同意，可以试送一次。有条件者，应进行零起升压。

变压器后备保护动作跳闸，进行外部检查无异常并经设备运行维护单位同意，可以试送一次。

在出线断路器跳闸的同时，主变压器的该侧断路器也跳闸，如出线断路器重合成功，则应拉开该出线开关后，变压器侧开关可试送一次。

变压器因过电流保护动作跳闸，现场值班人员应对主变压器及有关母线等一次设备检查，如无异常情况且出线保护也无动作，则在拉开全部出线后，允许试送一次。若试送成功，再逐条试送线路。

变压器过负荷时，调度运行值班人员应尽快调整方式降低该主变压器负荷，正常过负荷或事故过负荷按有关规定执行。无法降低负荷并持续过负荷超过规定时间时按紧急拉路顺序执行。确认变压器是过负荷跳闸，可以试送一次。

变压器轻瓦斯动作发信号，值班员应向调度汇报，同时必须向本单位领导汇报加强监视并查找原因。

2. 变压器故障防范措施

变压器故障会严重影响电力的稳定供应，但如果在日常运行中严格按规范要求操作，加强设备后期安全维护，有相当多的故障是完全可以避免的。这样，不但可以降低变压器故障的发生，减轻电力中断造成的不良影响，还可以节约大量的时间和经费，减少社会成本的支出。

定期进行安全检验，确保避雷器接地的可靠性。每年应该对变压器进行安全检验，查看引线有无断股现象的发生及引线是否符合其他规定。在旱季还应对接地电阻进行检测，保证其最大值不超过 5Ω。此外，还应在每年进行相应的预防试验，更换不合格的避雷器，以减少雷击过电压对变压器的损害。

准确掌握变压器负荷变化，保持变压器的良好性能。

为此，必须确保变压器在其设计允许的负荷范围内运行，同时，注意控制变压器的顶层绝缘油油温，避免因油温过高造成绝缘老化。

做好经常性维护工作。定期对变压器表面及套管的污垢、灰尘进行清理，保持绝缘子及瓷套管的清洁。在油冷却系统中，应经常查看散热器是否正常运行，是否存在生锈、渗漏、污垢淤积及其他一些可能限制油流动的机械损伤。此外，还应对变压器的油色、油位进行检查，发现问题后及时采取应对措施，消除隐患。

采取积极措施，应对绝缘油劣化。实践中，为了应对绝缘油劣化，可以采取如下措施：对绝缘油进行加热处理，可以将使油中的水分蒸发，从而将水分与绝缘油分离；对于绝缘油采用真空法处理，可以去除油中所含的气体；此外，对绝缘油中含有的固体杂质，则可以通过过滤法去除。应注意对变压器油样做经常性的击穿试验。

定期进行分接开关的检查。对变压器的分接开关进行检查时，应着重检查以下部分：开关机械转动的灵活性，转轴的密封性及上部指示位置与下部实际接触位置是否一致；开关固定螺栓是否在开关的频繁切换操作过程变得松动；动、静触头的接触面是否良好，是否有烧蚀情况；编织软连接线是否完好，若有断股，则必须予以更换。定期对分接开关进行检查，及时发现问题，及时处理问题，才能将可能的故障消灭在萌芽状态。

3. 变压器事故处理时存在的危险点

变压器事故处理过程中可能存在以下危险点：

（1）一台主变压器压器故障跳闸后，若中、低压侧并列运行或备自投动作后，未能及时处理其他运行中主变压器压器过负荷，造成运行主变压器过热。

（2）主变压器故障未能明确，就盲目对主变压器充电，引起事故扩大甚至损害主变压器。

（3）对内桥接线方式的，一台主变压器故障跳闸后，未将该主变压器跳 110kV 侧母联断路器或高压侧断路器的压板解除，当对故障主变压器保护进行试验时可能引起 110kV 母联断路器或高压侧断路器跳闸，遇到特殊运行方式将扩大事故。

（4）跳闸主变压器经检修、试验合格后送电时，中性点没有保持接地，可能引起操作过电压损害主变压器。

（5）主变压器着火时，未根据现场实际的火情情况，盲目进行排油，威胁人身安全。

4. 变压器事故处理过程中危险点的预控措施

（1）一台主变压器事故跳闸后，应立即根据事故前的负荷情况考虑主变压器过负荷问题。根据主变压器过负荷倍数和相应的允许时间，向调度申请转移负荷或压负荷，确保主变压器正常运行。

（2）主变压器故障跳闸，一定要经过专业人员进行检查、试验合格后方可投运。

（3）应解除故障主变压器，跳开其他回路断路器保护压板。

（4）跳闸主变压器恢复送电时，其中性点应接地。

（5）主变压器着火时，应根据现场实际的火情情况确定是否进行排油。切不可盲目靠近着火的变压器。

（六）主变压器故障案例学习

案例 1： 2 号主变压器内部故障，差动保护动作、重瓦斯保护动作跳闸。

1. 事故前运行方式

某变电站主变压器接线如图 47–1–1 所示。

220kV Ⅰ、Ⅱ母线并列运行，110kV 母线并列运行，2 号主变压器高、中压侧中性点接地。1、2 号主变压器容量为 120MVA。

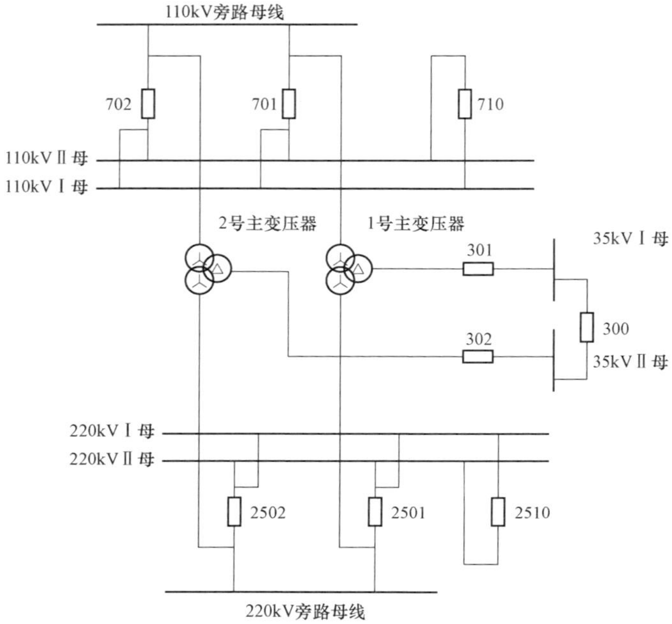

图 47–1–1 某变电站主变压器接线图

1 号主变压器保护配置：PST–1202A、PST–1212、PST–1206A、PST–1202B、PST–1211、PST–1210、PST–1210C。

2 号主变压器保护配置：RCS–978、RCS–974A、LFP–974A、RCS–978、LFP–974E。

2. 监控系统信息

监控系统：语音报警、推出 A 变电站一次接线图，图上显示 2502、702、302 断路器事故分闸、三侧断路器分位闪烁，三侧电流、功率显示为零。

监控系统告警窗信息：2 号主变压器差动保护动作、重瓦斯保护动作跳闸等。

3. 现场检查情况

2 号主变压器双套 RCS–978 差动保护动作，非电量保护 RCS–974A 保护动作，故障录波器启动光字牌亮。

站用变压器保护：站用变压器备自投装置动作。

电容器保护：低电压动作。

35kVⅡ段母线所连接线路和电容器组的电流、功率显示为零。

35kVⅡ段母线电压为零。

4. 分析及处理过程

两套差动和重瓦斯保护同时动作，后经核实为变压器内部严重故障。

处理步骤如下：

记录事故发生时间、设备名称、断路器变位情况、主要保护动作信号等事故信息。

检查 1 号主变压器负荷情况，1 号主变压器可能过负荷，投入全部冷却器，监视负荷及温度。检查站用变压器自投、直流系统运行情况。

汇报调度。

退出 1 号主变压器间隙保护，合上 1 号主变压器中性点接地开关。

检查 35kVⅡ段母线电压指示为零，拉开线路断路器。

用 300 断路器给 35kVⅡ段母线充电，根据 1 号主变压器负荷情况，35kV 负荷重要程度，决定是否合上出线断路器；根据 35kV 母线电压情况，投切电容器。

值班人员记录保护及自动装置屏上的所有信号，打印故障录波器报告及微机保护报告，另外检查现场一次设备。

隔离故障点，将 2 号主变压器转检修。

事故处理完毕后，值班人员填写运行日志，断路器分、合闸等记录，并根据断路器跳闸情况、保护及自动装置的动作情况、故障录波报告及处理过程，整理详细的事故处理经过。

5. 注意事项

加强另一台主变压器的负荷及温度监视，投入备用冷却器，必要时申请限负荷。

本案例是中性点接地的变压器跳闸，应立即将另一台变压器中性点接地。

运行主变压器过负荷情况下不能调节分接头，若电压过低，可投入电容器，此时还应注意不超过分段 300 断路器允许的电流（有些早期变电站两段母线之间通过电缆连接，允许的电流有限值）。

此案例差动、重瓦斯保护都动作，未查明故障原因时，2 号主变压器不允许试送，值班人员尽量不要复归 2 号主变压器保护屏信号，做好相关记录以便专业人员进一步分析和检查。

主变压器检修时，若配合进行保护传动检查，应及时退出该主变压器保护跳开各侧母联、分段断路器的保护压板。

案例 2：1 号主变压器低压侧相间短路，差动保护拒动。

1. 事故前运行方式

110kV 终端变电站双绕组变压器的典型接线如图 47–1–2 所示。

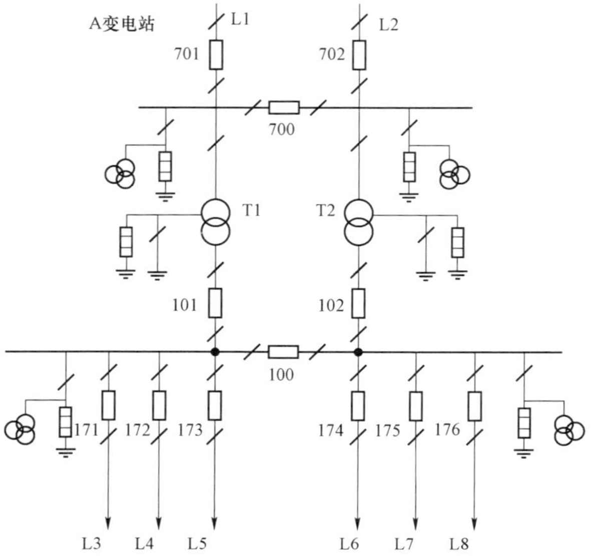

图 47–1–2 110kV 终端变电站双绕组变压器的典型接线

正常的运行方式为，L1 线带 110kV Ⅰ段和Ⅱ段母线运行，L2 线 702 断路器热备用。高压侧装备自投装置，110kV 线路不装继电保护装置。10kV 线路配置两段式电流保护，Ⅰ段和Ⅲ段及重合闸，Ⅲ段动作时限为 0.9s，正常运行时，10kV 分段 100 断路器热备用，10kV 备自投装置停用。

安全自动装置及主变压器保护配置为：差动保护跳开主变压器两侧断路器，瓦斯保护，轻瓦斯发信，重瓦斯跳开主变压器两侧断路器。

10kV 负压闭锁过电流保护（低后备）第Ⅰ时限 1.2s，跳开 10kV 分段断路器，第Ⅱ时限 1.5s，跳开主变压器低压侧断路器；110kV 复压闭锁过电流保护（高后备）第Ⅰ时限 1.8s，跳开主变压器低压侧断路器，第Ⅱ时限 2.2s，跳开主变压器高压侧断路器；110kV 侧间隙零序过电流保护和间隙零序过电压保护，动作时限为 0.5s，跳开主变压器两侧断路器。

2. 监控系统信息

监控系统语音报警、推出 A 变电站一次接线图，图上显示 110kV L1 线 101 断路器、110kV 桥 700 断路器，110kV L2 线 102 断路器、1 号主变压器 10kV 侧 101 断路器分位闪烁。

监控系统告警窗信息：预告总、事故总、110kV 备自投动作、1 号主变压器高后备复压过电流保护动作、110kV Ⅰ段 TV 断线、1 号主变压器及 10kV Ⅰ段母上各馈线保护装置异常等。

3. 现场检查情况

巡视检查保护室，1 号主变压器保护屏上显示“高后备复压过电流保护动作”，1 号主变压器差动保护压板未投入，110kV 备自投装置保护屏上显示“备自投装置动作”，微机保护打印出详细的报告，经两人确认无误后复归保护信号。

到现场对 110kVⅠ段母线及其连接设备、1 号主变压器等进行检查，110kV L1 线 701 断路器、110kV 桥 700 断路器、1 号主变压器 10kV 侧 101 断路器在分闸位置，110kV L2 线 702 断路器在合闸位置，1 号主变压器低压侧母线桥有短路痕迹。

4. 分析及处理过程

因气体保护未动，故障点在变压器外部。根据事故现象和现场巡视检查，可以初步判断 1 号主变压器低压侧相间短路，1 号主变压器差动保护由于压板未投入拒动，1 号主变压器高压侧后备动作，1 号主变压器高压侧后备第Ⅰ、Ⅱ时限均动作，第Ⅰ时限跳开低压侧 101 断路器，由于故障未切除，由Ⅱ时限跳开高压侧断路器桥 700 断路器、110kV L1 线 701 断路器，110kV 备自投动作，110kV L2 线 702 断路器合闸，恢复 110kVⅡ断母线供电，110kVⅠ段母线及 10kVⅠ段母线失压。

5. 分析及处理过程

（1）监控处理。监控值班员复归音响，根据上述现象初步判断故障性质、范围，并将故障线路名称、时间、重合闸及保护动作情况、断路器变位情况、电压、负荷是否正常等情况，使用标准的调度术语汇报相应调度，并立即通知相应运维班到变电站现场检查。

（2）现场处理。110kV L1 线 701 断路器、1 号主变压器转冷备用，2 号主变压器恢复 10kVⅠ段母线供电，处理步骤如下：

将 110kV 备自投停用。

将 1 号主变压器 101 断路器由热备用改为冷备用。

将 110kV L1 线 701 断路器由热备用改为冷备用。

将 110kV 内桥 700 断路器由热备用改为冷备用。

拉开 1 号主变压器高压侧 7012 隔离开关。

拉开 10kV L3 线 171 断路器。

拉开 10kV L4 线 172 断路器。

拉开 10kV L5 线 173 断路器。

投入 10kV 分段 100 断路器充电保护。

合上 10kV 分段 100 断路器。

退出 10kV 分段 100 断路器充电保护。

合上 10kV L3 线 171 断路器。

合上 10kV L4 线 172 断路器。

合上 10kV L5 线 173 断路器。

密切监视 2 号主变压器负荷情况，2 号主变压器所有冷却器应全部投入。

案例 3：寒山变电站 1 号主变压器高压套管至断路器 TA 间 ABC 永久故障。

1. 事故前运行方式

220kV：1 号主变压器 2501、3 号主变压器 2503、寒木 2K29、寒虎 2K09、2620、4921 断路器运行于正母线；2 号主变压器 2502、寒木 2K30、寒虎 2K10 断路器运行于副母线；母联兼旁路 2520 断路器运行。

110kV：1 号主变压器 701、寒建 1161、寒索 1163、金寒 1171 断路器运行于Ⅰ号母线；2 号主变压器 702、寒开 1162、山鹿 1168 断路器运行于Ⅱ号母线，寒虎 1146 断路器热备用于Ⅱ号母线，对侧虎丘变电站 1164 断路器对其线路充电备用；母联 710 断路器运行。

1 号主变压器 301 运行于 35kVⅠ号母线、2 号主变压器 302 断路器运行于 35kVⅡ号母线、3 号主变压器 303 断路器热备用于 35kVⅠ号母线。35kV 母联 300 断路器热备用。

2. 监控系统信息

故障录波器 1 故障录波装置启动动作。

故障录波器 2 故障录波装置启动动作。

故障录波器 3 故障录波装置启动动作。

1 号主变压器 A 屏差动保护动作。

1 号主变压器 A 屏保护动作。

1 号主变压器 2501 断路器出口跳闸动作。

1 号主变压器 2501 断路器 A 相位置分闸。

1 号主变压器 2501 断路器 B 相位置分闸。

1 号主变压器 2501 断路器 C 相位置分闸。

1 号主变压器 2501 断路器三相分位合闸。

1 号主变压器 2501 断路器三相合位分闸。

1 号主变压器 2501 断路器事故总信号动作。

11011 号主变压器断路器出口跳闸动作。

11011 号主变压器断路器三相分位合闸。

11011 号主变压器断路器三相合位分闸。

11011 号主变压器断路器事故总信号动作。

3011 号主变压器断路器出口跳闸动作。

3011 号主变压器三相分位合闸。

3011 号主变压器断路器三相合位分闸。

3011 号主变压器断路器事故总信号动作。

220kV 寒山变全站事故总信号动作。

220kV 寒山变全站事故总信号复归。

1 号主变压器高冷却装置主变压器风冷工作电源Ⅰ故障动作。

1 号主变压器高冷却装置主变压器风冷工作电源Ⅱ故障动作。

2 号主变压器高冷却装置主变压器风冷工作电源Ⅰ故障动作。

2 号主变压器高冷却装置主变压器风冷工作电源Ⅱ故障动作。

3 号主变压器高冷却装置主变压器风冷工作电源Ⅰ故障动作。

3 号主变压器高冷却装置主变压器风冷工作电源Ⅱ故障动作。

1 号主变压器高冷却装置主变压器风冷全停动作。

1 号主变压器高冷却装置冷却器全停动作。

2 号主变压器高冷却装置主变压器风冷全停动作。

2 号主变压器高冷却装置冷却器全停动作。

3 号主变压器高冷却装置主变压器风冷全停动作。

3. 分析及处理过程

确认为 1 号主变压器高压套管至断路器 TA 间 ABC 相永久故障，处理如下：

监控：汇报调度保护动作情况，断路器动作情况。通知现场检查 1 号主变压器差动保护范围内设备。

地调：汇报领导。检查下级 110kV 变电站备自投动作情况及是否有变电站失电。

现场检查汇报：1 号主变压器高压套管至高压侧差动 TA 间 ABC 相永久故障。

配调下令监控：合上 35kV 母联 300 断路器（将 35kV 负荷转移至 2 号主变压器）。

地调下令现场：将 1 号主变压器转为检修。并通知省检做好缺陷处理。

监控加强监视运行主变压器的负荷情况。并做好相关记录。

【思考与练习】

一、110kV 及以下变压器事故处理

1. 简述变压器事故处理的原则。

2. 110kV 及以下变压器常见保护有哪些？

3. 变压器故障的类别有哪些？
4. 简述变压器常见故障的处理步骤。

二、220kV 变压器事故处理

1. 简述变压器跳闸对电网的影响。
2. 变压器重瓦斯保护动作的原因有哪些？
3. 变压器差动保护动作的原因有哪些？主要现象是什么？
4. 变压器跳闸后送电的注意事项是什么？

第四十八章

母线事故处理

模块1　母线事故处理原则及方法（Z01H3002Ⅲ）

【模块描述】本模块介绍母线事故对电网的影响及母线事故后送电的原则。通过原因分析、案例学习和操作技能训练，正确掌握母线故障的信号分析及事故处理的方法。

本模块着重介绍220kV母线事故处理。

【模块内容】

一、母线故障对电网的影响

（1）母线故障会造成电气设备流过很大的短路电流而损坏；

（2）母线一般都在变压器的出口，母线发生短路故障，主变压器流过很大短路电流，可能造成变压器绕组变形；

（3）母线故障将造成电网解列；

（4）母线故障可能造成大量用户停电；

（5）母线故障还有可能造成电网稳定破坏；

（6）母线故障可能造成电厂停机。

二、母线失电的判断

发电厂、变电站母线失电指母线本身无故障而失去电源，母线失电时会同时出现下列现象：

（1）变电站母线电压遥测量消失；

（2）母线上各间隔（包括出线、主变压器和母联）、电流、有功功率、无功功率遥测量数值到零；

（3）母线上如果带有站用变压器，则站用变压器失电。

三、母线失电的处理

单电源变电站全停或“T”变电站母线电压消失，现场应在3min内拉开受电主变压器或线路断路器后，合上主变压器中性点直接接地开关，并尽快与调度联系。

对多电源变电站母线失电，为防止各电源突然来电引起非同期，现场值班人员应按下述要求自行处理：

（1）单母线应保留一电源断路器，其他所有断路器（包括主变压器和馈线断路器）全部拉开。

（2）双母线应首先拉开母联断路器，然后在每一组母线上只保留一个主电源断路器，其他所有断路器（包括主变压器和馈线断路器）全部拉开。

（3）如停电母线上的电源断路器中仅有一台断路器可以并列操作的，则该断路器一般不作为保留的主电源断路器。

（4）变电站母线失电后，保留的主电源断路器由省调定期发布。

（5）发电厂母线失电后，应立即自行将可能来电的断路器全部拉开。有条件时，利用本厂机组对母线零起升压，成功后将发电厂（或机组）恢复与系统同期并列；如果对停电母线进行试送，应尽可能用外来电源。

四、母线故障的现象

母线事故的迹象是母线保护动作（如母差等）、断路器跳闸及有故障引起的声、光、信号等。母线事故时会有以下现象：

（1）母线电压消失；

（2）母线及其附属设备可能出现声、光、烟雾、变形、绝缘子损坏等事故现象；

（3）母差保护动作，跳开母联断路器，同时跳开该母线上的出线和主变压器断路器。

五、母线故障后的处理原则

当母线故障停电后，当值监控人员应立即汇报值班调度员，并通知运维值班人员对停电的母线进行外部检查，尽快把检查的详细结果报告值班调度员，值班调度员按下述原则处理：

（1）不允许对故障母线不经检查即行强送电，以防事故扩大。

（2）找到故障点并能迅速隔离的，在隔离故障点后应迅速对停电母线恢复送电，有条件时应考虑用外来电源对停电母线送电，联络线要防止非同期合闸。

（3）找到故障点但不能很快隔离的，若系双母线中的一组母线故障时，应对故障母线上的各元件的检查确保无故障后，冷倒至运行母线后恢复送电。联络线要防止非同期合闸。

（4）经过检查找不到故障点时，应用外来电源对故障母线进行试送电，禁止将故障母线的设备冷倒至运行母线恢复送电。发电厂母线故障如条件允许，可对母线进行零起升压，一般不允许发电厂用本厂电源对故障母线试送电。如必须用本厂电源试送时，试送断路器必须完好，并有完备的继电保护，母差或主变压器后备保护应有足灵敏度，应尽量加速主变压器后备保护，以保证灵敏度和快速性。

（5）双母线中的一组母线故障，用发电机对故障母线进行零起升压时，或用外来电源对故障母线试送电时，或用外来电源对已隔离故障点的母线先受电时，均需注意母差保护的运行方式，必要时应停用母差保护。

六、220kV 母线故障案例

变电站主接线及正常运行方式如下：

220kV 为双母线带旁路，茅海 2641、蔷茅 2W15、1 号主变压器 2601 断路器运行于 220kV 正母线，茅海 2642、2 号主变压器 2602 断路器运行于 220kV 副母线，220kV 母联 2610 断路器运行，旁路 2620 断路器运行于 220kV 正母线，对旁路母线空充电。

110kV 双母线分列运行，母联 710 断路器热备用，1 号主变压器 701、茅城线 711、茅薇线 713、茅临线 715、茅凤线 717 断路器运行于 110kV 甲母线，2 号主变压器 702、茅电线 712、茅赣线 714、茅山线 716、茅贾线 718 断路器运行于 110kV 乙母线，旁路 720 断路器热备用于 110kV 甲母线。

35kV 甲、乙母线并列运行，1 号主变压器 301 断路器甲母线热备用，新朝线 311、茅浦线 317、水厂线 329 断路器运行于 35kV 甲母线，2 号主变压器 302、猴嘴线 313、茅南线 323、化茅线 327 断路器在 35kV 乙母线运行，专用旁路 320 断路器冷备用，1 号站用变压器通过隔离开关运行在 35kV 甲母，2 号站用变压器通过隔离开关运行于 35kV 乙母线。

本模块的事故案例都是基于这个变电站的接线和运行方式，如图 48–1–1 所示。

（一）案例 1：220kV 正母线故障处理

（1）事故现象。220kV 母差保护动作，110kV 备自投动作，故障录波器动作。220kV 母联 2610、1 号主变压器 2601、茅海 2641、蔷茅 2W15、旁路 2620、1 号主变压器 701 断路器跳闸，110kV 母联 710 断路器合闸。220kV 正母线电压消失，1 号主变压器高压侧、中压侧三相电流、有功功率、无功功率到零，茅海 2641、蔷茅 2W15 断路器三相电流、有功功率、无功功率到零。

（2）事故处理。监控值班人员记录故障时间、故障变电站名称、查看告警信息，记录主要保护动作信息，断路器跳闸情况，在变电站主接线画面确认断路器位置，检查 220kV 母线电压及各间隔潮流，检查 2 号主变压器负荷，确认 2 号主变压器已经过负荷。汇报当值调度员：故障发生时间、故障变电站名称、变电站母差保护动作，跳开 220kV 母联 2610、茅海 2641、蔷茅 2W15、旁路 2620 断路器，110kV 备自投动作跳开 1 号主变压器 701 断路器，合上 110kV 母联 710 断路器；220kV 正母线失电，1 号主变压器 2601、茅海 2641、蔷茅 2W15、1 号主变压器 701 断路器间隔失电。2 号主变压器过负荷。并通知变电运维人员到变电站现场检查。

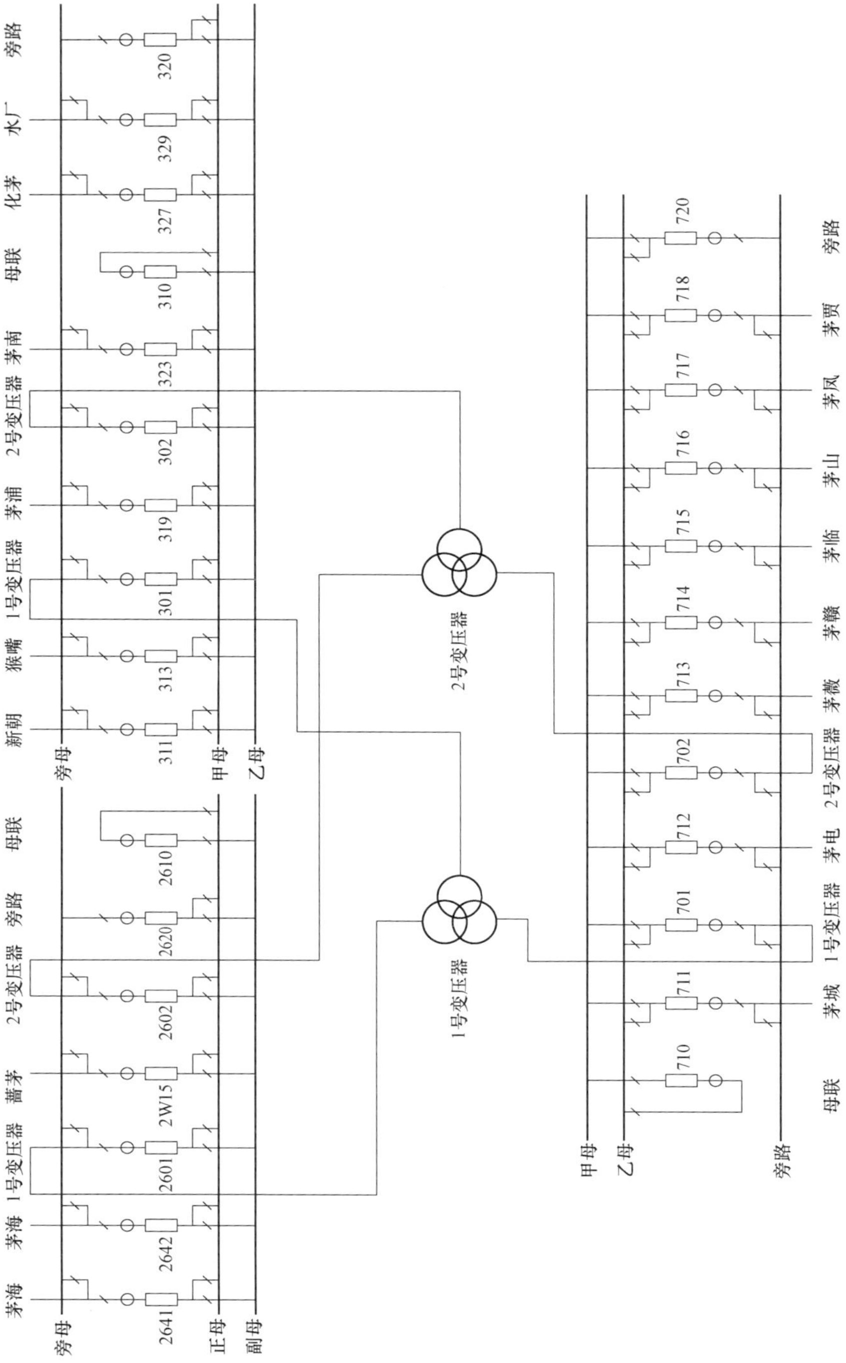

旁路
水厂
化茅
母联
茅南
2号变压器
茅浦
1号变压器
猴嘴
新朝
320
329
327
310
323
302
319
301
313
311
旁母
甲母
乙母
母联
旁路
2号变压器
蔷茅
1号变压器
茅海
茅海
2610
2620
2602
2W15
2601
2642
2641
旁母
正母
副母
2号变压器
1号变压器
720
718
717
716
715
714
713
702
712
701
711
710
旁路
茅贾
茅凤
茅山
茅临
茅赣
茅薇
2号变压器
茅电
1号变压器
茅城
母联
甲母
乙母
旁路

图 48-1-1　一次接线图

（3）变电运维人员做如下处理：

到变电站现场后，检查 2 号主变压器负荷，记录过负荷倍数，主变压器上层油温，环境温度，专人监视 2 号主变压器负荷。

查看 220kV 母差保护动作信号及报文，做好记录并复归。

检查 110kV 备自投装置动作信号及报文，并做好记录。

检查并复归其他告警信息。

现场检查母联 2610 断路器、茅海 2641 断路器、蔷茅 2W15 断路器、旁路 2620 断路器、1 号主变压器 2601 断路器、1 号主变压器 701 断路器、110kV 母联 710 断路器，确认其状态和位置。

检查 220kV 正母线三相电压，确认其已经失电。

查看跳闸断路器潮流，确认已经失电。

检查 220kV 正母线，找出故障点，确认故障发生在母线上。其他设备正常。

将检查情况汇报当值调度员。

在调度指挥下处理事故。

将 110kV 备自投装置停用。

将 35kV 备自投装置停用。

220kV 母联 2610 断路器由热备用改为冷备用。

220kV 正母线电压互感器由运行改为冷备用。

将茅海 2641 断路器冷倒到 220kV 副母线。

将蔷茅 2W15 断路器冷倒到 220kV 副母线。

将旁路 2620 断路器冷倒到 220kV 副母线。

将 1 号主变压器 2601 断路器冷倒到 220kV 副母线。

合上茅海 2641 断路器。

合上蔷茅 2W15 断路器。

合上旁路 2620 断路器。

合上 1 号主变压器 2601 断路器。

检查 1 号主变压器充电正常。

合上 1 号主变压器 701 断路器（合环）。

拉开 110kV 母联 710 断路器（解环）。

将 110kV 备自投装置启用。

将 35kV 备自投装置启用。

调度许可 220kV 正母线工作。

由检修单位对故障进行修复。

（二）案例 2：220kV 副母线故障处理

（1）事故现象。220kV 母差保护动作，110kV 备自投动作，35kV 备自投动作，故障录波器动作。220kV 母联 2610 断路器、2 号主变压器 2602 断路器、茅海 2642 断路器，2 号主变压器 702 断路器跳闸，110kV 母联 710 断路器合闸。2 号主变压器 302 断路器跳闸，化茅线 327 断路器跳闸，1 号主变压器 301 断路器合闸。220kV 副母线电压消失，2 号主变压器高压侧、中压侧、低压侧三相电流、有功功率、无功功率到零，茅海 2642、化茅线 327 断路器三相电流、有功功率、无功功率到零。

（2）事故处理。监控值班人员记录故障时间、故障变电站名称、查看告警信息，记录主要保护动作信息，断路器跳闸情况，在变电站主接线画面确认断路器位置。检查 220kV 母线电压及各间隔潮流，检查 1 号主变压器负荷，确认 1 号主变压器已经过负荷。汇报当值调度员：故障发生时间、故障变电站名称、变电站母差保护动作，跳开 220kV 母联 2610 断路器、茅海 2642 断路器、2 号主变压器 2602 断路器，110kV 备自投动作跳开 2 号主变压器 702 断路器，合上 110kV 母联 710 断路器；35kV 备自投动作，跳开 2 号主变压器 302 断路器、化茅线 327 断路器，合上 1 号主变压器 301 断路器；220kV 副母线失电，2 号主变压器 2602 断路器、茅海 2642 断路器、化茅线 327 断路器、2 号主变压器 702 断路器间隔失电。1 号主变压器过负荷。并通知变电运维人员到变电站现场检查。

（3）变电运维人员做如下处理：

到变电站现场后，检查 1 号主变压器负荷，记录过负荷倍数，主变压器上层油温，环境温度，专人监视 1 号主变压器负荷。

查看 220kV 母差保护动作信号及报文，做好记录并复归。

检查 110kV 备自投装置动作信号及报文，并做好记录。

检查 35kV 备自投装置动作信号及报文，并做好记录。

检查并复归其他告警信息。

现场检查母联 2610 断路器、茅海 2642 断路器、2 号主变压器 2602 断路器、2 号主变压器 702 断路器、110kV 母联 710 断路器、1 号主变压器 301 断路器、化茅线 327 断路器，确认其状态和位置。

检查 220kV 副母线三相电压，确认其已经失电。

查看跳闸断路器潮流，确认已经失电。

检查 220kV 副母线，找出故障点，确认故障发生在茅海 26422 隔离开关与断路器之间引线上。

将检查情况汇报当值调度员。

在调度指挥下处理事故。

将 110kV 备自投装置停用。

将 35kV 备自投装置停用。

茅海 2642 断路器由热备用改为冷备用。

将 220kV 母联充电保护启用。

合上 220kV 母联 2610 断路器（充电）。

检查 220kV 副母线充电正常。

退出 220kV 母联充电保护。

合上 2 号主变压器 2602 断路器。

检查 2 号主变压器充电正常。

合上 2 号主变压器 702 断路器（合环）。

拉开 110kV 母联 710 断路器（解环）。

将 110kV 备自投装置启用。

合上 2 号主变压器 302 断路器（合环）。

拉开 1 号主变压器 301 断路器（解环）。

将 35kV 备自投装置启用。

合上化茅线 327 开关。

将 220kV 旁路 2620 断路器带茅海 2642 断路器运行于 220kV 副母线（合环）。

拉开 220kV 母联 2610 断路器（解环）。

调度许可茅海 2642 断路器工作。

由检修单位对故障进行修复。

（三）案例 3：220kV 母联 2610 断路器与其电流互感器之间故障处理

（1）事故现象。220kV 母差保护动作，故障录波器动作。

220kV 母联 2610 断路器、2 号主变压器 2602 断路器、茅海 2642 断路器、1 号主变压器 2601 断路器、茅海 2641 断路器、旁路 2620 断路器、蔷茅 2W15 断路器跳闸。220kV 正、副母线电压消失，110kV 甲、乙母线失压，35kV 甲、乙母线失压，变电站各出线、母联间隔三相电流、有功功率、无功功率到零，交流站用电失电。

（2）事故处理。监控值班人员记录故障时间、故障变电站名称、查看告警信息，记录主要保护动作信息，断路器跳闸情况，在变电站主接线画面确认断路器位置，检查 220kV 母线电压及各间隔潮流，检查 1 号主变压器负荷，确认 1 号主变压器已经过负荷。汇报当值调度员：故障发生时间、故障变电站名称、变电站母差保护动作，跳开 220kV 母联 2610 断路器、茅海 2642 断路器、2 号主变压器 2602 断路器、麦海 2641 断路器、蔷茅 2W15 断路器、旁路 2620 断路器、1 号主变压器 2601 断路器，变电站全站失电，交流站用电消失。并通知变电运维人员到变电站现场检查。

（3）变电运维人员做如下处理：

到变电站现场后，查看 220kV 母差保护动作信号及报文，做好记录并复归。检查交流站用电。加强对直流母线电压的巡视，检查并复归其他告警信息。

现场检查母联 2610 断路器、茅海 2642 断路器、2 号主变压器 2602 断路器、茅海 2641 断路器、蔷茅 2W15 断路器、旁路 2620 断路器、1 号主变压器 2601 断路器，确认其状态和位置。

检查 220、110、35kV 母线三相电压，确认其已经失电。

查看各间隔开关潮流，确认已经失电。

调度转移 110、35kV 负荷，恢复变电站交流站用电。

检查 220kV 母线，找出故障点，确认故障发生在母联 2610 断路器与其电流互感器之间。

将检查情况汇报当值调度员。

在调度指挥下处理事故。

将 110kV 备自投装置停用。

将 35kV 备自投装置停用。

将 220kV 母联 2610 断路器由热备用改为冷备用。

将蔷茅 2W15 断路器由热备用改为运行。

对侧变电站：合上蔷茅 2W15 断路器（充电）。

检查 220kV 正母线充电正常。

合上茅海 2641 断路器（合环）。

合上旁路 2620 断路器。

拉开 1 号主变压器 701 断路器。

合上 1 号主变压器 2601 断路器。

合上 1 号主变压器 701 断路器。

检查 110kV 甲母线及出线运行正常。

将茅海 2642 断路器由热备用改为运行。

对侧变电站：合上茅海 2642 断路器（充电）。

拉开 2 号主变压器 702 断路器、302 断路器。

合上 2 号主变压器 2602 断路器。

合上 2 号主变压器 702 断路器。

查 110kV 乙母线及出线运行正常。

将 110kV 备自投装置启用。

合上 2 号主变压器 302 断路器。

查 35kV 甲、乙母线及出线运行正常。

将 35kV 备自投装置启用。

将 2610 断路器改为检修。

由检修单位对故障进行修复。

【思考和练习】

1. 哪些情况下，需要将电压互感器二次并列？
2. 电压互感器二次重动及并列装置失电如何处理？
3. 电压互感器保护、测量二次空气开关跳闸的原因有哪些？
4. 母差保护互联信号发出的原因有哪些？
5. 母差保护开入异常信号发出有哪些原因？
6. 母差保护 TA 断线闭锁信号发出，如何处理？

第四十九章

复合故障处理

模块1　常见的复合故障原因及种类（Z01H9001Ⅱ）

【模块描述】本模块介绍常见的复合故障的原因及分类。通过原因分析及案例学习，了解各种复合故障现象及其征象。以下内容重点介绍了处理复合故障的注意事项和预控措施。

【模块内容】

一、复合故障的原因及分类

1. 复合故障的定义

所谓“复合故障”就是同时存在两个及以上的“单一故障”或故障与设备异常的组合。

2. 复合故障的原因

复合故障的原因较多，一般体现在以下几个方面：

两个或以上同时发生接地或短路电气故障。

故障发生时，相应的继电保护或开关没有正确动作，无法完成故障点的隔离，造成越级跳闸。

某故障产生联锁反应，造成电力系统的较大影响，如过负荷、系统解列等其他故障。

设备遗留隐患较多，带缺陷运行，在故障状态下，电气环境恶化，故障会集中出现。

此外，保护整定计算误差大，电网不够坚强或配置不合理，会造成大面积停电或系统解列者，如电磁环网过多等。

3. 复合故障的常见类型

两相接地短路就属于相间短路和单相接地短路的复合故障。

三相对称短路也通常是由两相相间短路发展复合而成的。

多个设备同时故障也属于复合故障范围。

故障发生时，由于该动作的保护装置或断路器拒动，造成越级跳闸，扩大事故范围的情况。

主电源失电，造成多路馈供变电站或线路失电或其他运行设备过负荷的情况。

系统振荡，造成电网崩溃或大面积解列或失电的情况。

二、案例

案例：某 220kV 变电站 110kV 母线故障，多路馈供线路失电，造成多座次级变电站全停。

1. 厂站现场主要现象

110kV 母线保护动作，故障母线上全部断路器事故跳闸，母线失电。

馈线次级变电站根据备投投入情况，相关断路器变位。电源线路失电瞬间，运行中的电容器断路器失压或低电压保护动作，切除电容器。

没有配置备自投或单电源变电站全站失电。

2. 监控系统信息

语音报警，推出事故变电站（包括备自投动作的次级变电站）一次接线图。

事故变电站 110kV 母差保护动作、母线上全部运行断路器事故分闸，母线失电。

配置并投入备自投的本站及馈线次级变电站，备自投动作信息发出，相关断路器分闸或合闸变位。

根据事故情况相关控制回路断线、弹簧未储能、收发信机动作等伴随信息发出。

3. 监控处理

复归音响、迅速查阅告警窗事故及异常信息，检查一次画面断路器变位及负荷变化情况，进行综合判断与汇报。

根据调度所辖范围，使用标准调度术语进行针对性的事故汇报，汇报包括互通姓名、时间、事故变电站的保护动作情况、断路器变位情况、母线电压情况、相关变电站备自投动作情况、主变压器负荷情况等。必要时，强调备投未动作的变电站及失电范围。

通知各个相关运维操作班，简要告知变电站事故情况，并督促其尽快赴现场检查设备及保护动作情况，尽快向值班调度员汇报详细情况。

4. 操作步骤

应检查保护及备自投动作情况，保证 110kV/35kV 母线供电。

必须在查明原因并隔离故障点后，方可将越级跳闸断路器合闸送电。在未查明原因，没有隔离故障点前，禁止将越级跳闸断路器合闸送电，防止事故进一步扩大。

根据调令，对备投未正确动作的变电站进行模拟备投或合环倒电遥控操作。执行调度下达的其他事故处理遥控操作指令，最终依次恢复各个变电站原运行方式。

如果母线上有电容器，则送电完毕后根据无功功率及电压情况投入电容器组。

5. 注意事项

多电源变电站全站失电，如果是单母接线，应保留一电源断路器，其他所有断路器（包括主变压器和馈线断路器）全部拉开。

如果是双母线应首先拉开母联断路器，然后在每一组母线上只保留一个主电源断路器，其他所有断路器（包括主变压器和馈线断路器）全部拉开。

如停电母线上的电源断路器仅有一台开关可以并列操作的，则该开关一般不作为保留的主电源断路器。

变电所母线失电后，保留的主电源断路器按《电力系统调度规程》有关规定执行。

【思考与练习】

1. 复合故障的定义是什么？
2. 复合故障的原因有哪些内容？
3. 复合故障的有哪些常见类型？

模块 2 复合故障处理原则及方法（Z01H9002Ⅲ）

【模块描述】本模块介绍电网复合故障对电网的影响。通过原因分析、案例学习和操作技能训练，掌握正确处理复合故障的方法。

【模块内容】

一、复合故障处理原则及方法

调控值班员应根据工作站告警窗信息、一次画面的遥测及遥信显示、电压、交直流等画面，进行综合判断，切不可只凭部分站用电交直流遥测为 0 就盲目判断为变电站全停事故。

调控值班员在未查明并隔离故障点时，严禁送电。具备遥控功能的隔离开关，必须要确认该断路器确在断开位置，方可进行，严禁带负荷拉隔离开关。

调控值班员在多电源的变电站全停电时，在检查完本站后，应立即查看次级变电站的备自投动作情况，用户失电情况，及时汇报，模拟备自投动作。

调控值班员应根据备用电源的负荷能力和保护等效及运行主变压器的负荷情况先恢复站用电及重要用户的供电。全站失压时，送电处理过程中，应避免电源的非同期并列。

对失压主变压器进行送电操作中，应按高、中、低压测顺序进行，防止对高压侧进行反充电。

利用备用电源或合上分段断路器对失压的中、低压侧母线及其分路恢复运行时，应严密监视负荷变化，防止因潮电流互感器变化，造成保护误动或其他运行的设备过负荷。

二、防止复合故障发生的预控措施

国网公司的安全生产方针是安全第一，预防为主；针对以上情况，应做好以下几方面故障预防工作：

（1）编制合理的系统运行方式。

（2）创造条件及时消除设备缺陷及系统的薄弱环节。

（3）利用高级应用软件，加强培训，全面提高调控员工作能力。

（4）严格贯彻执行各种规章制度。

（5）提高电网调度技术支持系统的功能水平。

（6）加强事故预想和反事故演习，提高事故处理应变能力。

三、事故案例

（一）案例 1：35kV 及以下线路故障保护拒动

1. 案例描述

当某 35kV（20kV 或 10kV）线路相间（或双相接地）故障，同时该故障线路保护拒动。

2. 厂站现场主要现象

主变压器 35kV（20kV 或 10kV）侧后备保护动作；如果双母线并列运行，则母联过电流保护动作。

35kV（20kV 或 10kV）侧母联或分段断路器、主变压器 35kV 侧总断路器事故跳闸。相应测控装置跳闸指示灯亮。失压母线上的电容器低压保护动作，电容器断路器分闸。

本站低压侧备自投装置拒动。

3. 调控工作站主要信息

语音报警，推出事故变电站一次接线图。

事故变电站主变压器后备保护动作、事故线路所在母线母联过电流保护动作，主变压器 35kV 侧总断路器及母联（或分段）断路器事故跳闸、故障线路所在的 35kV 母线失电。

本站低压侧备自投装置拒动。

根据事故情况相关控制回路断线、弹簧未储能、收发信机动作等伴随信息发出。

4. 调控处理

复归音响、迅速查阅告警窗事故及异常信息，检查一次画面断路器变位及负荷变化情况。

根据调度所辖范围，使用标准调度术语进行针对性的事故汇报，汇报包括互通姓名、时间、事故变电站的保护动作情况、断路器变位情况、母线电压情况。必要时，强调后备保护动作信息。

通知各个相关运维操作班，简要告知变电站事故情况，并督促其尽快赴现场检查设备及保护动作情况，尽快向值班调度员汇报详细情况。

5. 操作步骤

一般情况下，需要现场检查后，方可进行处理，紧急情况下，根据调度指令，可将失压母线上的各断路器拉开，合上主变压器总断路器对母线充电，母线充电正常后，依次恢复各路出线，当合上某一条线路时，单相接地现象发生或主变压器后备保护再次动作跳闸，说明是此条线路故障保护拒动。将其改为断路器及线路检修即可。

如果母线上有电容器，则送电完毕后根据电压情况投入电容器组。

（二）案例 2：110kV 线路故障保护拒动

1. 案例描述

当某 110kV 线路单相接地或相间故障，同时该故障线路保护拒动（220kV 线路一般配置双套保护，故暂不分析）。

2. 厂站现场主要现象

110kV 主变压器中压侧后备保护动作；如果双母线并列运行，则母联过电流保护动作。

110kV 母联断路器、主变压器 110kV 侧总断路器事故跳闸。

相关馈线次级变电站备自投动作，备用电源投入。

本例试述常见运行方式及保护配置，特殊运行方式不做赘述。

3. 调控工作站主要信息

语音报警，推出事故变电站（包括备自投动作的次级变电站）一次接线图。

事故变电站主变压器后备保护动作、110kV 母联过电流保护动作，主变压器 110kV 侧总断路器及母联断路器事故跳闸、故障线路所在的 110kV 母线失电。

配置并投入备自投的馈线次级变电站，备自投动作信息发出，相关断路器分闸或合闸变位。

根据事故情况相关控制回路断线、弹簧未储能、收发信机动作等伴随信息发出。

4. 调控处理

复归音响、迅速查阅告警窗事故及异常信息，检查一次画面断路器变位及负荷变化情况（包括备自投动作的次级变电站），进行综合判断与汇报。

根据调度所辖范围，使用标准调度术语进行针对性的事故汇报，汇报包括互通姓名、时间、事故变电站的保护动作情况、断路器变位情况、母线电压情况。必要时，强调后备保护动作信息。

通知各个相关运维操作班，简要告知变电站事故情况，并督促其尽快赴现场检查设备及保护动作情况，尽快向值班调度员汇报详细情况。

5. 操作步骤

根据调令，对备自投未正确动作的变电站进行模拟备自投或合环倒电遥控操作。

根据调度指令将失压母线上的各断路器拉开，合上主变压器总断路器对母线充电，110kV 及以上线路具备条件的优先使用远方电源线路“手合后加速”对母线充电，母线充电后，依次恢复各路出线，当合上某一条线路时，主变压器后备保护再次复压过电流保护动作跳闸，说明是此条线路故障保护拒动。将其改为断路器及线路检修即可。

如果母线上有电容器，则送电完毕后根据电压情况投入电容器组。

执行调度下达的其他事故处理遥控操作指令，最终依次恢复各个变电站原运行方式。

（三）案例 3：110kV 线路故障，保护拒动

1. 案例描述

仿真寒山变电站 110kV 山鹿 1168 线路故障，保护拒动。

2. 事故前运行方式

220kV：1 号主变压器 2501、3 号主变压器 2503、寒木 2K29、寒虎 2K09、2620、4921 断路器运行于正母线；2 号主变压器 2502、寒木 2K30、寒虎 2K10 断路器运行于副母线；母联兼旁路 2520 断路器运行。

110kV：1 号主变压器 701、寒建 1161、寒索 1163、金寒 1171 断路器运行于Ⅰ号母线；2 号主变压器 702、寒开 1162、山鹿 1168 断路器运行于Ⅱ号母线，寒虎 1146 断路器热备用于Ⅱ号母线，对侧虎丘变电站 1164 断路器对其线路充电备用；母联 710 断路器运行。

1 号主变压器 301 断路器运行于 35kVⅠ号母线、2 号主变压器 302 运行于 35kVⅡ号母线、3 号主变压器 303 断路器热备用于 35kVⅠ号母线。35kV 母联 300 断路器热备用。

3. 厂站现场主要现象

220kV 寒山变电站事故音响发出、2 号主变压器 A 屏中压侧复压方向过电流动作、B 屏中压侧复压方向过电流动作、A 屏保护动作、110kV 副母 TV 断线动作、110kV 副母失电动作、110kV 副母计量电压消失动作，寒开 1162、山鹿 1168 线路无电压动作，此外还伴随故录器启动等信号发出。

2 号主变压器 702、母联 710 断路器事故跳闸。

110kVⅡ号母线失电。

4. 调控工作站主要信息

寒山变电站事故跳闸语音报警，220kV 寒山变电站全站事故总信号发出、推出寒

山变电站一次接线图。

2 号主变压器中压侧后备保护动作、110kV 母联 710 断路器过电流保护动作。

2 号主变压器 702、母联 710 断路器分闸，110kVⅡ号母线电压为 0。

根据事故情况相关控制回路断线、收发信机动作等伴随信息发出。

5. 调控处理

复归音响、迅速查阅告警窗事故及异常信息，检查一次画面断路器变位及负荷变化情况，进行综合判断与汇报。

根据调度所辖范围，使用标准调度术语进行针对性的事故汇报，汇报包括互通姓名、时间、事故变电站的保护动作情况、断路器变位情况、母线电压情况。必要时，强调后备保护动作信息。

通知各个相关运维操作班，简要告知变电站事故情况，并督促其尽快赴现场检查设备及保护动作情况，尽快向值班调度员汇报详细情况。

6. 操作步骤

联系地调、互报姓名、汇报时间，220kV 寒山变电站 2 号主变压器中压侧后备保护动作、110kV 母联 710 断路器过电流保护动作，2 号主变压器 702、母联 710 断路器分闸，110kVⅡ号母线电压为 0。待现场进一步检查后再作汇报。

通知相应运维班：互报姓名、时间，告知所辖变电站事故及备投动作情况，速到现场检查处理、向值班调度员汇报详细情况。

根据调度指令遥控操作：

拉开寒山变电站寒开 1162、山鹿 1168 断路器。

拉开虎丘变电站虎寒 1164 断路器。

合上寒山变电站寒虎 1146 断路器。

合上虎丘变电站虎寒 1164 断路器（使用手合后加速对寒山 110kVⅡ号母线充电）；充电无异常后。

依次合上寒山变电站寒开 1162、山鹿 1168 断路器。

当合上山鹿 1168 断路器时；虎丘变电站 1164 断路器事故分闸，从而判断为 1168 线路故障、保护拒动。

据调令，遥控拉开寒山变电站山鹿 1168、寒虎 1146 断路器，合上 2 号主变压器 702、母联 710 断路器（合环）。

合上虎丘变电站虎寒 1164 断路器为线路充电，恢复原运行方式。

现场运维人员将寒山变寒虎 1146 断路器检修改为断路器及线路检修。

（四）案例 4：220kV 线路故障断路器拒动

1. 案例描述

220kV 封石 2976 线路故障，断路器拒动。

2. 事故前运行方式

220kV 封苏 2277、封宝 2987、封石 2975、1 号主变压器 2501 断路器运行于正母线；封苏 2278、封宝 2988、封石 2976、封港 2529、2 号主变压器 2502 断路器运行于副母线，母联 2510 断路器运行状态。

110、35kV 侧分列运行。变电站一次接线图如图 49–2–1 所示。

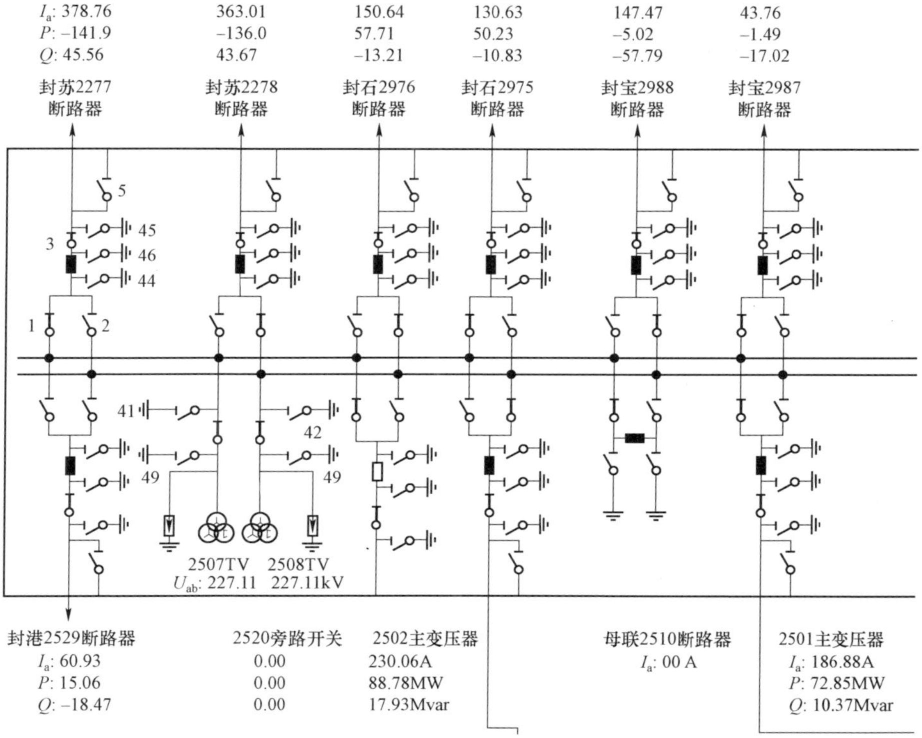

图 49–2–1　变电站一次接线图

3. 厂站现场主要现象

××时××分，220kV 葑门变电站事故跳闸音响发出，220kV 封石 2976 断路器保护：11、901 保护动作，断路器未跳，220kV 母差失灵保护动作、副母线失电，封苏 2278、封宝 2988、封港 2529、2 号主变压器 2502、母联 2510 断路器跳闸，封石 2976 断路器在合位。2 号主变压器失电，110kV Ⅱ 母线失电，10kV 备投动作成功，合 100 断路器，跳 102 断路器。

封港 2976 断路器：“11 及 901 保护”跳 A，跳 B，跳 C 指示灯亮，BP–2B 220kV 失灵动作 Ⅱ 指示灯亮。

后经现场界面检查：2976 断路器合位，油压、SF_6压力正常。

4. 调控工作站主要信息

语音报警：葑门变电站事故跳闸，推出葑门变电站（包括备自投动作的次级变电站）一次接线图。

220kV 封石 2976 断路器保护动作、220kV 母差失灵保护动作、10kV 备自投未动作。

封苏 2278、封宝 2988、封港 2529、2 号主变压器 2502、母联 2510 断路器和 2 号主变压器 102 断路器分闸。

相关线路失压、装置异常，控制回路断线动作复归等伴随信息发出。

5. 调控处理

联系省调：互报姓名、汇报时间、葑门变电站 2976 断路器 11、901 保护动作，断路器未动，220kV 副母失灵动作，220kV 封苏 2278、封宝 2988、封港 2529、2 号主变压器 2502、母联 2510 断路器分闸，220kV 副母失电。待现场进一步检查后再作汇报。

联系地调、互报姓名、汇报时间，葑门变电站 2976 断路器保护动作，断路器拒动，220kV 副母失灵动作跳开封苏 2278、封宝 2988、封港 2529、2 号主变压器 2502、母联 2510 断路器，220kV 2 号主变压器、副母线、110kV Ⅱ 母线失电。待现场进一步检查后再作汇报。

联系配调、互报姓名、汇报时间，由于葑门变电站 220kV 系统故障造成 2 号主变压器三侧及 10kV Ⅱ 母线失电。待现场进一步检查后再作汇报。

通知相应运维班：互报姓名、时间，告知所辖变电站事故及备投动作情况，速到现场检查处理、向值班调度员汇报详细情况。

做好记录、汇报相关领导。

6. 操作步骤

据调令，模拟备投，拉开 102 断路器、合上 100 断路器。加强监视 1 号主变压器负荷变化情况。

现场运维人员赴现场检查后，发现 2976 断路器 11、901 保护动作出口断路器未动，SF_6、油压正常，判断机构卡死，交直流、站用变压器系统正常。

隔离故障时，现场人员试分 2976 断路器不成功，经领导同意解锁拉开两侧隔离开关，据调令，投入母联充电保护，合上 2510 断路器，副母线充电正常，拉开 1102 断路器，合上 2 号主变压器高压侧中性点隔离开关，合上 2502，对主变压器冲击无问题，拉开 2 号主变压器高压侧中性点隔离开关，合上 1102，检查 110kV Ⅱ 母负荷正常。

据调令，同期合上 2278、2988、2529 断路器无问题，恢复 10kV 运行方式，合上 102 断路器，拉开 100 断路器。

将 2976 改断路器及线路检修。

（五）案例 5：220kV 主变压器差动保护动作，高压侧总断路器拒动

1. 案例描述

寒山变电站 1 号主变压器高压侧外部至 TA 间三相短路故障，2501 断路器拒动。

2. 事故前运行方式

220kV：1 号主变压器 2501、3 号主变压器 2503、寒木 2K29、寒虎 2K09、2620、4921 断路器运行于正母线；2 号主变压器 2502、寒木 2K30、寒虎 2K10 断路器运行于副母线；母联兼旁路 2520 断路器运行。

110kV：1 号主变压器 701、寒建 1161、寒索 1163、金寒 1171 断路器运行于Ⅰ号母线；2 号主变压器 702、寒开 1162、山鹿 1168 断路器运行于Ⅱ号母线，寒虎 1146 断路器热备用于Ⅱ号母线，对侧虎丘变电站 1164 断路器对其线路充电备用；母联 710 断路器运行。

1 号主变压器 301 断路器运行于 35kVⅠ号母线、2 号主变压器 302 断路器运行于 35kVⅡ号母线、3 号主变压器 303 断路器热备用于 35kVⅠ号母线。35kV 母联 300 断路器热备用。

3. 监控系统信息

220kV 寒山变电站全站事故总信号动作。

220kV 母差保护动作。

1 号主变压器 A 屏差动保护动作。

1 号主变压器 A 屏保护动作。

1 号主变压器 2501 断路器出口跳闸动作。

1 号主变压器 2501 断路器事故总信号动作。

220kV 母线母差保护失灵动作。

1 号主变压器 1101 断路器出口跳闸动作。

1 号主变压器 1101 断路器三相分位合闸。

1 号主变压器 1101 断路器三相合位分闸。

1 号主变压器 1101 断路器事故总信号动作。

1 号主变压器 301 断路器出口跳闸动作。

1 号主变压器 301 断路器三相分位合闸。

1 号主变压器 301 断路器三相合位分闸。

1 号主变压器 301 断路器事故总信号动作。

1 号主变压器高冷却装置主变压器风冷工作电源Ⅰ故障动作。

1 号主变压器高冷却装置主变压器风冷工作电源Ⅱ故障动作。

2 号主变压器高冷却装置主变压器风冷工作电源Ⅰ故障动作。
2 号主变压器高冷却装置主变压器风冷工作电源Ⅱ故障动作。
3 号主变压器高冷却装置主变压器风冷工作电源Ⅰ故障动作。
3 号主变压器高冷却装置主变压器风冷工作电源Ⅱ故障动作。
1 号主变压器高冷却装置主变压器风冷全停动作。
1 号主变压器高冷却装置冷却器全停动作。
2 号主变压器高冷却装置主变压器风冷全停动作。
2 号主变压器高冷却装置冷却器全停动作。
3 号主变压器高冷却装置主变压器风冷全停动作。
寒虎 2K09 断路器事故分闸。
寒木 2K29 断路器事故分闸。
3 号主变压器 2503 断路器事故分闸。
2K09 寒虎线断路器保护启动动作。
2K09 寒虎线断路器分闸动作。
寒木 2K29 断路器事故总信号动作。
故障录波器 1 故障录波装置启动动作。
故障录波器 2 故障录波装置启动动作。
故障录波器 3 故障录波装置启动动作。
寒虎 2K09 断路器出口跳闸动作。
寒虎 2K09 断路器第一组出口跳闸动作。
寒虎 2K09 断路器第二组出口跳闸动作。
寒虎 2K09 断路器 A 相位置分闸。
寒虎 2K09 断路器 B 相位置分闸。
寒虎 2K09 断路器 C 相位置分闸。
3 号主变压器 2503 断路器出口跳闸动作。
3 号主变压器 2503 断路器 A 相位置分闸。
3 号主变压器 2503 断路器 B 相位置分闸。
3 号主变压器 2503 断路器 C 相位置分闸。
3 号主变压器 2503 断路器三相分位合闸。
3 号主变压器 2503 断路器三相合位分闸。
3 号主变压器 2503 断路器事故总信号动作。
寒木 2K29 断路器第一组出口跳闸动作。
寒木 2K29 断路器第二组出口跳闸动作。

寒木 2K29 断路器 A 相位置分闸。

寒木 2K29 断路器 B 相位置分闸。

寒木 2K29 断路器 C 相位置分闸。

寒木 2K29 断路器三相合位分闸。

寒木 2K29 断路器三相分位合闸。

寒木 2K29 断路器事故总信号动作。

4. 操作步骤

监控根据保护动作、事故信号和断路器变位信息，判断为 1 号主变压器差动保护动作，因 1 号主变压器 2501 断路器拒动，故造成 220kV 母差失灵保护动作，跳开 3 号主变压器 2503、寒木 2K29、寒虎 2K09 断路器，220kV、110kV、35kV 正母线，1 号、3 号主变压器失电。

监控向调度汇报寒山变电站保护动作情况和断路器变位情况及所带的 110kV 和 35kV 变电站备自投是否动作，负荷损失情况。

地调下令监控：拉开 110kV 和 35kV 正母线所有失电断路器。

监控班告知运维人员寒山变电站事故概况，通知省检立即去寒山变电站检查保护动作和断路器变位情况。并通知运维人员去寒山变电站所带下级 110、35kV 变电站检查保护及备自投动作情况，检查变电站是否有失电。

现场运维汇报寒山变电站 1 号主变压器差动保护动作，1 号主变压器 2501 断路器拒动，220kV 母差失灵保护启动，跳开 3 号主变压器 2503、寒木 2K29、寒虎 2K09 断路器。220kV、110kV、35kV 正母线，1 号、3 号主变压器失电。

现场运维用解锁拉开 1 号主变压器 2501 断路器两侧隔离开关，隔离故障点。

调度下令：将 1 号主变压器三侧转冷备用。1 号主变压器改为检修。

配调下令监控：

合上 35kV 母联 300 断路器。

依次合上 35kV 正母线所有失电断路器（将 35kV 负荷转移至 2 号主变压器）。

地调下令监控：

合上 110kV 母联 1100 断路器。

依次合上 110kV 正母线所有失电断路器（将 110kV 负荷转移至 2 号主变压器）。

监控加强 2 号主变压器负荷、温度监视。

检查 220kV 正母线设备无故障后，首先用外来电源对 220kV 正母线进行充电正常。

调度下令：

将 3 号主变压器 2503 断路器转为运行（调整主变压器中性点）。

寒木 2K29 断路器，寒虎 2K09 断路器转为运行。

合上 3 号主变压器 1103、303 断路器。

拉开 110kV 母联 1100、35kV 母联 300 断路器。

【思考与练习】

1. 复合故障处理原则及方法有哪些？
2. 防止复合故障发生的预控措施有哪些？
3. 110kV 线路故障，保护拒动有何现象？

第十一部分

调控自动化系统应用

第五十章

电网调度自动化应用

模块1　调度技术支持系统的基础知识（Z01I1001Ⅰ）

【模块描述】本模块介绍了调度技术支持系统的概念、组成及可以实现的功能，通过理论讲解介绍、仿真培训，能够熟练进行系统应用。

【模块内容】

一、电力调度自动化系统的结构

以计算机为核心的电力调度自动化系统的框架结构如图50–1–1所示。

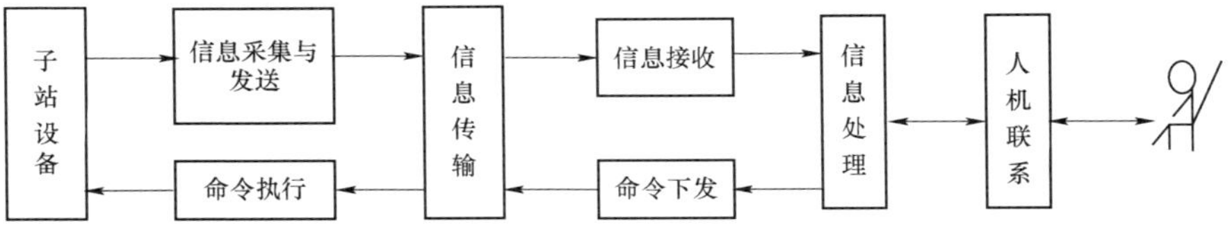

图50–1–1　电力调度自动化系统的框架结构

从图50–1–1可以看到，调度自动化系统采取的是闭环控制，由于电力系统本身的复杂性，还必须有人（调控人员）的参与，从而构成了完整、复杂、紧密耦合的人—机—环境系统。

（一）子系统构成

电力调度自动化系统按其功能可以分成以下四个子系统：

1. 信息采集与命令执行子系统

该子系统是指设置在发电厂和变电站中的子站设备、遥控执行屏等。子站设备可以实现“四遥”功能，包括：采集并传送电力系统运行的实时参数及事故追忆报告；采集并传送电力系统继电保护的动作信息、断路器的状态信息及事件顺序报告（SOE）；接受并执行调控人员从主站发送的命令，完成对断路器的分闸或合闸操作；接受并执行调控员或主站计算机发送的遥调命令，调整发电机功率。除了完成上述“四遥”的有关基本功能外，还有一些其他功能，如系统统一对时、当地监控等。

2. 信息传输子系统

该子系统完成主站和子站设备之间的信息交换及各个调控中心之间的信息交换。信息传输子系统是一个重要的子系统，信号传输质量往往直接影响整个调度自动化系统的质量。

3. 信息的收集、处理与控制子系统

该系统由两部分组成，即发电厂和变电站内的监控系统，收集分散的面向对象的RTU（remote terminal unit）的信息，完成管辖范围内的控制，同时将经过处理的信息发往调控中心，或接受控制命令并下发 RTU 执行。如图 50–1–1 中，调控中心收集分散在各个发电厂和变电站的实时信息，对这些信息进行分析和处理，结果显示给调控员或产生输出命令对对象进行控制。

4. 人机联系子系统

从电力系统收集到的信息，经过计算机加工处理后，通过各种显示装置反馈给运行人员。运行人员根据这些信息，作出各类决策后，再通过键盘、鼠标等操作手段，对电力系统进行控制。

（二）电力调度自动化主站 SCADA/EMS 系统的子系统划分

1. 支撑平台子系统

支撑平台是整个系统的最重要基础，有一个好的支撑平台，才能真正地实现全系统统一平台，数据共享。支撑平台子系统包括数据库管理、网络管理、图形管理、报表管理、系统运行管理等。

2. SCADA 子系统

SCADA（supervisory control and data acquisition）子系统包括数据采集、数据传输及处理、计算与控制、人机界面及告警处理等。

3. AGC/EDC 子系统

自动发电控制和在线经济调度（automatic generation control/economic dispatch control，AGC/EDC）是对发电机功率的闭环自动控制系统，不仅能够保证系统频率合格，还能保证系统间联络线的功率符合规定范围，同时，还能使全系统发电成本最低。

4. 高级应用软件 PAS 子系统

PAS（power system application software）子系统包括网络建模、网络拓扑、状态估计、调控员潮流、静态安全分析、无功优化及短期负荷预报等一系列高级应用软件。

5. 调控员仿真培训系统 DTS 子系统

DTS（dispatcher training simulator）子系统包括电网仿真、SCADA/EMS 系统仿真和教员控制机三部分。调度员仿真培训（DTS）与实时 SCADA/EMS 系统共处于一个局域网上，DTS 一般由服务器、工作站及一些外设组成。

6. 调度管理信息子系统 OMS

OMS（operations management system）属于办公自动化的一种业务管理系统，不属于 SCADA/EMS 系统的范围。它与具体电力公司的生产过程、工作方式、管理模式有非常密切的联系，因此总是与某一特定的电力公司合作开发，为其服务。当然，其中的设计思路和实现手段应当是共同的。

二、调度自动化主站系统的设备

调度自动化主站系统的设备包括主站系统和相关硬件。

（一）主站系统

1. 双机系统

双机系统共有三种工作方式。

（1）主—备工作方式。通常采用完全相同的两台主机及各自的内、外存储器及输入/输出设备。承担在线运行功能的计算机，称值班机；处于热备用状态的计算机，称为备用机。当值班机发生故障，监视设备立即自动把备用机在最短的时间内投入在线运行。采用这种工作方式时，备用机必须保持与值班机相同的数据库，便于软件的维护和开发、运行人员的模拟培训及离线计算等。

（2）主—副工作方式。通常采用一台计算机为主，担负在线运行的主要功能；另一台为副，担负较次要的在线运行功能和辅助的或离线的功能。在主机发生故障时，自动使副计算机承担起主计算机的功能。

（3）完全平行工作方式。通常采用两台计算机同时承担在线运行功能，这种方式不存在主—备机或主—副机切换问题。

为了保证可靠性，在双机系统中，前置机通常也采用双机方式。

2. 分布式系统

分布式系统是把系统的各项功能分散到多台计算机中去，各计算机之间用局域网相连并通过局域网高速交换数据。人机联系的处理机也以工作站方式接在局域网上。每台计算机承担特定的任务，如前置机、监控处理机、人机联系、历史文件处理机、电网分析处理机等。对某些重要的实时功能，设置双重化的计算机，如双前置机、双后台机、双网络等。

分布式系统结构优点在于资源共享和并行计算，局域网（LAN）通信灵活、数据传输方便。在系统扩充功能时，只需增加新的处理器，无须改造整个系统。分布式系统采用标准的接口和介质，把整个系统按功能分解分布在网络节点上，形成异种机兼容，能相互连接和移植，数据实现冗余分布，组成开放式的分布式系统。

目前，调度自动化系统调度端计算机系统采用基于冗余的开放式分布应用环境，整个软、硬件体系结构满足冗余性和模块化是当前电力系统对调度自动化系统技术发展的客观要求。

（二）人机联系设备

调度自动化主站系统中的人机联系设备就是为了实现人机对话而设立的，是调度自动化中操作人员和计算机之间交换信息的输入和输出设备。这类设备分为通用和专用两种。通用的人机联系设备是指供计算机系统管理和维护人员、软件开发和计算机操作人员所使用的控制台、打印机、控制台终端、程序员终端等。专用的人机联系设备是指专门供电力系统调控人员用以监视和控制电力系统运行的人机联系设备，其中有交互型的调控员控制台、远方操作台和调控员工作站，非交互型的调度模拟屏和计算机驱动的各类记录设备及其他设备等。

人机联系系统的主要功能如下：

（1）监视电力系统。

1）在屏幕上以单线图的形式显示电力系统的运行状态。

2）以表格的方式显示电力系统的运行参数及定时打印、记录。

3）显示趋势曲线、条形图、棒图、饼图等。

4）在某些指定画面上进行某些操作。

（2）监视控制系统。

1）监视计算机系统的运行状态。

2）监视子站设备、通道的运行状态。

3）监视操作系统运行状态。

（3）维护系统。

1）在线维护和生成画面。

2）维护和生成数据库。

3）执行和开发应用软件。

（三）前置机

调度自动化主站系统的数据采集与处理子系统，常称为前置机系统。前置机系统包括从调制解调器到前置机的软、硬件。前置机系统是各厂站远动信息进入主站系统的关口。

前置机的主要功能是接收多个子站信息，其通信口能够绑定不同的规约。

前置机的主要功能如下：

（1）接收数据的预处理。遥测量的预处理工作主要包括遥测值的滤波处理、越限检查和遥测归零处理，状态量变位判别，变位次数统计等。发生事故变位时，对相关遥测量进行事故追忆。

（2）向后台机传送信息。前置机预处理后的数据要向后台机传送，由后台机做进一步处理。可以采用有开关变位或遥测值的变化超过设定的死区时再向后台机送数的处理方法，以便减轻后台机的处理负担。

（3）下发命令。接收后台机的遥控、遥调命令，并通过下行通道向子站发送。向下发送电能量冻结命令。接收标准时钟（如天文钟、卫星钟等）或主机时钟，并以此为标准向子站发送校时命令，实现系统时钟的统一。

（4）向调度模拟屏传送实时数据。通过串行口向模拟屏的控制主机、智能控制箱传送数据。

（5）转发功能。从实时数据库中，选择出上级调度主站需要的信息，按规定的转发规约对信息重新进行组帧，向上级调度主站发送。

（6）通道监视。监视各个通道是否有信号正常传送，统计信道的误码率。

（四）计算机软件系统

计算机软件系统包括系统软件、支持软件和应用软件。系统软件包括操作系统、语言编译和其他服务程序，是计算机制造厂为便于用户使用计算机而提供的管理和服务性软件。支持软件主要有数据库管理、网络通信、人机联系管理、备用计算机切换等各类服务性软件。应用软件是实现调度自动化各种功能的软件，如 SCADA 软件、自动发电控制和经济运行、安全分析、状态估计和对策、优化潮流、网络建模、拓扑分析、负荷预报等一系列电力应用软件等。

调度自动化的计算机软件需满足开放式分布系统的应用环境，遵守开放式标准，支持多厂家硬件平台，为应用系统提供面向对象的开发环境，支持应用层的开放。

（五）图形系统

图形是直观地显示电力系统运行状况的重要手段。SCADA 系统软件模块中的图形系统能绘制出电力系统运行状况的各种图形。

（1）网络潮流图：用来表示电网的潮流分布。

（2）厂站主接线图：由代表各种电气设备的图形符号和连接线组成，实时、直观地反映出电网的接线方式。

（3）曲线图：历史曲线图或实时动态曲线图。历史曲线图用曲线显示遥测量在某一历史时间内的变化情况。实时动态曲线图是对遥测量按规定的时间间隔采样，显示从过去某一时间到当前时间的曲线。

（4）扇形图：以扇形图的大小显示出若干个相关的遥测量数据大小的比例关系，一般用百分比表示。

（5）棒图：将数据显示成棒的形式，并以棒的长短显示遥测值的大小。

（6）地理接线图：用来表示厂、站和线路的地理位置和走向。

（六）数据库系统

调度自动化系统的数据库分为实时数据库和历史数据库。实时数据库主要用于实时数据的储存，由于其对实时性要求较高，一般采用专用的数据库。历史数据库主要用于对历史数据的储存，一般采用商用数据库，如 Oracle、Sybase 等。

三、电力调度自动化系统的基本功能

电力调度自动化功能划分为电力调度自动化和配电自动化两类，重点介绍电力调度自动化系统。

数据采集与监视控制（SCADA）是调度自动化系统最基本的功能，实现对电力系统实时数据的采集和运行状态的监控。监视指对电力系统运行信息的采集、处理、显示、告警和打印及对电力系统异常或事故的自动识别；控制则是通过人机联系设备对断路器、隔离开关等设备进行远方操作的开环性控制。SCADA 系统的主要功能如下：

（1）数据采集（遥测、遥信）。数据采集的主要任务是和各子站设备交换信息。SCADA 系统进行数据采集的过程为：子站设备扫描并快速更新子站设备内部数据；调度主站周期查询子站设备；子站设备向调度主站计算机传送所要求的数据；调度主站计算机进行数据校验、检错、纠错；将数据转换成标准形式并送入主机数据库。

（2）数据预处理。由信息传输系统直接送来的信息被存入数据库以前，必须对这些数据进行合理性检查和可信性校验及处理等。

（3）信息显示（监视器或动态模拟屏）和越限报警。将系统运行的动态参数和设备状态进行显示，以供调控员监视系统的运行状态。当运行参数越限或设备状态发生非预定变化时及时告警。电力系统监视的内容如下：

1）电能质量监视。监视系统的运行频率、各选定点的电压值，观察系统是否运行在给定频率和电压范围内。

2）安全限值监视。监视系统的运行频率和各选定点的功率、电压、电流、水位等是否在允许范围内。

3）断路器状态监视。监视断路器、隔离开关的开、合状态，检查是否有非计划动作。

4）停电监视。线路和母线的停电状况监视。

5）计划执行情况监视。监视地区用电、电厂功率、区域交换功率等是否超计划值。

6）设备状态监视。监视各电厂机炉的启、停、备用、检修和各变压器的运行或检修。

7）保护和自动装置监视。监视系统主要设备的保护动作情况和自动装置的动作。

报警的方法很多，如画面闪光、变色、音响、自动推出报警画面等。

（4）遥控、遥调操作。调控员用计算机系统进行远方断路器倒闸操作及远方模拟量调节。为避免误操作，通过返信校验法检查命令是否正确。当子站设备收到控制命令后并不立即执行，而是在当地先校核一下命令是否合理，如果命令正确，子站设备将返校信息送回主站，主站将发出的信息和回收的信息进行比较，当两者一致时再发出执行命令，子站设备执行了遥控命令后再发回确认执行信息。同时，在画面上打开窗口或者在另一屏上显示操作提示信息，按此提示信息一步一步地操作。

（5）信息储存和报表。信息储存是系统运行的一项任务。根据要保存数据的性质，选择不同的存储时间。例如月、年的累积数据，典型日的实时和统计数据，负荷预测用的负荷样本，事故历史资料等，存储的数据能方便地检索和修改。储存的数据可以通过报表的形式表现，如日、月、年报表。

（6）事件顺序记录和事故追忆。

1）事件顺序记录（sequence of events，SOE）。当电力系统发生事故后，运行人员从遥信中能及时了解断路器和继电保护的状态改变情况。把事故时各种断路器、继电保护、自动装置的状态变化信号按时间顺序排队，并进行记录，这就是事件顺序记录。

2）事故追忆（post disturbance review，PDR）。为了分析事故，调度自动化系统在电力系统发生事故时，将事故发生前和事故发生后一段时间（时间可调）事故的全过程记录下来，作为事故分析的依据，这种功能称为事故追忆。

四、能量管理系统（EMS）

1. 能量管理系统（EMS）的发展

能量管理系统（EMS）是随着通信技术、计算机技术、控制技术、电力系统分析技术的进步而发展起来的。在国内，能量管理系统（调度自动化系统）的发展已经历经了四代。第一代系统为 20 世纪 70 年代基于专用机和专用操作系统的 SCADA 系统；第二代系统为 20 世纪 80 年代基于通用计算机和集中式的 SCADA/EMS 系统，部分 EMS 应用软件开始进入实用化；第三代系统为 20 世纪 90 年代基于 RISC/UNIX 的开放分布式 EMS（含 SCADA 应用），采用的是商用关系型数据库和先进的图形显示技术，EMS 应用软件更加丰富和完善，第三代系统的主要特征是基于 RISC 图形工作站的统一支持平台的功能分布式系统；第四代电网调度自动化集成系统是一套支持 EMS、DMS、WAMS 和公共信息平台的集成系统，为调度自动化提供了一揽子的集成方案，以遵循 IEC 61970 为主要特征，采用大量的先进技术，包括 CORBA 中间件技术、CIM/CIS 技术、SVG 技术等。

2. 能量管理系统（EMS）的体系结构

随着二次系统安全防护要求的出台，能量管理系统的体系结构发生了变化。按照电网调度的核心业务和生产需求分为安全Ⅰ区的调度实时监控类功能、安全Ⅱ区的调度计划类功能、安全Ⅲ区应用功能。能量管理系统为调度中心的监视、分析、预警、控制等提供支持，是一套面向调度生产业务的集成的、整体的集约化系统。

（1）实时监控类功能的体系结构。位于安全Ⅰ区的实时监视控制类功能可实现对电力系统稳态运行状态的监视、分析和控制，对电力系统动态运行状态的监视、分析和预警及对稳态、动态、继电保护和安全自动装置等实时信息的综合利用。其中的实时调度计划功能将调度计划由短期扩展到实时，提高了电网运行的经济性，为特大电网安全稳定经济运行提供了全面和完善的监视、分析、控制手段和工具。安全Ⅰ区体系结构如图 50–1–2 所示。

系统安全Ⅰ区采用基于高速总线的架构，为电网实时监视控制类软件提供支撑与服务，为实时监视控制、网络安全分析、动态稳定预警、实时调度计划类功能提供模型、图形、数据的交换服务。系统高速总线独立于调度应用服务总线，满足了电网监视控制类应用功能对服务总线安全、稳定、高速、可靠的要求。同时，独立的系统高速总线还能够确保安全Ⅰ区内数据交换服务畅通无阻。系统高速总线结构如图 50–1–3 所示，水电调度、电能量计量等模块也属于该体系结构。

在安全Ⅰ区系统高速总线下，各个应用子系统之间会提供一些服务，这也是面向服务的系统高速总线在设计过程中需要考虑的重要方面。

（2）调度计划类功能的体系结构。调度计划类功能全面综合考虑电力系统的经济特性与电网安全，将经济调度与静态和动态安全校核有机结合，实现电网运行经济与安全性的协调统一，为特大电网安全稳定和经济运行、实现资源优化配置提供有力的技术支撑。调度计划类的核心功能是调度计划，其他功能包括调控员训模拟、继电保护及故障信息管理等。其体系结构（安全Ⅱ区体系结构）如图 50–1–2～图 50–1–4 所示。

（3）Ⅲ区应用功能。

1）调度管理。Ⅲ区的调度管理为企业领导层和其他生产管理部门在Ⅲ区提供与Ⅰ区相同 SCADA、EMS、WAMS 功能应用（不含实时采集与处理）。

2）网络分析功能。Ⅲ区网络分析功能与Ⅰ区类似，是Ⅰ区网络分析功能向Ⅲ区的拓展延伸。调度中心各业务专业人员可在安全Ⅲ区办公 PC 中使用网络分析软件。

五、EMS 主要子系统的功能

按照系统二次防护的要求，EMS 应用功能可以分为Ⅰ区实时监视控制类应用功能、Ⅱ区调度计划类应用功能、Ⅲ区应用功能和公共应用功能四大类。

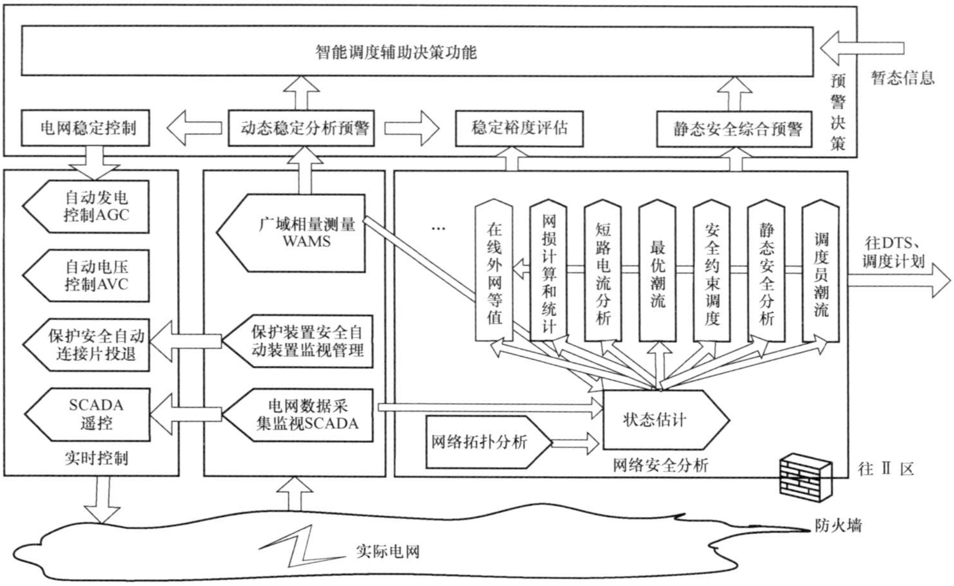

图 50–1–2 安全Ⅰ区体系结构图

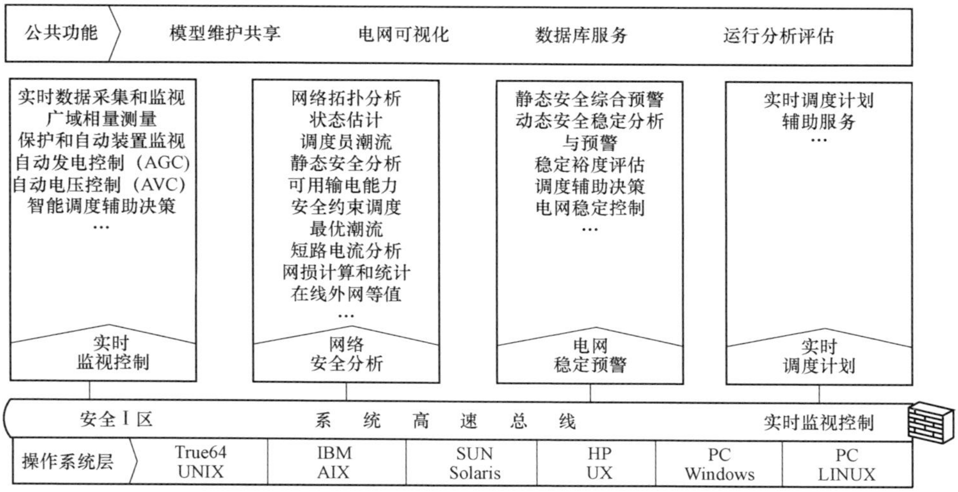

图 50–1–3 系统高速总线系统结构图

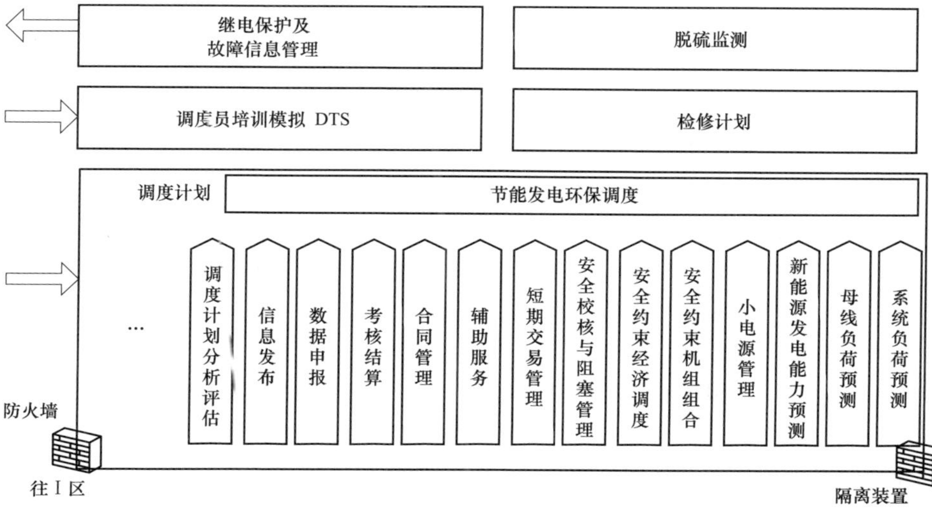

图 50–1–4　安全Ⅱ区体系结构图

1. Ⅰ区实时监视控制类应用功能

实时监视控制实现对电力系统稳态和动态运行状况的监视，使电网调度人员能及时、准确和全面地掌握电网的实际运行状况，提供全面和完善的监视控制手段和工具，保证电网的安全稳定经济运行。实时监视控制功能主要包括实时数据采集和监控、广域相量测量、继电保护装置和安全自动装置在线监视管理、自动发电控制、自动电压控制、网络安全分析和电网预警决策等。

（1）实时数据采集和监视子系统功能。该系统通过 RTU 和计算机通信等多种方式对实时数据（秒级稳态数据）进行采集和处理，实现对电力系统实时运行状态的监视和控制，主要包括数据采集、数据处理、数据计算和统计、人工数据输入、历史数数据保存、事件顺序记录、断面监视、备用监视、设备负载率监视、事故追忆和反演、事件和报警处理、遥控和遥调、图形显示、趋势曲线、系统配置及权限设置及人机联系、电网信息与运行信息考核统计等功能。数据采集和监控功能面向网络模型，自动完成所有设备的动态拓扑着色、自动旁路代、自动对端代、自动平衡率计算等。

（2）广域相量测量子系统功能。该系统通过 PMU 数据的采集，对动态数据进行整合，实现电网广域测量功能。该系统可实现低频振荡在线识别与分析、电网频率特性分析、电网扰动识别、快速和详细故障分析和 PMU 状态估计计算。

广域相量测量完成电网实时动态相量信息（几十毫秒级动态数据）的采集和处理，实现对大型互联电网的动态过程监视。主要功能包括 PMU 信息的采集和通信、数据处理、实时相量数据分析处理和存储归档、越限报警、低频振荡监测等。广域相量测量能准确记录电力系统存在故障扰动、低频振荡和系统试验等情况下的动态过程及行为特性，为电力系统动态运行状态的监视、事故分析、参数辨识、辅助服务质量监测提供支持。综合利用实时动态相量信息、电力系统静态实时信息、继电保护和安全自动装置动作信息，实现在线智能故障报警和故障诊断。

（3）继电保护装置和安全自动装置在线监视管理子系统功能。该系统对电力系统二次设备的信息进行采集和处理，对继电保护、故障录波装置和安全自动装置的运行状态（工况、压板状态、告警）、投运情况、动作信息进行在线监视和管理，可进行压板投退、切换定值区和在线定值下发修改等操作。

（4）自动发电控制子系统功能。该系统提供对发电的监视、调度和控制。通过控制调度基域内发电机组的有功功率使机组发电自动跟踪系统负荷变化，使系统频率偏差和区域联络线交换功率偏差在规定的范围内，监视和调整备用容量，还具备时钟校正和无意交换电量的返回功能。该系统与超短期负荷预测、安全约束经济调度结合可实现超前闭环控制。

自动发电控制功能包括负荷频率控制、经济调度、备用监视、性能评价等。该系统与优化调度系统结合，可实现基于安全约束调度和超短期负荷预测的控制调节功能。

（5）自动电压控制子系统功能。该系统提供对电网母线电压、发电机无功、电网无功潮流进行自动监视和控制。通过调节发电机无功功率、控制变压器分接头和无功补偿设备的投切，自动控制电网电压在安全和合格的范围内，降低系统网损，保证电网安全稳定经济和优质运行。上级调度自动电压控制系统具备和下级调度自动电压控制系统的上、下协调分层控制功能。

（6）网络安全分析（NAS）子系统功能。该系统利用电力系统实时或计划信息对电网进行分析与决策，提高系统运行的安全性，使决策能兼顾电网的安全与经济。网络分析的应用软件利用电力系统采集的数据和其他应用软件提供的数据来分析和评估电力系统。

网络安全分析子系统的主要功能包括网络拓扑分析、状态估计、调控员流、静态安全分析、可用输电能力、安全约束调度、最优潮流、短路电流计算、网损计算和统计等。

（7）电网预警决策子系统功能。电网预警系统在线监视和分析电网运行的安全隐患，利用电网运行数据进行电网动态稳定预警，实现在线稳定分析及预警、调度辅助决策、计划校核，并为未来实现闭环稳定控制奠定基础。主要应用功能包括静态安全综合预警、动态稳定分析预警、调度辅助决策、稳定裕度评估、电网稳定控制等。

2. Ⅱ区调度计划类应用功能

（1）调度计划子系统功能。调度计划子系统根据短期负荷预测综合考虑电网安全约束和机组运行约束，制订短期发电计划，并对调度计划进行动态、静态安全校核和阻塞管理，实现与辅助服务计划的协调优化。调度计划能适应调度计划管理、节能发电调度、电力市场等不同调度模式的需求。在应用模块设计中，负荷预测、机组组合、发电计划编制、计划安全校核等应用软件算法模块可以与网络安全分析、实时调度计划、动态稳定预警互用。

调度计划主要功能包括系统负荷预测、母线负荷预测、安全约束经济调度、安全约束机组组合、安全校核与阻塞管理、检修计划及新型能源发电能力预测和小电源管理、短期交易管理、辅助服务、合同管理、考核结算管理、数据申报管理、信息发布、调度计划分析评估等。

（2）检修计划子系统功能。检修计划以一定的目标安排计划周期内（通常为一年）每个时段（周、月）的机组和设备的检修计划或停机安排。可提供图形界面选择检修设备，根据选择的设备对象自动生成相应的检修内容。

检修计划安全校核功能对检修计划进行静态安全分析，分析和计算机组和电网设备检修对电网安全的影响。

（3）调控员培训模拟子系统功能。调度员培训模拟子系统（DTS）模拟电力系统的静态和动态响应及控制中心环境，为运行和调度人员提供与实际系统完全相同的运行环境，用来训练调控员正常运行操作和处理事故的能力。各级调控员利用 DTS 实习正常和故障情况下的操作任务，在实时方式的基础上预演将要执行的操作。在观察系统状况和实施控制措施的同时，能够逼真地体验到系统的变化情况。

DTS 的功能包括调度室工具使用的培训、开关操作步骤及有关安全事项的培训、正常状态下运行的培训、事故状态下运行的培训及上、下级调度的联合反事故演习等。

（4）脱硫实时监测子系统功能。脱硫灾时监测子系统对火电厂燃煤机组烟气脱硫系统在线数据进行采集、传输、处理、计算和分析，在线监视火电厂脱硫设施运行状况。并对各火电机组的月发电量、脱硫设施投运率、脱硫设施效率、排放总量等数据进行实时监视和管理。

（5）继电保护及故障信息管理。电网继电保护及故障信息管理是以电力公司所管辖的变电站中的继电保护设备、安全自动装置和故障录波器为管理对象，采集这些对象所有信息，并加以分析处理，为用户提供告警、操作、分析、统计、查询等各种功能。主要功能包括数据采集、控制、告警、数据处理与转发、管理与报表、各种高级分析功能等。其中修改定值、切换定值区、投/退软压板等控制功能在实时控制类实现。

3. Ⅲ区应用功能

（1）Web 功能。系统 Web 功能主要为电网运行企业领导层和其他生产管理部门在

Ⅲ区提供与Ⅰ区相同的 SCADA、EMS、WAMS 功能应用（不含实时采集与处理等）。系统能自动将Ⅰ区系统的数据库、画面传送到Ⅲ区，并转换为标准的浏览器支持格式（如 XML、HTML 等），在Ⅲ区实现电网实时数据的信息发布，并支持潮流计算、优化潮流、静态安全分析等离线分析功能。

（2）Ⅲ区网络分析功能。Ⅲ区网络分析功能与Ⅰ区相同，是Ⅰ区网络分析功能向Ⅲ区的拓展延伸。该功能的实施，能够使调度中心各业务专业人员能够在安全Ⅲ区办公 PC 中使用网络分析软件，促进了应用软件的实用化，提高了调度中心的业务分析水平。

4. 公共应用功能

系统的公共应用功能包括数据模型维护与信息共享、电力系统可视化、电网运行分析评估等，为实时监视控制类、调度计划类和调度管理类应用提供数据维护、系统展示、统计分析的支持。

【思考与练习】

1. 电力调度自动化系统按其功能可以分成哪几个子系统？
2. 电力调度自动化主站 SCADA/EMS 系统的子系统是由哪几部分组成？
3. 调度自动化系统的基本功能是什么？
4. 调度自动化系统包括哪几个部分？各部分主要功能有哪些？
5. EMS 主要包括哪些应用子系统？

模块 2　调度技术支持系统的应用（Z01I1001Ⅱ）

【模块描述】本模块介绍了调度技术支持系统的应用模块，通过理论讲解介绍、仿真培训，熟练使用调度技术支持系统进行各种数据查询，并能够定性判断系统数据的准确性。

【模块内容】

一、调度技术支持系统总控台

（一）调度技术支持系统总控台界面介绍

调度技术支持系统总控台是监控员进入系统进行监视的操作总控制台，监控员的主要操作均可以通过该总控台进入，是一个便捷友好的人机界面。

一般监控员工作站在监控员完成操作系统登录后，系统将运行调度技术支持系统启动脚本，当脚本执行完成后，系统将自动把总控台启动，如图 50–2–1 所示。

总控台大体可以分为 6 个区域，由左至右分别介绍如下：

（1）调度技术支持系统图标显示。每一个系统均有自己的系统图标，以示区别。

图 50–2–1　总控台

（2）时间显示区。该区域显示当前系统的时间，实时刷新。

（3）系统重要遥测量显示区。该区域可以显示当前系统中的三个重要遥测量，一般为系统总加量，其数据实时刷新。其中三个量中若有未定义或定义错误的量，在该显示区中则显示 N/A。

（4）系统频率显示区。该区域主要显示系统的频率曲线，其曲线数据实时刷新。

（5）系统功能操作区。该区域是监控员及自动化人员进入系统进行系统监视及操作的主区域，由六大类下拉式菜单组成，当监控员未在总控台中完成登录操作时，该区域被隐去，不能操作，只有监控员完成总控台登录操作后方可进行操作。

（6）总控台用户登录区。该区域是监控员打开总控台后最先需要进行操作的区域。区域中显示用户名、责任区名及用户登录相关操作按钮。

其中责任区位置成为一个小按钮，为可设定区。

特别说明：

1）这里的用户登录则是进入系统的操作。

2）如果监控员工作站是双屏或 3 屏工作站，则有关用户登录区内的操作必须在 0 屏上总控台界面中的用户登录区操作，其他屏上的总控台界面将同步刷新该区的操作结果。

（二）主要操作介绍

1. 用户登录

用户登录是监控员通过总控台进入调度技术支持系统的第一步，单击总控台用户登录区上的按钮，屏幕上将弹出对话框，输入用户名称及密码，选择登录有效期（监控员操作时间超出有效期时，系统将自动注销），以输入的用户名登录系统。

2. 注销用户

监控员交接班时，上班监控员可以通过注销用户操作退出系统监视及操作，单击总控台上用户登录区的按钮，屏幕上将弹出注销对话框。

3. 切换用户

监控员交接班时，除了可以通过上面介绍的注销用户操作完成交班操作，还可以通过切换用户直接完成上班监控员交班及本班监控员接班的工作，接班监控员可以直接点击总控台用户登录区的按钮，进入用户登录界面，修改用户名称、密码及有效期，完成切换操作。该操作完成后，原用户将自动被注销退出系统。

4. 修改密码

系统管理员在设置权限时会给监控员设置初始密码，监控员可以根据自己的喜好修改各自的密码，单击总控台用户登录区上的按钮，屏幕上将弹出密码修改对话框。

监控员填入旧密码，新密码及二次确认的新密码，点击确定及完成修改操作，然后重新在总控台以新密码登录调度技术支持系统。

5. 总控台极小化

当监控员进入系统界面进行监视及操作后，可以将总控台极小化。点击用户登录区的按钮，总控台即缩小为小图标。

6. 责任区选择

若本系统中有责任区设置，则监控员在登录时需要进行责任区设定。设定方式有以下两种：

（1）通过用户登录操作进行责任区设置，单击进入用户登录界面，在进行完用户登录操作后，单击“确定”，系统即自动弹出图 50–2–2 提示窗口。

单击“OK”按钮，系统即弹出修改责任区界面，如图 50–2–3 所示。

图 50–2–2 责任区切换图

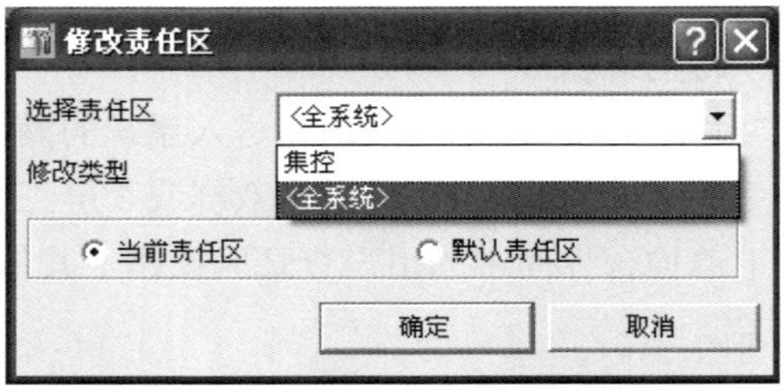

图 50–2–3 修改责任区图

单击“确定”按钮，完成责任区设定。

当前责任区：将所选责任区作为本机当前所属责任区；

默认责任区：将所选责任区作为关机重启时的责任区，不改变本机当前所属责任区。

如果修改了本机的当前责任区，本机只接收该责任区中的告警信息，监控员只能对该责任区中的厂站进行人工操作。

（2）可直接单击用户登录区中责任区的按钮，弹出修改责任区界面进行设置。

二、SCADA 应用操作

（一）通用菜单操作

在厂站接线图或 SCADA 应用的其他图形中鼠标右键单击空白区域，即弹出 SCADA 应用的右键菜单，如图 50–2–4 所示。

1. 厂站全遥信对位

断路器、隔离开关变位后，厂站图上变位的断路器、隔离开关将闪烁显示，用以提示变位信息。“厂站全遥信对位”即在当前厂站中进行遥信对位确认停闪操作，恢复当前厂站中的正常显示。

2. 厂站全遥测解封锁

在当前厂站中进行所有遥测解封锁，当前厂站重新接收 FES 送来的遥测数据。

3. 厂站全遥信解封锁

在当前厂站中进行所有遥信解封锁，当前厂站重新接收 FES 送来的遥信数据。

4. 厂站抑制告警/厂站告警恢复

在当前厂站中所有量进行抑制告警操作，厂站抑制告警后，该厂站状态被置抑制告警态，其所属所有遥测遥信量均被告警抑制，但之后可以通过告警查询看到相关告警内容。

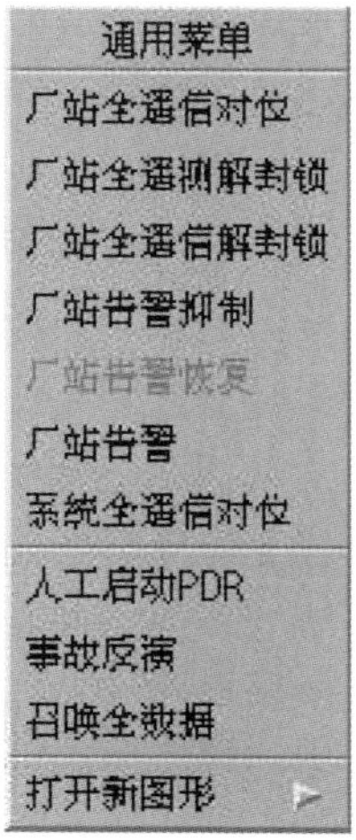

图 50–2–4 SCADA 应用的右键菜单

5. 厂站告警

在当前厂站中进行厂站告警操作，即对该厂站当天所有属于“电力系统”告警类的告警内容进行查询，并推出查询结果界面。

6. 系统全遥信对位

对系统中的所有厂站进行遥信对位，恢复所有厂站的正常显示。

7. 设备菜单操作

在系统中可以通过将设备参数录入后，直接进行相关设置及查询。下面以开关为例简单介绍。

在厂站接线图中，选中开关，单击右键，弹出右键菜单，包括：

（1）参数检索。选择该菜单项可以查看开关设备的基本参数。

（2）设置标志牌。选择该菜单项可以对所选开关挂标志牌。对挂好的标志牌也可以通过右键单击标志牌进行移动、删除和查看修改注释的操作。

（3）遥信封锁。选择该菜单项可以对开关进行人工置位操作。

单击“遥信封锁”菜单项，弹出子菜单，具体人工置位操作分两类：

1）遥信封锁/解除封锁：封锁操作后系统将以人工封锁的状态为准，不再接受实时的状态，直到遥信解封锁为止。

2）遥信置数：置数操作后，在该开关未被新数据刷新之前以置数状态为准，当有变化数据或全数据上送后，置数状态即被刷新。

单击选择所需的遥信封锁或遥信置数菜单项，将开关设为相应的状态，设置成功后被设开关将显示封锁或置数颜色，以示区分。

（4）遥信对位。单个开关变位后，将闪烁显示，用以提示变位信息。“遥信对位”操作确认并停止闪烁恢复开关正常显示。

（5）全遥信对位。在当前厂站中对厂站所属所有遥信进行确认停闪操作，恢复正常显示。

（6）单人遥控。选择菜单项后，将弹出遥控对话窗：

该对话窗口分为三个部分，最上面的部分是遥控的设备名称说明，中间的部分是遥控操作交互，下面的部分是确认按钮。

监控员操作主要在中间的交互区，操作步骤如下：

确认操作员一栏无误后，输入口令，并键入回车确认。“确认遥信名”一栏被激活。

输入确认遥信名，一般为开关号，键入回车确认。操作状态被激活。

选择操作状态后，单击按钮，进入遥控预置阶段，系统弹出提示。若反校未成功，则提示预置失败。若反校成功，则提示预置成功。

单击“遥控执行”按钮，执行遥控。

（7）监护遥控。选择菜单项后，将弹出遥控对话窗。

该对话窗口分为三个部分，最上面的部分是遥控的设备名称说明，中间的部分是遥控操作交互，下面的部分是确认按钮。

监控员操作主要在中间的交互区，操作步骤如下：

确认操作员一栏无误后，输入口令，并键入回车确认，此时“确认遥信名”一栏被激活，输入确认遥信名，一般为开关号，键入回车确认，操作状态被激活。

选择完操作状态后，选择监护节点，本席为操作席，操作员选择监护员所在工作站节点，单击“发送”。则在监护员所在工作站上弹出监护员确认窗口。

监护员在该窗口中键入口令，并以回车确认后，“确认遥信名”一栏即被激活，监护员输入遥信名并键入回车确认，在监护员确认过程期间，操作员操作席弹出提示窗，提示操作员等待。

监护员确定后，在操作员操作席界面上弹出通过提示框。

操作员确定信息后，上述提示框关闭。操作员此时即可在其遥控操作界面上点击按钮，进入遥控预置阶段，同单人遥控操作。

（8）遥控闭锁。选择该菜单，系统将封闭开关的遥控功能，同时该开关的遥信状态将被置上“遥控闭锁”。

（9）遥控解闭锁。选择该菜单，针对“遥控闭锁”，解除遥控闭锁，恢复开关的遥控功能。未被遥控闭锁的开关，该菜单项被隐去。

（10）抑制告警。选择该菜单项后，该开关的告警信息将不出现在告警窗中，但可以通过告警查询查到。

（11）恢复告警。选择该菜单，将解除开关的“抑制告警” 设置，开关的告警信息重新上告警窗。未被抑制告警的开关，该菜单项被隐去。

（12）开关信息。选择该菜单项，将弹出开关信息模板，模板中显示所选开关设备的基本信息。

（13）前置信息。选择该菜单项，将弹出开关的前置相关信息窗口，显示所选开关设备的前置基本信息（如厂号、点号等）。

（14）今日变位。选择该菜单项，弹出该开关今日变位查询结果窗口，若无变位，则告警内容为空。

（二）遥测量操作

在厂站接线图中，选中遥测量动态数据，单击右键，弹出右键菜单。

1. 参数检索

选择该菜单项可以查看遥测量的基本参数。具体操作方式同开关参数检索操作方式。若该遥测量被定义需要越限监视，则参数窗口中除基本参数外还会有监视限值的信息；若该遥测量被定义点多源替代，则参数窗口中除基本参数外还会有多源替代基本信息；若该遥测量为线路，有对端设备，则参数窗口中除基本参数外还会有对端线端基本信息。

2. 遥测封锁

选择该菜单项，弹出遥测封锁对话框。

在对话框中输入封锁值及备注（备注部分为可选项，根据监控员习惯，可以空缺），单击“确定”按钮，将当前设备的遥测值固定为输入的封锁值，直到“解除封锁”为止。快捷操作方式：遥测封锁操作也可以不通过菜单操作，可以直接双击遥测量，系统即会弹出遥测封锁的操作界面，供监控员操作。

3. 解除封锁

选择该菜单项，解除当前遥测量的封锁状态。若当前遥测量未被置封锁，则该菜单项被隐去。

快捷操作方式：解除封锁操作也可以不通过菜单操作，可以直接双击已被遥测封锁的遥测量，系统即会弹出是否解除封锁的提示框，供监控员操作。

4. 遥测置数

选择该菜单项，弹出遥测量置数对话框，在对话框中输入“置入值”，单击“确认”按钮，将当前设备的遥测值设为输入值，当有变化数据或全数据上送后，置数状态及所置数据即被刷新。

5. 前置信息

选择该菜单项，将弹出遥测量的前置相关信息窗口，显示所选遥测量的前置基本信息（如厂号、点号等）。

6. 遥测越限

选择该菜单项，弹出该遥测量今日越限的告警查询结果窗口，若该遥测量未越限监视或无越限告警，则告警内容为空。

7. 今日曲线

选择该菜单项，系统即启动曲线浏览器，显示所选遥测量的今日曲线，若该遥测量已被定义采样，则有曲线显示，显示内容为当天的 0 点至当前的所定义采样周期的曲线。

8. 实时曲线

选择该菜单项，系统即启动曲线浏览器，显示所选遥测量的当前实时曲线，若该遥测量已被定义采样，则有曲线显示，显示内容为从调显时刻开始所定义采样周期的曲线，实时更新。

9. 曲线合并

如果已经打开了一个曲线浏览器显示某遥测量的今日曲线，可以通过单击该菜单项实现多条曲线的查看。选择某一遥测量选中“曲线合并”菜单项，则在原曲线浏览器中显示该条遥测量曲线，与原遥测量曲线共用一个坐标系。

10. 曲线右合并

当两个遥测量的值差别较大，又要放在一起看，用“曲线合并”就不是很直观了，此时可以使用“曲线右合并”菜单项。操作方法与“曲线合并”相同，所选遥测量曲线的纵坐标在坐标系右侧，而原遥测量曲线的坐标在左侧，方便监控员查看。

11. 对比曲线

当监控员要将某个遥测量的今日曲线与昨日曲线进行比对，则可以使用该菜单项。选择该菜单项后，弹出曲线浏览器，现时所选遥测量的今日与昨日曲线。

（三）告警用户端及报表系统

1. 告警用户端

告警用户端是系统提供给调度人员监视的告警窗，作为实时监视的主要窗口，特别介绍如下。

告警窗口的打开一般有两种方式，一种是在系统成功启动后脚本自动启动告警窗口；另一种是从总控台下拉菜单启动，单击红框菜单即可。

（1）总体介绍。告警窗口分为三个部分，最上部是操作菜单及操作按钮区域，中间的窗口为重要告警信息窗口，下面的窗口为全部告警信息窗口。在窗口的最下角是对告警窗设置后的文字提示。

（2）操作按钮介绍。

打印设置：单击按钮，即可对本机打印告警功能进行设定。

告警全部确认：单击按钮，即对未对位确认的所有事项进行确认操作。

删除已确认告警：单击×按钮，即在告警窗中删除已确认的告警信息。

告警窗大小设置：单击按钮，即可对告警窗的显示大小进行设置，设置窗口如下：

语音告警状态设置：单击按钮即可对语音告警功能进行切换设置，若关闭语音告警，则该按钮变为。

自定义显示与默认显示的切换：该下拉菜单中选择，是以自定义过滤条件显示告警信息，还是显示全部告警类型的信息。

（3）集控板告警窗介绍。

2. 告警窗的样式

告警窗的样式按调度和集控分为两种，这里介绍集控板的告警窗，其样式如图 50–2–5 所示。

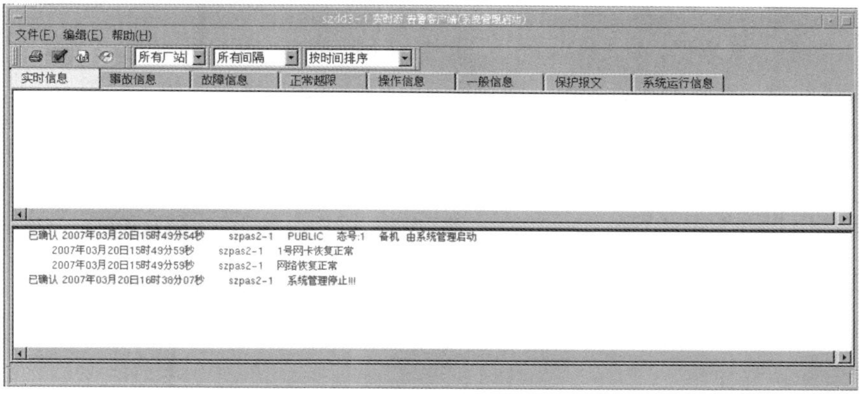

图 50–2–5　集控板告警窗

（1）总体介绍：如图 50–2–5 所示，告警窗口分为三个部分，最上部是操作菜单及操作按钮区域；中间的窗口为重要告警信息窗口，根据信息按 Tab 页分类；下面的窗口为全部告警信息窗口。在窗口的最下角是对告警窗设置后的文字提示，如图 50–2–6 所示。

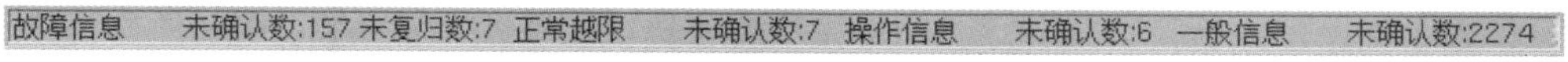

图 50–2–6　对告警窗设置后的文字提示

（2）操作按钮介绍。

1）打印设置。单击按钮，即可对本机打印告警功能进行设定。

2）告警全部确认。单击按钮，即对未对位确认的所有事项进行确认操作。

3）语音告警状态设置。单击按钮即可对语音告警功能进行切换设置，若关闭语音告警，则该按钮变为。

4）固定滚动条设置。单击按钮即可对全部告警窗显示区域的滚动条进行固定设置。若未设置固定滚动条，该按钮变为，此时如有告警内容刷新滚动条将自动滚动，显示最新的告警内容。

5）语音试验设置。单击按钮即可对系统进行语音测试，弹出对话框，进行操作。

6）厂站及间隔选择显示。单击 所有厂站 中的下拉菜单按钮即可通过该下拉菜单进行厂站选择，告警窗将显示所选厂站内容。

单击 所有间隔 中的下拉菜单按钮即可通过该下拉菜单进行间隔选择，告警窗将显示所选间隔内容，间隔的选择操作需在厂站选择确定后方可正确进行，在“所有厂站”状态下间隔选择无效。

7）排序方式选择。单击 按时间排序 中的下拉菜单按钮即可通过该下拉菜单进行显示内容的排序式选择，告警内容的排序方式可分为：按时间、按告警类型、按厂站、按间隔、按确认状态五种，监控员自行选择，告警窗中的内容将按照所选排序方式显示。

（3）编辑类菜单介绍。

1）总体介绍。编辑类下拉菜单共有 10 项内容。

2）告警全部确认。该项操作即为“操作按钮类” 中的告警全部确认操作，是该类操作的另一种选定方式。即：告警确认操作既可以直接单击按钮操作，也可以通过编辑类菜单选择操作。

3）可选操作。可选操作一共有 6 种，如该类操作被选中，则在该类操作名前面将显示，以示区别，分别介绍如下：

重要告警窗显示：该项打√，即表示告警窗中的重要告警信息窗口需显示。

告警窗口显示：该项打√，即表示告警窗中的全部告警信息窗口需显示。

语音告警状态：该项打√，即表示启动语音告警，其操作按钮区域中的语音告警按钮显示为。

是否固定滚动条：该项打√，即表示告警窗内的告警信息是否自动滚动。

告警是否抑制：该项打√，即表示告警窗不再显示被告警服务屏蔽掉的告警信息（如告警抑制的信息）。

告警是否最前端：该项打√，即表示告警窗始终在显示工作区的最前面显示，不会被其他的窗口所覆盖。

4）增加字体大小。默认字体大小是 9 号，每单击一下，即增加 1 号字体大小。

5）减小字体大小。默认字体大小是 9 号，每单击一下，即减小 1 号字体大小。

6）告警类型设置。由于全系统的告警信息类型众多，若监控员单独看某些告警类型的信息，可以通过告警类型设置过滤条件。

（四）进入报表用户端方式

（1）监控员浏览报表需进入报表用户端截面，可以通过以下两种方式：

1）通过总控台点选下拉菜单“报表查询”中的报表用户端进入浏览。

2）通过浏览系统主目录画面，单击报表目录（或报表查询）进入浏览。

（2）报表用户端界面。单击报表用户端后浏览后，系统即弹出报表用户端主界面，若尚未登录，则需单击其中登录按钮，进行注册登录。

操作菜单区即报表用户端的最上部，单击弹出下拉菜单选择操作，下面分别介绍：

1）文件类下拉菜单。文件类下拉操作菜单有两个内容，一个是用户登录，用于用户登录，前面我们已经提到过；另一个是读取报表信息表，选择该项，报表用户端即重新读取目前系统中最新的报表目录信息，刷新下方的报表目录区。

2）操作类下拉菜单。如图 50–2–7 所示。

操作类下拉菜单是对报表的操作选择，分别介绍如下。

图 50–2–7　操作类下拉菜单

在报表目录区选择要浏览的报表，将所选报表名前端的小方框勾中（单击小方框即可），然后选择该下拉菜单项，系统即打开报表浏览器供监控员浏览所选报表。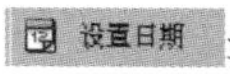

浏览报表时可以选择不同日期的报表内容察看，该下拉菜单项即是日期设置，选择该项，系统弹出日期选择窗口。

选中日期，双击鼠标左键确认，单击鼠标右键即可关闭日期选择窗口。

（3）报表目录区介绍。报表目录区是整个报表用户端界面的主要显示区，它将用户定义好的所有报表根据用户设定的分类显示出来，供监控员选择，目录区中的报表分类是根据用监控员表服务器上自定义的报表分类显示的，选择某类报表，则显示区就将该报表内的所有报表显示出来。

（4）浏览报表。

（5）根据上面的描述，监控员可以通过以下三种方式调显报表：

1）在用户端直接用鼠标双击报表名称调显。

2）选择所要调显的报表，报表前端的小方框中打勾（单击小方框即可），单击用户端的按钮即可。

3）选择所要调显的报表，报表前端的小方框中打勾（单击小方框即可），在用户端选择操作类下拉菜单中的

项即可。

在报表用户端中选中需要浏览的报表后即可通过各类操作系统平台的 IE 浏览器浏览报表。

【思考与练习】

1. 简述曲线合并的操作步骤，右合并适用于什么情况？
2. 简述遥测封锁与解锁的过程。
3. 告警窗口的打开一般有哪两种方式？
4. 监控员可以通过哪三种方式调显报表？

模块 3　调度技术支持系统的功能扩展（Z01I1001Ⅲ）

【模块描述】本模块深入介绍调度技术支持系统，通过理论讲解、仿真培训，能够对调度技术支持系统进行深入应用，利用软件结合系统进行短期负荷预测，并能够提出应用需求、合理化建议。

【模块内容】

调度技术支持系统除将电力系统的实时信息直接引入调度中心，实现了合理监视、控制和协调电力系统的运行状态，及时处理影响整个系统正常运行的事故和异常现象的基本功能外，还具有自动发电控制与经济运行功能、调度员仿真培训、负荷预测等方面的高级功能。

一、负荷预测软件界面

目前使用的负荷预测包括系统负荷预测与母线负荷预测两类，具体应用呈现多样化，有调度技术支持系统集成化或外置式，但功能大体一致，下面以某产品软件为例，介绍调度技术支持系统在负荷预测程序中的应用，从 SCADA 中实时获得系统负荷数据，并将数据保存以备查询、分析、考核。预报程序在周期运行时，超短期负荷预报每 5min 自动启动一次，预报未来 60min 系统负荷值，短期负荷预报在指定时间自动预报次日的日负荷；同时，运行人员也可以随时启动。在超短期负荷预报中，用户可以指定负荷预报的刷新周期，保证预报按照运行需要正常滚动进行负荷预报程序。滚动预报结果全网同步，可由 AGC 访问进一步进行机组调节，实现闭环控制。

通过人机界面使用负荷预测软件是最方便的途径，历史数据管理、预报执行、参数设置都可通过人机界面进行交互。

使用者对界面的构造、功能、操作方法等有所了解，才能正确使用负荷预测软件。登录软件或网页，进入负荷预报的主界面，如图 50–3–1 所示。

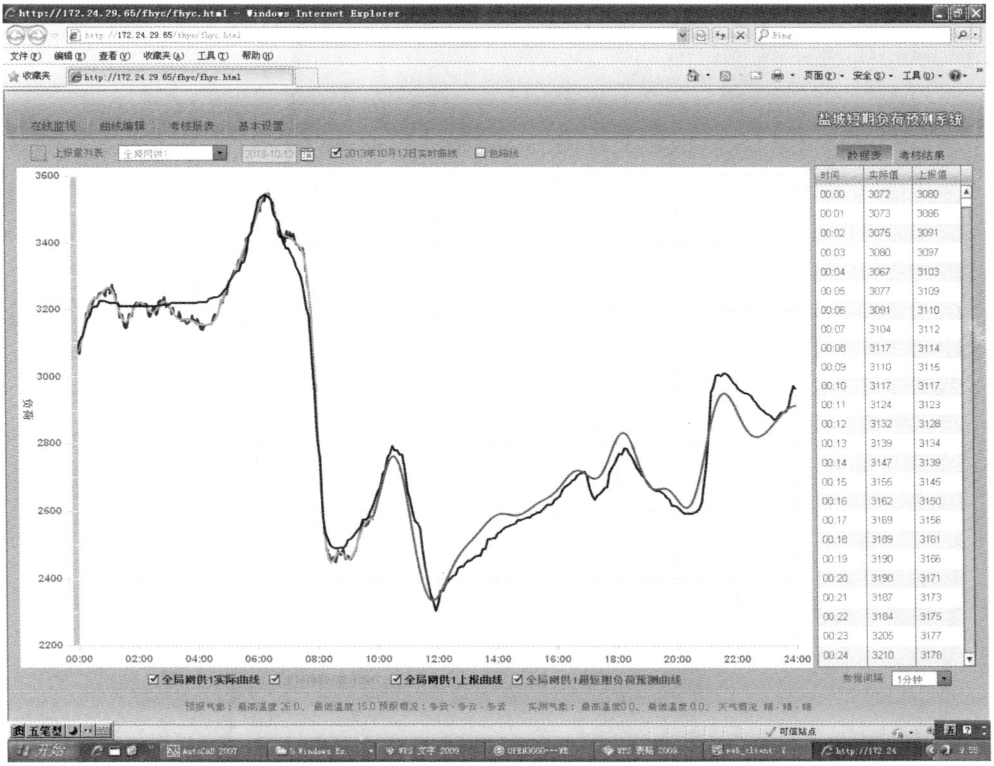

图 50–3–1　负荷预报的主界面

1. 结果显示区

结果显示区占了画面中间大片区域，用于显示当日预报结果，包括全局网供实际曲线、超短期负荷预测曲线、全局网供上报曲线和网供拟合曲线，结果显示的形式包括列表、曲线两种形式，从左到右分别为曲线区和数据表。曲线显示 1min 点间隔。

2. 考核结果区

最右列为考核结果区，包括准确率、最高最低准确率、合格率、当前点误差点相关指标、参数。

二、负荷预报操作功能介绍

如图 50–3–2 所示，界面的操作功能主要包括时间设置、天气输入、预测计算、相似日拷贝、报告曲线、日志管理、保存曲线、报告发送等选择菜单。其中相似日拷贝可以直接将 SCADA 中的数据拷贝至预测日，再结合天气情况、用户报停、设备检修等相关信息进行预测曲线调节，并生成最终数据，保存并上报。

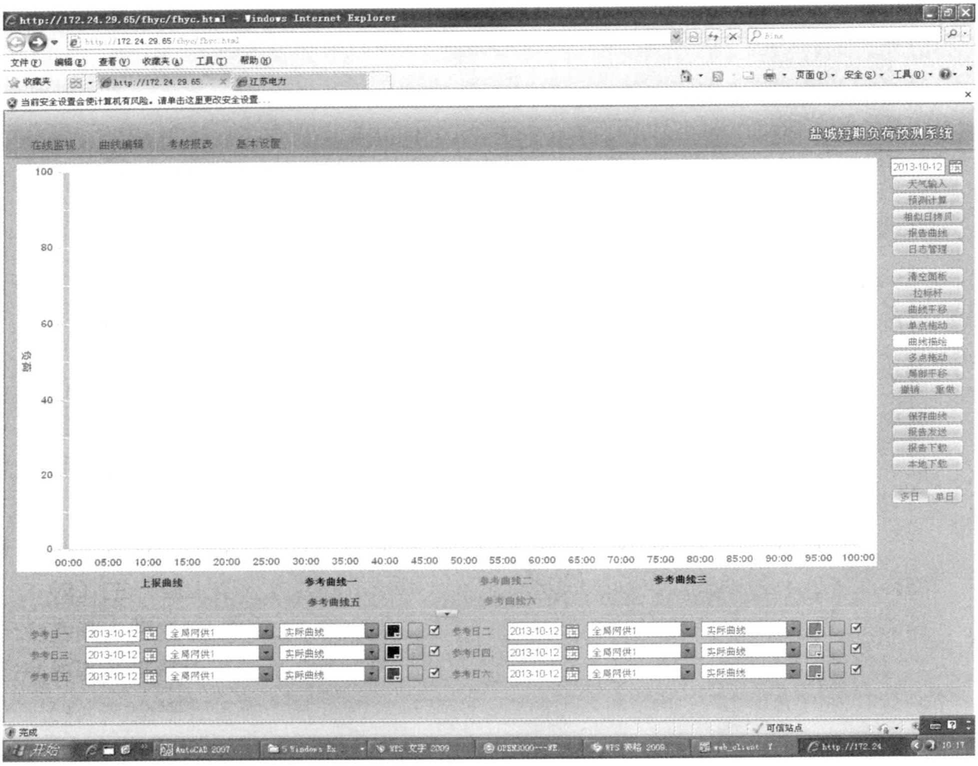

图 50–3–2　负荷预测操作界面

三、调度技术支持系统的其他功能扩展

调度技术支持系统计算提供了众多实用功能，包括网络应用软件数据来源的多样性（实时、预测、历史），灵活变化与修改运行方式，良好的收敛性与辅助分析功能，方便直观的检查、监视、调整结果的功能等，调控人员能够在实时环境中得到最好的培训操作和模拟研究的体验。

调度员潮流软件的算法采用目前最成熟可靠的牛顿法和快速分解法，在收敛的可靠性和计算的快速性方面达到了和谐的统一。

1. 初始方式准备

对任何潮流模拟操作计算，总是在某一个初始的运行方式上进行。这种初始方式可以是状态估计提供的实时运行方式，也可以是以往保存的历史运行方式。

2. 取实时方式

在调度员潮流的主画面上直接点击“取状态估计数据”按钮，如图 50–3–3 所示，在调度员潮流的主画面上直接点击“取历史 CASE”按钮，弹出历史断面管理界面。界面的标题栏内可以设置检索历史断面的起始时间和终止时间，也可以选择断面的应用类型，所有断面依次显示名称、时间、应用名、描述、用户名和断面大小。点击选中的断面，按右键，在弹出的右键菜单中选择“取出断面”选项，再在下拉菜单中选择调度员潮流应用，就完成了将历史潮流断面读到当前潮流应用中。

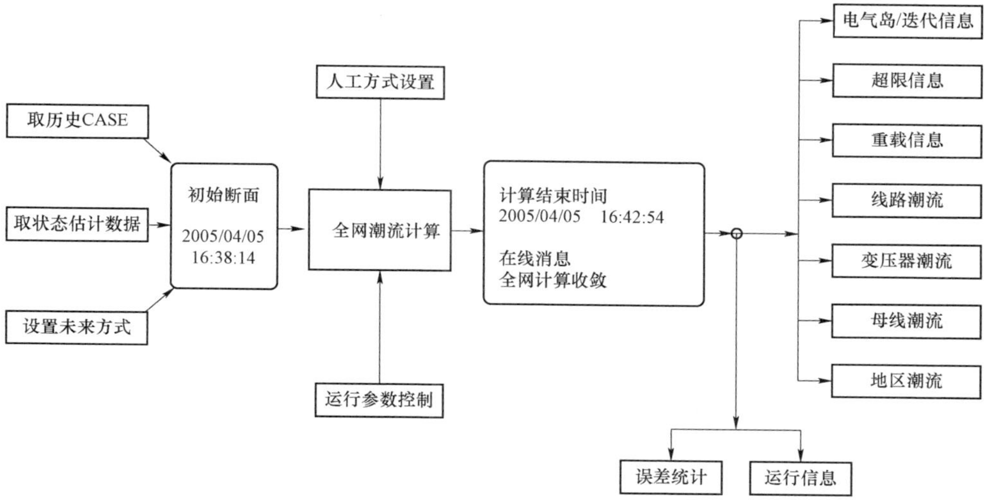

图 50–3–3　调度员潮流主画面

3. 调度操作模拟

在准备好的初始潮流断面上，可以继续修改方式，模拟预想的潮流运行方式，再进行详细的潮流分析。

以开关隔离开关变位模拟、发电机功率调整为例介绍调度模拟操作，在需要变位的开关隔离开关上单击鼠标右键，单击弹出菜单上的“变位”项就实现了开关隔离开关的变位模拟。

发电机功率调整，提供两种方法调整发电机的功率。第一种是直接在需要置数的动态数据发电机有功或无功上单击右键，弹出菜单，单击菜单项“人工置数”，再在弹出对话框中输入数值并确定即可。第二种是在发电机图元上单击右键，单击菜单项“设定功率”后将弹出一个对话框，可以通过输入数值或拖动滑杆进行设置，数组输入框和滑杆都自动将输入数据限制在限值允许的范围内。

运行参数维护，在主画面上点击“运行参数控制”，在潮流计算参数画面上可以设置算法、收敛判据、单/多平衡机等运行参数，设置方法为双击动态数据，在弹出对话框中输入数值。

平衡发电机是电气岛内的电压相角参考点，当采用“单平衡机”模式时，电网的不平衡功率（包括发电、负荷和网损）都将由设定平衡机吸收。当采用“多平衡机”模式时，电网的不平衡功率将由多台发电机负责平衡，多台发电机之间的不平衡功率分配方式包括容量、系数和平均三种方式。选择容量时将根据发电机的可调容量分配，选择系数时根据人工设置的系数按比例分配，选择平均时则平均分配不平衡功率。在分配过程中，确保发电机的功率在最大功率和最小功率范围内。

举例说明：在发电机参数列表中可以设置发电机的调节特性，包括节点类型（平衡节点、PQ 节点、PV 节点等），对于 PV 节点可以设定控制机端电压还是高压侧母线电压及控制的目标电压值，对于按指定系数参与有功调节的机组可以设置比例系数；设置方法为：双击需要修改的单元格后选择菜单项或者输入数据后按回车。

计算结果分析。

（1）潮流计算启动。在调度员潮流主画面上单击“全网潮流计算”按钮；或者在调度员潮流应用下的任一幅画面空白处单击右键，弹出菜单，再单击菜单项“启动潮流计算”就开始进行潮流计算，在主画面上有相应的提示信息显示。

（2）潮流计算结果查询。潮流计算完成以后，其结果在厂站图和单线图上切换到调度员潮流应用下就能进行查询，表现方式直观、明了。除此以外，对各类设备还提供列表集中显示的方式。

在主画面上单击“地区潮流”按钮，弹出图形，按地区分别显示有功功率、有功负荷、有功损耗、厂用电和网损率等量。

在主画面上单击“线路潮流”按钮，弹出图形，分别显示每条线路的有功、无功、电流和电压等量。

在主画面上单击“变压器潮流”按钮，弹出图形，分别显示变压器各侧的有功、无功、电流等量。

在主画面上单击“母线潮流”按钮，弹出图形，分别显示每条母线的电压、有功负荷和无功负荷等量，母线负荷指每条母线实际所带的负荷总加量。

4. 设备越限和重载查询

潮流计算完成以后，为了更好地掌握当前电网的负荷水平，程序自动将设备的实际潮流与安全限值比较，分析统计了设备的越限和重载情况。

在主画面上单击“越限信息”按钮，弹出图形，分类列出了稳定断面有功、线路电流和变压器功率等设备的越限情况。

在主画面上单击“重载信息”按钮，弹出图形，分类列出了线路电流和变压器功率等设备的重载情况，重载率是指当前值和限值的百分比，只有重载率大于人工设定的门槛值的设备才会在列表中显示。重载门槛值可以人工设置。

【思考与练习】

1. 负荷预测软件包括哪些类型？
2. 调度员潮流计算具体有什么应用？
3. 调度技术支持系统具有哪些扩展功能？

第五十一章

AVQC 系统应用

模块 1　AVQC 系统的基础知识（Z01I4001 Ⅰ）

【模块描述】本模块介绍了 AVQC 系统的概念、组成及其可以实现的功能，通过理论讲解，掌握 AVQC 系统日常的基本操作。

【模块内容】

全国各地使用的 AVQC 系统型号较多，无法一一具体介绍，但基本控制策略相近，基本原理相同，本文以江苏安方电力科技有限公司的 TOP5000 系统为例讲解 AVQC 系统的基本知识。

一、TOP5000 系统运行模式

TOP5000 系统的运行模式为服务器/用户端模式，一般有 2 台互为主备运行的服务器。TOP5000 系统的用户端［各县（配）调控及地区监控］通过 SCADA 系统Ⅰ区的网络与 TOP5000 系统服务器通信。如图 51–1–1 所示。

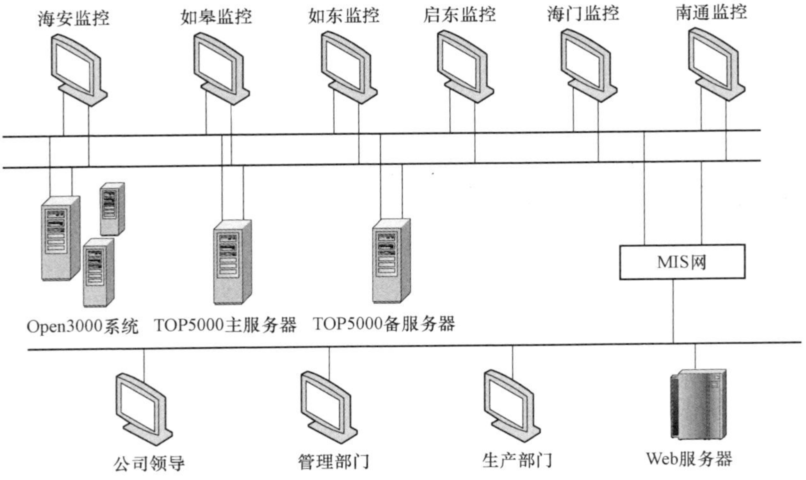

图 51–1–1　TOP5000 系统的运行模式

二、TOP5000 系统工作原理

无功电压优化系统通过调度自动化 SCADA 系统采集全网 220kV 及以下系统运行电压、无功功率、有功功率等实时数据，并采集各工作站“设置参数”，以地区电网电能损耗最小和设备动作次数最少为优化目标，以各节点电压合格为约束条件，遵循安规、运规、调规，进行无功优化计算、电压优化计算、无功电压综合优化计算后，形成有载调压变压器分接断路器调节指令、无功补偿设备投切指令及相关控制信息，直接发至 SCADA 系统执行，实现地区电网无功电压优化运行自动控制。此后循环往复，如图 51–1–2 所示。

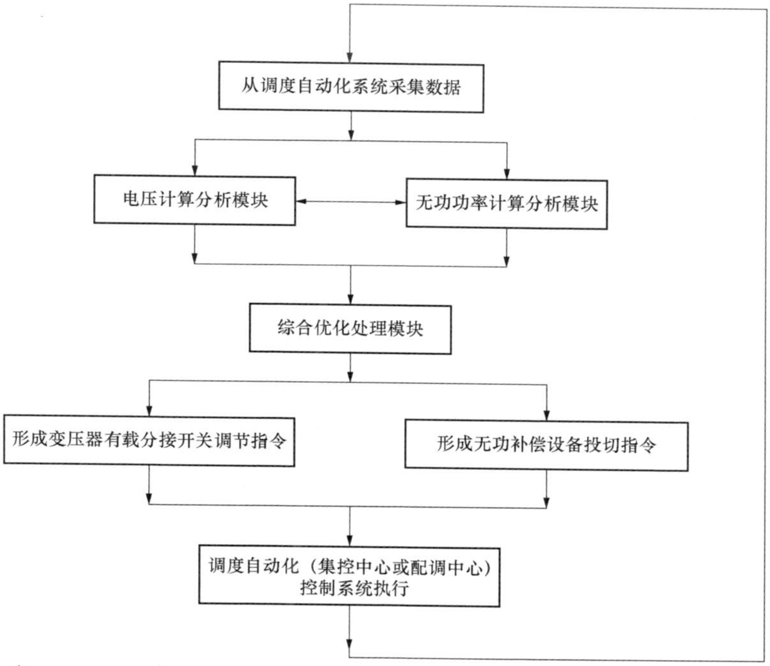

图 51–1–2　TOP5000 系统工作原理图

三、TOP5000 系统实现功能

1. 全网无功优化补偿功能

当地区电网内各级变电站电压处在合格范围内，控制本级电网内无功功率流向合理，达到无功功率分层就地平衡，提高受电功率因数。

2. 全网电压优化调节功能

当无功功率流向合理，变电站母线电压超上限或越下限运行时，分析同电源、同电压等级变电站和上级变电站电压情况，决定调节哪一级变电站有载主变压器分接开关。电压合格范围内，实施逆调压。实现减少主变压器并联运行台数以降低低谷期间母线电压。实施有载调电压互感器压器分接开关调节次数优化分配。

3. 无功电压综合优化功能

当变电站 10kV 母线电压超上限或越下限时，寻求最佳的主变压器分接开关调整和电容器投切策略，尽可能保证电容器投入量最多。实现预算 10kV 母线电压，防止无功补偿设备投切振荡。实现双主变压器经济运行，支持投入 10kV 电抗器，增加无功负荷，达到降低电压的目的。

4. 无功电压优化运行管理的安全策略

制订“电网无功电压优化运行集中控制系统”运行管理规程，并进行操作培训。

厂站、点号的调整必须严格保证无功优化系统与调度 SCADA 系统的一致性。手动操作时，应先对无功优化系统进行闭锁。

实施用户级别控制，使不同的用户具有不同的权限。同时，用户对系统的修改，系统将自动保存用户名称、修改时间、修改内容等。无功优化系统所做的操作记录，必须妥善保管，以备安全分析。

四、TOP5000 系统的日常维护

（一）TOP5000 系统服务器启动与退出

（1）登录 TOP5000 服务器。用户名：ems，密码：open3000。

（2）启动后台程序。直接双击桌面快捷方式，即可启动所有程序。

（3）启动 TOP5000 界面。双击桌面快捷方式。

（4）关闭后台程序。直接双击桌面快捷方式，即可关闭所有程序。

（5）如需重启服务器，可以单击红帽子系统的重新启动，启动后可按照启动方法将程序启动。

（二）TOP5000 系统用户端的启动与退出

（1）监控人员正常只需进行用户端程序的启动和退出。在用户端电脑上（AVQC 系统工作站），安装人员将系统安装完成后会在桌面上创建一个名为 TOP5000 用户端.exe 的快捷方式，监控人员启动的时候只需要用鼠标双击该快捷方式即可。注意当双击后，不要重复双击，否则会启动多个用户端。

（2）嵌入式用户端启动方法：进入 open3000 能量管理系统，点击 AVQC 监控。

（3）AVQC 用户端系统是由用户端程序运行的，直接关闭用户端程序就可以退出用户端，此时不影响 AVQC 服务器程序的运行，AVQC 系统仍可以对相关设备进行自动控制操作。

（4）AVQC 用户端退出方式：可以单击文件→退出。也可以点关闭窗口。

（5）嵌入式用户端退出方式：直接关闭窗口。

（三）TOP5000 系统的登录

因为整个系统是一套实时系统，对安全性的要求比较高，所以要对系统进行操作必须使用权限登录。单击“系统管理”菜单中的用户登录，即可弹出登录对话框，输入用户名、密码以及登录时间即可。对系统操作完成以后右键主控程序中的“中止修改”来释放你的权限，会有用户登录窗口，如图 51–1–3 所示。

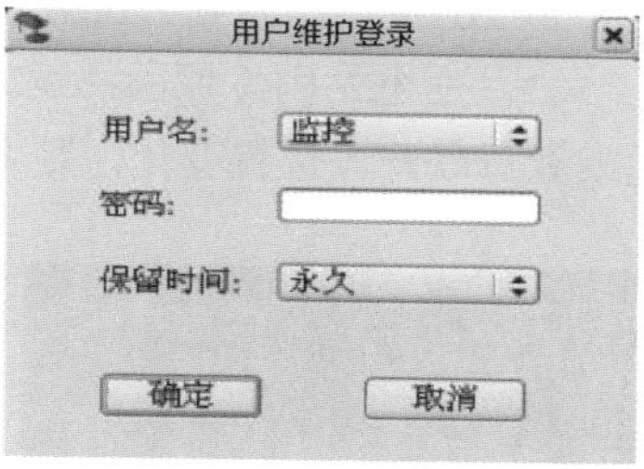

图 51–1–3　用户登录窗口

五、TOP5000 系统的状态、告警含义及说明

（一）TOP5000 系统、设备常见状态

1. TOP5000 系统命令发送状态

整个 TOP5000 系统的命令发送有两种状态，即自动控制和建议控制状态。

自动控制：由 TOP5000 直接根据无功电压优化的原则对主变压器分接头和电容器进行控制。

建议控制：由 TOP5000 根据无功电压优化的原则以语音和信息框的形式提示调控操作人员进行操作，系统本身不进行操作。

2. TOP5000 系统中设备基本状态的含义

AVQC 系统中每个设备的状态都有封锁、解锁、信息不全三种状态。下面对每一种情况都加以说明：

（1）封锁状态。包括：

1）人工封锁：由人工设定的设备封锁。

2）失败封锁：当系统连续三次自动调节失败时转入失败封锁状态。有以下几种情况会失败封锁：① 命令未发至 SCADA 系统。② 命令发至 SCADA 系统，预置超时。③ 现场设备未执行。④ 操作后，未及时上传遥测数据。

3）临时闭锁：为了保证某个设备的两次动作间隔，某个设备发生动作后我们会把它临时闭锁一定的时间之后再将它自动解锁。

4）异常封锁：当设备发生保护动作、设备异常或遥测异常时，系统会自动转异常封锁状态。

（2）解锁状态：对设备而言，如果系统可以实现控制功能的状态，定义为解锁状态。

（3）信息不全：完全不做任何反应，不参与计算，变电站名称灰化（例如设备在改造中等），就相当于整个变电站封锁。

（二）TOP5000 系统告警含义及说明

1. 设备状态闪烁的原因说明

（1）分接头闪烁原因：电压不刷新、过负荷。核对 AVQC 上面的电压与 SCADA

上面是否一样，如果一样，一般不作处理，电压刷新后会自动解除，过负荷核对主变压器容量。

（2）容抗器闪烁原因：电压不刷新或容抗器的位置和电流不对应。核对 AVQC 系统和 SCADA 系统内开关位置和电流是否一致。

（3）变电站闪烁原因：运方改变、运方异常或母线接地。注意是哪个主变压器开关或者母联开关位置变化，是否与 SCADA 一致。是否真的存在接地情况。

（4）所有站数据闪烁原因：变电站数据不刷新。检查数据接口和网络，变电站的通道是否正常。

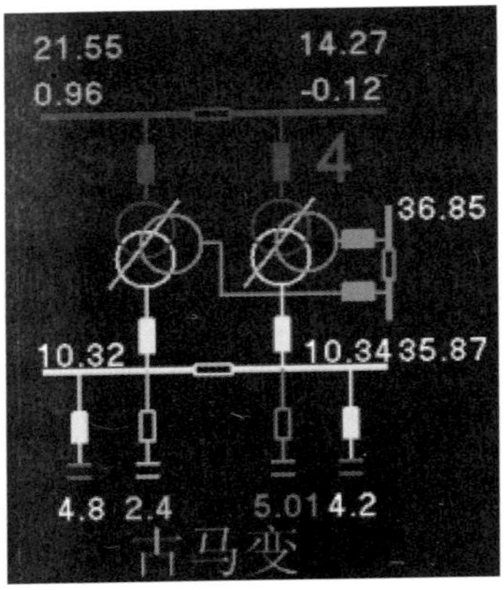

图 51–1–4 TOP5000 系统变电站接线图

2. TOP5000 系统告警颜色分类及说明

在 TOP5000 系统中以不同的颜色区分设备的各种状态，调控人员可通过对一次系统图的巡视快速准确地发现设备的异常状态并进行处理。TOP5000 系统变电站接线图如图 51–1–4 所示。

在图 51–1–4 中，主变压器挡位 5 颜色为蓝色，含义是异常封锁（含主变压器轻瓦斯动作）；电容器颜色为天蓝色，代表该电容器操作失败封锁或该电容器开关被人工置数；电容器颜色为灰色，代表该电容器被人工封锁或信息不全；当电压越限时，母线电压的颜色会变成红色。具体颜色代表含义如下：

浅蓝——操作失败封锁、开关人工置数。

红——电压越限。

深蓝——异常封锁、轻瓦斯动作。

灰——人工封锁、信息不全。

3. TOP5000 系统语音及告警说明

（1）主变压器挡位操作语音说明（见表 51–1–1）。

表 51–1–1　　主变压器挡位操作语音告警

发令语音	动作结果	发令原因
主变压器将升挡	挡位上升 1 挡 操作成功	电压越下限
		中压侧电压越下限
		下级厂站申请升挡
		切电容器时电压过低
		投电抗器时电压过低等

续表

发令语音	动作结果	发令原因
主变压器将降挡	挡位下降 1 挡 操作成功	电压越上限
		中压侧电压越上限
		下级厂站申请降挡
		投电容器时电压过高
		切电抗器时电压过高等

（2）电容器、电抗器操作语音说明（见表 51–1–2）。

表 51–1–2　　电容器、电抗器操作语音告警

发令语音	动作结果	发令原因
电容器将投入	操作成功	无功缺
		功率因数偏低
		电压越下限
电容器将切除	操作成功	无功过剩
		功率因数偏高
		电压越上限
电抗器将投入	操作成功	无功过剩
		功率因数偏高
		电压越上限
电抗器将切除	操作成功	无功缺
		功率因数偏低
		电压越下限

（3）异常类语音告警说明（见表 51–1–3）。

表 51–1–3　　异常类语音告警说明

发令语音	动作结果	发令原因
操作失败	连续三次 失败封锁	命令未发至 SCADA 系统
		命令发至 SCADA 系统，预置超时
		现场设备未执行
		操作后，未及时上传遥测数据
异常变位	异常封锁	人为在 SCADA 系统上投切容抗器
		现场操作容抗器
		容抗器跳闸等

续表

发令语音	动作结果	发令原因
母线单相接地	异常封锁	三相电压不平衡，超过设定值
保护动作	异常封锁	容抗器保护信号
主变压器轻瓦斯动作	异常封锁	主变压器的保护信号轻瓦斯动作
弹簧未储能	异常封锁	容抗器操作失败，开关弹簧未储能信号动作
动作次数告警	异常封锁	设备累计次数达到操作检修数
无调节手段	无	电压偏低
		电压偏高
		功率因数偏低
		功率因数偏高
电容器电抗器同时投入	无	同一 220kV 及下级厂站，电容器和电抗器处于同时投入状态
挡位联调失败	无	并列运行的主变压器挡位值与设置的联调关系不对应
挡位异常	异常封锁	系统发令后，挡位变化但未达到预期值。滑挡、空挡位置未填、返回挡位值不正确
挡位反向	异常封锁	系统发令升挡后，挡位值变小
		系统发令降挡后，挡位值变大
超过一周最低挡	异常封锁	当前挡位低于上周最低挡 2 挡，具体值大于等于 2
超过一周最高挡	异常封锁	当前挡位高于上周最高挡 2 挡，具体值大于等于 2
挡位值越下限	异常封锁	当前挡位低于动作最低挡
挡位值越上限	异常封锁	当前挡位高于动作最高挡
电压不变化	异常封锁	挡位动作后，连续三次电电压互感器化达不到挡差的三分之一
电压反向变化	异常封锁	系统发令升挡后，电压下降
		系统发令降挡后，电压上升
电压异常	异常封锁	电压突变超过 500V
电流异常	异常封锁	容抗器开关的遥信值与电流的遥测值不匹配
无功异常	异常封锁	主变压器停运后仍有有功无功值、联调时无功值相差较大等
系统数据中断	无	系统无法正常采集 SCADA 系统的实时数据
数据不刷新	无	变电站电压值 15min 内不刷新
功率因数越限	无	在功率因数考核周期内，连续 10 个周期（50s）越限告警
		不在功率因数考核周期内，连续 120 个周期（10min）越限告警

六、TOP5000 系统的日常基本操作

（一）TOP5000 系统日常巡视工作

（1）该系统 24h 不间断运行，在运行期间，监控人员应注意监视系统的运行情况，监听语音报警，监视弹出的信息窗口，随时发现系统存在的问题，发现异常及时与自动化人员联系，排除异常。

（2）每天交接班时应认真交待 TOP5000 系统的运行情况。核对 TOP5000 系统图形上的数据，看是否有异常数据，要及时采取措施。

（3）及时对 TOP5000 系统中电容器和主变压器挡位进行相应的解锁和封锁。电容器、电抗器或主变压器抽头调整至封锁状态时，TOP5000 系统将不记录电容器投切或主变压器调挡的次数。

（4）变电站运方发生改变后要及时检查 TOP5000 系统是否已做相应调整，否则人工进行相应的修改。

（5）发现 TOP5000 系统的异常要及时与二次系统维护班联系解决，若二次系统维护人员无法解决，则联系厂家人员解决。

（二）TOP5000 系统控制状态的调整及相关设置

1. 设定系统命令发送方式

对于整个 AVQC 系统而言，整个系统的控制分为三层结构，系统级、变电站级和设备级，每一层都是向下包含的，系统运行的时候会从上向下来判断系统的运行状态。

（1）设定整个系统为建议控制或自动控制状态。

如图 51–1–5 所示，用鼠标双击系统的标题，在弹出的对话框中，如图 51–1–6 所示找到“命令方式”项，选择“建议控制”即可，此时不管下面变电站和设备的参数是如何定义的，整个系统只发出控制指令的建议，不会对设备进行实际的操作。

设定整个 TOP5000 系统为自动控制，用鼠标双击系统的标题，在弹出的对话框中，找到“命令方式”项（见图 51–1–6），选择“自动控制”即可，此时系统的操作方式还要根据下面变电站和设备的参数设定来确定。

（2）设定某个变电站（或站内主变压器、电容器）命令发送方式。

除了将整个系统设为建议控制外，我们还可以将某个变电站（或站内电容器、主变压器）设为建议控制，而其他的变电站（或站内电容器、主变压器）为自动控制，操作方法为用鼠标双击变电站（或站内电容器、主变压器）的名称，在弹出的对话框中的命令方式项选择建议控制或自动控制即可。变电站命令发送方式图如图 51–1–7 所示。

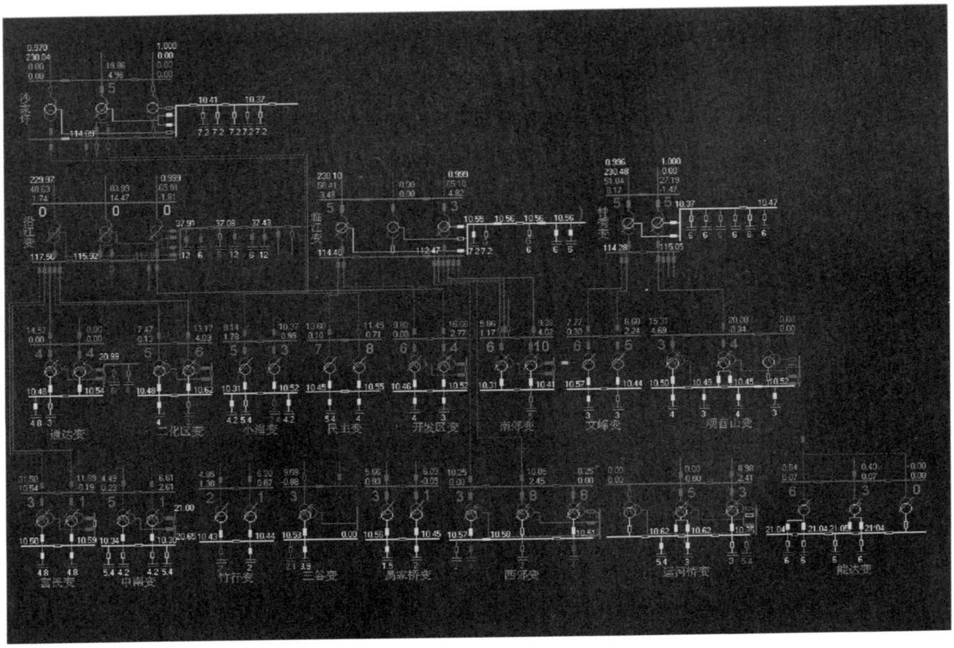

图 51-1-5 地区电网无功电压优化控制系统

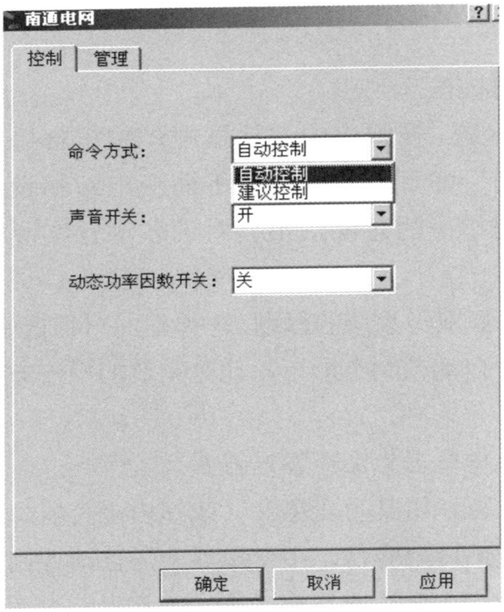

图 51-1-6 命令方式切换图

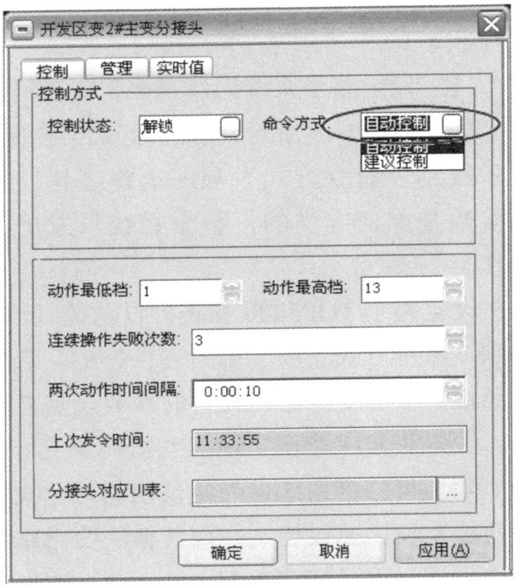

图 51-1-7 变电站命令发送方式图

2. 设定变电站（或站内主变压器、电容器）控制状态

（1）封锁：如果想禁止对某个变电站或设备的自动控制可以封锁它，需人工设定。调控员封锁某设备时必须注明封锁原因，封锁人（可以将所有名单录入数据库），下一班人员接班前必须核实封锁信息。检修、运方改变、自动化改造的变电站须将相应的设备封锁。电容器设置图如图 51–1–8 所示。

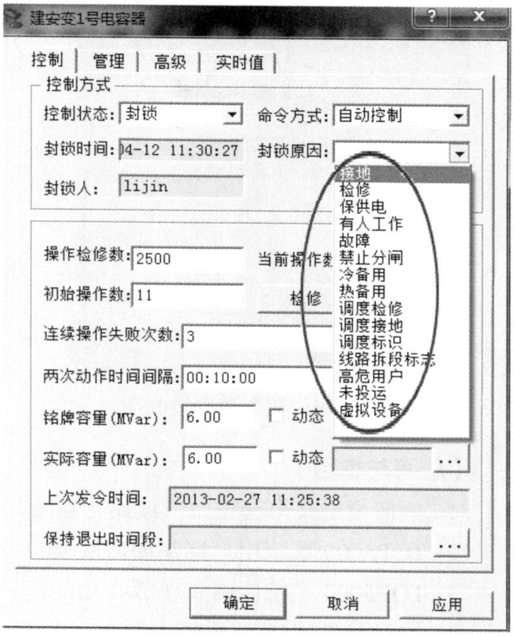

图 51–1–8　电容器设置图

（2）解锁：对设备而言，如果要对它进行自动控制的话，该设备必须处于解锁状态，需人工设定。在设备解锁之前要确认设备是否能正常投入运行。注意以下几点：

1）状态是失败封锁（如命令未发至 SCADA 系统或发令操作的设备与实际操作的设备不符合联系厂家）。

2）状态是异常封锁（确认设备处于正常状态再解锁，如设备不正常将设备封锁并注明原因）。

3）状态是封锁（定期核对封锁的设备，如当前设备投运应及时解锁。两台主变压器并列运行解锁前，先核对两台主变压器的挡位对应关系）。

4）新增、改造设备请及时联系厂家。

（三）设置 TOP5000 系统语音告警方式

可以人为的开启和关闭语音告警，设定的方法是用鼠标左键双击系统的标题如图 51–1–9 所示。

（四）设置 220kV 母线目标电压

每季度第一天的零时，监控人员根据省调下达的电压目标值对 220kV 母线的高峰电压和低谷电压进行设定，设定的方法是用鼠标左键双击 220kV 的变电站名称，在弹出的对话框中选择“目标　高峰电压　低谷电压”，（江苏省每个季度季首第一天的零点根据省调发文修改一次）如图 51–1–10 所示。

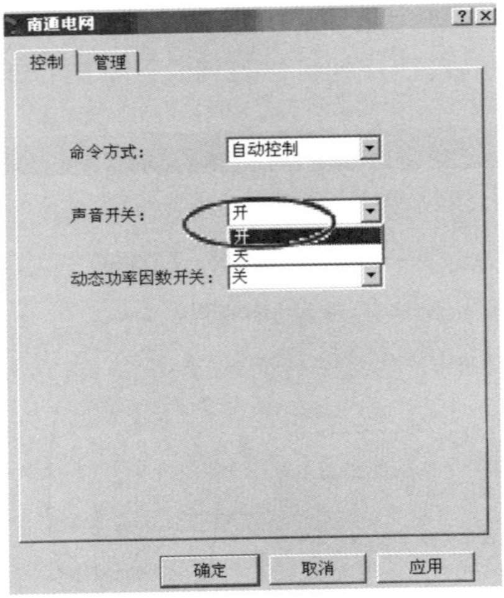

图 51–1–9 语音告警控制图

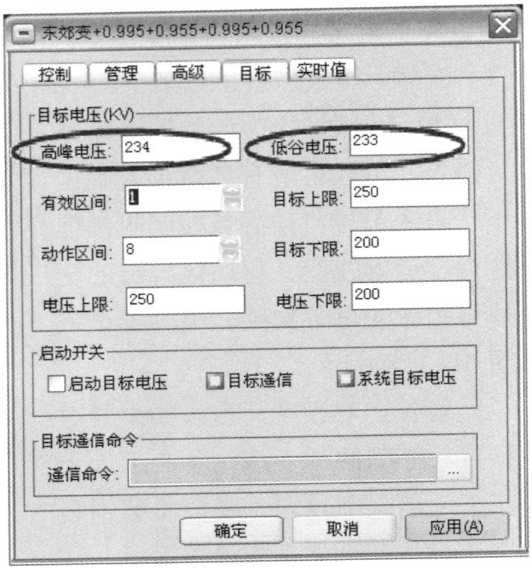

图 51–1–10 目标电压设置

【思考与练习】

1. 如何设定某个变电站（或站内主变压器、电容器）为建议控制？
2. TOP5000 系统用户端是如何启动与退出的？
3. TOP5000 系统能够实现哪些功能？
4. 如何在 TOP5000 系统中对 220kV 母线目标电压进行设置？

模块 2 AVQC 系统的应用（Z01I4001Ⅱ）

【模块描述】本模块介绍了 AVQC 系统维护的要求与原则，通过实训操作，熟练使用 AVQC 系统进行日常数据维护。

【模块内容】

全国各地使用的 AVQC 系统型号不同，功能配置、参数设置也不完全相同，但基本功能配置和基本参数设置，各厂家也是大同小异。本文以江苏安方电力科技有限公司的 TOP5000 系统为例讲解 AVQC 系统的应用。在新增模块 1 AVQC 系统基本知识中讲解了 AVQC 系统的基本参数维护、系统的控制状态和设备基本状态的操作，在该模块中将进一步介绍 TOP5000 系统拓展功能的使用和操作方法。使读者通过模块的学习，能够对其他 AVQC 系统的应用达到“一通百通”的效果。

一、TOP5000 系统维护的要求与原则

TOP5000 系统日常维护按人员分别设置安全级别，按各级别开放相应的权限，具

体设置如下：

（1）监控人员：用户端系统的启动与退出；查看用户端系统网络连接状态；系统控制状态的调整；查看历史告警信息和设备信息；报表程序的使用；220kV 母线目标电压的调整；电压误差的调整等。

（2）自动化人员：重启 TOP5000 系统服务器和检查服务器接口是否运行正常；切换 TOP5000 系统主备机等。

（3）厂家人员：变压器相关参数的设定；电容器相关参数的设定；电压增量的设定；220kV 变电站功率因数的设定；电压上、下限的设定；电压监测点数的设定；设定系统数据刷新时间；关于保存 PQU 周期数的设定等。

二、TOP5000 系统常用功能的使用

（1）查看系统操作的历史告警信息。如需调阅电容器、电抗器及主变压器抽头调整时间、调整原因及调整执行命令信息和调整后返校信息，登录后点击“操作管理”菜单中的告警信息，弹出来历史告警信息一览表，选择相应的日期即可查看，或者右键主控程序，也会有告警信息，如图 51–2–1 所示。

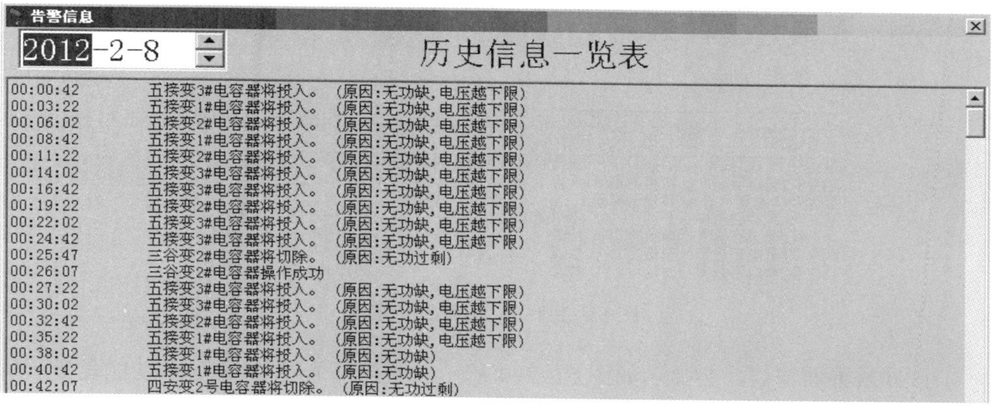

图 51–2–1　告警信息一览表

（2）显示与查看设备信息。设备信息：用于对电容器、电抗器及主变压器抽头异常情况和上、下级关系信息的查询。“异常”信息包括设备名称、状态、时间及原因。“上、下级”信息包括变压器名称、上级厂站名称及再上级厂站名称，如图 51–2–2 所示。

打开设备信息后，默认弹出“异常”窗口，这个功能是显示所辖范围内设备异常情况的快捷途径，双击对应的异常设备，会自动弹出对话框可以对该异常设备进行相应的操作，如图 51–2–3 所示。

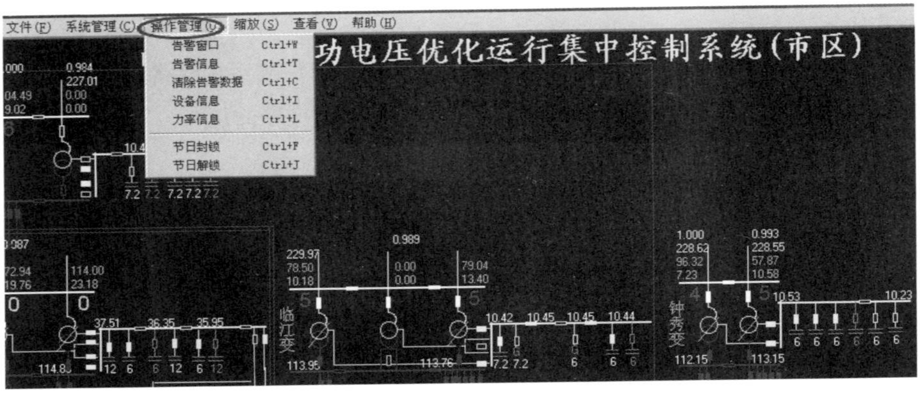

图 51–2–2　设备信息图

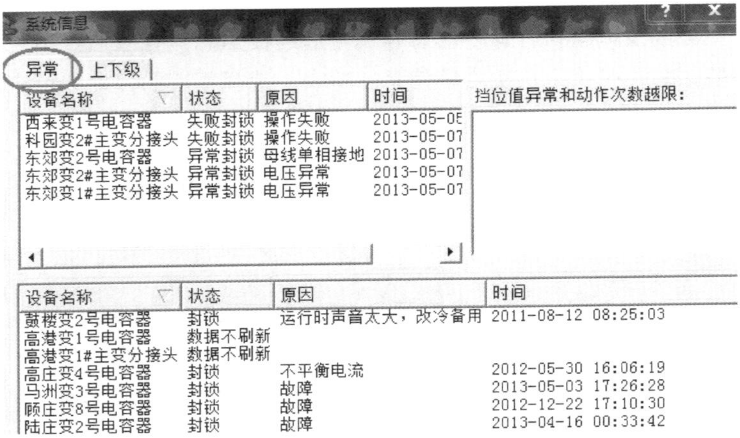

图 51–2–3　系统信息异常图

在异常界面窗口，会显示如图 51–2–4 所示的“挡位值异常”，这个功能是显示所辖范围内主变压器挡位异常的快捷途径，双击对应的主变压器挡位，会自动弹出对话框可以对该主变压器挡位进行相应的操作。

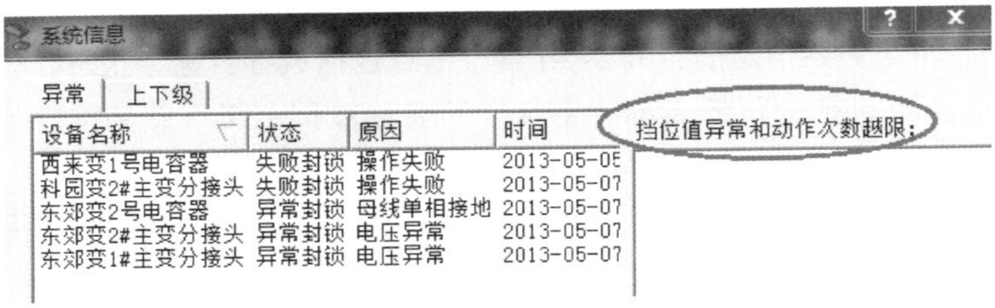

图 51–2–4　挡位值异常和动作次数越限图

单击异常界面窗口，会显示图 51–2–5 的“上、下级”，这个功能是显示上、下级关系是否正确的快捷途径，双击对应的变压器名称，会自动弹出对话框可以选择上级变电站。

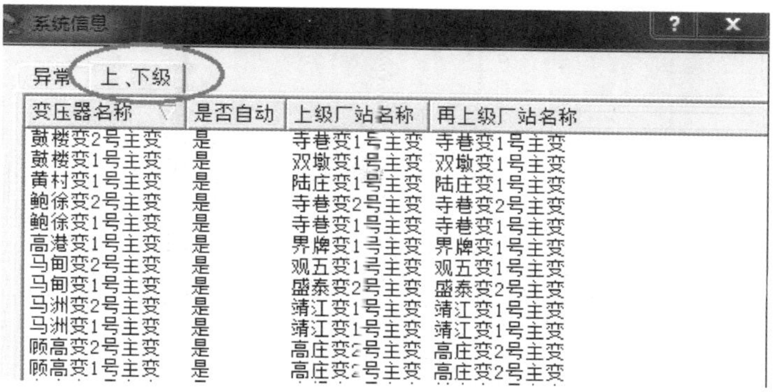

图 51–2–5　二、下级变电站查询

（3）为了更快捷的查找变电站，在主界面空白处点右键，弹出如图 51–2–6 所示的窗口，单击“变电站定位”后，在如图 51–2–7 中输入该变电站汉语拼音首写字母即可选择相应的变电站。

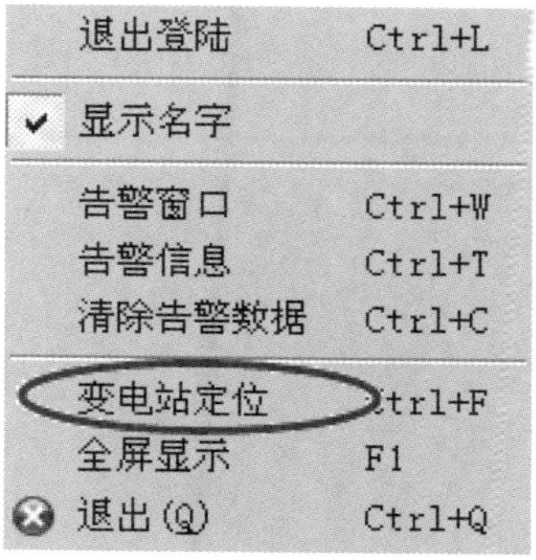

图 51–2–6　变电站定位图

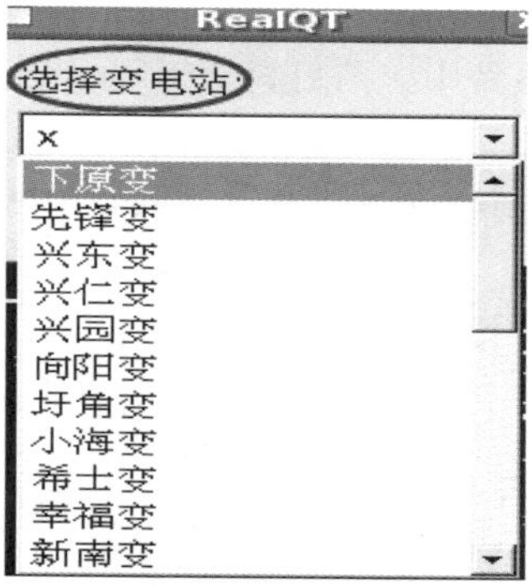

图 51–2–7　变电站查询

（4）快速查阅某个 220kV 变电站及其下级变电站电容器的状态。在 TOP 系统主界面上双击某 220kV 变电站站名，就会打开如图 51–2–8 所示的窗口，在该窗口的“功率因数”功能中，会显示该站及其下级厂站所有电容器和电抗器的状态。点击某电容器就会进入该电容器的控制界面，进行电容器的相关操作。

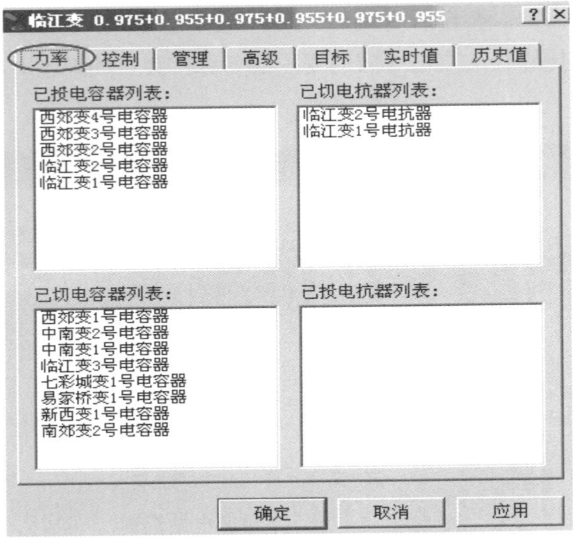

图 51–2–8 快速查阅状态图

三、TOP5000 系统拓展功能的使用与操作方法

1. TOP5000 系统“节日封锁”“节日解锁”的含义及操作方法

TOP5000 系统主界面“操作管理”中有“节日封锁”“节日解锁”菜单，关于 TOP5000 系统中“节日封锁”和“节日解锁”功能的使用说明，如图 51–2–9 所示。

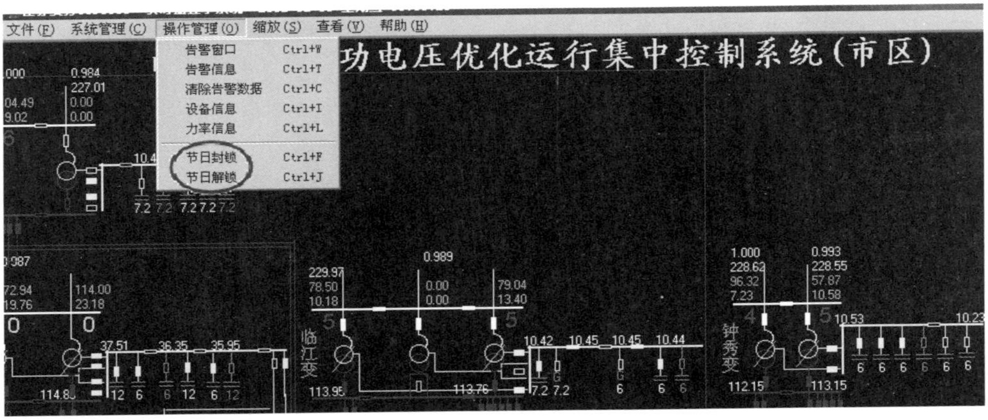

图 51–2–9 节日解、封锁菜单图

“节日封锁”：对当前所有变电站中“控制状态”为“解锁”或“临时封锁”的电容器/电抗器封锁。

“节日解锁”：将“节日封锁”的电容器/电抗器解锁，但在“节日封锁”前已处于“封锁”状态的电容器/电抗器不会被解锁。

“节日封锁”：“节日解锁”操作全部记入“事件记录”报表。特别说明：某台电容器已“节日封锁”，中途若将其“解锁”再“封锁”，则“节日解锁”功能对该台电容器不起作用。

2. 设备检修次数设置

（1）操作检修数：设备达到该次数必须检修。

（2）初始操作数：上次检修清零后到系统自动控制之前的动作次数。

（3）当前操作数：系统自动发令的动作次数加初始操作次数。

（4）检修：当设备检修完成后，点检修按钮，初始操作数和当前操作数都会清零。

参照《江苏省电力公司运行检修部关于 AVQC 系统开关动作上限值设定原则》（电运检〔2012〕270 号文）：SF_6 断路器为 2500 次、真空断路器为 5000 次；油浸式有载调压开关为 20 000 次。当设定的开关操作次数达到规定值时 AVQC 系统将报警。当相应的开关检修后，调控人员要及时将 AVQC 系统内相应开关检修周期内累计动作值清零。具体操作方法如图 51-2-10 所示。

3. TOP5000 系统人工置数

当 SCADA 系统不能正确地表示设备状态，可以人为地对一些值进行设定。设定的方法是用鼠标左键点在欲置数的设备上，出现设备的名称时，如：“川港变低压侧 12 母联开关”后，用鼠标双击该设备，弹出的对话框中选择“实时值　数据源　人工置数”，值为“1”是开关“合”，值为“0”是开关“分”，如图 51-2-11 所示。

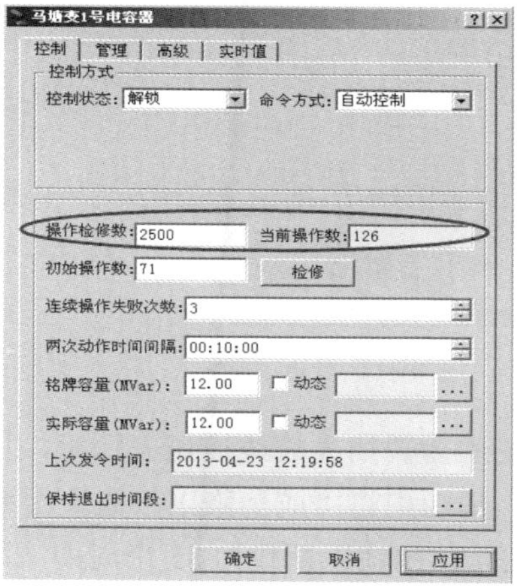

图 51-2-10　检修次数设置图

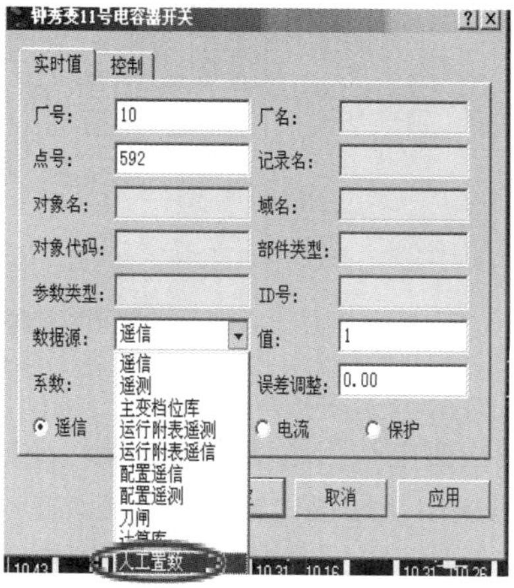

图 51-2-11　人工置数图

4. TOP5000 系统其他相关参数的设置

当发现某变电站功率因数上、下限值设置的不合理影响了功率因数的调节时，可以在该变电站的管理界面（如图 51–2–12 所示）选择“功率因数时间分布”后进入如图 51–2–13 所示的界面进行重新设置。

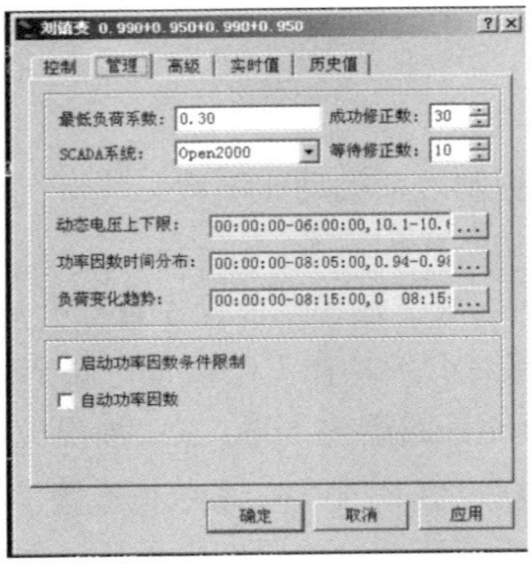

图 51–2–12 变电站管理界面设置图

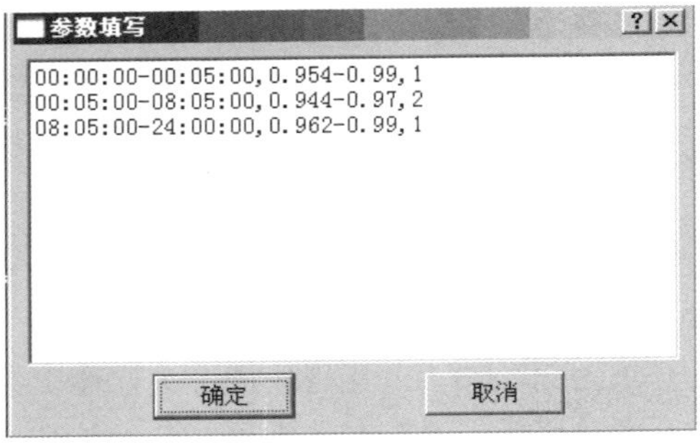

图 51–2–13 参数填写图

当发现某变电站母线电压上、下限值设置的不合理影响了电压的调节时，可以在该变电站的管理界面（如图 51–2–12 所示）选择“动态电压上、下限”后进入如图 51–2–14 所示的界面进行重新设置。

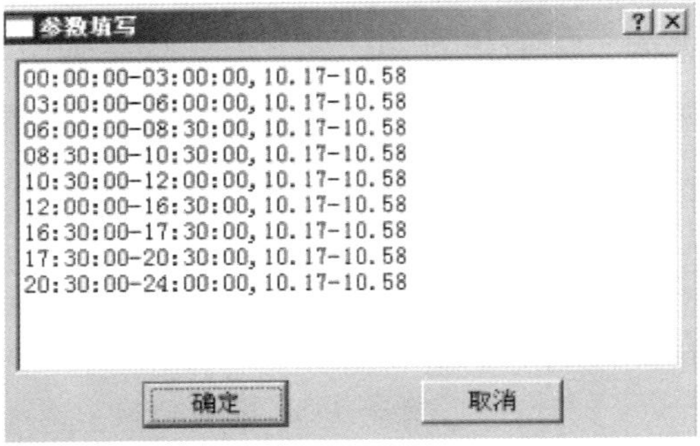

图 51–2–14 动态电压上、下限参数设置

某些变电站因通道传输缓慢而造成的主变压器调挡失败或连调失败时，可以在 TOP 系统中将通道传输较慢变电站的“管理”界面中将“成功修正系数”由 0 改为 30，即增加 30×5s 的时间判断。这样该变电站总的闭锁周期数为 85 个周期（系统默认是 55×5s），解决了因变电站通道传输缓慢而造成的主变压器调挡失败或连调失败问题，如图 51–2–15 所示。

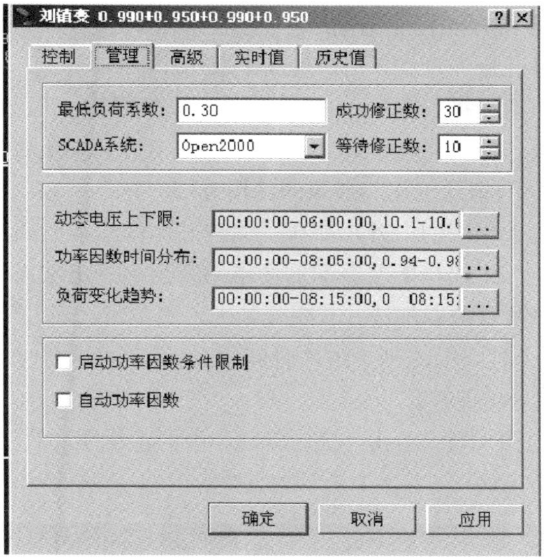

图 51–2–15　变电站管理界面设置图

【思考与练习】

1. TOP5000 系统中有 “节日封锁”“节日解锁” 菜单，如何使用？在“节日封锁”前已处于“封锁”状态的电容器/电抗器能被“节日解锁”吗？

2. 在 TOP5000 系统有哪些情况会异常封锁？

3. 当设备检修完成后，点检修按钮，会清除哪些数据？

4. TOP5000 系统中“人工置数”意义是什么，如何操作？

模块 3　AVQC 系统的功能扩展（Z01I4001Ⅲ）

【模块描述】本模块介绍了 AVQC 系统后台维护和报表管理，通过案例分析，掌握系统运行异常的处理方法，能够对系统参数和控制策略进行调整，能对软件存在的问题提出改进建议。

【模块内容】

全国各地使用的 AVQC 系统不同，其功能设置也不完全相同，本文以江苏安方电力科技有限公司的 TOP5000 系统为例讲解 AVQC 系统的功能扩展。使读者通过此模块的学习，能够拓展思维，达到“抛砖引玉”的作用。能够对其他 AVQC 系统的控制策略、功能应用等方面提出自己独特的见解和合理的建议。

一、TOP5000 系统报表程序的使用

如需在服务器打开报表查询，则在桌面上双击报表图标；如需在用户端打开报表查询，则在桌面上双击报表图标，即可打开系统报表。TOP5000 系统的报表有：设备动作、动作次数、事件记录、220kV 功率因数、10kV 电压合格率、电容器月报等 28 个报表内容。下面列举几例说明报表的使用方法：

在查询条件中输入相应的内容，如在“集控站”中输入所属的县（配）调或地区监控班；在“变电所”中选择所要查询的变电站或全部变电站；在“设备”中选择电容器或主变压器，也可以两者都选，若想查某天，就单击“天”，若想按月查询，则单击“月”，若想查某个时间段，则单击“时间段”，然后再选择时间即可查询。该报表还可以 Excel 的形式导出保存。

（1）查询设备动作次数，单击“报表管理”中的“动作次数”，输入相应的查询条件即可，具体查询结果如图 51–3–1 所示。

图 51–3–1　动作次数报表界面

（2）查询设备动作情况，可以查询动作不合理和动作次数较多的设备，方法是单击“报表管理”中的“设备动作”，输入相应的查询条件即可，具体查询结果如图 51–3–2 所示。

（3）查询设备异常封锁情况，可以查询哪些设备异常封锁比较频繁。方法是单击“报表管理”中的“异常封锁信息表”，输入相应的查询条件即可，具体查询结果如图 51–3–3 所示。

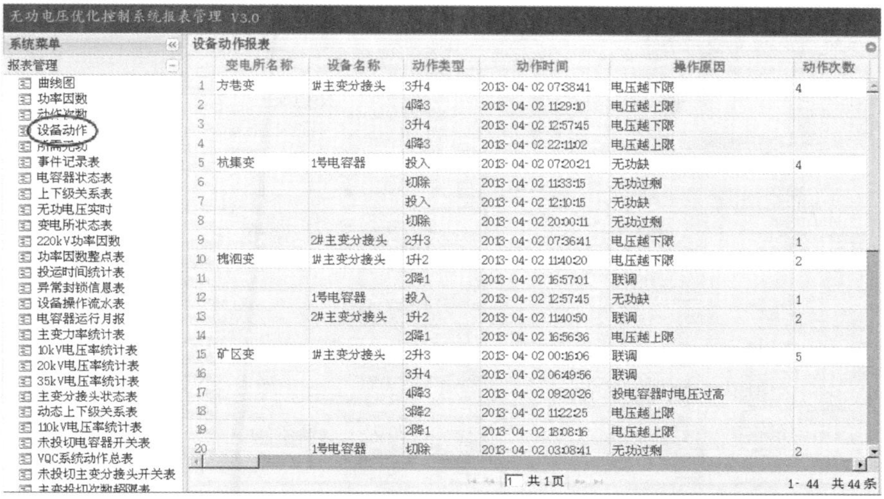

	变电所名称	设备名称	动作类型	动作时间	操作原因	动作次数
1	方巷变	1#主变分接头	3升4	2013-04-02 07:38:41	电压越下限	4
2			4降3	2013-04-02 11:29:10	电压越上限	
3			3升4	2013-04-02 12:57:45	电压越下限	
4			4降3	2013-04-02 22:11:02	电压越上限	
5	杭集变	1号电容器	投入	2013-04-02 07:20:21	无功缺	4
6			切除	2013-04-02 11:33:15	无功过剩	
7			投入	2013-04-02 12:10:15	无功缺	
8			切除	2013-04-02 20:00:11	无功过剩	
9		2#主变分接头	2升3	2013-04-02 07:36:41	电压越下限	1
10	槐泗变	1#主变分接头	1升2	2013-04-02 11:40:20	电压越下限	2
11			2降1	2013-04-02 16:57:01	联调	
12		1号电容器	投入	2013-04-02 12:57:45	无功缺	1
13		2#主变分接头	1升2	2013-04-02 11:40:50	联调	2
14			2降1	2013-04-02 16:56:36	电压越上限	
15	矿区变	1#主变分接头	2升3	2013-04-02 00:16:06	联调	5
16			3升4	2013-04-02 06:49:56	联调	
17			4降3	2013-04-02 09:20:26	投电容器时电压过高	
18			3降2	2013-04-02 11:22:25	电压越上限	
19			2降1	2013-04-02 18:08:16	电压越上限	
20		1号电容器	切除	2013-04-02 03:08:41	无功过剩	2

图 51–3–2　设备动作报表

	变电所名称	设备名称	时间	动作	动作原因
1	宝带变	3K1#1电容器	2013-03-27 10:04:00	异常封锁	母线单相接地
2		3K3#3电容器	2013-03-27 10:04:00	异常封锁	母线单相接地
3		3K5#1电抗器	2013-03-27 10:04:00	异常封锁	母线单相接地
4	北横变	1K6#6电容器	2013-03-27 07:30:00	异常封锁	保护动作
5	共青变	1K2#2电容器	2013-03-27 09:18:00	异常封锁	操作失败
6		2#主变分接头	2013-03-27 08:56:00	异常封锁	操作失败
7	虹桥变	162#2电容器	2013-03-27 07:28:00	异常封锁	操作失败
8	红庄变	1#主变分接头	2013-03-27 00:01:00	异常封锁	操作失败
9	金鼎变	1#主变分接头	2013-03-27 07:42:00	异常封锁	档位异常
10	黎里变	363#3电容器	2013-03-27 10:13:00	异常封锁	异常变位
11	里口变	1K3#3电容器	2013-03-27 10:38:00	异常封锁	异常变位
12		1K4#4电容器	2013-03-27 10:38:00	异常封锁	异常变位
13		2#主变分接头	2013-03-27 07:52:00	异常封锁	档位异常
14	石浦变	161#1电容器	2013-03-27 00:32:00	异常封锁	操作失败
15		2#主变分接头	2013-03-27 13:08:00	异常封锁	操作失败
16	石镇变	1#主变分接头	2013-03-27 00:01:00	异常封锁	档位值越下限
17			2013-03-27 01:01:00	异常封锁	档位值越下限
18		105#1电容器	2013-03-27 08:06:00	异常封锁	异常变位
19		2#主变分接头	2013-03-27 01:01:00	异常封锁	档位值越下限
20	拾联变	1K2#2电容器	2013-03-27 08:21:00	异常封锁	操作失败
21	舜湖变	132电容器	2013-03-27 08:13:00	异常封锁	操作失败
22	桃源变	132电容器	2013-03-27 08:34:00	异常封锁	操作失败
23	星红变	1#主变分接头	2013-03-27 00:22:00	异常封锁	操作失败
24	袁家桥变	1K4#4电容器	2013-03-27 05:56:00	异常封锁	保护动作

图 51–3–3　异常封锁信息表

（4）查询设备事件记录表，单击“报表管理”中的“事件记录表”，输入相应的查询条件即可，具体查询结果如图 51–3–4 所示。

（5）查询 220kV 变电站功率因数的合格情况，单击“报表管理”中的“220kV 功率因数”，输入相应的查询条件即可，具体查询结果如图 51–3–5 所示。

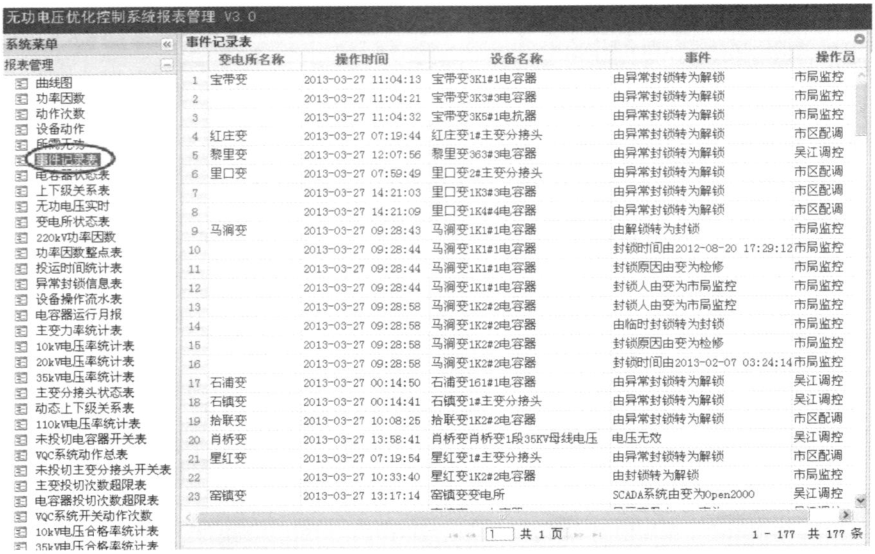

	变电所名称	操作时间	设备名称	事件	操作员
1	宝带变	2013-03-27 11:04:13	宝带变3K1#1电容器	由异常封锁转为解锁	市局监控
2		2013-03-27 11:04:21	宝带变3K3#3电容器	由异常封锁转为解锁	市局监控
3		2013-03-27 11:04:32	宝带变3K5#1电抗器	由异常封锁转为解锁	市局监控
4	红庄变	2013-03-27 07:19:44	红庄变1#主变分接头	由异常封锁转为解锁	市区配调
5	黎里变	2013-03-27 12:07:56	黎里变363#3电容器	由异常封锁转为解锁	吴江调控
6	里口变	2013-03-27 07:59:49	里口变2#主变分接头	由异常封锁转为解锁	市区配调
7		2013-03-27 14:21:03	里口变1K3#3电容器	由异常封锁转为解锁	市区配调
8		2013-03-27 14:21:09	里口变1K4#4电容器	由异常封锁转为解锁	市区配调
9	马涧变	2013-03-27 09:28:43	马涧变1K1#1电容器	由解锁转为封锁	市局监控
10		2013-03-27 09:28:44	马涧变1K1#1电容器	封锁时间由2012-08-20 17:29:12	市局监控
11		2013-03-27 09:28:44	马涧变1K1#1电容器	封锁原因由变为检修	市局监控
12		2013-03-27 09:28:44	马涧变1K1#1电容器	封锁人由变为市局监控	市局监控
13		2013-03-27 09:28:58	马涧变1K2#2电容器	封锁人由变为市局监控	市局监控
14		2013-03-27 09:28:58	马涧变1K2#2电容器	由临时封锁转为封锁	市局监控
15		2013-03-27 09:28:58	马涧变1K2#2电容器	封锁原因由变为检修	市局监控
16		2013-03-27 09:28:58	马涧变1K2#2电容器	封锁时间由2013-02-07 03:24:14	市局监控
17	石浦变	2013-03-27 00:14:50	石浦变161#1电容器	由异常封锁转为解锁	吴江调控
18	石镇变	2013-03-27 00:14:41	石镇变1#主变分接头	由异常封锁转为解锁	吴江调控
19	拾联变	2013-03-27 10:08:25	拾联变1K2#2电容器	由异常封锁转为解锁	市区配调
20	肖桥变	2013-03-27 13:58:41	肖桥变肖桥变1段35KV母线电压	电压无效	吴江调控
21	星红变	2013-03-27 07:19:54	星红变1#主变分接头	由异常封锁转为解锁	市区配调
22		2013-03-27 10:33:40	星红变1K2#2电容器	由封锁转为解锁	市局监控
23	窑镇变	2013-03-27 13:17:14	窑镇变变电所	SCADA系统由变为Open2000	吴江调控

图 51-3-4 事件记录表

	变电所名称	时间	电压	有功	无功	力率	目标电压
1	巴城变	2013-03-27 00:00:00	230.3113	87.352	12.5935	0.9898	
2		2013-03-27 00:15:00	229.4089	81.2123	13.4307	0.9866	
3		2013-03-27 00:30:00	229.28	80.096	12.8726	0.9873	
4		2013-03-27 00:45:00	229.5378	79.8169	13.9889	0.985	
5		2013-03-27 01:00:00	229.4734	81.7704	14.268	0.9851	
6		2013-03-27 01:15:00	229.4089	79.8169	14.268	0.9844	
7		2013-03-27 01:30:00	229.4089	76.1888	14.268	0.9829	
8		2013-03-27 01:45:00	229.5378	76.747	14.8261	0.9818	
9		2013-03-27 02:00:00	229.6023	75.6307	14.268	0.9827	
10		2013-03-27 02:15:00	229.7956	74.2353	13.7098	0.9834	
11		2013-03-27 02:30:00	229.7956	75.6307	14.8261	0.9813	
12		2013-03-27 02:45:00	229.8601	75.0725	13.9889	0.9831	
13		2013-03-27 03:00:00	229.9245	75.0725	13.9889	0.9831	
14		2013-03-27 03:15:00	230.1824	71.7236	17.0239	0.973	
15		2013-03-27 03:30:00	230.2468	73.398	14.547	0.9809	
16		2013-03-27 03:45:00	230.2468	72.5608	13.9889	0.9819	
17		2013-03-27 04:00:00	230.1824	73.398	13.1516	0.9843	
18		2013-03-27 04:15:00	230.3757	72.8399	12.8726	0.9847	
19		2013-03-27 04:30:00	230.1824	72.8399	12.5935	0.9854	
20		2013-03-27 04:45:00	230.3757	72.0026	11.4772	0.9875	
21		2013-03-27 05:00:00	230.3757	73.119	11.4772	0.9879	
22		2013-03-27 05:15:00	230.2468	72.5608	11.4772	0.9877	
23		2013-03-27 05:30:00	230.1179	71.7236	10.0818	0.9903	

图 51-3-5 220kV 功率因数表

（6）查询各变电站 10kV 母线电压的合格情况，单击“报表管理”中的“10kV 电压合格率统计表”，输入相应的查询条件即可查询 10kV 母线电压越限时间和最大、最小值，具体查询结果如图 51-3-6 所示。

	设备名称	运行时间	超上限时间	超下限时间	平均电压	最大电压	出现时间
1	安丰变一段母线	1440	0	0	10.3832291666	10.68	2013-04-02 22:49:00
2	白田变四段母线	1440	0	0	10.3694541666	10.6179	2013-04-02 20:38:00
3	白田变一段母线	1440	0	0	10.365178125	10.613	2013-04-02 20:38:00
4	白田变二段母线	1440	0	0	10.375428125	10.6238	2013-04-02 20:38:00
5	白田变三段母线	1440	0	0	10.36665104164	10.6111	2013-04-02 20:31:00
6	柏树变四段母线	1440	0	0	10.3763541666	10.5296	2013-04-02 18:41:00
7	柏树变四段母线	1440	0	0	10.3726322916	10.6751	2013-04-02 20:27:00
8	柏树变一段母线	1440	0	0	10.3147677083	10.6097	2013-04-02 20:27:00
9	柏树变四段母线	1440	0	0	10.4289052083	10.5824	2013-04-02 18:42:00
10	宝应变一段母线	1440	0	0	10.3569427083	10.6593	2013-04-02 17:37:00
11	宝应变二段母线	1440	0	0	10.3547989583	10.6545	2013-04-02 08:12:00
12	北洲变一段母线	1440	0	0	10.333853125	10.6401	2013-04-02 10:50:00
13	北洲变二段母线	1440	0	0	10.3979416666	10.6791	2013-04-02 21:12:00
14	伯勤变一段母线	1440	0	0	10.429375	10.7158	2013-04-02 17:30:00
15	曹甸变一段母线	1440	0	0	10.3733541666	10.6535	2013-04-02 20:09:00
16	曹甸变二段母线	1440	0	0	10.3842854166	10.6623	2013-04-02 20:09:00
17	曹山变一段母线	1440	0	0	10.3181583333	10.4339	2013-04-02 03:42:00
18	曹山变二段母线	1440	0	0	10.322234375	10.4398	2013-04-02 03:42:00
19	长沟变一段母线	1440	0	0	10.3580208333	10.7417	2013-04-02 07:56:00
20	车逻变一段母线	1440	0	0	10.3584375	10.675	2013-04-02 15:54:00

图 51–3–6　10kV 电压合格率统计表

二、TOP5000 系统异常处理及流程

（一）TOP5000 系统常见异常处理

（1）连续操作失败（系统默认 3 次）导致异常封锁：检查设备是否正常，如设备正常，可解锁让设备继续动作，如解锁后 TOP 系统操作还失败，监控人员应在调度自动化技术支持系统监控系统后台机上人工对失败封锁设备进行预置操作，检查是否有返校；如无返校或返校成功但执行无结果，则汇报自动化处理；如人工操作成功，则在 AVQC 系统中对失败封锁设备改为自动控制状态。如果人工遥控成功率很高，无功优化系统遥控失败较多，请联系厂家处理。

（2）断路器变位导致异常封锁：查明变位的原因（主要是指电容器，只要不是无功优化系统所操作而变位的，都会异常封锁），确认有没有设备故障，如设备没有故障，可以解锁。

（3）主变压器分接头不调节。

1）检查主变压器挡位控制状态是否异常，电压是不是刷新，是不是处于解锁状态（越限遥信）。

2）主变压器是否过负荷。

3）检查主变压器联调情况下，联调关系有没有写。主变压器联调图如图 51–3–7 所示。

4）检查主变压器动作次数是不是用完了，挡位是否到头了等。主变压器动作查询表如图 51–3–8 所示。

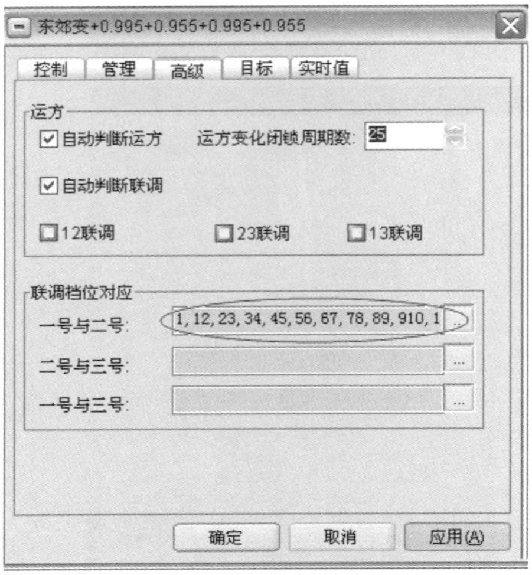

图 51–3–7 主变压器联调图

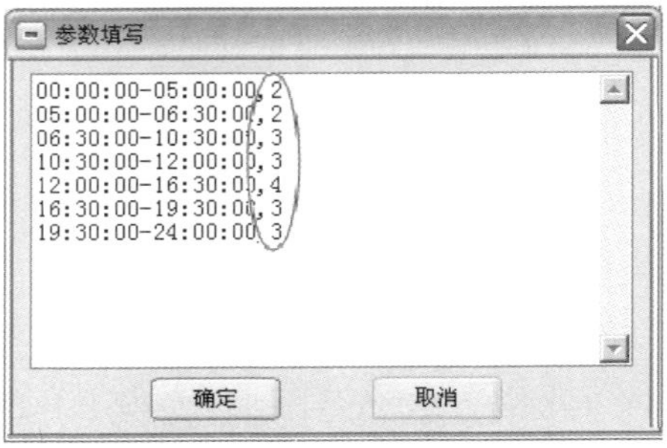

图 51–3–8 主变压器动作查询表

5）主变压器中压侧和低压侧有冲突，一个偏高一个偏低，导致系统无法发令。

6）母线并列运行时电压偏差 0.25kV 以上，则系统不发令操作。AVQC 系统对两段电压都会考虑，但如果升挡会越上限，降挡会越下限时，AVQC 系统就不发令。

7）无功优化系统发令了，但主变压器挡位操作不成功：① 遥控对象号没有填；② 遥控对象号填错；③ 发令超时，检查 SCADA 系统是否配置正确（遥控名称是不是一致）；④ 设备拒动。

（4）电容器不动作。

1）检查电容器控制状态是否异常，无功、电压是不是刷新，是不是处于解锁状态。

2）核对电容器的实际容量，无功流向系数，功率因数上、下限，是不是投入后可能会向系统倒送无功。

3）电容器是否在该时间段设为保持退出。

4）无功优化系统发令了，但电容器操作不成功：① 遥控对象号没有填；② 遥控对象号填错；③ 发令超时，检查 SCADA 系统是否配置正确（遥控名称是不是一致）；④ 设备拒动。

（5）功率因数不合格。

1）电容器是否全部投入或者全部切除（无调节手段，如在春节期间）10kV 电压和功率因数是否有矛盾。

2）电容器当时是否发令，或发令了操作失败。

3）电容器是否异常封锁，没有解锁。

4）变电站主变压器上、下级关系是否正确。

5）220kV 目标电压和上、下限是不是最新的。

6）功率因数偏低，是不是有电容器在该时段保持退出。

7）电容器的两次动作时间间隔，电容器的实际容量填写是否有误。

8）检查系统数据是否刷新正常。

（6）用户端程序报错。将错误的程序关闭。再将桌面上用户端程序启动即可。

（7）用户端报“系统数据中断”。

首先查看连接是否正常，在用户端程序的菜单里“查看—查询服务器连接状态”查看当前窗口是否有连接到服务器的信息，如果没有，重新启动 TOP5000 系统程序，检查连接能否恢复。如果还是不能恢复，查看本机到服务器的网络是否通畅。打开“开始—运行”，输入“cmd”打开命令提示符窗口，输入如：“ping（空格）192.11.2.4”。窗口中出现“Reply from 192.11.2.4：bytes=32time＜1ms TTL=64”说明网络是通的，若窗口中出现“Request timed out.”说明到服务器网络不通，检查当地的网络是否正常。

如果网络是通畅的，用户端报“系统数据中断”，则向地区监控询问当地 TOP5000 系统的运行情况，若地区监控 TOP5000 系统也不能正常运行，则由市公司自动化运维班人员重新启动 TOP5000 系统服务器。

如果重新启动 TOP5000 系统服务器后，仍不能恢复，自动化运维班人员检查 TOP5000 系统服务器上接口是否运行正常。

（8）数据刷新，系统长时间不发令（2h 以上）。

市公司自动化运维班人员切换主/备机。若不能恢复，重启 TOP5000 系统服务器。

（二）TOP5000 系统异常处理流程图

TOP5000 系统异常处理流程图如图 51–3–9 所示。

三、AVQC 系统异常处理案例

案例 1：变电站通道传输慢导致主变压器调挡频繁失败或连调。

某地区某些变电站仍使用 CDT 通道，加之变电站位置偏远，数据传输时间为 5～10min 不等。TOP 系统是以电压值是否有变化来判断主变压器调挡是否成功的；两台主变压器联调则是以挡位变化为依据的。单台主变压器调挡时，若达到规定时间（55×5s）电压还没有变化，则判操作失败，隔 10s 后根据电网电压情况再次发令，这样主变压器就会连调 2 挡，导致电压一次升高或降低很多。两台主变压器联调时，若主变压器挡位数值在规定时间（55×5s）内还没有变化，则判联调失败。两者都有可能导致电压越限不合格。

解决措施：在通道传输较慢变电站的 AVQC 系统“管理”界面中将“成功修正系数”由 0 改为 30，即增加 30×5s 的时间判断。这样该变电站总的闭锁周期数为 85 个

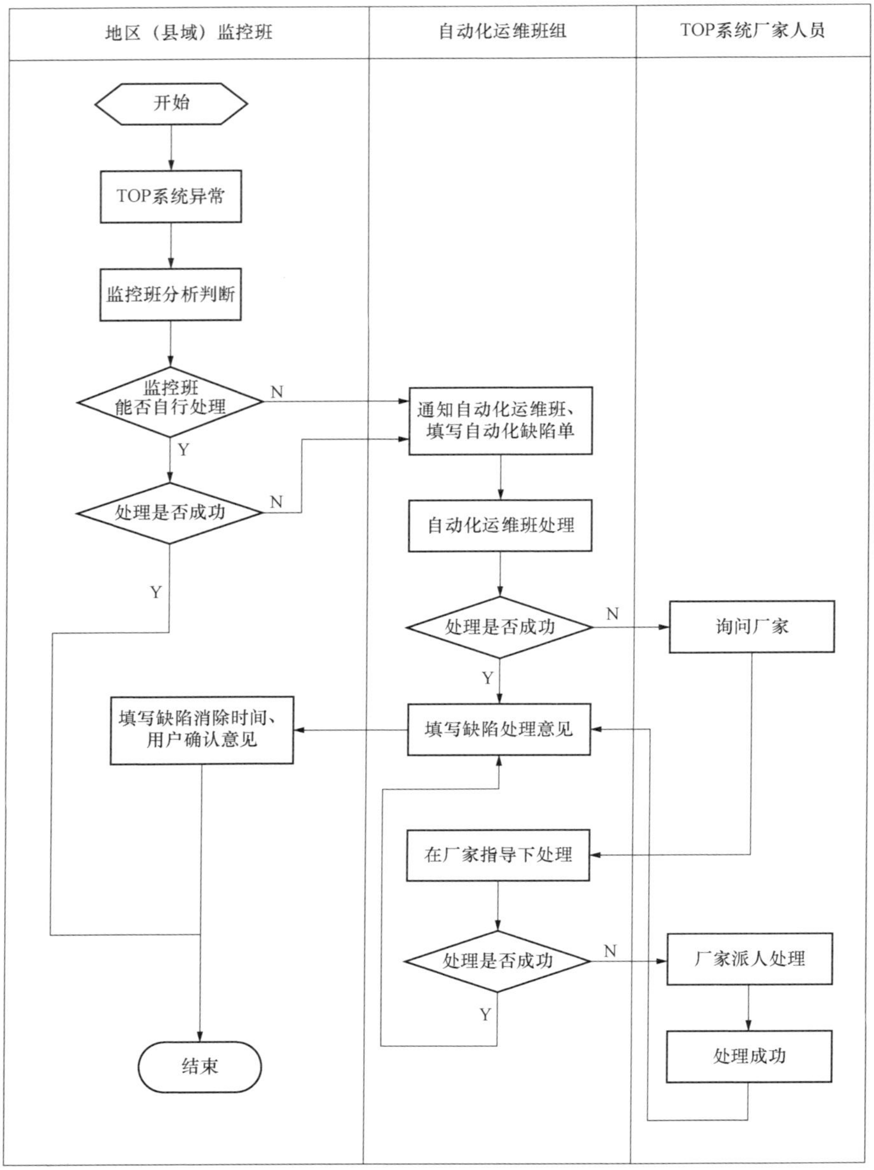

图 51-3-9 系统异常处理流程图

周期，解决了因变电站通道传输缓慢而造成的主变压器调挡失败或连调失败问题。具体操作如图 51-3-10 所示。

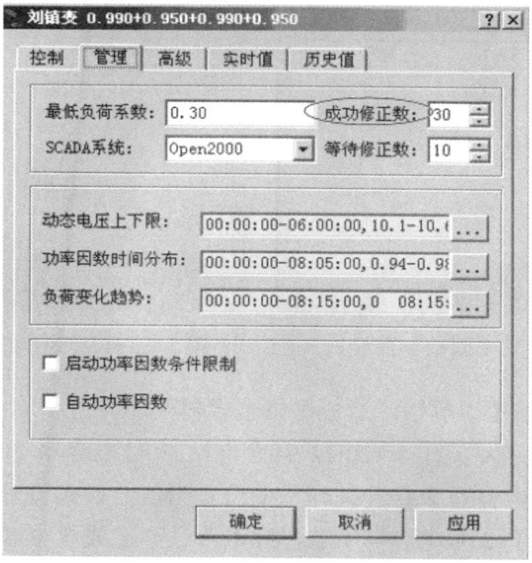

图 51–3–10　成功修正系数的设置

案例 2：参数设置错误导致变电站功率因数越上限。

某年某月某日 8:00，220kV 某变电站因功率因数越上限产生不合格点。7:55 该变电站 220kV 母线电压 227.5kV（目标电压高峰为 228kV、低谷为 226kV），cosφ为 0.945。7:58 时 AVQC 系统发令合上该变电站 1 号电容器（容量是 12 000kvar），8:00 该变电站 cosφ上升为 0.981 后，功率因数高走字。

高峰时段：8:00—24:00，不含 8:00；cosφ下限 0.95，上限 1.0。

低谷时段：0:00—8:00，不含 0:00，cosφ下限 0.94，上限 0.98。

一般对 220kV 变电站受电功率因数合格点定义：① 变电站 220kV 母线电压大于等于该时段目标电压，同时受电功率因数小于该时段受电功率因数上限值。② 变电站 220kV 母线电压小于该时段目标电压，同时受电功率因数大于等于该时段受电功率因数下限值。

按照功率因数考核标准，7:55 时该变电站的功率因数应该是合格的，但为何 AVQC 系统要发令操作呢？通过查看 AVQC 系统中该变电站功率因数参数设置，就会发现问题所在。原来 AVQC 系统误将 7:55 归入高峰时段（如图 51–3–11 所示），此时该变电站 220kV 母线电压 227.5kV 小于高峰目标电压 228kV，则 cosφ大于等于 0.95 才合格，所以就发令投电容器，导致功率因数不合格。

解决措施：将 AVQC 系统中功率因数参数设置进行调整，将 7:55 改为 8:05，修改后结果如图 51–3–12 所示。

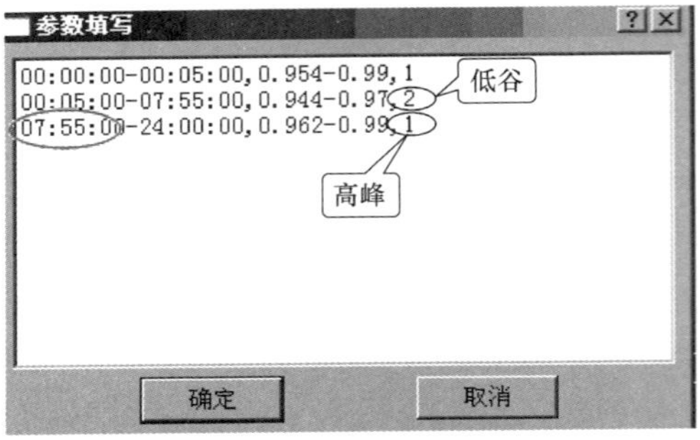

图 51–3–11 系统中功率因数参数设置

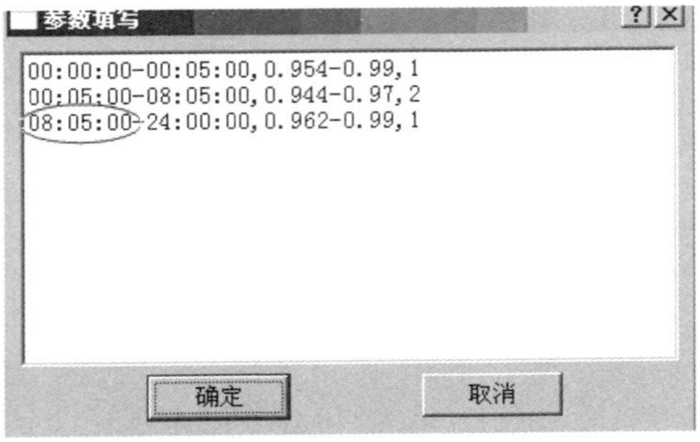

图 51–3–12 系统中功率因数参数设置

案例 3：AVQC 系统误解锁，造成多组电容器损坏。

××××年××月××日 10:20:22 某变电站 2 号电容器 200 开关过电流保护动作，AVQC 系统中该电容器 200 开关异常变位。当值监控人员未能发现该电容器保护动作信号，误认为由于 2 号电容器所在母线电压过高造成电容器自切，随即在 AVQC 系统中对电容器 200 开关解锁。后 AVQC 系统根据母线电压发令合上该电容器开关时，致使本身有缺陷的 2 号电容器组再一次受到冲击而爆炸，造成 2 号电容器组多只电容器损坏。

预防措施：

（1）遇有 AVQC 系统封锁电容器开关或主变压器有载调压开关时，一定要查清是什么原因导致开关封锁的，不要轻易解锁，必要时通知运维人员去现场检查。

（2）电容器只有在欠压保护动作时才可直接解锁，其余保护动作均不可直接解锁。

【思考与练习】

1. 主变压器分接头不调节的原因有哪些？如何处理？

2. 电容器不动作的原因有哪些？如何处理？

3. 某变电站功率因数不合格的原因有哪些？

4. 你认为 TOP5000 系统有哪些功能还需进一步改善，或有哪些功能你认为没有必要，请简述理由。

第五十二章

调度自动化高级应用软件应用

模块1 调度自动化高级应用软件应用（Z01I2001Ⅱ）

【模块描述】本模块介绍调度自动化高级应用软件基本原理和主要功能，通过对调度自动化高级应用软件操作技能训练，掌握调度自动化高级应用软件应用。

【模块内容】

电网调度自动化系统高级应用软件一般包括负荷预测、发电计划、网络拓扑分析、电力系统状态估计、电力系统在线潮流、最优潮流、静态安全分析、自动发电控制、调度员培训模拟系统等，分别介绍如下。

一、负荷预测

电力系统负荷预报是电力建设、调度的依据，对电力系统控制、运行和计划都十分重要，准确的负荷预报既能增强电力系统运行的安全性，又能改善电力系统运行的经济性，按照未来负荷预测的时段长短，可分为电力系统超短期负荷预报、短期负荷预报、中期负荷预报和长期负荷预报。超短期负荷预报用于预报下一小时系统负荷，最小时间间隔为5min。短期负荷预报可分为日负荷预报和周负荷预报。中期负荷预报分为月负荷预报和年负荷预报。一年以上的负荷预报是长期负荷预报。

二、自动发电控制（AGC）系统

自动发电控制系统是现代电网控制的一项基本功能及重要功能，也是建立在电力调度自动化的能量管理系统与发电机组协调控制系统间闭环控制的一种先进的技术手段。包括实时发电控制系统，联络线交易计划、机组计划与实时经济调度、备用监视和性能评价等功能。在满足系统发电约束的各项条件下，自动调节参加AGC机组的有功功率，在系统发电费用优化的前提下，保持系统频率或联络线功率在某个控制范围内。

三、网络分析应用软件（network analysis application software，NAS）

NAS是EMS在电力系统的网络分析应用功能，主要功能如下：

（1）网络建模与网络拓扑分析。根据电力系统元件的连接关系来决定实时网络结构，创建网络母线模型。将从 SCADA 获取最新的逻辑设备状态或人工设置的逻辑设备的状态，进行网络分析，确定网络接线模型，建成网络母线模型和电气岛模型，并提供给网络分析的其他应用软件使用。

（2）状态估计（SE）。状态估计是根据网络接线的信息、网络参数、一组有冗余的模拟量测值和开关量状态，求取可以描述电网稳定运行情况的状态量、母线电压幅值和相角的估计值，并校核实时量测量的准确性。通过运行状态估计程序能够提高数据精度，滤掉不良数据，并补充一些量测值，维护一个完整而可靠的实时网络状态数据库，为其他网络分析软件提供实时运行方式数据。

（3）调度员潮流（DPF）。电力系统潮流计算和分析是电力系统运行和规划工作的基础。通过潮流计算可以预知运行中的电力系统随着各种电源和负荷的变化及网络结构的改变，网络所有母线的电压是否能保持在允许范围内，各种元件是否会出现过负荷而危及系统的安全，从而进一步研究和制定相应的安全措施。对规划中的电力系统，通过潮流计算，可以检验所提出的网络规划方案能否满足各种运行方式的要求，以便制定出既满足未来供电负荷增长的需求，又保证安全稳定运行的网络规划方案。

（4）静态安全分析（SA）。静态安全分析给电力系统调控员提供对预想事故下的电力系统稳态安全信息。

（5）安全约束调度（SCD）。安全约束调度是在保证电网安全稳定运行的基础上，以系统控制量最小或燃料（水耗）费用最低、网损最小为目标，解除系统的有功、无功、电压越限等情况。它为 AGC 等应用功能提供满足系统约束条件的机组经济功率。

（6）电压无功优化控制（AVC）。无功和电压的自动控制是一项综合的系统控制技术。AVC 有两种类型：一是集中控制型，即在电力调度自动化系统（SCADN/EMS）与现场调控装置间闭环控制实现 AVC；二是分散控制型，即单独在现场电压无功控制装置（VQC）上的计算模块与调控模块间闭环控制实现 AVC。

电压无功优化控制能通过调整发电机母线电压、有载调电压互感器压器抽头、同步调相机、静止补偿器等无功补偿设备，或投切电容器、电抗器组等，使电网运行达到安全性和经济性。

（7）短路电流计算。短路电流计算能计算电网中任意电气设备及元件不同类型短路时的电流情况。短路电流计算结果能直接用于继电保护的整定。

四、调度员培训仿真（dispatcher training simulator，DTS）

调度员培训仿真系统是 EMS 的有机组成部分，与 EMS 相连，实时地使用 EMS 数据。也可作为独立系统存在。DTS 具有网络拓扑、动态潮流和动态频率计算、电力系统全动态过程仿真、继电保护仿真、数据采集系统仿真等完整的计算模块，可仿真各级电压电网及母线：可设常见事故及复杂事故，并计算出假想事故发生后继电保护的联锁动作和电网潮流的变化，显示越限设备的报警提示等。

调度员通过 DTS 熟悉电网结构，掌握基本运行操作及调度规程，并可进行全网反事故演习。DTS 能实时模拟电力系统正常、事故和恢复时的运行情况，重现在线系统的用户界面和运行动作过程，可用作电网调度运行人员和方式人员分析电网运行的工具。

DTS 的主要功能如下：

（1）对学员进行电力系统正常操作的训练。

（2）对学员进行事故处理的训练。

（3）对学员进行调度自动化系统的 SCADA/EMS 使用的训练。

（4）提供计划及运行方式人员分析检修和电力系统新增设备投入的对策。

（5）对教员有灵活的培训支撑功能。

（6）培训过程的记录和控制、培训结果的评估等。

【思考与练习】

1. 调度自动化高级应用软件有哪些？

2. 电压无功优化控制（AVC）可以实现什么功能？

3. 告警窗口的打开一般有哪两种方式？

参　考　文　献

［1］刘家庆. 国家电网公司生产技能人员职业能力培训专用教材　电网调度. 北京：中国电力出版社，2011.

［2］张红艳. 国家电网公司生产技能人员职业能力培训专用教材　变电运行（220kV）. 北京：中国电力出版社，2011.

［3］国家电网公司人力资源部. 国家电网公司生产技能人员职业技能培训专用教材　变电运行（110kV）. 北京：中国电力出版社，2010.

［4］曹茂昇，高伏英. 国家电网公司生产技能人员职业能力培训专用教材　电网调度自动化主站运行. 北京：中国电力出版社，2011.

［5］国家电力调度控制中心. 电网调控运行人员实用手册. 北京：中国电力出版社，2013.

［6］张建民. 目标电压下的关口功率因数分析［J］.第四届全国电力系统无功电压技术交流研讨会论文集选编.

［7］黄新波. 变电设备在线监测与故障诊断. 第2版. 北京：中国电力出版社，2013.

［8］黄新波. 输电线路在线监测与故障诊断. 第2版. 北京：中国电力出版社，2008.

［9］殷俊河. 电力线路故障实例分析及防止措施. 北京：中国水利水电出版社，2010.